Elektrische Starkstromanlagen

Elektrische Starkstromanlagen

Maschinen, Apparate, Schaltungen, Betrieb

Kurzgefaßtes Hilfsbuch für Ingenieure und Techniker
und zum Gebrauch an technischen Lehranstalten

Von

Dipl.-Ing. Emil Kosack

Oberbaurat a. D.,
vorm. Direktor der Staatlichen Ingenieurschule Hagen i. W.

Elfte, durchgesehene Auflage

Mit 320 Textabbildungen

Springer-Verlag
Berlin / Göttingen / Heidelberg
1950

ISBN-13:978-3-642-92544-3 e-ISBN-13:978-3-642-92543-6
DOI: 10.1007/978-3-642-92543-6

Softcover reprint of the hardcover 11th edition 1950

Aus dem Vorwort zur neunten Auflage.

Die neunte Auflage der „Starkstromanlagen" wurde einer sorgfältigen Durchsicht unterzogen. Veraltetes wurde gestrichen, manches Neue aufgenommen. Dabei waren wieder die allgemeinen Gesichtspunkte maßgeblich, die mich seinerzeit bei der Herausgabe des Buches leiteten. Die große Verbreitung des Buches, das auch in mehrere Fremdsprachen übertragen wurde, und die wohlwollende Beurteilung, die ihm zuteil wurde, scheint mir Beweis zu sein, daß es einem wirklichen Bedürfnis entspricht. An zahlreichen technischen Lehranstalten ist es als Lehrbuch eingeführt. Je nach deren Ausbildungsziel werden, der Bedeutung der Elektrotechnik entsprechend, Ergänzungen notwendig sein, wie die Einführung des Vektordiagrammes für die Behandlung der Wechselstromerscheinungen. Dadurch aber, daß den Studierenden im vorliegenden Buch die Grundlagen der Elektrotechnik an die Hand gegeben werden, findet der Lehrer Zeit, den Stoff nach seiner Eigenart und seinen Wünschen weiter auszubauen und zu ergänzen. Durch weitgehende Unterteilung des Stoffes kann das Buch leicht den verschiedensten Verhältnissen angepaßt werden.

Hagen, im April 1943 **E. Kosack.**

Vorwort zur elften Auflage.

Ohne an dem allgemeinen Aufbau des Buches, dessen zehnte Auflage seit längerer Zeit vergriffen ist, etwas zu ändern, habe ich die vorliegende Neuauflage wieder einer eingehenden Durchsicht unterworfen. Dabei wurde, wie immer, dem augenblicklichen Stand der Vorschriften des VDE Rechnung getragen. Auch konnten manche durch die Entwicklung der Elektrotechnik in der Nachkriegszeit bedingte Ergänzungen eingefügt werden. Die Wicklungen der Mehrphasenmaschinen und -transformatoren sind jetzt, den deutschen Normen entsprechend, als „Stränge" bezeichnet, während unter „Phase" lediglich der zeitliche Schwingungszustand des Wechselstroms verstanden ist.

Möge das Buch, dessen Gesamtauflage inzwischen die Zahl 50000 überschritten hat, sich weiterhin im Dienste elektrotechnischer Belehrung bewähren!

Haßlinghausen i. Westf., im Januar 1950 **E. Kosack.**

Inhaltsverzeichnis.

Viertes Kapitel.

Gleichstrommotoren.

Fünftes Kapitel.

Wechselstromerzeuger.

Sechstes Kapitel.

Transformatoren.

Siebentes Kapitel.

Wechselstrommotoren.

Achtes Kapitel.

Umformer.

Neuntes Kapitel.

Stromrichter.

Zehntes Kapitel.
Der Betrieb elektrischer Maschinen.

Elftes Kapitel.
Die Untersuchung elektrischer Maschinen.

Zwölftes Kapitel.
Energiespeicher.

Dreizehntes Kapitel.
Elektrische Beleuchtung.

Vorschriften des Verbandes Deutscher Elektrotechniker.

Vom Verband Deutscher Elektrotechniker (VDE) sind für die verschiedenen Zweige der praktischen Elektrotechnik Vorschriften, Regeln, Normen und Leitsätze aufgestellt worden, die sich allgemeiner Anerkennung erfreuen und wesentlich zu einer gesunden Entwicklung der Elektrotechnik und einer einheitlichen Fabrikation beigetragen haben. Dem raschen Ausbau der Elektrotechnik Rechnung tragend, werden die Vorschriften von Zeit zu Zeit einer Durchsicht unterzogen und den Fortschritten und Bedürfnissen der Technik angepaßt. Sie sind in dem vom VDE herausgegebenen Vorschriftenbuch, einer Art elektrotechnischen Gesetzbuches, zusammengestellt, aber auch einzeln erhältlich. Zu beachten ist, daß stets die neuesten Ausgaben der Vorschriften maßgeblich sind.

Ganz besonders sei hier auf die folgenden Veröffentlichungen hingewiesen:

Vorschriften nebst Ausführungsregeln für die Errichtung von Starkstromanlagen mit Betriebsspannungen unter 1000 V,

Vorschriften nebst Ausführungsregeln für die Errichtung von Starkstromanlagen mit Betriebsspannungen von 1000 V und darüber,

— für Bergwerke gelten besondere Vorschriften,

Vorschriften nebst Ausführungsregeln für den Betrieb von Starkstromanlagen,

Regeln für die Bewertung und Prüfung von elektrischen Maschinen,

Regeln für die Bewertung und Prüfung von Transformatoren,

Normen für die Bezeichnung von Klemmen bei Maschinen usw. (nicht als Sonderdruck erschienen),

Anleitung zur ersten Hilfe bei Unfällen.

Um festzustellen, ob elektrotechnische Erzeugnisse (Installationsmaterial, Haushaltungsgeräte u. dgl.) den von ihm aufgestellten Bestimmungen entsprechen, hat der VDE eine

Prüfstelle

errichtet. Die von der Prüfstelle als einwandfrei festgestellten Erzeugnisse dürfen mit dem Verbandszeichen versehen werden:

Auch die Prüfung von Leitungen gehört zum Arbeitsgebiet der Prüfstelle.

Isolierte Leitungen, welche von der Prüfstelle als vorschriftsmäßig anerkannt sind, erhalten einen schwarz-roten Kennfaden. Zur Feststellung des Herstellers der Leitungen wird jeder Firma ein weiterer sog. Firmenkennfaden bestimmter Färbung zugewiesen.

Deutsche Normen (DIN).

Von den vom Deutschen Normenausschuß im Rahmen der Industrienormen herausgegebenen **Normblättern** sei besonders auf diejenigen, welche die elektrischen Maschinen betreffen, hingewiesen. Von diesen seien hervorgehoben:

Offene Gleichstromgeneratoren,
Offene Gleichstromgeneratoren für Antrieb durch Drehstrommotoren,
Offene Gleichstrommotoren
Offene Gleichstrommotoren mit Drehzahlreglung,
Offene Drehstrommotoren mit Kurzschlußläufer,
Offene Drehstrommotoren mit Schleifringläufer,
Einheitstransformatoren.

In einem weiteren Blatt sind ferner

normale Betriebsspannungen

festgelegt. Sie sind nachstehend zusammengestellt. Die fettgedruckten Spannungen werden in erster Linie, sowohl für Neuanlagen als auch für umfangreiche Erweiterungen, empfohlen.

1. Gleichstrom:
   110, 220, 440 V,
   ferner für Bahnanlagen mit einpoliger Erdung **550, 750, 1100, 1500, 3000** V;
2. Drehstrom von der Frequenz 50 Hz:
   125, **220, 380,** 500, 1000, 3000, **6000,** 10000, **15000,** 20000, **30000,** 45000, **60000, 110000,** 150000, **220000,** 400000 V;
3. Einphasenstrom von der Frequenz $16^2/_3$ Hz:
   es gelten die fettgedruckten Werte aus der Drehstromreihe.

Als Kleinspannung und als Spannung für Hilfsapparate sind außerdem für Gleich- und Wechselstrom folgende Normalwerte festgesetzt: **2, 4, 6, 12, 24, 40, 60,** 80 V.

Erstes Kapitel.

Die Erzeugungsarten, Gesetze und Wirkungen des elektrischen Stromes.

A. Gleichstrom.

1. Die elektromotorische Kraft als Ursache des elektrischen Stromes.

Werden zwei mit einer Flüssigkeit gefüllte Gefäße *A* und *B* nach Abb. 1 durch ein Rohr *C* miteinander verbunden, so fließt die Flüssigkeit von *A* nach *B*, wenn ihr Spiegel bei *A* höher liegt als bei *B*. Die Strömung hält nur so lange an, als zwischen *A* und *B* ein Höhen- oder Druckunterschied besteht, und dieser muß daher als die Ursache für ihr Zustandekommen angesehen werden. Soll die Strömung dauernd aufrechterhalten werden, so muß auch der Druckunterschied dauernd bestehen bleiben. Es wird dieses beispielsweise dadurch erreicht, daß die beiden Gefäße durch ein zweites Rohr *D* miteinander in Verbindung gebracht werden, durch das soviel Flüssigkeit, wie von *A* nach *B* fließt, mittels einer Pumpe *P* wieder von *B* nach *A* befördert wird. In diesem Falle findet in dem in sich geschlossenen Stromkreise *ACBD* ein beständiger Kreislauf der Flüssigkeit statt.

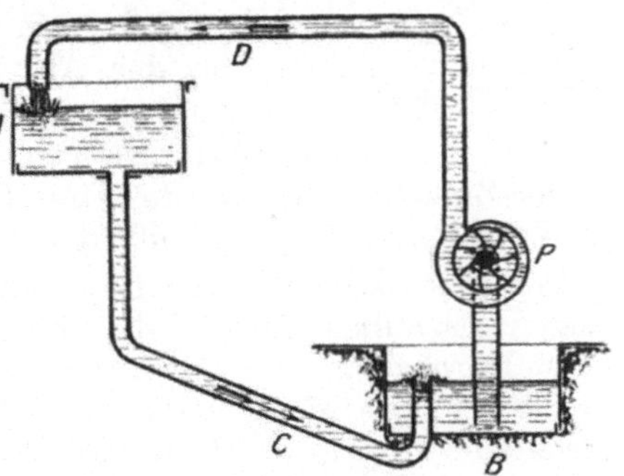

Abb. 1. Kreislauf einer Flüssigkeit.

In gleicher Weise wie der Flüssigkeitsstrom im Rohr *C* kommt in einem Metalldraht ein elektrischer Strom zustande, wenn zwischen den Enden des Drahtes ein elektrischer Druckunterschied oder, wie man es gewöhnlich ausdrückt, eine elektrische Spannung besteht. Es strömt alsdann die Elektrizität von dem Punkte höheren elektrischen Druckes zum Punkte niedrigeren Druckes über.

Eine elektrische Spannung kann auf verschiedene Weise hervorgerufen werden, z. B. mittels der galvanischen Elemente, bei denen zwei Platten *A* und *B* (Abb. 2) aus verschiedenen Metallen in eine Säure eingetaucht werden. Häufig verwendet man die Metalle

Kupfer und Zink, die man in verdünnte Schwefelsäure stellt. Bei einem derartig zusammengesetzten Element wird durch die zwischen den Metallen und der Flüssigkeit auftretenden chemischen Vorgänge eine elektromotorische Kraft (EMK) erzeugt, die zur Folge hat, daß das Kupfer einen höheren elektrischen Druck annimmt als das Zink. Man bezeichnet daher die Kupferplatte A als den positiven (+), die Zinkplatte B als den negativen (—) Pol des Elementes. In dem die beiden Pole verbindenden Draht C muß demnach ein elektrischer Strom vom Kupfer- zum Zinkpol zustande kommen. Dieser Strom ist ein dauernder, da infolge der im Elemente unausgesetzt wirksamen chemischen Prozesse, deren Wirkung mit derjenigen der in Abb. 1 angenommenen Pumpe zu vergleichen ist, die EMK dauernd aufrechterhalten, innerhalb der Flüssigkeit D also immer wieder Elektrizität vom negativen zum positiven Pol befördert wird. Das Element stellt daher mit dem die Pole verbindenden Draht einen einfachen, in sich geschlossenen elektrischen Stromkreis dar.

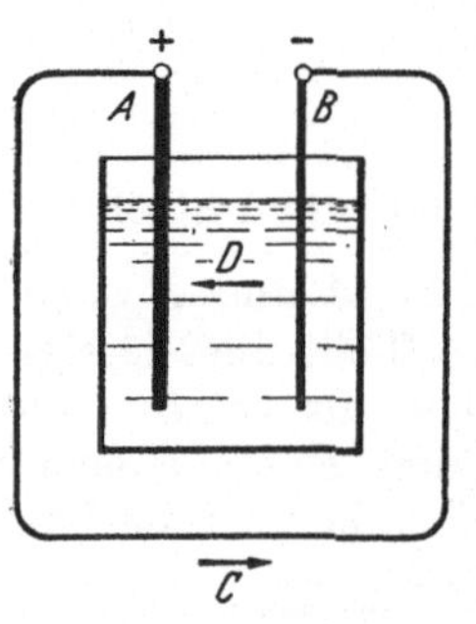

Abb. 2. Elektrischer Stromkreis.

Die Größe der EMK des Elementes ist lediglich von dessen Zusammensetzung, d. h. von der Art der Metalle und der Flüssigkeit, abhängig, nicht aber von der Form und den Abmessungen des Elementes. Das beschriebene Kupfer-Zink-Element wurde, eine Entdeckung GALVANI's verfolgend, von VOLTA erfunden und heißt daher Voltaelement.

Der elektrische Strom ist imstande, die verschiedenartigsten Wirkungen auszuüben. So wird der von ihm durchflossene Draht erwärmt. Beim Durchgange des elektrischen Stromes durch eine Flüssigkeit wird diese chemisch zersetzt. Schließlich kann der Strom auch eine Reihe magnetischer und mechanischer Wirkungen hervorbringen. Aufgabe der Elektrotechnik ist es, alle diese Wirkungen in weitgehendster Weise nutzbar zu machen, sowie den elekrischen Strom in wirtschaftlicher Weise zu erzeugen und den Verbrauchsstellen zuzuführen.

2. Das Ohmsche Gesetz.

Bei dem in Abb. 1 dargestellten Kreislauf einer Flüssigkeit ist die Stromstärke, d. h. die sekundlich in Bewegung gesetzte Flüssigkeitsmenge, abhängig einerseits vom Druckunterschied zwischen den beiden Gefäßen, andererseits von dem Widerstande, den das Wasser in der Rohrleitung findet. In ähnlicher Weise ist auch in einem elektrischen Stromkreise die Stromstärke, d. h. die sekundlich durch irgendeinen Querschnitt des Kreises hindurchfließende Elektrizitätsmenge, abhängig einerseits von der EMK, andererseits von dem Widerstande des Stromkreises.

Um den Zusammenhang, der zwischen diesen drei Größen besteht, festzulegen, ist es notwendig, zunächst Einheiten für sie festzusetzen, in denen sie gemessen und zahlenmäßig angegeben werden können. Diese Einheiten hat man nach bekannten Physikern benannt, und zwar ist die Einheit der EMK und der Spannung das Volt, die Einheit der Stromstärke das Ampere und die Einheit des Widerstandes das Ohm.

Das Ampere (A) ist festgelegt als die Stärke desjenigen Stromes, der beim Durchgang durch eine Lösung von salpetersaurem Silber infolge elektrochemischer Wirkung in einer Sekunde 1,118 mg Silber abscheidet. Das Ohm (Ω) ist gegeben durch den Widerstand einer Quecksilbersäule von der Temperatur 0 °C, deren Querschnitt 1 mm^2 und deren Länge 1,063 m beträgt. Das Volt (V) schließlich wird dargestellt durch diejenige Spannung, die erforderlich ist, um in einem Leiter von 1 Ω Widerstand die Stromstärke 1 A hervorzurufen.

Es sollen im folgenden abkürzungsweise bedeuten:

E die EMK in Volt,
I die Stromstärke in Ampere,
R den Widerstand des Stromkreises in Ohm.

Die zwischen diesen Größen bestehende Beziehung wurde von Ohm aufgefunden und wird daher als das Ohmsche Gesetz bezeichnet. Diesem Gesetz zufolge ist — unter Zugrundelegung der oben festgesetzten Einheiten — die Stromstärke gleich der elektromotorischen Kraft dividiert durch den Widerstand des geschlossenen Stromkreises:

$$I = \frac{E}{R}. \tag{1}$$

Die Stromstärke ist also direkt proportional der elektromotorischen Kraft und umgekehrt proportional dem Widerstande. Ein kleiner Widerstand hat demnach bei gegebener EMK einen großen Strom zur Folge, während ein großer Widerstand einen kleinen Strom bedingt.

Das Ohmsche Gesetz läßt sich auch in der Form schreiben:

$$R = \frac{E}{I}. \tag{2}$$

Der Widerstand eines Stromkreises wird demnach gefunden, indem man die elektromotorische Kraft durch die Stromstärke dividiert.

Endlich läßt sich das Ohmsche Gesetz durch die Gleichung ausdrücken:

$$E = I \cdot R, \tag{3}$$

d. h. die elektromotorische Kraft ist gleich dem Produkte aus Stromstärke und Widerstand.

Das Ohmsche Gesetz gilt aber nicht nur für den geschlossenen Stromkreis im ganzen, sondern auch für jeden Teil eines solchen. In diesem Falle tritt an Stelle der EMK die zwischen den Enden des betrachteten Leitungsteiles bestehende Spannung. Wird diese mit U bezeichnet, und ist R der Widerstand des Leiterteiles, so kann also die Stromstärke berechnet werden als

$$I = \frac{U}{R}. \tag{4}$$

Für den Widerstand ergibt sich:

$$R = \frac{U}{I}. \tag{5}$$

Die Spannung findet man aus der Beziehung:

$$U = I \cdot R. \tag{6}$$

Beispiele: 1. Wie groß ist die Stromstärke in einem Stromkreise, dessen Widerstand 5 Ω beträgt, und in dem eine EMK von 20 V wirksam ist?

$$I = \frac{E}{R} = \frac{20}{5} = 4 \text{ A}.$$

2. Ein elektrischer Heizkörper mit einem Widerstande von 44 Ω ist an ein Netz von 220 V Spannung angeschlossen. Welche Stärke hat der durch den Apparat fließende Strom?

$$I = \frac{U}{R} = \frac{220}{44} = 5 \text{ A}.$$

3. Ein Element mit einer EMK von 1,8 V liefert einen Strom von 0,6 A. Gesucht der Widerstand des Stromkreises.

$$R = \frac{E}{I} = \frac{1{,}8}{0{,}6} = 3\,\Omega.$$

4. Eine an eine Spannung von 110 V angeschlossene Glühlampe nimmt einen Strom von 0,3 A auf. Welchen Widerstand hat der Glühfaden der Lampe?

$$R = \frac{U}{I} = \frac{110}{0{,}3} = 367\,\Omega.$$

5. Der Widerstand eines Stromkreises ist 4 Ω. Welche EMK ist erforderlich, damit ein Strom von 9 A zustande kommt?

$$E = I \cdot R = 9 \cdot 4 = 36 \text{ V}.$$

6. Welche Spannung muß an die Enden eines Drahtes gelegt werden, dessen Widerstand 10 Ω beträgt, dauit in ihm ein Strom von 12 A zustande kommt?

$$U = I \cdot R = 12 \cdot 10 = 120 \text{ V}.$$

3. Stromstärke und Klemmenspannung einer Stromquelle.

In dem Stromkreise eines Elementes (Abb. 3) tritt außer dem an die Klemmen angeschlossenen äußeren Widerstand R (der Widerstand der Anschlußdrähte soll zunächst vernachlässigt werden) der innere Widerstand R_i des Elements selber auf, der durch die zwischen den beiden Platten befindliche Fküssigkeit gebildet wird. Wird die

EMK des Elementes wieder mit E bezeichnet, so kann ihm, dem OHMschen Gesetz entsprechend, die Stromstärke entnommen werden:

$$I = \frac{E}{R_i + R} \tag{7}$$

In dieser Gleichung ist der Widerstand des Stromkreises insgesamt gleich der Summe der einzelnen Widerstände gesetzt (s. Abschn. 10).

Die Gleichung läßt sich auch in der Form schreiben:

$$E = I \cdot R_i + I \cdot R,$$

d. h. die EMK setzt sich aus 2 Teilspannungen zusammen: der Spannung im Innern des Elementes $I \cdot R_i$ und der Spannung im äußeren Stromkreise $I \cdot R$. Jene bedeutet einen Spannungsverlust. Diese ist gleichbedeutend mit der Spannung, die dazu dient, den Strom lediglich durch den äußeren Widerstand zu treiben, d. h. mit der zwischen den Klemmen des Elementes herrschenden Spannung. Sie soll als Klemmenspannung U des Elementes bezeichnet werden. Um sie zu erhalten, muß von der EMK der innere Spannungsverlust in Abzug gebracht werden:

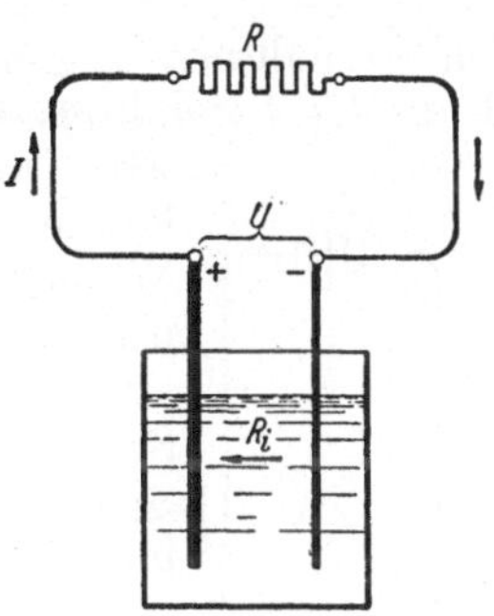

Abb. 3. Stromkreis eines Elementes.

$$U = E - I \cdot R_i. \tag{8}$$

Während die EMK für jedes Element einen bestimmten Wert hat, ist die Klemmenspannung je nach der entnommenen Stromstärke verschieden. Nur solange das Element keinen Strom abgibt, ist sie gleich der EMK.

Ebenso wie bei einem Element liegen die Verhältnisse bei anderen Stromquellen. Stets tritt bei Stromentnahme in ihrem Innern ein Spannungsverlust auf, um den die Klemmenspannung kleiner ist als die EMK.

Beispiel: Das Voltaelement hat eine EMK von 1,1 V. Welche Stromstärke wird einem solchen Elemente entnommen, wenn sein innerer Widerstand 0,2 Ω beträgt und ein äußerer Widerstand von 0,35 Ω angeschlossen wird? Wie groß ist in diesem Falle die Klemmenspannung?

$$I = \frac{E}{R_i + R} = \frac{1{,}1}{0{,}2 + 0{,}35} = 2\,\text{A},$$

$$U = E - I \cdot R_i$$

$$= 1{,}1 - 2 \cdot 0{,}2 = 0{,}7\,\text{V}.$$

4. Elektromotorische Kraft und Spannungsabfall.

Im vorigen Abschnitt wurde der Widerstand der Verbindungsleitungen zwischen der Stromquelle und dem äußeren Widerstand, dem eigentlichen Nutzwiderstand, vernachlässigt. Das ist nicht immer zulässig. Ist der Widerstand der beiden Verbindungsleitungen — in Abb. 4 ist die Stromquelle wiederum durch ein Element angedeutet — insgesamt R_l, und wird der Nutzwiderstand wie bisher mit R, der innere Widerstand der Stromquelle wieder mit R_i bezeichnet, so ist nach dem OHMschen Gesetz:

$$I = \frac{E}{R_i + R_l + R} \tag{9}$$

oder

$$E = I \cdot R_i + I \cdot R_l + I \cdot R. \tag{10}$$

Die Verhältnisse lassen sich hiernach auch so auffassen, als ob in jedem Teile des Stromkreises ein bestimmter Spannungsbetrag aufgebraucht wird, um den elektrischen Strom in ihm aufrechtzuerhalten. Von Teil zu Teil tritt, je nach der Größe des Widerstandes, ein mehr oder weniger großer Spannungsabfall auf. Bezeichnet man den Spannungsabfall $I \cdot R_i$ im Inneren der Stromquelle mit U_1, den Spannungsabfall $I \cdot R_l$ in den Leitungen mit U_2 und den Spannungsabfall $I \cdot R$ im Nutzwiderstand, die Nutzspannung, mit U_3, so kann nach Gl. (10) geschrieben werden:

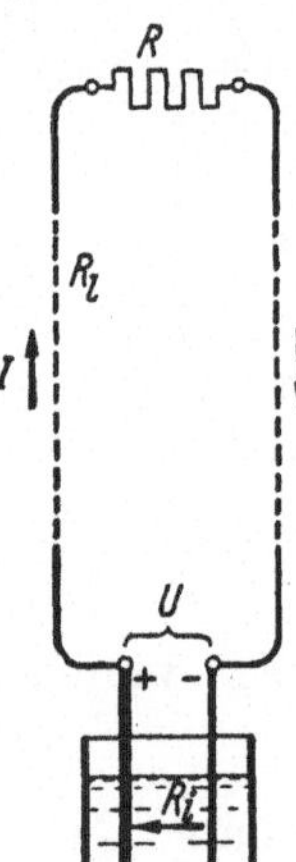

Abb. 4. Stromkreis mit Nutzwiderstand und Zuführungsleitungen.

$$E = U_1 + U_2 + U_3, \tag{11}$$

eine Gleichung, die in den allgemeingültigen Satz gekleidet werden kann: die in den einzelnen Teilen eines Stromkreises auftretenden Spannungsabfälle sind zusammengenommen gleich der im Kreise wirksamen EMK.

Bei allen elektrischen Anlagen ist Vorsorge zu treffen, daß die Spannungsabfälle im Inneren der Stromquelle und in den Verbindungsleitungen, da sie Spannungsverluste darstellen, klein gehalten werden, damit ein möglichst großer Teil der verfügbaren EMK nutzbar gemacht werden kann.

Beispiel: An eine Stromquelle (z. B. eine Dynamomaschine), deren EMK 126 V beträgt, ist ein Nutzwiderstand von 2 Ω angeschlossen. Der innere Widerstand der Stromquelle beträgt 0,04 Ω, und der Widerstand der Zuführungsleitungen zum Nutzwiderstand ist 0,06 Ω. Welche Stärke hat der der Stromquelle entnommene Strom? Welches ist die Nutzspannung, wie groß sind die Spannungsabfälle innerhalb der Stromquelle und in den Zuführungsleitungen? Wie groß ist die Klemmenspannung der Stromquelle?

Die Stromstärke ist nach Gl. (9):

$$I = \frac{E}{R_i + R_l + R} = \frac{126}{0{,}04 + 0{,}06 + 2} = \frac{126}{2{,}1} = 60 \text{ A}.$$

Die Nutzspannung ist:

$$I \cdot R = 60 \cdot 2 = 120 \text{ V},$$

der innere Spannungsabfall in der Stromquelle:

$$I \cdot R_i = 60 \cdot 0{,}04 = 2{,}4 \text{ V},$$

der Spannungsabfall in den Leitungen:

$$I \cdot R_l = 60 \cdot 0{,}06 = 3{,}6 \text{ V}.$$

Die Klemmenspannung der Stromquelle erhält man nach Gl. (8):

$$U = E - I \cdot R_i = 126 - 60 \cdot 0{,}04 = 123{,}6 \text{ V}.$$

5. Elektrizitätsmenge.

Im Abschn. 2 wurde die Stromstärke als die sekundlich in Bewegung gesetzte Elektrizitätsmenge bezeichnet. Umgekehrt läßt sich aus der Stromstärke I die innerhalb der Zeit t den Stromkreis durchfließende Elektrizitätsmenge berechnen als:

$$Q = I \cdot t. \tag{12}$$

Wird die Stromstärke in Ampere, die Zeit in Sekunden gemessen, so erhält man die Elektrizitätsmenge in der Einheit Amperesekunden (As), wird dagegen die Zeit in Stunden eingesetzt, so ergibt sich die Elektrizitätsmenge in Amperestunden (Ah)[1].

Beispiel: Ein Element liefert 4 Stunden lang einen Strom von 2,5 A. Welcher Elektrizitätsmenge entspricht dies?

$$Q = I \cdot t = 2{,}5 \cdot 4 = 10\,\text{Ah}.$$

6. Elektrischer Widerstand und Leitwert.

Der Widerstand eines Stromleiters ist je nach dem Material verschieden. Er ist der Länge des Leiters direkt und dem Querschnitt umgekehrt proportional. Bezeichnet man als spezifischen Widerstand ϱ den Widerstand eines Drahtes von 1 m Länge und 1 mm² Querschnitt, so läßt sich demgemäß der Widerstand eines Drahtes von l m Länge und q mm² Querschnitt berechnen nach der Formel:

$$R = \varrho \cdot \frac{l}{q}. \tag{13}$$

Hieraus folgt für den Drahtquerschnitt, wenn der Widerstand und die Drahtlänge gegeben sind:

$$q = \varrho \cdot \frac{l}{R}. \tag{14}$$

Andererseits läßt sich die Drahtlänge berechnen, wenn der Widerstand und der Querschnitt bekannt sind:

$$l = \frac{R \cdot q}{\varrho}. \tag{15}$$

Der umgekehrte Wert des Widerstandes heißt Leitwert und wird in der Einheit Siemens (S) gemessen. Bezeichnet man den Leitwert mit G, so ist mithin:

$$G = \frac{1}{R}. \tag{16}$$

Ein Leiter vom Widerstande 1 Ω besitzt also auch den Leitwert 1 S. Durch Umkehrung des spez. Widerstandes erhält man ein Maß für das Leitvermögen der Materialien. Man nennt daher den Wert $\frac{1}{\varrho}$ den spezifischen Leitwert.

[1] Internationale Bezeichnung, h = Abkürzung für hora (Stunde).

	Spez. Widerstand,	Spez. Leitwert,	Temperaturkoeffizient
	bezogen auf 1 m Länge und 1 mm² Querschnitt bei 20° C		
Metalle			
Silber	0,016	62,5	0,0038
Kupfer	0,0175	57,0	0,0040
Gold	0,022	45,5	0,0037
Aluminium	0,030	33,3	0,0040
Wolfram	0,055	18,2	0,0041
Zink	0,062	16,1	0,0039
Nickel	0,09	11,1	0,0046
Platin	0,095	10,5	0,0025
Eisen (Draht und Blech)	0,13	7,7	0,0047
Gußeisen	0,75	1,33	—
Quecksilber	0,958	1,04	0,0009
Metallegierungen			
Messing	0,08	12,5	0,0015
Nickelin	0,4	2,5	0,0001
Manganin	0,45	2,2	sehr klein
Konstantan	0,49	2,0	sehr klein
Isabellin	0,5	2,0	sehr klein
Chromnickel	1,1	0,9	0,0001
Chromeisenaluminium	bis 1,4	bis 0,7	—

In der vorstehenden Tabelle sind spezifischer Widerstand und Leitwert für eine Reihe von Metallen und Metallegierungen zusammengestellt. Der geringste spez. Widerstand, also der höchste Leitwert kommt dem Silber zu. Kupfer steht diesem jedoch nur wenig nach und wird als Material für elektrische Leitungen vorwiegend verwendet. Auch Aluminium wird als Leitungsmaterial viel benutzt, seltener Zink und Eisen. Einen größeren Widerstand als die reinen Metalle haben die Legierungen. Da ihr Widerstand je nach der Zusammensetzung verschieden ist, so können die Angaben in der Tabelle nur als ungefähre Werte angesehen werden. Die Legierungen finden hauptsächlich Verwendung für Widerstandsapparate.

Einen sehr hohen spez. Widerstand besitzt die Kohle. Je nach der Kohlensorte kann er als zwischen 10 und 100 liegend angenommen werden, für den Kohlefaden in Glühlampen beträgt er etwa 35. Einen noch höheren Widerstand bieten die Flüssigkeiten dem Strom. Trotzdem können sie noch als „gute Leiter" des elektrischen Stromes angesehen werden. Dagegen ist der Widerstand der sog. Isolierstoffe, wie Bernstein, Glas, Porzellan, Marmor, Schiefer, Hartgummi, Kautschuk, Seide, Baumwolle, Glimmer, Bakelit, Preßspan, Papier, Öl usw. derart groß, daß sie als Nichtleiter der Elektrizität gelten. Um eine Leitung vor Stromverlusten zu schützen, wird sie daher mit einem Isolierstoff umkleidet oder an Isolierglocken aufgehängt.

Beispiele: 1. Welchen Widerstand hat ein Kupferdraht von 3000 m Länge und 6 mm² Querschnitt?

$$R = \varrho \cdot \frac{l}{q} = 0{,}0175 \cdot \frac{3000}{6} = 8{,}75\,\Omega .$$

2. Ein 320 m langer Eisendraht besitzt einen Widerstand von 4 Ω. Welches ist sein Querschnitt?

$$q = \varrho \cdot \frac{l}{R} = 0{,}13 \cdot \frac{320}{4} = 10{,}4\,\text{mm}^2.$$

3. Ein Manganindraht von 2,5 mm² Querschnitt hat einen Widerstand von 9,0 Ω. Wie lang ist er?

$$l = \frac{R \cdot q}{\varrho} = \frac{9{,}0 \cdot 2{,}5}{0{,}45} = 50\,\text{m}.$$

7. Widerstand und Temperatur.

Auch die Temperatur hat einen Einfluß auf die Größe des Widerstandes, und zwar wird der Widerstand der Metalle mit steigender Temperatur größer. Bezeichnet man den Widerstand eines Drahtes bei einer gewissen Temperatur mit R_1, so läßt sich sein Widerstand R_2 bei einer um T° höheren Temperatur ermitteln nach der Formel:

$$R_2 = R_1 \cdot (1 + k \cdot T). \tag{17}$$

Umgekehrt läßt sich auch die Temperaturzunahme eines Drahtes bestimmen, die er beim Durchgang des elektrischen Stromes innerhalb einer gewissen Zeit erfährt, wenn sein Widerstand vorher und nachher gemessen wird:

$$T = \frac{\frac{R_2}{R_1} - 1}{k}. \tag{18}$$

Der Wert k wird der Temperaturkoeffizient des Widerstandes genannt. Er ist in der Tabelle des vorigen Abschnitts, in der sich die Angaben für den spez. Widerstand und Leitwert auf eine Temperatur von 20° C beziehen, ebenfalls enthalten.

Viele Metallegierungen zeichnen sich durch einen geringen Temperaturkoeffizienten aus. Ganz besonders gilt dies vom Manganin, Konstantan und Isabellin, ihr Widerstand bleibt bei allen vorkommenden Temperaturschwankungen nahezu unverändert.

Im Gegensatz zu den Metallen nimmt der Widerstand der Flüssigkeiten und auch einer Anzahl fester Körper, namentlich der Kohle und gewisser Metalloxyde, mit steigender Temperatur ab, ihr Temperaturkoeffizient ist also negativ.

Beispiel: Der Widerstand einer Kupferleitung beträgt bei 15° C 8,75 Ω. Wie groß ist der Widerstand derselben Leitung bei 25° C?

$$R_2 = R_1 \cdot (1 + k \cdot T) = 8{,}75 \cdot (1 + 0{,}004 \cdot 10) = 9{,}1\,\Omega.$$

8. Widerstandsapparate.

Für elektrische Messungen werden häufig Widerstände von genau abgeglichener Größe, z. B. 0,1, 1, 10 Ω, verwendet. Solche Normalwiderstände werden aus Material von hohem spez. Widerstand, aber geringem Temperaturkoeffizienten hergestellt. In der Regel wird Manganindraht oder -band verwendet. Bei besonders sorgfältigen Messungen werden die Widerstände in ein Petroleumbad gesetzt, dessen Temperatur konstant gehalten wird.

Um die verschiedensten Widerstandswerte einstellen zu können, bedient man sich häufig der Stöpselwiderstände. In einem Kasten wird ein Satz Widerstandsspulen in geeigneter Abstufung untergebracht. Jede Spule ist mit ihren Enden an zwei Kontaktstücke aus Messing angeschlossen. Die Kontaktstücke sind sämtlich auf dem Deckel des Kastens nach Art der Abb. 5, in der die Widerstandsspulen durch Mäanderlinien dargestellt sind, in einer Reihe angeordnet. Sie können durch konisch eingeschliffene Stöpsel überbrückt werden. Die beiden äußersten Kontakte, *A* und *B*, sind mit Klemmen versehen und dienen zum Einschalten des Widerstandes in den Stromkreis. Sind alle Stöpsel gesteckt, so ist der Widerstand null. Um eine Widerstandsstufe ein-

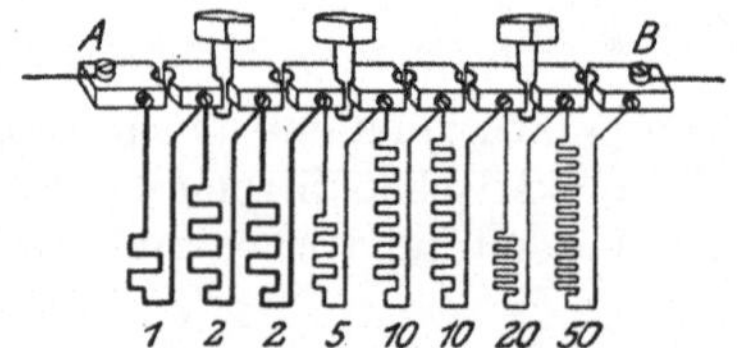

Abb. 5. Stöpselwiderstand für 100 Ω. (Der Widerstand ist auf 73 Ω eingestellt.)

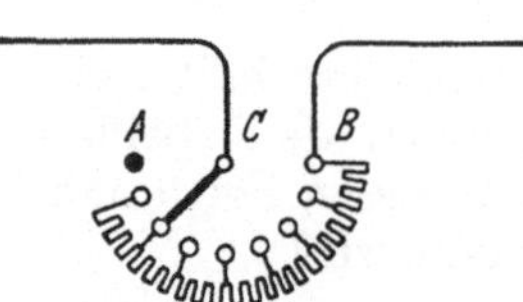

Abb. 6. Kurbelwiderstand.

zuschalten, muß der betreffende Stöpsel gezogen werden. Durch Ziehen mehrerer Stöpsel kann jeder beliebige Widerstandswert bis zu dem im Kasten vorhandenen Gesamtwiderstand eingestellt werden.

Kommt es weniger auf ganz bestimmte Widerstandswerte als vielmehr darauf an, die Stromstärke eines Kreises mit einer mehr oder weniger großen Genauigkeit auf einen gewünschten Wert einzustellen, so verwendet man Regulierwiderstände. Diese werden meistens als Kurbelwiderstände ausgebildet. Durch Drehen einer Kurbel, Abb. 6, wird eine an ihrem Ende angebrachte Schleiffeder über eine kreisförmig angeordnete Kontaktbahn bewegt. Zwischen den einzelnen Kontakten befinden sich Widerstandsspulen. Nur der erste Kontakt *A*, der Ausschaltkontakt, ist frei. Die Leitungen werden an den Drehpunkt *C* der Kurbel und an den letzten Kontakt *B*, den Kurzschlußkontakt, angeschlossen. Befindet sich die Kurbel auf dem Kurzschlußkontakt, so ist der eingeschaltete Widerstand null, der Strom hat also seinen größten Wert. Je weiter die Kurbel in der Richtung nach dem Ausschaltkontakt zu bewegt wird, desto mehr Widerstand wird eingeschaltet, und desto mehr wird die Stromstärke geschwächt. Befindet sich die Kurbel auf dem Ausschaltkontakt, so ist der Strom unterbrochen.

Eine sehr allmähliche Regelung ermöglichen die Schiebewiderstände. Über eine auf Isoliermaterial aufgewickelte Widerstandsspule *A B*, Abb. 7, aus blankem Draht kann ein Gleitkontakt *C* verschoben werden. Dadurch wird der in einen Stromkreis eingeschaltete Widerstand verändert.

Auch Flüssigkeitswiderstände werden vielfach benutzt. Bei einer häufig vorkommenden Ausführungsart, Abb. 8, befindet sich die Flüssigkeit, z. B. eine Sodalösung, in einem eisernen Gefäß *G*, das mit einer Anschlußklemme *A* versehen ist und somit gleichzeitig zur Stromzuführung dient. Der Widerstand der Flüssigkeit wird dadurch allmählich vermindert, daß die Eisenplatte *P*, die unter Benutzung der Klemme *B* den zweiten Stromzuführungspol bildet, mittels einer Kurbel *K* langsam in die Flüssigkeit eingetaucht wird. In der tiefsten Stellung der Platte werden die beiden Pole in der Regel durch einen Schalter *S* überbrückt, kurzgeschlossen, so daß der Widerstand auf den Wert null vermindert wird.

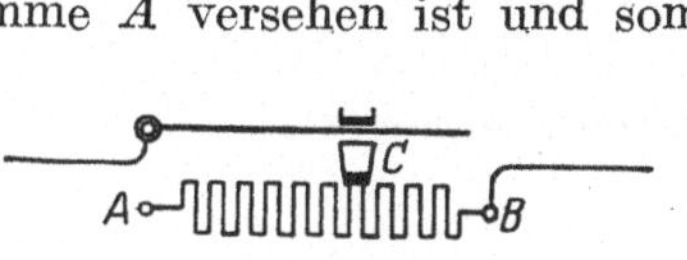

Abb. 7. Schiebewiderstand.

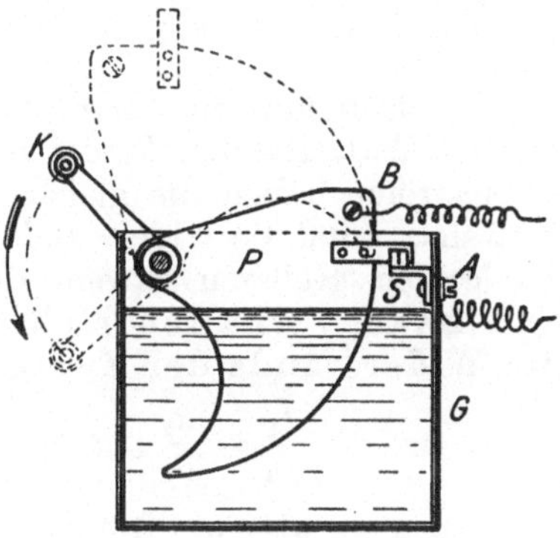

Abb. 8. Flüssigkeitswiderstand.

9. Stromverzweigungen.

Ähnlich wie sich ein Wasserlauf in verschiedene Arme teilen kann, läßt sich auch ein elektrischer Strom in eine Reihe von Zweigströmen

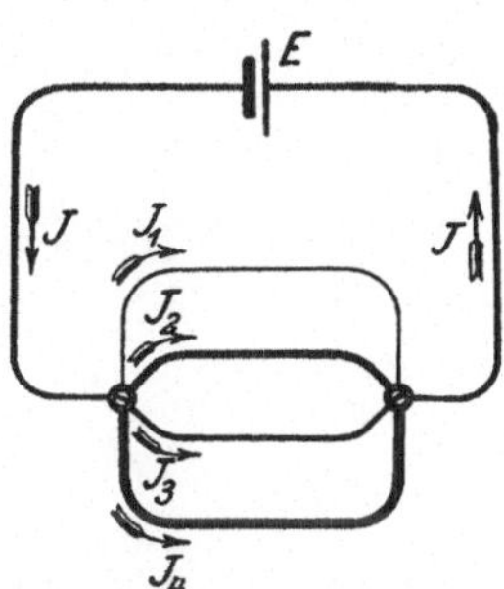

Abb. 9. Stromverzweigung (4 Zweige).

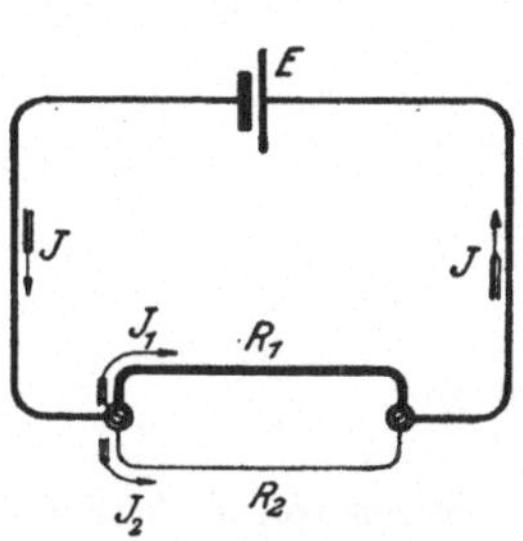

Abb. 10. Stromverzweigung (2 Zweige).

I_1, I_2, I_3 . . . zerlegen. Abb. 9 zeigt den Fall, daß sich der Hauptstrom in vier Zweigströme spaltet. Die Platten des als Stromquelle dienenden Elementes *E* sind in der Abbildung durch einen kurzen dicken und einen längeren dünnen Strich angedeutet.

Bei jeder Stromverzweigung muß offenbar der Hauptstrom gleich der Summe der Zweigströme sein, also

$$I = I_1 + I_2 + I_3 + \cdots \quad \text{(1. Stromverzweigungsgesetz).} \qquad (19)$$

Es mögen nunmehr der Einfachheit wegen zunächst nur zwei Zweige mit den Widerständen R_1 und R_2 (Abb. 10) angenommen werden. Beide Zweigströme haben die gleiche Stärke, wenn die Widerstände gleich groß sind. Sind die Widerstände dagegen verschieden, so führt derjenige Zweig den größeren Strom, der den kleineren Widerstand besitzt, und zwar verhalten sich die Zweigströme umgekehrt wie die Widerstände der Zweige:

$$\frac{I_1}{I_2} = \frac{R_2}{R_1} \quad \text{(2. Stromverzweigungsgesetz).} \qquad (20)$$

Sind mehr als zwei Zweige vorhanden, so kann die vorstehende Beziehung mehrfach aufgestellt werden. Heißen die für die Zweigströme I_1, I_2, $I_3 \ldots$ in Betracht kommenden Widerstände R_1, R_2, $R_3 \ldots$, so ist demnach:

$$\frac{I_1}{I_2} = \frac{R_2}{R_1}, \quad \frac{I_2}{I_3} = \frac{R_3}{R_2} \quad \text{usw.}$$

Die beiden vorstehenden Gesetze, die aus den die Stromverzweigungen ganz allgemein beherrschenden KIRCHHOFFschen Gesetzen abgeleitet sind, ermöglichen es, die Zweigströme zu berechnen, wenn der Hauptstrom und die Zweigwiderstände bekannt sind.

Beispiel: 1. Ein Strom von 20 A Stärke verzweigt sich in zwei Widerstände von 1 bzw. 9 Ω Es sind die Stromstärken in den beiden Zweigen zu berechnen.

Nach Gl. (19) ist:

$$I_1 = I - I_2,$$

nach Gl. (20):

$$I_2 = \frac{R_1}{R_2} \cdot I_1,$$

also ist:

$$I_1 = I - \frac{R_1}{R_2} \cdot I_1 = 20 - \frac{1}{9} I_1,$$

$$\frac{10}{9} I_1 = 20,$$

mithin:

$$I_1 = 18\,\text{A}$$

und demnach:

$$I_2 = 2\,\text{A}.$$

2. Ein Strom von 52 A teilt sich in drei Zweigströme. Die Widerstände der Zweige betragen 2, 3, 4 Ω. Gesucht die Stromstärke in den Zweigen.

Es ist:

$$I_1 + I_2 + I_3 = 52,$$

ferner:

$$\frac{I_1}{I_2} = \frac{3}{2}, \quad \text{also} \quad I_2 = \frac{2}{3} I_1,$$

$$\frac{I_1}{I_3} = \frac{4}{2}, \quad \text{also} \quad I_3 = \frac{2}{4} I_1,$$

mithin:

$$I_1 + \tfrac{2}{3} I_1 + \tfrac{2}{4} I_1 = 52,$$

$$\tfrac{26}{12} I_1 = 52,$$

$$I_1 = \tfrac{12}{26} 52 = 24\ \mathrm{A};$$

in ähnlicher Weise findet man:

$$I_2 = 16\ \mathrm{A},$$

$$I_3 = 12\ \mathrm{A}.$$

10. Schaltung von Widerständen.

Wird eine Anzahl Widerstände so in einen Stromkreis eingeschaltet, daß sie sämtlich von demselben Strome durchflossen werden, so nennt man die Anordnung Reihen- oder Hintereinanderschaltung (Abb. 11).

Bezeichnet man die Einzelwiderstände mit R_1, R_2, $R_3 \ldots$, so ist der Gesamtwiderstand

$$R = R_1 + R_2 + R_3 + \cdots \tag{21}$$

Bei der Hintereinanderschaltung ist der Gesamtwiderstand also gleich der Summe der Einzelwiderstände.

In vielen Fällen schaltet man die Widerstände nebeneinander oder parallel in der Weise, daß jeder Widerstand von einem Teile des Hauptstromes durchflossen wird (Abb. 12). Es ist nun zu untersuchen, wie groß bei einer Anzahl parallel geschalteter Widerstände der Gesamtwiderstand aller Zweige ist, d. h. durch welchen einfachen Widerstand R die sämtlichen Zweigwiderstände ersetzt werden können.

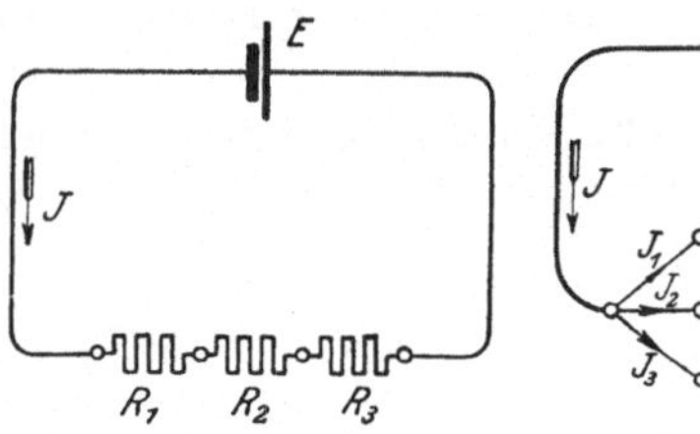

Abb. 11. Hintereinander geschaltete Widerstände.

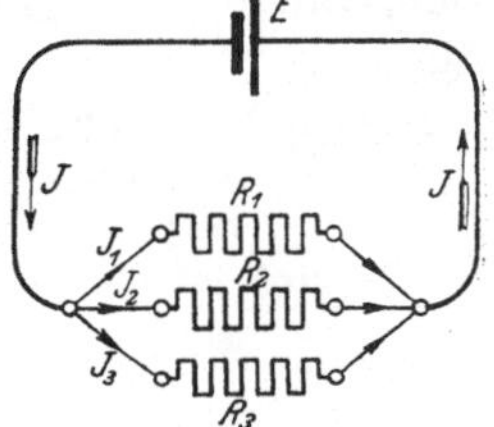

Abb. 12. Parallel geschaltete Widerstände.

Nach dem 1. Stromverzweigungsgesetz ist:

$$I = I_1 + I_2 + I_3 + \cdots$$

Bezeichnet man die Spannung zwischen den Verzweigungspunkten mit U, so kann man unter Zuhilfenahme des Ohmschen Gesetzes Gl. (4) auch schreiben:

$$\frac{U}{R} = \frac{U}{R_1} + \frac{U}{R_2} + \frac{U}{R_3} + \cdots$$

oder, indem jedes Glied der Gleichung durch U dividiert wird:

$$\frac{1}{R} = \frac{1}{R_1} + \frac{1}{R_2} + \frac{1}{R_3} + \cdots \tag{22}$$

Bei der Parallelschaltung ist demnach der umgekehrte Wert des Gesamt- oder Ersatzwiderstandes gleich der Summe der umgekehrten Werte der Einzelwiderstände. Hieraus folgt auch, daß der Gesamtwiderstand kleiner ist als irgendeiner der Einzelwiderstände.

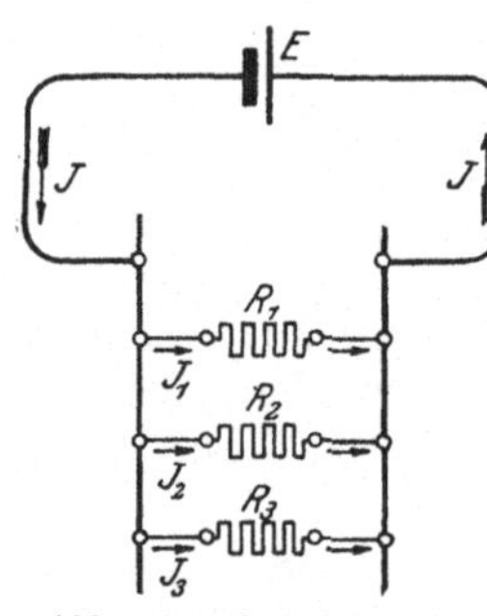

Abb. 13. Zwischen zwei Leitungen parallel geschaltete Widerstände.

Führt man statt der Widerstände die Leitwerte G ein, so wird aus Gl. (22):

$$G = G_1 + G_2 + G_3 + \cdots \qquad (23)$$

Der Gesamtleitwert parallel geschalteter Widerstände ist also gleich der Summe der Einzelleitwerte.

Bisher wurde angenommen, daß die Parallelschaltung aller Zweige zwischen zwei Punkten erfolgt. Doch kann man die Widerstände auch beliebig zwischen zwei Leitungen parallel schalten, wie Abb. 13 zeigt. Der Widerstand der Leitungen, zwischen denen die Parallelschaltung erfolgt, kann vielfach vernachlässigt werden.

Da alle Einrichtungen, in denen der Strom nutzbar gemacht wird, z. B. die elektrischen Lampen, Kochgefäße usw., mit einem gewissen Widerstand behaftet sind, so bezieht sich das für die Schaltung von Widerständen Angegebene ganz allgemein auf die Schaltung von Apparaten.

Beispiele: 1. Vier Widerstände von 2, 4, 8 und 16 Ω sind
a) hintereinander geschaltet,
b) parallel geschaltet.
Wie groß ist der Gesamtwiderstand?

a) $$R = R_1 + R_2 + R_3 + R_4 = 2 + 4 + 8 + 16 = 30\,\Omega.$$

b) $$\frac{1}{R} = \frac{1}{R_1} + \frac{1}{R_2} + \frac{1}{R_3} + \frac{1}{R_4} = \tfrac{1}{2} + \tfrac{1}{4} + \tfrac{1}{8} + \tfrac{1}{16} = \tfrac{15}{16},$$

$$R = \tfrac{16}{15} = 1{,}07\,\Omega.$$

2. Durch welchen einfachen Widerstand können zwei parallel geschaltete Widerstände von 3 und 5 Ω ersetzt werden?
Es ist

$$\frac{1}{R} = \frac{1}{R_1} + \frac{1}{R_2} = \frac{R_2 + R_1}{R_1 \cdot R_2},$$

$$R = \frac{R_1 \cdot R_2}{R_1 + R_2} = \frac{3 \cdot 5}{3 + 5} = \frac{15}{8} = 1{,}875\,\Omega.$$

11. Schaltung von Stromquellen.

Ähnlich wie Widerstände lassen sich auch mehrere Stromquellen, z. B. elektrische Maschinen oder Elemente, miteinander verbinden. Eine Anzahl zusammengeschalteter Elemente nennt man eine Batterie.

Bei der **Hintereinanderschaltung** werden immer verschiedenartige Pole benachbarter Stromquellen miteinander verbunden: der negative Pol der ersten Stromquelle mit dem positiven der zweiten, der negative Pol der zweiten mit dem positiven der dritten usw. (Abb. 14). An die bei dieser Anordnung freibleibenden äußersten beiden Pole können die durch den elektrischen Strom zu speisenden Widerstände oder Apparate angeschlossen werden. Die EMKe E_1, E_2, E_3 .. der **einzelnen Stromquellen addieren sich**, so daß sich im ganzen die EMK

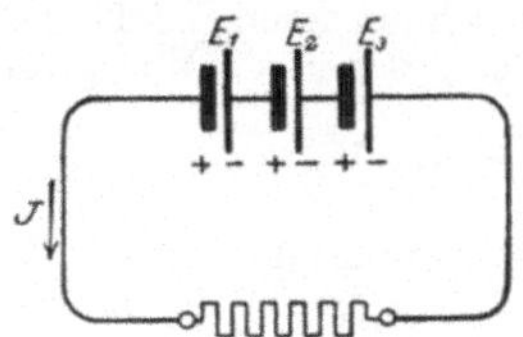

Abb. 14. Hintereinander geschaltete Elemente.

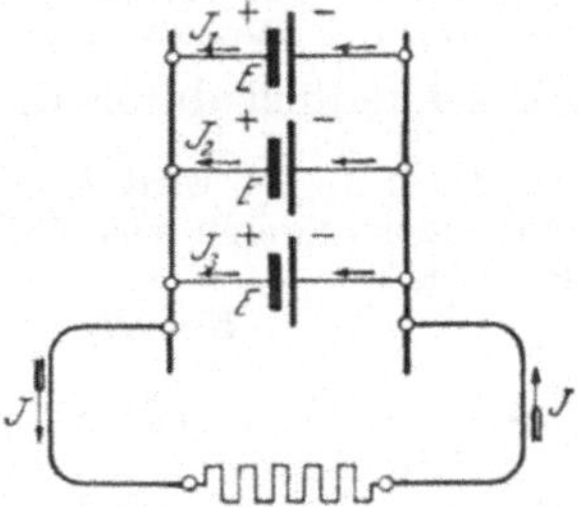

Abb. 15. Parallel geschaltete Elemente.

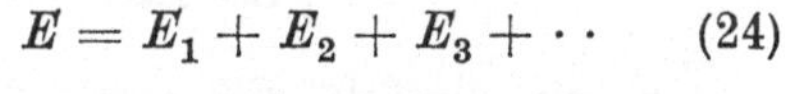

$$E = E_1 + E_2 + E_3 + \cdots \quad (24)$$

ergibt.

Die **Parallelschaltung** von Stromquellen kommt nur zur Anwendung, wenn diese sämtlich die gleiche EMK besitzen. Es werden alle positiven Pole unter sich und ebenso alle negativen Pole unter sich verbunden, wie Abb. 15 zeigt. Bei einer derartigen Anordnung ist die **gesamte EMK nicht größer als die eines einzelnen Elementes, dagegen vereinigen sich die von den verschiedenen Stromquellen herrührenden Ströme** I_1, I_2, I_3 ... **zum Gesamtstrom:**

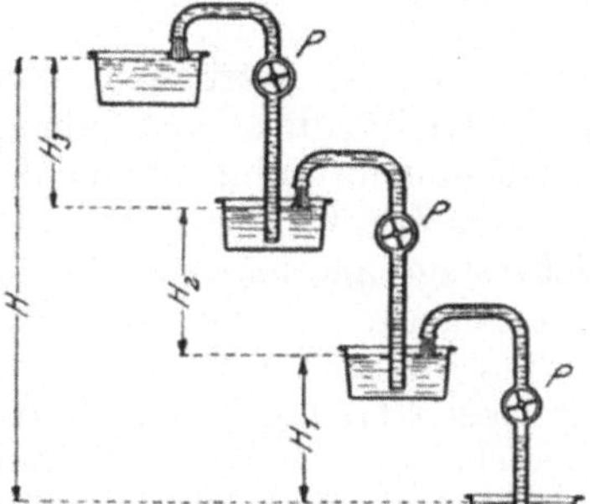

Abb. 16. Hintereinander geschaltete Pumpen.

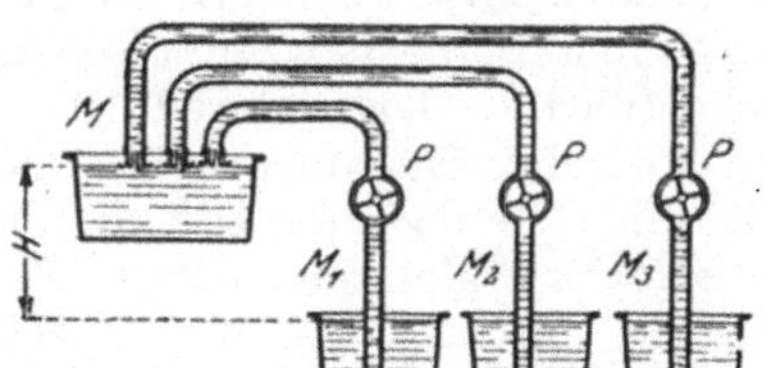

Abb. 17. Parallel geschaltete Pumpen.

$$I = I_1 + I_2 + I_3 + \cdots \quad (25)$$

Hintereinander geschaltete Stromquellen können verglichen werden mit der in Abb. 16 angedeuteten Anordnung. Eine Anzahl Gefäße ist in verschiedener Höhe aufgestellt. Durch Pumpen P wird das Wasser aus je einem Gefäß in das nächst höhere befördert. Die von den einzelnen Pumpen überwundenen Höhenunterschiede sind H_1, H_2, H_3 ... Das verfügbare Gesamtgefälle H ist alsdann gleich der Summe der einzelnen Höhenunterschiede. Die Darstellung der Abb. 17 entspricht dagegen einer Anzahl parallel geschalteter Stromquellen. Trotz der größeren Zahl der Pumpen wird das Gesamtgefälle nicht vergrößert. Doch setzt sich die sekundlich verfügbare Gesamtwassermenge M zusammen aus den Wassermengen M_1, M_2, M_3.., die aus den einzelnen Gefäßen sekundlich durch die Pumpen entnommen werden.

Beispiele: 1. Es wird eine elektrische Maschine, deren EMK 115 V beträgt, mit einer anderen von 45 V hintereinander geschaltet. Wie groß ist die gesamte EMK?

$$E = E_1 + E_3 = 115 + 45 = 160\,\text{V}.$$

2. Vier Maschinen gleicher Spannung werden parallel geschaltet. Wie groß ist die gesamte Stromstärke, wenn drei der Maschinen je 250 A, die vierte Maschine dagegen 150 A liefern?

$$I = I_1 + I_2 + I_3 + I_4$$
$$= 250 + 250 + 250 + 150 = 900\,\text{A}.$$

12. Elektronen und Ionen.

Wie die Materie aus Atomen aufgebaut ist, so setzt sich nach der heutigen Auffassung vom Wesen der Elektrizität diese aus äußerst winzigen Teilchen, Elektronen genannt, zusammen, und zwar sind die Elektronen kleinste Teilchen negativer Elektrizität. Der elektrische Strom muß auf eine Bewegung solcher Elektronen innerhalb des Leiters zurückgeführt werden. Die Elektronenbewegung geht vom negativen Pol der Stromquelle aus, ist also der nach Abschnitt 1 willkürlich festgesetzten Richtung des Stromes entgegengesetzt. Der Widerstand, den die Elektronen bei ihrer Bewegung finden, ist für die verschiedenen Leiter recht verschieden. Er bildet ein Maß für den elektrischen Widerstand.

Im allgemeinen ist die Elektrizität fest mit der Materie verknüpft. Man nimmt an, daß jedes materielle Atom aufgebaut ist aus einem positiv elektrischen Kern und um diesen kreisenden (negativen) Elektronen. Die Größe der Ladung des Kerns und die Zahl der ihm zugeordneten Elektronen sind je nach der Art des Stoffes verschieden. Nach außen hin zeigt das Atom für gewöhnlich keine elektrischen Eigenschaften, da sich Kernladung und die Ladung der Elektronen das Gleichgewicht halten. Wenn dem Atom dagegen infolge bestimmter Einflüsse Elektronen fehlen, so erscheint es positiv elektrisch geladen, und es ist negativ elektrisch, wenn überschüssige Elektronen vorhanden sind. Man nennt derartig elektrisch geladene Atome (oder Atomgruppen) Ionen, und man unterscheidet nach vorstehendem positive und negative Ionen (s. auch Abschn. 19). Gehen positive und negative Ionen, deren elektrische Ladungen gleich groß sind, eine chemische Verbindung ein, so entstehen Moleküle, die nach außen unelektrisch erscheinen, da sich die entgegengesetzten Elektrizitäten in ihrer Wirkung aufheben.

13. Leistung und Arbeit des Stromes.

Dem elektrischen Strom kommt ein gewisses Arbeitsvermögen zu, er stellt also eine Form der Energie dar.

Die Verhältnisse liegen wieder ähnlich wie bei einem Wasserlauf, mit dem sich bekanntlich eine Leistung erzielen läßt gleich dem Produkte aus der sekundlich zur Verfügung stehenden Wassermenge in Kilogramm und dem Gefälle in Meter. Sie wird daher gemessen in der Einheit Kilogrammeter je Sekunde (kgm/s). Diese Einheit entspricht derjenigen mechanischen Leistung, die aufgewendet werden muß, um beispielsweise das Gewicht von 1 kg in 1 Sekunde um 1 m zu heben.

In ähnlicher Weise nun, wie die Leistung der Wasserkraft sich aus Gefälle und sekundlicher Wassermenge ergibt, wird die Leistung N, die ein elektrischer Strom verrichtet, bestimmt durch das Produkt aus der Spannung U in Volt und der sekundlich in Bewegung gesetzten Elektrizitätsmenge. Letztere ist aber nichts anderes als die Stromstärke I in Ampere. Es ist also:

$$N = U \cdot I. \tag{26}$$

Man erhält die Leistung dann in der Einheit Voltampere (VA) oder Watt (W). Ein Watt ist also diejenige Leistung, die vom elektrischen Strome von der Stärke 1 A bei einer Spannung von 1 V verrichtet wird.

Als größere Leistungseinheiten kommen Vielfache des Watt in Anwendung:

1 Hektowatt (hW) = 100 W,
1 Kilowatt (kW) = 1000 W,
1 Megawatt (MW) = 1000000 W usw.

Unter Zuhilfenahme des Ohmschen Gesetzes, Gl. (4) und (6), läßt sich für die elektrische Leistung auch schreiben:

$$N = \frac{U^2}{R} \tag{27}$$

und

$$N = I^2 \cdot R. \tag{28}$$

Aus der Leistung ergibt sich der Begriff der Arbeit. Unter der Arbeit versteht man das Produkt aus der Leistung und der in Betracht kommenden Zeit.

Wird die Zeit mit t bezeichnet, so kann demgemäß die elektrische Arbeit gefunden werden aus einer der Beziehungen:

$$A = U \cdot I \cdot t, \tag{29}$$

$$A = \frac{U^2}{R} \cdot t, \tag{30}$$

$$A = I^2 \cdot R \cdot t. \tag{31}$$

Drückt man die Zeit in Sekunden aus, so erhält man die Arbeit in Wattsekunden (Ws), drückt man sie dagegen in Stunden aus, so erhält man die Arbeit in Wattstund n (Wh). Größere Einheiten für die Arbeit sind

$$1\,\text{Hektowattstunde (hWh)} = 100\ \text{Wh},$$
$$1\,\text{Kilowattstunde (kWh)} = 1000\ \text{Wh usw.}$$

Die Elektrotechnik bietet zahlreiche Hilfsmittel, um Energie irgendeiner Form, z. B. mechanische Energie oder Wärme, in elektrische Energie zu verwandeln, wie auch umgekehrt elektrische Energie in einfachster Weise in eine andere Energieform übergeführt werden kann.

Beispiele: 1. Ein Elektromotor, der an eine Spannung von 110 V angeschlossen ist, nimmt eine Strom von 35 A auf. Welche elektrische Leistung wird dem Motor zugeführt?

$$N = U \cdot I = 110 \cdot 35 = 3850\ \text{W} = 3{,}85\ \text{kW}.$$

2. Wie groß ist die Stromstärke in einem Widerstande, der, an 110 V Spannung angeschlossen, eine Leistung von 550 W verzehrt?

Als Gl. (26) folgt:

$$I = \frac{N}{U},$$

also ist:

$$I = \frac{550}{110} = 5\ \text{A}.$$

3. An welche Spannung muß ein Draht angeschlossen werden, damit in ihm bei 2,5 A Stromstärke eine Leistung von 300 W verbraucht wird?

Aus Gl. (26) ergibt sich:

$$U = \frac{N}{I},$$

also:

$$U = \frac{300}{2{,}5} = 120\ \text{V}.$$

4. Welche Leistung wird in einem Widerstande von 4 Ω vernichtet, wenn er 10 A aufnimmt?

$$N = I^2 \cdot R = 10^2 \cdot 4 = 400\ \text{W}.$$

5. Was kostet der 10stündige Betrieb einer Glühlampe, die an 110 V Spannung angeschlossen ist und einen Strom von 0,364 A verbraucht, wenn die kWh mit 40 Pfennig berechnet wird?

$$A = U \cdot I \cdot t = 110 \cdot 0{,}364 \cdot 10 = 400\ \text{Wh} = 0{,}4\ \text{kWh}.$$

Die Kosten betragen: $0{,}4 \cdot 40 = 16$ Pfennig.

14. Zusammenhang zwischen elektrischer und mechanischer Energie.

Durch vergleichende Versuche läßt sich feststellen, daß bei der Umwandlung von mechanischer in elektrische Energie die mechanische Leistung von 1 kgm/s einer elektrischen Leistung von 9,81 W gleichwertig ist, daß also

$$1\ \text{kgm/s} = 9{,}81\ \text{Watt} \tag{32}$$

oder umgekehrt

$$1\ \text{Watt} = \frac{1}{9{,}81} = 0{,}102\ \text{kgm/s}$$

und

$$1\ \text{kW} = 102\ \text{kgm/s}\,. \tag{33}$$

Nun werden allgemein 75 kgm/s als 1 Pferdestärke (PS) bezeichnet. Also ist

$$1\ \text{PS} = 75 \cdot 9{,}81 = 735\ \text{Watt} \tag{34}$$

und umgekehrt

$$1\ \text{Watt} = \frac{1}{735}\,\text{PS}\,,$$

also

$$1\ \text{kW} = \frac{1000}{735} = 1{,}36\ \text{PS}\,. \tag{35}$$

Das Kilowatt kann ebensowohl zur Angabe der elektrischen, wie auch — als Ersatz der Einheit Pferdestärke — zur Feststellung der mechanischen Leistung benutzt werden.

Für die mechanische Arbeit dient als Einheit das Kilogrammmeter (kgm). Es ist das die Arbeit, die notwendig ist, um 1 kg 1 m hoch zu heben, unabhängig von der Zeit, innerhalb der dies geschieht. Überträgt man die zwischen der mechanischen und der elektrischen Leistungseinheit gültige Beziehung, Gl. (32), auf Arbeitseinheiten, so folgt:

$$1\ \text{kgm} = 9{,}81\ \text{Ws}\,. \tag{36}$$

Beispiele: 1. Eine Dampfmaschine leistet 30 PS. Welcher Leistung in kW entspricht dies?

$$N = 30 \cdot 735 = 22050\ \text{W}$$
$$= 22{,}05\ \text{kW}.$$

2. Die Nutzleistung eines Elektromotors beträgt 12,5 kW. Wieviel PS leistet der Motor?

$$1{,}36 \cdot N = 1{,}36 \cdot 12{,}5 = 17\ \text{PS}\,.$$

15. Die Wärmewirkung des Stromes.

Ein in einen elektrischen Stromkreis eingeschalteter Draht erwärmt sich. Er kann glühend gemacht werden, wie es z. B. in den Glühlampen geschieht, oder auch geschmolzen werden, wovon bei den Schmelzsicherungen Gebrauch gemacht wird. Die dem Draht zugeführte elektrische Arbeit setzt sich also in Wärme um.

Die Arbeit des elektrischen Stromes innerhalb einer gewissen Zeit läßt sich nach einer der Gln. (29) bis (31) berechnen, und zwar erhält man sie in Wattsekunden, wenn die Zeit in Sekunden eingesetzt wird. Die Wärmearbeit wird aber gewöhnlich in einer anderen Einheit gemessen, der Kalorie oder, dem 1000fachen Betrage derselben, der Kilokalorie (kcal). Unter letzterer versteht man jene Wärmemenge, die aufgewendet werden muß, um 1 kg Wasser um 1° C zu erwärmen.

Durch zahlreiche Versuche wurde nun festgestellt, daß

$$1 \text{ kcal} = 4200 \text{ Ws} \tag{37}$$

ist. Es ist daher umgekehrt

$$1 \text{ Ws} = \frac{1}{4200} = 0{,}00024 \text{ kcal}. \tag{38}$$

Um die durch den elektrischen Strom erzeugte Wärmemenge Q in kcal zu erhalten, muß man also die Anzahl der Wattsekunden mit 0,00024 multiplizieren. Demgemäß wird z. B. aus Gl. (31):

$$Q = 0{,}00024 \cdot I^2 \cdot R \cdot t. \tag{39}$$

In ähnlicher Weise können auch die Gl. (29) und (30) umgeformt werden. Gl. (39) besagt: Die vom Strom entwickelte Wärmemenge ist dem Quadrate der Stromstärke, dem Widerstande des Leiters und der Zeit des Stromdurchganges proportional. Diese Beziehung wurde von JOULE aufgefunden und heißt daher das JOULEsche Gesetz.

In vielen Fällen ist die durch den elektrischen Strom in den Leitungen erzeugte Wärme unerwünscht. Die dafür aufgewendete elektrische Leistung wird dann nutzlos verbraucht und kann daher als Stromwärmeverlust bezeichnet werden. Mit einem solchen ist z. B. in den Wicklungen elektrischer Maschinen und in den zur Fortleitung des Stromes dienenden Leitungen zu rechnen.

Die Erwärmung eines Leiters durch den elektrischen Strom kann als eine Folge der Elektronenbewegung angesehen werden (s. Abschn. 12). Über den Mechanismus dieser Bewegung ist noch wenig bekannt, doch muß man annehmen, daß bei der Überwindung des sich ihr entgegensetzenden Widerstandes — bedingt durch den elektrischen Widerstand des Leiters — Wärme entsteht, vergleichbar mit der Reibungswärme, die bei der Bewegung eines Gegenstandes auf einer Unterlage auftritt.

Beispiele: 1. Welche Wärmemenge entspricht der elektrischen Arbeit von einer Kilowattstunde?

Da 1 Ws = 0,00024 kcal ist, so ist

$$1 \text{ kWh} = 1000 \cdot 60 \cdot 60 \cdot 0{,}00024 = 864 \text{ kcal}.$$

2. Welcher Wärmebetrag wird stündlich in einem elektrischen Widerstand von 5 Ω entwickelt, der einen Strom von 22 A aufnimmt?

$$Q = 0{,}00024 \cdot I^2 \cdot R \cdot t$$
$$= 0{,}00024 \cdot 22^2 \cdot 5 \cdot 3600 = 2090 \text{ kcal}.$$

3. Eine Leitung hat einen Widerstand von 0,1 Ω und führt einen Strom von 12 A. Welcher Stromwärmeverlust tritt in der Leitung auf?

Der Verlust berechnet sich nach Gl. (28) zu

$$N = I^2 \cdot R = 12^2 \cdot 0{,}1 = 14{,}4 \text{ W}.$$

16. Der elektrische Lichtbogen.

Eine sehr bedeutende Wärmewirkung läßt sich erzielen, wenn zwei in einen Stromkreis eingeschaltete Stifte aus Metall oder Kohle zunächst mit ihren Enden in Berührung gebracht, dann aber langsam voneinander entfernt werden. An den gegenüberstehenden Enden der Stifte tritt hierbei infolge des hohen Übergangswiderstandes zunächst eine lebhafte Erwärmung auf, und bei weiterem Auseinanderziehen bildet sich an der Unterbrechungsstelle eine glänzende Lichterscheinung, die bei horizontaler Anordnung der Stifte — Elektroden genannt — infolge des aufsteigenden Luftstromes die Form eines nach oben gekrümmten Bogens annimmt und daher als Lichtbogen bezeichnet wird.

Wegen seiner außerordentlich hohen Temperatur findet der Lichtbogen häufig zum Schmelzen von Metallen Verwendung. Eine große Verbreitung hat auch das Lichtbogen-Schweißverfahren gefunden. In den Bogenlampen wird der Lichtbogen zur Lichterzeugung nutzbar gemacht.

Zur Erklärung des Lichtbogens muß von der Tatsache ausgegangen werden, daß von jedem glühenden Körper Elektronen, also Teilchen negativer Elektrizität, abgeschleudert werden, so auch von den glühenden Elektrodenspitzen. Die von der negativen Elektrode ausströmenden Elektronen werden nun von der positiven Elektrode lebhaft angezogen. Dabei stoßen sie auf dem Wege zwischen den beiden Elektroden so gewaltsam auf Luftmoleküle, daß ein Teil derselben zertrümmert, in positive Ionen und weitere Elektronen gespalten wird, ein Vorgang, durch den die Zahl der Elektronen sich lawinenartig vermehrt, und den man als Stoßionisierung bezeichnet. Während die positiven Ionen von der negativen Elektrode festgehalten werden, eilen die Elektronen mit großer Geschwindigkeit der positiven Elektrode zu. Diese wird daher durch die zahlreich auftreffenden Elektronen, die man mit kleinsten Geschossen vergleichen kann, einer Art von Trommelfeuer ausgesetzt, das sich durch eine besonders starke Erwärmung der positiven Elektrodenspitze bemerkbar macht. In der Tat nimmt diese — Kohleelektroden vorausgesetzt — eine Temperatur von ungefähr 4200° C an, während die negative Elektrode nur auf eine solche von etwa 2700° C gelangt.

17. Thermoelektrizität.

Eine Möglichkeit, Wärme unmittelbar in elektrische Energie überzuführen, bieten die Thermoelemente. Sie bestehen aus zwei z. B. durch Lötung miteinander verbundenen verschiedenartigen Metallen und werden zum Sitz einer EMK, sobald die Lötstelle gegen die Umgebung erwärmt (oder abgekühlt) wird. Doch ist die EMK stets sehr gering, so daß man schon verhältnismäßig viele Elemente zu einer Thermosäule vereinigen muß, um eine Spannung von wenigen Volt zu erhalten. Nennenswerte praktische Bedeutung besitzt daher diese Art der Elektrizitätserzeugung bisher nicht, doch finden die Thermoelemente ausgedehnte Verwendung für die Messung von Temperaturen.

18. Die chemischen Wirkungen des Stromes.

Die leitenden Flüssigkeiten werden beim Durchgange des elektrischen Stromes in ihre Bestandteile zerlegt, ein Vorgang, den man Elektrolyse nennt. Um den Strom der Flüssigkeit zuzuführen, taucht man in das sie enthaltende Gefäß zwei Metallbleche als Elektroden ein, die mit den Polen der Stromquelle verbunden werden. Man nennt eine deratige Einrichtung eine Zersetzungszelle. Die mit dem positiven Pol der Stromquelle in Verbindung stehende Elektrode wird als positiv, die andere als negativ bezeichnet, Abb. 18. Die Zersetzungsprodukte scheiden sich lediglich an den Elektroden ab.

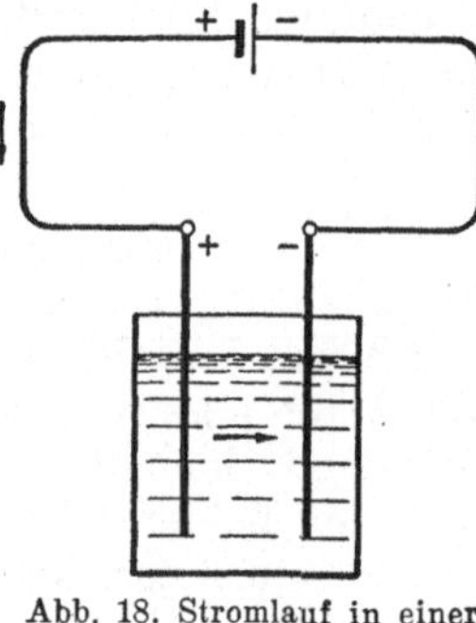

Abb. 18. Stromlauf in einer Zersetzungszelle.

Wasser, das durch Schwefelsäure leitend gemacht wird, zerfällt beim Stromdurchgang, seiner Zusammensetzung entsprechend, in zwei Teile Wasserstoff und einen Teil Sauerstoff. Da diese Bestandteile des Wassers in gasförmigem Zustand auftreten, so werden sie in zwei Glasröhren aufgefangen, die über die aus Platin hergestellten Elektroden des Wasserzersetzungsapparates gestülpt werden. Bei genauer Betrachtung läßt sich allerdings feststellen, daß durch den elektrischen Strom nicht das Wasser, sondern die ihm zugesetzte Schwefelsäure zersetzt wird, und daß die Wasserzersetzung infolge sekundär auftretender, rein chemischer Vorgänge zustande kommt. Aus einer Lösung des schwefelsauren Kupfers (Kupfervitriol) wird durch den Strom das Kupfer ausgeschieden, aus einer Lösung von salpetersaurem Silber (Höllenstein) das Silber usw.

Bei allen elektrolytischen Vorgängen wandern Wasserstoff und die Metalle in der Richtung des Stromes. Sie bilden sich also in der Zersetzungszelle an der negativen Elektrode, der Kathode, während die nichtmetallischen Bestandteile, z. B. Sauerstoff, an der positiven Elektrode, der Anode, auftreten. Bei den innerhalb eines Elementes stattfindenden chemischen Vorgängen werden dagegen der Wasserstoff und die Metalle am positiven Pol, der Sauerstoff und die Nichtmetalle am negativen Pol abgeschieden, da im Innern eines Elementes, umgekehrt wie in der Zersetzungszelle, der Strom vom negativen zum positiven Pole fließt (s. Abb. 2).

Zusammengesetzte Stoffe können auch dadurch der Elektrolyse zugänglich gemacht werden, daß man sie in den feuerflüssigen Zustand bringt. Hiervon wird z. B. bei der Aluminiumgewinnung Gebrauch gemacht.

Auf einer elektrolytischen Wirkung beruht auch das Polreagenzpapier, ein mit Phenolphthalein getränktes Papier, das zum Auffinden der Richtung des elektrischen Stromes dient. Die Enden der beiden von der auf ihre Polarität zu untersuchenden Stromquelle ausgehenden oder von dem Stromverteilungsnetz abgezweigten Leitungen werden in geringem Abstand voneinander auf das vorher angefeuchtete Papier gedrückt, wobei sich dieses am negativen Pol rot färbt.

19. Wesen der Elektrolyse.

Zur Erklärung der elektrolytischen Vorgänge muß man annehmen, daß sich die Moleküle eines Stoffes, sobald er in Lösung geht, in ihre Ionen aufspalten. Dabei verhalten sich die Ionen des Wasserstoffs und der Metalle elektropositiv, die Restionen der Säure oder des Salzes elektronegativ. Werden nun die in die Lösungsflüssigkeit getauchten Elektroden an eine elektrische Stromquelle gelegt, so wird die eine Elektrode positiv, die andere negativ aufgeladen, vgl. Abb. 19. Die negativ aufgeladene Elektrode zieht nun die positiven Ionen (Wasserstoff bzw. das Metall) zu sich heran — die Ionen sind in der Abbildung durch kleine Kreise angedeutet —, während die negativen Ionen von der positiven Elektrode angezogen werden. Es tritt also in der Flüssigkeit eine Wanderung der Ionen ein. An den Elektroden findet nun ein Elektrizitätsausgleich statt: die Ionen werden entladen. Dagegen wird die an den Elektroden verbrauchte Elektrizitätsmenge von der Stromquelle ständig wieder ersetzt. Im Innern der Flüssigkeit wird der elektrische Strom also lediglich durch den Transport der elektrischen Ladungen der Ionen aufrechterhalten.

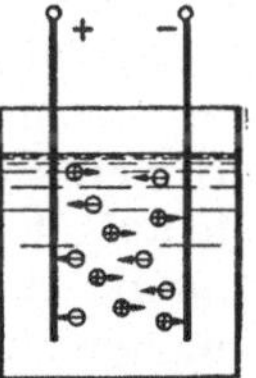

Abb. 19. Ionenwanderung in der Zersetzungszelle.

20. Das Gesetz von Faraday.

Die Gewichtsmengen der Stoffe, die sich während der Elektrolyse an den Elektroden niederschlagen, lassen sich nach einem von Faraday aufgefundenen Gesetze aus der Formel berechnen:

$$G = g \cdot I \cdot t. \tag{40}$$

Hierin bedeuten:

G die abgeschiedene Menge in mg,
I die Stromstärke in Ampere,
t die Zeit des Stromdurchganges in Sekunden,
g das elektrochemische Äquivalent, d. h. die vom Strome 1 A in 1 Sekunde abgeschiedene Gewichtsmenge in mg.

Es ist z. B. für

Wasserstoff:	$g = 0{,}0104$	Kupfer:	$g = 0{,}329$
Nickel:	$g = 0{,}304$	Silber:	$g = 1{,}118$

Beispiel: Welche Kupfermenge wird aus einer Kupfervitriollösung innerhalb 24 Stunden bei einer Stromstärke von 50 A ausgeschieden?

$$\begin{aligned} G &= g \cdot I \cdot t \\ &= 0{,}329 \cdot 50 \cdot 24 \cdot 3600 = 1420000 \text{ mg} \\ &= 1{,}420 \text{ kg}. \end{aligned}$$

21. Die elektrolytische Polarisation.

Zur Hervorrufung elektrolytischer Wirkungen bedarf man erfahrungsgemäß einer gewissen Mindestspannung, die je nach dem Material der Elektroden und der Art der Flüssigkeit verschieden ist, unterhalb der jedoch eine Zersetzung nicht eintritt. Dieses Verhalten ist darauf zurückzuführen, daß die Elektroden durch die sich an ihnen abscheidenden Zersetzungsprodukte „polarisiert", d. h. selber zur Ursache einer EMK werden, die der zugeführten EMK entgegenwirkt, und die durch diese überwunden werden muß. Man nennt diese Erscheinung Polarisation.

Bei der im Abschn. 18 erörterten Wasserzersetzung z. B. bedeckt sich die positive Platinelektrode mit Sauerstoff-, die negative mit Wasserstoffbläschen. Die so gebildeten Gasschichten wirken nun wie die verschiedenartigen Pole eines Elementes, indem sie eine elektromotorische Gegenkraft (EMG) von ungefähr 1,5 V hervorrufen. Die aufgewendete Spannung muß also, damit eine Zersetzung zustande kommt, diesen Betrag übersteigen. Unterbricht man nach einiger Zeit den der Zersetzungszelle zugeführten Strom, so kann man in der Tat einen Augenblick lang der Zelle einen Strom entnehmen, der die entgegengesetzte Richtung hat wie der vorher zugeführte Strom: den Polarisationsstrom. Die Zersetzungszelle wirkt also nunmehr wie ein Element, dessen positiver Pol mit der positiven Elektrode und dessen negativer Pol mit der negativen Elektrode der Zelle übereinstimmt. Die vorstehend erörterte Erscheinung bildet die Grundlage für die im zwölften Kapitel ausführlich behandelten Sekundärelemente oder Akkumulatoren.

Die Erscheinung der Polarisation ist auch von größter Bedeutung für die Wirkungsweise der galvanischen oder primären Elemente. Beim Voltaelement (s. Abschn. 1) z. B. nimmt die EMK, die zu Beginn etwa 1,1 V beträgt, während des Gebrauches infolge der durch die Polarisation hervorgerufenen EMG schnell ab. Man bezeichnet daher das Element als unbeständig. Um beständige Elemente zu erhalten, muß durch Anwendung geeigneter Lösungen das Auftreten der Wasserstoffschicht am positiven Pol, der meistens aus Kupfer oder Kohle besteht, vermieden werden. Zu den beständigen Elementen gehören z. B. das DANIELL-, das BUNSEN- und das LECLANCHÉ-Element.

22. Das magnetische Feld.

Eine bei gewissen Eisenerzen vorkommende Erscheinung ist der Magnetismus. Dieser äußert sich bekanntlich dadurch, daß von dem Erz kleine Eisenteilchen angezogen werden. Stücke aus gehärtetem Stahl, die mit einem Magneten bestrichen werden, erlangen ebenfalls magnetische Eigenschaften und sind daher als künstliche Magnete zu betrachten. Bei einem Stabmagneten scheinen die magnetischen Kräfte namentlich von den Enden oder Polen auszugehen.

Eine frei bewegliche Magnetnadel stellt sich in eine Richtung ein, die nahezu mit der geographischen Nord-Süd-Richtung zusammenfällt. Man nennt den nach Norden zeigenden Pol den Nordpol, den nach Süden weisenden den Südpol des Magneten. Nähert man einem der Pole einen Pol eines anderen Magneten, so tritt zwischen beiden eine Kraftwirkung auf in der Weise, daß gleichartige Pole sich abzustoßen, ungleichartige Pole sich anzuziehen suchen.

Nach einem von COULOMB aufgestellten Gesetz ist die Größe der zwischen den beiden Polen bestehenden Kraft der Stärke der aufeinander wirkenden Pole direkt und dem Quadrat der Entfernung umgekehrt proportional. Die Polstärke wird gemessen in Poleinheiten. Unter einer Poleinheit versteht man einen Pol solcher Stärke, daß er auf einen gleich starken Pol in der Entfernung 1 cm die Kraft 1 Dyn ($= \frac{1}{981}$ g) ausübt.

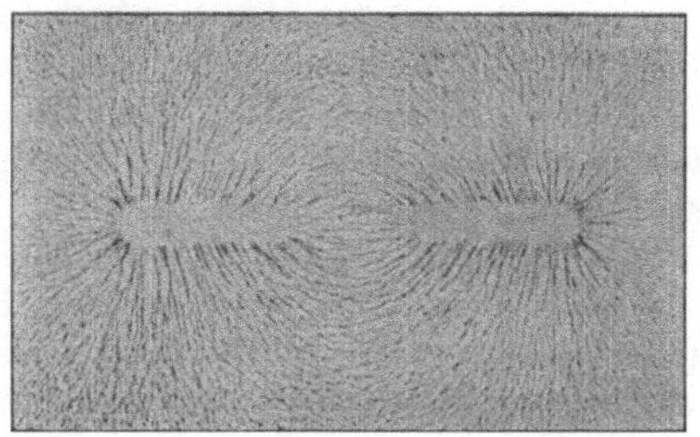

Abb. 20. Magnetisches Feld eines Stabmagneten.

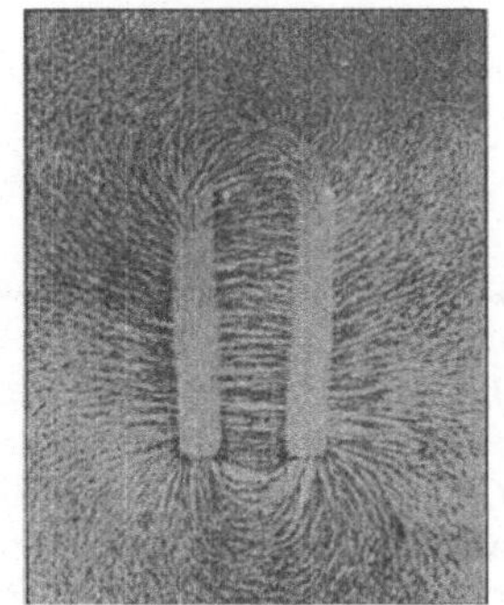

Abb. 21. Magnetisches Feld eines Hufeisenmagneten.

Bringt man in die Nähe eines Magneten eine Anzahl frei beweglicher Magnetnadeln, so nimmt jede von ihnen, den auf sie einwirkenden, von den Polen des Magneten ausgehenden Kräften gemäß, eine bestimmte Richtung an. Weil, wie man sich leicht durch den Versuch überzeugen kann, Eisen in der Nähe eines Magneten selber magnetisch wird, so verhalten sich kleine Eisenteilchen in der Umgebung des Magneten ebenso wie die Magnetnadeln. Bestreut man ein über einen Magneten gebrachtes Kartonblatt mit Eisenfeilspänen, so muß daher jedes Eisenteilchen eine ganz bestimmte Richtung annehmen. Auf diese Weise ordnen sich die Späne in Kurven an, die von einem Pol ausgehen und durch die Luft zum anderen Pol verlaufen. Diese Kurven geben in jedem ihrer Punkte die Richtung der daselbst herrschenden Kraft an, und man nennt sie daher Kraftlinien. Die Gesamtheit aller von dem Magneten ausgehenden Kraftlinien, deren es unendlich viele gibt, deren Zahl aber bei der Sichtbarmachung mittels Eisenfeilspänen je nach der Korngröße eine beschränkte ist, bezeichnet man als sein magnetisches Feld. Das durch Eisenfeilspäne sichtbar gemachte Feld eines Stabmagneten ist in Abb. 20 wiedergegeben, das Feld eines Hufeisenmagneten ist aus Abb, 21 zu erkennen.

Man nimmt an, daß die Kraftlinien am Nordpol austreten und durch die Luft zum Südpol gelangen. Innerhalb des Magneten selber schließen sich die Kraftlinien, drängen sie sich also sämtlich zusammen. Ihre Richtung ändert sich sprunghaft dort, wo sie in den Magneten ein- oder an ihm austreten Für einen Stabmagneten ist der Kraftlinienverlauf in Abb. 22 schematisch zum Ausdruck gebracht. Es sind in der Abbildung auch einige Magnetnadeln eingezeichnet, die sich in Richtung der Kraftlinien, d. h. tangential zu ihnen eingestellt haben. Der Richtungssinn der Kraftlinien fällt, wie die Abbildung zeigt, zusammen mit der Richtung, nach der die Nordpole der in das Feld gebrachten Magnetnadeln zeigen.

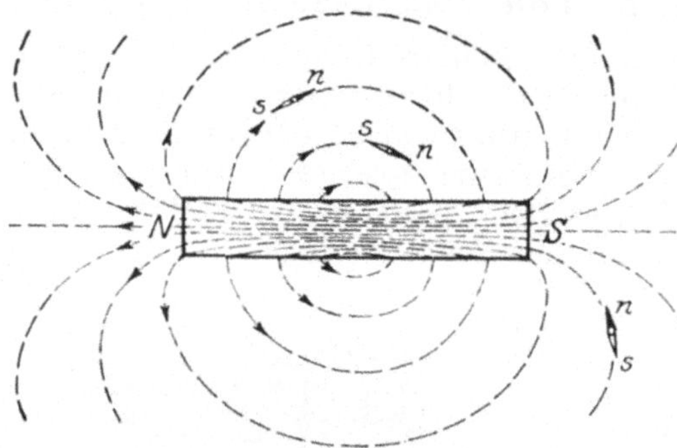

Abb. 22. Kraftlinien eines Stabmagneten.

Die Stärke des magnetischen Feldes ist im allgemeinen an verschiedenen Stellen desselben verschieden. Sie wird in der Einheit *Oerstedt* angegeben und ist gekennzeichnet durch die Kraft in Dyn, die an der betrachteten Stelle auf einen Magnetpol von der Stärke 1 Poleinheit ausgeübt wird. Ein Feld hat also dort die Stärke 1 Oerstedt, wo es auf den Einheitspol mit der Kraft von 1Dyn wirkt. Der bequemen Ausdrucksweise wegen nimmt man an, daß die Zahl der Kraftlinien, die an der fraglichen Stelle die zu den Kraftlinien senkrecht angenommene Flächeneinheit treffen, gleich der oben definierten Feldstärke ist. Man kann daher auch umgekehrt die Feldstärke ausdrücken durch die Zahl der Kraftlinien pro cm^2. In Wirklichkeit trifft die gemachte Annahme natürlich nicht zu, vielmehr ist die Kraftlinienzahl, wie schon angegeben, unbeschränkt.

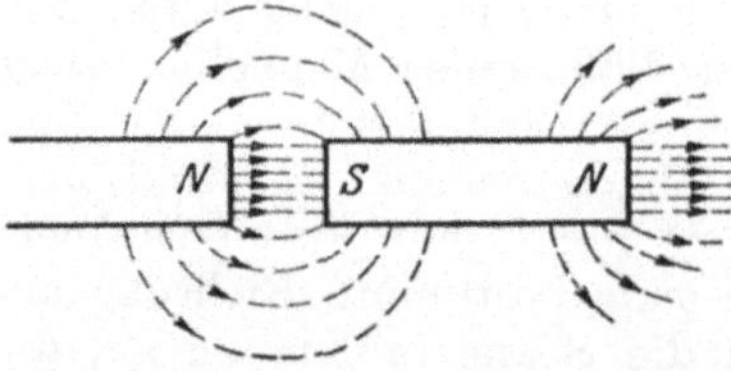

Abb. 23. Eisen im Felde eines Stabmagneten.

Bei einem magnetischen Felde, dessen Stärke überall dieselbe ist, laufen die Kraftlinien parallel und in gleichem Abstand voneinander. Ein solches Feld wird gleichförmig genannt. Ein nahezu gleichförmiges Feld erhält man z. B. zwischen den Schenkeln eines Hufeisenmagneten (s. Abb. 21).

Bringt man in die Nähe eines Magneten ein Stück Eisen, so zieht dieses einen großen Teil der Kraftlinien in sich hinein. Man kann aus diesem Verhalten schließen, daß die Kraftlinien in dem Eisen einen geringeren Widerstand finden als in der Luft. Das Eisen wird bei diesem Versuche, wie bereits erwähnt, selber zu einem Magneten: magnetische Influenz. Dort, wo die Kraftlinien in das Eisen eintreten, entsteht ein Südpol, wo sie austreten ein Nordpol, Abb. 23.

23. Theorie der Molekularmagnete.

Zerbricht man einen Magnetstab in beliebig viele Teile, so ist jeder Teil wieder ein vollständiger Magnet mit einem Nordpol und einem Südpol. Man nimmt daher an, daß selbst die kleinsten Teile, die Moleküle, magnetisch sind, und zwar bei jedem Eisen und auch dann, wenn es nicht magnetisch erscheint. In diesem Falle befinden sich die Molekularmagnete in beliebigen Lagen, wirr durcheinander, wie Abb. 24 zeigt, in der sie durch kleine Kreise angedeutet sind, deren schwarz an-

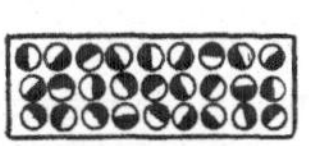

Abb. 24. Lagerung der Moleküle im unmagnetischen Eisen.

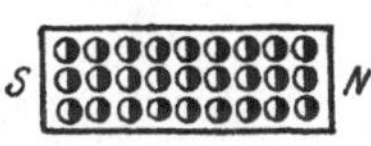

Abb. 25. Lagerung der Moleküle im magnetischen Eisen.

gelegte Hälfte den Nordpol bedeuten soll. Der Magnetismus ist daher nach außen nicht wirksam. Eisen magnetisieren heißt: alle Molekularmagnete richten in der Weise, daß sämtliche Nordpole nach der einen, sämtliche Südpole nach der entgegengesetzten Seite zeigen. Es kann dies z. B. dadurch geschehen, daß man das Eisen in die Nähe eines Magnetpoles bringt, Abb. 25.

Bei ihrer Umlagerung tritt zwischen den Molekülen des Stahls eine große, zwischen den Molekülen des gewöhnlichen oder weichen Eisens eine geringere Reibung auf. Stahl läßt sich daher verhältnismäßig schwerer magnetisieren als das gewöhnliche Eisen, aber es behält den einmal erlangten Magnetismus auch fast vollständig bei, während er im Eisen nach Fortnahme der magnetisierenden Ursache bis auf eine geringe Spur, den Restmagnetismus — auch remanenter Magnetismus genannt —, wieder verschwindet.

24. Die magnetischen Wirkungen des Stromes.

a) Magnetisches Feld eines Stromes.

Ein magnetisches Feld tritt auch in der Umgebung eines jeden vom elektrischen Strome durchflossenen Leiters auf. Schiebt man über einen geradlinigen Leiter ein Kartonblatt, so kann man mit Hilfe aufgestreuter Eisenfeilspäne erkennen, daß die Kraftlinien den Leiter sämtlich als parallele Kreise umschließen, Abb. 26. Die Richtung der Kraftlinien entspricht, wenn man in die Richtung des Stromes blickt, dem Uhrzeigersinn (Uhrzeigerregel) oder auch dem Drehsinn eines Korkenziehers beim Hinein- oder Herausschrauben in der Stromrichtung (Korkenzieherregel).

b) Ablenkung eines Magneten durch einen Strom.

Ein in die Nähe eines stromdurchflossenen Leiters, d. h. in sein magnetisches Feld gebrachter beweglicher Magnet sucht sich stets in Richtung der Kraftlinien, also tangential zu den Kreisen einzustellen, wie es in Abb. 26 durch einige Magnetnadeln angedeutet ist. Die Richtung, nach der die Nordpole der Nadeln weisen, stimmt mit dem Richtungssinn der Kraftlinien überein. Ein Magnet wird also im allgemeinen durch den Strom aus der Nord-Süd-Richtung abgelenkt: er hat das Bestreben, eine zum Leiter senkrechte Lage einzunehmen. Die Ablenkungsrichtung des Magneten ergibt sich auch aus der Ampereschen Schwimmerregel: Denkt man sich mit dem Strome schwimmend, so wird, wenn man den betreffenden Pol ansieht, der Nordpol nach links, der Südpol nach rechts abgelenkt.

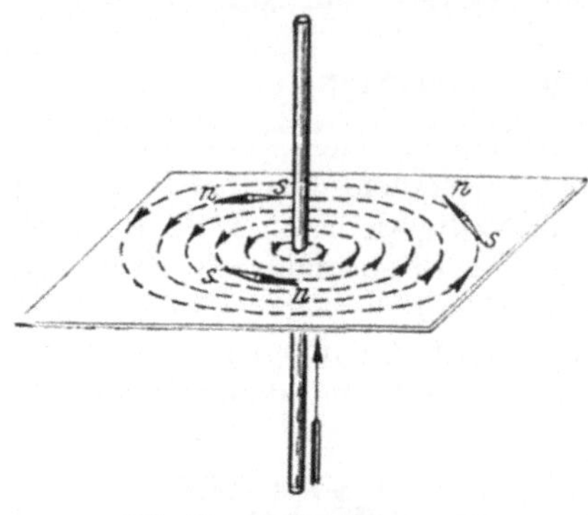

Abb. 26. Kraftlinien um einen Stromleiter.

Mit Hilfe der Ampereschen Regel läßt sich umgekehrt aus der Ablenkungsrichtung einer in das Feld des Stromleiters gebrachten Magnetnadel ein Schluß auf die Richtung des Stromes ziehen. Eine diesem Zwecke dienende Magnetnadel heißt Galvanoskop.

c) Ablenkung eines Stromes durch einen Magneten.

Ebenso wie durch einen festen Stromleiter ein beweglicher Magnet abgelenkt wird, so unterliegt nach dem Gesetz von Wirkung und Gegenwirkung auch ein beweglicher Leiter dem Einflusse eines festen Magneten, und zwar wird er in entgegengesetzter Richtung abgelenkt. Wird z. B. der Draht *A B* (Abb. 27), der sich zwischen den beiden Polen *N* und *S* eines Hufeisenmagneten befindet, und der ein Teil des an eine Stromquelle, z. B. die Batterie *B*, angeschlossenen Kreises *A B C D* ist, in der Richtung von *B* nach *A* vom Strome durchflossen, so ergibt sich durch die Anwendung der Ampereschen Regel, daß auf die Magnetpole eine nach unten, auf den Draht also eine nach oben gerichtete Kraft wirkt. Ist der Draht leicht beweglich angeordnet, so wird er also nach oben aus dem magnetischen Felde herausgetrieben. Bequemer findet man im vorliegenden Falle die Kraftrichtung nach der zu dem gleichen Ergebnis wie die Amperesche Regel führenden Linkehandregel: Hält man die innere Fläche der linken Hand den Kraftlinien entgegen, und zeigen die Fingerspitzen in die Richtung des Stromes, so gibt der abgespreizte Daumen die Richtung der Bewegung des Drahtes an, Abb. 28. Bei Anwendung dieser Regel ist zu beachten, daß die Kraftlinien am Nordpol austreten.

Der zwischen einem Magneten und einem Stromleiter bestehenden Wechselwirkung ist es auch zuzuschreiben, daß ein elektrischer Funken oder Lichtbogen durch einen Magneten ausgeblasen werden kann. Diese Erscheinung wird **magnetische Funkenlöschung** genannt und ist dadurch zu erklären, daß der Funken, der als die

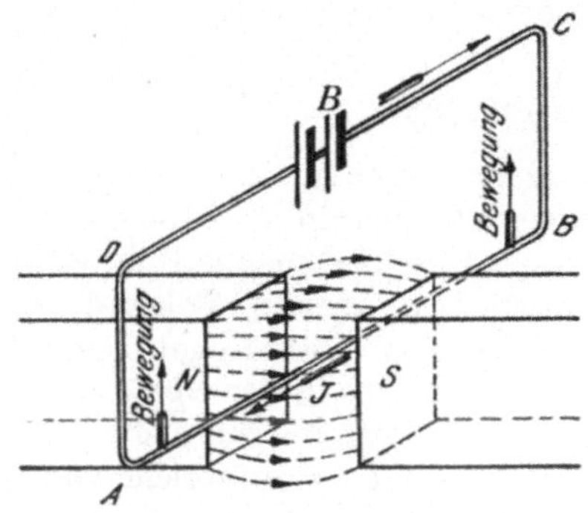

Abb. 27. Einwirkung eines Magneten auf einen stromdurchflossenen Leiter.

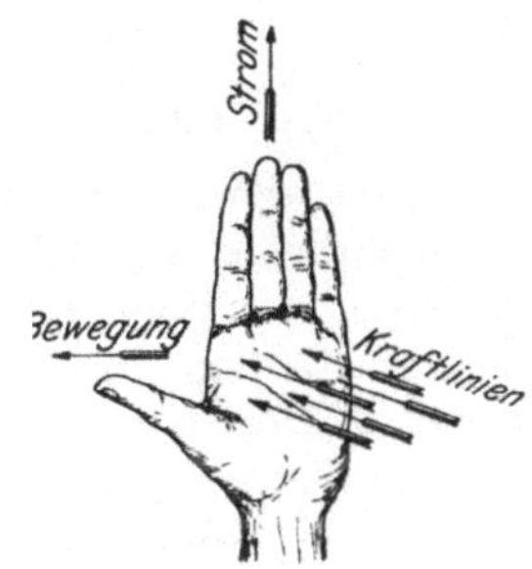

Abb. 28. Anwendung der Linkehandregel.

äußerst leicht bewegliche Bahn eines elektrischen Stromes anzusehen ist, durch den Magneten so stark ausgebogen wird, daß er schließlich erlischt.

d) Die stromdurchflossene Spule.

Die magnetischen Eigenschaften, die einem stromführenden Drahte zukommen, werden besonders augenfällig, wenn man ihn zu einer **Spule** wickelt. Das magnetische Feld einer Spule, das sich auch wieder durch Eisenfeilspäne nachweisen läßt, zeigt hinsichtlich des Verlaufs der Kraftlinien große Ähnlichkeit mit dem Felde eines Stabmagneten, Abb. 29. **Die stromdurchflossene Spule muß also auch ähnliche Eigenschaften besitzen wie ein Magnet.** In der Tat stellt sich eine frei bewegliche Spule wie eine Magnetnadel in die magnetische Nord-Süd-Richtung ein. Sie besitzt also einen Nordpol und einen Südpol. Nähert man einem Pole der Spule den Pol eines Magneten, so tritt, wie zwischen zwei Magnetpolen (siehe Abschn. 22), Anziehung oder Abstoßung ein. Eisenstücke werden in die Spule hineingezogen. Im Gegensatz zum Stabmagneten haben die von der Spule entwickelten Kraftlinien die Form von **stetig** verlaufenden Kurven. Die Richtung der Kraftlinien

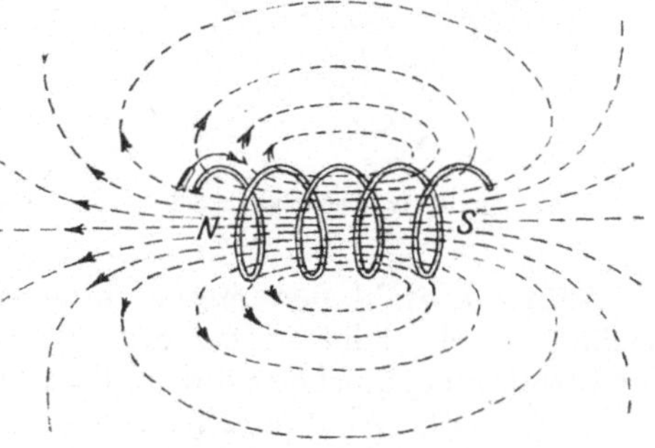

Abb. 29. Kraftlinien einer stromdurchflossenen Spule.

bzw. die Lage der Pole läßt sich nach einem der Ampereschen Schwimmerregel ähnlichen Gesetze bestimmen: Denkt man sich mit dem Strome schwimmend, das Gesicht dem Innern der Spule zugekehrt, so bildet sich der Nordpol links. Bei der in Abb. 29 angenommenen Stromrichtung entsteht also der Nordpol, an dem die Kraftlinien ins Freie treten, am linken Ende der Spule.

25. Elektromagnete.

Befindet sich Eisen innerhalb einer stromdurchflossenen Spule, so muß es, da alle seine Molekularmagnete sich in Richtung der hier ungefähr parallelen Kraftlinien einstellen, selber magnetisch werden. Man erhält also einen Elektromagneten, dessen Polarität nach der am Schlusse des vorigen Abschnittes gegebenen Regel festgestellt werden kann. Durch die Anwesenheit des Eisens in der Spule wird die Zahl der Kraftlinien außerordentlich vermehrt, da nunmehr zu den von der Spule herrührenden Kraftlinien noch die treten, welche von dem magnetisch gewordenen Eisen ausgehen.

Die erzielte magnetische Wirkung hängt bei einem Elektromagneten wesentlich von dem Produkt aus der Stromstärke in Ampere und der Windungszahl der Spule ab. Man bezeichnet dieses Produkt als elektrische Durchflutung. Diese wird also durch die Zahl der Amperewindungen (AW) ausgedrückt. Ist D die Durchflutung und w die Windungszahl, so ist demnach

$$D = I \cdot w. \qquad (41)$$

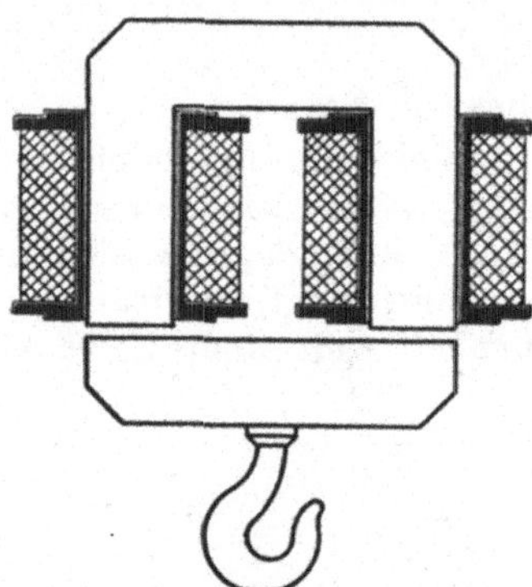

Abb. 30. Hufeisenelektromagnet.

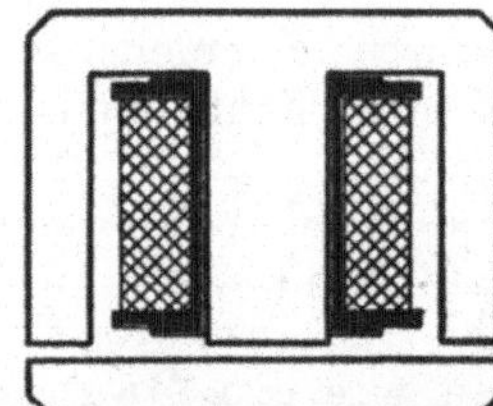

Abb. 31. Mantelförmiger Elektromagnet.

Während Stahl den einmal erlangten Magnetismus dauernd beibehält, verschwindet er bei dem gewöhnlichen Eisen wieder, sobald der Strom unterbrochen wird, und es bleibt nur der geringfügige Restmagnetismus (s. Abschn. 23) bestehen.

Die Form, die man den Elektromagneten gibt, ist sehr verschieden. Neben der einfachen Stabform werden namentlich die Hufeisenform, Abb. 30, und die Mantelform, Abb. 31, bevorzugt. Letztere geht in die Topfform über, wenn der Mantel ringförmig geschlossen ist.

Elektromagnete finden in der Industrie ausgedehnte Verwendung. So werden sie als Bremsmagnete zur Sicherung der zu senkenden

Last bei Kranen benutzt, und zwar gewöhnlich in der Ausführung als Lüftungsmagnete. Bei diesen wird die Bremswirkung durch Öffnen des Stromes ausgelöst, so daß die Bremse auch bei unbeabsichtigter Stromunterbrechung in Wirksamkeit tritt. Sehr beliebt sind auch die Lasthebemagnete zum Heben und Fortschaffen von Eisenteilen, Blechen, Schienen, Schrott u. dgl. in Walzwerken, Fabriken usw. Ferner seien noch die elektromagnetischen Aufspannvorrichtungen für Drehbänke zur Bearbeitung von Kolbenringen und ähnlichen Teilen erwähnt. Auch elektromagnetische Kupplungen, durch welche die Verbindung zweier Wellen in bequemer Weise hergestellt und wieder gelöst werden kann, werden häufig mit Vorteil angewendet. Weiter sind hier die elektromagnetischen Erzscheider zur Trennung magnetischen und unmagnetischen Materials zu nennen. Die wichtigste Rolle kommt den Elektromagneten jedoch als wesentlicher Bestandteil der elektrischen Maschinen zu.

26. Die elektrodynamischen Wirkungen.

Da sich eine vom Strome durchflossene Spule wie ein Magnet verhält, so muß auch zwischen zwei stromführenden Spulen eine Kraftwirkung auftreten, ähnlich wie zwischen zwei Magneten, eine Erscheinung, die man als elektrodynamische Wirkung bezeichnet. Sie wird durch das Gesetz beherrscht: Parallele stromdurchflossene Leiter ziehen sich an bei gleicher Stromrichtung, stoßen sich dagegen ab bei entgegengesetzter Stromrichtung; gekreuzte Stromleiter suchen sich in der Weise parallel zu stellen, daß die Stromrichtung in ihnen die gleiche wird.

Werden z. B. zwei Spulen in der durch Abb. 32 veranschaulichten Weise angeordnet, die Spule *A B* also fest angebracht, die dazu senkrechte Spule *C D* dagegen beweglich aufgehängt, so zeigt die letztere das Bestreben, sich parallel zur festen, also in die Ebene *A B* einzustellen, und zwar so, daß die Ströme I_1 und I_2 der beiden Spulen dieselbe Richtung besitzen. Bei den in der Abbildung angenommenen Stromrichtungen wird also *C* nach *A* und *D* nach *B* gelangen. Die gleiche Bewegungsrichtung wird eintreten, wenn die Stromrichtung in beiden Spulen umgekehrt wird. Ändert man dagegen die Stromrichtung nur in einer Spule, so wird sich *C* nach *B* und *D* nach *A* bewegen.

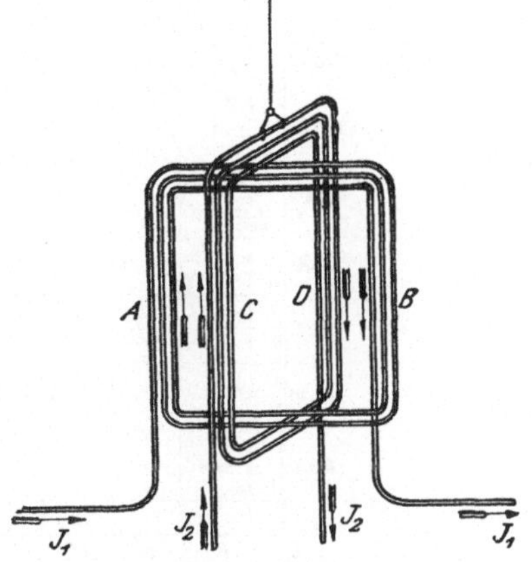

Abb. 32. Einwirkung zweier stromdurchflossenen Spulen aufeinander.

27. Der magnetische Kreis.

Um mit einer geringen Durchflutung, d. h. unter Aufwendung weniger AW eine große Zahl von Kraftlinien oder, wie man sagt, einen starken magnetischen Fluß zu erhalten, muß für einen geringen magnetischen Widerstand Sorge getragen werden, muß man die Kraftlinien also nach Möglichkeit innerhalb von Eisen verlaufen lassen. Ein in sich geschlossenes eisernes Gestell von ganz beliebiger Form, wie es z. B. Abb. 33 zeigt, nennt man einen

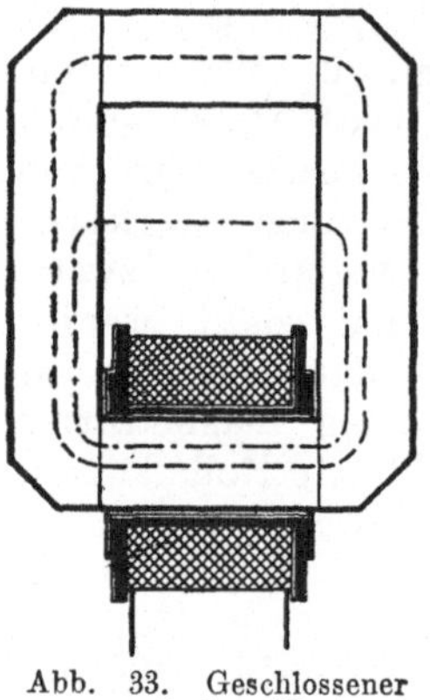

Abb. 33. Geschlossener magnetischer Kreis.

geschlossenen magnetischen Kreis.

Wird die auf dem Gestell angebrachte Spule mit Strom gespeist, so werden die dadurch hervorgerufenen Kraftlinien fast sämtlich in dem Eisen des Gestelles verbleiben, wie es in der Abbildung durch eine gestrichelte Linie, die den mittleren Kraftlinienverlauf angeben soll, angedeutet ist. Nur ein sehr geringer Teil der Kraftlinien wird sich nach Art der strichpunktierten Linie durch die Luft schließen, indem er gewissermaßen aus dem Eisen herausgedrängt wird, eine Erscheinung, die man Streuung nennt.

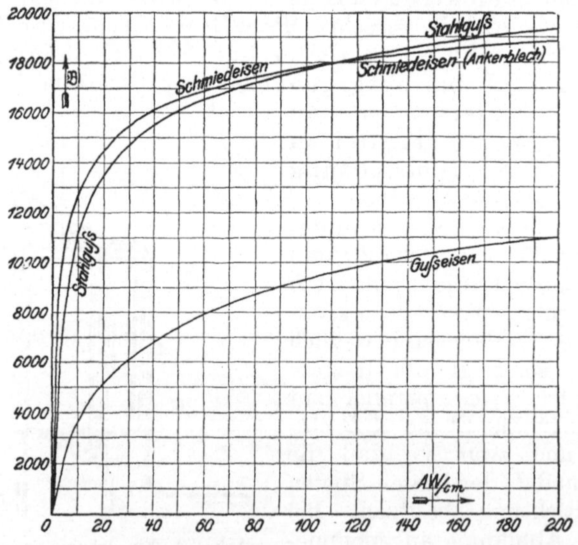

Abb. 34. Magnetisierungskurven der verschiedenen Eisenarten.

Der magnetische Fluß, d. h. die Zahl der Kraftlinien wird durch die Einheit Maxwell (M) ausgedrückt. Die auf 1 cm² des Gestellquerschnittes entfallende Kraftlinienzahl heißt Kraftliniendichte und wird in der Einheit Gauß angegeben. Die Kraftliniendichte von 1 Gauß ist dort vorhanden, wo auf 1 cm² Eisenquerschnitt 1 Kraftlinie entfällt. 1 Gauß entspricht also 1 M/cm². Die elektrische Durchflutung, die erforderlich ist, um in dem Gestell eine bestimmte Kraftliniendichte hervorzurufen, hängt von der Länge des Kraftlinienweges (der Länge der gestrichelten Linie) ab. Die für 1 cm Kraftlinienlänge erforderliche AW-Zahl (AW/cm) wird Strombelag genannt. Wird dieser mit A bezeichnet, und ist l die Länge der Kraftlinie, so ist demnach die Durchflutung:

$$D = A \cdot l. \tag{42}$$

Der Strombelag kann für eine beliebige Kraftliniendichte den Magnetisierungskurven (Abb. 34) entnommen werden, die diese Abhängigkeit für die verschiedenen Eisenarten darstellen, indem zu jedem auf der vertikalen Achse angegebenen Wert der Kraftliniendichte $\mathfrak{B}$ der zugehörige Wert des Strombelags senkrecht aufgetragen ist, also an der horizontalen Achse abgegriffen werden kann. Die Kurven zeigen je nach der magnetischen Güte des Eisens Verschiedenheiten. Die in Abb. 34 angegebenen Kurven beziehen sich auf Eisen guter magnetischer Beschaffenheit. Man erkennt aus den Kurven, daß mit zunehmendem Strombelag, d. h. wachsender AW-Zahl die Kraftliniendichte zunächst sehr schnell ansteigt, dann aber langsamer, bis schließlich eine weitere Erhöhung des Strombelags eine nennenswerte Steigerung der Kraftliniendichte überhaupt nicht mehr zur Folge hat. Das Eisen ist dann magnetisch gesättigt. (Die Molekularmagnete sind sämtlich gerichtet!) Die Kurven zeigen auch, daß man bei Aufwendung derselben AW-Zahl in Schmiedeeisen eine erheblich größere Kraftlinienzahl erreicht als in Gußeisen. Zwischen Stahlguß und Schmiedeeisen besteht dagegen kein erheblicher Unterschied.

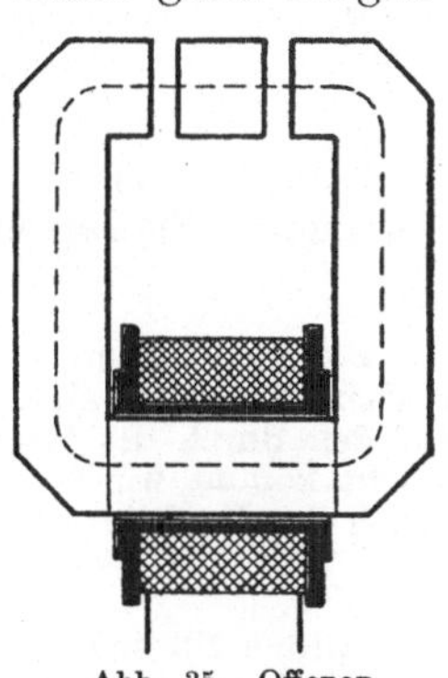

Abb. 35. Offener magnetischer Kreis.

Setzt sich das Eisengestell aus einzelnen Teilen zusammen von verschiedenem Querschnitt und gegebenenfalls auch verschiedenem Material, so kann die für jeden Teil erforderliche Durchflutung als das Produkt aus Strombelag und der für diesen Teil in Betracht kommenden Kraftlinienlänge gefunden werden. Die für die Magnetisierung des Gestells insgesamt erforderliche Durchflutung ist alsdann gleich der Summe der Durchflutungen für die einzelnen Teile: Durchflutungsgesetz. Es ist demnach:

$$D = A_1 l_1 + A_2 l_2 + A_3 l_3 + \cdots, \tag{43}$$

wenn die zusammengehörigen Werte von Strombelag und Kraftlinienlänge durch gleichlautende Ziffern gekennzeichnet werden.

Sind in dem Eisengestell Luftzwischenräume vorgesehen, Abb. 25 enthält deren zwei, so erhält man einen

offenen magnetischen Kreis.

Bei einem solchen sind außer den AW, die erforderlich sind, um die Kraftlinien durch das Eisen zu treiben, noch weitere AW notwendig, um sie auch durch die Luftspalte hindurchzudrücken. Die Gesamtdurchflutung ist mithin gleich der Summe der für das Eisen und der für die Luft notwendigen Durchflutung. Wegen des hohen magnetischen Widerstandes der Luft ist die Zahl der AW für einen selbst schmalen Luftspalt häufig größer als die für das Eisen erforderliche. Der Strombelag für die Luft — und somit auch die Durchflutung — läßt sich in einfacher Weise aus der Kraftliniendichte in der Luft, d. h. der Feldstärke (s. Abschn. 22) berechnen, und zwar gilt für ihn, wenn die Feldstärke, wie üblich, mit $\mathfrak{H}$ bezeichnet wird, die Beziehung, deren Begründung hier allerdings nicht gegeben werden kann:

$$A_l = 0{,}8 \cdot \mathfrak{H}. \tag{44}$$

Beispiel: Welche Durchfltung ist erforderlich, um in einem geschlossenen magnetischen Kreise aus Schmiedeeisen vom überall gleichen Querschnitt $q = 200$ cm² eine Kraftlinienzahl $\Phi = 3200000$ M hervorzurufen bei einer mittleren Kraftlinienlänge von $l = 120$ cm?

Es ist:

$$\mathfrak{B} = \frac{\Phi}{q} = \frac{3200000}{200} = 16000 \text{ Gauß}$$

Dafür ist nach der Kurve für Schmiedeeisen der Strombelag $A = 38$ AW/cm. Die erforderliche Durchflutung ist demnach:

$$D = A \cdot l = 38 \cdot 120 = 4560 \text{ AW}.$$

Befinden sich in dem Gestell des nunmehr als offen angenommenen magnetischen Kreises zwei Luftspalte von je 0,3 cm Länge, und nimmt man an, daß für den durch die Kraftlinien erfüllten Luftraum derselbe Querschnitt in Betracht kommt wie für das Eisen, so ist auch die Feldstärke in den Luftspalten gleich der Kraftliniendichte im Eisen, also

$$\mathfrak{H} = 16000 \text{ Oerstedt}.$$

Dafür ergibt sich nach Gl. (44) ein Strombelag $A_l = 0{,}8 \cdot 16000 = 12800$ AW/cm, also für den Luftweg $l_l = 0{,}6$ cm eine Durchflutung:

$$D_l = A_l \cdot l_l = 12800 \cdot 0{,}6 = 7680 \text{ AW}.$$

Die für das Eisen erforderliche Durchflutung wird jetzt ein wenig kleiner als oben für den geschlossenen Kreis berechnet, da der Kraftlinienweg im Eisen nur noch 119,4 cm beträgt. Der Unterschied ist jedoch so gering, daß man ihn vernachlässigen kann. Es kann also, wie oben, für das Eisen gesetzt werden:

$$D_1 = 4560 \text{ AW}.$$

Als Gesamtdurchflutung für den offenen magnetischen Kreis erhält man somit:

$$D = D_1 + D_l = 4560 + 7680 = 12240 \text{ AW}.$$

Diese Durchflutung kann erzielt werden z. B. mit 1224 Windungen bei 10 A Stromstärke oder mit 2448 Windungen bei 5 A Stromstärke usw.

28. Die Hysterese.

Wird Eisen wechselnd nach verschiedenen Richtungen magnetisiert, so daß sich die Lage der Pole beständig ändert, so äußert sich die zwischen den einzelnen Molekularmagneten infolge ihrer fortwährenden Umlagerung auftretende Reibung als eine Erwärmung des Eisens.

Der hierdurch bedingte Leistungsverlust, der Ummagnetisierungs- oder Hystereseverlust, ist bei den verschiedenen Eisenarten verschieden groß. Er ist dem Gewichte des Eisens und der Zahl der sekundlichen Ummagnetisierungen proportional und ferner um so erheblicher, je größer die höchste Kraftliniendichte im Eisen ist.

29. Die Induktionsgesetze.

Eine besonders wichtige Möglichkeit, elektrische Ströme hervorzurufen, bieten die durch FARADAY entdeckten Induktionswirkungen. Das diese Wirkungen beherrschende Gesetz besagt, daß jedesmal dann in einem geschlossenen Leiterkreise ein elektrischer Strom wachgerufen wird, wenn die Zahl der Kraftlinien innerhalb des Kreises sich ändert. Diese Änderung kann auf verschiedene Weise bewirkt werden. Bewegt man z. B. den Leiterkreis $ABCD$ (Abb. 36) in dem von den beiden Polen N und S eines Hufeisenmagneten ausgehenden magnetischen Felde von oben nach unten, so treten in ihn Kraftlinien ein, und es wird daher, wie das in den Stromkreis eingeschaltete, als Stromzeiger dienende Amperemeter nachweist, so lange ein Strom in ihm induziert, wie die Zahl der Kraftlinien innerhalb der Fläche $ABCD$ zunimmt. Ebenso tritt ein Induktionsstrom auf, wenn die Zahl der vom Leiterkreis eingeschlossenen Kraftlinien durch weiteres Abwärtsbewegen des Kreises geringer wird. Doch hat der Strom in diesem Falle die entgegengesetzte Richtung wie vorher.

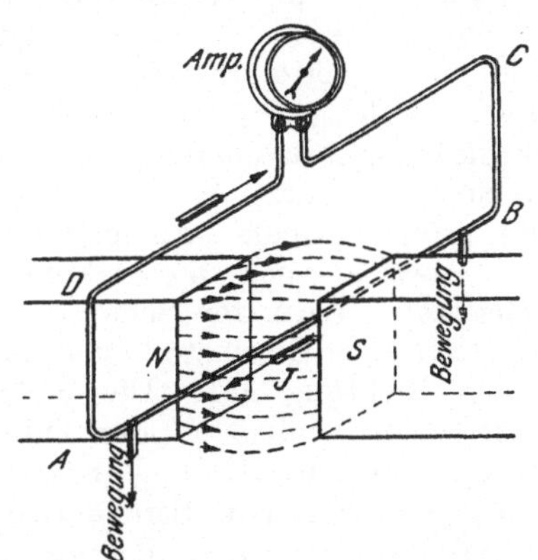

Abb. 36. Induktionswirkung durch Bewegung eines Leiters im magnetischen Felde.

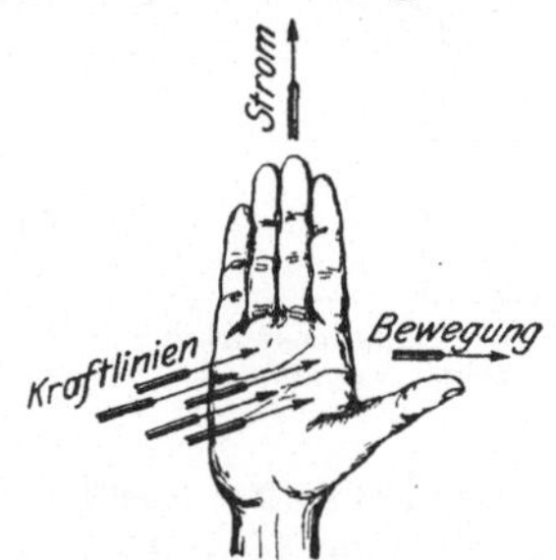

Abb. 37. Anwendung der Rechtehandregel.

Die Erscheinung läßt sich auch so auffassen, als ob der Draht AB, der die Kraftlinien schneidet, zum Sitz einer EMK geworden ist. In der Tat wird in einem Leiter stets dann eine EMK induziert, wenn er Kraftlinien schneidet.

Die Größe der induzierten EMK ist der Zahl der innerhalb einer Sekunde geschnittenen Kraftlinien verhältnisgleich. Es entsteht die EMK von 1 Volt, wenn sekundlich 100000000 Kraftlinien geschnitten werden. Die auftretende Stromstärke richtet sich lediglich nach dem Widerstande, kann also nach dem OHMschen Gesetze berechnet werden.

Die Richtung des Induktionsstromes ist, einem von LENZ aufgestellten Prinzip gemäß, stets eine solche, daß er die Bewegung, durch die er zustande kommt, zu hemmen sucht. In Abb. 36 ist z. B. der Induktionsstrom, wenn eine Bewegung des Leiters nach unten erfolgt, von B nach A gerichtet, da in diesem Falle eine Kraftwirkung auftritt, die, wie die Linkehandregel ergibt, den Leiter nach oben zu treiben, seine Bewegung also zu hindern sucht (vgl. Abb. 27). Es macht sich mithin eine Gegenkraft bemerkbar. Eine unmittelbare Bestimmung der Richtung des Induktionsstromes ermöglicht die Rechtehandregel: Hält man die innere Fläche der rechten Hand den Kraftlinien entgegen, und zeigt der abgespreizte Daumen in die Richtung der Bewegung des Drahtes, so geben die Fingerspitzen die Richtung der induzierten EMK bzw. des dadurch hervorgerufenen Stromes an (Abb. 37).

30. Gegenseitige Induktion zweier Spulen.

Von besonderem Interesse ist die Induktionswirkung, die zwischen zwei dicht beieinander befindlichen oder übereinander geschobenen Spulen auftritt, Abb. 38. Die primäre Spule I kann durch einen Schalter mit der Stromquelle B verbunden werden, während die sekundäre Spule II in Verbindung mit dem Stromzeiger A steht. In dem Augenblicke, in dem der primäre Strom durch den Schalter geschlossen wird, entsteht, wie der Stromzeiger erkennen läßt, in der sekundären Spule ein kurzer Stromstoß, weil die um die primäre Spule sich bildenden Kraftlinien teilweise auch die sekundäre Spule durchsetzen. Wird der Schalter geöffnet, so tritt ein Stromstoß von entgegengesetzter Richtung auf. Die gleiche Wirkung wie beim Schließen oder Öffnen erfolgt, wenn der primäre Strom verstärkt oder geschwächt wird. Der in der sekundären Spule induzierte Strom ist stets so gerichtet, daß er den durch die Stromänderungen der primären Spule hervorgerufenen Feldänderungen entgegenwirkt. Beim Schließen oder Verstärken des primären Stromes hat der sekundäre Strom also die entgegengesetzte, beim Öffnen oder Schwächen die gleiche Richtung wie der primäre Strom. Ein Induktionsstrom von der Art wie beim Stromschluß tritt auch ein, wenn bei geschlossenem Primärkreis die beiden Spulen einander genähert werden, während die Richtung des induzierten Stromes mit der bei der Stromöffnung übereinstimmt, wenn man sie voneinander entfernt. Spulen der behandelten Art werden als induktiv gekoppelt bezeichnet.

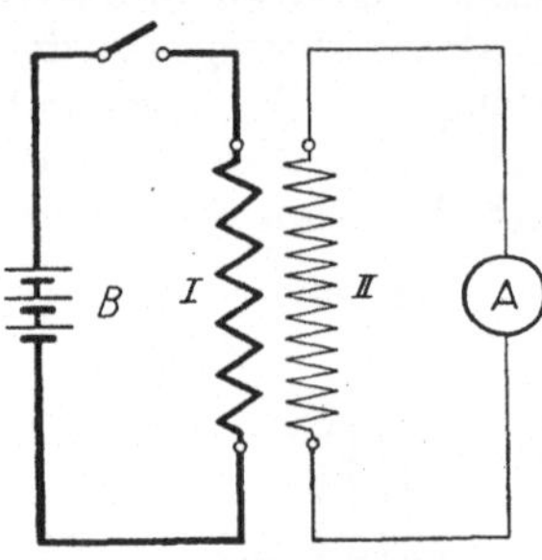

Abb. 38. Induktionswirkung zwischen zwei Spulen.

Durch Anwendung von Eisen innerhalb der Spulen lassen sich die vorstehend erörterten Wirkungen erheblich verstärken. So sind

z. B. bei den allbekannten Induktionsapparaten — sie wurden namentlich von Rühmkorff durchgebildet[1] — über einem eisernen Kern zwei Spulen gewickelt. Die primäre Spule besteht aus wenigen Windungen dicken Drahtes und wird mit einer Stromquelle in Verbindung gesetzt. Durch eine selbsttätige Vorrichtung (Wagnerscher Hammer, Motorunterbrecher oder dgl.) wird der Strom schnell nacheinander abwechselnd geschlossen und geöffnet, wodurch in der sehr viele Windungen dünnen Drahtes enthaltenden sekundären Spule eine hohe Spannung induziert wird, die für die verschiedensten Zwecke nutzbar gemacht werden kann.

31. Die Selbstinduktion.

Ebenso wie beim Schließen und Öffnen, beim Verstärken und Schwächen eines Stromes in einem benachbarten Kreise eine EMK induziert wird, entsteht auch in dem primären Stromkreise selbst eine solche, wenn seine Stromstärke sich ändert. Man nennt diese Erscheinung Selbstinduktion.

Die infolge der Selbstinduktion auftretende EMK hat immer eine derartige Richtung, daß sie den Stromänderungen entgegenwirkt. Wird ein Stromkreis geschlossen, so tritt eine „EMK der Selbstinduktion" auf, die der von außen angelegten Spannung entgegengerichtet ist, so daß der Strom in dem Kreise nicht sogleich seinen vollen Wert annimmt, ihn vielmehr erst allmählich, wenn auch in sehr kurzer Zeit, erreicht. Beim Öffnen des Kreises tritt dagegen eine EMK auf, welche die gleiche Richtung wie die abgeschaltete Spannung hat und daher bestrebt ist, den Strom nach dem Abschalten noch einen Augenblick lang aufrechtzuerhalten. Sie kann verhältnismäßig hohe Werte annehmen, und es ist ihr das Auftreten des sog. Öffnungsfunkens an der Unterbrechungsstelle zuzuschreiben.

Man kann die Selbstinduktion vergleichen mit der Trägheit mechanischer Massen. Wenn z. B. auf ein ruhendes Schwungrad eine Kraft einwirkt, die es in Drehung zu setzen sucht, so wirkt ihr die Trägheit des Rades entgegen, so daß es nicht sofort auf volle Geschwindigkeit kommt, sondern nur allmählich; und wenn andererseits das in Drehung befindliche Schwungrad stillgesetzt werden soll, so wird das Rad, wiederum infolge seiner mechanischen Trägheit, nicht sogleich zur Ruhe kommen, sondern erst nach einer gewissen Zeit.

Wie jeder Stromkreis einen gewissen Widerstand besitzt, so kommt ihm auch eine ganz bestimmte Induktivität, d. i. Fähigkeit, auf sich selbst induzierend zu wirken, zu. Sehr gering ist die Wirkung der Selbstinduktion bei ausgespannten Drähten, besonders wenn Hin- und Rückleitung dicht beieinander liegen. Erheblich größer ist die Induktivität bei Spulen, und zwar hängt sie in hohem Maße von der

[1] Kosack: Heinrich Daniel Rühmkorff, ein deutscher Erfinder. Hahnsche Buchhandlung 1903.

Windungszahl ab. Sie kann durch einen Eisenkern noch wesentlich vergrößert werden. Doch lassen sich Spulen auch selbstinduktionsfrei herstellen, indem man den zu verwendenden Draht in der Mitte umbiegt und die sich dadurch ergebenden beiden Drahthälften gleichzeitig wickelt, so daß beim Stromdurchgng jedesmal Windungen verschiedener Stromrichtung nebeneinanderliegen. Die Induktivität wird in der Einheit Henry (H) angegeben. Es ist das die Induktivität eines Leiters, in welchem die EMK 1 V induziert wird, wenn sich die Stromstärke innerhalb einer Sekunde um 1 A ändert.

32. Wirbelströme.

Wie in Drähten, so werden auch in massiven Leitern, wenn sie durch magnetische Felder hindurchbewegt werden, Ströme induziert. Man nennt sie Wirbelströme. Ihre Bahn läßt sich nicht genau verfolgen. Sie sind aber nach dem Prinzip von Lenz jedenfalls derart gerichtet, daß sie die Bewegung des Leiters zu hemmen suchen, also bremsend wirken. Hierauf beruhen die sehr gebräuchlichen Wirbelstrombremsen.

Die Wirbelströme haben eine Erwärmung des Leiters zur Folge. Will man den hierdurch bedingten Leistungsverlust niedrig halten, so muß man den Leiter quer zur Richtung der auftretenden Ströme möglichst oft unterteilen und die einzelnen Teile voneinander isolieren. Eisenteile setzt man zur Verminderung des Wirbelstromverlustes meistens aus dünnen Blechen mit Zwischenlagen von Seidenpapier zusammen. Ein besonders geringer Wirbelstromverlust tritt bei dem für elektrische Maschinen viel verwendeten „legierten“ Eisenblech auf: Eisen mit einem Zusatz von Silizium. Bei diesem ist auch der Hystereseverlust kleiner als beim gewöhnlichen Eisen.

In der Praxis wird der Verlust durch Wirbelströme und Hysteresis häufig zusammengefaßt. Ein Maß für die Güte des Eisens bildet die Verlustziffer. Es ist das der Verlsut in Watt, der in 1 kg Eisen bei einer Kraftliniendichte von 10000 Gauß auftritt, wenn das Eisen sekundlich 100 Ummagnetisierungen erfährt. Für gewöhnliches Dynamoblech von 0,5 mm Dicke kann die Verlustziffer zu etwa 1,7 W/kg angenommen werden, bei legiertem Blech kann eine solche von 1,0 W/kg erreicht werden.

33. Die Kapazität.

In ähnlicher Weise, wie jedem Leiter eine gewisse Induktivität zukommt, besitzt er auch eine bestimmte Kapazität. Man versteht darunter die Fähigkeit des Leiters, Elektrizität in sich aufzunehmen. Am besten kann man die Eigenschaft der Kapazität an dem sog. Kondensator nachweisen. Ein solcher besteht aus einer Scheibe aus Glas oder einem anderen Isoliermaterial, auch Dielektrikum genannt, die beiderseits metallisch belegt ist. Bei einer bekannten Form des Kondensators, der Leydenerflasche, wird der Isolierschicht die

Gestalt eines zylindrischen Gefäßes gegeben. Bei technischen Kondensatoren größerer Ausführung wird als Dielektrikum gewöhnlich Öl oder auch Luft verwendet, wobei der Abstand zwischen den Metallbelegungen durch Papierzwischenlagen gehalten wird.

Wird ein Kondensator mit seinen beiden Belegungen an die Pole einer Gleichstromquelle gelegt, so ist der Stromkreis unterbrochen, und die Belegungen werden lediglich elektrisch geladen. Der Kondensator stellt also einen elektrischen Ansammlungsapparat dar, und zwar hängt die von ihm aufgenommene Elektrizitätsmenge außer von der angewendeten Spannung von der Oberfläche der Kondensatorbelegungen sowie der Art und Dicke des Dielektrikums ab. Durch letztgenannte Umstände ist also die Kapazität des Kondensators bedingt. Als Einheit der Kapazität gilt das Farad (F). Sie wird durch einen Kondensator dargestellt, welcher die Elektrizitätsmenge 1 As aufnimmt, wenn er an eine Spannung von 1 V gelegt wird.

Kondensatoreigenschaften besitzen auch die elektrischen Leitungsnetze. Die isoliert über dem Erdboden ausgespannten Drähte haben gegeneinander eine bestimmte Kapazität, indem sie gewissermaßen die Belegungen des Kondensators bilden, während die dazwischen liegende Luft die Rolle des isolierenden Zwischengliedes spielt. Außerdem kommt den Drähten auch eine gewisse Kapazität gegen die Erde zu. Eine größere Kapazität als frei ausgespannte Drähte besitzen im Erdboden verlegte Kabel.

B. Wechselstrom.

34. Zustandekommen des Wechselstromes.

In Abb. 1 wurden zwei mit Flüssigkeit gefüllte Gefäße dargestellt, die durch ein Rohr miteinander verbunden sind. Es war angenommen worden, daß der Flüssigkeitsspiegel in dem einen Gefäße stets höher ist als in dem andern. Infolgedessen kam im Rohre ein Flüssigkeitsstrom von immer gleichbleibender Richtung, ein Gleichstrom, zustande. Denkt man sich die beiden Gefäße nunmehr durch einen elastischen Schlauch verbunden (Abb. 39), und bewegt man sie in rascher Aufeinanderfolge in der Weise gegeneinander, daß der Flüssigkeitsspiegel abwechselnd einmal in A höher ist als in B, dann aber in B höher ist als in A, so wird in dem Schlauch ein Strom von wechselnder Richtung, ein Wechselstrom, entstehen.

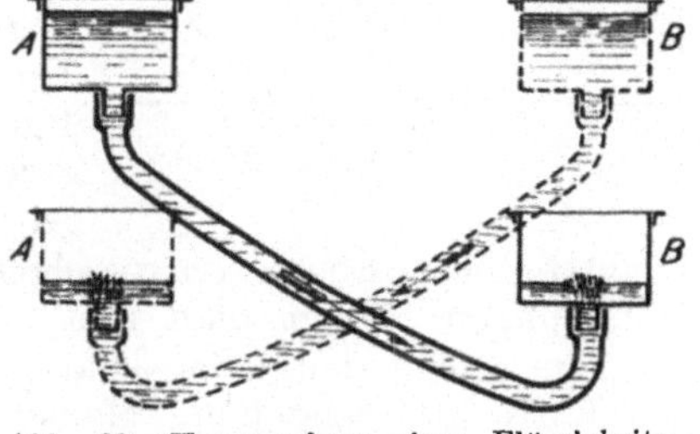

Abb. 39. Hervorrufung eines Flüssigkeitsstromes von wechselnder Richtung.

Die vorstehenden Ausführungen lassen sich auch auf einen elektrischen Stromkreis übertragen. Um in einem solchen einen Wechselstrom hervorzurufen, muß in ihm also eine EMK von stets wechselnder Richtung wirksam sein, was z. B. mittels der Induktionswirkung auf folgende Weise erzielt werden kann. Ein Draht drehe sich in einem gleichförmigen magnetischen Felde um eine zu den Kraftlinien senkrechte Achse mit gleichmäßiger Geschwindigkeit im Sinne des Pfeils (Abb. 40). Die Kraftlinien sind durch gestrichelte Linien angedeutet. Der Draht ist in acht verschiedenen Lagen A, B, C, ... gezeichnet und erscheint im Schnitt als kleiner Kreis. Bei der Bewegung schneidet er Kraftlinien, und es wird daher in ihm eine EMK hervorgerufen. Sie ist oberhalb der auf den Kraftlinien senkrecht stehenden Ebene $A\,E$, wie sich mit Hilfe der Rechtehandregel feststellen läßt, für den Beschauer von vorn nach hinten gerichtet, was durch ein Kreuz innerhalb des den Draht darstellenden Kreises gekennzeichnet ist (man sieht das Gefieder des im Drahte gedachten Pfeiles). Unterhalb der Ebene $A\,E$ ist die EMK von hinten nach vorn gerichtet, was durch einen Punkt angedeutet ist (Spitze des Pfeiles). Die in dem Drahte induzierte EMK wechselt also nach jeder halben Umdrehung ihre Richtung.

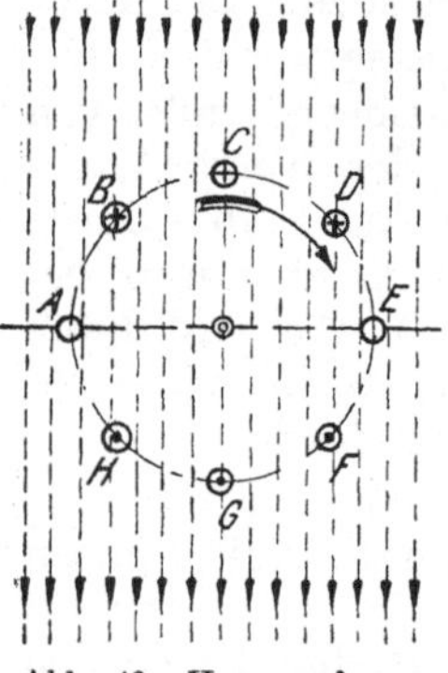

Abb. 40. Hervorrufung einer wechselnden EMK.

In der Ebene $A\,E$ selber schneidet der Draht keine Kraftlinien, da er sich einen Augenblick lang parallel zu ihnen bewegt. Es kann demnach hier auch keine EMK erzeugt werden. Die Ebene $A\,E$ wird daher neutrale Zone genannt. Je näher sich der Draht bei seiner Bewegung an den Punkten C bzw. G befindet, desto schneller schneidet er die Kraftlinien, und es muß daher in den Punkten C und G die EMK den größten Wert erreichen.

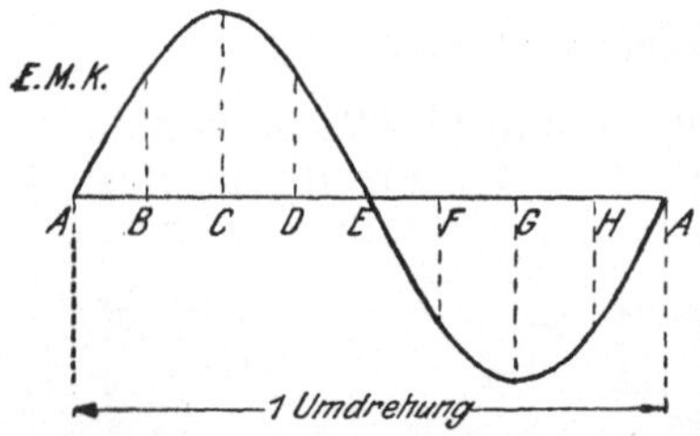

Abb. 41. Verlauf der EMK eines Wechselstromes.

Bedeutet in Abb. 41 die Gerade $A\,A$ die Zeit einer vollen Umdrehung des Drahtes, so entspricht jeder Punkt der Geraden einer bestimmten Stellung des Drahtes. Beginnt seine Bewegung im Punkte A, so entspricht z. B. der Punkt E einer halben Umdrehung, also der in Abb. 40 ebenfalls mit E bezeichneten Drahtstellung. Ebenso entsprechen sich die Punkte B, C ... in beiden Abbildungen. Trägt man nun auf zur Geraden $A\,A$ senkrecht gezogenen Linien den jeder Drahtlage entsprechenden Augenblickswert der EMK in irgendeinem Maßstabe auf, so erhält man durch Verbinden der Endpunkte aller dieser Senkrechten eine Kurve, die als Sinuskurve bezeichnet wird. Bei nicht gleichförmigem magnetischen Felde würde der Verlauf der EMK von der Sinuskurve mehr oder weniger abweichen.

Wird der Draht zu einem Stromkreise vervollständigt, so muß die Stärke des in diesem zustande kommenden Stromes den gleichen Schwankungen unterworfen sein wie die EMK. Es muß in ihm also ein Wechselstrom fließen, d. h. ein Strom, der in rascher, aber gesetzmäßiger Aufeinanderfolge seine Richtung beständig wechselt in der Weise, daß er stets von null zu einem Höchstwert anwächst, dann wieder auf null fällt, um sodann einen negativen Höchstwert zu erreichen und wieder auf null zurückzugehen. Den Stromverlauf während eines zweimaligen Richtungswechsels nennt man eine Periode des Wechselstromes. Die Anzahl der Perioden in der Sekunde gibt die Frequenz in der Einheit Hertz (Hz) an. In Deutschland gilt für Wechselstromanlagen die Frequenz 50 Hz als normal.

Den zur Erzeugung von Wechselstrom dienenden Maschinen liegt im wesentlichen der durch Abb. 40 erläuterte Vorgang zugrunde, nur wird statt eines einzelnen Drahtes eine in bestimmter Weise angeordnete Wicklung der Induktionswirkung ausgesetzt.

35. Wirkungen des Wechselstromes.

Der Wechselstrom zeigt in seinen Wirkungen mancherlei Abweichungen vom Gleichstrom. Da die Wärmewirkung eines elektrischen Stromes von seiner Richtung unabhängig ist, so kann in dieser Beziehung ein Unterschied zwischen Gleichstrom und Wechselstrom nicht bestehen. Dagegen lassen sich im Gegensatz zum Gleichstrom chemische Zersetzungen durch Wechselstrom nicht erzielen. Auch in den magnetischen Wirkungen zeigt der Wechselstrom Unterschiede gegenüber dem Gleichstrom. So wird eine Magnetnadel durch Wechselstrom im allgemeinen nicht abgelenkt, da die vom Strome auf die Nadel nacheinander ausgeübten Wirkungen sich aufheben. Elektromagnete, die durch Wechselstrom erregt werden, wirken zwar anziehend auf Eisenteile, doch ändert sich bei ihnen fortwährend die Lage der Pole, und zwar ist die sekundliche Polwechselzahl gleich der doppelten Frequenz des Stromes. Von der abwechselnden Magnetisierung rührt auch das bei allen Wechselstrommagneten vernehmbare brummende Geräusch her. Die zwischen zwei an eine Wechselstromquelle angeschlossenen Spulen (s. Abb. 32) auftretende elektrodynamische Wirkung ist, weil von der Stromrichtung unabhängig, dieselbe wie bei Gleichstrom.

36. Die Effektivwerte der Spannung und Stromstärke.

Für die Berechnung der mit einem Wechselstrom erzielbaren Arbeit kommen naturgemäß nicht die nur vorübergehend auftretenden Höchstwerte von Spannung und Stromstärke in Betracht, es müssen vielmehr mittlere Werte zugrunde gelegt werden. Nun läßt sich feststellen, daß ein sinusförmig verlaufender Wechselstrom in bezug auf sein Arbeitsvermögen gleichwertig ist einem Gleichstrom, der eine konstante Stärke vom 0,707fachen der Höchststromstärke des Wechselstromes hat. Ein solcher Gleichstrom entwickelt z. B. in einem Widerstande in der Sekunde dieselbe Wärmemenge wie der

Wechselstrom. Der 0,707fache Betrag der Höchststromstärke i_{max} des Wechselstromes wird daher als wirksame oder effektive Stromstärke bezeichnet. Ebenso ist der 0,707fache Wert der Höchstspannung u_{max} als effektive Spannung anzusehen. Wird von der Spannung oder Stromstärke eines Wechselstromes schlechthin gesprochen, so sind immer die effektiven Werte gemeint, die daher im folgenden wie bei Gleichstrom mit U bzw. I bezeichnet werden sollen. 0,707 ist der Zahlenwert des Ausdruckes $\frac{1}{\sqrt{2}}$. Es bestehen demnach die Beziehungen:

$$U = \frac{1}{\sqrt{2}} \cdot u_{max}, \tag{45}$$

$$I = \frac{1}{\sqrt{2}} \cdot i_{max}. \tag{46}$$

Umgekehrt lassen sich aus den Effektivwerten die Höchstwerte bestimmen nach den Formeln:

$$u_{max} = \sqrt{2} \cdot U, \tag{47}$$

$$i_{max} = \sqrt{2} \cdot I. \tag{48}$$

Der Zahlenwert für $\sqrt{2}$ ist 1,414.

Die obigen Formeln gelten zwar streng genommen nur für sinusförmig verlaufenden Strom, doch können sie auch allgemein für den in der Technik verwendeten Wechselstrom benutzt werden, da dieser von der Sinusform gewöhnlich nur wenig abweicht.

Beispiele: 1. Wie groß ist die effektive Stromstärke eines Wechselstromes, dessen Höchststromstärke 300 A beträgt?

$$I = \frac{1}{\sqrt{2}} \cdot i_{max} = 0{,}707 \cdot 300 = 212 \text{ A}.$$

2. Welches ist die Höchstspannung eines Wechselstromes von 125 V Effektivspannung?

$$u_{max} = \sqrt{2} \cdot U = 1{,}414 \cdot 125 = 177 \text{ V}.$$

37. Die Phasenverschiebung.

Bei früherer Gelegenheit (s. Abschn. 31) wurde gezeigt, daß sich infolge der Selbstinduktion das Anwachsen eines Stromes beim Stromschluß, ebenso wie sein Verschwinden bei einer Stromunterbrechung etwas verzögert. Die Selbstinduktion sucht sich eben allen Änderungen der Stromstärke zu widersetzen, sie wirkt, wie damals ausgeführt wurde, wie eine Art elektrischer Trägheit. Ähnlich nun, wie bei der in Abb. 39 gezeichneten Anordnung die Bewegungsrichtung der Flüssigkeit sich nicht plötzlich umkehrt, wenn die gegenseitige Lage der beiden Gefäße geändert wird, vielmehr die alte Richtung infolge der mechanischen Trägheit noch eine kurze Zeit bestehen bleibt, so hat die Selbstinduktion bei einem Wechselstrome zur Folge, daß die Stromrichtung noch einen Augenblick lang aufrechterhalten wird, nachdem die Spannung bereits den Wert null überschritten und die Richtung geändert hat, und daß ebenso der Höchstwert des Stromes erst kurze Zeit später eintritt als der Höchstwert der Spannung. Es ergibt sich also die auffallende Tatsache, daß bei Vorhandensein von Selbstinduktion im Stromkreise die Stromstärke gegenüber der Span-

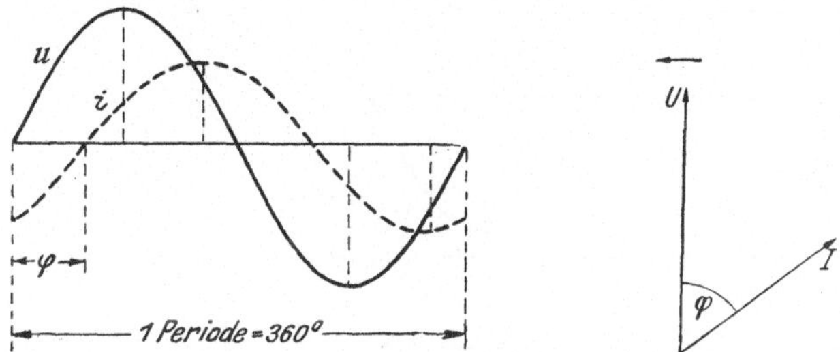

Abb. 42a und b. Phasenverschiebung zwischen Spannung und Stromstärke eines Wechselstromes.

nung verzögert ist, eine Erscheinung, die man Phasenverschiebung nennt. Sie ist in Abb. 42a zum Ausdruck gebracht, in der die während einer Periode auftretenden Augenblickswerte der Spannung zur Kurve u, die Augenblickswerte der Stromstärke zur Kurve i zusammengetragen sind. Die Phasenverschiebung ist um so erheblicher,

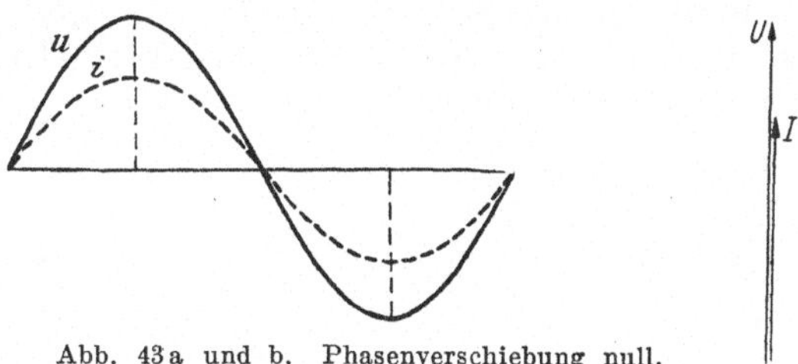

Abb. 43a und b. Phasenverschiebung null.

je größer die Selbstinduktion ist, und kann bis zu einer Viertelperiode betragen.

Man kann die Phasenverschiebung als einen Winkel ausdrücken — er wird gewöhnlich durch den Buchstaben φ bezeichnet —, wenn man berücksichtigt, daß nach Abschnitt 34 eine Periode des Wechselstromes einer vollen Umdrehung des induzierten Drahtes, also einem Winkel von 360° entspricht. Beträgt z. B. die Phasenverschiebung den sechsten Teil einer Periode, so würde der Winkel der Phasenverschiebung, der sich stets zwischen den Grenzen 0° und 90° bewegt, $\varphi = 60°$ sein. In Abb. 42b sind effektive Spannung und Stromstärke in einem sog. Vektordiagramm sinnbildlich dargestellt. U bedeutet nach Größe und Richtung die Spannung des Wechselstromes, I die Stromstärke. Diese ist unter dem Winkel φ entgegen dem „Drehpfeil“ an die Spannung angetragen, um zum Ausdruck zu bringen, daß sie gegen letztere verzögert ist.

In einem selbstinduktionsfreien, nur mit Widerstand behafteten Stromkreise ist die Phasenverschiebung 0°, Abb. 43a

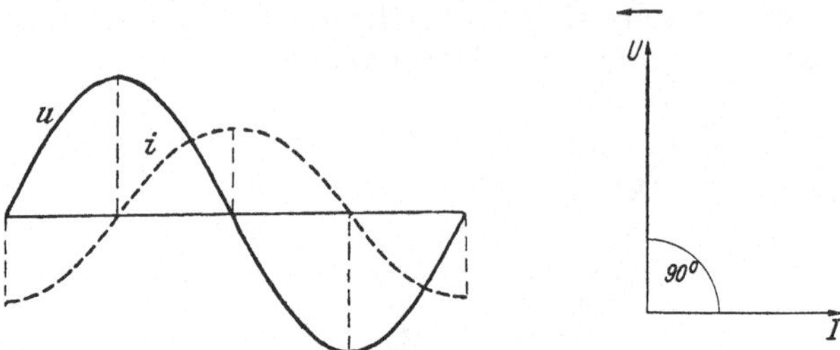

Abb. 44a und b. Phasenverschiebung von 90°

und 43b. Dagegen tritt in einem widerstandsfreien, nur mit Selbstinduktion behafteten Kreise eine Phasenverzögerung des Stromes von 90° auf, Abb. 44a und 44b.

38. Leistung und Arbeit des Wechselstromes.

In Abschn. 36 wurde festgestellt, daß das Arbeitsvermögen eines Wechselstromes übereinstimmt mit dem eines Gleichstromes, dessen Spannung gleich der effektiven Spannung und dessen Stärke gleich der effektiven Stromstärke des Wechselstromes ist. Dies gilt jedoch nur in dem Falle, daß der Wechselstrom keine Phasenverschiebung besitzt. Die Arbeit eines phasenverschobenen Wechselstromes ist stets kleiner, wie aus folgender Betrachtung hervorgeht.

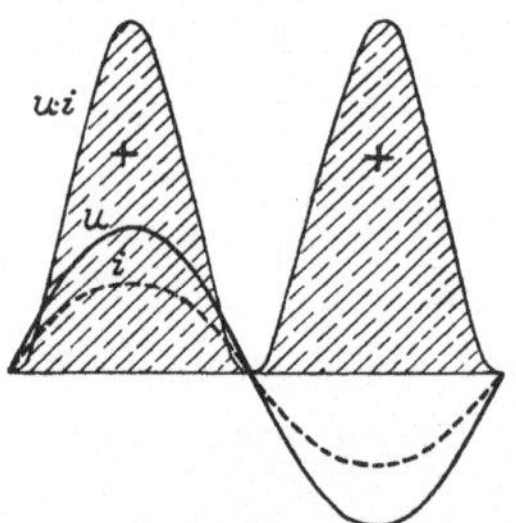

Abb. 45. Arbeit eines unverschobenen Wechselstromes.

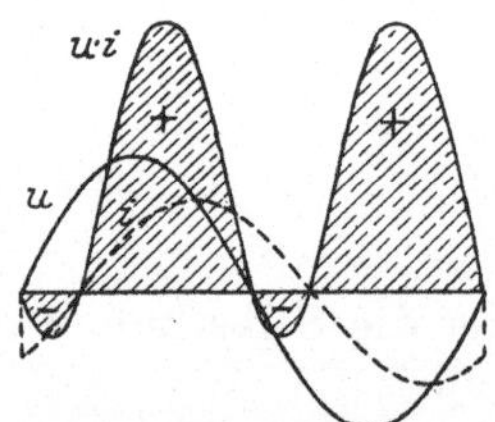

Abb. 46. Arbeit eines mit Phasenverschiebung behafteten Wechselstromes.

Um die Leistung eines Wechselstromes während des Verlaufes einer Periode zu erhalten, ist in jedem Augenblick nach Gl. (26) das Produkt aus Spannung und Stromstärke zu bilden. Bezeichnet man nun die oberhalb der horizontalen Achse befindlichen Werte von Spannung und Stromstärke als positiv, die unterhalb der Achse liegenden als negativ, so ist beim unverschobenen Strome dieses Produkt, das in Abb. 45 durch die Kurve $u \cdot i$ wiedergegeben ist, stets positiv, selbst da, wo Spannung und Stromstärke negativ sind, weil nach einem arithmetischen Gesetze das Produkt zweier gleichgerichteten Größen immer positiv ist. Da auf der horizontalen Achse die Zeit aufgetragen ist, so stellen die schraffierten Flächen das Produkt der in jedem Augenblicke vorhandenen Leistung mit der Zeit, also die Arbeit während einer Periode dar.

Abb. 46 bringt dieselbe Überlegung für einen phasenverschobenen Strom zum Ausdruck. Das Produkt von Spannung und Stromstärke ist jetzt teilweise positiv und teilweise negativ: positiv dort, wo beide Größen gleichgerichtet sind, negativ, wo sie entgegengesetzte Richtung haben, wo also entweder die Spannung positiv und die Stromstärke negativ oder wo umgekehrt die Spannung negativ und die Stromstärke positiv ist. Die Arbeit während einer Periode erhält man als Differenz der über der Achse befindlichen positiven Flächen und der unterhalb der Achse liegenden negativen Flächen. Sie ist gegenüber der Arbeit des unverschobenen Stromes um so kleiner, je größer die Phasenverschiebung ist. Um die tatsächliche Arbeit des Wechselstromes, d. h. die mittlere Arbeit während einer Periode zu erhalten, muß das Produkt aus Spannung, Stromstärke und Zeit noch mit einem vom Phasenverschiebungswinkel abhängigen Wert, dem sog. Leistungsfaktor, multipliziert werden. Es läßt sich nachweisen, daß dieser der Kosinus des Winkels ($\cos\varphi$) ist. Für die Arbeit des Wechselstromes besteht also die allgemein gültige Beziehung:

$$A = U \cdot I \cdot t \cdot \cos\varphi, \tag{49}$$

und die Leistung wird demnach gefunden als:

$$N = U \cdot I \cdot \cos\varphi. \tag{50}$$

Der größte Wert, den $\cos\varphi$ annehmen kann, ist 1, und zwar bei $\varphi = 0°$, d. h. beim unverschobenen Strom. Für diesen ergibt sich also die höchste Leistung: $N = U \cdot I$. Für $\varphi = 90°$, d. i. für die größtmögliche Phasenverschiebung, nimmt dagegen $\cos\varphi$ und damit auch die Leistung den Wert null an. Daß bei einer derartigen Phasenverschiebung keine Arbeit verrichtet wird, geht auch aus der graphischen Darstellung der Abb. 47 hervor, in der den beiden positiven Arbeitsflächen zwei gleichgroße negative Flächen gegenüberstehen. Ein Strom, der gegen die Spannung um 90° verschoben ist, wird daher Blindstrom genannt, während der unverschobene Wechselstrom Wirkstrom heißt.

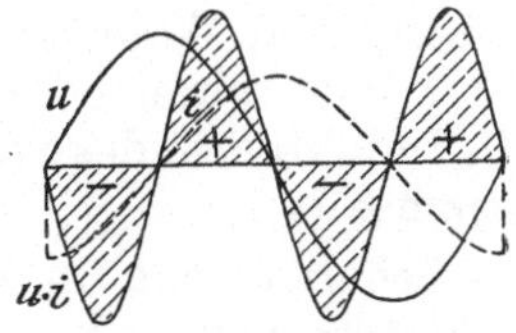

Abb. 47. Arbeit eines Wechselstromes mit 90° Phasenverschiebung.

Einen Wechselstrom von beliebiger Phasenverschiebung kann man sich aus zwei Teilen oder Komponenten zusammengesetzt denken, einer unverschobenen Wirkkomponente und einer Blindkomponente mit 90° Phasenverzögerung. Nur die Wirkkomponente ist an der Arbeitsverrichtung beteiligt. Die Blindkomponente dient lediglich dazu, das den Stromkreis umgebende magnetische Feld immer wieder von neuem entstehen und verschwinden zu lassen. Sie wird daher häufig Magnetisierungsstrom genannt. Das Vektordiagramm, Abb. 48, zeigt die Zerlegung der Stromstärke I in die Wirkkomponente $I \cdot \cos \varphi$, die in die Richtung der Spannungslinie fällt, und die Blindkomponente $I \cdot \sin \varphi$, die darauf senkrecht steht.

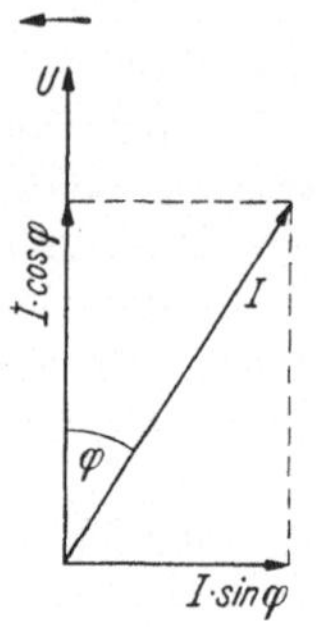

Abb. 48. Diagramm für phasenverzögerten Strom.

Beispiele: 1. Welche Leistung nimmt ein Wechselstrommotor auf, der beim Anschluß an 125 V Spannung dem Netz einen Strom von 40 A entzieht und den Leistungsfaktor 0,7 besitzt?

$$N = U \cdot I \cdot \cos \varphi$$
$$= 125 \cdot 40 \cdot 0{,}7 = 3500 \text{ W}.$$

2. Ein Wechselstromelektromagnet ist an eine Spannung von 220 V angeschlossen. Er verbraucht eine Leistung von 660 W beim Leistungsfaktor 0,6. Welchen Strom entzieht er dem Netz?

Aus Gl. (50) folgt:

$$I = \frac{N}{U \cdot \cos \varphi} = \frac{660}{220 \cdot 0{,}6} = 5 \text{ A}.$$

39. Die Drosselspule.

Die Stromstärke eines mit Selbstinduktion behafteten Wechselstromkreises ist immer kleiner, als sich nach dem Ohmschen Gesetze aus Spannung und Widerstand ergibt. Man gewinnt daher den Eindruck, als ob der Widerstand des Stromkreises infolge der Selbstinduktion vergrößert wird. In Wirklichkeit ist die Erscheinung so zu erklären, daß die infolge der Selbstinduktion in dem Stromkreise hervorgerufene EMK der ihm aufgedrückten Spannung wesentlich entgegengerichtet ist, daß also die wirksame Spannung kleiner als die aufgedrückte ist und demgemäß ein schwächerer Strom auftritt. Hat die dem Stromkreise zugeführte Wechselspannung U einen Strom I zur Folge, so bezeichnet man den aus der Formel

$$Z = \frac{U}{I} \tag{51}$$

berechneten Widerstand als den Scheinwiderstand. Er ist gegenüber dem wahren oder Ohmschen Widerstand um so größer, je größer die Induktivität des Stromkreises und je höher die Frequenz des Wechselstromes ist.

Schaltet man in einen Wechselstromkreis eine mit Induktivität behaftete Spule ein, so kann dadurch also die Stromstärke in gleicher Weise geschwächt werden wie durch einen Widerstand. Man bezeichnet eine derartige Spule als Drosselspule, weil sie die Stromstärke gewissermaßen abdrosselt. Der Leistungsverlust, den die Spule verursacht, richtet sich lediglich nach dem Ohmschen Widerstande, der im Vergleich zum Scheinwiderstand klein sein kann. Die Drosselspulen bilden also ein Mittel, die Stromstärke eines Wechselstromkreises ohne nenenenswerten Verlust zu schwächen.

40. Der Kondensator.

Bisher wurde im Falle einer Phasenverschiebung stets vorausgesetzt, daß der Strom gegen die Spannung verzögert ist. Es kann jedoch unter Umständen auch eine Voreilung des Stromes eintreten. Dieser Fall liegt z. B. vor, wenn der Wechselstromkreis einen Kondensator enthält. Im Gegensatz zum Gleichstrom wird Wechselstrom durch einen Kondensator hindurchgelassen, indem seine Belegungen, den Spannungsschwankungen des Wechselstromes entsprechend, fortdauernd geladen und entladen werden. Dabei wird die Phase des Wechselstromes gegen die Spannung vorgeschoben, wie dies Abb. 49a zeigt, in der der Phasenverschiebungswinkel wie früher mit φ bezeichnet ist.

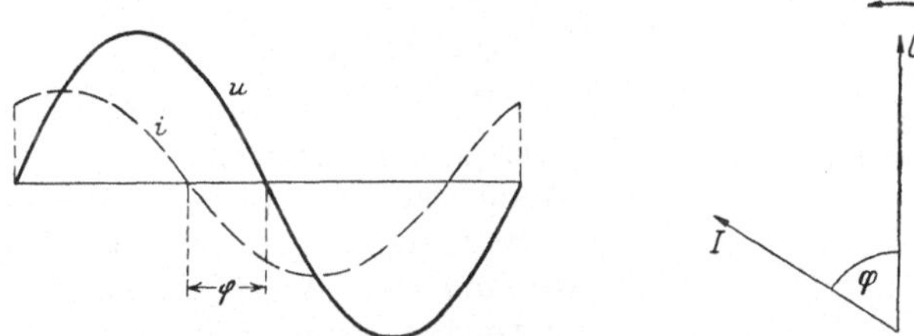

Abb. 49a und b. Der Spannung vorauseilender Wechselstrom.

Im Vektordiagramm, Abb. 49b, ist die Stromstärke im Sinne des Drehpfeils an die Spannung angetragen. Die höchstmögliche Phasenvoreilung des Stromes beträgt 90°, sie tritt auf, wenn der Stromkreis widerstandsfrei und nur mit Kapazität behaftet ist. In diesem Falle ist der Wechselstrom ein Blindstrom.

Bei mittlerer Phasenverschiebung kann man den Wechselstrom nach dem Vorgang eines Stromkreises mit Selbstinduktion aus einer unverschobenen Wirkkomponente und einer Blindkomponente mit 90° Phasenvoreilung zusammengesetzt denken. Letztere ist an der Arbeitsverrichtung nicht beteiligt und dient lediglich dazu, die abwechselnde Ladung und Entladung des Kondensators zu bewirken. Sie wird daher auch Ladestrom genannt. Abb. 50 zeigt die Zerlegung des Stromes I in die Wirkkomponente $I \cdot \cos\varphi$ und die Blindkomponente $I \cdot \sin\varphi$ (vgl. Abb. 48).

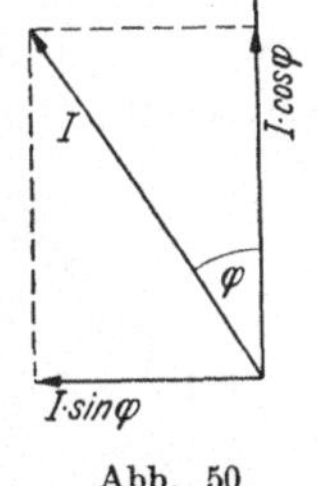

Abb. 50. Diagramm für phasenvoreilenden Strom.

Indem in einen Stromkreis, der Induktivität besitzt, noch ein Kondensator geschaltet wird, kann die durch die Selbstinduktion hervorgerufene Phasenverzögerung ganz oder zum Teil aufgehoben werden (vgl. Abschn. 179).

41. Die Hautwirkung des Wechselstromes.

Infolge der gegenseitigen Induktion, welche die einzelnen Stromfäden eines Leiters aufeinander ausüben, tritt bei Wechselstrom die eigentümliche Erscheinung auf, daß die Stromstärke ungleichmäßig auf den Querschnitt des Leiters verteilt ist. Die inneren Leiterteile sind weniger an der Stromführung beteiligt als die äußeren, der Strom wird also mehr an die Oberfläche des Leiters gedrängt. Man bezeichnet diese Erscheinung als „Hautwirkung" des Wechselstromes. Sie äußert sich, da nicht der volle Querschnitt an der Fortleitung des Stromes teilnimmt, als eine Vergrößerung des wirksamen Ohmschen Widerstandes. Die Hautwirkung macht sich namentlich bei hohen Wechselstromfrequenzen und großen Leiterquerschnitten bemerkbar. Durch Anwendung litzenförmiger Leiter statt massiver kann man sie mehr oder weniger erfolgreich unterdrücken.

42. Zweiphasenstrom.

Von größter Bedeutung ist der Mehrphasenstrom, d. h. das Zusammenspiel mehrerer in der Phase gegeneinander verschobener Wechselströme. Der Zweiphasenstrom z. B. besteht aus zwei Wechselströmen, die um eine Viertelperiode voneinander abweichen, wie es in Abb. 51 durch die beiden Sinuslinien *I* und *II* dargestellt ist. In dem Augenblick, in dem der Wechselstrom *I* seinen größten Wert erreicht, ist der Wechselstrom *II* im Nullwert, und umgekehrt.

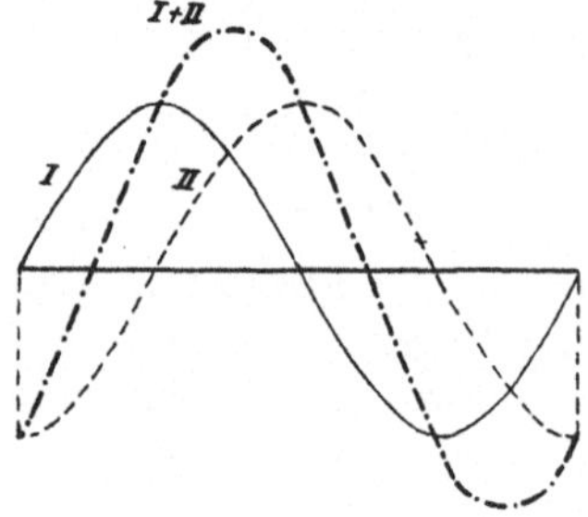

Abb. 51. Zweiphasenstrom.

In Abb. 52 sollen *UX* und *VY* die beiden Wicklungsstränge einer Zweiphasenmaschine bedeuten, in denen die Wechselströme durch Induktionswirkung erzeugt werden. Die Wicklungen sind um 90° gegeneinander versetzt gezeichnet, um anzudeuten, daß die Phasen der in ihnen fließenden Ströme um eben diesen Winkel abweichen.

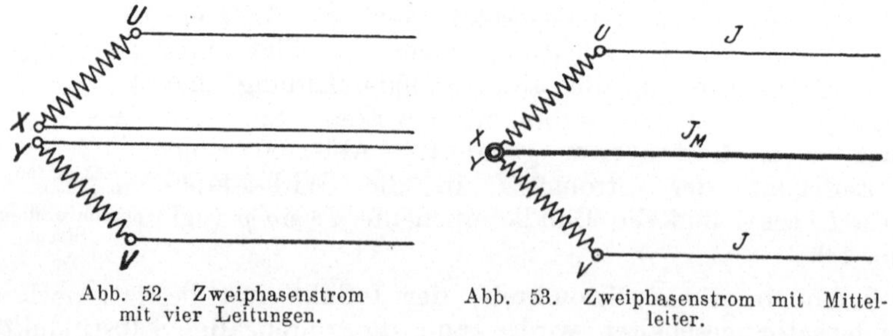

Abb. 52. Zweiphasenstrom mit vier Leitungen.

Abb. 53. Zweiphasenstrom mit Mittelleiter.

Die zur Fortleitung zweier Ströme im allgemeinen erforderlichen vier Leitungen können dadurch auf drei beschränkt werden, daß die Ströme miteinander „verkettet" werden, indem ihnen eine gemeinsame Rückleitung gegeben wird, Abb. 53. Sie ist im Verkettungspunkte *XY* angeschlossen und wird auch Mittelleiter genannt.

Dieser ist stärker zu bemessen als die beiden Außenleiter, doch ist die in ihm auftretende Stromstärke nicht, wie es bei flüchtiger Betrachtung erscheinen könnte, doppelt so groß wie die in den Außenleitern — das wäre nur dann der Fall, wenn die beiden Ströme gleichzeitig ihre Höchstwerte erreichten. Bildet man in den verschiedenen Zeitpunkten während einer Periode die Summe beider Ströme, wie dies in Abb. 51 durch die Linie $I + II$ veranschaulicht ist, so erkennt man vielmehr, daß die Stromstärke im Mittelleiter nur 1,414mal so groß ist wie die Stromstärke in den Außenleitern. Wird erstere mit, I_M, letztere mit I bezeichnet, so ist demnach, da 1,414 der Zahlenwert von $\sqrt{2}$ ist:

$$I_M = \sqrt{2} \cdot I. \tag{52}$$

Beispiel: Bei einem verketteten Zweiphasenstrom ist die Stromstärke in den Außenleitern 50 A. Welche Stromstärke herrscht im Mittelleiter?

$$I_M = \sqrt{2} \cdot I = 1{,}414 \cdot 50 = 70{,}7\ \text{A}.$$

43. Drehstrom.

Wichtiger als der Zweiphasenstrom ist der Dreiphasenstrom oder Drehstrom, der aus drei Wechselströmen besteht, die um je eine Drittelperiode gegeneinander verschoben sind, Abb. 54.

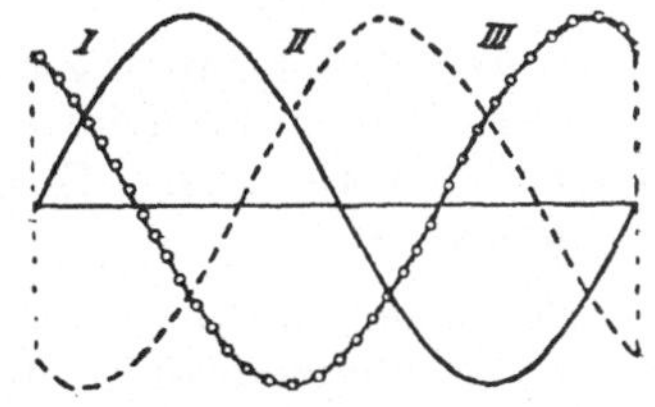

Abb. 54. Drehstrom.

Wollte man jeden Wechselstrom besonders fortleiten, so bedürfte man im ganzen sechs Leitungen. Man erhielte dann die Anordnung Abb. 55, in der UX VY, WZ wieder die Wicklungsstränge einer Maschine darstellen sollen, in denen die Ströme erzeugt werden. Die Wicklungen sind um einen Winkel von je 120° versetzt gezeichnet, entsprechend der zwischen den Strömen bestehenden Phasenverschiebung.

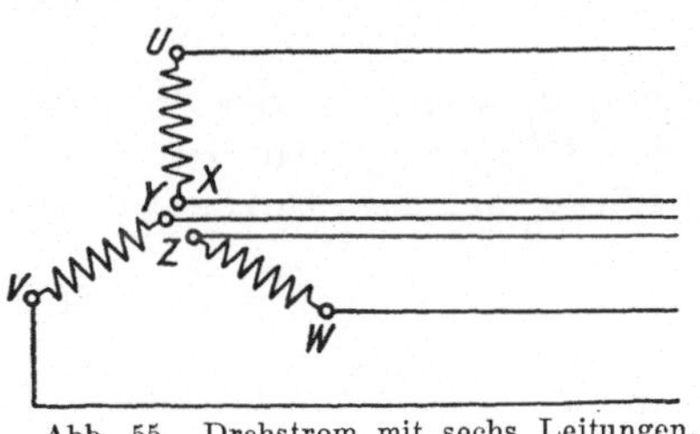

Abb. 55. Drehstrom mit sechs Leitungen.

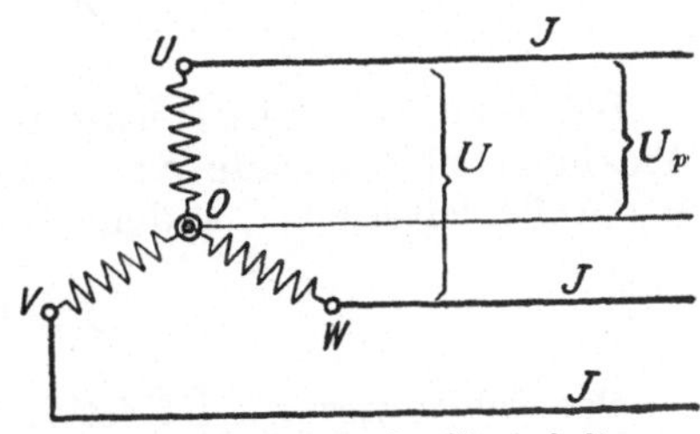

Abb. 56. Drehstrom in Sternschaltung mit Nulleiter.

Werden die drei Wicklungen miteinander verkettet in der Weise, daß sie mit je einem Ende unter sich verbunden werden, so kommt man mit vier Leitungen aus, indem man den drei Strömen eine gemeinsame Rückleitung gibt, die in Abb. 56 in dem Vereinigungspunkte O der Wicklungen, dem *Sternpunkt*, angeschlossen ist. Bildet man in Abb. 54 für beliebige Zeitpunkte die Summe der drei Ströme, so erhält man immer den Wert null. Es folgt daraus, daß — bei gleicher Belastung der Phasen — durch die gemeinsame Rückleitung, die *Sternpunktleitung*, kein Strom fließt. Sie wird daher auch *Nulleiter* genannt, in vielen Fällen aber überhaupt nicht verlegt. Man benötigt bei Drehstrom dann also nur *drei* Leitungen, Abb. 57.

Während man die eben besprochene Verkettung als *Sternschaltung* bezeichnet, wird die in Abb. 58 angegebene Verkettung *Dreieckschaltung* genannt. Bei dieser wird das Ende des ersten Wicklungs-

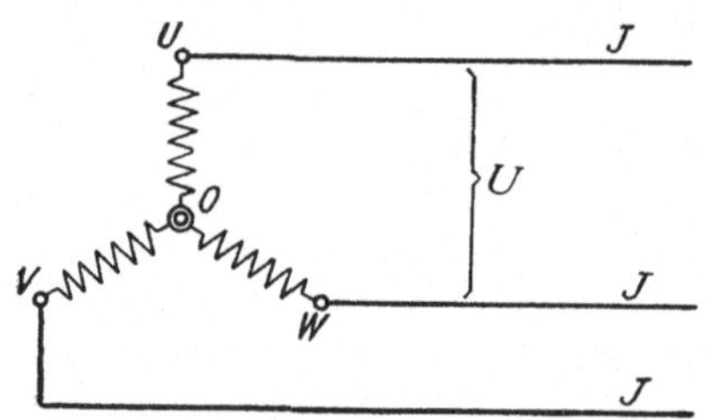

Abb. 57. Drehstrom in Sternschaltung mit drei Leitungen.

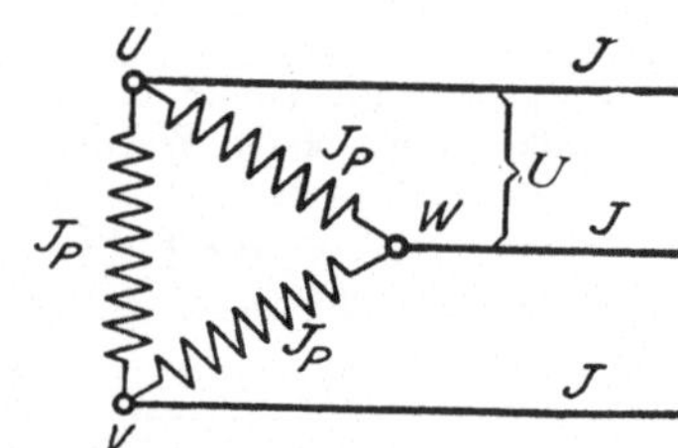

Abb. 58. Drehstrom in Dreieckschaltung.

stranges mit dem Anfang des zweiten, das Ende des zweiten Stranges mit dem Anfang des dritten und das Ende des dritten mit dem Anfang des ersten verbunden. Es sind, wie bei der Sternschaltung, nur *drei* Leitungen erforderlich.

Bei *Sternschaltung* ist, wenn U_P die zwischen den Enden eines Wicklungsstranges bestehende *Strang-* oder *Sternspannung* ist — sie wurde früher meistens *Phasenspannung* genannt —, die zwischen je zwei der drei Klemmen U, V, W, also zwischen je zwei Außenleitungen herrschende *verkettete Spannung* oder *Leiterspannung*:

$$U = \sqrt{3} \cdot U_P. \tag{53}$$

Bei *Dreieckschaltung* ist dagegen, wenn I_P der in jedem Wicklungsteil fließende *Strang-* oder *Phasenstrom* ist, die in den Außenleitern vorhandene Stromstärke, der sog. *Leiterstrom*:

$$I = \sqrt{3} \cdot I_P. \tag{54}$$

Der Zahlenwert für $\sqrt{3}$ ist 1,732.

Für die *Leistung des Drehstroms* läßt sich, einerlei ob Stern- oder Dreieckschaltung vorliegt, wenn, wie oben, U die Leiterspannung, I den Leiterstrom bedeutet, die Formel ableiten

$$N = \sqrt{3} \cdot U \cdot I \cdot \cos\varphi. \tag{55}$$

Beispiele: 1. Eine Drehstrommaschine in Sternschaltung liefert eine verkettete Spannung von 125 V. Wie groß ist die Strangspannung (Phasenspannung)?

Aus Gl. (53) folgt:

$$U_P = \frac{1}{\sqrt{3}} \cdot U = \frac{1}{1{,}732} \cdot 125 = 72\ \text{V}.$$

2. Der Strangstrom (Phasenstrom) einer in Dreieck geschalteten Drehstrommaschine beträgt 30 A. Wie groß ist die Stromstärke in den Außenleitern?

$$I = \sqrt{3} \cdot I_P = 1{,}732 \cdot 30 = 52\ \text{A}.$$

3. Welches ist die Leistung einer Drehstrommaschine, die bei einer Spannung von 3000 V einen Strom von 100 A bei $\cos\varphi = 0{,}8$ liefert?

$$\begin{aligned} N &= \sqrt{3} \cdot U \cdot I \cdot \cos\varphi \\ &= 1{,}732 \cdot 3000 \cdot 100 \cdot 0{,}8 = 416000\ \text{W} \\ &= 416\ \text{kW}. \end{aligned}$$

Zweites Kapitel.

Meßgeräte und Meßverfahren.

A. Strommessungen.

44. Allgemeines.

Die Strommesser, auch Amperemeter genannt, sind auf den Wirkungen des elektrischen Stromes aufgebaut, und es gibt demgemäß eine ganze Anzahl verschiedener Meßgeräte. Bei der Mehrzahl derselben wird durch Einwirkung des Stromes eine Kraftwirkung auf ein bewegliches System ausgeübt. Dieser Wirkung setzt sich eine Gegenkraft, z. B. die Schwerkraft oder die Kraft einer Feder, entgegen. Der durch einen Zeiger sichtbar gemachte Ausschlag des beweglichen Systems erfolgt nun bis zu jener Stelle, wo sich die ablenkende Kraft des Stromes und die Gegenkraft das Gleichgewicht halten. Der Zeigerausschlag ist also um so größer, je stärker der Strom ist. Damit in den Strommessern nur ein geringer Spannungsverlust eintritt, muß ihr Eigenwiderstand möglichst klein gehalten werden.

Um die Art des Meßsystems äußerlich erkennbar zu machen, wird dasselbe an den Instrumenten durch ein symbolisches Zeichen angedeutet. Die für die einzelnen Gerätegattungen festgelegten Symbole sind in den nachfolgenden Beschreibungen derselben angegeben.

Damit nach dem Einschalten des Stromes das Meßergebnis sofort abgelesen werden kann, ist an den Instrumenten eine Dämpfungsvorrichtung erforderlich, durch die bewirkt wird, daß der Zeiger, ohne lange hin und her zu schwingen, schnell zur Ruhe kommt.

Die Meßinstrumente werden als Feinm ßgeräte, die sich durch besonders große Genauigkeit auszeichnen, oder als Betriebsmeßgeräte ausgeführt. Bei den Feinmeßgeräten bringt man vielfach, um Fehler infolge Schrägblickens auf den Zeiger zu vermeiden, unterhalb der Skala einen Spiegel an. Das Auge des Ablesenden muß dann so über der Skala eingerichtet werden, daß der Zeiger und sein Spiegelbild sich decken. Die Betriebsmeßgeräte werden vielfach als Schalttafelinstrumente hergestellt. Sie können auch als „schreibende Instrumente" ausgeführt werden, welche das Meßergebnis fortlaufend auf einen vorbeibewegten Papierstreifen aufzeichnen.

45. Schaltung der Strommesser.

a) Direkte Strommessung.

Die Stärke I eines elektrischen Stromes kann gemessen werden, indem das Amperemeter A unmittelbar in die betreffende Leitung eingeschaltet wird, wie Abb. 59 zeigt.

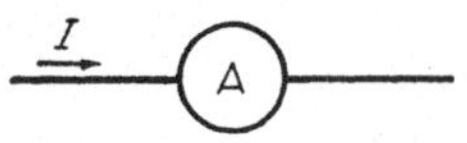

Abb. 59. Schaltung eines Strommessers.

b) Anwendung eines Nebenwiderstandes.

Viele Strommesser vertragen nur verhältnismäßig schwache Ströme. Es muß daher häufig von einer direkten Bestimmung der Stromstärke abgesehen, vielmehr eine Stromverzweigung in der Weise vorgenommen werden, daß dem Instrument nur ein bestimmter Bruchteil des zu messenden Stromes zugeführt wird, indem ein entsprechend bemessener Nebenwiderstand ($N.W.$) zum Instrument parallel gelegt wird, Abb. 60. Sollen z. B. Ströme bestimmt werden bis zum 10fachen Betrage desjenigen Stromes, den das Instrument unmittelbar zu messen erlaubt, so schickt man durch dieses nur $^1/_{10}$ des gesamten Stromes. Es muß dann nach dem 1. Stromverzweigungsgesetz der Nebenschluß $^9/_{10}$ des Stromes, also einen neunmal so großen Strom aufnehmen wie das Instrument. Da nach dem 2. Stromverzweigungsgesetz sich die Stromstärken in den Zweigen umgekehrt verhalten wie ihre Widerstände, so muß demnach dem Nebenschluß ein Widerstand gleich dem neunten Teile des Instrumentenwiderstandes gegeben werden. Bezeichnet R_n die Größe des Nebenwiderstandes, R_g den Widerstand des Strommessers einschließlich der Verbindungsleitungen, so muß also $R_n = \frac{R_g}{9}$ sein. Soll mit dem Instrument der 100fache Strom gemessen werden können, so ist ein Nebenwiderstand $R_n = \frac{R_g}{99}$ erforderlich usw. Um, allgemein ausgedrückt, das Meßbereich eines Strommessers auf das n-fache des normalen Bereichs zu erweitern, muß ein Nebenwiderstand von der Größe

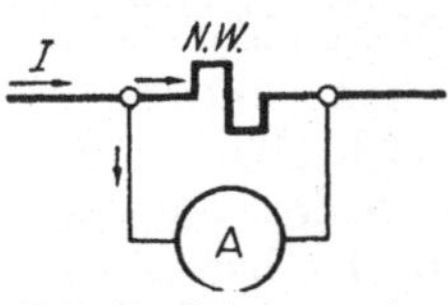

Abb. 60. Schaltung eines Strommessers mit Nebenwiderstand.

$$R_n = \frac{R_g}{n-1} \tag{56}$$

angewendet werden.

Geräte, mit denen der Nebenwiderstand fest verbunden ist, z. B. Schalttafelgeräte, werden, um jede Rechnung zu ersparen, für den Gesamtstrom geeicht. Tragbaren Instrumenten gibt man häufig einen ganzen Satz geeigneter Nebenwiderstände bei, durch die es möglich ist, sie den verschiedensten Stromstärken anzupassen und diese aus den Angaben des Instrumentes durch eine einfache Rechnung, meistens nur durch Versetzung des Dezimalkommas, zu ermitteln.

Beispiel: Ein als Feinmeßgerät vielverwendetes Drehspulinstrument hat einen inneren Widerstand von 1 Ω. Jedem Grad Ausschlag entspricht eine Stromstärke von 0,001 A. Da die Skala im ganzen 150° umfaßt, so läßt sich also eine Stromstärke bis 0,15 A unmittelbar messen. Welche Nebenwiderstände sind anzuwenden, um mit dem gleichen Gerät Ströme bis 1,5 15, 150 A messen zu können?

Da das Meßbereich auf das 10-, 100-, 1000fache erweitert werden soll, so sind entsprechend Gl. (56) die zu verwendenden Nebenwiderstände

$$\frac{1}{9}, \frac{1}{99}, \frac{1}{999}\,\Omega.$$

46. Elektrochemische Geräte.

Strommesser, die auf der zersetzenden Wirkung des Stromes beruhen, sind nur für Gleichstrom verwendbar und werden Voltameter genannt. Bei dem Silbervoltameter kann z. B. die innerhalb einer gewissen Zeit aus einer Silberlösung an der negativen Elektrode abgeschiedene Silbermenge durch Wägung festgestellt und daraus nach Gl. (40) die Stromstärke ermittelt werden. Voraussetzung ist, daß diese während der Dauer des Versuchs konstant bleibt. Da das Messen mit dem Voltameter zeitraubend und umständlich ist, so wird es lediglich für genaue Laboratoriumsuntersuchungen, z. B. zur Nachprüfung anderer Instrumente, benutzt.

47. Hitzdrahtgeräte.

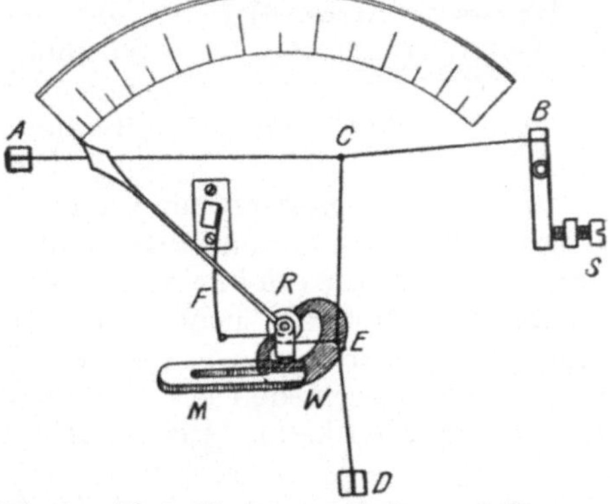

Abb. 61. Hitzdrahtgerät von Hartmann & Braun.

Beim Hitzdrahtgerät wird die Stärke eines Stromes durch die von ihm in einem sehr feinen Drahte, dem Hitzdrahte, entwickelte Wärme bestimmt. Der Draht besteht gewöhnlich aus Platinsilber, Platiniridium oder Nickelstahl und wird zwischen den beiden Stromzuführungspunkten A und B ausgespannt, Abb. 61. Im Punkt C ist mit ihm ein zweiter Draht verlötet, dessen anderes Ende bei D festgeklemmt und mit dem im Punkte E ein Kokonfaden verbunden ist. Dieser ist um eine kleine drehbare Rolle R geschlungen, die einen Zeiger trägt. Die Rolle ist nach Art einer winzigen Stufenscheibe ausgebildet und steht durch einen zweiten Kokonfaden mit der Feder F in Verbindung. Die beim Stromdurchgang auftretende Erwärmung des

Hitzdrahtes äußert sich durch eine Zunahme seiner Länge. Durch die Feder bleiben die Drähte jedoch gespannt, wobei der Zeiger einen der Stromstärke entsprechenden Ausschlag erfährt. Mit dem Zeiger ist ein Aluminiumsegment *W* verbunden, das sich zwischen den Polen eines Dauermagneten *M* befindet, und in dem bei der Bewegung des Zeigers Wirbelströme induziert werden, die dämpfend wirken (vgl. Abschnitt 32). Die Ablesungen sind erst einige Sekunden nach dem Einschalten des Stromes vorzunehmen, da der Zeiger seine Endstellung infolge der allmählichen Verlängerung des Hitzdrahtes nur kriechend erreicht. Mit der Schraube *S* wird nötigenfalls die genaue Einstellung des Zeigers auf den Nullpunkt bewirkt. Da der Hitzdraht nur sehr schwache Ströme verträgt, so müssen für stärkere Ströme stets Nebenwiderstände verwendet werden. Das Hitzdrahtgerät ist für Gleich- und Wechselstrom gleich gut verwendbar.

48. Drehmagnetgeräte.

Eine besonders große Verbreitung haben die auf elektromagnetischer Grundlage beruhenden Strommesser gefunden. Die ältesten Instrumente dieser Art sind die Drehmagnetgeräte, meist Galvanometer genannt. Sie bestehen aus einer festen Spule und einem drehbaren Magneten innerhalb derselben. Ordnet man den Magneten *n s* so an, daß er in der horizontalen Ebene schwingen kann (Abb. 62), so stellt er sich unter der Wirkung des Erdmagnetismus in die magnetische Nord-Südrichtung ein. Diese gibt demnach die Nullage des Magneten an. Die Spule wird so eingerichtet, daß ihre Windungsebene mit dieser Nullage zusammenfällt. Wird sie sodann in den Stromkreis eingeschaltet, so wird auf den Magneten eine Kraft ausgeübt, die ihn in eine zu seiner ursprünglichen Lage senkrechte Richtung zu bringen sucht. Die vom Erdmagnetismus herrührende Gegenkraft bewirkt jedoch, daß die Größe der Ablenkung je nach der Stromstärke verschieden ist, so daß diese aus dem Ablenkungswinkel bestimmt werden kann. Aus der Ablenkungsrichtung des Zeigers kann gleichzeitig auf die Stromrichtung geschlossen werden. Die Galvanometer lassen sich für eine hohe Empfindlichkeit bauen, sie haben aber den Mangel, daß sie auf äußere magnetische und elektrische Kräfte ansprechen. Es können daher Meßfehler auftreten, wenn z. B. in der Nähe des Instrumentes ein elektrischer Strom vorbeigeführt wird. Aus diesem Grunde finden sie in der elektrischen Starkstromtechnik nur noch wenig Anwendung. Die mit dem Gerät verbundenen Übelstände sind übrigens bei einer neueren Ausführungsart vermieden, so daß ihm vielleicht wieder neue Anwendungsmöglichkeiten erschlossen werden. Da durch Wechselstrom ein Ausschlag des Magneten nicht verursacht wird, so sind die Drehmagnetgeräte lediglich für Gleichstrom verwendbar.

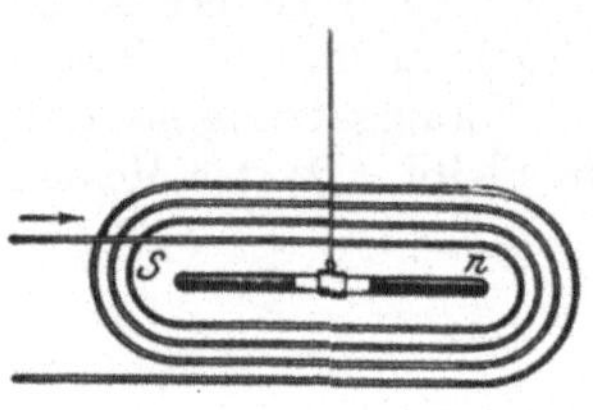

Abb. 62. Galvanometer.

49. Drehspulgeräte. 

Den Drehspulgeräten, auch Deprezgalvanometer genannt, liegt die umgekehrte Anordnung wie den Galvanometern zugrunde: eine drehbar gelagerte Spule steht unter dem Einflusse eines festen Magneten. Die grundsätzliche Anordnung ist in Abb. 63 wiedergegeben. Die Pole N und S eines hufeisenförmigen Stahlmagneten sind mit zylindrisch ausgebohrten Polschuhen versehen. Zwischen diesen ist ein fester Eisenzylinder angeordnet, der von der um die Zylinderachse drehbaren, sehr leicht ausgeführten Drahtspule umschlossen ist. Dieser wird der Strom durch zwei feine Spiralfedern, von denen sich eine oberhalb und eine unterhalb des Zylinders befindet, zugeführt. Die Federn dienen gleichzeitig dazu, der Spule eine feste Nullage zu geben. Infolge der zwischen dem Magneten und der stromführenden Spule bestehenden Wechselwirkung erfährt letztere eine Ablenkung, der die Spannkraft der Federn entgegenwirkt, und deren Größe durch den an dem beweglichen System befestigten Zeiger angegeben wird. Um eine gute Dämpfung zu erzielen, wird die Spule auf einen Rahmen aus Aluminium gewickelt, in dem bei der Bewegung im magnetischen Felde Wirbelströme induziert werden, die bremsend wirken. Da die Spule sich innerhalb eines starken Magnetfeldes befindet, so sind die Angaben des Instrumentes von äußeren magnetischen oder elektrischen Einflüssen nahezu unabhängig. Die Ablenkungsrichtung des Zeigers ist, wie beim Galvanometer, von der Stromrichtung abhängig. Die Instrumente sind daher ebenfalls nur für Gleichstrom geeignet, für Wechselstrom dagegen nicht zu gebrauchen, es sei denn, daß mit ihnen ein kleiner Gleichrichter (z. B. ein Trockengleichrichter, s. Abschn. 175) verbunden ist, der den zu messenden Wechselstrom in Gleichstrom umwandelt.

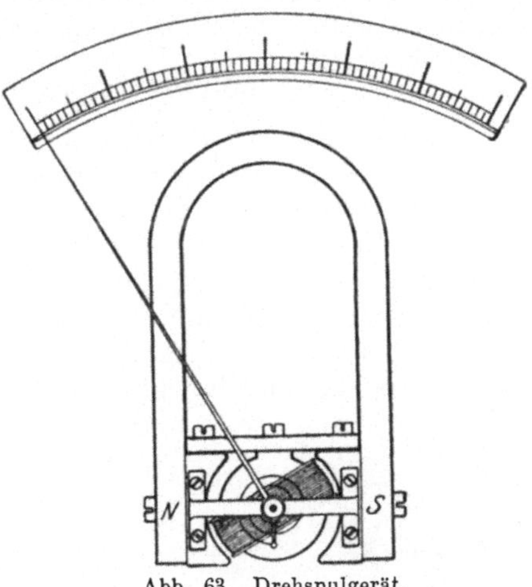

Abb. 63. Drehspulgerät.

In Abb. 63 ist in Übereinstimmung mit der gebräuchlichsten Ausführungsart angenommen, daß der Nullpunkt den Anfang der Skala bildet. Derartig eingerichtete Instrumente sind nur für eine bestimmte Stromrichtung verwendbar, die an den Anschlußklemmen durch Angabe der Pole kenntlich gemacht wird. Zuweilen wird jedoch auch der Nullpunkt in die Skalenmitte verlegt, so daß der Zeiger nach beiden Seiten ausschlagen kann und daher beim Anschließen des Instrumentes auf die Polarität des Stromes keine Rücksicht genommen zu werden braucht.

Es sei noch darauf hingewiesen, daß bei einer neuartigen, bisher aber wenig verbreiteten Bauweise des Drehspulgerätes, dem Kernmagnetgerät, der Magnet sich im Innern der Drehspule befindet, die im übrigen von Eisen umschlossen ist. Geringer Materialaufwand und kleiner Platzbedarf werden dem Gerät nachgerühmt.

Drehspulgeräte werden meistens in Verbindung mit Nebenwiderständen verwendet und gelten als Feinmeßgeräte, doch sind sie auch in einer für die Anbringung auf Schalttafeln geeigneten billigeren Form verbreitet.

50. Dreheisengeräte.

Läßt man eine von dem zu messenden Strome durchflossene feste Spule auf ein beweglich angebrachtes Stückchen Eisen einwirken, so erhält man die Dreheisengeräte. Sie wurden früher auch als Weicheisengeräte bezeichnet, werden aber häufig auch schlechthin elektromagnetische Geräte genannt. Ihre grundsätzliche Einrichtung kann der Abb. 64 entsprechen. Ein kleines Eisenstäbchen E ist, durch Gegengewichte G ausgeglichen, innerhalb einer Spule beweglich angebracht. Sobald die Spule in einen Stromkreis eingeschaltet wird, wird das Stäbchen entsprechend der Stärke des Stromes weiter in sie hineingezogen. Ein mit dem beweglichen System verbundener Zeiger erlaubt die Stromstärke an einer Skala abzulesen.

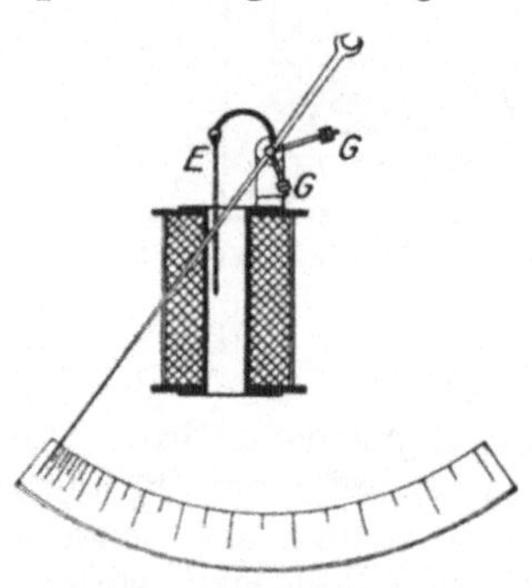

Abb. 64. Dreheisengerät.

Die Dreheisengeräte lassen sich für verhältnismäßig starke Ströme bauen, so daß die Anwendung von Nebenwiderständen im allgemeinen nicht erforderlich ist. Ihre konstruktive Ausbildung zeigt erhebliche Verschiedenheiten. So ist bei einer Ausführungsform von Siemens & Halske (Abb. 65) das Eisenstäbchen durch ein exzentrisch gelagertes Eisenstück E ersetzt, welches innerhab des schmalen Schlitzes einer flachrechteckig gewickelten Spule beweglich ist. Für das Instrument ist eine Luftdämpfung vorgesehen, die durch einen von einem entsprechend gebogenen Hohlzylinder mit geringem Spiel umschlossenen Kolben erzielt wird, der an der Bewegung des Zeigers teilnimmt und gleichzeitig das Gegengewicht darstellt. Entsprechend der Form der Spule werden Geräte der beschriebenen Art häufig als

Flachspulgeräte

bezeichnet.

Die vorstehend angegebene Bauweise der Dreheiseninstrumente ist zurückgedrängt worden durch eine andere Ausführungsform, die

Rundspulgeräte.

Diesen ist die Kraftwirkung zugrunde gelegt, die zwei innerhalb einer kreisrund gewickelten Spule befindliche und dadurch magnetisch gewordene Eisenstückchen aufeinander ausüben. Letztere sind in Abb. 66 als konzentrisch angeordnete Zylindermantelsegmente dargestellt: das mit *A* bezeichnete ist fest, das *B* benannte um die Achse drehbar angebracht. Das bewegliche Segment wird, sobald durch die Spule Strom fließt, vom festen abgestoßen, wobei durch die Feder eine Gegenkraft ausgeübt wird. Auch bei diesem Instrument ist eine Luftdämpfung üblich, und zwar wird sie in der Regel durch einen innerhalb einer flachen Dose angeordneten Flügel bewirkt, der mit dem beweglichen System verbunden ist.

Bei den Dreheisengeräten verursacht der Restmagnetismus des Eisens Fehler derart, daß das Meßergebnis verschieden ausfällt, je nachdem, ob mit dem Instrument vorher ein stärkerer oder schwächerer Strom gemessen wurde. Diese Abweichungen sind aber bei guten Instrumenten verhältnismäßig klein und bei einzelnen Ausführungen fast völlig vermieden.

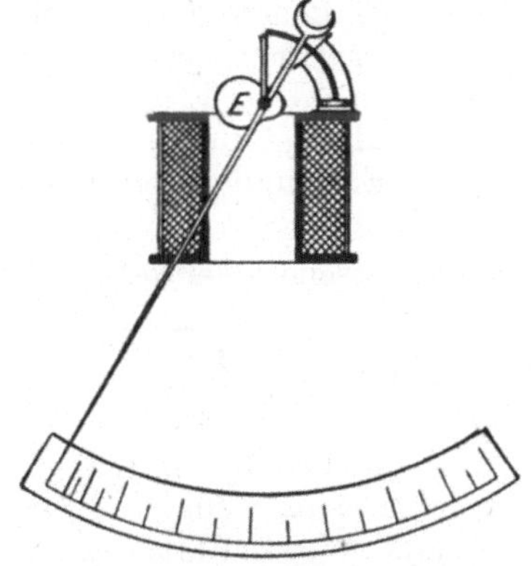

Abb. 65. Dreheisengerät, Flachspultype.

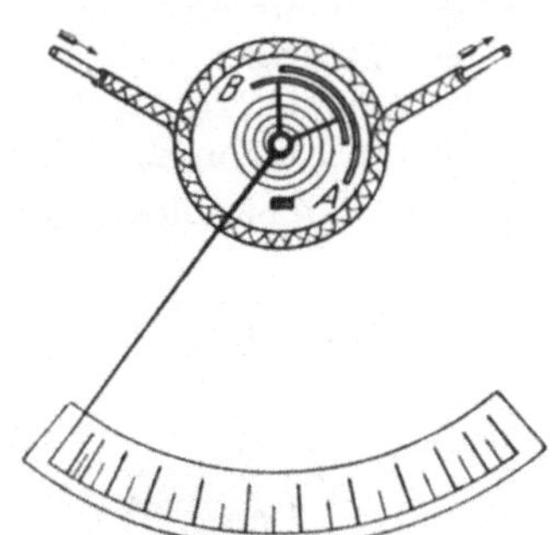

Abb. 66. Dreheisengerät, Rundspultype.

Die Dreheisengeräte zeichnen sich durch geringen Preis aus. Sie haben namentlich als Schalttafelinstrumente große Verbreitung gefunden. Sie sind für Gleichstrom und Wechselstrom brauchbar, und zwar sind bei letzterer Stromart ihre Angaben innerhalb ziemlich weiter Grenzen von der Frequenz nahezu unabhängig.

51. Elektrodynamische Geräte. 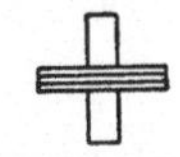

Ein Gerät, welches vollständig eisenfrei hergestellt werden kann, ist das Elektrodynamometer. Es besitzt eine feste und eine bewegliche Spule. Die Ebenen der beiden Spulen sind schräg zueinander angeordnet oder stehen aufeinander senkrecht. Die Spulen sind hintereinander geschaltet, wobei die Stromzuführung zur beweglichen Spule durch Spiralfedern bewirkt wird, die ihr gleichzeitig die Nullage erteilen. In Abb. 67, die das Elektrodynamometer schematisch darstellt, bedeutet *AB* die feste, *CD* die bewegliche Spule. Sobald durch die Spulen Strom fließt, sucht sich die bewegliche Spule, und zwar unabhängig von der Stromrichtung, zur festen parallel zu stellen (vgl. Abschn. 26). Die Spiralkraft der Federn wirkt der Drehung der Spule entgegen, und der Ausschlagwinkel, der durch einen Zeiger angegeben wird, bildet demnach ein Maß für die Stromstärke. Da die bewegliche Spule möglichst leicht ausgeführt, also aus dünnem Draht hergestellt werden muß, so ist für sie oft die Anwendung eines Nebenwiderstandes erforderlich.

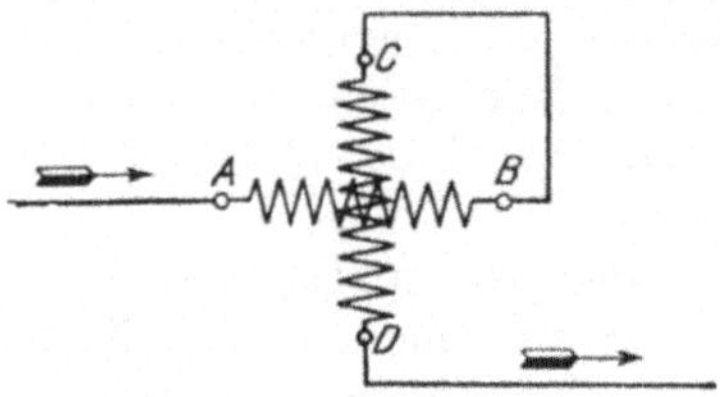

Abb. 67. Elektrodynamometer.

Neben dem eisenlosen Gerät finden auch

eisengeschlossene Elektrodynamometer 

Verwendung, bei denen die von den Spulen hervorgerufenen magnetischen Kraftlinien im wesentlichen in Eisen verlaufen. Der Eigenenergieverbrauch derartiger Instrumente ist kleiner als bei den eisenlosen Elektrodynamometern; auch wird eine größere Empfindlichkeit erzielt, allerdings auf Kosten der Genauigkeit.

Zwischen den eisenlosen und den eisengeschlossenen Geräten stehen die

eisengeschirmten Elektrodynamometer.

Elektrodynamische Geräte sind für Gleich- und Wechselstrom zu gebrauchen, doch finden sie ihre Hauptanwendung auf dem Gebiete des Wechselstromes. Das eisenlose Elektrodynamometer gilt als Feinmeßgerät für Wechselstrom.

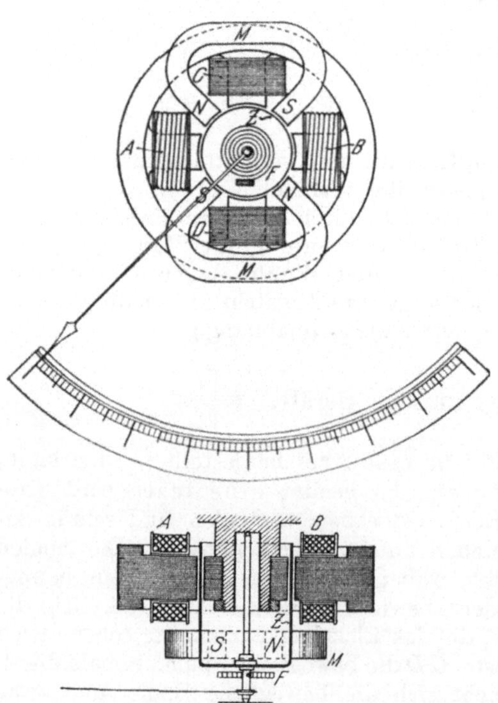

Abb. 68. Induktionsgerät von Siemens & Halske.

52. Induktionsgeräte. 

Ausschließlich für Wechselstrom verwendbar sind die Induktionsinstrumente. Bei dem von Siemens & Halske gebauten Gerät dieser Art, das in Abb. 68 in Ansicht und Schnitt dargestellt ist, wirken z. B. auf einen durch die Spiralfeder F in der Gleichgewichtslage gehaltenen Aluminiumzylinder Z vier um je 90° gegeneinander versetzte Magnetpole ein, die durch den zu messenden Wechselstrom erregt werden. Die auf zwei gegenüberliegenden Polen angebrachten Spulen A und B werden unmittelbar vom Hauptstrom durchflossen, während für die Spulen C und D, die die Zwischenpole erregen, ein Strom abgezweigt wird, dem durch besondere Schaltungsarten eine Phasenverschiebung von 90° gegenüber dem Hauptstrom erteilt wird. Auf diese Weise ergeben sich zwei aufeinander senkrecht stehende Magnetfelder, die zeitlich um eine Viertelperiode gegeneinander verschoben sind und sich, wie später (vgl. Abschn. 142) nachgewiesen werden wird, zu einem Drehfeld zusammensetzen. Durch dieses werden in dem Zylinder Ströme induziert, die auf ihn ein Drehmoment ausüben. Die Ablenkung wird durch einen Zeiger sichtbar gemacht, so daß die Stromstärke an einer Skala abgelesen werden kann. Auf den Aluminiumzylinder wirken ferner die Pole N und S zweier hufeisenförmiger Stahlmagnete M ein, durch die in ihm Wirbelströme induziert werden, unter deren Einfluß das schwingende System schnell zur Ruhe kommt. Die beschriebenen Strommesser werden vielfach als Drehfeld-, häufig auch als Ferrarisgeräte bezeichnet.

B. Spannungsmessungen.

53. Geräte für Spannungsmessung.

Zur Bestimmung der Spannung dienen die Spannungsmesser oder Voltmeter. Ein grundsätzlicher Unterschied in dem Aufbau der Spannungs- und Strommesser besteht jedoch nicht. Jeder für schwache Ströme empfindliche Stromm sser läßt sich im allgemeinen auch als Spannungsmesser verwenden. Viele Geräte, namentlich die Feinmeßgeräte, werden nach Belieben zur Messung von Stromstärken oder Spannungen benutzt. Läßt man auf das Instrument eine Spannung einwirken, so wird es von einem Strome durchflossen, dessen Stärke von seinem Widerstande abhängt. Das Produkt dieser Stromstärke mit dem Widerstande gibt, dem Ohmschen Gesetze gemäß, die zu messende Spannung an, die an der Skala unmittelbar verzeichnet werden kann. Im Gegensatz zum Strommesser muß beim Spannungsmesser der Eigenwiderstand möglichst groß sein, damit durch seinen Anschluß nennenswerte Änderungen in den Stromverhältnissen des Kreises nicht eintreten (gegebenenfalls Anwendung von Spulen aus vielen Windungen dünnen Drahtes an Stelle solcher aus wenigen Windungen dicken Drahtes bei den Strommessern!).

Eine Beschreibung der Voltmeter selber erübrigt sich nach vorstehenden Ausführungen. Es kommen für die Spannungsmessung die Hitzdrahtgeräte, ferner sämtliche auf den elektromagnetischen und elektrodynamischen Wirkungen beruhenden Geräte, wie auch schließlich die Induktionsgeräte zur Anwendung.

Außerdem sind

elektrostatische Voltmeter

in Gebrauch. Bei ihnen werden ein festes und ein bewegliches System entgegengesetzt elektrisch geladen. Infolgedessen erfährt das bewegliche System eine Ablenkung, deren Größe von der die Ladung bewirkenden Spannung abhängt. Die Geräte sind in erster Linie für Hochspannung ausgebildet, werden aber auch für Niederspannung hergestellt.

Beispiele: 1. Ein Drehspulgerät besitzt einen Widerstand von 1 Ω und gibt, als Strommesser benutzt, bei 1° Ausschlag eine Stromstärke von 0,001 A an. Welcher Spannung entspricht jeder Grad Ausschlag, wenn das Instrument als Voltmeter angeschlossen wird?

Wird der Eigenwiderstand des Instrumentes wie früher mit R_g bezeichnet, so ist:

$$U = I \cdot R_g = 0{,}001 \cdot 1 = 0{,}001 \text{ V},$$

vgl. das Beispiel zu Abschn. 45.

2. Bei einem Voltmeter mit 2 Ω Eigenwiderstand zeigt jeder Grad Ausschlag 0,001 V an. Wie groß ist bei Verwendung des Instrumentes als Strommesser die von 1° Ausschlag angegebene Stromstärke?

$$I = \frac{U}{R_g} = \frac{0{,}001}{2} = 0{,}0005 \text{ A}.$$

54. Schaltung der Spannungsmesser.

a) Direkte Spannungsmessung.

Bei der Spannungsmessung legt man das Voltmeter an die Punkte, zwischen denen die Spannung ermittelt werden soll. Um z. B. die

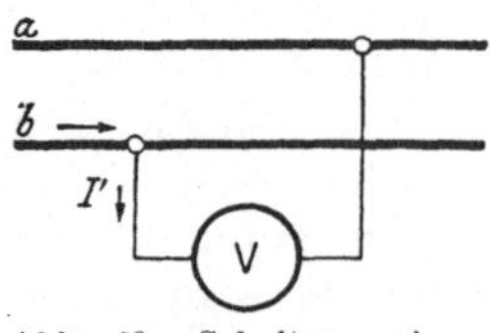

Abb. 69. Schaltung eines Spannungsmessers.

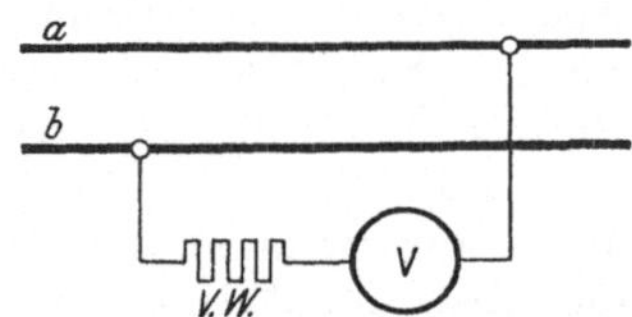

Abb. 70. Schaltung eines Spannungsmessers mit Vorwiderstand.

Spannung zwischen zwei Leitungen a und b zu messen, ist das Voltmeter V nach Ab. 69 zu schalten. Der auf das Instrument einwirkende Teilstrom I' ist infolge seines großen Eigenwiderstandes nur gering.

b) Anwendung eines Vorwiderstandes.

Ist der erforderliche hohe Eigenwiderstand im Instrument selbst nicht zu erzielen, so muß (Abb. 70) ein besonderer Vorwiderstand ($V.W.$) verwendet werden. Durch Anwendung geeigneter Vorwiderstände läßt sich das Meßbereich eines Voltmeters in ähnlicher Weise erweitern, wie dasjenige eines Amperemeters durch Nebenwiderstände. Soll z. B. mit einem Voltmeter eine Spannung bis zum 10fachen Betrage derjenigen gemessen werden, die es unmittelbar anzeigen kann, so muß der Widerstand des Voltmeterzweiges verzehnfacht werden. In diesem Falle wird der Strom, der das Instrument durchfließt, auf den 10. Teil herabgesetzt, und der Ausschlag wird dementsprechend kleiner. Beim Instrumentenwiderstand R_g muß man also, um den 10fachen Widerstand zu erhalten, einen Vorwiderstand von der Größe 9 R_g anwenden. Um das Meßbereich auf das n-fache des normalen Bereichs zu erhöhen, ist ein Vorwiderstand erforderlich:

$$R_v = R_g \cdot (n - 1). \tag{57}$$

c) Voltmeterumschalter.

Um in Schaltanlagen die Zahl der Spannungsmesser möglichst zu beschränken, bedient man sich der Voltmeterumschalter. In Abb. 71 ist eine beliebte Ausführungsart eines solchen dargestellt. Der Spannungsmesser liegt an zwei halbkreisförmig gestalteten Kontaktschienen, während die Leitungen, zwischen denen die Spannung gemessen werden soll, paarweise zu den gegenüberliegenden Kontaktknöpfen *1—2*, *3—4* usw. geführt sind, die durch zwei an einem Handgriff befestigte Schleiffedern mit den Schienen und damit dem Spannungsmesser in Verbindung gebracht werden können. Bei der in der Abbildung angenommenen Stellung des Handgriffes wird z. B. die Spannung zwischen den mit *5* und *6* verbundenen Leitungen gemessen.

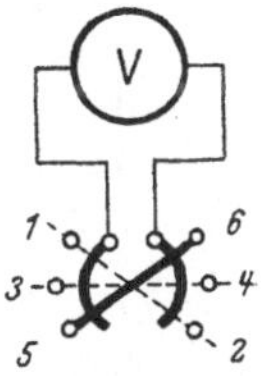

Abb. 71. Voltmeterumschalter.

Beispiel: Ein Drehspulgerät von 1 Ω Eigenwiderstand wird als Voltmeter verwendet. Jeder Grad Ausschlag gibt eine Spannung von 0,001 V an. Es kann also, da 150° zur Verfügung stehen, eine Spannung bis 0,15 V unmittelbar gemessen werden. Welche Vorwiderstände sind anzuwenden, um mit dem Instrument Spannungen bis 1,5, 15, 150 V messen zu können?

Da die zu messenden Spannungen 10-, 100-, 1000mal so groß sind wie die Spannung, die sich unmittelbar messen läßt, so sind nach Gl. (57) die zu verwendenden Vorwiderstände 9, 99, 999 Ω (vgl. Beispiel 1 des vorigen Abschnitts).

C. Widerstandsmessungen.

55. Die indirekte Widerstandsmessung.

Um den Widerstand R_x eines Leiters zu bestimmen, kann dieser nach Abb. 72a in einen Stromkreis gelegt werden, dessen Stärke I durch ein Amperemeter A gemessen wird. Die zwischen den Enden des Widerstandes bestehende Spannung U wird gleichzeitig mittels eines Voltmeters V festgestellt. Der unbekannte Widerstand ist dann nach Gl. (5):

$$R_x = \frac{U}{I}. \tag{58}$$

Durch einen in den Stromkreis eingeschalteten Regulierwiderstand (*R.W.*) kann der Stromstärke ein passender Wert erteilt werden.

Das Verfahren gibt eine in den meisten Fällen ausreichende Genauigkeit, vorausgesetzt, daß der Widerstand des Voltmeters im Vergleich zum unbekannten Widerstand so hoch ist, daß der es durchfließende Strom I' vernachlässigt werden kann. Andernfalls muß dieser von dem durch das Amperemeter angegebenen Strom I in Abzug gebracht werden.

Die Schaltung läßt sich auch nach Abb. 72b abändern. In diesem Falle gibt das Amperemeter die den Widerstand R_x durchfließende

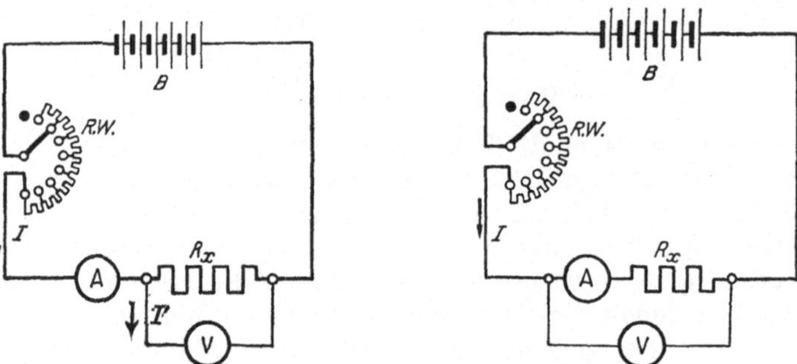

Abb. 72a und b. Indirekte Widerstandsbestimmung.

Stromstärke richtig an. Ein einwandfreies Ergebnis wird jedoch nur erhalten, wenn der Widerstand des Amperemeters gegenüber dem unbekannten Widerstande sehr klein ist. Gegebenenfalls ist die vom Voltmeter angezeigte Spannung um den im Amperemeter auftretenden Spannungsverlust zu vermindern bzw., was gleichbedeutend ist, von dem nach Gl. (58) berechneten Widerstand derjenige des Amperemeters abzuziehen.

Beispiel: Der Widerstand einer Spule wurde nach dem indirekten Verfahren bestimmt, indem man sie in den Stromkreis einiger Elemente einschaltete. Die Stromstärke wurde zu 2,46 A, die Spannung zwiwchen den Enden der Spule zu 3,93 V gemessen. Wie groß ist der Widerstand?

$$R_x = \frac{U}{I} = \frac{3{,}93}{2{,}46} = 1{,}6\,\Omega.$$

56. Das Verfahren der WHEATSTONEschen Brücke.

Sehr genaue Widerstandsmessungen ermöglicht das viel verwendete Brückenverfahren. Bei der WHEATSTONEschen Brücke werden vier Widerstände R_1, R_2, R_3, R_4 so geschaltet, wie es Abb. 73 zeigt. Sind drei der Widerstände bekannt, so kann der vierte, z. B. R_3, ermittelt werden.

Der Anordnung wird durch die Batterie B, die an die Punkte A und B angeschlossen ist, Strom zugeführt. Im Punkte A verzweigt sich der Strom. Der Zweigstrom I_1 fließt durch die Widerstände R_1 und R_2, der Zweigstrom I_2 durch R_3 und R_4. Die Punkte C und D sind durch einen Draht überbrückt, der den Strommesser A enthält. Im allgemeinen wird der Brückendraht CD ebenfalls Strom führen.

Je nachdem, ob dieser von C nach D oder von D nach C gerichtet ist, wird daher der Zeiger des Strommessers nach der einen oder anderen Richtung ausschlagen. Durch Verändern des Widerstandes R_4 läßt es sich jedoch erreichen, daß der Brückendraht stromlos wird, so daß durch ihn die Stromverteilung in den Widerständen nicht beeinflußt wird. Der Abbildung ist dieser Fall zugrunde gelegt, der dann eintritt, wenn zwischen den Punkten C und D keine Spannung besteht. Diese Bedingung ist erfüllt, wenn im Zweig AC derselbe Spannungsabfall auftritt wie im Zweige AD, wenn also

$$I_1 \cdot R_1 = I_2 \cdot R_3$$

ist. Eine entsprechende Beziehung läßt sich auch für die Zweige BC und BD aufstellen, nämlich:

$$I_1 \cdot R_2 = I_2 \cdot R_4 .$$

Die Division beider Gleichungen ergibt die sog. Brückengleichung:

$$\frac{R_1}{R_2} = \frac{R_3}{R_4}, \tag{59}$$

also:

$$R_3 = R_4 \cdot \frac{R_1}{R_2} . \tag{60}$$

Für R_4 wird gewöhnlich ein Stöpselwiderstand benutzt, so daß man dem Widerstande einen beliebigen Wert geben kann. Auch die Widerstände R_1 und R_2 macht man meistens veränderlich. Sie erhalten jedoch nur wenig Stufen, z. B. 1, 10, 100 . . . Ω, damit das Verhältnis $\frac{R_1}{R_2}$ = . . 0,1, 1, 10, 100... eingestellt werden kann, womit die Rechnung sich sehr einfach gestaltet.

Häufig werden die Widerstände R_1, R_2 und R_4 zu einem einheitlichen Apparat zusammengestellt, mit dem auch einige Elemente als Stromquelle sowie der Strommesser fest verbunden werden können. Solche Apparate ermöglichen es, eine Messung schnell und bequem auszuführen.

Bei einer anderen Ausführungsform der Brücke werden die Widerstände R_1 und R_2 in Form eines Meßdrahtes ausgespannt, und es kann das Verhältnis $\frac{R_1}{R_2}$ dadurch geändert werden, daß das zwischen den beiden Widerständen befindliche Brückendrahtende C mit Hilfe eines Schleifkontaktes verschoben wird. Dem Widerstand R_4 wird dabei ein passender Wert gegeben, z. B. 1, 10, 100. . . Ω. Hat der Meßdraht einen genau abgeglichenen Querschnitt, so kann statt des Verhältnisses der Widerstände das der Drahtlängen eingesetzt werden, welches vielfach an einer längs des Meßdrahtes gelegten Skala unmittelbar abgelesen werden kann. Wegen des verhältnismäßig geringen Widerstandes des Meßdrahtes empfiehlt es sich, die Rollen von Stromquelle und Meßinstrument im Vergleich zu Abb. 73 zu vertauschen, so daß also, wie es Abb. 74 zeigt, die Batterie zwischen C und D, der Strommesser zwischen A und B zu liegen kommt. Die Brückengleichung gilt in diesem Fall unverändert.

Um den Widerstand von Flüssigkeiten mit der WHEATSTONEschen Brücke zu messen, muß zur Vermeidung von chemischen Zersetzungen statt des Batteriestromes Wechselstrom verwendet werden. Dieser wird in der Regel durch einen kleinen Induktionsapparat erzeugt (s. Abschn. 30). Der Strommesser wird in diesem Falle durch ein Telephon ersetzt. Dieses zeigt, solange es vom Wechselstrom be-

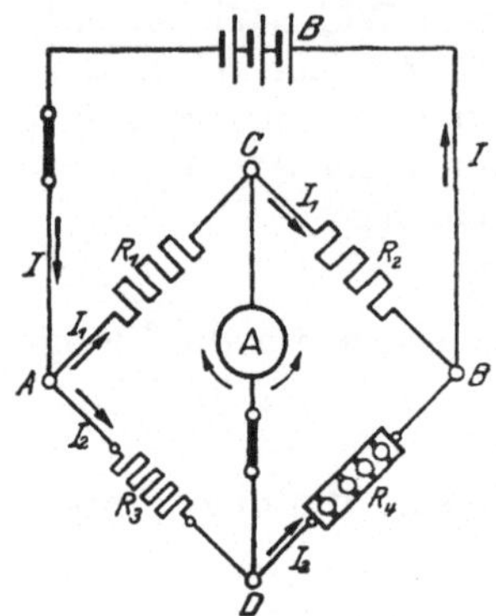

Abb. 73. Wheatstonesche Brücke.

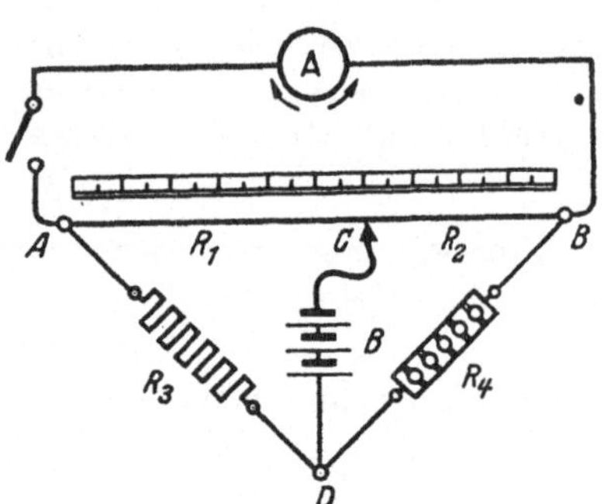

Abb. 74. Wheatstonesche Brücke mit Meßdraht.

einflußt wird, einen Ton an. Letzterer verschwindet aber, sobald Stromlosigkeit eintritt. Telephonmeßbrücken werden auch vielfach zur Bestimmung des Erdwiderstandes von Blitzableitern verwendet.

Beispiel: Um den Widerstand eines Drahtes zu ermitteln, wurde er an die Stelle von R_3 in eine WHEATSTONEsche Brücke der in Abb. 73 wiedergegebenen Anordnung geschaltet. R_1 wurde zu $10\,\Omega$, R_2 zu $1000\,\Omega$ gewählt. Der Stöpselwiderstand R_4 wurde so lange verändert, bis der Ausschlag des Strommessers null wurde. Das war der Fall bei $825\,\Omega$. Welche Größe hat der Widerstand des Drahtes?

$$R_3 = R_4 \cdot \frac{R_1}{R_2} = 825 \cdot \frac{10}{1000} = 8{,}25\,\Omega .$$

57. Das Vergleichsverfahren.

Bei einem anderen Verfahren der Widerstandsmessung wird der zu bestimmende Widerstand R_x mit einem Widerstand von bekannter Größe R hintereinander in einen von der Stromquelle B gespeisten Stromkreis eingeschaltet, so daß beide Widerstände von dem gleichen Strome durchflossen werden (Abb. 75). Es werden sodann mit einem Voltmeter V die zwischen den Enden der beiden Widerstände bestehenden Spannungen bestimmt. Um diese Messungen schnell nacheinander vornehmen zu können, wird ein zweipoliger Umschalter angewendet. In der Stellung *1—1* gibt das Voltmeter die Spannung U_1 zwischen den Enden von R_x an, in der Stellung *2—2* die Spannung U_2 zwischen den Enden von R. Nun läßt sich, wenn die Stromstärke in dem Kreise I ist,

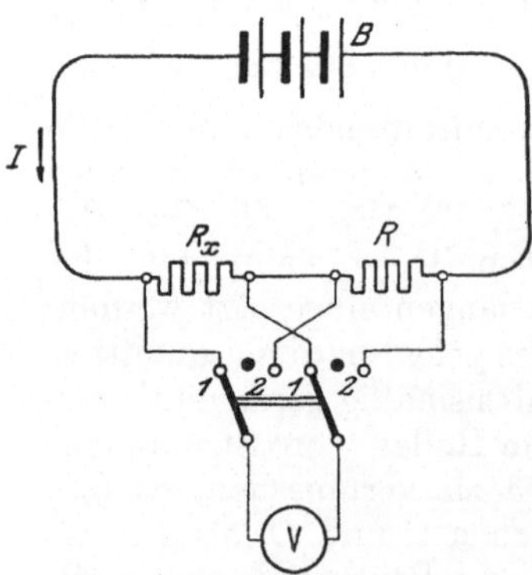

Abb. 75. Widerstandsmessung nach dem Vergleichsverfahren.

nach dem Ohmschen Gesetz [Gl. (6)] schreiben:

$$U_1 = I \cdot R_x,$$

$$U_2 = I \cdot R.$$

Durch Division dieser beiden Gleichungen ergibt sich:

$$\frac{R_x}{R} = \frac{U_1}{U_2}. \tag{61}$$

Die beiden Widerstände verhalten sich also wie die zwischen ihren Enden herrschenden Spannungen. Aus Gl. (61) folgt:

$$R_x = R \cdot \frac{U_1}{U_2}. \tag{62}$$

Das Verfahren wird besonders häufig zur Bestimmung sehr kleiner Widerstände benutzt. Es empfiehlt sich, für R einen Widerstand zu wählen, dessen Größe nicht allzusehr von dem unbekannten Widerstande R_x abweicht.

Beispiel: Es soll der Widerstand einer Drahtspule bestimmt werden. Zu diesem Zwecke wird die Spule mit einem Genauwiderstande von 0,1 Ω hintereinander geschaltet. Als Stromquelle dient eine Akkumulatorenzelle. Die Spannung zwischen den Enden der Spule wurde zu 0,215 V, diejenige zwischen den Klemmen des Genauwiderstandes zu 0,322 V gemessen.

$$R_x = R \cdot \frac{U_1}{U_2} = 0{,}1 \cdot \frac{0{,}215}{0{,}322} = 0{,}0668\,\Omega.$$

58. Widerstandsmessung nach dem Voltmeterverfahren.

Legt man nach Abb. 76 den Spannungsmesser V zunächst unmittelbar an die Klemmen einer Stromquelle, indem man den einpoligen Umschalter in die Stellung *1* bringt, so zeigt er deren Spannung U an. Schaltet man das Instrument sodann unter Benutzung derselben Stromquelle mit dem unbekannten Widerstand R_x in Reihe, was durch Umlegen des Umschalters in die Stellung *2* geschieht, so gibt es die Spannung $U_1 = I \cdot R_g$ an, wobei I die im Kreise herrschende Stromstärke und R_g den Eigenwiderstand des Instrumentes bedeuten. Für die Stromstärke läßt sich aber, wenn man annimmt, daß gegenüber R_g und R_x alle übrigen Widerstände des Kreises vernachlässigt werden können, der Ausdruck bilden:

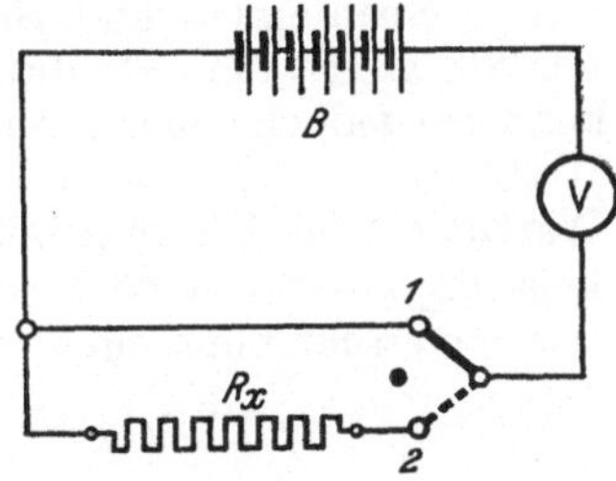

Abb. 76. Bestimmung des Widerstandes nach dem Voltmeterverfahren.

$$I = \frac{U}{R_g + R_x}.$$

Damit wird:

$$U_1 = \frac{U}{R_g + R_x} \cdot R_g.$$

Hieraus folgt:

$$R_x = R_g \cdot \left(\frac{U}{U_1} - 1\right). \tag{63}$$

Das vorstehend beschriebene Verfahren wird namentlich zum Messen von sehr großen Widerständen, z. B. Isolationswiderständen, verwendet unter Benutzung eines Voltmeters mit hohem Eigenwiderstand.

Wird für die Messungen stets dieselbe Meßspannung U zugrunde gelegt, so entspricht jeder Spannung U_1 ein bestimmter Widerstand R_x. Daher können auf der Skala des Instrumentes unmittelbar die Widerstände angegeben werden, so daß man diese ohne weiteres ablesen kann. Derartige Meßgeräte werden als Ohmmeter bezeichnet. Sie geben einen um so größeren Ausschlag, je kleiner der zu messende Widerstand ist.

Beispiel: Bei der Messung eines Widerstandes nach dem Voltmeterverfahren wurde ein Drehspulgerät von 60000 Ω Widerstand benutzt. Die Meßspannung wurde zu 110 V festgestellt. Nach Einschalten des unbekannten Widerstandes zeigte das Voltmeter eine Spannung von 27,5 V an. Welchen Wert hat der gesuchte Widerstand?

$$R_x = R_g \cdot \left(\frac{U}{U_1} - 1\right)$$

$$= 60000 \cdot \left(\frac{110}{27{,}5} - 1\right) = 180000\,\Omega.$$

D. Leistungsmessungen.

59. Leistungsmessung bei Gleichstrom und einphasigem Wechselstrom.

Die Leistung eines Gleichstromes kann indirekt durch gleichzeitige Spannungs- und Strommessung gefunden werden, da sie nach Gl. (26) gleich dem Produkt von Spannung und Stromstärke ist. Man kann sie jedoch auch unmittelbar mit einem Leistungsmesser oder Wattmeter bestimmen. Eine besonders wichtige Rolle kommt dem Wattmeter für Wechselstrom zu, da bei diesem eine Ermittlung der Leistung aus Stromstärke und Spannung wegen der meist vorhandenen Phasenverschiebung nicht angängig ist.

a) Elektrodynamische Leistungsmesser.

Die Wattmeter werden gewöhnlich als Elektrodynamometer gebaut. Sie besitzen eine feste Spule aus dickem Draht, die in den betreffenden Stromkreis nach Art eines Strommessers eingeschaltet wird, Stromspule, und eine drehbar angebrachte Spule aus dünnem Draht, die nach Art eines Spannungsmessers verbunden wird, Spannungsspule. Der Ausschlag der beweglichen Spule gibt unmittelbar ein Maß für die Leistung an. Zur Erzielung verschiedener Meßbereiche wird die Stromspule des Wattmeters häufig aus zwei Teilen zusammengesetzt, die nach Bedarf einzeln verwendet oder parallel geschaltet werden. Die Spannungsspule erhält in der Regel einen Vorwiderstand, dessen Größe je nach der zu messenden Spannung gewählt wird.

Die Schaltung eines Wattmeters mit dem Vorwiderstand *V.W.* ist in den Abb. 77a und b angegeben. Um den Leistungsbedarf der zwischen den Leitungen *a* und *b* eingeschalteten Stromverbraucher, z. B. Glühlampen (in der Abbildung durch Kreuze angedeutet), zu messen, wird die Stromspule *AB* in eine der beiden Leitungen, z. B. *a*, eingeschaltet. Die Spannungsspule *CD* wird zwischen *a* und *b* angeschlossen, wobei eins ihrer Enden unmittelbar mit der Stromspule — mit *A* wie in Abb. 77a oder mit *B* wie in Abb. 77b — verbunden wird.

In den Angaben des Leistungsmessers ist sein eigner Leistungsverbrauch mit eingeschlossen. Der dadurch entstehende Fehler kann

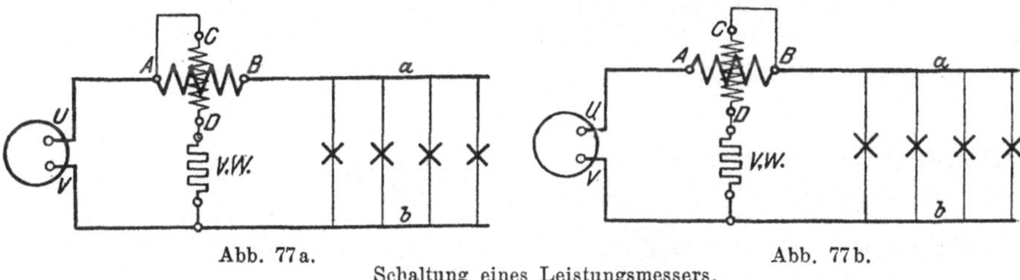

Abb. 77a. Abb. 77b.
Schaltung eines Leistungsmessers.

jedoch gewöhnlich vernachlässigt werden, da er im Vergleich zu der zu bestimmenden Leistung sehr klein ist. Erforderlichenfalls kann eine Berichtigung des Meßergebnisses in der Weise vorgenommen werden, daß bei der Schaltung in Abb. 77a die von der Stromspule, bei der Schaltung in Abb. 77b die von der Spannungsspule verbrauchte Leistung von der vom Instrument angegebenen Leistung abgezogen wird. Wird nicht, wie bisher angenommen, die in den Stromverbrauchern aufgezehrte, sondern die von der Stromquelle *UV* gelieferte Leistung gemessen, so ist bei Abb. 77a der Leistungsverbrauch der Spannungsspule, bei Abb. 77b der der Stromspule zur Angabe des Leistungsmessers hinzuzufügen.

Erwähnt sei noch, daß bei Verwendung eines Vorwiderstandes dasjenige Ende der Spannungsspule unmittelbar mit der Stromspule verbunden werden muß, das nicht mit dem Vorwiderstande in Verbindung steht, da sonst zwischen der festen und der beweglichen Spule unzulässige Spannungsunterschiede auftreten können.

Die als Dynamometer gebauten Leistungsmesser sind sowohl für Gleichstrom als auch für Wechselstrom verwendbar.

b) Induktionsleistungsmesser.

Die Leistungsmesser können auch nach dem Prinzip der in Abschn. 52 beschriebenen Induktionsgeräte eingerichtet werden, sind dann jedoch lediglich für Wechselstrom brauchbar. Von den auf den Aluminiumzylinder des Induktionsleistungsmessers einwirkenden vier Polen erhalten zwei gegenüberliegende Pole dickdrähtige Stromspulen, und es erfolgt die Erregung durch den Hauptstrom, während die beiden anderen Pole mit dünndrähtigen Spannungsspulen versehen sind, die an die in Betracht kommende Spannung gelegt werden. Dem Strom in diesen Spulen wird wieder durch eigenartige Schaltungen künstlich eine Phasenverschiebung von 90° gegen den Hauptstrom erteilt. Infolge des auf diese Weise entstehenden Drehfeldes erfährt der Zylinder eine Ablenkung, aus deren Größe auf die Leistung geschlossen werden kann.

60. Leistungsmessung bei Drehstrom.

a) Dreiwattmeterschaltung.

Bei Drehstrom kann die Leistung jedes Stranges besonders bestimmt werden, wenn bei Sternschaltung der Verkettungspunkt der Stränge zugänglich ist. Man benötigt also für die Messung drei Wattmeter. Die Summe ihrer Angaben ist gleich der Gesamtleistung des

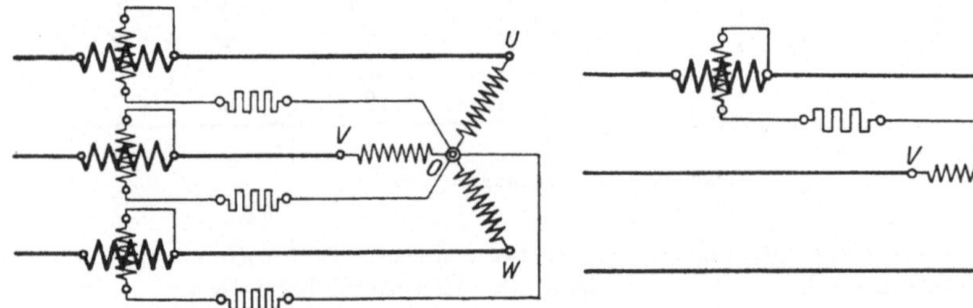

Abb. 78. Schaltung von drei Wattmetern bei Drehstrom in Sternschaltung.

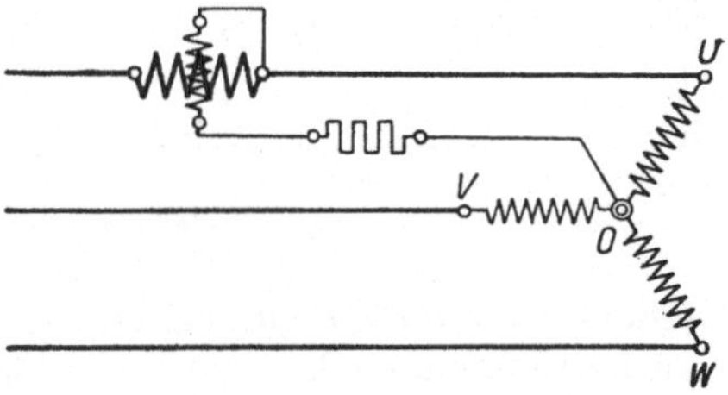

Abb. 79. Schaltung eines Wattmeters bei Drehstrom in Sternschaltung.

Systems. Die Dreiwattmeterschaltung ist in Abb. 78 wiedergegeben, in der *OU*, *OV*, *OW* die drei Stränge bedeuten, deren Leistung festgestellt werden soll. Ist man sicher, daß alle Stränge gleich stark belastet sind, so genügt es, die Leistung eines Stranges zu messen, Abb. 79. Die Gesamtleistung ist dann gleich dem dreifachen Werte der gemessenen Leistung.

Hat man Dreieckschaltung, oder ist bei Sternschaltung der Verkettungspunkt nicht erreichbar, so kann man sich einen Nullpunkt *O* künstlich herstellen, indem man drei Widerstände *I*, *II* und *III* nach Abb. 80 verwendet. Die Widerstände müssen, gleichen Widerstand der Spannungsspulen der Wattmeter vorausgesetzt, von derselben Größe sein. Bei gleicher Belastung der drei Stränge kann die Messung wieder mit einem einzigen Leistungsmesser, und zwar nach Abb. 81, ausgeführt werden. Hinsichtlich der zur Herstellung des künstlichen Nullpunktes dienenden Widerstände ist dann jedoch zu berücksichtigen, daß nur die Widerstände *I* und *II* von gleicher Größe sein müssen, daß dagegen *III* um den Betrag des Widerstandes der Wattmeterspannungsspule kleiner zu wählen ist.

Drehstromwattmeter, welche als Schalttafelgeräte Verwendung finden sollen, müssen so eingerichtet sein, daß sie die volle Drehstromleistung unmittelbar abzulesen erlauben. Bei Verwendung eines Instrumentes nach Abb. 79 oder 81 ist daher auf der Skala das Dreifache der gemessenen Leistung anzugeben.

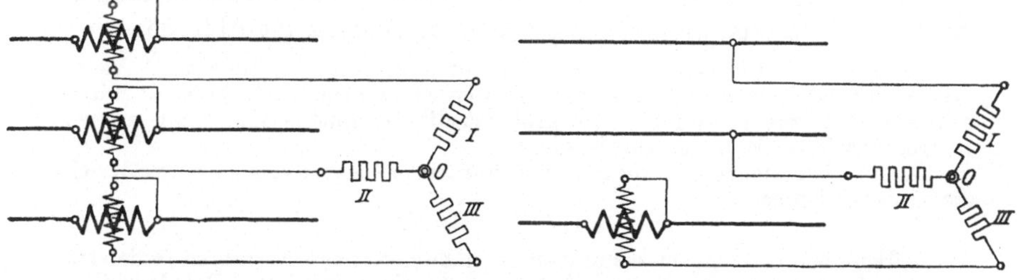

Abb. 80. Schaltung von drei Wattmetern bei Drehstrom mit künstlichem Nullpunkt.

Abb. 81. Schaltung eines Wattmeters bei Drehstrom mit künstlichem Nullpunkt.

b) Zweiwattmeterschaltung.

Durch Anwendung zweier Leistungsmesser kann man, selbst bei ungleicher Belastung der Stränge, eine genaue Messung vornehmen, wenn man die Schaltung nach Abb. 82 einrichtet. Die Stromspulen der Wattmeter werden in irgend zwei der drei Leitungen gelegt und die Spannungsspulen mit ihren freien Enden an die dritte Leitung angeschlossen. Es läßt sich nachweisen, daß bei dieser Zweiwattmeterschaltung die Gesamtleistung des Drehstromsystems gleich ist der

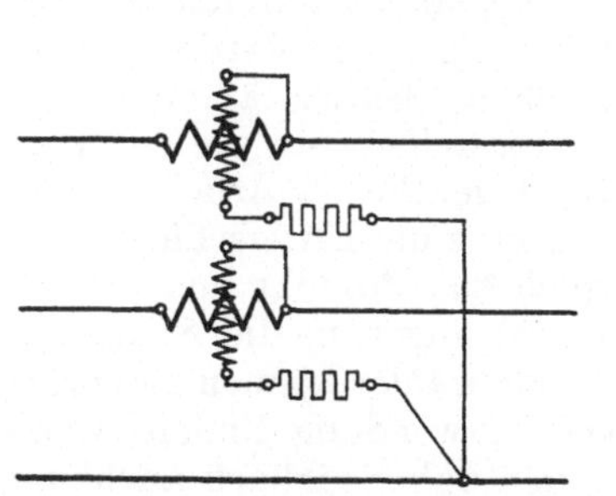

Abb. 82. Zweiwattmeterschaltung.

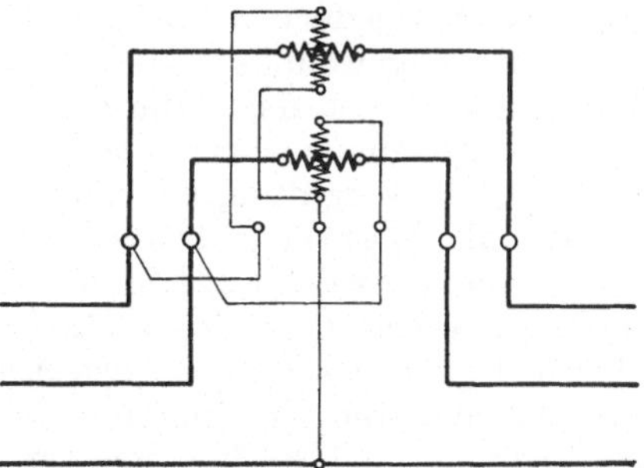

Abb. 83. Leistungsmesser in Zweiwattmeterschaltung.

Summe der von den beiden Wattmetern angegebenen Leistungen, wenn ihre Ausschläge nach derselben Seite erfolgen, gleich der Differenz dagegen, wenn die Instrumente nach verschiedenen Seiten ausschlagen, wobei vorausgesetzt ist, daß die Wattmeter im gleichen Sinne geschaltet sind.

Um bei dem Zweiwattmeterverfahren mit einem einzigen Instrument auszukommen, kann ein Sonderumschalter angewendet werden, mit dessen Hilfe das Wattmeter ohne Unterbrechung des Stromes nacheinander in die beiden Leitungen eingeschaltet wird, so daß die Ablesungen unmittelbar aufeinander vorgenommen werden können. Voraussetzung hierbei ist, daß sich die Belastung während der Messung nicht ändert.

Die Zweiwattmeterschaltung wird für Schalttafelgeräte in der Weise nutzbar gemacht, daß zwei Meßsysteme in einem Gehäuse vereinigt werden und einen gemeinsamen Zeiger beeinflussen. Die Schaltung derartiger Instrumente, die auch bei verschiedener Belastung der Stränge die Leistung richtig angeben, zeigt Abb. 83.

Beispiel: 1. Die einem Drehstrommotor zugeführte Leistung wird, da die drei Stränge als gleichbelastet angesehen werden können, nach Abb. 79 mittels eines Wattmeters bestimmt. Wie groß ist die Gesamtleistung, wenn an dem Instrument 11,6 kW abgelesen werden?

Da mit dem Instrument die Leistung nur eines Stranges gemessen wird, so ist die Gesamtleistung

$$3 \cdot 11{,}6 = 34{,}8\,\text{kW}.$$

2. Bei einer Leistungsmessung nach dem Zweiwattmeterverfahren findet man aus den Ausschlägen der beiden Wattmeter 6,4 bzw. 8,2 kW. Die Ausschläge erfolgen nach derselben Seite. Welches ist die Gesamtleistung?

Die Gesamtleistung ergibt sich durch Addition der gemessenen Einzelwerte zu

$$6{,}4 + 8{,}2 = 14{,}6\,\text{kW}.$$

E. Arbeitsmessungen.

61. Allgemeines.

Die Arbeit, die ein elektrischer Strom verrichtet, kann nach Abschnitt 13 ermittelt werden als das Produkt von Leistung und Zeit. Sie läßt sich jedoch auch mit Hilfe von Apparaten unmittelbar bestimmen, die gewöhnlich Elektrizitätszähler genannt werden. Diese dienen namentlich dazu, die einem öffentlichen Elektrizitätswerke seitens der Abnehmer entnommene Arbeit festzustellen, um die dafür zu entrichtende Vergütung zu berechnen. Die eigentlichen Arbeitsmesser werden als Wattstundenzähler bezeichnet zum Unterschiede von den Amperestundenzählern, die lediglich das Produkt von Stromstärke und Zeit (also die Elektrizitätsmenge) angeben, die Spannung aber nicht berücksichtigen. Die Amperestundenzähler können trotzdem zur angenäherten Bestimmung der Arbeit Verwendung finden, wenn die Spannung nahezu konstant ist, sie werden daher vielfach auch auf Wattstunden geeicht, doch gelten in diesem Falle die Angaben nur für die der Eichung zugrunde gelegte Spannung. Die wichtigsten Arten der Elektrizitätszähler sollen nachfolgend beschrieben werden.

62. Elektrochemische Zähler.

Auf der Elektrolyse beruhende Zähler wirken lediglich als Amperestundenzähler. Sie bestehen aus einer elektrolytischen Zelle, die mit der Lösung eines Quecksilbersalzes gefüllt ist. Die Zelle wird unter Benutzung eines Nebenwiderstandes von dem zu messenden Strome durchflossen. Das sich dabei am negativen Pole abscheidende Quecksilber wird in einem Maßrohr aufgefangen. Aus der Höhe des in diesem angesammelten Quecksilbers läßt sich die Zahl der Amperestunden und folglich, bei gegebener Spannung, die Zahl der Wattstunden feststellen. Von Zeit zu Zeit muß das Quecksilber aus dem Maßrohr in die Zelle zurückgebracht werden, was durch einfaches Kippen bewirkt werden kann. Damit letzteres nur von den dazu berufenen Personen vorgenommen werden kann, wird der Zähler für gewöhnlich plombiert. Er kommt naturgemäß nur für Gleichstrom zur Verwendung.

63. Dynamometrische Zähler.

a) Motorzähler.

Bei den nach dem Prinzip des Elektrodynamometers gebauten Zählern wird eine aus mehreren Abteilungen bestehende drehbar gelagerte Spannungsspule unter dem Einflusse einer oder mehrerer feststehender Stromspulen in Bewegung gesetzt. In Abb. 84 sind zwei Stromspulen, mit A bezeichnet, angegeben. Der Spannungsspule B, die eine vertikale Welle besitzt, wird der Strom über einen winzigen Kollektor, dessen Wirkungsweise erst später (s. Abschn. 68) erläutert werden kann, durch die Schleifbürsten b zugeführt. Die Einrichtung kann als ein kleiner Gleichstrommotor aufgefaßt werden, nur daß in den meisten Fällen Eisen für das Werk völlig vermieden ist. In den Spannungskreis ist außer einem Vorwiderstand ($V.W.$) noch eine Hilfsspule H eingeschaltet, die die Wirkung der Stromspulen unterstützt und dazu dient, den Anlauf zu erleichtern sowie die Reibungsverluste des Motors zu kompensieren. Auf der Welle des Zählers befindet sich ferner eine Aluminiumscheibe S, die sich zwischen den Polen eines Dauermagneten M bewegt. Die dadurch in der Scheibe induzierten Wirbelströme wirken bremsend und setzen die Energie des beweglichen Systems in Wärme um. Durch die Anwendung einer derartigen Bremsung wird erreicht, daß die Drehungsgeschwindigkeit der Leistung proportional ist, so daß die Zahl der Umdrehungen innerhalb einer gewissen Zeit ein Maß für die Arbeit bildet. Diese kann mit Hilfe eines durch die Welle betätigten Zählwerkes abgelesen werden.

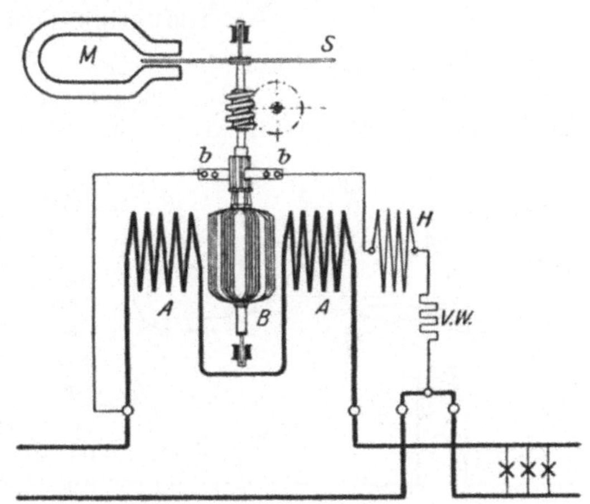

Abb. 84. Dynamometrischer Zähler (Motorzähler).

Die dynamometrischen Zähler werden in der Regel nur für Gleichstrom gebraucht und sind für diese Stromart die am meisten verwendeten Zähler. Sie können jedoch auch für Wechselstrom verwendet werden.

Bei den aus den dynamometrischen Zählern entwickelten Amperestundenzählern fällt die Spannungsspule fort. Es wird dann die bewegliche Spule als Stromspule ausgebildet und den Polen eines Dauermagneten ausgesetzt. Derartige Zähler sprechen nur auf Gleichstrom an.

b) Oszillierende Zähler.

Eine Abart des Motorzählers ist der oszillierende Zähler der Allg. Elektrizitäts-Gesellschaft. Bei ihm ist der empfindliche Kollektor vermieden, indem die Drehung der Spannungsspule durch zwei Anschläge begrenzt wird, durch welche die Richtung des in ihr fließenden Stromes jedesmal umgekehrt wird, so daß die Spule dauernd hin und her pendelt. Die Zahl der Oszillationen ist der Arbeit proportional.

64. Induktionszähler.

Das Prinzip der Induktionsmeßgeräte (vgl. Abschn. 52) wird besonders häufig für die Konstruktion von Elektrizitätszählern nutzbar gemacht. Bei ihnen wird, wie bei den Leistungsmessern (siehe Abschn. 59b), durch Strom- und Spannungsspulen ein Drehfeld erzeugt. Die Induktionszähler können sehr verschiedenartig ausgeführt werden. Die grundsätzliche Anordnung zeigt Abb. 85. A bedeutet die Stromspule, die über einen aus Eisenblechen zusammengesetzten Kern geschoben ist, B ist die Spannungsspule, ebenfalls auf einem kleinen Eisengestell untergebracht. Letzteres steht mit dem Eisenkern der Stromspule in einem bestimmten magnetischen Zusammenhang. Unter dem Einfluß des sich zwischen Strom- und Spannungseisen bildenden Drehfeldes gelangt die um eine vertikale Achse gelagerte Aluminiumscheibe S in Drehung. Ihre Energie wird, wie bei den dynamometrischen Zählern, mit Hilfe des Dauermagneten M in Wirbelströme umgesetzt, und die Arbeit kann, da sie der Drehzahl proportional ist, mit Hilfe eines Zählwerkes festgestellt werden. Die Zähler werden so abgeglichen, daß sie nicht ansprechen, wenn zwischen Stromstärke und Spannung des Verbrauchsstromes eine Phasenverschiebung von 90° besteht. Hierzu dient u. a. die auf dem Stromeisen angebrachte, aus wenigen Windungen bestehende kurzgeschlossene Wicklung C, deren Induktivität durch Verstellen des Reiters R verändert werden kann.

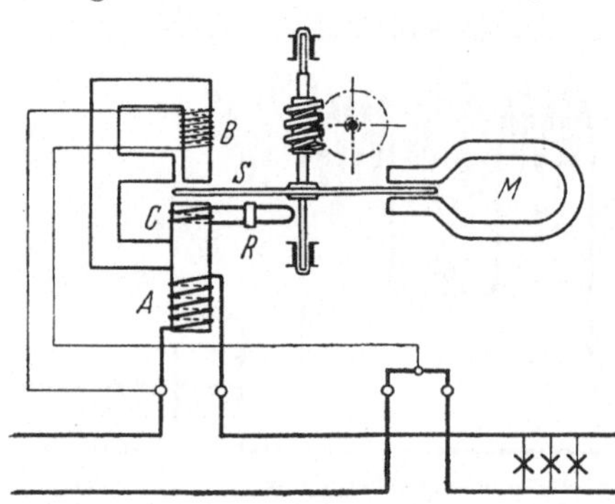

Abb. 85. Induktionszähler.

Die Induktionszähler haben gegenüber den dynamometrischen Zählern den Vorteil, daß dem beweglichen System überhaupt kein Strom zugeführt wird. Sie sind jedoch, wie alle Induktionsmeßgeräte, für Gleichstrom nicht verwendbar. Dagegen sind sie die bevorzugtesten Zähler für Wechselstrom. Für Drehstrom werden sie nach dem Zweiwattmeterverfahren geschaltet.

F. Besondere Wechselstrommessungen.

65. Bestimmung der Phasenverschiebung.

Um die zwischen Spannung und Stromstärke eines Wechselstromes bestehende Phasenverschiebung zu bestimmen, ist es erforderlich, einerseits die Leistung N, andererseits die Spannung U und die Stromstärke I zu messen. Bei einphasigem Wechselstrom folgt dann aus Gl. (50) für den Leistungsfaktor:

$$\cos\varphi = \frac{N}{U \cdot I}, \tag{64}$$

bei Drehstrom ist nach Gl. (55):

$$\cos\varphi = \frac{N}{\sqrt{3} \cdot U \cdot I}. \tag{65}$$

Der $\cos\varphi$ kann auch unmittelbar mit dem Leistungsfaktormesser bestimmt werden, dem eine ähnliche Bauweise wie den Wattmetern zugrunde liegt.

66. Frequenzmesser.

Die zur Bestimmung der sekundlichen Periodenzahl eines Wechselstromes, d. h. der Zahl der Hertz, dienenden Apparate, Frequenzmesser genannt, werden in der Regel als Vibrationsgeräte hergestellt. Vor einem Pole eines Elektromagneten ist eine Reihe einseitig eingespannter Stahlzungen nebeneinander angebracht, die ihrer Reihenfolge nach sämtlich auf verschiedene Eigenschwingungszahlen, entsprechend dem beabsichtigten Meßbereich, abgestimmt sind. Von den Zungen wird, sobald der Magnet durch Wechselstrom erregt wird, infolge einer Resonanzwirkung diejenige in lebhaftes Schwingen kommen, deren Eigenschwingungszahl mit der Polwechselzahl, also dem doppelten Wert der Frequenz des Stromes, übereinstimmt. Richtet man es so ein, daß der Unterschied zwischen den Eigenschwingungszahlen zweier benachbarten Zungen gerade einem Polwechsel entspricht, so läßt sich die Frequenz des Stromes von halber zu halber Periode genau feststellen. Abb. 86 zeigt eine Ausführung des Frequenzmessers von Hartmann & Braun. Die Stahlzungen sind auf zwei Reihen Z_1 und Z_2 verteilt und vor den Polen A und B des Wechselstrommagneten M angeordnet. Von den vor dem Pole A befindlichen Zungen spricht die in der Abbildung angedeutete gerade an. Die Beobachtung wird durch Fähnchen erleichtert, die auf den freien Enden der Zungen gut sichtbar angebracht sind und den Schwingungszustand der letzteren deutlich erkennen lassen.

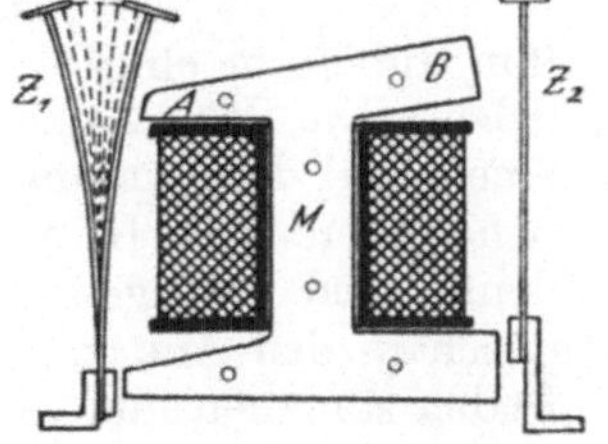

Abb. 86. Frequenzmesser.

Drittes Kapitel.

Gleichstromerzeuger.

67. Allgemeine Anordnung einer Gleichstrommaschine.

Durch die Erfindung der galvanischen Elemente war zuerst die Möglichkeit gegeben, einen elektrischen Strom auf verhältnismäßig einfache Weise hervorzurufen. Auch heute noch finden Elemente in der Schwachstromtechnik, z. B. für den Betrieb von Signaleinrichtungen sowie für die Zwecke der Telegraphie und Telephonie, ausgedehnte Verwendung. In der Starkstromtechnik werden dagegen als Stromquellen ausschließlich elektrische Maschinen benutzt, welche die ihnen von einer Antriebsmaschine, z. B. einer Dampf- oder Wasserkraftmaschine, zugeführte mechanische Energie durch Induktionswirkung in elektrische Energie umwandeln. Man bezeichnet solche Maschinen als Stromerzeuger oder Generatoren.

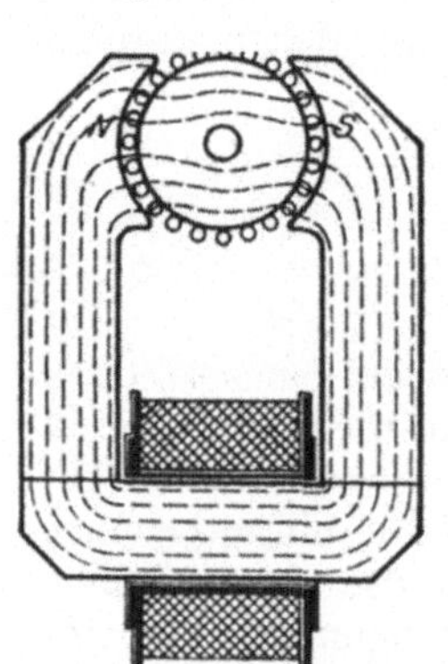

Abb. 87. Magnetischer Kreis einer Gleichstrommaschine.

Nach der Art des gelieferten Stromes können die Maschinen eingeteilt werden in Gleichstrom- und Wechselstrommaschinen. Im folgenden sollen zunächst die Gleichstrommaschinen behandelt werden.

Die wesentlichsten Teile einer jeden Gleichstrommaschine sind das Magnetgestell und der Anker, die zu einem magnetischen Kreise angeordnet sind.

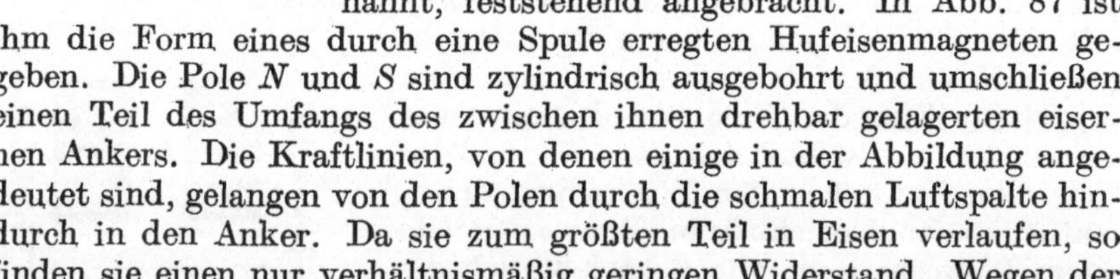

Die für Gleichstrommaschinen übliche Bauweise ist die Außenpolmaschine. Bei dieser ist das zur Hervorrufung eines magnetischen Feldes dienende Magnetgestell, auch Gehäuse genannt, feststehend angebracht. In Abb. 87 ist ihm die Form eines durch eine Spule erregten Hufeisenmagneten gegeben. Die Pole N und S sind zylindrisch ausgebohrt und umschließen einen Teil des Umfangs des zwischen ihnen drehbar gelagerten eisernen Ankers. Die Kraftlinien, von denen einige in der Abbildung angedeutet sind, gelangen von den Polen durch die schmalen Luftspalte hindurch in den Anker. Da sie zum größten Teil in Eisen verlaufen, so finden sie einen nur verhältnismäßig geringen Widerstand. Wegen der beiden Luftspalte ist der magnetische Kreis als ein offener zu bezeichnen.

Der Anker dient zur Aufnahme der Wicklung, die aus einer Reihe von in geeigneter Weise miteinander verbundenen Drähten besteht. Bei der Drehung des Ankers schneiden diese in den zwischen dem Anker und den Polen befindlichen Luftzwischenräumen die Kraftlinien, und es werden daher in ihnen EMKe induziert. Auf der Ankerwelle befindet sich noch der Stromabgeber oder Kollektor, auf dem Kontaktstücke aus Kupfer oder Kohle, die sog. Bürsten, schleifen, durch die die Ankerwicklung mit dem äußeren Stromkreis in Verbindung gebracht werden kann.

68. Die zweipolige Ringwicklung.

Der zwischen den beiden Polen *N* und *S* (Abb. 88) des Magnetgestells befindliche Anker habe die Form eines eisernen Hohlzylinders. Die vom Nordpol *N* ausgehenden Kraftlinien nehmen im allgemeinen den in der Abbildung angedeuteten Verlauf. Sie gehen durch den eisernen Ring hindurch zum Südpol, abgesehen von einigen „Streulinien", die unmittelbar durch die Luft hindurch verlaufen. An dem Kraftlinienbilde wird auch nichts geändert, wenn der Ring in Drehung versetzt wird. Ist auf dem Hohlzylinder eine in sich geschlossene Drahtwindung, die entsprechend dem Querschnitt des Ankers die Form eines Rechtecks hat, angebracht, so wird in dieser bei der Drehung des Ankers eine EMK induziert. Dabei ist nur der auf der äußeren Zylinderfläche liegende Teil der Windung wirksam, da nur dieser Kraftlinien schneidet. Es soll dieser Teil der Windung daher als wirksamer Draht bezeichnet werden. Nach Abschnitt 34 muß der in der Windung auftretende Strom ein Wechselstrom sein. Die im wirks. Draht erzeugte EMK schwankt zwischen dem Werte null, der eintritt, wenn die Windung sich in der Mitte zwischen den beiden Polen, in der neutralen Zone, befindet, und einem Höchstwerte, der erreicht wird, wenn die Windung sich mitten unter einem Pole befindet. Solange die Windung im Bereiche desselben Poles bleibt, behält die EMK die gleiche Richtung. Es tritt dagegen ein Richtungswechsel ein, sobald die Windung die neutrale Zone überschreitet und unter den entgegengesetzten Pol gelangt. In der Abbildung ist die Windung in 8 verschiedenen Lagen gezeichnet, und es ist jedesmal die Richtung der EMK im wirks. Draht durch ein Kreuz bzw. einen Punkt angegeben (vgl. Abschn. 34). Der zeitliche Verlauf der EMK während einer Umdrehung würde einer Sinuskurve entsprechen, wenn das magnetische Feld ein gleichförmiges wäre, die Kraftlinien also sämtlich parallel liefen. Diese Voraussetzung trifft in Wirklichkeit nicht genau zu. Man kann jedoch trotzdem den Verlauf der EMK mit genügender Annäherung durch eine Sinuskurve darstellen.

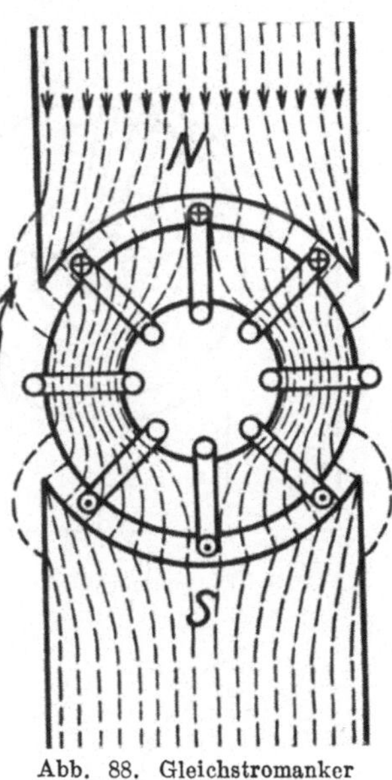

Abb. 88. Gleichstromanker mit einer Windung.

Wird statt einer einzigen Drahtwindung eine aus mehreren Windungen bestehende Spule auf dem Anker angebracht, so addieren sich die in den einzelnen wirks. Drähten erzeugten EMKe. Werden ferner die Enden der Spule nach Abb. 89a mit Schleifringen verbunden, die an der Drehung des Ankers teilnehmen, so kann die EMK der Spule, deren Verlauf Abb. 89b zeigt, mittels der beiden auf den Ringen schleifenden, feststehenden Bürsten *U* und *V* dem äußeren Stromkreise — es sind in ihm die Stromverbraucher durch ein Kreuz angedeutet — zugeführt werden. Eine solche Anordnung stellt den einfachsten Fall einer Wechselstrommaschine dar. Die beiden Schleifringe, die voneinander zu isolieren sind, werden auf der Ankerwelle nebeneinander angebracht und erhalten den gleichen Durchmesser; in der Abbildung sind sie jedoch der Deutlichkeit wegen verschieden groß gezeichnet.

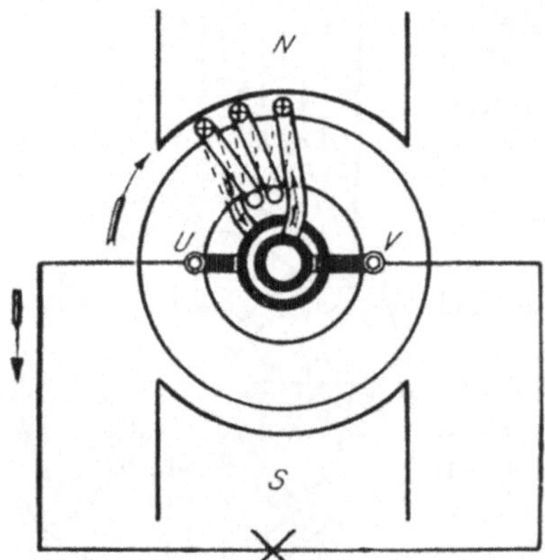

Abb. 89a. Einspuliger Wechselstromanker.

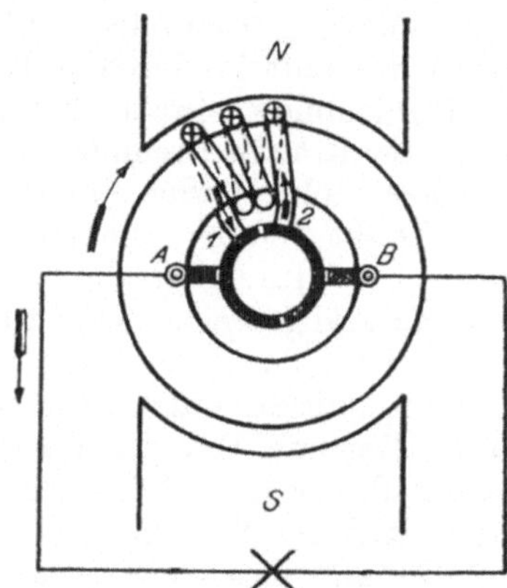

Abb. 90a. Einspuliger Gleichstromanker.

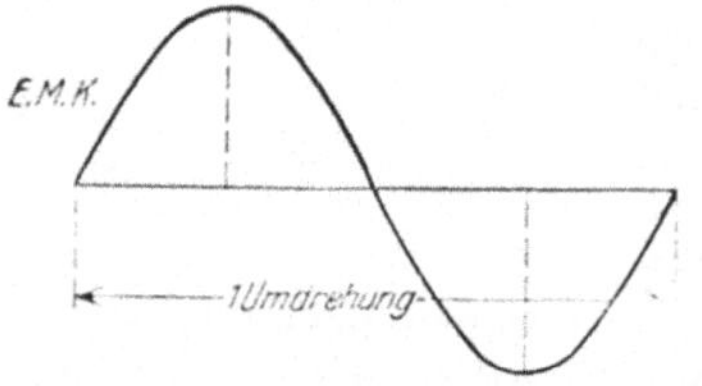

Abb. 89b. EMK des Wechselstromankers.

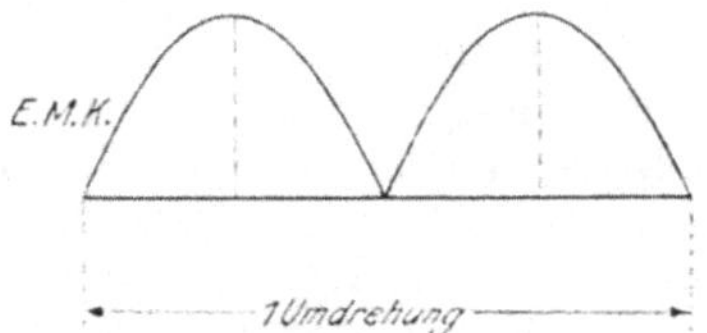

Abb. 90b. EMK des einspuligen Gleichstromankers.

Um außerhalb des Ankers einen Gleichstrom zu erhalten, kann man einen Stromwender oder Kommutator anwenden, der aus zwei Halbringen aus Kupfer besteht, die voneinander isoliert sind. Die Enden der Spule sind mit je einem der Kommutatorteile verbunden, Abb. 90a. Die Stromabnahme durch die Bürsten erfolgt in der neutralen Zone. Während einer halben Umdrehung, solange sich die Spule oberhalb der neutralen Zone befindet, steht Ende *1* der Spule in Verbindung mit Bürste *A*, Ende *2* dagegen in Verbindung mit Bürste *B*. Während der nächsten halben Umdrehung, wenn sich die Spule unterhalb der neutralen Zone aufhält, ist aber umgekehrt Ende *2* der Spule mit Bürste *A*, Ende *1* mit Bürste *B* verbunden. Sobald sich also die Richtung der EMK innerhalb der Spule umkehrt, werden deren Enden in bezug auf ihre Verbindung mit dem äußeren Stromkreise vertauscht: in diesem muß demnach der Strom dauernd die gleiche Richtung besitzen. Man hat also durch die Anbringung des Kommutators eine Gleichstrommaschine erhalten. Der zeitliche Verlauf der EMK einer solchen Maschine während einer Umdrehung entspricht der Abb. 90b, aus der ersichtlich ist, daß man es mit einem pulsierenden oder intermittierenden Gleichstrome zu tun hat, da die EMK beständig zwischen null und einem Höchstwerte schwankt.

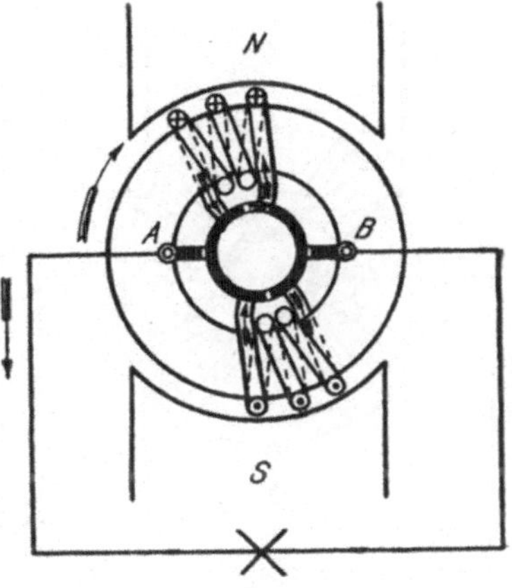

Abb. 91. Zweispuliger Gleichstromanker.

Hieran wird auch nichts geändert, wenn auf dem Anker noch eine zweite Spule gegenüber der ersten angebracht wird, Abb. 91. In jeder Spule werden dann gleich große EMKe erzeugt, doch wirken diese gegeneinander, solange der äußere Stromkreis noch nicht mit den Bürsten A und B in Verbindung gebracht ist. Die Wicklung ist dann also stromlos. Wird der äußere Stromkreis dagegen angeschlossen, so vereinigen sich in ihm die von den beiden Spulen herrührenden Ströme. Die Spulen sind alsdann parallel geschaltet. Die Anordnung kann verglichen werden mit zwei gegeneinander geschalteten Elementen (Abb. 92a), deren EMKe sich aufheben. Sobald jedoch an die Elemente der äußere Draht AB angeschlossen wird (Abb. 92b), sind die Elemente parallel geschaltet, und es vereinigen sich im Draht die Ströme beider Elemente.

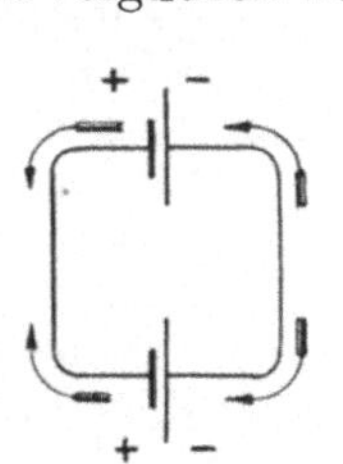

Abb. 92a. Zwei gegeneinander geschaltete Elemente.

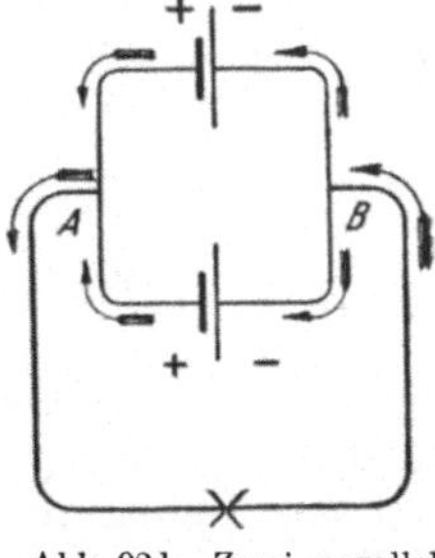

Abb. 92b. Zwei parallel geschaltete Elemente.

Um die Schwankungen der EMK zu verringern, kann ein zweites Spulenpaar senkrecht zum ersten hinzugefügt werden, Abb. 93a. Der Kommutator wird dann vierteilig. Durch die auf ihm schleifenden Bürsten werden wiederum zwei parallele Zweige gebildet. Der eine Zweig besteht aus den beiden unter dem Nordpol befindlichen Spulen, der andere aus den unter dem Südpol befindlichen. Die beiden Spulen jedes Zweiges sind hintereinander geschaltet, und die in ihnen induzierten EMKe summieren sich also. Die Addition läßt sich am besten zeichnerisch vornehmen. In Abb. 93b geben die Kurven I und II den Verlauf der in den Spulen I und II induzierten EMKe wieder, wobei berücksichtigt ist, daß die EMK in den Spulen I null ist, wenn in den Spulen II die höchste EMK induziert wird, und umgekehrt. Die Kurve $I+II$ gibt in jedem Augenblick die Summe beider EMKe, also die gesamte EMK der Maschine an. Man erkennt, daß diese jetzt doppelt so viel Schwankungen aufweist als in dem Falle, wo nur ein Spulenpaar vorhanden war. Doch sind die Schwankungen an sich erheblich geringer geworden und auf null fällt die EMK überhaupt nicht mehr.

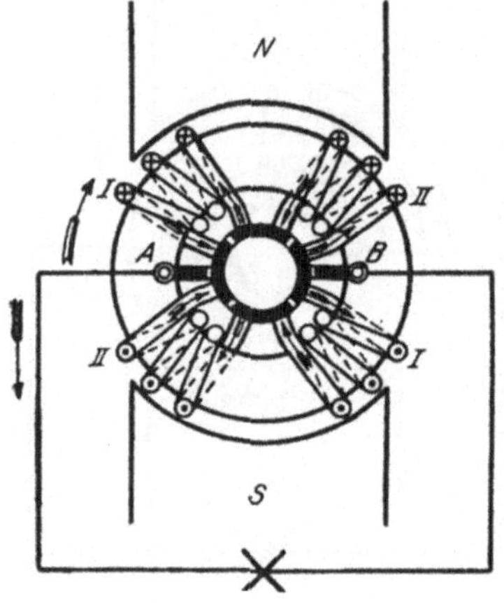

Abb. 93 a. Vierspuliger Gleichstromanker.

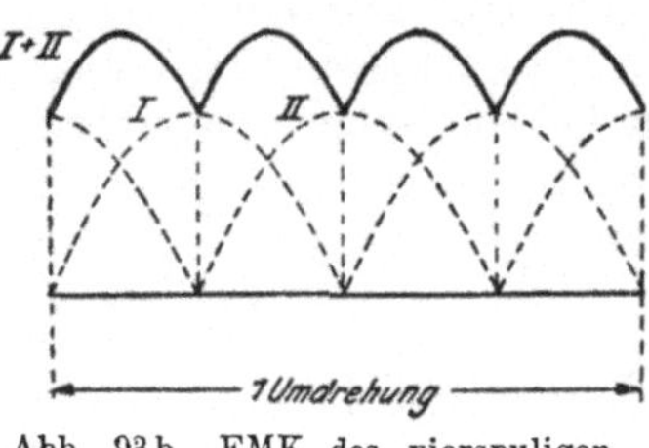

Abb. 93 b. EMK des vierspuligen Gleichstromankers.

Damit die Schwankungen noch kleiner ausfallen, die EMK also möglichst konstant wird, müssen auf dem Anker weitere Spulenpaare angeordnet werden, wie dies bei dem Pacinotti-Grammeschen Ringe geschieht. Dieser besitzt eine fortlaufende, in sich geschlossene Wicklung. Jeder der auf dem Ankerumfang angebrachten wirks. Drähte ist über eine Windung mit dem benachbarten wirks. Draht verbunden. Zwischen je zwei Windungen oder, falls mehrere Windungen zu einer Spule zusammengefaßt sind, zwischen je zwei Spulen wird eine Verbindung mit einem Kommutatorteile hergestellt. Der Kommutator muß also aus so vielen Teilen oder Lamellen zusammengesetzt werden, als Spulen vorhanden sind. Einen derartigen vielteiligen Kommutator nennt man auch Kollektor. In Abb. 94 ist das Schema einer solchen Ankerwicklung wiedergegeben unter der Annahme von 16 wirks. Drähten, also auch 16 Windungen. Je 2 Windungen bilden eine Spule. Es ergeben sich daher in ganzen 8 Spulen, so daß auch ein achtteiliger Kollektor erforderlich wird. Alle wirks. Drähte unter dem Nordpole sind hintereinander geschaltet. Ihre EMKe addieren sich also. Das gleiche gilt von den Drähten unter dem Südpole. Die auf diese Weise sich ergebenden Wicklungshälften werden durch die auf dem Kollektor in der neutralen Zone befindlichen Bürsten parallel geschaltet. Der positive Pol des Ankers wird durch die Bürste A gebildet, an der die Ströme beider Wicklungshälften zum äußeren Strome zusammenfließen. Die EMKe beider Zweige sind an dieser Stelle gegeneinander gerichtet (↘↗). An der den negativen Pol bildenden Bürste B tritt der äußere Strom wieder in die Wicklung ein, wird er also wieder in die beiden Ankerzweigströme zerlegt. Die EMKe beider Zweige sind hier auseinander gerichtet (↖↙).

Denkt man sich jede Windung der in Abb. 94 dargestellten Wicklung durch ein Element ersetzt, so ergibt sich Abb. 95, nur sind bei der

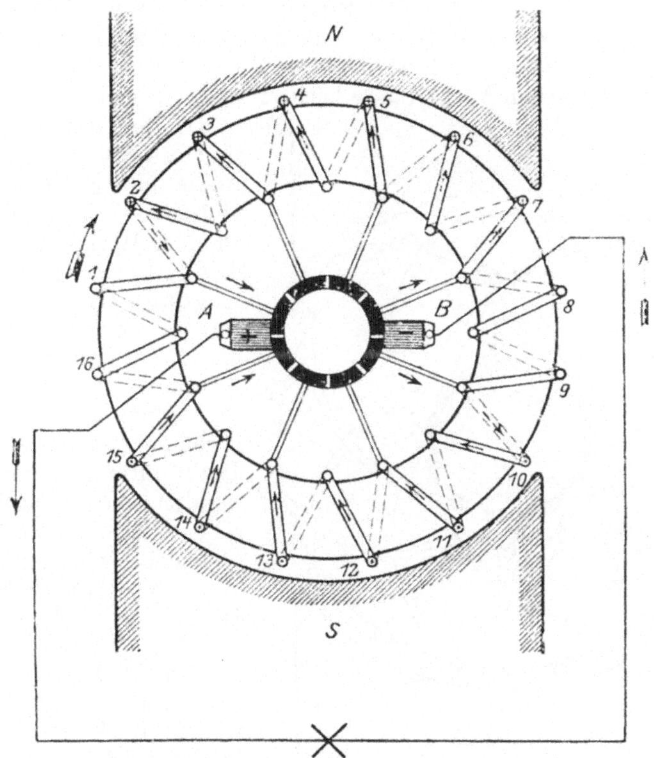

Abb. 94. PACINOTTI-GRAMMEscher Ringanker.

Wicklung die EMKe der Spulen nicht wie bei gleichartigen Elementen sämtlich gleich groß, sondern von der jeweiligen Lage der Spulen abhängig.

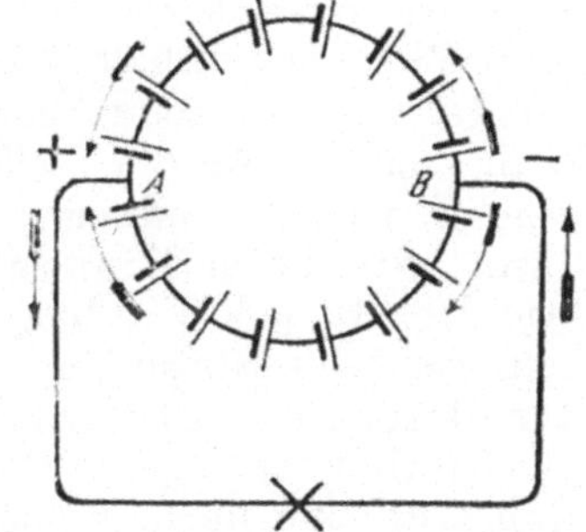

Abb. 95. Der Ringschaltung entsprechende Elementenschaltung.

Die besprochene Ringwicklung wurde von PACINOTTI im Jahre 1860 angegeben, fand jedoch wenig Beachtung. Sie wurde im Jahre 1870 von GRAMME von neuem erfunden und praktisch verwendet.

69. Die zweipolige Trommelwicklung.

Bei der Ringwicklung ist nur der äußere Teil jeder Windung wirksam. Die übrigen Teile dienen lediglich dazu, die Verbindung mit dem benachbarten wirksamen Draht herzustellen. Wegen dieser ungünstigen Ausnützung und da sie verhältnismäßig schwer auszuführen ist, wird die Ringwicklung heute nur noch in Ausnahmefällen angewendet. Sie ist völlig verdrängt worden durch die von v. Hefner-Alteneck im Jahre 1872 erfundene Trommelwicklung. Wenn trotzdem im Vorstehenden die Ringwicklung ausführlich besprochen wurde, so geschah es, weil die Wirkungsweise der Trommelwicklung sich im wesentlichen mit derjenigen der Ringwicklung deckt, bei dieser aber die elektrischen Verhältnisse leichter zu übersehen sind.

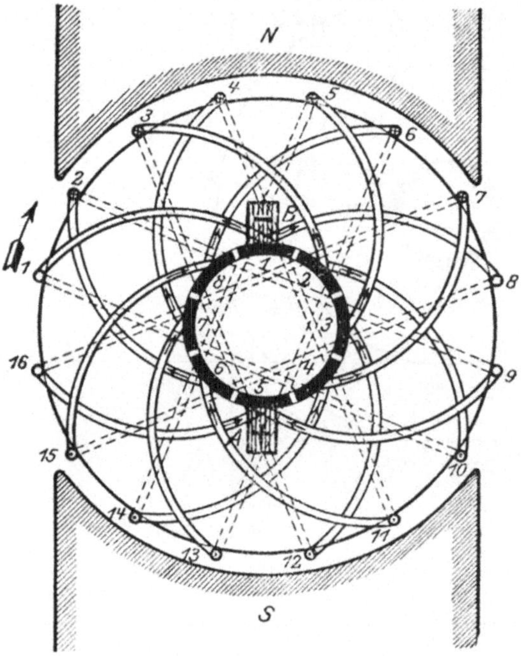

Abb. 96. Zweipoliger Trommelanker.

Bei der Trommelwicklung sind die gesamten auf dem Ankerumfang gleichmäßig verteilten Drähte in der Weise zu einer Wicklung vereinigt, daß immer gegenüberliegende Drähte miteinander verbunden sind: ein wirks. Draht unter dem Nordpol ist durch eine Stirnverbindung mit einem ihm gegenüberliegenden wirks. Draht unter dem Südpol verbunden, dieser, unter Zwischenschaltung einer Kollektorlamelle, wieder mit einem vom Nordpol induzierten Draht usw. Auf diese Weise wird bei richtiger Anordnung erreicht, daß man zum Ausgangsdraht zurückkommt, nachdem alle wirks. Drähte in die Wicklung aufgenommen sind. Man erhält also, wie beim Ringanker, eine in sich geschlossene Wicklung. Der Wicklungszug von einer Lamelle bis zur nächsten Lamelle ist als eine Windung aufzufassen. Jede Windung enthält beim Trommelanker demnach zwei wirks. Drähte, während beim Ringanker auf jede Windung nur ein wirks. Draht kommt. An die Stelle einer Windung kann aber auch eine aus beliebig vielen Windungen bestehende Spule treten. Es entfällt dann, wie beim Ringanker, auf jede Spule eine Kollektorlamelle. Da jede Windung aber doppelt so viel wirksame Drähte enthält wie beim Ringanker, so folgt, daß beim Trommelanker bei der gleichen Anzahl wirks. Drähte — gleich viel Windungen pro Spule vorausgesetzt — nur halb so viel Lamellen erforderlich sind wie beim Ringanker.

In Abb. 96 ist die Wicklung eines Trommelankers schematisch dargestellt, und zwar sind 16 wirks. Drähte angenommen. Es ergeben sich also 8 Windungen. Da im vorliegenden Falle jede Windung gleichbedeutend mit einer Spule ist, so ist auch der Kollektor achtteilig auszuführen[1]. Die Verbindung der Drähte unter sich und mit dem Kollektor geht auch hervor aus folgender.

Wickeltabelle.

Von	Lamelle	1	nach	Draht	1,	zurück	über	Draht	10	zur	Lamelle	2
,,	,,	2	,,	,,	3,	,,	,,	,,	12	,,	,,	3
,,	,,	3	,,	,,	5,	,,	,,	,,	14	,,	,,	4
,,	,,	4	,,	,,	7,	,,	,,	,,	16	,,	,,	5
,,	,,	5	,,	,,	9,	,,	,,	,,	2	,,	,,	6
,,	,,	6	,,	,,	11,	,,	,,	,,	4	,,	,,	7
,,	,,	7	,,	,,	13,	,,	,,	,,	6	,,	,,	8
,,	,,	8	,,	,,	15,	,,	,,	,,	8	,,	,,	1

Auch bei der Trommelwicklung muß die Stromabnahme durch die Bürsten in der neutralen Zone erfolgen, d. h. die Bürsten müssen auf Kollektorlamellen schleifen, die mit nichtinduzierten Drähten in Verbindung stehen (Lamelle 1 bzw. 5). Lediglich der Kröpfung der Ankerdrähte ist es zuzuschreiben, daß die Bürsten sich scheinbar auf mitten unter den Polen liegenden Lamellen befinden.

Durch die Bürsten wird die Wicklung, wie beim Ringanker, in zwei parallele Zweige zerlegt. Verfolgt man den Stromlauf im Schema, so ergibt sich, daß die EMKe beider Ankerhälften an der mit A bezeichneten Bürste gegeneinander gerichtet sind. Diese stellt also den positiven Pol dar, an dem die beiden Ankerzweigströme zum äußeren Strom zusammenfließen. Am negativen Pol, also an der mit B bezeichneten Bürste, sind dagegen die EMKe auseinander gerichtet. Hier teilt sich der äußere Strom demnach wieder in die beiden Ankerzweigströme.

70. Mehrpolige Trommelwicklungen.

a) Die Parallelwicklung.

Bei größeren Maschinen begnügt man sich nicht mit zwei Polen, sondern man wendet mehrere Polpaare an. Die Pole werden so angeordnet, daß stets Norpol und Südpol abwechseln. Abb. 97 gibt das Wickelschema einer vierpoligen Trommelwicklung für 24 wirks. Drähte und 12 Kollektorlamellen wieder gemäß folgender

Wickeltabelle.

Von	Lamelle	1	nach	Draht	1,	zurück	über	Draht	8	zur	Lamelle	2
,,	,,	2	,,	,,	3,	,,	,,	,,	10	,,	,,	3
,,	,,	3	,,	,,	5,	,,	,,	,,	12	,,	,,	4

usw.

Man erkennt aus dem Schema, daß jedesmal ein unter einem Nordpol befindlicher Dtaht mit einem solchen unter einem Südpol verbunden ist, dieser über eine Kollektoılamelle wiederum mit einem

[1] Daß bei dem in Abb. 94 dargestellten Ringanker sich ebenfalls nur ein achtteiliger Kollektor ergibt, trotzdem für den Anker die gleiche Anzahl wirks. Drähte angenommen ist wie für den Trommelanker der Abb. 96, erklärt sich daraus, daß beim Ringanker je zwei Windungen zu einer Spule zusammengefaßt wurden, während beim Trommelanker angenommen ist, daß jede Windung eine Spule bedeutet.

Draht unter dem ersten Nordpol usw. Eine derartige Wicklung heißt Schleifenwicklung. Verfolgt man die Stromrichtung in der Wicklung, so findet man am Kollektor zwei Stellen, mit der Lage der neu-

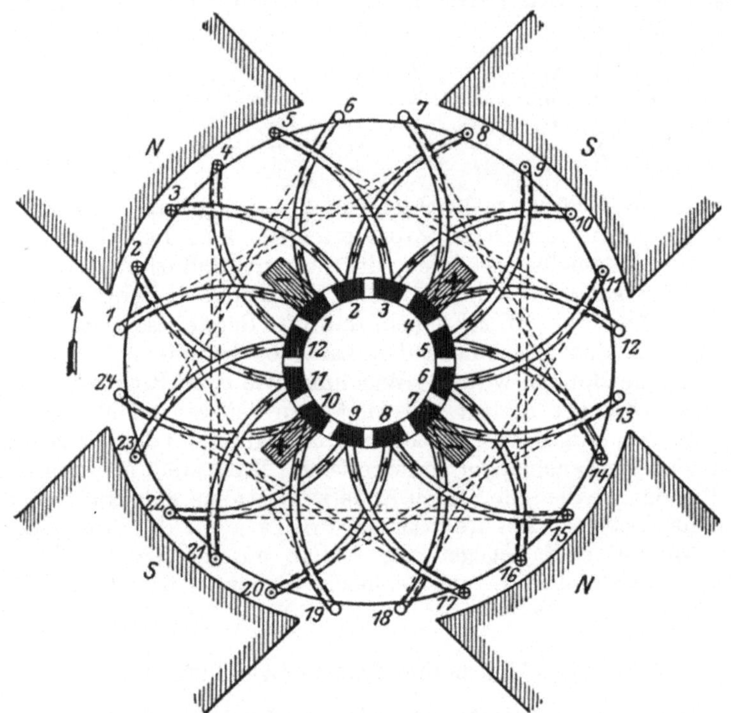

Abb. 97. Vierpoliger Trommelanker mit Schleifenwicklung.

tralen Zonen zusammenfallend, an denen die EMKe von beiden Seiten gegeneinander wirken. Es sind dies die positiven Bürstenauflagestellen. Ebenso sind in den neutralen Zonen zwei negative Bürstenauflagestellen vorhanden, an denen die EMKe nach beiden Seiten auseinander gerichtet sind. Es sind also, allgemein ausgedrückt, so viel Bürstenauflagestellen vorhanden, als die Maschine Pole besitzt, und in ebenso viele parallele Zweige zerfällt auch die Wicklung. Alle positiven Bürsten werden unter sich durch einen Kupferbügel verbunden, und ebenso alle negativen Bürsten, Abb. 98. Von den Bügeln *A* bzw. *B* werden die beiden äußeren Leitungen abgenommen. Eine Wicklung, welche, wie die dargestellte, aus so viel parallelen Teilen besteht, wie Pole vorhanden sind, wird auch als Parallelwicklung bezeichnet.

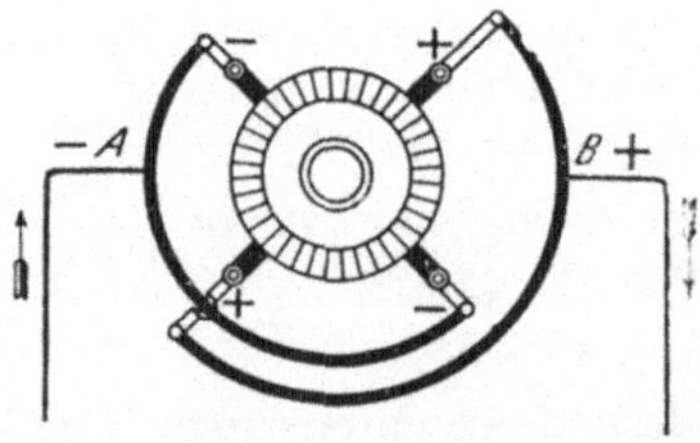

Abb. 98. Bürstenschaltung einer vierpoligen Maschine.

b) Die Reihenwicklung.

In Abb. 99 ist das Schema für eine vierpolige Wellenwicklung wiedergegeben unter der Annahme von 26 wirks. Drähten und 13 Kol-

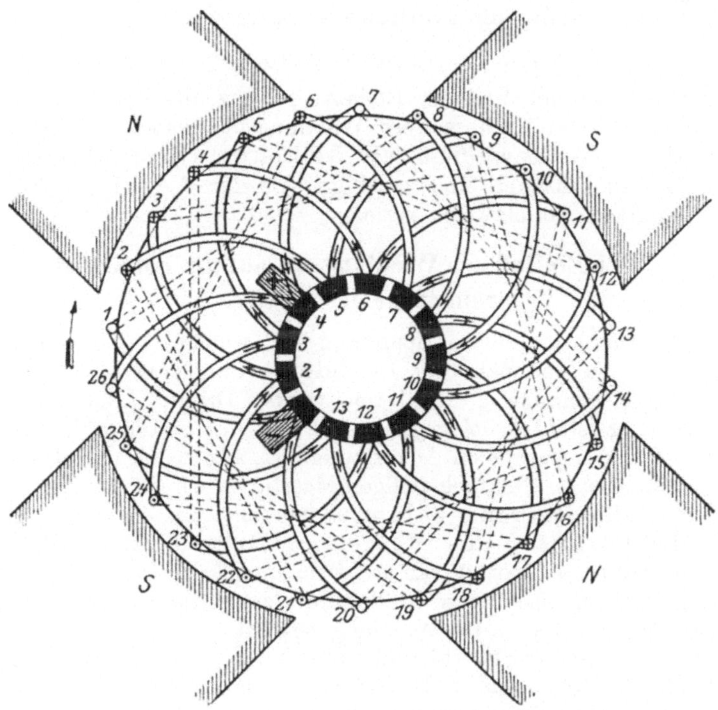

Abb. 99. Vierpoliger Trommelanker mit Wellenwicklung.

lektorlamellen. Bei dieser Wicklung wird, wie bei der Schleifenwicklung, ein unter einem Nordpol liegender Draht mit einem solchen unter einem Südpol verbunden, dieser aber über eine Kollektorlamelle mit einem Draht unter dem nächsten Nordpol usw., entsprechend der nachstehenden

Wickeltabelle.

Von Lamelle	1	nach Draht	1,	zurück über Draht	8	zur Lamelle	8
,, ,,	8	,, ,,	15,	,, ,, ,,	22	,, ,,	2
,, ,,	2	,, ,,	3,	,, ,, ,,	10	,, ,,	9

usw.

Es findet sich bei dieser Wicklung nur eine Stelle am Kollektor, an der die EMKe gegeneinander gerichtet sind, es ist dies der positive Pol; und ebenso ist nur eine Stelle vorhanden, wo die EMKe auseinander gerichtet sind, der negative Pol. Also benötigt man auch nur an diesen beiden Stellen, die wiederum in den neutralen Zonen liegen, Bürsten, und die Wicklung zerfällt demgemäß auch, unabhängig von der Zahl der Pole, nur in zwei parallele Zweige. Es bleibt jedoch freigestellt, sämtliche neutrale

Zonen als Bürstenauflagestellen auszunutzen. An dem Stromlauf in der Wicklung wird dadurch nichts geändert, da die neutralen Zonen unter sich durch nichtinduzierte Drähte in Verbindung stehen[1]. Eine Wicklungsanordnung mit nur zwei parallelen Teilen, wie die vorstehend wiedergegebene, stellt eine Reihenwicklung dar.

c) Die Reihenparallelwicklung.

Außer der Parallel- und der Reihenschaltung, die besonders häufig vorkommen, gibt es noch weitere Wicklungsmöglichkeiten. So kann man z. B. die Wellenwicklung als Reihenparallelwicklung ausführen. Mit ihr läßt sich eine beliebige, von der Polzahl unabhängige Anzahl paralleler Ankerzweige erzielen.

71. Der Einfluß der Wicklungsart auf die EMK und Stromstärke des Ankers.

Die im Anker erzielbare Spannung ist, welches auch die Wicklungsart sei, von der Zahl der in jedem der parallelen Ankerzweige hintereinander geschalteten wirks. Drähte abhängig. Die Ankerspannung ist also bei gegebener Drahtzahl um so höher, je geringer die Zahl der parallelen Ankerzweige ist, aus denen sich die Wicklung zusammensetzt. Bei mehrpoligen Maschinen wird daher für höhere Spannungen die Reihenwicklung bevorzugt, für geringere Spannungen die Parallel- oder Reihenparallelwicklung. Die dem Anker entnehmbare Stromstärke steht im umgekehrten Verhältnis zur Spannung. Sie ist also um so größer, je kleiner diese ist, d. h. aus je mehr parallelen Zweigen die Wicklung besteht.

Bei der gleichen Drahtzahl und unter sonst gleichen Verhältnissen kann nach Vorstehendem z. B. bei einer vierpoligen Maschine mit einem Reihenanker eine doppelt so hohe Spannung erzielt werden wie mit einem Parallelanker, denn dieser besitzt doppelt so viel parallele Zweige wie jener, und es entfällt daher auf jeden Zweig nur die halbe Anzahl Drähte. Dafür kann aber der Reihenanker auch nur mit einer halb so großen Stromstärke wie der Parallelanker beansprucht werden.

Beispiel: Der Anker einer achtpoligen Maschine gibt 440 V Spannung und kann mit einer Stromstärke von 50 A belastet werden. Er besitzt Reihenwicklung. Später wird er umgewickelt, und zwar wird er bei der gleichen Drahtzahl mit Parallelwicklung ausgeführt. Für welche Spannung und Stromstärke ist der Anker nunmehr verwendbar?

Da der Reihenanker 2, der Parallelanker aber 8 parallele Zweige besitzt, so beträgt die Spannung nach der Umwicklung nur den vierten Teil der ursprünglichen, also 110 V. Dagegen ist der Anker nunmehr für die vierfache Stromstärke, also für 200 A ausreichend.

72. Der Aufbau des Ankers.

Wie in der Wicklung, so werden auch im Eisenkörper des Ankers selbst Ströme, Wirbelströme, induziert. Um den dadurch verursachten Verlust möglichst gering zu halten, setzt man das wirksame, d. h. das von

[1] Dies kommt in Abb. 99 nur unvollkommen zum Ausdruck, weil der besseren Übersichtlichkeit wegen nur wenig wirks. Drähte angenommen sind.

Kraftlinien durchsetzte Eisen des Ankers aus Blechen zusammen, die voneinander durch Seidenpapier, gelegentlich auch durch einen Lacküberzug isoliert werden. Bei kleineren Trommelankern werden die Bleche unmittelbar auf die Welle geschoben und durch Preßscheiben zusammengehalten. Bei Ringankern und größeren Trommelankern werden sie von einem besonderen Konstruktionsteile, dem Ankergehäuse, aufgenommen.

Auf dem Umfange des Eisenkörpers werden Nuten angebracht, in denen die isolierten Drähte der Wicklung eingebettet werden. Auf diese Weise lassen sich neben guter mechanischer Befestigung der Drähte schmale Lufträume zwischen Anker- und Magnetpolen erreichen. Die Nuten haben gewöhnlich rechteckige Gestalt, Abb. 100. Bei der Trommelwicklung können die einzelnen Spulen vor dem Einbau mittels besonderer Schablonen auf die erforderliche Form gebracht und dann fertig in die Nuten des Ankers gelegt werden. Solche Schablonenwicklungen bieten den Vorteil, daß die Auswechslung einer beschädigten Spule leicht möglich ist. Statt des isolierten Ankerdrahtes werden bei großen Stromstärken auch stabförmige Leiter verwendet, die mit Isolierband umwickelt werden: Stabwicklung. Gegen die Wirkung der Zentrifugalkraft wird die Wicklung durch Bandagen geschützt.

Abb. 100. Nuten eines Gleichstromankers.

Der Kollektor wird, der Zahl der Ankerspulen entsprechend, aus zahlreichen Lamellen zusammengesetzt. Diese werden aus gezogenen Kupfer hergestellt und dem Durchmesser des Kollektors gemäß keilförmig gestaltet. Sie werden abwechselnd mit der ungefähr 1 mm starken Isolierschicht aus Glimmer ringförmig aufgeschichtet und unter großem Druck zusammengepreßt. Mittels schwalbenschwanzförmiger Ansätze werden sie von dem auf der Ankerwelle ruhenden Kollektorgehäuse, von dem sie natürlich ebenfalls isoliert sein müssen, zusammengehalten. Zur Aufnahme der Ankerdrähte besitzen die Lamellen an der dem Anker zugewendeten Seite häufig eine Verlängerung, die Kollektorfahne. In einem Schlitz derselben werden die Spulenenden durch Verschrauben und Verlöten befestigt.

Die zur Abnahme des Stromes vom Kollektor dienenden Bürsten werden meistens aus gepreßter Kohle hergestellt. Kupferbürsten, aus Kupfergewebe oder Blattkupfer, kommen in der Regel nur für Maschinen sehr geringer Spannung, also im Vergleich zur Leistung großer Stromstärke in Anwendung. Die Bürsten werden mittels der Bürstenhalter federnd auf den Kollektor gepreßt. Zur Aufnahme der Bürstenhalter dienen Bürstenstifte, deren Anzahl je nach der Polzahl der Maschine und der Wicklungsart des Ankers verschieden ist. Die Bürstenstifte sind an der Bürstenbrücke befestigt, die der erforderlichen Bürstenstellung gemäß eingestellt werden kann und bei kleineren Maschinen gewöhnlich auf einem mit dem Lager verbundenen Führungsringe ruht. Bei größeren Maschinen wird die Bürstenbrücke dagegen häufig mit dem Magnetgestell in Verbindung gebracht.

73. Das Magnetgestell.

Für das Magnetgestell können Dauermagnete aus Stahl verwendet werden. Man erhält dann die magnetelektrische Maschine. Sie wird jedoch nur für kleinste Leistungen, z. B. für Apparate zur Entzündung des Gasgemisches bei Gasmaschinen, für Kurbelwecker an Telephonen sowie für die als Stromquelle bei Isolationsmessungen häufig verwendeten Handmagnetmaschinen, benutzt.

Für die Stromerzeugung in elektrischen Starkstromanlagen werden ausschließlich Maschinen mit Elektromagneten angewendet. Das Magnetgehäuse kann aus Gußeisen hergestellt werden, doch zieht man

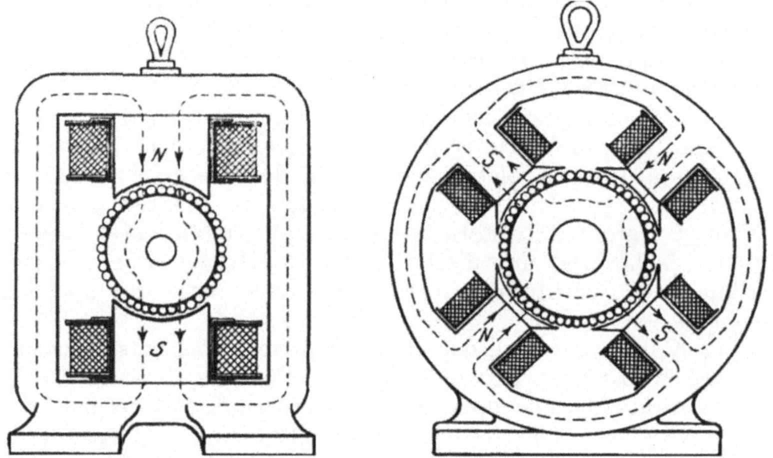

Abb. 101. Zweipolige Gleichstrommaschine. Abb. 102. Vierpolige Gleichstrommaschine.

meistens Stahlguß vor, da man bei diesem Material wegen seiner besseren magnetischen Eigenschaften mit geringeren Querschnitten auskommt.

Die bei älteren zweipoligen Maschinen vielfach üblich gewesene, der Abb. 87 zugrunde gelegte Hufeisenform kommt nur noch vereinzelt vor. Dem Magnetgestell wird vielmehr heute allgemein die eisengeschlossene Form, die sog. Lahmeyer-Form, gegeben, welche in Abb. 101 für eine zweipolige Maschine wiedergegeben ist. Diese Bauweise zeichnet sich durch völlige Symmetrie des Kraftlinienverlaufs und außerdem dadurch aus, daß sowohl der Anker als auch die Magnetwicklung durch das sie umschließende Gehäuse gegen äußere Beschädigungen einigermaßen geschützt sind. Das Magnetgestell besitzt zwei Schenkel, auf denen die Magnetspulen untergebracht und die nach beiden Seiten durch das Joch verbunden sind. Letzterem kann auch eine runde Form gegeben werden. In diesem Falle kann es, was neuerdings häufig geschieht, aus Schmiedeeisen hergestellt werden, das rund gewalzt und in der Naht zusammengeschweißt wird. Die Polflächen der Schenkel werden meistens, um einen größeren Teil des Ankerumfanges zu umfassen, durch besondere Polschuhe verbreitert.

Die Pole oder auch nur die Polschuhe werden, wegen der in ihnen infolge der abwechselnd vorübergehenden Ankerzähne und Ankernuten auftretenden Wirbelströme, vielfach aus Blechen zusammengesetzt.

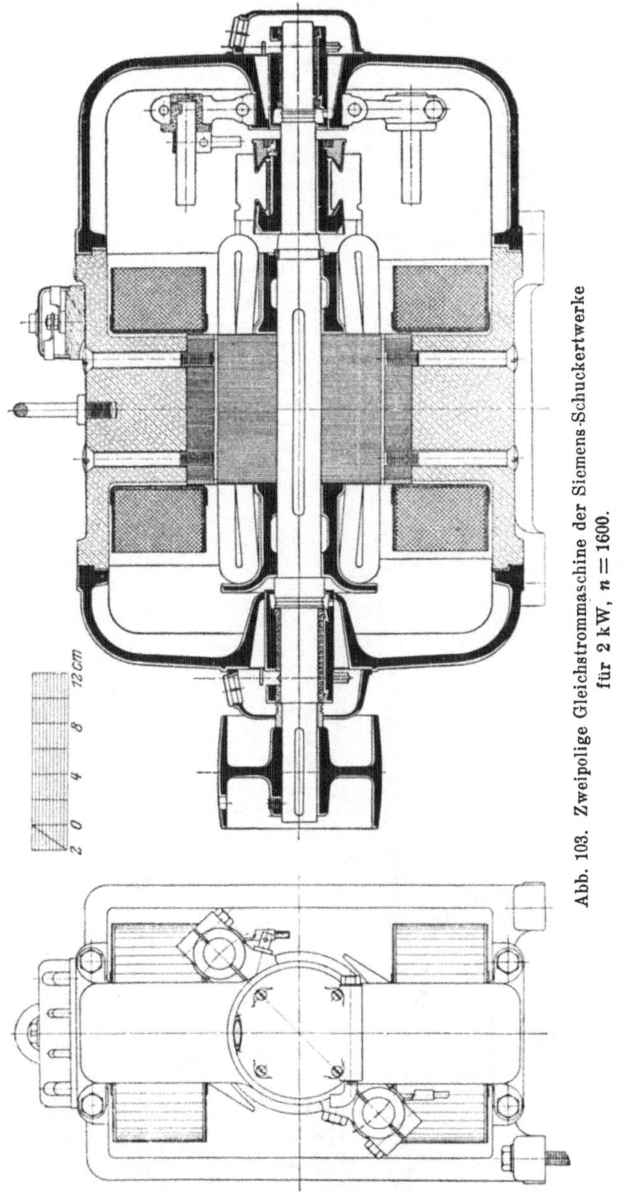

Abb. 103. Zweipolige Gleichstrommaschine der Siemens-Schuckertwerke für 2 kW, $n = 1600$.

Die Form des Magnetgestelles einer vierpoligen Maschine ist aus Abb. 102 zu erkennen. Die Pole werden hier ebenfalls von dem Joch, welches kreisrund oder eckig gestaltet sein kann, getragen und umschlossen.

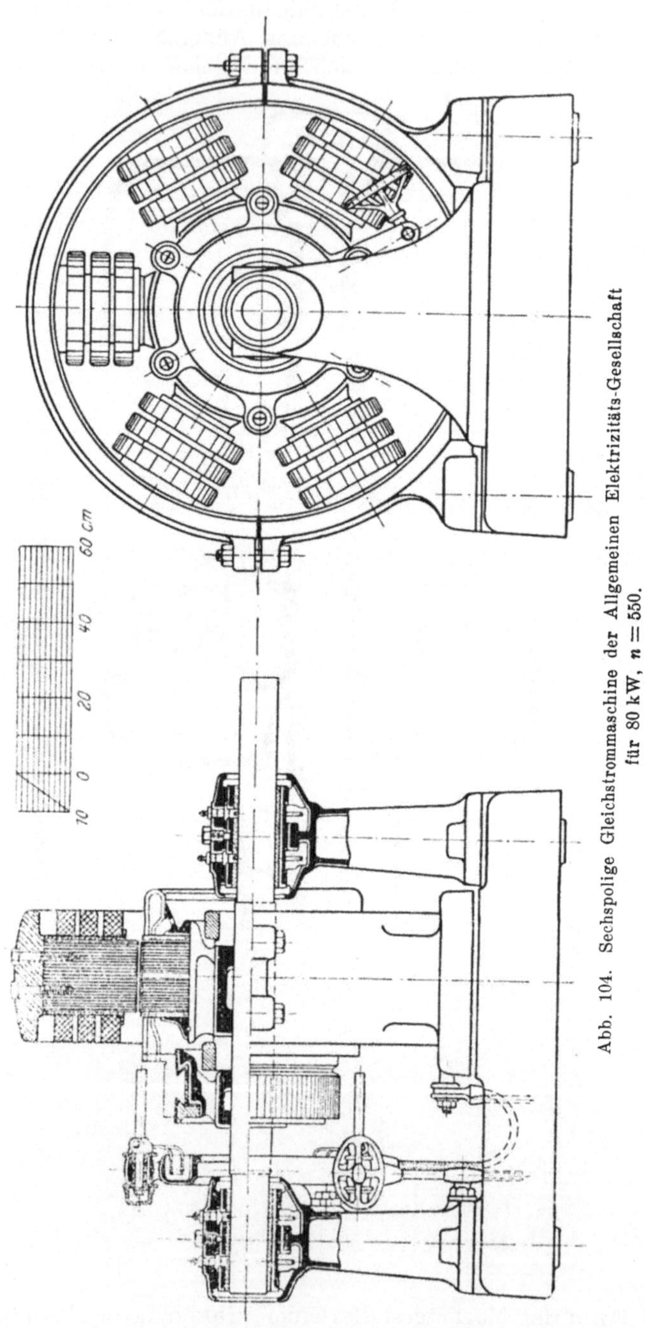

Abb. 104. Sechspolige Gleichstrommaschine der Allgemeinen Elektrizitäts-Gesellschaft für 80 kW, $n = 550$.

74. Beispiele ausgeführter Maschinen.

Abb. 103 gibt die Schnittzeichnung einer zweipoligen, Abb. 104 die einer sechspoligen Gleichstrommaschine wieder. Für das Magnetgehäuse ist in beiden Fällen Stahlguß verwendet, doch sind bei der zweipoligen Maschine die Polschuhe, bei der mehrpoligen die ganzen Pole aus Blechen hergestellt. Bei der mehrpoligen Maschine ist das Magnetgestell zweiteilig ausgeführt. Auch sind bei dieser die Magnetspulen der besseren Abkühlung wegen dreifach unterteilt. Aus dem gleichen Grunde ist ihr Anker mit einem Luftspalt versehen. Die Anker beider Maschinen besitzen Schablonenwicklung. Die Wickelköpfe sind durch zweckmäßig ausgebildete Wicklungsträger unterstützt. Zum bequemen Einstellen der Bürstenbrücke besitzt die größere Maschine eine durch ein Handrad zu bedienende Schraubspindel. Die Lager sind sämtlich mit Ringschmierung versehen. Die Maschinen können für alle vorkommenden Spannungen gewickelt werden (s. Abschnitt 88).

75. Ankerrückwirkung und Bürstenverschiebung.

a) Das Ankerfeld.

Es wurde bisher angenommen, daß die zur Stromabnahme dienenden Bürsten eines Gleichstromankers sich in der neutralen Zone befinden müssen. Als solche wurde die auf den Kraftlinien senkrecht stehende Durchmesserebene des Ankers angesehen. Bei dieser Bürstenstellung sind bei der Ringwicklung z. B. alle unter demselben Pol liegenden, also im gleichen Sinne induzierten Drähte hintereinander geschaltet. Man erhält daher an den Bürsten die größte Spannung. Letzteres gilt auch für den Trommelanker.

Während bei leerlaufender Maschine, also bei stromlosem Anker, die neutrale Zone durch die Mitte der Polzwischenräume geht, ändert sich ihre Lage und daher auch die den Bürsten zu erteilende Stellung, wenn die Maschine belastet wird. In diesem Falle bildet sich um die stromführenden Ankerdrähte ebenfalss ein magnetisches Feld, dessen Kraftlinien sich, die Luft durchsetzend, durch die Pole schließen, und das sich mit dem vom Magnetsystem herrührenden Hauptfelde vereinigt. Für eine zweipolige Maschine ist das Hauptfeld durch Abb 105a, das Ankerfeld bei der durch den Pfeil angegebenen Drehrichtung durch Abb. 105b angedeutet. Die Bürsten A und B sind zunächst noch in der Mitte der Polzwischenräume angenommen. Es geht aus den Abbildungen hervor, daß innerhalb des Luftraumes zwischen Anker und Magnetpolen die Kraftlinien des Ankerfeldes auf derjenigen Seite, wo die Ankerdrähte bei der Drehung des Ankers unter den Pol treten, die entgegengesetzte Richtung wie die Kraftlinien des Hauptfeldes haben, daß sie dagegen auf der Seite, wo die Drähte die Pole wieder verlassen, dieselbe Richtung besitzen. Die Folge hiervon ist, daß das Hauptfeld verzerrt wird, indem es durch das Ankerfeld auf den Poleintrittseiten geschwächt, auf den Austrittseiten verstärkt wird. Es ergibt sich demnach das in Abb. 105c gezeichnete

Gesamtfeld. Die neutrale Zone, d. h. die auf den Kraftlinien senkrecht stehende Durchmesserebene A_1B_1 des Ankers, geht, wie aus der Abbildung deutlich zu erkennen ist, nun nicht mehr durch die Mitte der

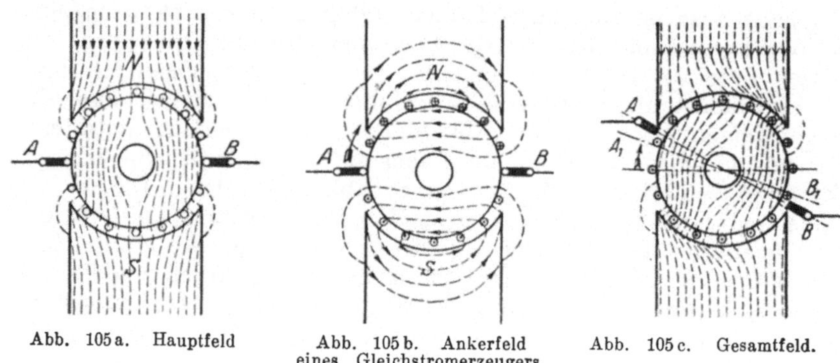

Abb. 105a. Hauptfeld   Abb. 105b. Ankerfeld eines Gleichstromerzeugers.   Abb. 105c. Gesamtfeld.

Polzwischenräume, sondern sie ist infolge der Rückwirkung des Ankers um einen gewissen Winkel im Sinne der Drehrichtung verschoben. Die Bürsten müssen demnach ebenfalls vorgestellt werden.

b) Die Stromwendung.

Zur Erzielung eines funkenfreien Ganges ist es erforderlich, die Bürsten nicht nur um den Verschiebungswinkel der neutralen Zone, sondern noch darüber hinaus, etwa bis in die Ebene *AB* der Abb. 105c, vorzuschieben, wie folgende Überlegung zeigt. Da eine Bürste zeitweise mindestens zwei Kollektorlamellen bedeckt, so werden stets diejenigen Ankerspulen durch die Bürste kurzgeschlossen, die mit den gerade unter ihr befindlichen benachbarten Lamellen in Verbindung stehen. Bei der Drehung des Ankers erfolgt also nacheinander der Kurzschluß sämtlicher Ankerspulen. Zur Erläuterung diene Abb. 106, die sich auf den Ringanker bezieht, jedoch auch für den Trommelanker maßgeblich ist. In dem in der Abbildung angenommenen Zeitpunkt ist gerade die Spule *b*, die mit den Lamellen *2* und *3* verbunden ist, durch die Bürste *B* kurzgeschlossen. Im nächsten Augenblick, wenn die Lamelle *2* die Bürste verlassen hat, dafür aber Lamelle *4* unter die Bürste gelangt ist, wird die Spule *c* das gleiche Schicksal erfahren usf. Jedesmal, wenn eine Lamelle von der Bürste wieder abgleitet, wird auch der Kurzschluß einer Spule aufgehoben. Nun gehört jede Spule nach dem Kurzschlusse einem anderen Ankerzweige an wie vorher. Sie führt also

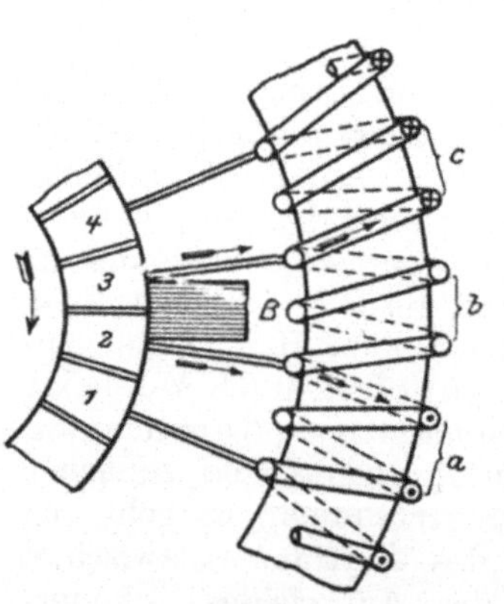

Abb. 106. Kurzschluß der Ankerspulen durch die Bürsten.

nach Aufhebung des Kurzschlusses Strom von der entgegengesetzten Richtung wie vor dessen Beginn. Die Stromumkehr, die durch die Selbstinduktion der Spule verzögert wird, muß zur Vermeidung von Funkenbildung an der Bürste bereits während des Kurzschlusses der Spule vollzogen werden. Es ist daher notwendig, die Bürsten so weit vorzuschieben, daß der Kurzschluß an einer Stelle erfolgt, wo bereits ein vom nächsten Pole herrührendes, die Stromwendung begünstigendes Feld vorhanden ist. Dieses muß ausreichend sein, um in der kurzgeschlossenen Spule eine kleine EMK zu induzieren, die dem fließenden Kurzschlußstrom entgegengerichtet ist, dessen Abnahme also beschleunigt, und die außerdem in ihr einen Strom von entgegengesetzter Richtung und einer solchen Stärke hervorruft, daß ihr Übertritt in die andere Ankerhälfte ohne Funkenbildung vor sich gehen kann.

Die Erfahrung hat gelehrt, daß sich ein funkenfreier Lauf mit Kohlebürsten besser erzielen läßt als mit Kupferbürsten. Es erklärt sich dies u. a. daraus, daß durch die weniger gut leitende Kohle den kurzgeschlossenen Spulen ein größerer Widerstand entgegengesetzt und dadurch der Kurzschlußstrom geschwächt wird.

c) Die Bürstenstellung.

Theoretisch müßte man nach Vorstehendem die Bürsten um so weiter vorstellen, je mehr die Maschine belastet wird. Die Bürsten müßten also bei jeder Belastungsänderung eine andere Stellung erhalten. Durch zweckmäßige Wahl der magnetischen und elektrischen Verhältnisse — starkes Hauptfeld im Vergleich zum Ankerfeld, große Zahl von Ankerspulen — erreicht man jedoch bei modernen Maschinen eine konstante Bürstenstellung in der Weise, daß die Bürsten für eine mittlere Belastung eingestellt werden und dabei die Maschine mit den verschiedensten Belastungen betrieben werden kann, ohne daß der Kollektor durch Funkenbildung angegriffen wird.

76. Das Querfeld und Gegenfeld des Ankers.

Bisher wurde die vom Ankerfeld auf das Hauptfeld ausgeübte Rückwirkung nur insofern untersucht, als sie eine ungleichmäßige Verteilung der von den Polen ausgehenden Kraftlinien bewirkt. An der hierdurch hervorgerufenen Feldverzerrung sind jedoch nicht alle Ankerdrähte beteiligt. Denkt man sich durch den Anker die Ebene *CD* (Abb. 107) gelegt, die gegenüber der Mittelebene der Polzwischenräume um den gleichen Winkel rückwärts gelegt ist, wie die Bürstenebene *AB* im Sinne der Drehrichtung vorgeschoben ist, so kann man sich, ohne an den magnetischen Verhältnissen des Ankers etwas zu ändern, die Ankerdrähte so zu einzelnen Windungen verbunden denken, wie es die Abbildung

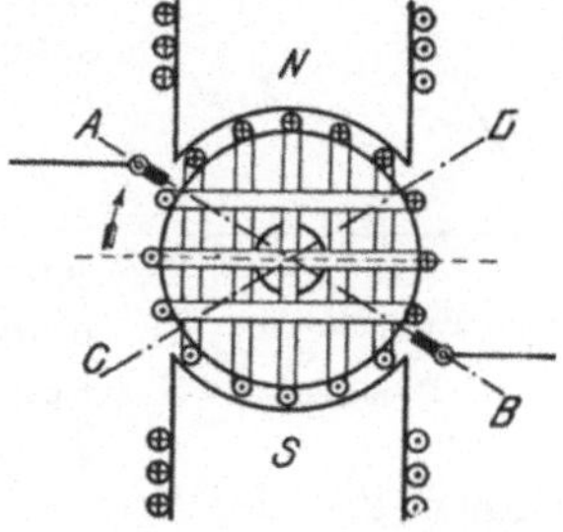

Abb. 107. Quer- und Gegenwindungen des Ankers.

zeigt. Man erkennt dann, daß die vertikal gezeichneten, im Winkelraum $\widehat{AD}$ bzw. $\widehat{CB}$ liegenden Windungen des Ankers ein zum Hauptfeld senkrechtes Feld, ein Querfeld, erzeugen. Sie werden daher auch als die Querwindungen des Ankers bezeichnet; nur diese sind es, die auf das Hauptfeld verzerrend einwirken.

Die in der Abbildung horizontal angegebenen, im Winkelraum $\widehat{AC}$ bzw. $\widehat{DB}$ liegenden Windungen befinden sich parallel zu der durch einige Windungen angedeuteten Magnetwicklung, werden aber in entgegengesetzer Richtung vom Strome durchflossen. Sie ergeben also ein dem Hauptfelde paralleles, aber ihm entgegengerichtetes Feld, ein Gegenfeld, und heißen daher Gegenwindungen. Durch das Gegenfeld wird das Hauptfeld geschwächt, indem ein Teil der Kraftlinien aufgehoben wird. Um diese Wirkung auszugleichen, ist es notwendig, den durch die Magnetwicklung fließenden Strom mit zunehmender Belastung zu verstärken.

77. Die Abhängigkeit der Ankerspannung von der Drehzahl und Magneterregung.

Die EMK einer Maschine hängt wesentlich von der Drehgeschwindigkeit des Ankers und von der Magneterregung ab. Bei konstantem Erregerstrom ist die EMK einer leerlaufenden Maschine der minutlichen Umdrehungszahl proportional.

Wird die Umlaufzahl konstant gehalten und der Erregerstrom mittels eines Regulierwiderstandes allmählich, von null beginnend, verstärkt, wobei wieder Leerlauf der Maschine vorausgesetzt ist, so wächst die EMK zunächst rasch an, und zwar nahezu proportional mit dem Erregerstrom, später nimmt sie jedoch langsamer zu, bis schließlich eine weitere Verstärkung des Erregerstromes überaupt kaum noch eine Erhöhung der EMK nach sich zieht.

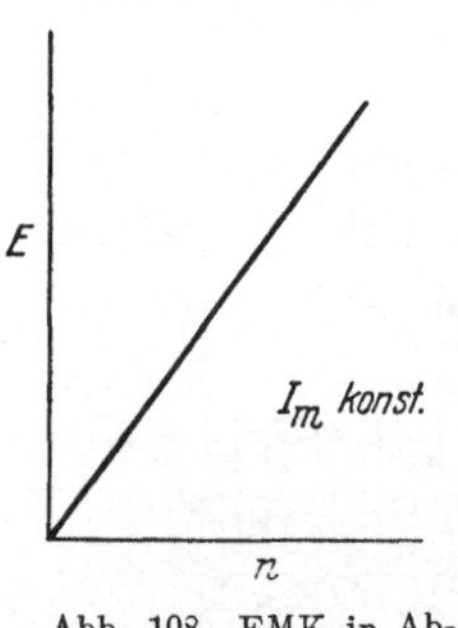

Abb. 108. EMK in Abhängigkeit von der Drehzahl.

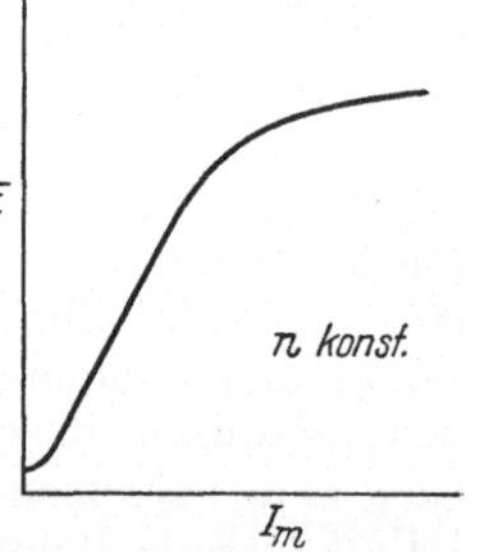

Abb. 109. EMK in Abhängigkeit von dem Erregerstrom — Leerlaufkennlinie.

Es ist üblich, die Betriebseigenschaften elektrischer Maschinen graphisch in Form von Kennlinien, sog. Charakteristiken, zur Darstellung zu bringen. Abb. 108 zeigt die EMK einer Maschine in Abhängigkeit von der minutlichen Drehzahl n unter der Annahme, daß der Erregerstrom konstant gehalten wird. In diesem Falle ergibt sich eine gerade Linie. Abb. 109 zeigt umgekehrt, in welcher Weise die EMK von dem Erregerstrom abhängt, wenn die Drehzahl konstant bleibt. Man erhält eine Kurve, die Leerlaufkennlinie genannt wird und ihrer Form nach den in Abb. 34 dargestellten Magnetisierungskurven sehr ähnlich ist. Die geringfügige EMK, welche bereits beim Erregerstrom null vorhanden ist, rührt von dem im Eisen des Magnetgestelles vorhandenen Restmagnetismus her.

78. Die fremderregte Maschine.

Steht eine Akkumulatorenbatterie zur Verfügung, so kann dieser der für die Erregung der Magnete erforderliche Strom entnommen werden. Das Schaltbild einer solchen fremderregten Maschine ist in Abb. 110 wiedergegeben, in der AB den Anker und JK die Magnetwicklung bedeuten, während die Erregerstromquelle durch einige Elemente angedeutet ist. Die zu speisenden Verbrauchsapparate, z. B. Glühlampen, sind zwischen den von den Bürsten ausgehenden Leitungen parallel geschaltet.

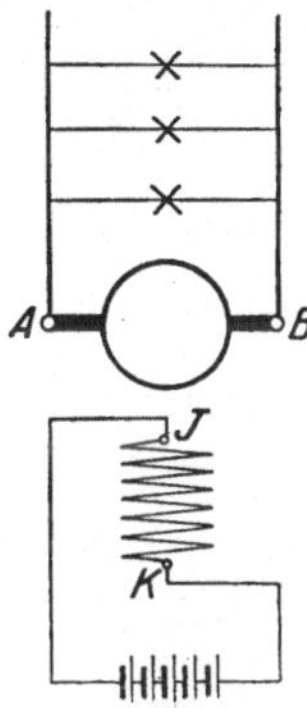

Abb. 110. Fremderregte Maschine.

Während die EMK der Maschine, konstante Umdrehungszahl vorausgesetzt, bei Leerlauf nur von dem Erregerstrom I_m abhängt, macht sich bei Belastung noch die schwächende Wirkung des Ankergegenfeldes bemerkbar. Auch kann nicht die ganze im Anker induzierte EMK nutzbar gemacht werden, viemehr tritt in der Ankerwicklung selbst ein Spannungsverlust auf. Dieser hat den Wert $I \cdot R_a$, wenn I den von der Maschine gelieferten Strom und R_a den Widerstand der Ankerwicklung angeben. Um diesen Spannungsabfall ist die zwischen den Bürsten A

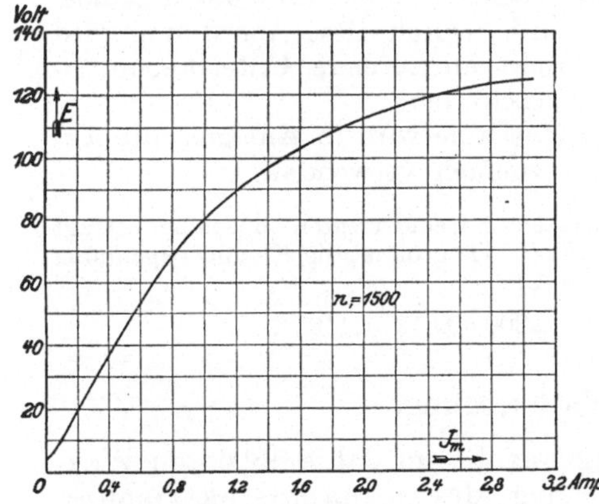

Abb. 111. Leerlaufkennlinie einer fremderregten Maschine für 4 kW, 110 V, 36,5 A, $n = 1500$.

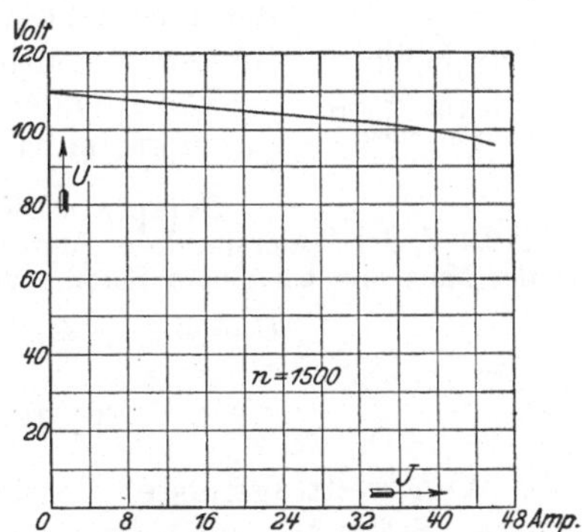

Abb. 112. Außenkennlinie einer fremderregten Maschine für 4 kW, 110 V, 36,5 A, $n = 1500$. ($Im = 1{,}85$ A.)

und B bestehende Spannung, die Klemmenspannung U, kleiner als die EMK E. Es ist also:

$$U = E - I \cdot R_a. \qquad (66)$$

Abb. 111 zeigt die an einer fremderregten Maschine kleinerer Leistung experimentell aufgenommene Leerlaufkennlinie. Das Verhalten der gleichen Maschine bei Belastung geht aus der in Abb. 112 wiedergegebenen **Außenkennlinie** hervor, in der die Abhängigkeit der Klemmenspannung vom äußeren Strom bei konstanter Drehzahl und unverändertem Erregerstrom dargestellt ist.

Die zwischen Leerlauf und Vollast auftretende **Spannungsänderung** schwankt bei den fremderregten Maschinen je nach ihrer Größe und den besonderen Verhältnissen zwischen 4 und 10%.

Um die Spannung bei wechselnder Belastung konstant zu halten, muß der Erregerstrom mittels eines Regulierwiderstandes, des **Feld-** oder **Magnetreglers**, beeinflußt werden. Der Drehpunkt der Widerstandskurbel ist in Abb. 113 mit s, der Kurzschlußkontakt mit t und der Ausschaltkontakt mit q bezeichnet. Je näher die Kurbel dem Kurzschlußkontakte steht, desto größer ist der Erregerstrom, desto höher also auch die Spannung der Maschine.

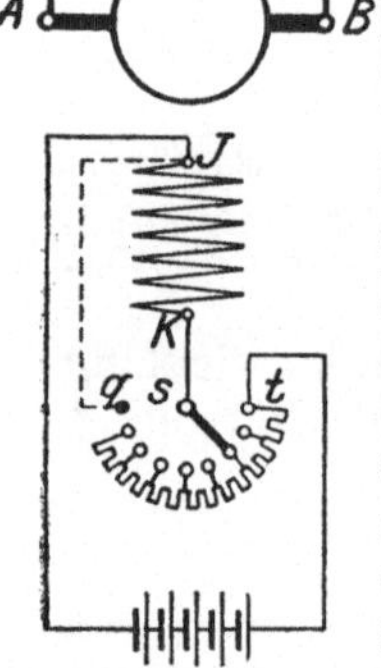

Abb. 113. Fremderregte Maschine mit Regler.

Vorteilhaft ist es, den Ausschaltkontakt des Magnetreglers mit dem nicht an den Drehpunkt der Reglerkurbel angeschlossenen Ende der Magnetwicklung zu verbinden. Die betreffende Leitung soll als **Ausschaltleitung** bezeichnet werden und ist in Abb. 113 gestrichelt gezeichnet. Sie ermöglicht es, die Magnetwicklung kurz zu schließen, und hat den Zweck, den beim Ausschalten des Erregerstromes auftretenden, durch die Selbstinduktion der Magnetwickung veranlaßten Stromstoß unschädlich zu machen, indem ihm ein geschlossener Weg gewiesen wird. Durch diese Anordnung wird der am Ausschaltkontakt auftretende Unterbrechungsfunken wesentlich abgeschwächt.

Die fremderregte Maschine wird in Anlagen mit Akkumulatorenbatterien vielfach verwendet.

Beispiel: Die EMK einer fremderregten Maschine beträgt 112,4 V, der Widerstand des Ankers 0,012 Ω. Wie groß ist die Klemmenspannung der Maschine bei einem Strome von 200 A?

$$U = E - I \cdot R_a = 112,4 - 200 \cdot 0,012 = 110 \text{ V}.$$

79. Die Selbsterregung.

Von weittragendster Bedeutung war die im Jahre 1866 von Werner Siemens gemachte Entdeckung des **dynamoelektrischen Prinzipes**. Dieses besagt, daß eine Maschine den für ihre Erregung notwendigen Strom selbst liefern kann, da der im Eisen vorhandene Restmagnetismus genügt, um eine, wenn auch zunächst nur geringe Spannung in der Ankerwicklung zu induzieren. Diese kann dazu dienen, in der Magnetwicklung einen Strom hervorzurufen und dadurch den Magnetismus etwas zu verstärken. Die Folge hiervon ist eine höhere Ankerspannung, die wiederum eine Verstärkung des Erregerstromes nach sich zieht. Auf diese Weise wird der Magnetismus sehr schnell bis zu dem für die normale Spannung erforderlichen Wert gesteigert.

Maschinen, die nach diesem Prinzip gebaut sind, heißen selbsterregte oder dynamoelektrische Maschinen, werden aber meistens kurz als Dynamomaschinen bezeichnet.

Die eigentlichen Dynamomaschinen lassen sich nach der Schaltung der Magnetwicklung zum äußeren Stromkreis einteilen in Nebenschluß-, Hauptschluß- und Doppelschlußmaschinen. Doch werden im allgemeinen auch die Maschinen mit Fremderregung den Dynamomaschinen zugerechnet.

80. Die Nebenschlußmaschine.

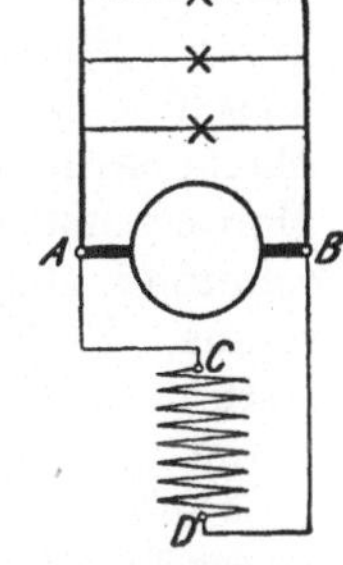

Abb. 114. Nebenschlußmaschine.

Bei der Nebenschlußmaschine (Abb. 114) wird die Magnetwicklung *CD* zum äußeren Stromkreis parallel geschaltet. Es wird also für die Erregung der Magnete ein Teil des im Anker *AB* erzeugten Stromes abgezweigt. Wird der Ankerstrom mit I_a bezeichnet, so ist demnach der äußere Strom oder Nutzstrom

$$I = I_a - I_m. \tag{67}$$

Um den Erregerstrom klein zu halten, wird die Magnetwicklung aus verhältnismäßig vielen Windungen dünnen Drahtes hergestellt.

Aus der EMK der Maschine findet man die Klemmenspannung (d. h. die Spannung zwischen den Bürsten *A* und *B*), indem man den im

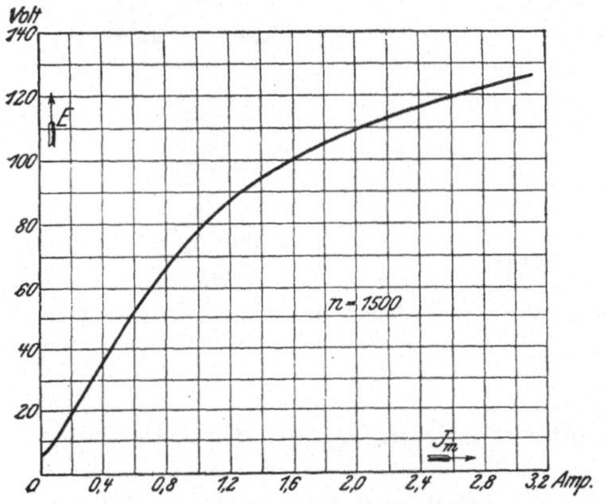

Abb. 115. Leerlaufkennlinie einer Nebenschlußmaschine für 4 kW, 110 V, 36,5 A, $n = 1500$.

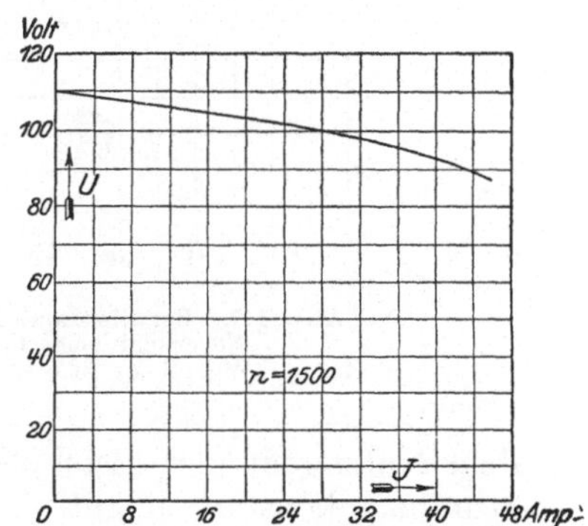

Abb. 116. Außenkennlinie einer Nebenschlußmaschine für 4 kW, 110 V, 36,5 A, $n = 1500$.

Anker auftretenden Spannungsabfall $I_a \cdot R_a$ abzieht; es ist also:

$$U = E - I_a \cdot R_a. \tag{68}$$

Aus der Klemmenspannung kann, wenn der Widerstand R_m der Magnetwicklung bekannt ist, der Erregerstrom berechnet werden zu

$$I_m = \frac{U}{R_m}. \tag{69}$$

Die Leerlaufkennlinie einer Maschine mit Nebenschlußerregung (Abb. 115) gleicht in ihrem Verlauf völlig der bei fremder Erregung aufgenommenen Kurve, wie ein Vergleich mit der an der gleichen Maschine aufgenommenen, in Abb. 111 dargestellten Kurve ergibt. Da der Nebenschlußstrom eine, wenn auch nur geringfügige Belastung der Maschine bedeutet, so ist die Spannung der Nebenschlußmaschine bei gleichem Erregerstrom etwas geringer als die der fremderregten Maschine.

In Abb. 116 ist die Außenkennlinie derselben Nebenschlußmaschine wiedergegeben. Während ihrer Aufnahme wurde der in den Magnetstromkreis eingeschaltete Regulierwiderstand nicht beeinflußt. Man erkennt durch Vergleich mit Abb. 112, daß die Kurve der Nebenschlußmaschine etwas stärker abfällt als die der fremderregten Maschine. Es hat dieses seinen Grund darin, daß mit zunehmender Belastung infolge der Abnahme der Klemmenspannung auch der Magnetstrom geschwächt wird.

Gewöhnlich liegt die zwischen Leerlauf und voller Belastung auftretende Spannungsänderung der Nebenschlußmaschine zwischen 10 und 20%.

Die Regulierungskurve (Abb. 117) zeigt, in welcher Weise der Erregerstrom der Maschine verstärkt werden muß, damit bei zunehmen-

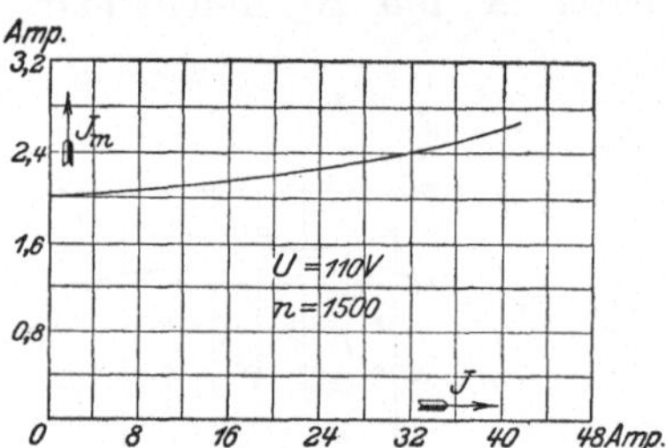

Abb. 117. Regulierungskurve einer Nebenschlußmaschine für 4 kW, 110 V, 36,5 A, $n = 1500$.

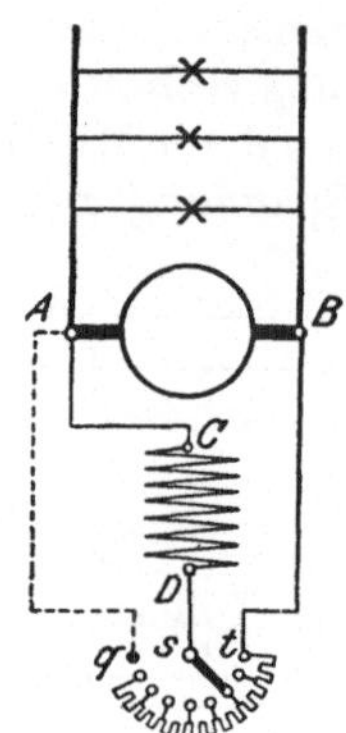

Abb. 118. Nebenschlußmaschine mit Regler.

dem Nutzstrom und gleichbleibender Umdrehungszahl die Klemmenspannung konstant bleibt.

Die Einstellung des Erregerstromes wird mit dem Nebenschlußregler bewirkt. Seine Verbindung mit der Maschine geht aus Abb. 118 hervor. Die mit dem Kontakt q in Verbindung stehende, gestrichelt gezeichnete Leitung dient als Ausschaltleitung. Sie ermöglicht, wie in Abschn. 78 für die fremderregte Maschine ausgeführt wurde, ein nahezu funkenfreies Abschalten des Magnetstromes.

Die Nebenschlußmaschine hat noch die besondere Eigentümlichkeit, daß sie bei einem etwaigen Kurzschluß stromlos wird. Diese Erscheinung erklärt sich daraus, daß der Widerstand der Magnetwicklung im Vergleich zu dem des kurzgeschlossenen äußeren Stromkreises so hoch ist, daß, den Stromverzweigungsgesetzen entsprechend, der Erregerstrom fast null wird. Trotzdem kann ein Kurzschluß der Maschine gefährlich werden, da der Magnetismus des Eisens nicht sofort verschwindet und daher im ersten Augenblick des Kurzschlusses eine verhältnismäßig sehr große Stromstärke auftritt.

Wegen ihrer für alle vorkommenden Belastungen ziemlich gleichbleibenden Spannung, verbunden mit leichter Regulierfähigkeit, ist die Nebenschlußmaschine die weitaus am meisten verwendete Gleichstrommaschine.

Beispiel: Einer Nebenschlußmaschine wird bei einer Klemmenspannung von 440 V ein Strom von 80 A entnommen. Der Erregerstrom beträgt 3,8 A, der Ankerwiderstand 0,3 Ω. Gesucht werden der Ankerstrom, die EMK und der Widerstand der Magnetwicklung.

Aus Gl. (67) folgt:

$$I_a = I + I_m = 80 + 3{,}8 = 83{,}8\ \text{A},$$

aus Gl. (68) folgt:

$$E = U + I_a \cdot R_a = 440 + 83{,}8 \cdot 0{,}3 = 465{,}1\ \text{V},$$

aus Gl. (69) folgt:

$$R_m = \frac{U}{I_m} = \frac{440}{3{,}8} = 116\ \Omega.$$

81. Die Hauptschlußmaschine.

Bei der Hauptschlußmaschine (Abb. 119) werden der Anker AB, die Magnetwicklung EF und der Nutzwiderstand (z. B. der Scheinwerfer S) hintereinander geschaltet, Da der volle Strom I die Magnetwicklung durchfließt, so muß für diese entsprechend dicker Draht verwendet werden. Jedoch sind nur verhältnismäßig wenige Windungen erforderlich. Die zwischen den Klemmen A und F gemessene Klemmenspannung ist um den inneren Spannungsabfall der Maschine kleiner als die im Anker erzeugte EMK. Ein Spannungsabfall tritt sowohl in der Anker- als auch in der Magnetwicklung auf. Es ist demnach die Klemmenspannung

$$U = E - I \cdot (R_a + R_m). \qquad (70)$$

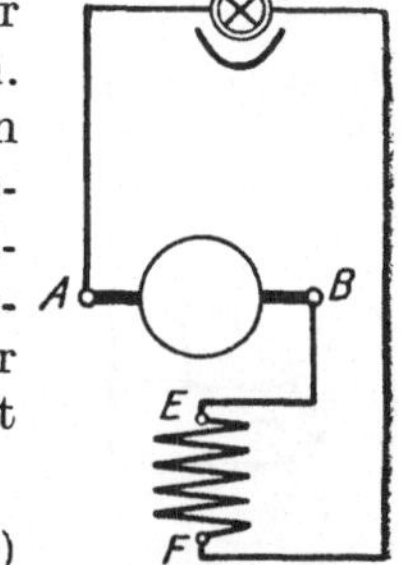

Abb. 119. Hauptschlußmaschine.

Da der von der Maschine gelieferte Strom auch die Magnete erregt, so steigt die EMK und damit auch die Klemmenspannung mit zunehmneder Belastung an. Bei starker Überlastung kann indes die Klemmenspannung wieder sinken, weil bei hoher magnetischer Sättigung eine nennenswerte Steigerung der EMK nicht mehr erfolgt, dagegen die Ankerrückwirkung und der innere Spannungsabfall der Maschine noch zunehmen.

Die Abhängigkeit der Klemmenspannung vom Strom zeigt für eine kleinere Hauptschlußmaschine die in Abb. 120 dargestellte Außenkennlinie (Kurve U). Der Vollständigkeit wegen ist in der Abbildung auch die Leerlaufkennlinie der gleichen Maschine (Kurve E) wiedergegeben, bei deren Aufnahme, damit der Anker stromlos blieb, die Erregung von einer fremden Stromquelle erfolgte.

In Anlagen, in denen die Belastung häufig Schwankungen unterliegt, kann die Hauptschlußmaschine wegen ihrer stark veränderlichen Spannung nicht verwendet werden. Sie kommt daher für die Stromerzeugung nur in seltenen Fällen, z. B. für den Betrieb von Scheinwerfern, zur Anwendung.

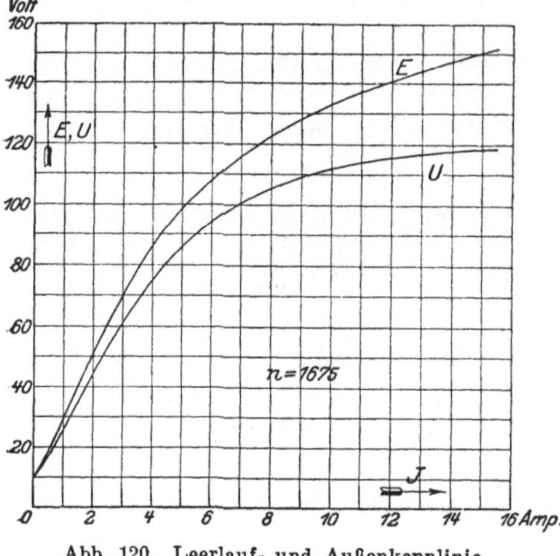

Abb. 120. Leerlauf- und Außenkennlinie einer Hauptschlußmaschine. für 1 kW, 110 V, 9,1 A, $n = 1675$.

Beispiel: Eine Hauptschlußmaschine mit einem Ankerwiderstand von 0,4 Ω und einem Widerstand der Magnetwicklung von 0,2 Ω hat bei einem Strom von 15 A eine Klemmenspannung von 220 V. Wie groß ist die EMK der Maschine?

Aus Gl. (70) folgt:

$$E = U + I \cdot (R_a + R_m)$$
$$= 220 + 15 \cdot 0{,}6 = 229 \text{ V}.$$

82. Die Doppelschlußmaschine.

Die Doppelschluß- oder Kompoundmaschine ist im wesentlichen als Nebenschlußmaschine gebaut, doch ist auf den Magnetpolen außer der Nebenschlußwicklung CD noch eine, meistens nur aus wenigen Windungen bestehende Hauptschlußwicklung EF untergebracht, die die Nebenschlußwicklung unterstützt. Die Schaltung kann nach Abb. 121a oder b erfolgen. Bei Abb. 121a liegt die Nebenschlußwicklung an den Hauptklemmen der Maschine, während sie bei Abb. 121b an die Bürstenspannung angeschlossen ist. Ein wesentlicher Unterschied in den Eigenschaften der verschiedenartig geschalteten Maschinen besteht nicht.

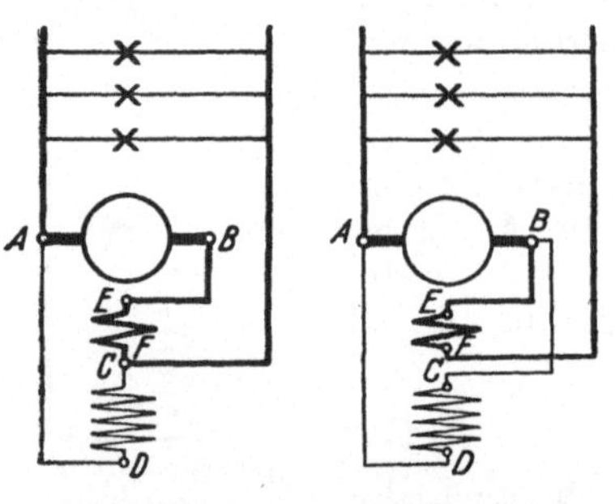

Abb. 121a. Abb. 121b.
Doppelschlußmaschinen.

Die Doppelschlußmaschine bietet die Möglichkeit, eine bei allen Belastungen gleichbleibende Spannung zu erhalten, indem die Hauptschlußwicklung so bemessen wird, daß durch sie der Spannungsabfall der Nebenschlußmaschine gerade ausgeglichen wird: Maschine für konstante Spannung. Durch stärkere Hauptschlußerregung kann man auch eine mit der Belastung ansteigende Spannung erhalten, so daß auch der in den Verteilungleitungen auftretende Spannungsverlust ausgeglichen wird. Die Außenkennlinie einer derartig überkompoundierten Maschine ist in Abb. 122 niedergelegt, in der auch die Kurve eingetragen ist, die sich ergab, als bei der betreffenden Maschine die Hauptschlußwicklung kurzgeschlossen wurde, die Nebenschlußwicklung also allein wirksam war.

Zur Einregulierung der Spannung ist im allgemeinen auch bei der Doppelschlußmaschine ein Nebenschlußregler erforderlich.

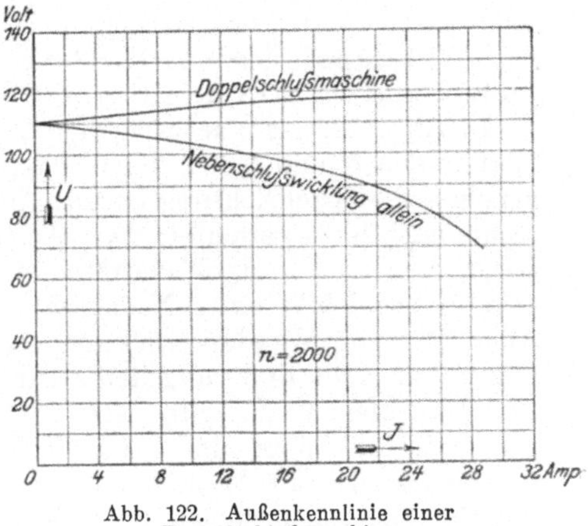

Abb. 122. Außenkennlinie einer Doppelschlußmaschine für 2,4 kW, 110 V, 21,8 A, $n = 2000$.

Die Doppelschlußmaschine wird nicht so viel verwendet, als man auf Grund ihrer Eigenschaft, bei allen Belastungen die Spannung in der Erzeugungsstation oder gar, bei Überkompoundierung, am Verbrauchsorte konstant zu halten, annehmen könnte. Es ist dies auf gewisse Unzuträglichkeiten zurückzuführen, die auftreten können, wenn die Maschine in Betrieben mit einer Akkumulatorenbatterie verwendet wird. In Anlagen mit stark schwankender Belastung, z. B. in Straßenbahnzentralen, bietet die Doppelschlußmaschine jedoch nennenswerte Vorteile.

83. Maschinen mit Wendepolen. — Ausführungsbeispiel.

Gleichstrommaschinen werden heute meistens mit Hilfspolen ausgestattet, welche in der neutralen Zone, und zwar mitten zwischen den Hauptpolen angebracht und durch den Ankerstrom in der Weise erregt werden, daß jeder Hilfspol die Polarität des in der Drehrichtung

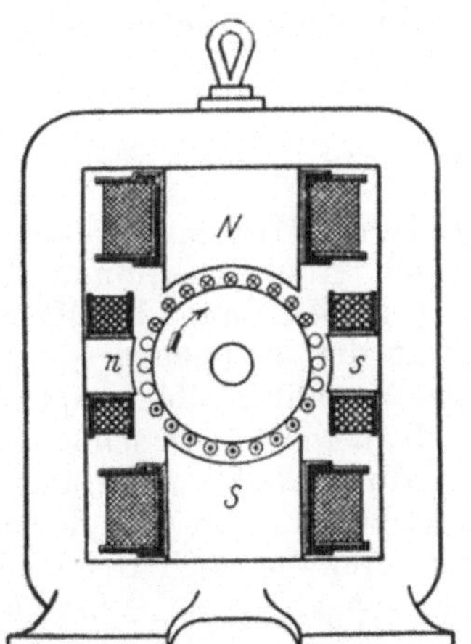

Abb. 123. Zweipolige Gleichstrommaschine mit Wendepolen.

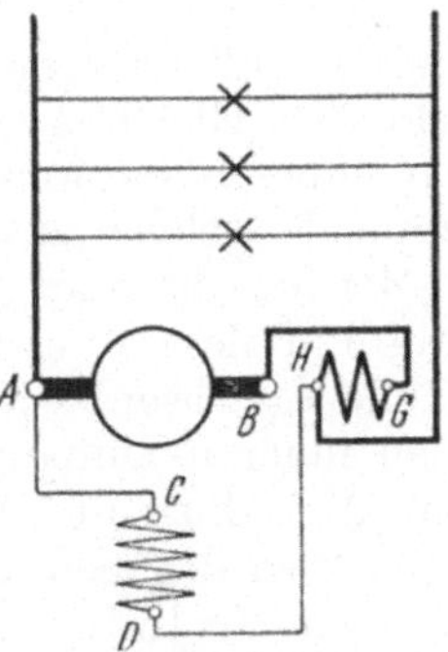

Abb. 124. Nebenschlußmaschine mit Wendepolen.

folgenden Hauptpoles erhält. Das von den Hilfspolen erzeugte Feld ist dann dem Querfelde des Ankers entgegengerichtet, so daß dieses, wenn die Hilfspolwicklung richtig bemessen ist, bei jeder Belastung aufgehoben wird. Durch die Hilfspole wird ferner das Feld hervorgerufen, das für die Stromwendung in den durch die Bürsten kurzgeschlossenen Spulen erforderlich ist (s. Abschn. 75b). Sie werden daher auch Wendepole genannt. Maschinen mit Wendepolen arbeiten zwischen Leerauf und Vollast ohne Bürstenverschiebung.

In Abb. 123 ist eine zweipolige Maschine skizziert, zwischen deren Hauptpolen N und S sich die Wendepole n und s befinden. Bei der angenommenen Drehrichtung ist das Ankerquerfeld (vgl. Abb. 105b) von rechts nach links gerichtet. Das Wendepolfeld verläuft dagegen, da die Kraftlinien am Nordpol austreten, von links nach rechts.

Das Schaltbild einer Nebenschlußmaschine mit Wendepolen zeigt Abb. 124. Die Wendepolwicklung ist mit GH bezeichnet. Durch ihre Lage ist in dem Bilde angedeutet, daß das von ihr erzeugte Feld eine zum Hauptfeld senkrechte Richtung besitzt. Auch ist zum Ausdruck gebracht, daß Anker- und Wendefeld entgegengesetze Richtung haben.

Die Bauart mit Wendepolen ist namentlich für solche Maschinen wichtig, bei denen wegen besonders ungünstiger Betriebsverhältnisse die Erzielung eines funkenfreien Ganges erschwert ist, die also z. B. starken Belastungs- oder Spannungsschwankungen ausgesetzt sind oder mit sehr hoher Drehzahl betrieben werden. Sie wird aber heute fast allgemein auch bei normalen Maschinen angewendet.

Eine kleine vierpolige Gleichstrommaschine mit Wendepolen zeigt Abb. 125 im Schnitt. Die Konstruktion lehnt sich an die in Abschn. 74 besprochenen Maschinen an. Während die Hauptpole aus Blechen zusammengesetzt sind, sind die schmalen Wendepole massiv hergestellt. Die Magnetspulen aller Pole sind zur besseren Durchlüftung unterteilt und bestehen aus je einem zylindrischen und einem konisch gewickelten Teil.

84. Kompensierte Maschinen.

In noch vollkommenerer Weise als durch Wendepole kann das Ankerfeld der Gleichstrommaschinen durch eine Kompensationswicklung aufgehoben werden. Diese wird in den Polen der Maschine untergebracht, welche zu diesem Zwecke an den Polflächen Nuten erhalten. Meistens besitzen jedoch derartige Maschinen überhaupt keine ausgeprägten Pole, und es wird dann das Magnetgestell, in seinem wirksamen Teile aus Eisenblech aufgebaut, als Hohlzylinder ausgeführt und an seinem inneren Umfange mit Nuten versehen. Ein Teil derselben dient zur Aufnahme der Magnetwicklung. Auf die noch frei bleibenden Nuten wird dagegen die Kompensationswicklung möglichst gleichmäßig verteilt. In jedem Falle wird die Kompensationswicklung durch den Ankerstrom so durchflossen, daß ihre einzelnen Drähte Strom entgegengesetzter Richtung führen wie die ihnen gegenüberliegenden Ankerdrähte. Um das zur Erzielung funkenfreien Ganges notwendige Wendefeld herzustellen, sind bei den kompensierten Maschinen auch Wendepole erforderlich, deren Wicklung ebenfalls in Nuten des Magnetgestells untergebracht werden kann.

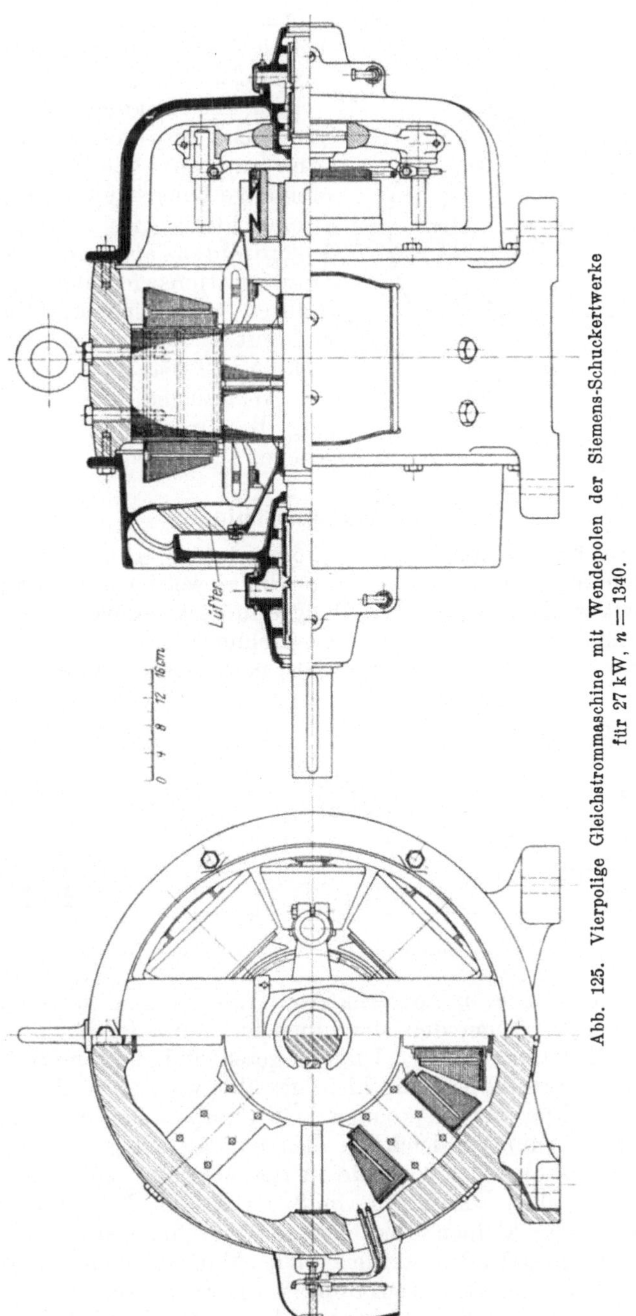

Abb. 125. Vierpolige Gleichstrommaschine mit Wendepolen der Siemens-Schuckertwerke für 27 kW, $n = 1340$.

Unter Umständen läßt sich durch die Kompensationswicklung auch der bei Belastung auftretende Spannungsabfall ausgleichen, so daß sich die Maschinen wie solche mit Doppelschlußwicklung verhalten.

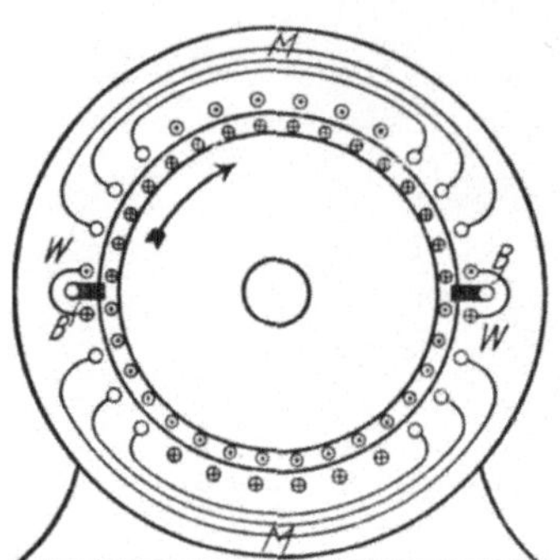

Abb. 126. Kompensierte Gleichstrommaschine.

Abb. 126 zeigt den allgemeinen Aufbau einer kompensierten Maschine ohne ausgeprägte Pole. Es ist die zweipolige Bauart zugrunde gelegt. Die Stromrichtung ist sowohl in den Ankerdrähten als auch in den zur Kompensationswicklung gehörenden Drähten eingezeichnet. Die Bürsten sind mit B bezeichnet. Die Magnetwicklung M ist für jeden Pol durch drei Windungen, die Wendepolwicklung W durch je eine Windung angegeben.

85. Turbomaschinen.

Die Kompensationswicklung kommt vorwiegend für die schnelllaufenden Stromerzeuger zur Anwendung, welche mit Dampfturbinen gekuppelt werden. Ihre Herstellung erfordert besondere Sorgfalt. In erster Linie bedingt die hohe Umdrehungszahl der Turbomaschinen die Anwendung nur besten Materials, namentlich für den umlaufenden

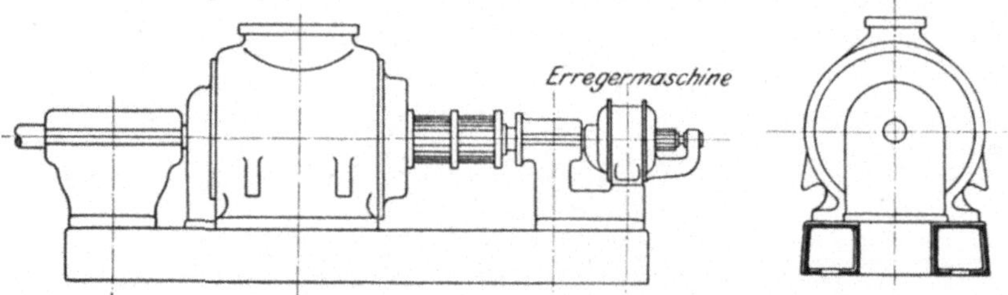

Abb. 127. Äußere Ansicht eines Gleichstromturbogengenerators von Brown, Boveri & Cie.

Anker. Aber auch in konstruktiver Hinsicht sind mannigfache Abweichungen gegenüber den Maschinen mit normaler Drehzahl notwendig. Zur Herabsetzung der Umfangsgeschwindigkeit muß der Ankerdurchmesser verhältnismäßig klein gewählt werden, so daß nur wenige Pole eingerichtet werden können. Überhaupt fallen die Abmessungen der Maschinen im Vergleich zur Leistung klein aus.

Um die infolge der Verluste in der Maschine auftretende Wärme sicher nach außen abzuführen, muß bei der zur Verfügung stehenden verhältnismäßig kleinen abkühlenden Oberfläche für eine geeignete Lüftung Sorge getragen werden. Wie Abb. 127, aus der die äußere Form einer Gleichstromturbomaschine zu ersehen ist, zeigt, werden Magnetgestell und Anker — mit Ausnahme des Kollektors, der der Bedienung zugänglich bleiben muß — durch ein Schutzgehäuse völlig abgeschlossen. Die Luft wird nun durch einen mit dem Anker in Verbindung stehenden Lüfter von unten angesaugt und streicht durch den mit Kanälen versehenen Anker und ferner durch das ebenfalls Kanäle enthaltende Magneteisen, um die Maschine oben durch eine schachtartige Öffnung wieder zu verlassen. Zur Reinigung der in die Maschine eintretenden Luft von Staub werden in die Luftzuführungskanäle meistens Luftfilter eingeschaltet.

Bei allen umlaufenden Teilen der Maschine wird auf bestmögliche Auswuchtung Wert gelegt. Die Wicklung des Ankers wird durch Keile in den Nuten sicher befestigt. Die Wickelköpfe werden durch unmagnetische Bronzekappen gehalten oder besonders sorgfältig bandagiert. Der Kollektor ist, da sich bei der geringen Polzahl nur wenige Stromabnahmestellen ergeben, verhältnismäßig lang und wird daher meistens noch durch von ihm isolierte Ringe zusammengehalten.

Turbomaschinen mit Kompensationswicklung erhalten meistens eine besondere auf die Maschinenwelle aufgesetzte Erregermaschine.

86. Drehrichtung und Polarität.

Eine *fremderregte Maschine* wird sich unabhängig von der Drehrichtung, mit der sie betrieben wird, erregen. Die Richtung des von ihr erzeugten Stromes ist dabei von der Drehrichtung des Ankers und der Richtung des Erregerstromes abhängig. Um ihr eine andere Polarität zu erteilen, ist daher entweder dem Anker ein anderer Drehsinn zu erteilen oder die Richtung des Erregerstroms umzukehren.

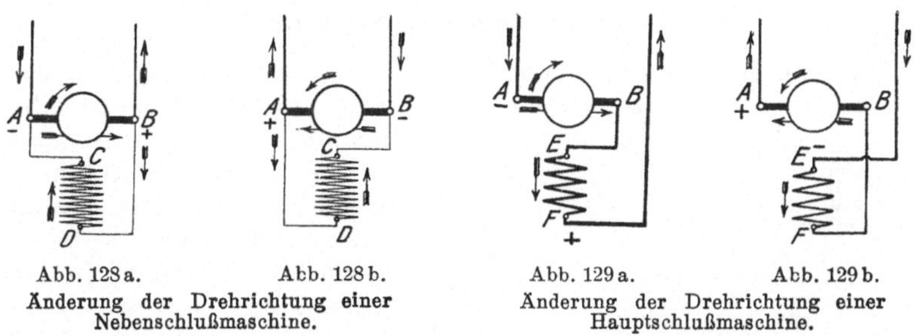

Abb. 128a. Abb. 128b. Änderung der Drehrichtung einer Nebenschlußmaschine.

Abb. 129a. Abb. 129b. Änderung der Drehrichtung einer Hauptschlußmaschine.

Damit eine auf dem *dynamoelektrischen Prinzip beruhende Maschine* sich erregt, muß ihr Anker mit einer derartigen Drehrichtung umlaufen, daß durch die in ihm erzeugte EMK der Restmagnetismus verstärkt wird. *Die Drehrichtung und damit auch die Polarität einer fertig geschalteten Maschine sind also durch die zufällig vorhandene Art des Restmagnetismus bedingt.* Soll die Drehrichtung der Maschine geändert werden, so müssen, damit sie ihre Erregung nicht verliert, die Enden der Magnetwicklung in bezug auf ihre Verbindung mit dem Anker vertauscht werden. *Dabei ändert sich aber auch die Polarität der Maschine.* Entspricht z. B. einem bestimmten Drehsinn des Ankers die in Abb. 128a für eine *Nebenschluß-*, in Abb. 129a für eine *Haupt-*

schlußmaschine angegebene Polarität, so muß bei einer anderen Drehrichtung die Schaltung nach Abb. 128b bzw. 129b umgeändert werden, wobei die Maschine Strom entgegengesetzter Richtung liefert.

Das für die Nebenschluß- und Hauptschlußmaschine Angegebene gilt sinngemäß auch für die Doppelschlußmaschine. Bei einer Änderung der Drehrichtung sind sowohl die Enden der Nebenschluß- als auch die der Hauptschlußwicklung gegeneinander zu vertauschen.

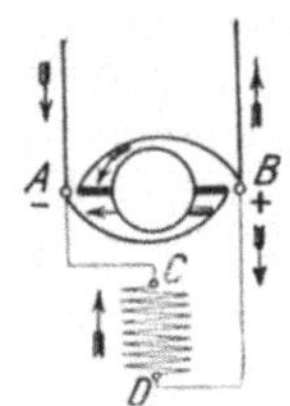

Abb. 130. Änderung der Drehrichtung einer Nebenschlußmaschine bei verstellter Bürstenbrücke.

Sofern eine Wendepol- oder Kompensationswicklung vorhanden ist, darf diese in bezug auf ihre Verbindung mit dem Anker bei einer zwecks Umkehr der Drehrichtung erforderlichen Umschaltung nicht geändert werden.

Ein anderes Mittel, um bei veränderter Drehrichtung die Sebsterregung einer Maschine aufzurechterhalten, besteht darin, die Bürstenbrücke um eine Polteilung zu verschieben, bei einer zweipoligen Maschine also um 180°, bei einer vierpoligen Maschine um 90° usw. Die Polarität der Maschine bleibt in diesem Falle die gleiche wie vorher, Abb. 130.

Um die Polarität einer selbsterregten Maschine zu ändern, ohne die Drehrichtung umzukehren, muß ihr ein anders gerichteter Restmagnetismus erteilt werden, was dadurch geschehen kann, daß man ihrer Magnetwicklung kurze Zeit Strom in entsprechender Richtung zuführt.

87. Die Querfeldmaschine.

Während in den weitaus meisten Fällen von den Stromerzeugern eine bei den verschiedensten Belastungen möglichst gleichbleibende Spannung verlangt wird, sind für gewisse Zwecke Maschinen erwünscht, die bei jedem äußeren Widerstand eine konstante Stromstärke geben. In solchen Fällen kann eine von Rosenberg erfundene Dynamomaschine mit Vorteil verwendet werden, die in eigenartiger Weise das im Anker auftretende Querfeld nutzbar macht. Die in der neutralen Zone stehenden Bürsten A_k und B_k (Abb. 131), die hier als Hilfsbürsten dienen, sind kurzgeschlossen. Unter dem Einfluß der auf den Polen N und S befindlichen Wicklung wird auf diese Weise ein starkes Ankerquerfeld geschaffen, das sich durch die Polschuhe schließen kann, die zu diesem Zwecke besonders kräftig ausgeführt sind, während den Schenkeln und dem Joch nur ein sehr geringer Querschnitt gegeben

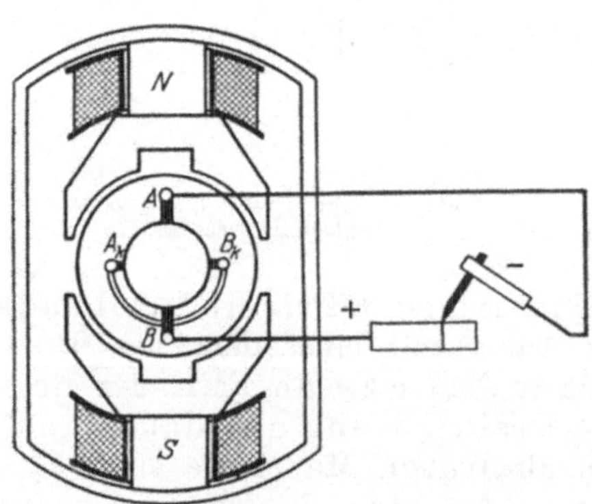

Abb. 131. Querfeldmaschine.

ist. Durch das Querfeld erst wird in der Ankerwicklung die nutzbare EMK erzeugt, die durch die Hauptbürsten A und B, die mitten unter den Polen — gewissermaßen in der neutralen Zone des Ankerquerfeldes — angebracht werden, abgenommen und dem äußeren Stromkreis zugeführt wird. Die Maschine wird namentlich für die Lichtbogenschweißung angewendet. Sie kann mit Fremderregung oder auch mit Selbsterregung betrieben werden.

Eine Eigentümlichkeit der Querfeldmaschine ist es auch, daß ihre Stromstärke nahezu unabhängig von der Umdrehungszahl konstant bleibt. Auch ist die Stromrichtung bei verschiedenem Drehsinn des Ankers die gleiche. Diese Eigenschaften machen sie auch für die elektrische Beleuchtung von Eisenbahnzügen brauchbar, da sie unmittelbar von der Wagenachse aus angetrieben werden kann.

88. Spannung und Drehzahl.

Im Laufe der Zeit hat sich für Gleichstromanlagen eine Reihe normaler Betriebsspannungen herausgebildet, und zwar 110, 220 und 440 V. Wegen des in den Verteilungsleitungen auftretenden Spannungsverlustes muß die Klemmenspannung der zur Stromerzeugung dienenden Maschinen um einige Prozente höher gehalten werden, und man kommt daher auf normale Maschinenspannungen von 115, 230 und 460 V. Höhere Spannungen, bis zu einigen tausend Volt, kommen im allgemeinen nur für den Betrieb elektrischer Bahnen zur Anwendung. Straßenbahnen werden meistens mit 550 V betrieben. Die Spannung, bis zu welcher sich Gleichstrommaschinen herstellen lassen, findet ihre Grenze in den Schwierigkeiten, die sich hinsichtlich Erzielung eines funkenfreien Ganges ergeben.

Gleichstrommaschinen können — im Gegensatz zu den Wechselstrommaschinen — für jede beliebige Drehzahl gebaut werden. Je höher die Umdrehungszahl ist, desto kleiner und billiger ist im allgemeinen die Maschine. Bei Maschinen für direkte Kupplung richtet sich die Drehzahl natürlich nach der Antriebsmaschine. Man erhält also langsamlaufende Maschinen beim unmittelbaren Antrieb durch Kolbendampfmaschinen, Dieselmaschinen usw., schnellaufende Maschinen z. B. beim Antrieb durch Dampfturbinen. Maschinen für Riemenbetrieb werden im allgemeinen für eine mittlere Drehzahl hergestellt.

Für Drehzahlen zwischen 3000 und 500 sind für Gleichstromgeneratoren bis 1000 kW Normalleistungen festgelegt worden (s. S. 2).

89. Wirkungsgrad.

Nicht alle einer Dynamomaschine zugeführte mechanische Energie wird in nutzbare elektrische Energie umgewandelt, vielmehr geht ein Teil innerhalb der Maschine als Wärme verloren. Zunächst sind hier die Leerverluste zu nennen. Zu diesen gehört der Eisenverlust im Anker, der schon bei leerlaufender Maschine auftritt, sobald sie erregt ist. Er setzt sich aus dem Hystereseverlust, veranlaßt durch die abwechselnde Magnetisierung des Eisens infolge seines Vorbeiganges an den verschiedenen Polen, sowie aus dem in den Blechen auftretenden Wirbelstromverlust zusammen. Dazu kommen die Reibungsverluste, die auf Lager-, Bürsten- und Luftreibung zurückzuführen und denen auch etwaige Verluste durch künstliche Belüftung zuzuzählen sind.

Weiter ist der Erregungsverlust zu erwähnen, der als Stromwärmeverlust in der Magnetwicklung in Erscheinung tritt, und dem der Verlust im Magnetregler zuzurechnen ist.

Schließlich sind die Lastverluste aufzuführen, deren wichtigster der Stromwärmeverlust im Anker ist, dem sich der durch unvollkommenen Kontakt der Bürsten veranlaßte Übergangsverlust zugesellt. In die Lastverluste werden noch die sog. Zusatzverluste eingeschlossen, zu denen z. B. die bei Belastung auftretende, meistens allerdings nicht erhebliche Zunahme des Ankereisenverlustes gerechnet wird, die durch die infolge der Ankerrückwirkung eintretende Feldverzerrung bedingt ist.

Das Verhältnis der von einer Maschine nutzbar abgegebenen zur aufgewendeten Leistung nennt man ihren Wirkungsgrad. Bedeutet N_1 die der Maschine zugeführte Leistung, N_2 ihre Nutzleistung, so ist also der Wirkungsgrad

$$\eta = \frac{N_2}{N_1}. \tag{71}$$

Soll der Wirkungsgrad in % der zugeführten Leistung ausgedrückt werden, so ist noch mit 100 zu multiplizieren.

Die Nutzleistung kann nach vorstehender Gleichung aus der aufgewendeten Leistung und dem Wirkungsgrad berechnet werden zu

$$N_2 = \eta \cdot N_1. \tag{72}$$

Umgekehrt wird die für eine gewisse Nutzleistung aufzuwendende Leistung gefunden zu

$$N_1 = \frac{N_2}{\eta}. \tag{73}$$

Im Vorstehenden wurde angenommen, daß sowohl N_1 als auch N_2 in derselben Einheit, z. B. in Watt, ausgedrückt sind. Ist die Leistung der Antriebsmaschine, also die dem Stromerzeuger zugeführte Leistung, in Pferdestärken angegeben, so ist sie zunächst nach Gl. (34) in Watt umzurechnen.

Der Wirkungsgrad ist im allgemeinen um so höher, je größer die Maschinenleistung ist, doch ist er auch — wenn auch nur in geringem Maße — von der Umdrehungszahl der Maschine abhängig. Für jede Leistung gibt es eine mittlere Drehzahl, für die der Wirkungsgrad einen günstigsten Wert annimmt; bei niedrigerer oder höherer Drehzahl fällt er etwas geringer aus. Er hängt außerdem noch von der Spannung sowie von der Konstruktion der Maschine und den besonderen Verhältnissen ab. Einen Anhaltspunkt über die Höhe des Wirkungsgrades mögen nebenstehende Zahlen geben. Bei den größten Maschinenleistungen werden Wirkungsgrade bis zu 0,95 erreicht.

Nutzleistung in kW	Ungefähre Drehzahl	Wirkungsgrad
1	1500	0,75
10	1000	0,83
100	500	0,90
1000	250	0,93

Die angegebenen Wirkungsgrade gelten für volle Belastung der Maschinen. Bei geringerer und auch bei höherer Belastung ist der Wirkungsgrad im allgemeinen kleiner, doch ist die Abnahme zwischen $^3/_4$ und $^5/_4$ Last nur unbedeutend. Bei weniger als $^3/_4$ Last tritt dagegen ein schnelleres Abfallen des Wirkungsgrades ein.

Beispiele: 1. Eine Wasserturbine leistet 650 kW. Mit ihr gekuppelt ist eine Gleichstrommaschine. Wie groß ist deren Leistung, wenn ihr Wirkungsgrad zu 0,924 (92,4%) angenommen wird?

$$N_2 = \eta \cdot N_1 = 0{,}924 \cdot 650 = 600\,\text{kW}.$$

2. Eine Dampfmaschine für eine Leistung von 120 PS soll zum Antrieb einer Dynamomaschine verwendet werden. Für welche Leistung ist diese zu bestellen, wenn der Wirkungsgrad zu 0,90 geschätzt wird?

$$N_1 = 120 \cdot 735 = 88200\,\text{W}$$

$$N_2 = \eta \cdot N_1 = 0{,}90 \cdot 88200 = 79400\,\text{W} = 79{,}4\,\text{kW}.$$

3. Eine Dynamomaschine von 15 kW Leistung besitzt einen Wirkungsgrad von 86%. Welches ist die Leistung der Antriebsmaschine?

$$N_1 = \frac{N_2}{\eta} = \frac{15000}{0{,}86} = 17440\,\text{W} = 17{,}44\,\text{kW}.$$

90. Parallelbetrieb von Gleichstrommaschinen.

a) Nebenschluß- und fremderregte Maschinen.

Der Parallelbetrieb von Hauptschlußmaschinen kommt praktisch nicht in Betracht. Von größter Wichtigkeit ist dagegen die Parallelschaltung von Nebenschlußmaschinen. Abb. 132 zeigt die Schaltung einer Anlage mit zwei Maschinen. Es müssen gleiche Pole der Maschinen miteinander verbunden werden. Die positiven Pole der Maschinen sind an die Sammelschiene P, die negativen Pole an die Schiene N angeschlossen. In der Abbildung ist angenommen, daß die Maschine I sich bereits im Betriebe befindet. Um die Maschine II parallel zu schalten, muß sie vorher auf die Spannung der Maschine I gebracht werden.

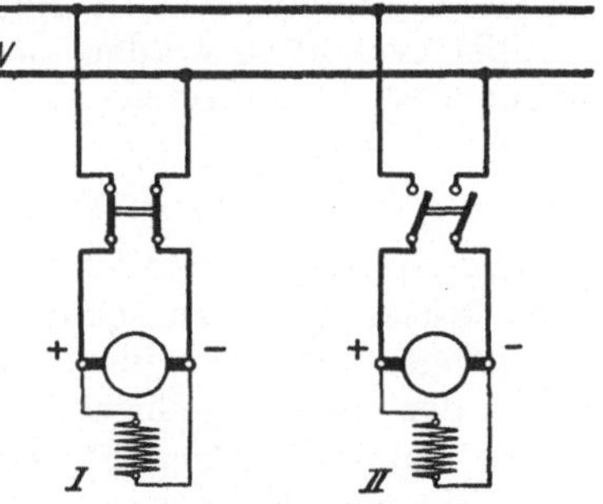

Abb. 132. Parallelbetrieb zweier Nebenschlußmaschinen.

Sollte der Fall eintreten, daß während des Betriebes die Spannung einer Maschine, etwa infolge Abnahme der Geschwindigkeit ihrer Antriebsmaschine, sinkt, so wird sich die betreffende Maschine an der Stromlieferung ins Netz weniger stark beteiligen, und bei weiterer Abnahme ihrer Spannung kann es zu einem Rückstrom kommen, indem sie einen Strom von der Maschine höherer Spannung aufnimmt. Aber auch dann wird der Strom in der Nebenschlußwicklung der Maschine die gleiche Richtung wie im normalen Betriebe beibehalten, so daß ein „Umpolarisieren" der Maschine nicht zu befürchten ist.

Für den Parallelbetrieb fremderregter Maschinen gilt sinngemäß das für Nebenschlußmaschinen Angegebene.

b) Doppelschlußmaschinen.

Nicht ganz so einfach wie der Parallelbetrieb von Nebenschlußmaschinen gestaltet sich der von Doppelschlußmaschinen, Abb. 133. Im Falle eines Rückstromes wird die Hauptschlußwicklung der Maschine niederer Spannung in verkehrter Richtung durchflossen, so daß ihr Magnetismus geschwächt wird, ihre Spannung also noch mehr nachläßt und der von ihr aufgenommene Strom weiter anwächst, wobei schließlich die Magnetpole entgegengesetzten Magnetismus annehmen, die Maschine also umpolarisiert wird. Um einen sicheren Parallelbetrieb zu gewährleisten, ist eine sog. Ausgleichsleistung (*A.L.*) notwendig, die zwischen Anker und Hauptschlußwicklung jeder Maschine angeschlossen wird und in der Abbildung durch eine gestrichelte Linie angedeutet ist. Durch diese Leitung werden die Anker aller Maschinen unter sich parallel geschaltet, und etwa vorhandene Spannungsverschiedenheiten können sich daher ausgleichen. Da ferner durch die Leitung auch die Hauptschlußwicklungen sämtlich parallel geschaltet werden, so kann eine verschiedene Stromrichtung in ihnen nicht eintreten.

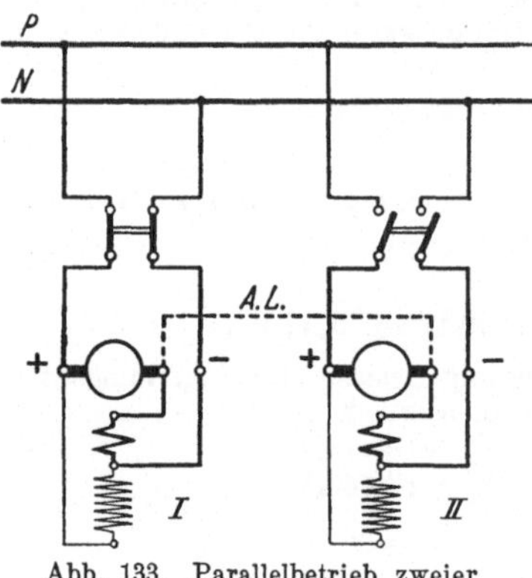

Abb. 133. Parallelbetrieb zweier Doppelschlußmaschinen.

c) Schutz gegen Rückstrom.

Um sich beim Parallelbetrieb von Maschinen gegen das Auftreten eines Rückstromes zu schützen, verwendet man allgemein statt eines zweipoligen Schalters für jede Maschine zwei einpolige Schalter, von denen der eine als selbsttätiger Rückstromschalter ausgebildet ist. Dieser unterbricht den Stromkreis der betreffenden Maschine, sobald die Richtung des Stromes sich ändert. Noch häufiger als Rückstromschalter werden selbsttätige Unterstromschalter verwendet. Bei diesen erfolgt das Ausschalten bereits, sobald die Stromstärke einen gewissen Mindestwert erreicht hat, bevor also noch ein eigentlicher Rückstrom eingetreten ist (vgl. Abschn. 242b).

Viertes Kapitel

Gleichstrommotoren.

91. Wirkungsweise.

Wird einer Gleichstromdynamomaschine von einer äußeren Stromquelle elektrischer Strom zugeführt, so wirkt sie als Motor. Sie verwandelt in diesem Falle also die aufgenommene elektrische Energie in mechanische Energie.

Zur Erklärung der Wirkungsweise der Motoren werde der Einfachheit halber eine zweipolige Maschine betrachtet, Abb. 134. Die Pole N und S mögen von einer besonderen Stromquelle erregt werden. Dem Anker wird der Strom mittels der auf dem Kollektor schleifenden, in die neutrale Zone eingestellten Bürsten A und B zugeführt. Der Kollektor selbst ist in der Abbildung der Deutlichkeit wegen fortgelassen. Durch die Bürsten wird, ebenso wie beim Stromerzeuger, die Ankerwicklung in zwei parallele Zweige zerlegt, indem — gleichgültig ob Ring- oder Trommelwicklung vorliegt — eine Stromverzweigung in der Weise eintritt, daß die im Bereich des Nordpoles liegenden Drähte stets in entgegengesetzter Richtung vom Strome durchflossen werden wie die im Bereiche des Südpols liegenden. Diese Stromverteilung ist unter der Wirkung des Kollektors von der jeweiligen Stellung des Ankers unabhängig und hat zur Folge, daß infolge der zwischen den Magnetpolen und den Ankerdrähten bestehenden Wechselwirkung der Anker in der einen oder anderen Richtung in Drehung gelangt, die Maschine also zur Abgabe mechanischer Arbeit und daher zum Antrieb anderer Maschinen Verwendung finden kann. Entspricht die Stromverteilung z. B. der in der Abbildung angenommenen, bei der der Strom in den Drähten unter dem Nordpol für den Beschauer von vorn nach hinten, in den Drähten unter dem Südpol von hinten nach vorn gerichtet ist, so tritt, wie mit Hilfe der Linkehandregel festgestellt werden kann, eine Drehbewegung des Ankers entgegen dem Uhrzeigersinne ein. Wie ein Vergleich mit Abb. 94 ergibt, ist die Drehrichtung einer als Motor wirkenden Maschine entgegengesetzt derjenigen, mit der sie als Stromerzeuger betrieben werden muß, damit bei gleichen Magnetpolen der Ankerstrom die gleiche Richtung besitzt.

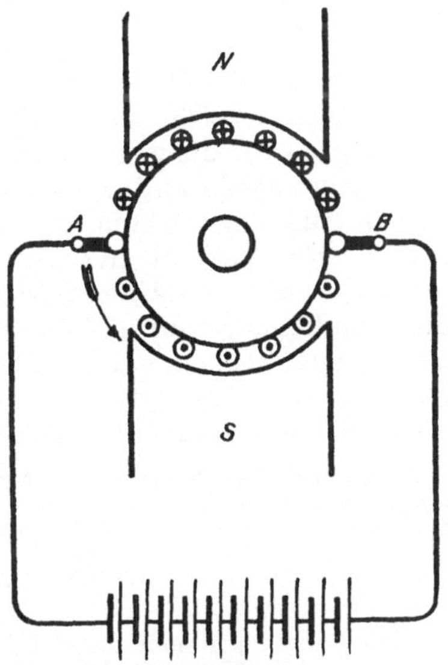

Abb. 134. Zweipoliger Gleichstrommotor.

Infolge der Drehung des Ankers im magnetischen Felde wird nun, genau wie bei den Stromerzeugern, in den Ankerdrähten eine EMK induziert. In Abb. 134 z. B. wirkt diese, wie sich mit der Rechtehandregel feststellen läßt, bei den Drähten unter dem Nordpol von hinten nach vorn, bei den Drähten unter dem Südpol von vorn nach hinten. Sie ist demnach der dem Anker zugeführten Spannung entgegengerichtet, also eine elektromotorische Gegenkraft. Bezeichnet man die Ankerspannung, d. h. die dem Anker über die Bürsten zugeführte Span ung als Klemmenspannung mit U, die im Anker induzierte EMG mit E, so ist die tatsächlich wirksame Spannung $U-E$, und demnach, wenn R_a wie früher den Ankerwiderstand bedeutet, die Stromstärke im Anker

$$I_a = \frac{U-E}{R_a}. \tag{74}$$

Läuft die Maschine leer, so ist die Umdrehungszahl des Ankers am größten, erreicht also auch die EMG den gıößten Wert. Sie wird fast so groß wie die zugeführte Spannung, und die wirksame Spannung ist mithin nahezu null. Folglich nimmt die Maschine einen nur kleinen Strom auf, einen Strom, der gerade hinreicht, um die bei Leerlauf auftretenden Verluste zu decken, und der daher auch Leerlaufstrom genannt wird. Je stärker die Maschine belastet wird, desto mehr sinkt ihre Umdrehungszahl und damit auch die EMG. Die wirksame Spannung nimmt also zu, und die Maschine empfängt einen größeren Strom. Die Stärke des vom Motor aufgenommenen Stromes stellt sich also selbsttätig der Belastung entsprechend ein.

Beispiel: Der Anker eines konstant erregten Gleichstrommotors sei an eine Spannung von 110 V angeschlossen. Sein Widerstand betrage 0,1 Ω. Sei die bei Leerlauf erzeugte EMG 109,5 V, so beträgt nach Gl. (74) der Leerlaufstrom

$$I_a = \frac{110 - 109{,}5}{0{,}1} = 5\,\text{A}.$$

Bei Belastung nimmt die EMG allmählich ab, und sie betrage bei normaler Ausnutzung des Motors noch ca. 104 V. Der Anker erhält dann also einen Strom

$$I_a = \frac{110 - 104}{0{,}1} = 60\,\text{A}.$$

Bei Überlastung würde die EMG noch weiter sinken, mithin die Stromaufnahme noch größer werden.

92. Der Anlaßwiderstand.

Würde man den Anker eines Motors ohne weiteres an die Netzspannung anschließen, so würde er im ersten Augenblick, solange er noch nicht in Drehung geraten, eine EMG also auch noch nicht vorhanden ist, entsprechend Gl. (74) einen Strom $I_a = \frac{U}{R_a}$ aufnehmen. Dieser Strom ist im Vergleich zur normalen Stromstärke außerordentlich groß und würde daher die Wicklung verbrennen. Um dieses zu vermeiden, muß vor den Anker zunächst ein regelbarer Widerstand, der Anlaßwiderstand oder kurz Anlasser, gelegt werden, der allmählich, entsprechend der Zunahme der Drehzahl und der dadurch bedingten EMG, kurzgeschlossen wird. In der Regel werden Anlasser verwendet, die in der Form von Kurbelwiderständen gebaut sind, sog. Flachbahnanlasser. Da der Widerstand nur während der kurzen Anlaßperiode eingeschaltet ist, wird für ihn im Interesse eines geringen Preises verhältnismäßig dünner Draht benutzt, der eine dauernde Einschaltung überhaupt nicht vertragen würde. Es darf sich daher die Kurbel des Anlassers während des Betriebes nur auf dem Kurzschlußkontakt befinden, sie darf aber nicht auf einem Zwischenkontakt belassen werden. Um letzteres auszuschließen, läßt man auf die Kurbel häufig eine Feder einwirken, die bestrebt ist, sie stets in die Ausschaltstellung zurückzuziehen. Nur in der Kurzschlußstellung wird sie durch eine Klinke oder einen Elektromagneten festgehalten. Statt der Flachbahnanlasser können auch Flüssigkeitswiderstände zur Anwendung kommen.

Beispiel: Bei dem dem Beispiel des vorigen Abschnitts zugrunde gelegten Motor würde, wenn kein Anlaßwiderstand vorhanden wäre, der Strom beim Einschalten betragen $\frac{110}{0,1} = 1100$ A. Damit der Motor nur die normale Stromstärke von 60 A aufnimmt, muß der gesamte eingeschaltete Widerstand (Anker + Anlasser) sein

$$\frac{110}{60} = 1,83\,\Omega.$$

Demnach ist dem Anlasser, da der Ankerwiderstand 0,1 Ω beträgt, ein Widerstand von ca. 1,73 Ω zu geben.

93. Die Abhängigkeit der Drehzahl von der Klemmenspannung und Magneterregung.

Der Anker eines Gleichstrommotors hat das Bestreben, sich auf eine solche Drehzahl einzustellen, daß die von ihm entwickelte EMG nahezu so groß ist wie die ihm zugeführte Spannung. Wie aus der aus Gl. (74) abgeleiteten Beziehung

$$E = U - I_a \cdot R_a \qquad (75)$$

folgt, ist die EMG gleich der zugeführten Klemmenspannung, vermindert um den im Anker selbst auftretenden Spannungsabfall. Der letztere ist aber meistens sehr gering.

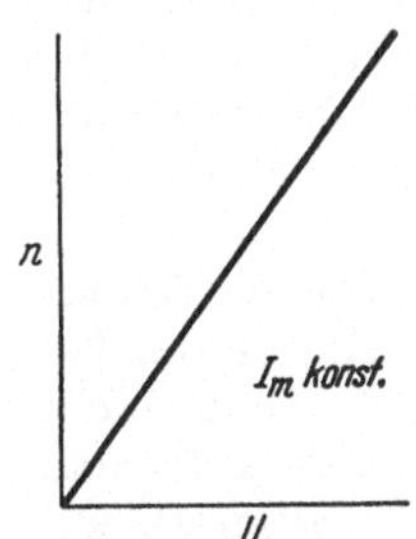

Abb. 135. Drehzahl in Abhängigkeit von der Klemmenspannung.

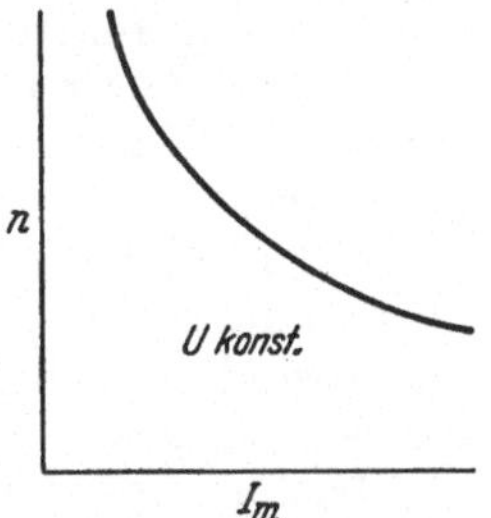

Abb. 136. Drehzahl in Abhängigkeit von dem Erregerstrom.

Bei Leerlauf kann er überhaupt vernachlässigt und kann die EMG der Klemmenspannung gleich gesetzt werden. Die Umdrehungszahl des Ankers der leerlaufenden Maschine ist daher, gleichbleibenden Erregerstrom vorausgesetzt, der Klemmenspannung und somit der Ankerspannung proportional, Abb. 135.

Von größtem Einfluß auf die Drehzahl der Maschine ist der Erregerstrom, und zwar ist sie, gleichbleibende Klemmenspannung vorausgesetzt, um so größer, je schwächer die Magnete erregt sind. Dies erklärt sich daraus, daß bei geringer Erregung die erforderliche EMG nur durch eine höhere Drehgeschwindigkeit des Ankers zu erreichen ist. Die Art der Abhängigkeit der Drehzahl von dem Erregerstrom ist in Abb. 136 angedeutet.

94. Ankerrückwirkung und Bürstenverschiebung. Wendepole

In ähnlicher Weise wie bei den Stromerzeugern wird auch bei den belasteten Motoren infolge der Ankerrückwirkung die Verteilung der Kraftlinien innerhalb der zwischen Anker und Magnetpolen befindlichen Luftspalte geändert, wodurch die neutrale Zone, die bei Leerlauf durch die Mitte der Polzwischenräume geht, eine Verschiebung erfährt, eine Wirkung, die bekanntlich den Querwindungen des Ankers zuzuschreiben ist. Da jedoch die Drehrichtung eines Motors, gleiche Magnetpole und gleiche Richtung des Ankerstromes vorausgesetzt, die entgegengesetzte wie die eines Stromerzeugers ist, so ist die Verschiebung der neutralen Zone, die bei den Stromerzeugern im Sinne der Drehrichtung erfolgt, bei den Motoren dem Drehsinn entgegengerichtet.

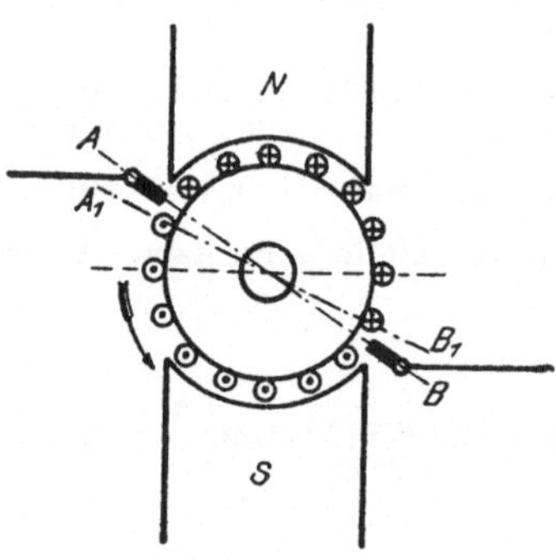

Abb. 137. Bürstenverschiebung eines Gleichstrommotors.

Um einen funkenfreien Gang zu erzielen, sind auch bei den Motoren die Bürsten im allgemeinen nicht nur um den Verschiebungswinkel der neuralen Zone, die mit der Ebene A_1 B_1 der Abb. 137 zusammenfallen möge, zurückzuschieben, sondern aus den bereits für die Stromerzeuger angeführten Gründen noch darüber hinaus, etwa bis in die Ebene AB zu verstellen. Im ganzen fällt jedoch erfahrungsmäßig die Bürstenverschiebung bei den Motoren kleiner als bei den Stromerzeugern aus.

Außer durch die Verschiebung der neutralen Zone infolge der Ankerquerwindungen macht sich die Ankerrückwirkung noch durch eine von den Gegenwindungen hervorgerufene Feldschwächung geltend. Diese sucht bei Belastung eine Erhöhung der Drehzahl der Motoren herbeizuführen.

Meistens werden die Motoren mit Wendepolen ausgestattet. Im Gegensatz zu den Stromerzeugern muß jedoch jedem Wendepol die Polarität des in der Drehrichtung voraufgehenden Hauptpoles erteilt werden. Besondere Bedeutung haben die Wendepole für die umsteuerbaren Motoren, solche also, deren Drehrichtung häufig geändert werden muß (z. B. Straßenbahnmotoren, Aufzugsmotoren usw.). Bei diesen darf, trotz ungeänderter Bürstenstellung, weder beim Betriebe in der einen noch in der anderen Drehrichtung eine schädliche Funkenbildung am Kollektor auftreten.

95. Der fremderregte Motor.

Wird die Magnetwicklung eines Motors von einer anderen Stromquelle gespeist als die, an die der Anker angeschlossen ist, wird sie z. B. an eine abweichende Spannung gelegt, so erhält man den fremderregten Motor. Das Schaltbild eines solchen mit seinem Anlaßwiderstand zeigt Abb. 138. Die Klemmenbezeichnungen für den Anker und die Magnetwicklung entsprechen den früher für die Stromerzeuger angewendeten. Die Anschlußklemmen des Anlaßwiderstandes sind durch L (Drehpunkt der Kurbel) und R (Kurzschlußkontakt) gekennzeichnet.

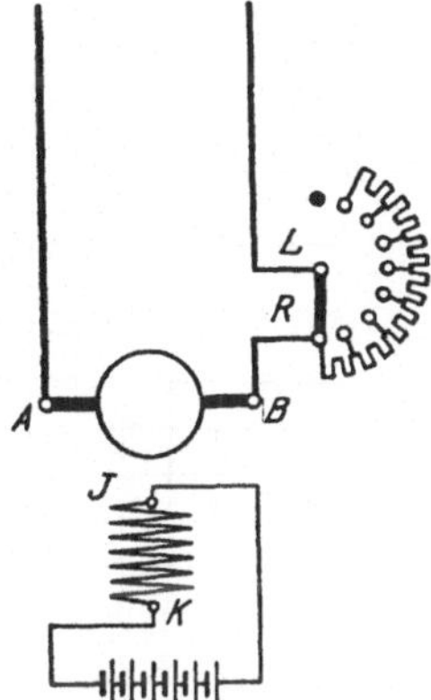

Abb. 138. Fremderregter Motor mit Anlaßwiderstand.

Die Betriebseigenschaften eines Motors mit Fremderregung entsprechen denen des Nebenschlußmotors, so daß auf diesen verwiesen werden kann.

96. Der Nebenschlußmotor.

Von dem einem Nebenschlußmotor zugeführten Strom I wird ein kleiner Teil I_m für die Magnetwicklung abgezweigt. Der übrigbleibende Teil gelangt in den Anker. Es ist daher der Ankerstrom

$$I_a = I - I_m. \tag{76}$$

Für den Magnetstrom kann, dem Ohmschen Gesetze entsprechend, geschrieben werden, wenn der Motor an eine Klemmenspannung U angeschlossen ist und R_m wieder den Widerstand der Magnetwicklung angibt:

$$I_m = \frac{U}{R_m}. \tag{77}$$

Der im Anker auftretende Spannungsabfall ist $I_a \cdot R_a$. Man erhält demnach für die im Anker auftretende EMG den Ausdruck:

$$E = U - I_a \cdot R_a. \tag{78}$$

Da der Spannungsabfall im Anker mit zunehmender Belastung größer, die EMG also ein wenig kleiner wird, so muß auch die durch letztere bestimmte Drehzahl des Motors etwas abnehmen. Diese durch den Spannungsabfall verursachte Verminderung der Umdrehungszahl wird aber meistens durch das Gegenfeld des Ankers, das die Geschwindigkeit bei Belastung zu steigern strebt, nahezu aufgehoben. Die Drehzahl des Nebenschlußmotors kann daher praktisch als fast konstant angesehen werden, sie fällt in der Regel zwischen Leerlauf und Vollast nur um wenige Prozent. Dieser schätzenswerten Eigenschaft ist es zuzuschreiben, daß der Nebenschlußmotor der hauptsächlich verwendete Gleichstrommotor ist. Die an einem kleinen Nebenschlußmotor bei gleichbleibender Klemmenspannung aufgenommene Drehzahlkennlinie zeigt Abb. 139.

Bei längerem Betriebe steigt die Umdrehungszahl eines Nebenschlußmotors ein wenig an, da infolge der zunehmenden Erwärmung der Widerstand der Magnetwicklung größer, das Feld also geschwächt wird. In Fällen wo es auf genaue Konstanthaltung der Drehzahl ankommt, empfiehlt sich daher die Anwendung eines Drehzahlreglers (vgl. Abschn. 100).

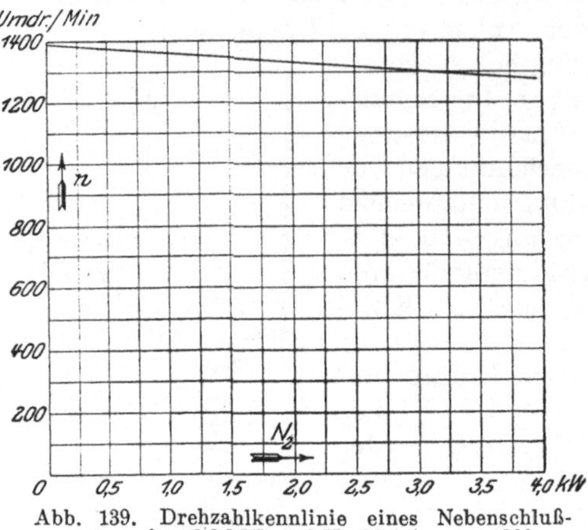

Abb. 139. Drehzahlkennlinie eines Nebenschlußmotors für 3,3 kW, 110 V, 36,5 A, $n = 1300$.

Um die Anzugskraft des Motors nicht zu beeinträchtigen, muß dafür Sorge getragen werden, daß durch den Anlaßwiderstand lediglich der Ankerstrom, nicht aber auch der Magnetstrom geschwächt wird. Dies kann nach Abb. 140 dadurch erzielt werden, daß am Anlasser noch eine besondere Kontaktschiene *M*, konzentrisch zur Hauptkontaktreihe, angeordnet wird, die vom ersten Arbeitskontakt bis zum Kurzschlußkontakt reicht. Mit dieser Schiene, die von der Kontaktfeder der Anlasserkurbel mit bestrichen wird, steht das eine

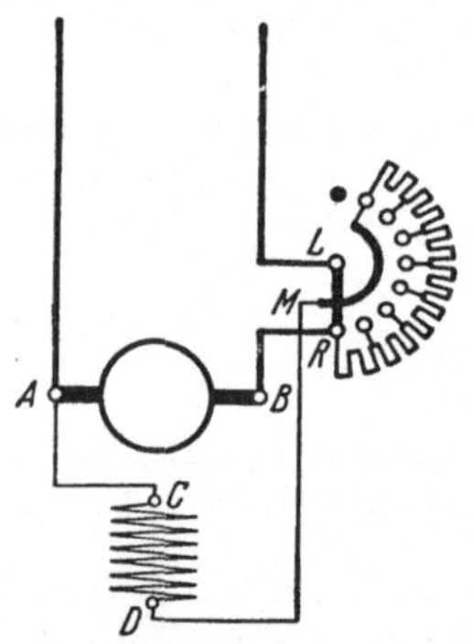

Abb. 140. Nebenschlußmotor mit Anlaßwiderstand mit Schiene.

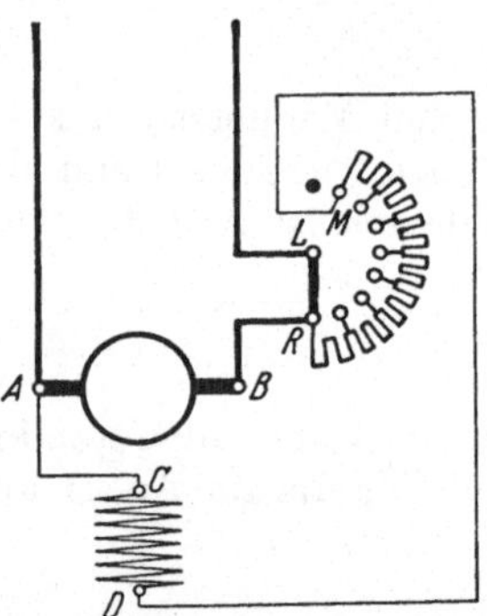

Abb. 141. Nebenschlußmotor mit Anlaßwiderstand ohne Schiene.

Ende der Magnetwicklung in Verbindung, während das andere Ende unmittelbar an die entsprechende Ankerklemme angeschlossen ist. Auf diese Weise wird der Magnetwicklung beim Anlassen von vornherein die volle Spannung zugeführt. Die in der Abbildung angegebene Verbindung der Schiene mit dem ersten Arbeitskontakt des Anlaßwiderstandes hat lediglich den Zweck, den beim Ausschalten entstehenden Öffnungsfunken abzuschwächen, indem dem Selbstinduktionsstrom ein geschlossener Weg durch die Magnetwicklung, den Anker und den Anlaßwiderstand geboten wird.

Um die Schiene am Anlasser zu vermeiden, kann die Schaltung

nach Abb. 141 vorgenommen werden. Bei dieser Anordnung empfängt die Nebenschlußwicklung ebenfalls die volle Spannung, sobald die Kurbel auf den ersten Arbeitskontakt M gelangt. Beim weiteren Anlassen wird der Anlaßwiderstand allerdings in demselben Maße, wie er aus dem Ankerzweige entfernt wird, allmählich vor die Magnetwicklung gelegt. Einen nennenswerten Nachteil bedeutet das jedoch nicht, da der Widerstand des Anlassers im Vergleich zu dem der Magnetwicklung klein ist, der Magnetstrom durch ihn also nur unwesentlich geschwächt wird.

Während des Betriebes muß der Nebenschlußmotor stets erregt sein. Wenn, etwa durch Lösen eines Verbindungsdrahtes, der Nebenschluß unterbrochen wird, so kann der Motor, da dann nur das schwache vom Restmagnetismus herrührende Feld vorhanden ist, „durchgehen", d. h. seine Drehzahl eine Höhe erreichen, der seine mechanische Festigkeit nicht mehr gewachsen ist. Um dieser Gefahr zu begegnen, kann die Anordnung getroffen werden, daß die Kurbel des Anlassers während des Betriebes mittels eines vom Nebenschlußstrom erregten Elektromagneten in der Kurzschlußstellung festgehalten, bei einer Unterbrechung des Nebenschlußstromes aber durch Federkraft in die Ausschaltstellung zurückgezogen wird. Eine derartige selbsttätige Ausschaltvorrichtung tritt auch dann in Wirksamkeit, wenn die Stromzufuhr des Motors eine Unterbrechung erfährt.

Beispiel: Ein Nebenschlußmotor ist an ein 220-V-Netz angeschlossen und nimmt einen Strom von 112 A auf. Der Ankerwiderstand beträgt 0,05 Ω, der Widerstand der Magnetwicklung 55 Ω. Wie groß sind Magnetstrom, Ankerstrom und EMG?

Es ist:

$$I_m = \frac{U}{R_m} = \frac{220}{55} = 4{,}0\,\text{A},$$

für den Ankerstrom erhält man:

$$I_a = I - I_m = 112 - 4 = 108\,\text{A},$$

die im Anker wirksame EMG ist:

$$E = U - I_a \cdot R_a = 220 - 108 \cdot 0{,}05 = 214{,}6\,\text{V}.$$

97. Der Hauptschlußmotor.

Das Schaltbild eines Hauptschlußmotors und seine Verbindung mit dem Anlaßwiderstand sind in Abb. 142 wiedergegeben. Ein Spannungsabfall tritt sowohl in der Anker- als auch in der Magnetwicklung auf. Um den Betrag desselben ist die EMG des Ankers kleiner als die dem Motor zugeführte Klemmenspannung (Spannung zwischen A und F). Es ist demnach, wenn der aufgenommene Strom die Stärke I besitzt,

$$E = U - I \cdot (R_a + R_m). \tag{79}$$

Die Drehzahl eines Hauptschlußmotors ist in hohem Maße von der Belastung abhängig. Je geringer diese ist, desto kleiner ist der vom Motor aufgenommene Strom, desto schwächer sind also auch die Magnete erregt, und um so höher ist daher die Drehgeschwindigkeit des

Ankers. Die Umdrehungszahl ist also um so größer, je geringer die Belastung ist. Bei Leerlauf kann sie eine gefährliche Höhe annehmen. Abb. 143 zeigt die Drehzahlkennlinie eines Hauptschlußmotors.

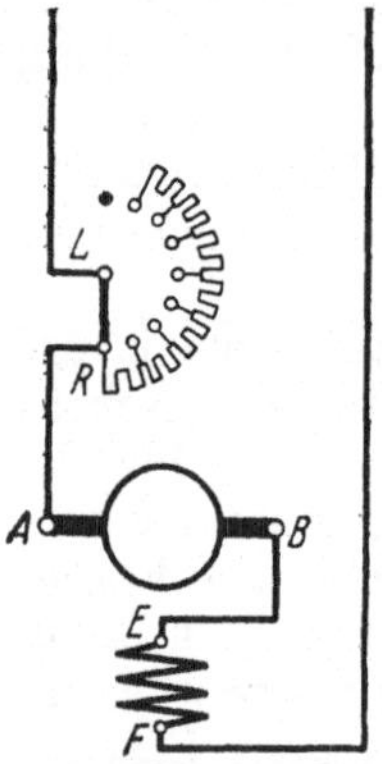

Abb. 142. Hauptschlußmotor mit Anlaßwiderstand.

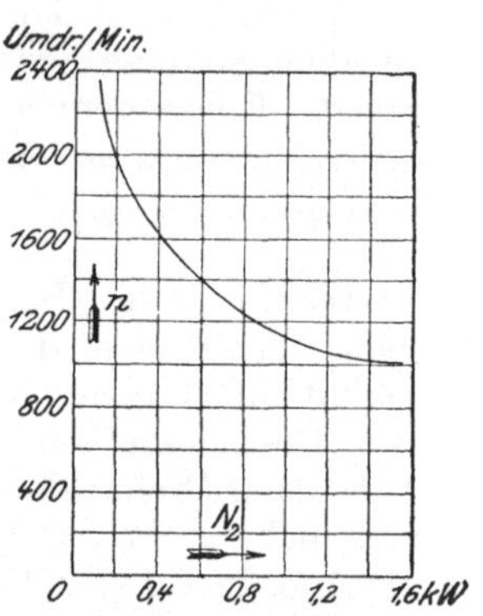

Abb. 143. Drehzahlkennlinie eines Hauptschlußmotors für 0,74 kW, 110 V, 9,1 A, $n = 1300$.

Wegen seiner Neigung zum „Durchgehen" bei Leerlauf darf der Hauptschlußmotor im allgemeinen nicht für Riemenantrieb benutzt werden, da durch Abwerfen oder Reißen des Riemens eine plötzliche Entlastung eintreten kann. Da beim Anlassen Anker und Magnetwicklung sogleich von einem starken Strome durchflossen werden, so entwickelt der Motor eine hohe Anzugskraft. Er wird daher vorzugsweise benutzt für den Betrieb von Fahrzeugen (Straßenbahnwagen), Kranen sowie überhaupt in allen Fällen, in denen eine völlige Entlastung nicht eintreten kann und die starke Abnahme der Drehzahl mit der Belastung nichts schadet oder vielleicht sogar erwünscht ist.

Beispiel: Welche EMG entwickelt ein Hauptschlußmotor, der, an ein 550-V-Netz angeschlossen, einen Strom von 60 A führt? Der Ankerwiderstand sei 0,18 Ω und der Widerstand der Magnetwicklung 0,22 Ω.

Es ist:

$$E = U - I\,(R_a + R_m) = 550 - 60\,(0{,}18 + 0{,}22) = 550 - 60 \cdot 0{,}4 = 526\ \mathrm{V}.$$

98. Der Doppelschlußmotor.

a) Für erhöhte Anzugskraft.

Um die Anzugskraft eines Nebenschlußmotors zu erhöhen, bringt man auf ihm in gewissen Fällen noch einige im gleichen Sinne wie die Nebenschlußwicklung wirkende Hauptschlußwindungen an. Der Vorteil der erhöhten Anzugskraft wird jedoch auf Kosten der Gleichmäßigkeit der Drehzahl erreicht, da die mit zunehmender Belastung eintretende Drehzahlabnahme eines derartigen Doppelschlußmotors bei Belastung naturgemäß größer ist als bei einem gewöhnlichen Nebenschlußmotor.

b) Für gleichbleibende Drehzahl.

Soll die Drehzahl eines Nebenschlußmotors unabhängig von der Belastung konstant gehalten werden, so kann ihm noch eine aus wenigen Windungen bestehende Hauptschlußwicklung gegeben werden, die die Pole im entgegengesetzten Sinne magnetisiert wie die Nebenschlußwicklung. Durch die Hauptschlußwicklung wird dann mit steigender

Belastung eine Schwächung des Magnetfeldes, also eine Zunahme der Umdrehungszahl erzielt, durch die bei richtiger Bemessung der Wicklung der sonst bei Belastung auftretende Geschwindigkeitsabfall gerade aufgehoben wird. Das Verfahren wird jedoch nur selten angewendet, da die darnach hergestellten Motoren eine geringere Anzugskraft als die normalen Nebenschlußmotoren haben. Auch wird eine genau gleichbleibende Drehzahl doch nicht erreicht, weil die durch die Erwärmung des Motors verursachte Geschwindigkeitsänderung nicht ausgeglichen wird.

99. Bau- und Schutzart der Motoren.

Die Gleichstrommotoren unterscheiden sich in ihrem Aufbau nicht von den Generatoren, vielmehr kann im allgemeinen jeder Stromerzeuger auch als Motor Verwendung finden. Vielfach werden die Motoren jedoch im Gegensatz zu denen der gewöhnlichen Bauweise, den offenen Motoren, mit einem Schutzgehäuse umgeben, und man unterscheidet nach der Ausführungsart dieses Gehäuses zwischen geschützten, geschlossenen und mit Sonderschutz versehenen Maschinen.

Die geschützten Motoren sind so gebaut, daß die zufällige oder fahrlässige Berührung spannungführender und umlaufender Teile erschwert, der Zutritt von Kühlluft aber nicht behindert ist. Gegen Staub und Feuchtigkeit bieten solche Maschinen keinen Schutz, wohl aber kann das Eindringen von Tropf- und gegebenenfalls auch von Spritzwasser verhindert werden.

Soll das Eindringen von Staub und Feuchtigkeit unmöglich gemacht werden, so muß man geschlossene Maschinen verwenden. Die zur Bedienung des Kollektors notwendigen Öffnungen im Gehäuse werden durch Klappen abgedeckt. Die Leistung der geschlossenen Motoren ist, da die durch den Betrieb entstehende Wärme nur ungenügend abgeführt werden kann, naturgemäß erheblich kleiner als die der gleich großen offenen. Dieser Nachteil kann bis zu einem gewissen Grade dadurch eingeschränkt werden, daß dem Maschineninnern von außen durch ein Rohr frische Luft zugeführt und die verbrauchte Luft durch ein zweites Rohr abgeleitet wird: Maschinen mit Rohranschluß. Sehr in Aufnahme gekommen ist die oberflächengekühlte Bauart. Bei dieser wird durch einen außen am Motor angebrachten, auf die Motorwelle gesetzten Lüfter ein Luftstrom frei über die Oberfläche des Maschinengehäuses hinweggeblasen. Ferner kann eine Mantelkühlung angewandt werden, indem das Gehäuse doppelwandig ausgeführt wird und ein Ventilator durch den so gebildeten Hohlraum Luft hindurchsaugt. Auch kann in bestimmten Fällen eine Wasserkühlung eingerichtet werden.

Besonders weitgehenden Schutz verlangen schlagwetter- und explosionsgeschützte Maschinen. Sie sind druckfest gekapselt.

100. Drehzahlregelung.

a) Herabsetzung der Drehzahl.

Eine Verringerung der normalen Umdrehungszahl eines Gleichstrommotors kann durch Verminderung der Ankerspannung erzielt werden (vgl. Abschn. 93, 1. Abs.). Zu diesem Zwecke wird durch einen Regelwiderstand ein Teil der zugeführten Spannung vernichtet. Der Widerstand kann, falls er genügend groß ist, auch zum Anlassen benutzt werden, so daß ein besonderer Anlaßwiderstand entbehrlich wird. Andernfalls werden Anlaß- und Regelwiderstand hintereinander geschaltet. Bei Motoren größerer Leistung fällt der erforderliche Regelwiderstand verhältnismäßig groß und teuer aus. Außerdem hat das Verfahren noch den schwerwiegenden Übelstand, daß damit eine Energievergeudung verbunden ist, da die vom Widerstand aufgenommene Arbeit nutzlos verloren geht. Von dieser Art der Geschwindigkeitsregelung wird daher nur ungern Gebrauch gemacht, um so mehr als ihr auch noch der Mangel anhaftet, daß bei geringer Motorbelastung und daher kleiner Stromaufnahme nur wenig Spannung im Widerstand aufgezehrt wird und mithin die Regelung nicht so wirksam ist wie bei großer Belastung.

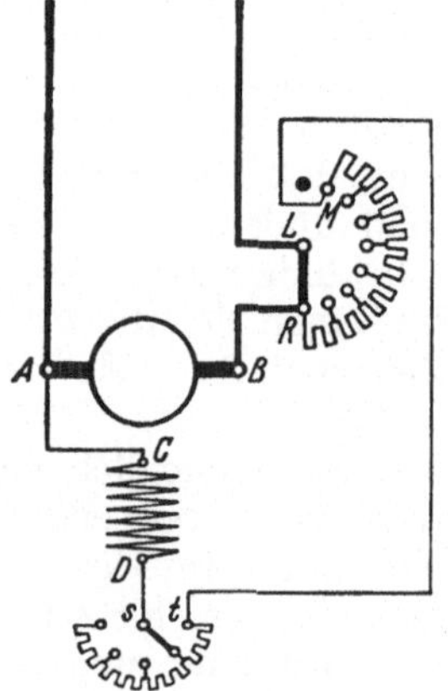

Abb. 144. Nebenschlußmotor mit Anlaßwiderstand und Drehzahlregler.

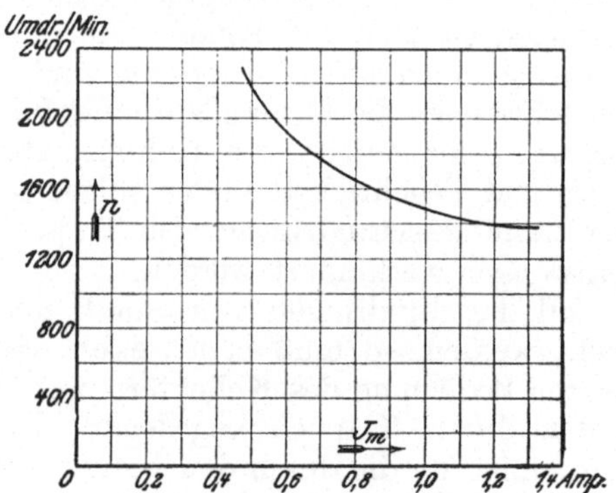

Abb. 145. Drehzahlregulierungskurve eines Nebenschlußmotors mit Wendepolen für 3kW, 110 V, 35 A, $n = 1200$.

b) Erhöhung der Drehzahl.

Wirtschaftlicher ist es, eine Regelung durch Erhöhung der Umdrehungszahl über die normale hinaus vorzunehmen, was durch Schwächen des Erregerstromes möglich ist (vgl. Abschn. 93, 2. Abs.). Beim Nebenschlußmotor wird zu diesem Behufe ein Nebenschlußregler verwendet, bei dem jedoch der Ausschaltkontakt fortgelassen wird, um eine Unterbrechung des Erregerstromes und damit ein „Durchgehen" des Motors auszuschließen. Die Schaltung eines Nebenschlußmotors mit Anlaßwiderstand und zur Änderung der Drehzahl dienendem Feldregler zeigt Abb. 144. Da der Magnetstrom nur ein kleiner Teil des vom Motor aufgenommenen Stromes ist, so ist ein nennenswerter Energieverlust mit diesem Verfahren der Regelung nicht verbunden; auch erhält der Regler nur kleine Abmessungen. Die Grenze, bis zu der die Umdrehungszahl erhöht werden kann, ist einmal durch die höchstzulässige Umfangsgeschwindigkeit des Ankers, sodann durch den Umstand gegeben, daß bei schwachem Magnetfelde der Motor zur Funkenbildung neigt. Eine Erhöhung bis um etwa 20% der normalen Umlaufzahl bei gleicher Leistungsabgabe ist jedoch bei fast allen Motoren zulässig. Für weitergehende Regelung müssen die Motoren im allgemeinen besonders ausgelegt werden. Abb. 145 zeigt für einen leerlaufenden Nebenschlußmotor mit Wendepolen, dessen normale Umlaufgeschwindigkeit um etwa 50% gesteigert werden kann, die Abhängigkeit der Drehzahl vom Erregerstrom.

Um die Drehzahl eines Hauptschlußmotors durch Feldschwächung zu erhöhen, kann ein Regelwiderstand parallel zur Magnetwicklung gelegt werden, wodurch dieser ein mehr oder weniger großer Teil des Stromes entzogen wird.

101. Umkehr der Drehrichtung.

Der Drehsinn eines Motors ist abhängig von der Richtung des Ankerstromes und des Erregerstromes. Um einen anderen Drehsinn zu erzielen, ist also einem der beiden Ströme, keinesfalls beiden, eine andere Richtung zu erteilen. Bei einem Motor mit Fremderregung kann der Drehsinn demnach in einfachster Weise entweder durch Umwechslung der beiden mit dem Anker verbundenen Hauptleitungen bewirkt werden, oder es sind die zur Magnetwicklung führenden Drähte zu vertauschen.

Anders bei den selbsterregten Motoren. Bei diesen wird eine Änderung der Drehrichtung nicht etwa durch Vertauschen der beiden

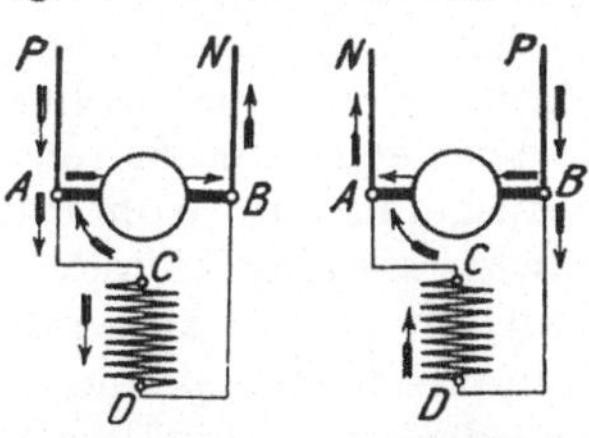

Abb. 146a. Abb. 146b.
Unabhängigkeit des Drehsinns eines Nebenschlußmotors von der Stromrichtung.

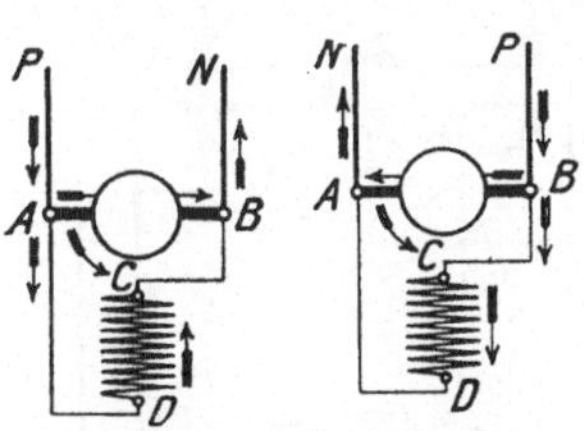

Abb. 146c. Abb. 146d.
Umschaltung für veränderten Drehsinn.

Zuführungsleitungen P und N erzielt, da hierdurch, wie Abb. 146a und b für den Nebenschlußmotor und Abb. 147a und b für den Hauptschlußmotor zeigen, sowohl der Ankerstrom als auch der Magnetstrom eine andere Richtung annehmen. Es muß vielmehr eine Schaltungsänderung vorgenommen werden. Abb. 146c bzw. 147c zeigt die Umschaltung für veränderten Magnetstrom, Abb. 146d bzw. 147d die für veränderten Ankerstrom.

Um die Drehrichtung eines Doppelschlußmotors zu ändern, ist sowohl das für den Nebenschluß- als auch für den Hauptschlußmotor Angegebene sinngemäß zu berücksichtigen.

Bei Motoren, die **häufig** umgesteuert werden, wird die Drehrichtung in der Regel durch Einstellen des **Ankerstroms** bei gleich-

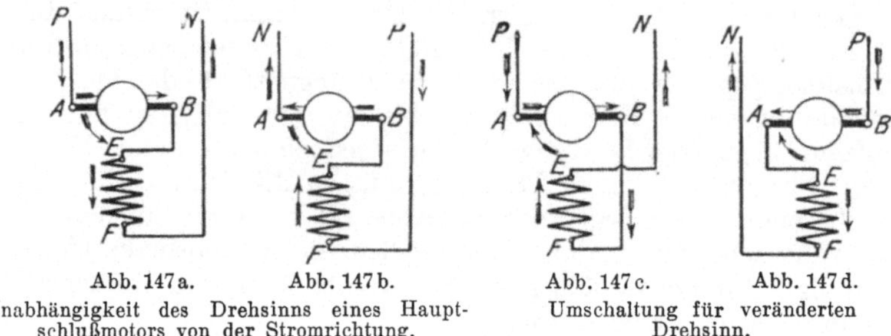

Abb. 147a. Abb. 147b. Unabhängigkeit des Drehsinns eines Hauptschlußmotors von der Stromrichtung.

Abb. 147c. Abb. 147d. Umschaltung für veränderten Drehsinn.

bleibenden Magnetpolen festgelegt. Solche Motoren werden heute stets mit Wendepolen ausgeführt. Bei allen Umschaltungen darf die Verbindung der Wendepolwicklung mit dem Anker nicht geändert werden.

102. Umkehranlasser.

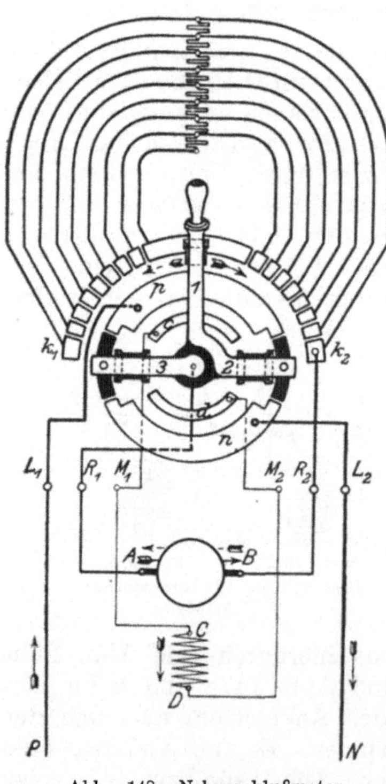

Abb. 148. Nebenschlußmotor mit Umkehranlasser.

Zur Bedienung eines umsteuerbaren Motors kann man einen **Umkehranlasser** verwenden. Als Beispiel ist in Abb. 148 das Schaltbild eines solchen für einen Nebenschlußmotor wiedergegeben, und zwar nach einer Ausführung der Firma F. Klöckner, Köln.

Der Anlasser besitzt eine dreiarmige Kurbel. Die Arme *1* und *2* stehen miteinander in leitender Verbindung, während der Arm *3* von ihnen isoliert ist. Innerhalb der nach zwei Seiten symmetrisch ausgeführten Kontaktbahn des Anlaßwiderstandes befinden sich die konzentrisch zu ihr angeordneten beiden Kontaktschienen p und n, die ihrerseits wieder zwei schmälere Schienen c und d umschließen, Mit p und n stehen über die Klemmen L_1 und L_2 des Anlassers die äußeren Zuleitungen P und N, mit c und d über die Klemmen M_1 und M_2 die Enden C und D der Magnetwicklung in Verbindung. Von der Ankerklemme A ist über die Anlasserklemme R_1 eine Leitung nach dem Drehpunkt der Kurbel *3*, von der Ankerklemme B über R_2 eine Leitung nach den unter sich verbundenen Kurzschlußkontakten k_1, k_2 geführt.

Nimmt die Kurbel die in der Abbildung gezeichnete Lage ein,

so ist der Motor ausgeschaltet. Er läuft mit der einen oder anderen Drehrichtung an, je nachdem ob die Kurbel nach rechts oder links gedreht wird. Dabei schleift die Feder des Kurbelarms *1* auf der Kontaktbahn des Anlaßwiderstandes, so daß dieser allmählich kurz geschlossen wird. Mit Hilfe der an den Armen *2* und *3* angebrachten Federn wird p mit c und n mit d in Verbindung gebracht und dadurch der Magnetwicklung Strom zugeführt.

Bewegt man die Kurbel nach rechts, so erhält bei der für den zugeführten Strom angenommenen Richtung der Anker Strom in der Richtung von A nach B (Stromkreis P, L_1, p, *3*, R_1, A—B, R_2, k_2, Anlaßwiderstand, *1*, *2*, n, L_2, N), die Magnetwicklung in der Richtung von C nach D (p, *3*, c, M_1, C—D, M_2, d, *2*, n). Wird die Kurbel nach links bewegt, so empfängt der Anker Strom in der Richtung von B nach A (P, L_1, p, *2*, *1*, Anlaßwiderstand, k_2, R_2, B—A, R_1, *3*, n, L_2, N), die Magnetwicklung aber wie vorher in der Richtung von C nach D (p, *2*, c, M_1, C—D, M_2, d, *3*, n).

Die Umkehr der Drehrichtung wird im vorliegenden Falle also durch Änderung der Stromrichtung im Anker bewirkt.

103. Walzenanlasser.

Wenn an die Widerstandsfähigkeit der zum Anlassen und Regulieren von Motoren dienenden Apparate besonders hohe Anforderungen gestellt werden, namentlich auch wenn sie Staub oder Feuchtigkeit ausgesetzt sind — wie das z. B. beim Straßenbahn- und Kranbetrieb der Fall ist —, so werden sie in der Regel als Walzenanlasser ausgebildet. In Verbindung mit umsteuerbaren Motoren dienen sie auch zum Einstellen der gewünschten Drehrichtung. Schließlich kann mit ihnen eine elektrische Bremse (s. Abschn. 109) bedient werden. Innerhalb eines eisernen Schutzgehäuses ist, um ihre Achse drehbar, eine Walze angebracht, der mittels einer Kurbel verschiedene Stellungen gegeben werden können. Auf ihrem Mantel ist eine Anzahl entsprechend gestalteter Kontaktstücke befestigt, auf denen „Kontaktfinger" schleifen. Diese sind sämtlich längs einer Mantellinie der Walze angeordnet und stellen beim Drehen der Kurbel die notwendigen Verbindungen in der richtigen Reihenfolge nacheinader her. Die bei jeder Stromunterbrechung an den Fingern entstehenden Funken werden mit Hilfe einer Funkenlöschspule sofort nach ihren Entstehen magnetisch ausgeblasen (vgl. Abschnitt 24c), so daß die Kontakte nicht nennenswert angegriffen werden.

Das Schaltbild eines Hauptschlußmotors mit Steuerwalze zeigt Abb. 149. Es sind neun Kontaktfinger für die Walze vorhanden, die in einer Reihe untereinander liegen und in der Abbildung mit fortlaufenden Zahlen versehen sind. Mit ihnen stehen, so wie es aus der Abbildung hervorgeht, die Netzleitungen bzw. die Klemmen des Motors wie auch die Stufen des Anlaßwiderstandes in Verbindung. Die auf der Steuerwalze befindlichen Kontaktstücke sind daneben in einer Ebene ausgebreitet gezeichnet. Der Walze können elf verschiedene Stellungen gegeben werden derart, daß die Kontaktfinger jedesmal längs einer der Mantellinien von denen die mittlere mit *0*, die übrigen beiderseits mit *1* bis *5* bezeichnet sind, aufliegen. Befindet sich die Kurbel in der Stellung *0*, so ist der Motor ausgeschaltet. Bei der Kurbelstellung *1* links muß der Strom den Weg von der Netzleitung *P* aus durch den Anker *A B*, durch sämtliche Widerstandsstufen, die Funkenlöschspule *F.L.* und die Magnetwicklung *EF* zur Netzleitung *N* nehmen, in Stellung *2* ist bereits die erste Widerstandsstufe ausgeschaltet, in

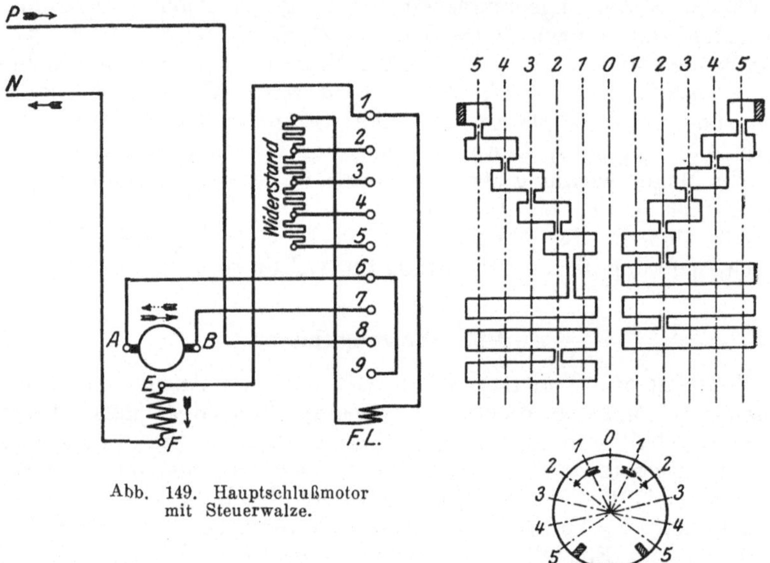

Abb. 149. Hauptschlußmotor mit Steuerwalze.

Stellung *3* die zweite, in Stellung *4* die dritte und in Stellung *5* schließlich ist der Anlaßwiderstand kurzgeschlossen. Beim Rückwärtsdrehen der Walze werden die Widerstandsstufen wieder allmählich vor den Motor gelegt, dieser wird ausgeschaltet. Die Kurbelstellungen *1* bis *5* rechts entsprechen den Stellungen *1* bis *5* links, nur hat der Ankerstrom dabei eine andere Richtung, während der Magnetstrom gleichgerichtet bleibt. Der Drehsinn des Motors wird also auch hier durch Umkehr des Ankerstroms geändert.

104. Schützensteuerung.

Walzenanlasser für Motoren großer Leistung nehmen so erhebliche Abmessungen an, daß ihre Bedienung einen bedeutenden Kraftaufwand erfordert. Ihre Handhabung ist namentlich dann anstregend, wenn das Ein- und Ausschalten sehr oft erfolgen muß. In solchen Fällen greift man häufig zur Schützensteuerung. Zum Anlassen, Regulieren usw. des Motors dient eine Anzahl Schütze: Schalter, die durch Elektromagnete betätigt werden. Die Schalter werden im unerregten Zustande der Magnete durch kräftige Federn offen gehalten. Werden dagegen die Magnete erregt, so schließen sie die zugehörigen

Schalter. Für die Erregung der Magnete kommen nur schwache Ströme zur Verwendung, die durch eine kleine. leicht zu bedienende Schaltwalze ein- und ausgeschaltet werden können. Letzter gleicht in ihrer Ausführung einer gewöhnlichen Anlasserwalze und wird Steuer- oder Meisterwalze genan.

Die Schützensteuerung kann auch angewendet werden, wenn der Motor von einem entfernten Punkte aus gesteuert werden soll. In diesem Falle sind für die Verbindung der in der Nähe des Motors aufzustellenden Schütze mit der Meisterwalze nur dünne Leitungen erforderlich.

105. Die LEONARD-Schaltung.

Beim Ingangsetzen eines Motors wird in dem ihm vorgeschalteten Anlaßwiderstand ein Teil der zugeführten Energie vernichtet. Die dadurch bedingten Verluste können sehr beträchtlich sein, wenn es sich um einen Motor großer Leistung handelt, und wenn dieser, wie es z. B. bei Fördermotoren und Walzenzugmotoren geschieht, sehr häufig in Gang gesetzt und wieder ausgeschaltet wird. In solchen Fällen bietet die Aufstellung eines Anlaßsatzes große Vorteile. Er besteht in der von LEONARD angegebenen Anordnung, Abb. 150, aus dem an das Netz angeschlossenen, mit Nebenschlußwicklung versehenen Gleichstrommotor *G.M.* und der mit ihm unmittelbar gekuppelten Steuerdynamo *St.D.* Letztere arbeitet auf den Anker des Hauptmotors *M.* Steuerdynamo und Hauptmotor werden vom Netz aus erregt. Die Spannung der Steuerdynamo kann durch einen in den Erregerkreis eingeschalteten Magnetregler *M.R.* allmählich bis auf den vollen Wert gesteigert werden. Dadurch wird ein stoßfreies Anlassen des Hauptmotors bewirkt. Um dessen Drehrichtung umzukehren, wird die Richtung des Magnetstromes und damit die Polarität der Steuerdynamo durch den Umschalter *U* geändert. Magnetregler und Umschalter werden zwangsläufig in der Weise miteinander verbunden, daß eine Umschaltung nur vorgenommen werden kann, wenn der volle Widerstand vor der Magnetwicklung liegt: Umkehrregler.

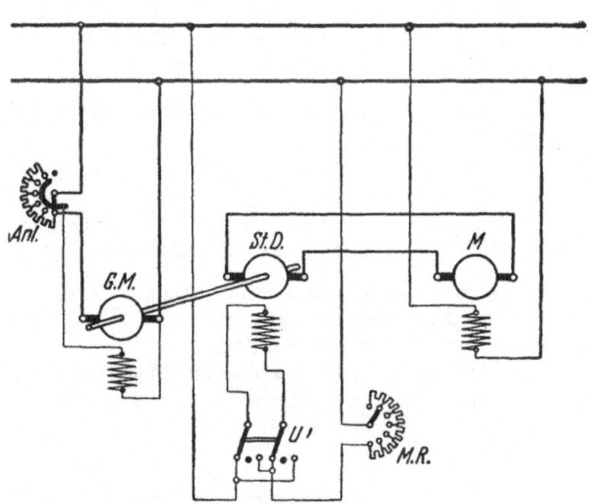

Abb. 150. Anlaßschaltung nach LEONARD.

Der Vorteil der beschriebenen Anordnung besteht vor allem darin, daß beim Anlassen des Hauptmotors keine Energie in Widerständen vernichtet wird, abgesehen von dem geringfügigen Betrag, der im Magnetregler der Steuerdynamo verbraucht wird.

Da die Drehzahl des Hauptmotors je nach der Spannung der Anlaßdynamo verschieden ist, so wird die LEONARDschaltung besonders oft auch in Fällen angewendet, in denen die Drehzahl eines Motors innerhalb weiter Grenzen und sehr feinstufig veränderlich sein soll.

106. Drehzahl, Leistung und Spannung.

Bei Verwendung von Gleichstrommotoren ist man nicht wie bei den Drehstrommotoren an bestimmte Drehzahlen gebunden, diese können vielmehr beliebig gewählt werden. Es gelten die diesbezüglichen Bemerkungen des Abschnittes 88 sinngemäß auch für Motoren.

Erfahrungsgemäß stellt sich die Drehzahl einer als Motor verwendeten Gleichstrommaschine um etwa 20% bei kleinerer, bis 10% bei größerer Leistung niedriger ein als die Drehzahl, mit der sie zur Erzielung der gleichen Spannung als Stromerzeuger betrieben werden muß. In diesem Verhältnis ungefähr ist auch die Nutzleistung des Motors kleiner anzunehmen als die des Stromerzeugers.

Die für Gleichstrommotoren hauptsächlich in Betracht kommenden Normalspannungen sind 110, 220, 440 und 550 V (vgl. auch Abschnitt 88).

Gleichstrommotoren bis zu Leistungen von ungefähr 100 kW sind hinsichtlich Leistung, Drehzahl usw. genormt worden (s. S. 2).

Beispiel: Eine als Stromerzeuger arbeitende Maschine leistet 18 kW bei $n = 1200$. Für welche Leistung und Umdrehungszahl ist sie bei der gleichen Spannung als Motor verwendbar?

Die Drehzahl, auf die sich der Motor einstellt, dürfte um etwa 15% geringer als die des Stromerzeugers sein, also ungefähr $1200 \cdot 0{,}85 = 1020$ betragen. Im Verhältnis der Drehzahlen ist auch die Leistung des Motors geringer anzunehmen:

$$N_2 = 10 \cdot \frac{1020}{1200} = 15{,}3 \text{ kW}.$$

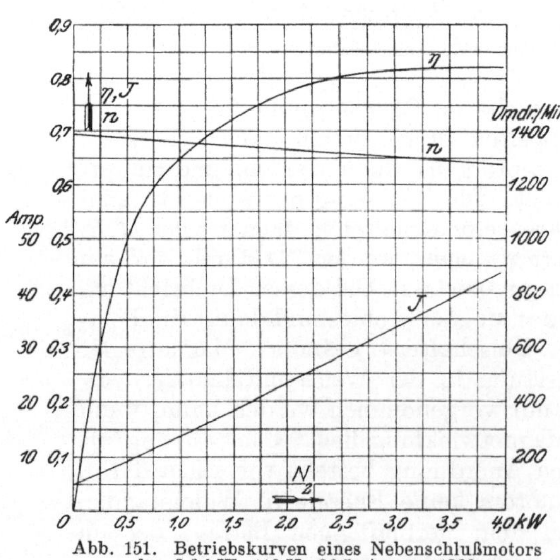

Abb. 151. Betriebskurven eines Nebenschlußmotors für 3,3 kW, 110 V, 36,5, A, $n = 1300$.

107. Wirkungsgrad.

Verluste der gleichen Art wie in den Stromerzeugern treten auch in den Motoren auf. Sie haben zur Folge, daß nicht alle einem Motor zugeführte elektrische Energie ihm in Form mechanischer Energie entnommen werden kann. Bezeichnet wieder N_1 die zugeführte Leistung und N_2 die Nutzleistung in Watt, so gelten die für die Stromerzeuger angegebenen, auf den Wirkungsgrad bezüglichen Formeln, Gl. (71) bis (73), auch für Motoren. Wird die Nutzleistung des Motors in Pferdestärken angegeben, dann ist sie zunächst auf die Einheit Watt zu beziehen.

Der Wirkungsgrad eines Gleichstrommotors hat ungefähr dieselbe Größe wie der eines Gleichstromgenerators gleicher Leistung (s. Tabelle in Abschn. 89).

Als Beispiel für die Abhängigkeit des Wirkungsgrades von der Leistung ist in Abb. 151 die an einem kleineren Motor aufgenommene Wirkungsgradkurve wiedergegeben. In die Abbildung sind der Vollständigkeit wegen auch die Kurve der Stromstärke sowie die schon als Abb. 139 gezeigte Drehzahlkurve eingetragen.

Beispiele: 1. Ein Gleichstrommotor, der an 110 V Spannung angeschlossen ist, nimmt bei einer Nutzleistung von 32 PS einen Strom von 242 A auf. Welcher Wirkungsgrad kommt ihm zu?

Die zugeführte Leistung ist:

$$N_1 = U \cdot I = 110 \cdot 242 = 26620 \text{ W},$$

die abgegebene Leistung:

$$N_2 = 32 \cdot 735 = 23520 \text{ W}.$$

Es ist also:

$$\eta = \frac{N_2}{N_1} = \frac{23520}{26620} = 0{,}884.$$

2. Welche elektrische Leistung nimmt ein Motor auf, dessen Nutzleistung 50 kW beträgt, und der einen Wirkungsgard von 90,5% besitzt?

$$N_1 = \frac{N_2}{\eta} = \frac{50}{0{,}905} = 55{,}3 \text{ kW}.$$

108. Verhalten eines Stromerzeugers als Motor und umgekehrt.

Im Abschn. 91 wurde festgestellt, daß der Drehsinn einer Gleichstrommaschine bei gleichen Magnetpolen und gleichgerichtetem Ankerstrome ein anderer ist, je nachdem ob sie als Stromerzeuger oder als Motor betrieben wird. Umgekehrt läßt sich sagen, daß Stromerzeuger und Motor den gleichen Drehsinn besitzen, wenn entweder der Erregerstrom oder der Ankerstrom verschieden gerichtet ist. Sind Erregerstrom und Ankerstrom anders gerichtet, so haben Stromerzeuger und Motor wiederum entgegengesetzten Drehsinn.

a) Die fremderregte Maschine.

Eine fremderregte Maschine wird nach Vorstehendem als Motor den gleichen Drehsinn annehmen wie als Stromerzeuger, wenn z. B. bei gleichbleibendem Magnetstrom der ihrem Anker zugeführte Strom die entgegengesetzte Richtung wie der vom Stromerzeuger gelieferte besitzt.

b) Die Nebenschlußmaschine.

Um das Verhalten der Nebenschlußmaschine zu untersuchen, werde angenommen, daß sie als Stromerzeuger Strom von der in Abb. 152a angegebenen Richtung liefere. Wird ihr als Motor Strom von entgegengesetzter Richtung zugeführt, wie es in Abb. 152b angenommen ist, so bleibt der Magnetstrom gleichgerichtet, nicht aber der Ankerstrom. Würde ihr Strom von der gleichen Richtung, wie ihn der Stromerzeuger liefert, zugeführt werden, so bliebe umgekehrt der Ankerstrom gleichgerichtet, nicht aber der Magnetstrom. Eine Nebenschlußmaschine nimmt also als Motor den gleichen Drehsinn an, mit dem sie als Stromerzeuger betrieben wurde.

Damit umgekehrt ein Nebenschlußmotor stromerzeugend wirkt, muß er mit gleichbleibender Drehrichtung angetrieben werden, da er nur in diesem Falle, wie Abb. 152 lehrt, den im Magneteisen vorhandenen Restmagnetismus beibehält. Der von der Maschine gelieferte Strom hat dann die entgegengesetzte Richtung wie der vorher vom Motor aufgenommene. Der Nebenschlußmotor wird häufig für den Betrieb von Bergbahnen verwendet, da er bei der Talfahrt ohne irgendwelche Umschaltung eine Stromrückgewinnung in das Netz gestattet.

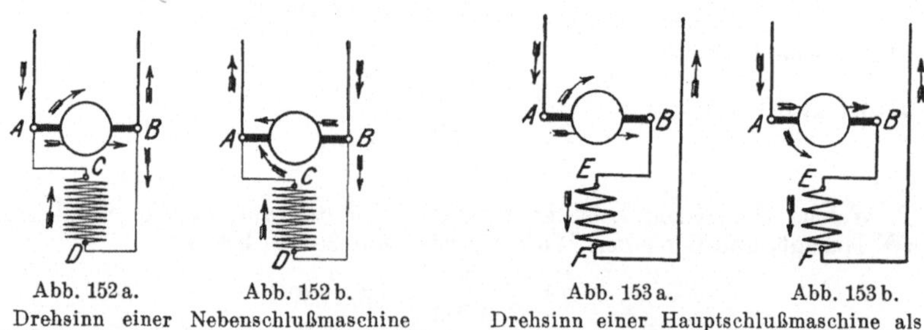

Abb. 152a. Abb. 152b. Drehsinn einer Nebenschlußmaschine als Stromerzeuger (a) und als Motor (b).

Abb. 153a. Abb. 153b. Drehsinn einer Hauptschlußmaschine als Stromerzeuger (a) und als Motor (b).

c) Die Hauptschlußmaschine.

Für die Hauptschlußmaschine sind die Verhältnisse in Abb. 153a für den Stromerzeuger und in Abb. 153b für den Motor zum Ausdruck gebracht. Man erkennt, daß bei der für den Motor angenommenen Stromrichtung sowohl Anker als auch Magnetwicklung im gleichen Sinne wie beim Stromerzeuger durchflossen werden. Bei geänderter Stromrichtung würden Anker und Magnetwicklung Strom im entgegengesetzten Sinne führen. Es geht hieraus hervor, daß in jedem Falle der Drehsinn einer Hauptschlußmaschine als Motor ein anderer ist wie als Stromerzeuger.

Soll ein Hauptschlußmotor als Stromerzeuger gebraucht werden, so muß er, damit er seinen Restmagnetismus nicht einbüßt, im entgegengesetzten Drehsinn angetrieben werden, oder es ist bei unveränderter Drehrichtung eine Schaltungsänderung vorzunehmen in der Weise, daß die Enden der Magnetwicklung umgewechselt werden. In jenem Falle hat der erzeugte Strom die gleiche, in diesem die entgegengesetzte Richtung wie der vom Motor aufgenommene Strom.

109. Elektrische Bremsverfahren.

Die Geschwindigkeit eines vom Netz abgeschalteten, aber noch in Drehung befindlichen Motors kann auf verschiedene Weise herabgesetzt werden. Von besonderer Bedeutung ist die elektrische Bremsung beim Hauptschlußmotor. Bei einem bei Straßenbahnen und den Fahrmotoren von Kranen vielfach angewendeten Verfahren, der sog. Nachlaufbremsung, wird der Motor als Stromerzeuger umgeschaltet, Abb. 154 (vgl. damit Abb. 153). Man läßt die Maschine nunmehr auf einen kleinen Widerstand W — in der Regel den Anlaßwiderstand oder einen Teil desselben — arbeiten, so daß sie einen großen Strom entwickelt. Hierdurch wird die im Wagen aufgespeicherte Energie innerhalb kurzer Zeit vernichtet. Ein Nebenschlußmotor kann zur Nachlaufbremswirkung angeregt werden, ohne daß irgendwelche Umschaltung erforderlich ist.

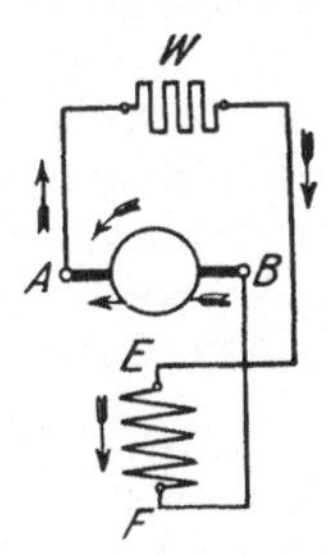

Abb. 154. Nachlaufbremsschaltung eines Hauptschlußmotors.

Besonders einfach gestaltet sich das Bremsen der mit Hauptschlußwicklung versehenen Hubmotoren von Kranen. Gelangt der Motor unter dem Einfluß der sinkenden Last in Drehung, so wirkt er wegen der veränderten Drehrichtung ohne irgendeine Umschaltung stromerzeugend, und die Energie kann in einem kleinen Widerstande, etwa einigen Stufen des Anlaßwiderstandes, vernichtet werden: Senkbremsschaltung. Bei kleineren Lasten muß der Motor vielfach, damit überhaupt ein Sinken eintritt, — in entgegengesetzter Richtung wie beim Heben — durch Stromzufuhr angetrieben werden. Die Änderung der Drehrichtung geschieht in diesem Falle meistens durch Richtungsumkehr des Ankerstromes: Senkkraftschaltung.

Fünftes Kapitel.

Wechselstromerzeuger.

110. Allgemeines.

Die Wechselstrommaschinen werden eingeteilt in Einphasen- und Mehrphasenmaschinen. Von den letzteren haben nur die Zweiphasen- sowie ganz besonders die Dreiphasen- oder Drehstrommaschinen Bedeutung, Ist im folgenden von Wechselstrommaschinen schlechthin die Rede, so sollen darunter alle derartigen Maschinen, unabhängig von der Phasenzahl, verstanden werden.

111. Die Außenpolmaschine.

Bereits in Abschn. 68 wurde darauf hingewiesen, daß in einer zwischen zwei Magnetpolen umlaufenden Spule ein EMK von wechselnder Richtung induziert wird. Indem die beiden Enden der Spule mit Schleifringen verbunden wurden, denen der Strom mittels Bürsten entnommen werden kann, ergab sich die in Abb. 89a dargestellte einfachste Anordnung einer zweipoligen Wechselstrommaschine. Für den praktischen Gebrauch wird man sich allerdings nicht mit einigen wenigen Windungen auf dem Anker begnügen, sondern nach dem Vorbilde des Gleichstromankers den ganzen Umfang für die Wicklung ausnutzen. Eine derartige Ausführung eines Wechselstromankers für Einphasenstrom ist in Abb. 155 wiedergegeben, und zwar ist zunächst Ringwicklung angenommen. Die Schleifringe sind hier an zwei gegenüberliegenden Punkten der Wicklung angeschlossen; diese zerfällt daher, wie beim Gleichstromamker, in zwei parallele Zweige. Der Höchstwert der EMK tritt jedesmal auf, wenn bei der Drehung des Ankers die Anschlußpunkte in die neutrale Zone gelangen (Abb.155a). Der eine Ankerzweig enthält dann alle vom Nordpol, der andere Zweig

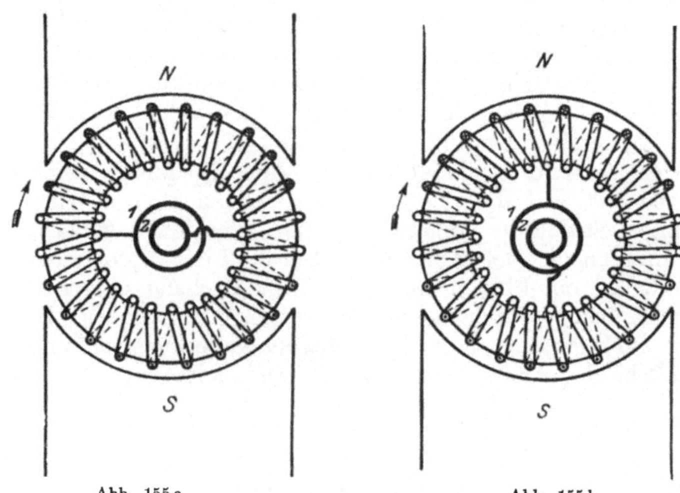

Abb. 155a. Abb. 155b.
Einphasenmaschine (Außenpolanordnung).

alle vom Südpol induzierten wirks. Drähte, und die EMK erreicht in diesen Augenblicken den gleichen Wert wie beim entsprechenden Gleichstromanker. Die EMK ist dagegen jedesmal null, wenn die Schleifringanschlüsse sich unter den Polmitten befinden (Abb. 155b), da dann die eine Hälfte der Drähte jedes Ankerzweiges vom Nordpol, die andere Hälfte vom Südpol induziert wird, die EMKe in jedem Zweige sich also aufheben. Der Übergang von der höchsten EMK zum Nullwert erfolgt ganz allmählich in dem Maße, wie in jedem Wicklungszweige bei der Drehung des Ankers der Einfluß des einen Pols durch den des nächsten nach und nach aufgehoben wird. Ebenso wächst die EMK von null allmählich wieder auf den Höchstwert an. Jedesmal wenn die vom Anker gelieferte EMK den Wert null durchschreitet, d. h. nach jeder halben Umdrehung, wechselt sie ihre Richtung.

Auch zur Abgabe von Mehrphasenstrom kann der gleiche Anker Verwendung finden. Doch muß bei einer Zweiphasenmaschine der Anker mit vier Schleifringen ausgestattet werden, die nach Abb. 156 mit um 90° auseinanderliegenden Punkten der Wicklung zu verbinden sind. Der von den Schleifringen *1* und *3* entnommene Wechselstrom erreicht seinen Höchstwert immer eine Viertelumdrehung später als der von *2* und *4* abgenommene, ist also gegen diesen in der Phase um eine Viertelperiode verschoben, d. h. um 90°, wenn man, wie üblich, eine volle Periode als einen Winkel von 360° ansieht. Eine Drehstrommaschine erhält drei Schleifringe, und die Anschlüsse sind um je 120° gegeneinander zu versetzen (Abb. 157).

Die vorstehenden Betrachtungen, die sich auf die zweipolige Bauart beziehen, gelten sinngemäß auch für mehrpolige Maschinen. Da bei diesen in jedem Drahte bereits während des Vorbeiganges an zwei benachbarten Polen eine Periode des Wechselstromes induziert

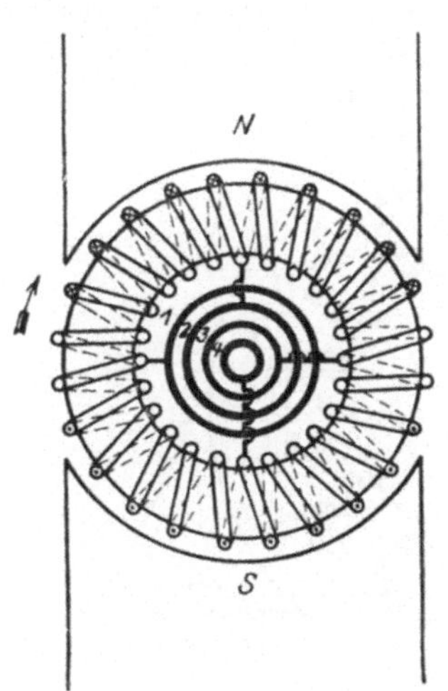

Abb. 156. Zweiphasenmaschine (Außenpolanordnung).

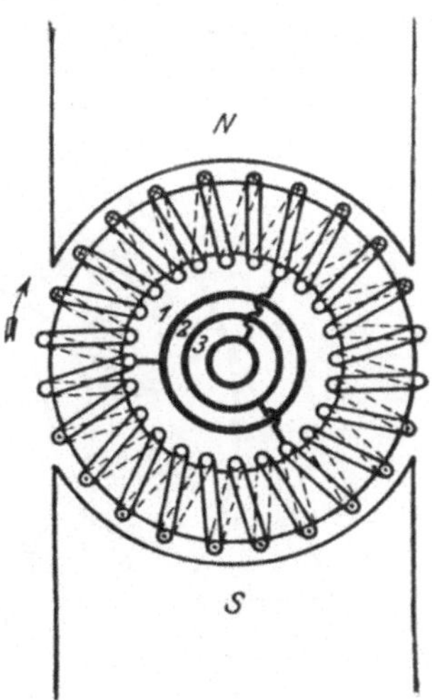

Abb. 157. Dreiphasenmaschine (Außenpolanordnung).

wird, so müssen die Schleifringanschlüsse unter der Maßgabe erfolgen, daß bei einer mehrpoligen Maschine der Winkelraum zweier Pole dem vollen Umfange, d. h. einem Winkel von 360° des zweipoligen Ankers entspricht. Man bezeichnet daher wohl auch den Winkel, der zwei benachbarte Polteilungen umfaßt, als einen solchen von 360 „elektrischen" Graden. An die Stelle von gegenüberliegenden Punkten beim zweipoligen Anker treten also bei der mehrpoligen Maschine Punkte der Ankerwicklung, die um eine Polteilung auseinanderliegen usw.

Die gleiche Wirkung wie mit dem Ringanker läßt sich auch mit dem Trommelanker erzielen. Da dieser bekanntlich dem Ringanker gegenüber wesentliche Vorteile bietet, so wird er fast ausschließlich verwendet. Die Verhältnisse liegen beim Trommelanker ganz ähnlich wie beim Ringanker, und es braucht daher nicht näher auf ihn eingegangen zu werden.

Die im Vorstehenden behandelte Wechselstrommaschine ist, ihrem Aufbau entsprechend, als Außenpolmaschine zu bezeichnen. Ihr Magnetsystem gleicht völlig dem der Gleichstrommaschine.

Die Erregung der Magnete muß durch Gleichstrom erfolgen, der von einer besonderen Erregermaschine oder einer Akkumulatorenbatterie geliefert wird.

Eine nennenswerte Verwendung finden die Wechselstrom-Außenpolmaschinen nicht. Sie kommen höchstens für kleinste Leistungen in Betracht. Auch liegt ihre Bauart den später zu behandelnden Einankerumformern zugrunde.

112. Die Innenpolmaschine.

Als Normalbauweise der Wechselstrommaschine ist die Innenpolmaschine anzusehen. Bei dieser ist, wie Abb. 158 für eine achtpolige Maschine zeigt, der Anker außen, und zwar feststehend, das Magnetgestell dagegen innerhalb des Ankers drehbar angeordnet. Der feststehende Anker wird in der Regel als Stator oder Ständer bezeichnet, während das Magnetrad den Rotor oder Läufer bildet. Die Innenpolanordnung bietet gegenüber der Außenpolmaschine vor allem den Vorteil, daß der in der Ständerwicklung induzierte Strom von festen Klemmen, also nicht durch Vermittlung von Schleifringen entnommen wird. Auch ist infolge der ruhenden Anordnung der Wicklung eine Beschädigung ihrer Isolation nicht so leicht zu befürchten. Es sind dies Vorzüge, die namentlich bei Hochspannungsmaschinen von Bedeutung sind.

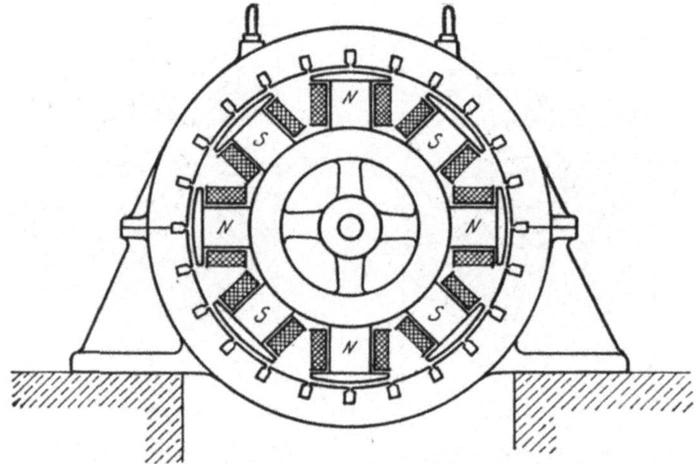

Abb. 158. Wechselstrom-Innenpolmaschine.

Der für die Erregung notwendige Gleichstrom muß der Magnetwicklung bei der Innenpolanordnung durch zwei Schleifringe zugeführt werden. Das ist jedoch unbedenklich, da die Erregerleistung im Vergleich zur Maschinenleistung nur klein ist und ferner die Erregerspannung niedrig gewählt werden kann. Die den Magnetstrom liefernde Gleichstrom-Erregermaschine wird in der Regel mit der Wechselstrommaschine unmittelbar zusammengebaut.

Bei unmittelbarer Kupplung der Wechselstrommaschine mit einer Kolbendampf- oder Gasmaschine gibt man ihrem Magnetrade häufig ein so großes Gewicht, daß ein besonderes Schwungrad entbehrlich wird: Schwungradmaschinen.

Das Schaltbild einer Einphasenmaschine zeigt Abb. 159. *UV* ist die Ständerwicklung, in der der Wechselstrom erzeugt wird. *U* und *V* sind demnach die Stromabnahmeklemmen. *JK* bedeutet die auf dem Läufer untergebrachte Erregerwicklung. Ihre Enden stehen mit den Schleifringen in Verbindung, denen der von der Erregermaschine gelieferte Strom mittels Bürsten zugeführt wird. Die Erregerstromstärke und damit die Spannung der Wechselstrommaschine wird durch den Regulierwiderstand *q*, *s*, *t*, den Feldregler, eingestellt. Letzterer ist entbehrlich, wenn die Spannungsregelung mit Hilfe des Nebenschlußreglers der Erregermaschine geschieht, die meistens mit Nebenschlußwicklung versehen ist, jedoch auch als Doppelschlußmaschine ausgebildet sein kann.

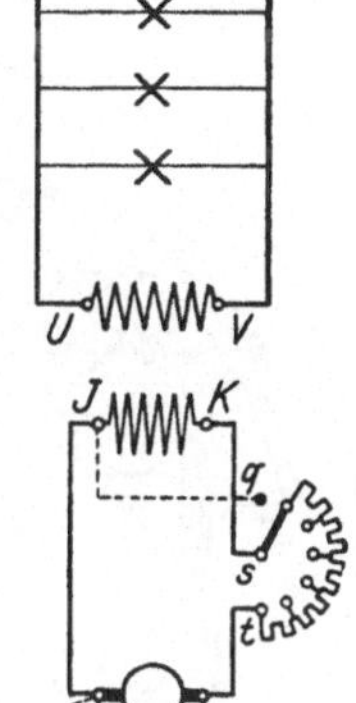

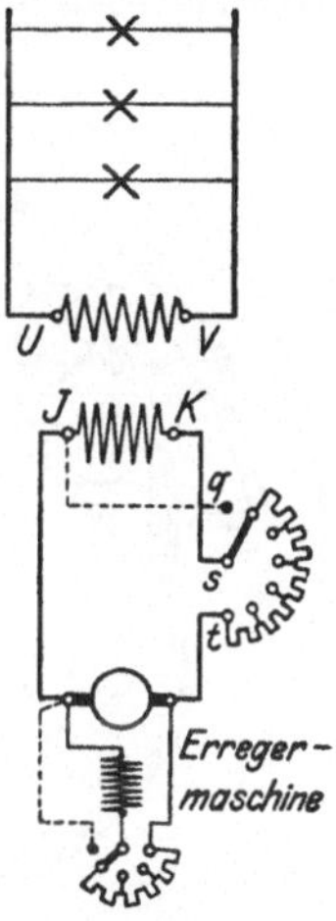

Abb. 159. Einphasenmaschine mit Feldregler und Erregermaschine.

113. Die Ständerwicklung.

a) Einphasenwicklung.

Die Ständerwicklung einer achtpoligen Einphasenmaschine der Innenpolanordnung ist in Abb. 160 dargestellt. Es ist eine Trommelwicklung, bei der die gesamten wirks. Drähte in acht Nuten des Ständers

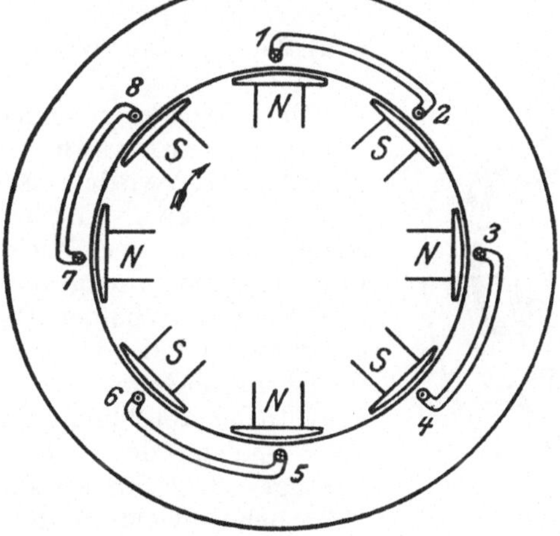

Abb. 160. Ständerwicklung einer Einphasenmaschine (eine Nute je Pol).

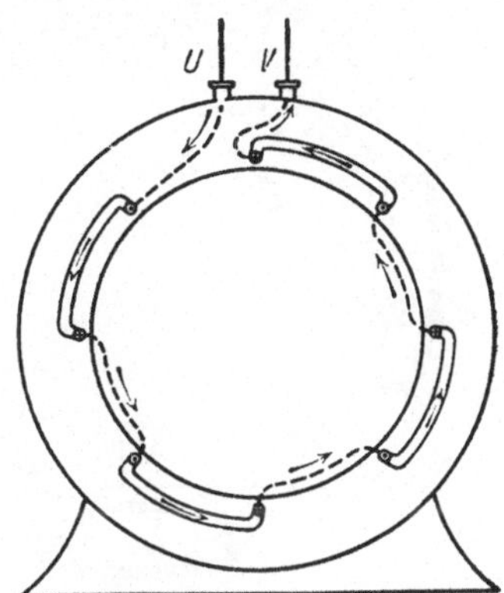

Abb. 161. Verbindung der Spulen einer Einphasenmaschine.

untergebracht sind. Es entfällt also auf jeden Pol eine Nute, und es ergeben sich im ganzen vier Spulen. Jede der Spulen *1—2*, *3—4*, *5—6* und *7—8* setzt sich aus so viel Windungen zusammen, als eine Nute wirks. Drähte enthält. Bei der angenommenen Drehrichtung des Magnetrades ist die EMK in den unter den Nordpolen befindlichen Drähten von vorn nach hinten, in den unter den Südpolen liegenden Drähten dagegen von hinten nach vorn gerichtet[1]. Die EMKe aller wirks. Drähte einer Spule addieren sich. Die einzelnen Spulen sind unter sich so zu verbinden, daß ihre EMKe sich ebenfalls summieren, sie sind also hintereinander zu schalten. Die größte EMK wird immer in den Augenblicken erzielt, in denen sich bei der Drehung des Magnetrades die Pole mitten unter den Nuten befinden. Die EMK wird dagegen null, wenn die Pole in die Mitte zwischen zwei Nuten gelangen. Die Verbindung der Spulen sowie die Klemmen für die Stromabnahme, die in Abb. 160, um ihre Deutlichkeit nicht zu beinträchtigen, nicht angegeben sind, sind aus Abb. 161 ersichtlich. Die Stromrichtung ist für einen bestimmten Augenblick durch Pfeile angegegeben.

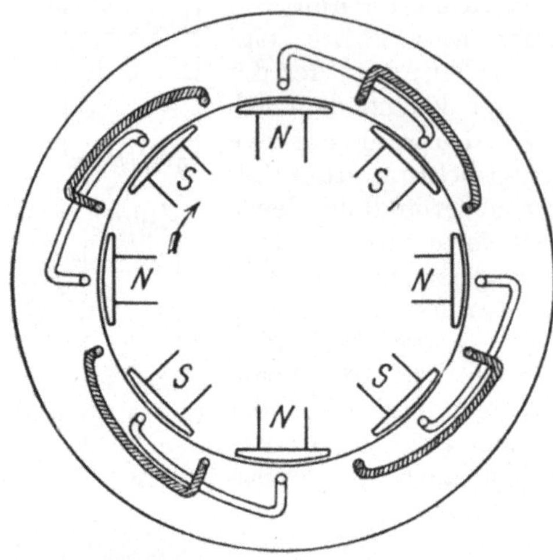

Abb. 162. Ständerwicklung einer Zweiphasenmaschine (eine Nute je Pol und Strang).

b) Zweiphasenwicklung.

Die Wicklung einer Zweiphasenmaschine gibt Abb. 162 wieder. Sie besteht aus zwei Einphasenwicklungen, zwei Wicklungssträngen, die gegeneinander um den halben Abstand zweier Pole, d. h. um 90 elektrische Grade versetzt sind. In der Abbildung sind die Spulen des einen Stranges durch Schraffur kenntlich gemacht. In dem Augenblick, in dem in dem einen Strang die größte EMK induziert wird, ist sie in dem anderen null, und umgekehrt. Die beiden EMKe sind also gegen-

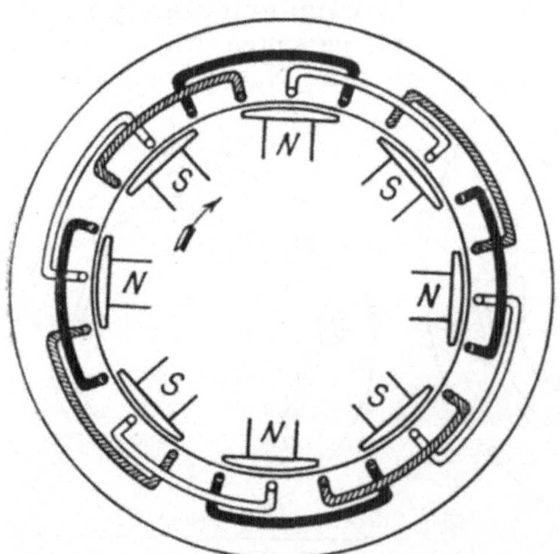

Abb. 163. Ständerwicklung einer Dreiphasenmaschine (eine Nute je Pol und Strang).

[1] Bei Anwendung der Rechtehandregel ist als Bewegungsrichtung der Drähte die der Drehung des Magnetrades entgegengesetzte Richtung anzunehmen.

einander in der Phase um eine Viertelperiode oder 90° verschoben. Die beiden Wicklungen können auf die im Abschn. 42 angegebene Weise miteinander verkettet werden.

c) Dreiphasenwicklung.

Die Ständerwicklung einer Dreiphasenmaschine zeigt Abb. 163. Sie setzt sich aus drei Wicklungssträngen zusammen, die um je ein Drittel des doppelten Polabstandes, also um 120 elektrische Grade gegeneinander versetzt sind, so daß die Phasen der in ihnen induzierten EMKe ebenfalls um je 120° gegeneinander abweichen. Die Spulen der drei Stränge sind der Deutlichkeit wegen in der Abbildung verschieden — weiß, schraffiert, schwarz — angelegt. Der Wicklung ist in elektrischer Hinsicht völlig gleichwertig die in Abb. 164 gezeichnete. Diese kommt zuweilen zur Anwendung bei zweiteiligen Ankern, wenn die Wicklung jedes Teiles in sich abgeschlossen sein soll.

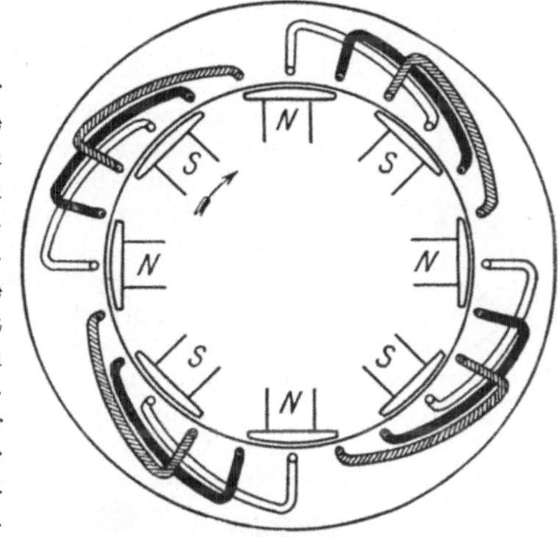

Abb. 164. Ständerwicklung einer Dreiphasenmaschine für zweiteilige Anker (eine Nute je Pol und Strang).

Die in den Abb. 160 bis 164 dargestellten Wicklungen der Ein- und Mehrphasenmaschinen sind sog. Einlochwicklungen. Meistens werden jedoch die Drähte jedes Stranges auf mehrere Nuten je Pol verteilt. Abb. 165 zeigt z. B. für eine Dreiphasenmaschine eine Dreilochwicklung, d. h. eine solche mit drei Nuten je Pol und Strang.

Abb. 165. Ständerwicklung einer Dreiphasenmaschine (drei Nuten je Pol und Strang).

Die drei Wicklungsstränge einer Drehstrommaschine können entweder in Stern (Abb. 166) oder in Dreieck (Abb. 167) verkettet werden. Die Klemmen der Maschine werden in jedem Falle mit U, V, W bezeichnet. Aus hier nicht zu erörternden Gründen wird jedoch die Dreieckschaltung von Drehstromgeneratoren nach Möglichkeit vermieden und, wo angängig, die Sternschaltung angewendet.

d) Ständernutung und Wicklungsisolation.

Die zur Unterbringung der Ständerwicklung dienenden Nuten können offen oder halbgeschlossen ausgeführt werden. Doch kommen häufig auch geschlossene Nuten, welche außen etwas aufgeschlitzt werden (s. Abb. 168), zur Anwendung. Auf die Isolation der Wicklung ist, namentlich bei Hochspannungsmaschinen, die äußerste Sorgfalt zu verwenden. Um bei einer Isolationsbeschädigung eines Drahtes eine Berührung desselben mit dem Eisenkörper auszuschließen, kleidet man die Nuten mit geschlossenen Isolierröhren aus Glimmererzeugnissen aus.

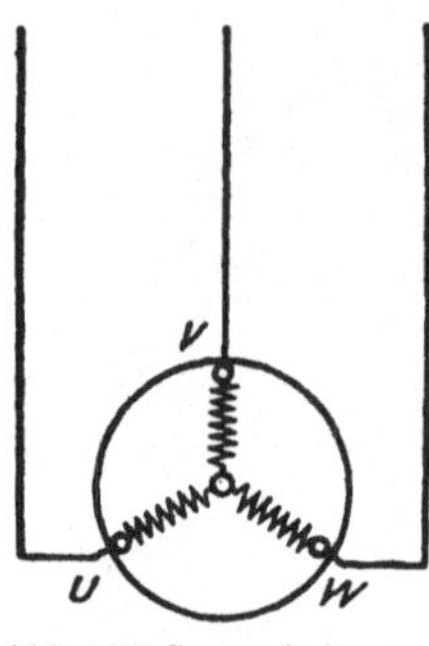

Abb. 166. Sternschaltung einer Dreiphasenmaschine.

Abb. 167. Dreieckschaltung einer Dreiphasenmaschine.

Abb. 168. Nuten eines Wechselstromständers.

Beispiel: Die Ständerwicklung einer 16poligen Drehstrommaschine ist mit 3 Nuten je Pol und Strang (Dreilochwicklung!) ausgeführt. Wieviel Nuten hat der Ständer, und wieviel Spulen sind auf ihm untergebracht?

Auf jeden Strang entfallen je Pol 3, also im ganzen $16 \cdot 3 = 48$ Nuten. Demnach sind insgesamt $48 \cdot 3 = 144$ Nuten erforderlich. Das entspricht einer Spulenzahl von 72.

114. Ausführungsbeispiel einer Drehstrommaschine.

Abb. 169 zeigt die Schnittzeichnung eines 12poligen Drehstromgenerators für eine Leistung von 720 kVA (d. h. 720 kW, wenn $\cos \varphi = 1$ vorausgesetzt wird; vgl. Abschn. 117). Die Maschine macht 500 Umdrehungen in der Minute und erzeugt Strom von der Frequenz 50 Hz. Wird die Maschine für Einphasenstrom gewickelt, so ist die Leistung, weil der Wickelraum nicht so günstig ausgenutzt werden kann, geringer, und zwar kann sie zu 70% der Drehstromleistung angenommen werden. Das wirksame Eisen des Ständers ist aus Blechen zusammengesetzt und mit einer Anzahl Lüftungsschlitzen versehen. Die Wicklung ist als Zweilochwicklung ausgeführt. Die Pole sind massiv aus Stahlguß hergestellt und mit dem Läuferrad durch je drei Schrauben verbunden. Jeder Pol trägt eine Spule aus hochkant gewickeltem Flachkupfer. Zu beiden Seiten des Läuferrades sind, um eine gute Kühlung zu erzielen, Lüfter L angebracht, deren Schaufeln s in Polabstand angeordnet sind. Auf das eine Ende der Welle ist die Erregermaschine gesetzt. Ihr Magnetgestell ruht auf einem am Lagerbock angebauten Konsol. Zwischen diesem Bock und dem Läuferrad des Generators befinden sich die beiden Schleifringe S, durch die der Erregerstrom der Magnetwicklung über Bürsten zugeleitet wird. Die Leistung der Erregermaschine beträgt 8,3 kW, die Erregerspannung

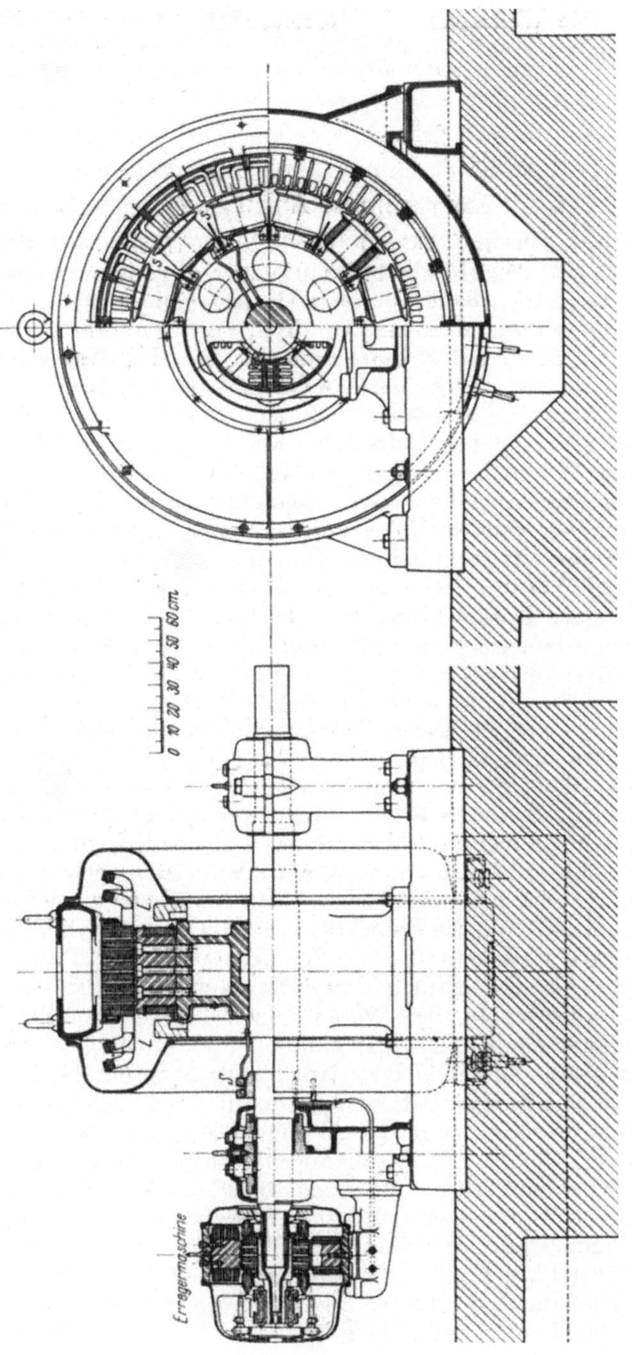

Abb. 169. Drehstromgenerator von Brown, Boveri u. Cie.
720 kVA, 3300 V, 50 Hz, $n = 500$
mit Erregermaschine.

60 V. Das freie Wellenende des Generators dient zur Aufnahme der Kupplung, durch welche die Verbindung mit der Antriebsmaschine hergestellt wird. Erfolgt der Antrieb durch Riemen, so wird bei entsprechender Verlängerung der Welle noch ein dritter Lagerbock vorgesehen und die Riemenscheibe zwischen zwei Lagerböcke gesetzt.

115. Turbomaschinen. Ausführungsbeispiel.

In allen großen mit Dampf betriebenen Wechselstromzentralen werden heute als Betriebsmaschinen Dampfturbinen verwendet, und daher kommt den Wechselstromturbomaschinen eine besonders große Bedeutung zu. Bereits bei den Turbomaschinen für Gleichstrom (s. Abschn. 85) wurde auf einige Punkte hingewiesen, die bei der Herstellung solcher Maschinen zu beachten sind. Alles dort Angegebene hat sinngemäß auch für Wechselstrommaschinen Geltung. So darf nur hochwertiges Material, namentlich für den Läufer, verwendet werden. Ferner ist eine vorzügliche Lüftung erforderlich, da infolge der hohen Drehzahl die Maschine mit verhältnismäßig kleinem Durchmesser, dafür aber großer achsialer Länge ausgeführt werden muß. Bei sehr großen Maschinen geht man vielfach zu einer Kreislaufkühlung über, bei der die Luft in ständigem Umlauf über einen außerhalb der Maschine befindlichen Kühler gehalten wird.

Um eine gute Auswuchtung zu ermöglichen, vermeidet man bei Wechselstromturbomaschinen ausgeprägte Pole. Man wendet vielmehr meistens Volltrommelläufer mit verteilter Feldwicklung an. Der Läufer, in Form eines Zylinders ausgeführt, wird auf seinem Umfange mit einer Anzahl Nuten versehen, in die die Magnetwicklung eingebettet wird. Die Wickelköpfe des Läufers müssen gegen die Wirkung der Fliehkraft durch Schutzkappen oder Bandagen ausreichend gesichert werden. Auch die Ständerwickelköpfe sind, damit sie den bei Kurzschlüssen auftretenden Kräften widerstehen können, gut abzusteifen.

Als Beispiel für die Konstruktion ist in Abb. 170 eine Drehstromturbomaschine für 2000 kVA bei $n = 3000$ im Schnitt wiedergegeben. Die Frequenz ist 50 Hz, die Polzahl 2. Der Läufer ist zylindrisch aus einer vollen Walze hergestellt. Die Läuferwicklung wird von Nuten aufgenommen, die in Richtung der Achse eingefräst sind und durch Keile geschlossen werden. Die Nuten dienen durch entsprechende Erweiterungen auch zum Führen der Kühlluft, die durch radiale Schlitze aus dem Läufer herausgeschleudert wird. Der Weg der Kühlluft, die seitlich in die Maschine eintritt und sie durch einen nach unten offnen Schacht wieder verläßt, ist in der Abbildung durch Pfeile angedeutet. Die Spulenköpfe sind durch Metallkappen gesichert. Der Ständer ist in seinem wirksamen Teil aus legiertem Blech aufgeschichtet und, wie der Läufer, von zahlreichen Luftschlitzen durchsetzt. Die Köpfe der Ständerwicklung sind gegeneinander und gegen das Gehäuse durch Bolzen und Bügel aus Metall zuverlässig abgestützt. Sie werden besonders eindringlich durch die Lüfter L gekühlt, die in Form von Schaufelkränzen an den Läuferkappen befestigt sind. Durch Kammern K am

Ständerumfang wird die Luft dann weiter den Ständerschlitzen zugeleitet. Zur Zuführung des Erregerstromes befindet sich je ein Schleifring S auf beiden Seiten des Läufers. Der Anker der Erregermaschine sitzt fliegend auf der verlängerten Maschinenwelle.

116. Frequenz, Polzahl und Drehzahl.

Bei einer zweipoligen Maschine wird mit jeder Umdrehung eine Periode des Wechselstromes erzeugt. Besitzt die Maschine p Polpaare, so erhält man also für jede Umdrehung auch p Perioden. Bei n minutlichen Umdrehungen ist demnach die sekundliche Periodenzahl oder die Frequenz des Wechselstromes

$$f = \frac{p \cdot n}{60}. \qquad (80)$$

Es geht hieraus umgekehrt hervor, daß zur Erzielung einer bestimmten Frequenz bei gegebener Polzahl der Maschine eine ganz bestimmte Drehzahl erforderlich ist. Diese kann also nicht wie bei Gleichstrommaschinen beliebig festge-

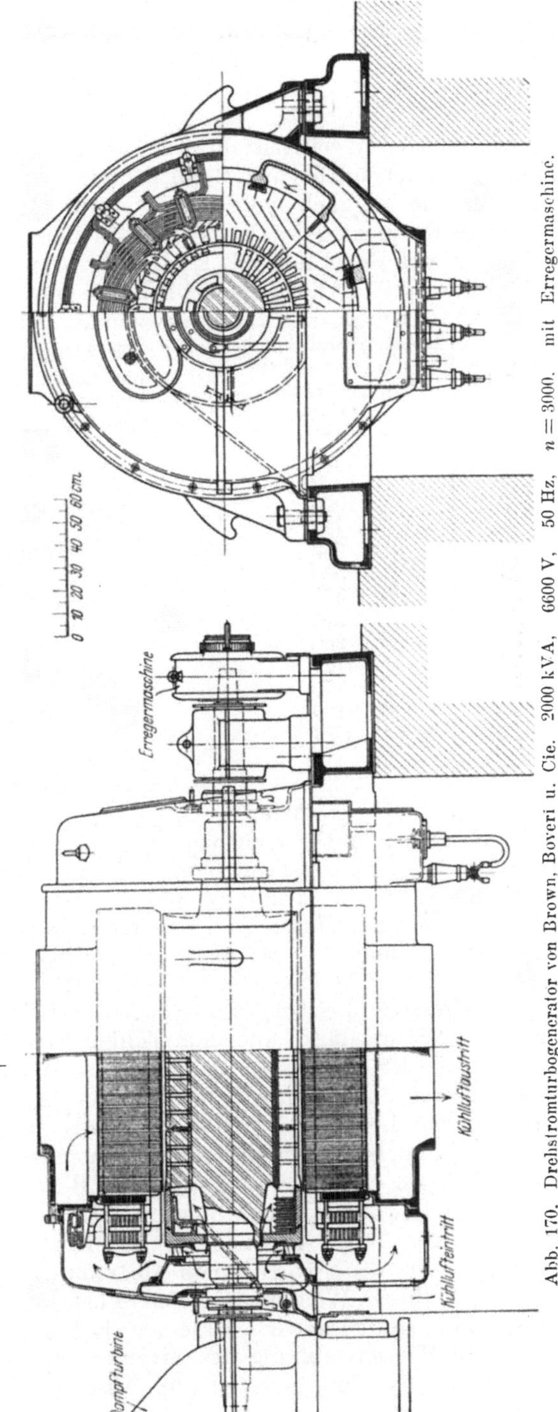

Abb. 170. Drehstromturbogenerator von Brown, Boveri u. Cie. 2000 kVA, 6600 V, 50 Hz, $n = 3000$. mit Erregermaschine.

setzt werden. Sie ergibt sich vielmehr nach der Formel

$$n = \frac{60 \cdot f}{p}. \tag{81}$$

Die meisten Wechselstromwerke arbeiten mit der Frequenz 50 Hz. Sie ist hinreichend hoch, um ein ruhiges Licht zu gewährleisten. Für Anlagen, die lediglich zum Betriebe von Motoren dienen, kann eine geringere Frequenz gewählt werden. So arbeiten die elektrischen Vollbahnen in der Regel mit $16^2/_3$Hz. Die für die Frequenz 50Hz geltenden Drehzahlen sind für die hauptsächlich vorkommenden Polzahlen in nebenstehender Tabelle zusammengestellt.

Polzahl	Drehzahl der Wechselstrommaschinen bei der Frequenz 50 Hz
2	3000
4	1500
6	1000
8	750
10	600
12	500
16	375
20	300
24	250
32	188
40	150
48	125
64	94
80	75

Beispiele: 1. Eine Wechselstrommaschine besitzt 12 Pole und wird mit 400 Umdrehungen in der Minute betrieben. Welche Frequenz besitzt der von ihr erzeugte Strom?

$$f = \frac{p \cdot n}{60} = \frac{6 \cdot 400}{60} = 40\,\text{Hz}.$$

2. Mit welcher Drehzahl muß eine achtpolige Wechselstrommaschine betrieben werden, damit sie Strom von $16^2/_2$ Hz erzeugt?

$$n = \frac{60 \cdot f}{p} = \frac{60 \cdot 50}{4 \cdot 3} = 250.$$

117. Leistung der Wechselstrommaschinen.

Während die Leistung einer Gleichstrommaschine lediglich durch ihre Spannung und Stromstärke bestimmt ist, hängt sie bei Wechselstrommaschinen auch noch von der zwischen diesen beiden Größen herrschenden Phasenverschiebung ab. Allerdings wird jede Maschine für eine bestimmte Spannung und Stromstärke gebaut, und es wird daher auf dem Leistungsschilde der Maschine das Produkt dieser beiden Größen, das man als scheinbare Leistung bezeichnen kann, in Voltampere (VA) angegeben. Bei Drehstrommaschinen wird unter der scheinbaren Leistung, entsprechend Gl. (55), das Produkt von Spannung, Stromstärke und dem Zahlenwerte 1,732 verstanden.

Bei induktionsfreier Belastung ist die scheinbare Leistung in Voltampere gleichbedeutend mit der von der Maschine zu erzielenden tatsächlichen Leistung in Watt, bei induktiver Belastung dagegen ist diese je nach dem in Betracht kommenden Leistungsfaktor ($\cos \varphi$) kleiner. Eine fast induktionsfreie Belastung liegt z. B. beim ausschließlichen Betrieb von Glühlampen vor. In diesem Falle ist der $\cos \varphi$ also nahezu 1. Motoren bilden dagegen im allgemeinen eine induktive Belastung, da sie infolge der Induktivität ihrer Wicklungen eine Phasenverzögerung des Stromes hervorrufen, so daß der $\cos \varphi$ kleiner als 1 ist. Unter Umständen kann auch eine Phasenvoreilung des Stromes eintreten, z. B. beim Betrieb übererregter Synchronmotoren (vgl. Abschn. 141).

Beispiel: Welche Leistung besitzt eine Drehstrommaschine für eine scheinbare Leistung von 720 kVA bei verschiedenen Leistungsfaktoren?

$$\begin{aligned}&\text{Bei } \cos\varphi = 1 \text{ ist die Leistung } N = 720\,\text{kW},\\ &\text{bei } \cos\varphi = 0{,}9 \text{ ist } N = 720 \cdot 0{,}9 = 648\,\text{kW},\\ &\text{bei } \cos\varphi = 0{,}8 \text{ ist } N = 720 \cdot 0{,}8 = 576\,\text{kW}\\ &\text{usw.}\end{aligned}$$

Bei jeder dieser Leistungen gibt die Maschine unter Annahme derselben Spannung die gleiche Stromstärke. Diese läßt sich aus der aus Gl. (55) abgeleiteten Beziehung

$$I = \frac{N}{\sqrt{3} \cdot U \cdot \cos\varphi}$$

berechnen. Es ist z. B. bei 3300 V Spannung

$$I = \frac{720000}{1{,}732 \cdot 3300} = 126\,\text{A}.$$

118. Die Wechselstrommaschine bei Leerlauf.

Die im Ständer der leerlaufenden Wechselstrommaschine bei gleichbleibendem Erregerstrom erzeugte EMK ist — wie bei der Gleichstrommaschine — der Umdrehungszahl proportional. Auch der Verlauf der Leerlaufkennlinie, die die Abhängigkeit der EMK vom Erregerstrom bei gleichbleibender Drehzahl zum Ausdruck bringt, ist derselbe wie bei einer Gleichstrommaschine. In Abb. 171 ist die Leerlaufkennlinie einer Drehstrommaschine dargestellt. Die Maschine ist in Stern geschaltet, und es ist sowohl die Kurve der verketteten EMK E als auch der EMK eines Stranges E_p gezeichnet. Man erkennt, daß für einen bestimmten Erregerstrom die verkettete Spannung das ungefähr 1,73fache der Strangspannung (Phasenspannung!) beträgt.

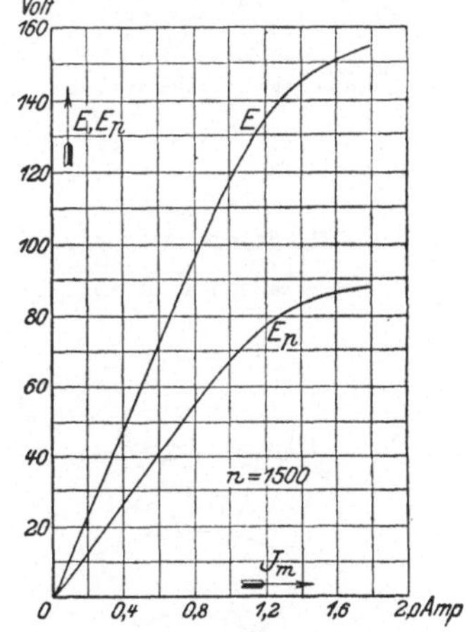

Abb. 171. Leerlaufkennlinie einer Drehstrommaschine in Sternschaltung für 2,5 kVA, 120 V, 12 A, 50 Hz, $n = 1500$.

119. Die Wechselstrommaschine bei Belastung.

Die Klemmenspannung einer Wechselstrommaschine ist bei Belastung im allgemeinen von der EMK bei Leerlauf verschieden. Es sind hierfür verschiedene Gründe maßgebend. Zunächst tritt, wie im Anker der Gleichstrommaschine, ein Spannungsverlust in der Ständerwicklung auf, der durch ihren Ohmschen Widerstand veranlaßt wird. Dazu kommt die Wirkung der Selbstinduktion, die sich als scheinbare Vergrößerung des Widerstandes geltend macht und zu deren Überwindung ebenfalls ein Teil der EMK aufgewendet werden muß. Schließlich macht sich noch der Einfluß des Ständerfeldes auf das von den Polen herrührende Hauptfeld, die Rückwirkung des Ständers, geltend.

Die durch die Ständerrückwirkung veranlaßte Spannungsänderung ist in hohem Maße von der zwischen Spannung und Stromstärke bestehenden Phasenverschiebung abhängig. Meistens liegen die Verhältnisse derart, daß der Strom gegenüber der Spannung verzögert ist. Dieser Fall ist in Abb. 172a zum Ausdruck gebracht, die den die Spule *1*—*2* enthaltenden Teil des Ständers nebst zwei Polen des Magnetrades einer Einphasenmaschine wiedergibt. Der Abbildung ist eine Phasenverschiebung von 90°, also einer Viertelperiode zugrunde gelegt, mithin die größte Phasenverschiebung, die überhaupt möglich ist. Während z. B. in den Drähten der Nute *1* ein Höchstwert der EMK induziert wird, wenn der Nordpol *N* bei der Drehung des Magnetrades mit seiner Mittegerade unter die Nut gelangt, tritt die größte Stromstärke erst eine Viertelperiode später ein, wenn also der Pol sich bereits in der Mitte zwischen Nute *1* und Nute *2* befindet. Für diesen Augenblick ist die Abbildung gezeichnet. Der Strom ist in den Drähten der Nute *1* von vorn nach hinten gerichtet, und dieser Stromrichtung sind die Drähte noch so lange unterworfen, bis die Mitte des betrachteten Nordpols unter die Nute *2* gelangt ist. In der dem Höchstwert vorausgehenden Viertelperiode wächst die Stromstärke, vom Werte Null beginnend, allmählich an, während sie in der nächsten Viertelperiode wieder auf Null fällt. Um die vom Strom durchflossenen Drähte bilden sich nun Kraftlinien, deren Verlauf in der Abbildung durch eine gestrichelte Linie angedeutet ist, und deren Richtung nach einer der Regeln des Abschn. 24a festgestellt werden kann. Es ergibt sich, daß sie den Kraftlinien des Hauptfeldes, die bekanntlich am Nordpol aus- und am Südpol eintreten, entgegengerichtet sind. Eine ähnliche Betrachtung für die Drähte der Nute *2* führt hinsichtlich der Richtung der sich um sie bildenden Kraftlinien zum gleichen Ergebnis. Die Ständerrückwirkung äußert sich also durch eine Feldschwächung, d. h. eine Abnahme der von der Maschine erzeugten Spannung.

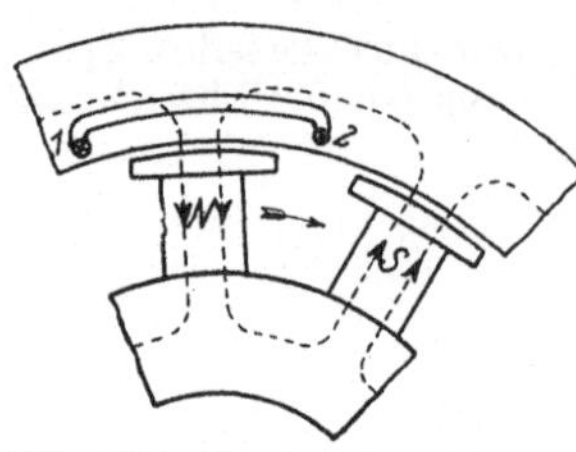

Abb. 172a. Ständerrückwirkung einer Einphasenmaschine bei verzögertem Strom.

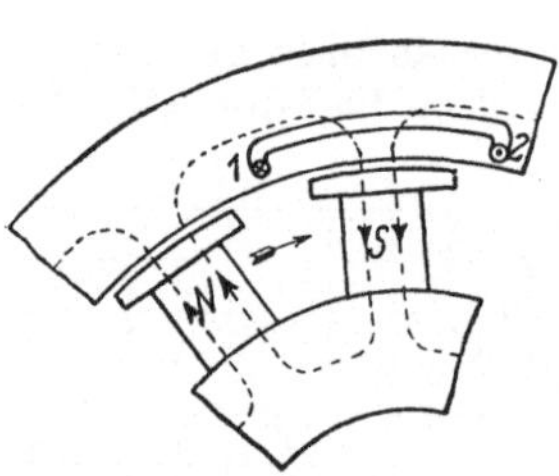

Abb. 172b. Ständerrückwirkung einer Einphasenmaschine bei voreilendem Strom.

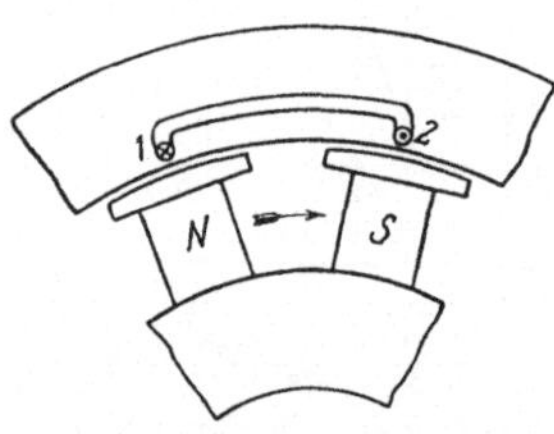

Abb. 172c. Ständerrückwirkung einer Einphasenmaschine bei Phasengleichheit zwischen Strom und Spannung.

Es wurde bereits darauf hingewiesen, daß unter gewissen Bedingungen die Phasenverschiebung entgegengesetzter Natur sein kann, als bisher angenommen wurde. Der Strom kann also auch eine Voreilung gegen die Spannung besitzen. Diesem Falle — und zwar wiederum unter der Annahme einer Phasenverschiebung von 90° — entspricht Abb. 172b, aus der man erkennt, daß durch die Ständerrückwirkung das von den Polen herrührende Hauptfeld verstärkt wird. Es kann daher bei Phasenvoreilung des Stromes die auffallende Erscheinung eintreten, daß mit zunehmender Belastung die Spannung der Maschine ansteigt.

Ist endlich eine Phasenverschiebung zwischen Spannung und Stromstärke überhaupt nicht vorhanden, so fällt der Höchstwert des Stromes jedesmal zusammen mit dem Höchstwert der Spannung, Abb. 172c. Es ergeben sich dann abwechselnd von einer Viertel- zu einer Viertelperiode feldschwächende und feldverstärkende Wirkungen, deren Einflüsse sich gegenseitig aufheben. Ein Spannungsabfall wird in diesem Falle lediglich durch den OHMschen Widerstand und die Selbstinduktion der Ständerwicklung veranlaßt.

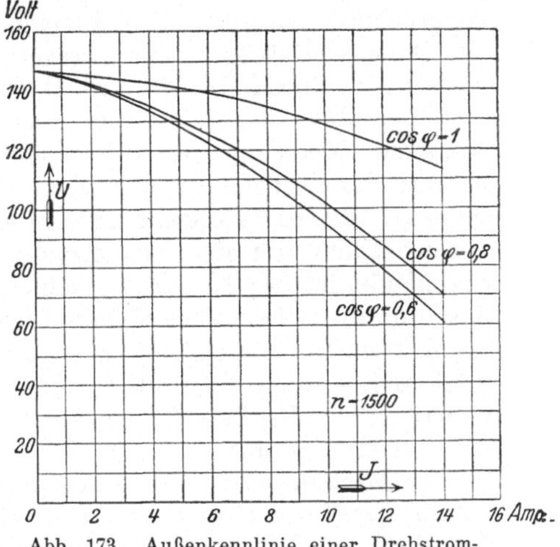

Abb. 173. Außenkennlinie einer Drehstrommaschine für 2,5 kVA, 120 V, 12 A, 50 Hz, $n = 1500$.

Die den obigen Betrachtungen zugrunde gelegte Phasenverschiebung von 90° ($\cos\varphi = 0$) in dem einen oder anderen Sinne ist lediglich als ein Grenzfall zu betrachten, der in Wirklichkeit nicht vorkommt. Meistens ist die Phasenverschiebung erheblich kleiner, so daß auch die Rückwirkung des Ständers verhältnismäßig weniger zur Geltung kommt. Ihr Einfluß muß offenbar um so geringer sein, je mehr sich der $\cos\varphi$ dem Werte *1* nähert. Das gleiche gilt aus hier nicht zu erörternden Gründen auch von dem durch die Selbstinduktion veranlaßten Spannungsabfall, der ebenfalls bei $\cos\varphi = 1$ verhältnismäßig gering, bei Phasenverschiebung dagegen erheblich größer ist.

Bei einer Drehstrommaschine liegen die Verhältnisse ähnlich wie bei der Einphasenmaschine. In Abb. 173 ist die Außenkennlinie derselben Drehstrommaschine, für die auch die in Abb. 171 dargestellte Leerlaufkennlinie gilt, für induktionsfreie Belastung ($\cos\varphi = 1$) sowie für induktive Belastung ($\cos\varphi = 0{,}8$ und $0{,}6$) wiedergegeben. Die Kurven wurden experimentell bei unveränderter Stellung der Kurbel des Magnetreglers und gleichbleibender Drehzahl aufgenommen. Sie bilden eine Bestätigung der vorstehenden Erörterungen, indem sie zeigen, daß die zwischen Leerlauf und Belastung auftretende Spannungsänderung erheblich kleiner ist, wenn Phasengleichheit zwischen Spannung und Strom besteht, als in dem Falle, daß der Strom gegen die Spannung verzögert ist.

Für größere Wechselstrommaschinen beträgt die bei induktionsfreier Belastung zwischen Vollast und Leerlauf auftretende Spannungsänderung in normalen Fällen ungefähr 8 bis 10%.

120. Selbsttätige Spannungsregelung.

Die Regelung der Spannung von Wechselstrommaschinen kann, wie bei den Gleichstrommaschinen, von Hand mit dem Feldregler vorgenommen werden. Doch zieht man in größeren Kraftwerken zur Konstanthaltung der Spannung selbsttätige Regler vor. Sie bieten besonders in solchen Anlagen Nutzen, in denen starke Belastungsschwankungen vorkommen. Eine große Verbreitung hat der Tirrillregler gefunden, dessen Prinzip kurz angegeben werden soll.

Der Tirrillregler gehört zur Klasse der „Schnellregler" und wirkt in der Weise, daß er die Spannung der als Nebenschlußmaschine ausgeführten Erregermaschine der Belastung der Wechselstrommaschine entsprechend einstellt. Zur Erreichung dieses Zweckes wird parallel zum Nebenschlußregler der Erregermaschine eine Kontaktvorrichtung angeordnet, durch die der im Regler eingeschaltete Widerstand unmittelbar überbrückt, also kurzgeschlossen werden kann. Durch einen sinnreichen Mechanismus wird der Kontakt in schneller Aufeinanderfolge, mehrere hundertmal in der Minute, abwechselnd geöffnet und geschlossen. Ist der Kontakt unterbrochen, so ist die Spannung der Erregermaschine die der vorliegenden Stellung des Handreglers entsprechende, ist der Kontakt geschlossen, so erreicht die Spannung der Maschine ihren höchstmöglichen Wert. Da nun Schließen und Öffnen des Kontaktes abwechseln, so muß sich die Erregermaschine auf eine mittlere Spannung einstellen, und zwar hängt deren Höhe von dem Verhältnis der Schließungszeit zur Öffnungszeit während eines Spieles der Vorrichtung ab.

Der Mechanismus wirkt nun derartig, daß mit zunehmender Belastung der Wechselstrommaschine, also abnehmender Spannung dieses Verhältnis größer wird, die Spannung der Erregermaschine mithin ansteigt und damit auch die Spannung der Wechselstrommaschine wieder ihren normalen Wert erreicht. Bei abnehmender Belastung wird umgekehrt das Verhältnis der Schließungs- zur Öffnungszeit kleiner, und die Spannung der Erregermaschine sinkt daher auf den für eine gleichbleibende Wechselstromspannung notwendigen Betrag.

Der Tirrillregler gleicht auch solche Spannungsschwankungen aus, die durch Ungleichmäßigkeiten in der Umlaufzahl der Antriebsmaschine verursacht werden. Er kann übrigens auch für Gleichstrommaschinen angewendet werden, wenn diese von besonderen Maschinen erregt werden.

121. Die Wechselstrommaschine bei Kurzschluß.

Schließt man eine Wechselstrommaschine kurz, indem man ihre Klemmen durch einen Strommesser von möglichst geringem Widerstande überbrückt, so findet man, daß ein verhältnismäßig schwacher Erregerstrom nötig ist, um in dem so gebildeten Stromkreise einen Strom von normaler Stärke hervorzurufen. Eine nützliche Klemmenspanung ist in der kurzgeschlossenen Maschine nicht vorhanden, vielmehr wird lediglich die geringe zur Überwindung des Ohmschen Widerstandes und der Selbstinduktion erforderliche EMK induziert, gegen die übrigens der Strom wegen des im Vergleich zum OHMschen Spannungsverlust überwiegenden Einflusses der Selbstinduktion eine Phasenverzögerung von nahezu 90° besitzt. Da für die Erzeugung dieser EMK eine nur geringfügige Erregung erforderlich ist, so kann man mit einiger Annäherung annehmen, daß der gesamte für den Kurzschlußversuch benötigte Erregerstrom dazu dient, die bei der betreffenden Stromstärke auftretende Ständerrückwirkung auszugleichen.

Führt man den Kurzschlußversuch für verschiedene Erregerstromstärken durch, so kann man, indem man den jedesmaligen Kurzschlußstrom I in Abhängigkeit vom Erregerstrom I_m aufträgt, die **Kurzschlußkennlinie** zeichnen. Diese ist von der Drehzahl nahezu unabhängig und zeigt einen fast geradlinigen Verlauf. Die in Abb. 174 gezeichnete Kurzschlußkurve ist an einer **Drehstrommaschine** aufgenommen, und zwar an der gleichen

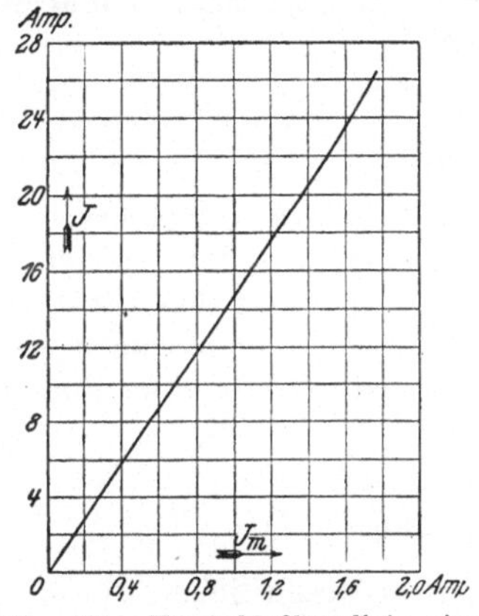

Abb. 174. Kurzschlußkennlinie einer Drehstrommaschine für 2,5 kVA, 120 V, 12 A, 50 Hz, $n = 1500$.

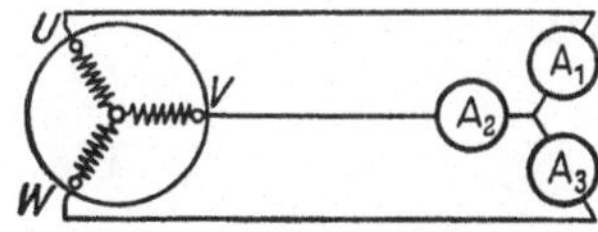

Abb. 175. Kurzschlußversuch an einer Drehstrommaschine.

Maschine, auf die sich Abb. 171 und 173 beziehen. Die Klemmen U, V, W der Maschine waren während des Versuches nach Abb. 175 durch drei Strommesser A_1, A_2 und A_3 kurzgeschlossen.

Die Stärke des beim Kurzschluß an einer **normal** erregten Wechselstrommaschine auftretenden Stromes, des sog. **Dauerkurzschlußstromes**, kann der Kurzschlußkennlinie entnommen werden, die gegebenenfalls entsprechend zu verlängern ist. Sie beträgt das ungefähr 2- bis 4-fache der normalen Stromstärke. Daß sie verhältnismäßig kleiner als bei einer fremderregten **Gleichstrommaschine** ist, ist darauf zurückzuführen, daß bei dieser der Kurzschlußstrom nur vom OHMschen Widerstande der Ankerwicklung, nicht auch von der Selbstinduktion abhängt.

Bei einem im **Betriebe** eintretenden Kurzschluß ist die Stromstärke jedoch **im ersten Augenblick** wesentlich höher als vorstehend angegeben, da die das Feld schwächend beeinflussende Ständerrückwirkung nicht sofort zur vollen Geltung kommt. Der erstzeitige Kurzschlußstrom oder **Stoßkurzschlußstrom** kann daher nicht nur für die Maschine, sondern auch für die Schaltanlage verhängnisvoll werden. Um ihn zu begrenzen, ist man bemüht, die Selbstinduktion der Ständerwicklung größerer Maschinen zu steigern. Die damit verbundene größere Spannungsänderung nimmt man in Kauf.

Da eine Vergrößerung der Induktivität der Wicklung jedoch nur in beschränktem Maße möglich ist, so werden u. U. zur Strombegrenzung besondere Drosselspulen angewendet, Überstromdrosselspulen oder Reaktanzspulen genannt, deren OHMscher Widerstand so klein gehalten wird, daß der von ihnen verursachte Leistungsverlust nur unbedeutend ist.

Um die Kurzschlußstromstärke herabzusetzen, kann bei großen Maschinen eine selbsttätige Feldschwächungseinrichtung vorgesehen werden, durch welche beim Eintritt eines Kurzschlusses in den Magnetkreis der Maschine ein Widerstand eingeschaltet und damit die Maschinenspannung vermindert wird.

122. Spannung.

Die Höhe der in einer Wechselstrommaschine erzielbaren Spannung ist durch die Schwierigkeiten begrenzt, die hinsichtlich Herstellung einer sicheren Isolation auftreten. Die von den Stromerzeugern gelieferte Spannung beträgt im allgemeinen nicht mehr als ungefähr 15000 V. Meistens begnügt man sich jedoch mit einer Spannung von etwa 6000 V.

123. Wirkungsgrad.

In den Wechselstrommaschinen treten im wesentlichen die gleichen Verluste wie in den Gleichstrommaschinen auf. Der Wirkungsgrad von Drehstrommaschinen kann, induktionsfreie Belastung vorausgesetzt, als dem der Gleichstrommaschinen ungefähr gleich angesehen werden (s. Tab. in Abschn. 89). Bei induktiver Belastung ist er jedoch, je nach dem Leistungsfaktor, niedriger. Bei besonders großen Leistungen werden Wirkungsgrade bis zu 96% und mehr erreicht. Einphasenmaschinen haben, da bei ihnen die Ausnutzung durch die Ständerwicklung nicht so gut ist, einen etwas geringeren Wirkungsgrad als Drehstrommaschinen.

Beispiele: 1. Einer Einphasenmaschine wird eine mechanische Leistung von 300 PS zugeführt. Welche elektrische Leistung entwickelt sie bei einem Wirkungsgrade von 92%? Welche Stromstärke kann ihr entnommen werden bei einer Spannung von 2100 V und dem Leistungsfaktor 0,8?

Wie für einen Gleichstromerzeuger findet man die Nutzleistung nach Gl. (72):

$$N_2 = \eta \cdot N_1 .$$

Nun ist $$N_1 = 300 \cdot 735 = 220000 \text{ W},$$

also $$N_2 = 0{,}92 \cdot 220000 = 202000 \text{ W} = 202 \text{ kW}.$$

Aus Gl. (50) folgt für die Stromstärke:

$$I = \frac{N_2}{U \cdot \cos\varphi} = \frac{202000}{2100 \cdot 0{,}8} = 120 \text{ A}.$$

2. Eine Drehstrommaschine liefert bei einer Spannung von 6300 V einen Strom von 216 A. Der Leistungsfaktor hat den Wert 0,85. Die von der Maschine aufgenommene mechanische Leistung beträgt 2100 kW. Welchen Wirkungsgrad besitzt die Maschine?

Die Nutzleistung der Maschine wird nach Gl. (55) gefunden:

$$N_2 = \sqrt{3} \cdot U \cdot I \cdot \cos\varphi = 1{,}732 \cdot 6300 \cdot 216 \cdot 0{,}85 = 2\,000\,000 \text{ W} = 2000 \text{ kW}.$$

Da nach Gl. (71) für den Wirkungsgrad die Beziehung gilt:

$$\eta = \frac{N_2}{N_1}, \qquad \text{so folgt:} \qquad \eta = \frac{2000}{2100} = 0{,}952.$$

124. Parallelbetrieb von Wechselstrommaschinen.

Um eine Wechselstrommaschine mit einer anderen parallel zu schalten, genügt es nicht, sie auf die gleiche Spannung zu erregen, die die bereits im Betrieb befindliche liefert, sondern es muß auch ihre Drehzahl auf genau gleiche Frequenz eingeregelt werden, und schließlich ist zu beachten, daß im Augenblick des Parallelschaltens die Spannungen beider Maschinen phasengleich sind, d. h. daß beide Spannungen gleichzeitig ihren Höchstwert, gleichzeitig den Wert null erreichen. Sind die beiden letzten Bedingungen erfüllt, so sagt man: die Maschinen laufen synchron. Um den synchronen Zustand zu erkennen, bedient man sich des Synchronismusanzeigers.

a) Einphasenmaschinen.

Ein viel verwendeter Synchronismusanzeiger ist die Phasenlampe. Unter der Annahme von Einphasenmaschinen zeigt ihre Schaltung Abb. 176. Es ist angenommen, daß die Maschine I sich bereits im

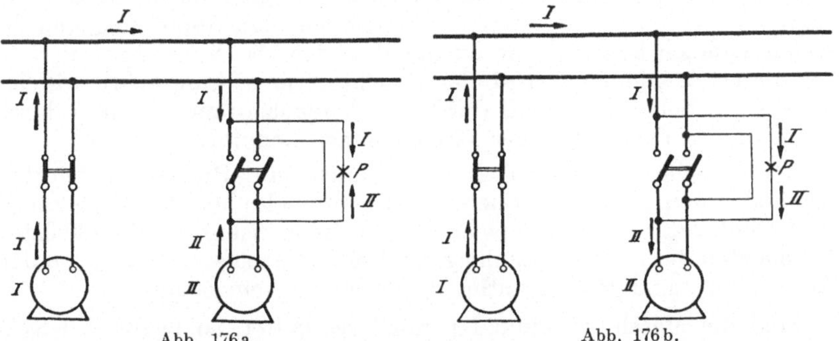

Abb. 176a. Abb. 176b.
Schaltung der Phasenlampe für Einphasenmaschinen (Dunkelschaltung).

Betriebe befindet, und daß die Maschine II zu ihr parallel geschaltet werden soll. Die Phasenlampe P ist eine gewöhnliche Glühlampe für die doppelte Maschinenspannung. Sie liegt zu einem der Hebel des zweipoligen Hauptschalters der hinzuzuschaltenden Maschine parallel, während der andere Hebel durch einen Draht unmittelbar überbrückt ist. Ist die Maschine II auf die normale Spannung erregt, so haben, wenn Phasengleichheit besteht, die Spannungen beider Maschinen in jedem Augenblicke die gleiche Richtung und Größe. In bezug auf die Phasenlampe heben sie sich aber, wie Abb. 176a zeigt, auf, die Lampe bleibt also dunkel. Ist dagegen zwischen den Spannungen beider Maschinen eine Phasenabweichung von 180° vorhanden, die größte Abweichung, die überhaupt eintreten kann, so haben die Spannungen in jedem Augenblicke zwar auch die gleiche Größe, aber sie sind entgegengesetzt gerichtet. In bezug auf die Lampe summieren sie sich jedoch, Abb. 176b. Es wirkt also auf die Lampe die doppelte Maschinenspannung ein, sie leuchtet hell auf. Beim Einregulieren der Umlaufzahl der Maschine *II* leuchtet die Lampe, solange der Synchronismus noch nicht erreicht ist, periodisch auf, zwischendurch immer wieder dunkel werdend. Die Schwebungen des Lichtes treten immer langsamer auf, je mehr man sich dem synchronen Zustand nähert, bis bei vollem Synchronismus die Lampe dunkel bleibt. Sobald diese Erscheinung, die infolge der unvermeidlichen Ungleichmäßigkeiten im Gange der Antriebsmaschinen nur kurze Zeit andauert, eintritt, kann das Parallelschalten der Maschine durch Einlegen ihres Schalters erfolgen.

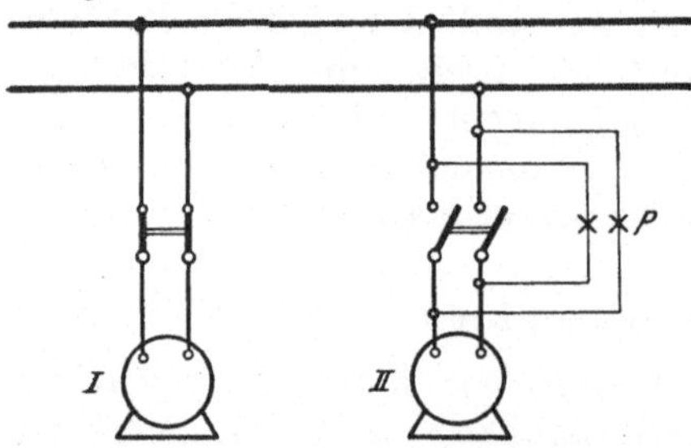

Abb. 177. Schaltung der Phasenlampen für Einphasenmaschinen (Hellschaltung).

Statt einer Lampe für die doppelte Betriebsspannung können auch zwei Lampen, jede für die einfache Spannung, hintereinander geschaltet werden. Gegebenenfalls kann man je eine Lampe in die beiden Schalterüberbrükkungen legen. Bei der in Abb. 177 gezeichneten Anordnung sind die beiden Lampen kreuzweise an die Pole der Maschine angeschlossen. Bei dieser Anschlußart wird der Synchronismus, umgekehrt wie bei der vorigen Schaltung, nicht durch den Dunkelzustand, sondern durch das helle Aufleuchten der Phasenlampen kenntlich gemacht.

Als Synchronismusanzeiger kann auch ein Phasenvoltmeter verwendet werden: ein Voltmeter für die doppelte Maschinenspannung. Dem Dunkel der Phasenlampe entspricht die Nullstellung, dem hellsten Aufleuchten der größte Ausschlag des Voltmeterzeigers. Häufig werden Phasenlampe und Phasenvoltmeter gleichzeitig eingebaut.

Sind die Maschinen einmal parallel geschaltet, so bleibt der Synchronismus im allgemeinen auch bestehen, da eine synchronisierende Kraft auftritt, indem der bei dem geringsten Geschwindigkeitsunterschied zwischen beiden Maschinen auftretende Ausgleichstrom die langsamlaufende Maschine zu beschleunigen, die schneller laufende Maschine zurückzuhalten bestrebt ist.

Die Verteilung der Belastung auf die verschiedenen Maschinen kann bei Wechselstrommaschinen nicht wie bei Gleichstrommaschinen lediglich durch Verändern des Erregerstromes bewirkt werden, sondern es muß auch der mehr zu belastenden Maschine durch die Antriebsmaschine eine größere Energiemenge zugeführt werden, was z. B. bei Dampfmaschinen durch Beeinflussung des Regulators geschehen kann.

b) Drehstrommaschinen.

Das Parallelschalten von Drehstrommaschinen erfolgt in genau derselben Weise wie bei Einphasenmaschinen. Eine Phasenlampe ist nur für eine Phase notwendig. Besteht für diese Synchronismus, so ist er auch für die anderen Phasen vorhanden. Voraussetzung ist, daß an jede Sammelschiene nur Leitungen derselben Phase angeschlossen sind, oder anders ausgedrückt, daß die Reihenfolge der Phasen aller Maschinen die gleiche ist. Bei der ersten Inbetriebsetzung wird man sich hiervon überzeugen müssen, und zwar kann dies dadurch geschehen, daß nach Abbild. 178 für jede Leitung eine Lampe vorgesehen wird. Die Schaltung ist richtig, wenn alle drei Lampen gleichzeitig hell und gleichzeitig dunkel werden. Andernfalls sind irgend zwei der Leitungen einer Maschine in bezug auf ihre Verbindung mit den Sammelschienen miteinander zu vertauschen. Der synchrone Zustand wird durch das Dunkelwerden der Lampen angezeigt. Diese sind für die 1,15fache Maschinenspannung (der doppelten Sternspannung entsprechend) zu bemessen.

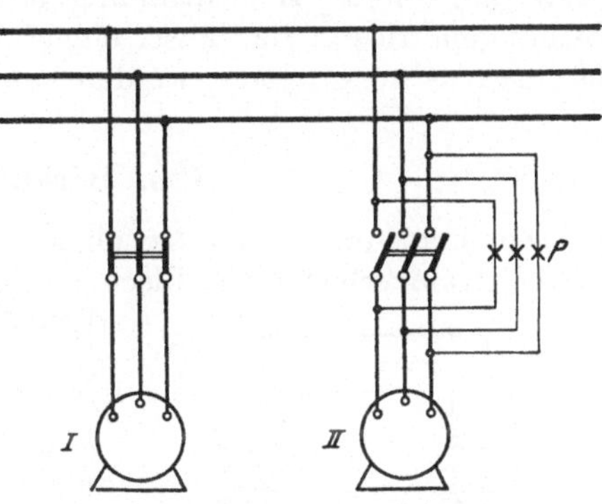

Abb. 178. Schaltung der Phasenlampen für Drehstrommaschinen (Dunkelschaltung).

c) Hochspannungsmaschinen.

Bei Hochspannungsmaschinen können ebenfalls Phasenlampen und Phasenvoltmeter verwendet werden, doch ist dann die Zwischenschaltung kleiner Transformatoren, sog. Spannungswandler (s. Abschnitt 138), erforderlich, welche die für die Apparate benötigte niedrige Spannung herstellen.

Sechstes Kapitel.

Transformatoren.

125. Allgemeines.

Der Wechselstrom besitzt die besonders angenehme Eigenschaft, daß sich seine Spannung in bequemster Weise verändern läßt. Zur Spannungsumformung dienen die Umspanner oder Transformatoren, die sich durch sehr einfachen Bau auszeichnen und, da sie bewegliche Teile nicht besitzen, fast keiner Bedienung bedürfen. Sie können zur Spannungserhöhung oder zur Spannungserniedrigung verwendet werden. Transformatoren zum Heraufsetzen der Spannung kommen namentlich in den elektrischen Zentralstationen zur Aufstellung, wenn die Übertragungsspannung höher ist als die in den Maschinen unmittelbar erzeugte Spannung. Transformatoren zur Spannungserniedrigung werden allgemein benutzt, um die den Verbrauchsorten zugeführte Hochspannung so weit herunterzusetzen, daß der Strom gefahrlos in die Häuser eingeführt und zum Betrieb von Lampen, Motoren usw. verwendet werden kann.

126. Wirkungsweise.

Die Transformatoren bestehen aus einem zur Verminderung des Wirbelstromverlustes aus Blechen zusammengesetzten Eisenkörper, auf dem sich zwei elektrisch nicht miteinander verbundene Wicklungen befinden. Die Form des Eisenkörpers möge der Abb. 179 entsprechen: zwei zur Aufnahme der Wicklungen dienende Kerne sind durch Jochstücke zu einem geschlossenen magnetischen Kreise verbunden. Wird die auf einem der Kerne befindliche primäre Wicklung *uv* an eine Wechselspannung angeschlossen, so werden in dem Eisengestell Kraftlinien (durch die gestrichelte Linie angedeutet) wachgerufen, deren Zahl und Richtung periodischen Schwankungen unterworfen sind, die den Schwankungen des die Wicklung durchfließenden Wechselstroms genau entsprechen. Da die auf dem andern Schenkel untergebrachte sekundäre Wicklung *UV* von den Kraftlinien durchsetzt wird, so muß in ihr eine EMK von wechselnder Richtung induziert werden, deren Frequenz mit derjenigen des primären Stromes übereinstimmt.

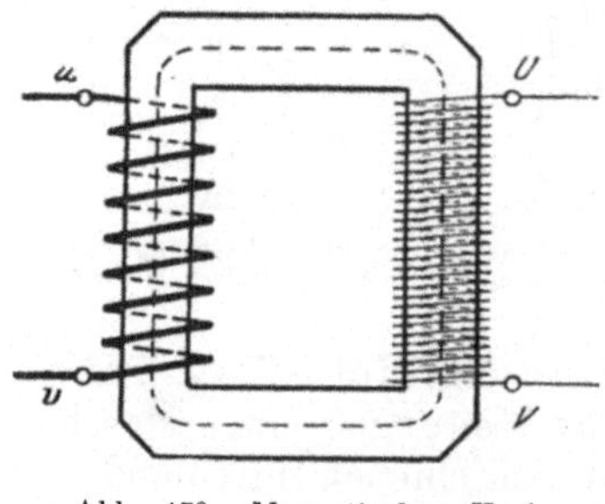

Abb. 179. Magnetischer Kreis eines Transformators.

Aber auch in der Primärwicklung selbst wird infolge der Selbstinduktion eine EMK hervorgerufen. Diese ist (vgl. die Wirkungsweise der Drosselspule, Abschn. 39) der zugeführten Spannung entgegengerichtet und daher als eine elektromotorische Gegenkraft aufzufassen. Sie ist — ähnlich wie z. B. die bei den Gleichstrommotoren auftretende EMG — bei Leerlauf, d. h. bei offener sekundärer Wicklung fast so groß wie die zugeführte Klemmenspannung. Die wirksame Spannung ist daher sehr klein und infolgedessen die Stromaufnahme gering. Dem Leerlaufstrom kommt im wesentlichen nur die Rolle des Magnetisierungsstromes zu. Er ist gegen die Spannung um fast 90° verzögert, also nahezu Blindstrom.

Wird der Transformator belastet, indem ihm von den sekundären Klemmen Strom entnommen wird, so hat der sekundäre Wechselstrom in jedem Augenblicke die entgegengesetzte Richtung wie der primäre, da er nach dem Induktionsgesetz stets den durch die Änderungen des primären Stromes hervorgerufenen Feldänderungen entgegenwirkt. Das primäre Feld wird also durch das vom sekundären

Strom herrührende Feld geschwächt. Die Folge dieser Feldschwächung ist eine geringere EMG, so daß die primäre Spule sofort aus dem Netz einen größeren Strom empfängt, wodurch das magnetische Feld annähernd in der ursprünglichen Stärke, der als konstant angenommenen primären Klemmenspannung entsprechend, wiederhergestellt wird. Die Stromaufnahme des Transformators paßt sich also selbsttätig der Belastung an.

Besteht die sekundäre Wicklung aus ebenso vielen Windungen wie die primäre, so hat die in ihr induzierte EMK dieselbe Größe wie die primäre EMK. Ist die sekundäre Windungszahl doppelt so groß wie die primäre, so hat auch die sekundäre EMK den doppelten Wert der primären. Bei der halben Windungszahl ergibt sich nur die halbe EMK usw. Das Verhältnis der primären zur sekundären EMK, die Übersetzung des Transformators, ist also gleich dem Verhältnis der primären zur sekundären Windungszahl. Bezeichnet man die Windungszahl mit w, die EMK wie früher mit E, und wird die Zugehörigkeit zur primären bzw. sekundären Seite durch kleine Zahlen angedeutet, so ist demnach:

$$\frac{E_1}{E_2} = \frac{w_1}{w_2}. \tag{82}$$

Es ist klar, daß die von einem Transformator primär aufgenommene Leistung gleich der sekundär abgegebenen sein muß, wenn von den Verlusten innerhalb des Transformators abgesehen wird. Da bei induktionsfreier Belastung die Leistung gleich dem Produkt von Spannung und Stromstärke ist, so muß demnach die sekundäre Stromstärke in demselben Verhältnis geringer werden, wie die EMK erhöht wird, und umgekehrt. Die Stromstärken in den beiden Wicklungen verhalten sich also umgekehrt wie die EMKe:

$$\frac{I_1}{I_2} = \frac{E_2}{E_1}. \tag{83}$$

127. Bauart der Einphasentransformatoren.

In Abb. 179, die einen Kerntransformator darstellt, wurde angenommen, daß die primäre und sekundäre Wicklung auf verschiedenen Kernen untergebracht sind. Diese Anordnung hat den Nachteil, daß nicht alle von der primären Spule erzeugten Kraftlinien auch die sekundäre Spule durchsetzen, da ein Teil sich unmittelbar durch die Luft schließt, also durch Streuung verlorengeht (vgl. Abb. 33). Dies hat zur Folge, daß die in der sekundären Wicklung erzeugte EMK geringer ist, als dem Verhältnis der Windungszahlen beider Wicklungen entspricht. Zur Verminderung der Streuung bringt man daher stets auf jedem der Kerne einen Teil der primären und der sekundären Wicklung unter.

Bei der in Abb. 180 schematisch dargestellten Bauweise ist die sog. Zylinderwicklung angewendet. Die Niederspannungswicklung ist schraubenförmig aus Vierkantleitern hergestellt, die unmittelbar auf die mit Isoliermaterial umkleideten Kerne geschoben sind. Sie wird konzentrisch umschlossen von der Hochspannungswicklung, die in

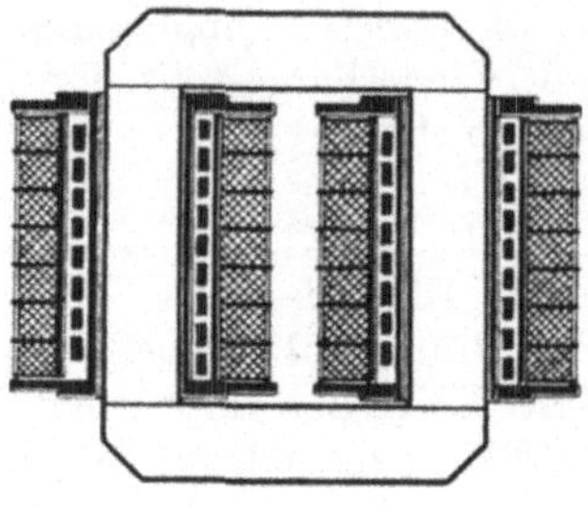

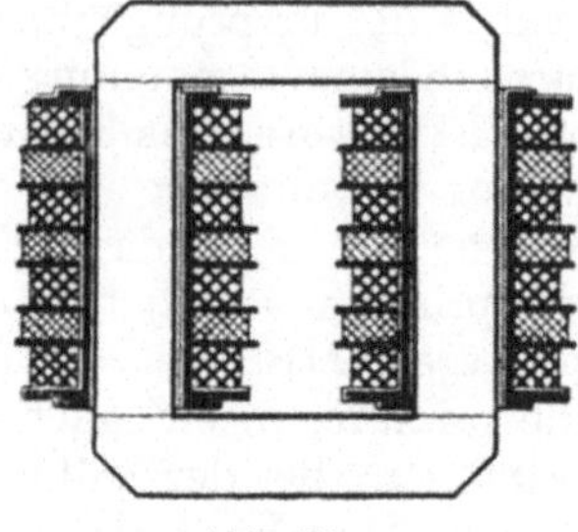

Abb. 180 Abb. 181.
Kerntransformator für Einphasenstrom
mit Zylinderwicklung. mit Scheibenwicklung.

zahlreiche, hintereinander geschaltete Spulen unterteilt ist. Hoch- und Niederspannungswicklung sind sowohl gegeneinander als auch gegen das Eisen vorzüglich zu isolieren, ein wesentliches Erfordernis für die Betriebssicherheit eines Transformators.

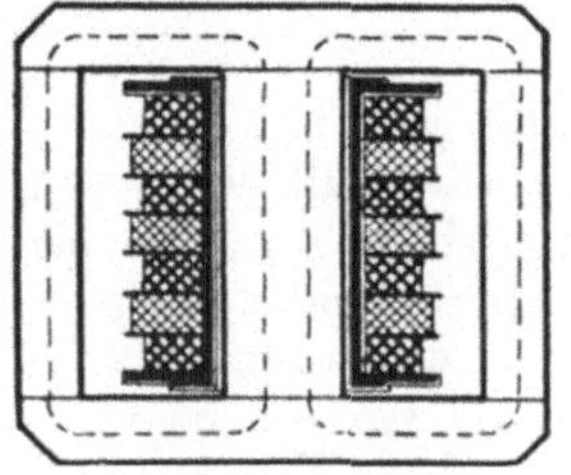

Abb. 182. Manteltransformator für Einphasenstrom.

Abb. 181 zeigt einen Transformator mit Scheibenwicklung. Auch die Niederspannungswicklung besteht hier aus einer Reihe einzelner Spulen, die je nach den Umständen parallel oder hintereinander geschaltet werden. Sämtliche Spulen sind übereinander gelagert, und zwar wechseln, um dem Einfluß der Streuung möglichst zu begegnen, Hochspannungs- und Niederspannungsspulen ab.

Eine andere Bauart des Transformators ist in Abb. 182 wiedergegeben, der Manteltransformator. Bei diesem werden beide Wicklungen von einem einzigen Kern aufgenommen und von dem Joch nach zwei Seiten umschlossen. Der Kraftlinienverlauf ist wieder durch gestrichelte Linien angegeben. Dem Joch braucht bei dieser Anordnung nur der halbe Querschnitt des Kernes gegeben zu werden, wenn die Kraftliniendichte in allen Teilen des magnetischen Kreises die gleiche sein soll.

Abb. 183. Schaltbild eines Einphasentransformators.

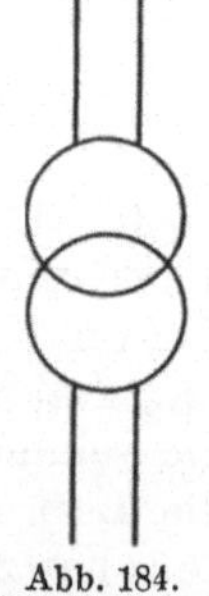

Abb. 184. Schaltzeichen eines Einphasentransformators

Unabhängig von der Bauart kann der Transformator schematisch lediglich durch seine Wicklungen dargestellt werden. In Abb. 183 bedeutet *UV* die Hochspannungs-, *uv* die Niederspannungsseite. Vielfach wird zur Kennzeichnung des Transformators auch das vom VDE eingeführte Schaltzeichen verwendet, in dem die beiden Wicklungen nach Abb. 184 durch zwei ineinander greifende Kreise dargestellt werden.

128. Bauart der Mehrphasentransformatoren.

Die Spanungsumformung von Zweiphasenstrom läßt sich mit Hilfe von zwei, die von Drehstrom mit Hilfe von drei Einphasentransformatoren bewirken, die entsprechend geschaltet werden. Doch zieht man es bei Drehstrom meistens vor, die Wicklungen für die drei Phasen auf einem Eisengestell zu vereinigen, Abb. 185 zeigt den allgemeinen Aufbau eines Kerntransformators für Drehstrom. Jeder der drei Kerne trägt die

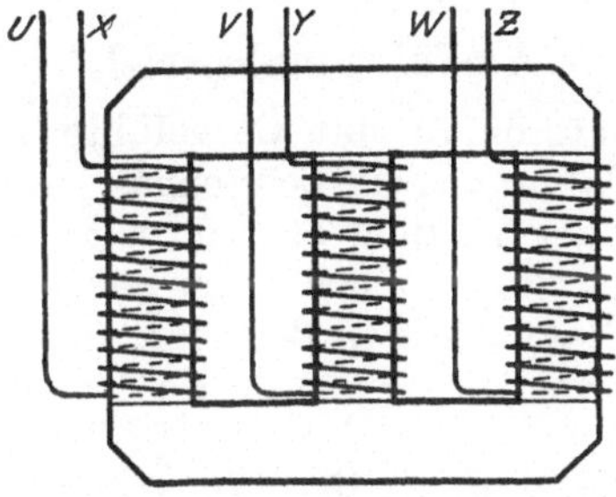

Abb. 185. Kerntransformator für Drehstrom.

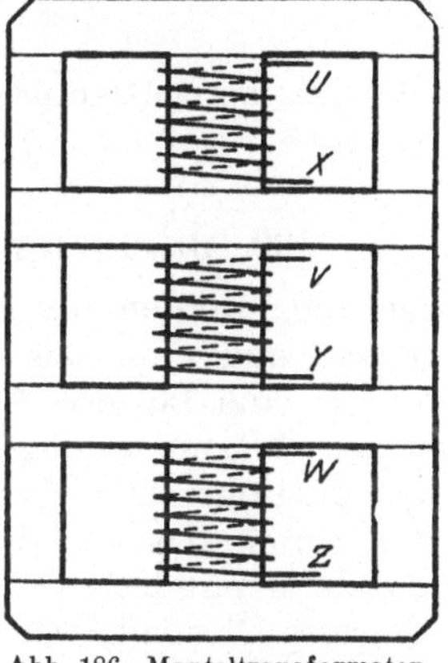

Abb. 186. Manteltransformator für Drehstrom.

primäre und sekundäre Wicklung einer Phase. In der Abbildung ist der Deutlichkeit wegen jedoch auf jedem Kern nur eine Wicklung (UX, VY, WZ) angegeben.

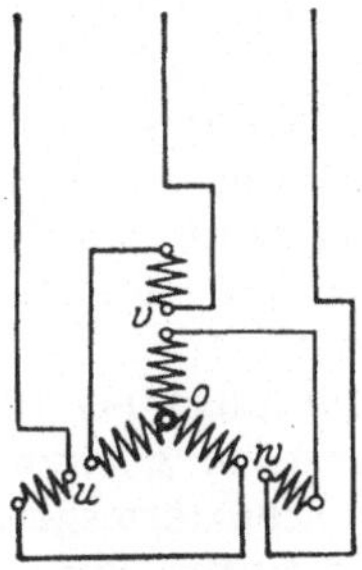

Abb. 187. Zickzackschaltung.

Ein Manteltransformator für Drehstrom ist in Abb. 186 dargestellt.

Die Wicklungsstränge des Drehstromtransformators werden je nach den Umständen in Stern oder in Dreieck verkettet. Auch die Zickzackschaltung, deren Wesen aus Abbild. 187 hervorgeht, wird bei Transformatoren auf der Niederspannungsseite viel benutzt. Stern- und Zickzackschaltung bieten die Möglichkeit, im Sternpunkt des Systems einen Nulleiter anzuschließen. Die Zickzackschaltung hat gegenüber der Sternschaltung den Vorteil, daß sich die Belastung jedes Stranges auf zwei Kerne des Transformators verteilt und dadurch bei ungleicher Belastung der Stränge ein besserer Spannungsausgleich erzielt wird. Wird zur Kennzeichnung eines Drehstromtransformators das Schaltzeichen des VDE benutzt, so kann nach Abb. 188 die Verkettungsart durch entsprechende Zeichen angedeutet werden.

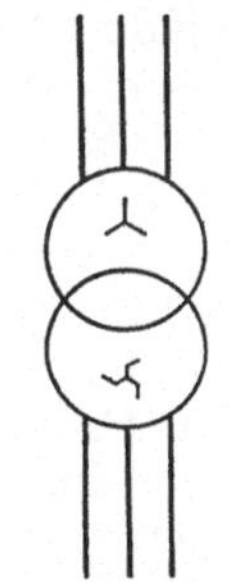

Abb. 188. Schaltzeichen eines Drehstromtransformators in Stern-Zickzackschaltung.

International wird die Dreieckschaltung durch den Kennbuchstaben D, die Sternschaltung durch Y und die Zickzackschaltung durch Z angedeutet, wobei die großen Buchstaben sich auf die Oberspannungsseite, die kleinen auf die Unterspannungsseite beziehen. So bedeutet

z. B. Yz einen Transformator, der hochspannungsseitig in Stern, niederspannungsseitig in Zickzack geschaltet ist.

Beispiel: Ein Drehstromtransformator für 5200/220 V ist primär in Stern, sekundär in Dreieck verkettet. Er wird umgeschaltet und erhält primär Dreieck-, sekundär Sternschaltung. Für welche Spannungen ist er nun geeignet?

Nach Abschn. 43 ist die neue Primärspannung

$$U_1 = \frac{5200}{1{,}732} = 3000 \text{ V}$$

und die neue Sekundärspannung:

$$U_2 = 220 \cdot 1{,}732 = 380 \text{ V}.$$

129. Öltransformatoren. — Ausführungsbeispiel.

Meistens werden die Transformatoren in mit Öl gefüllte Kästen eingebaut und dann als Öltransformatoren bezeichnet. Es wird hierdurch eine bessere Abführung der in den Transformatoren entwickelten Wärme ermöglicht. Auch kommt bei sehr hohen Spannungen die isolierende Wirkung des Öles günstig in Betracht. Schließlich wird dadurch das von den Transformatoren entwickelte brummende Geräusch vermindert.

Warmes Öl neigt, wenn es mit der Luft in Berührung kommt, zur Schlammbildung. Um diese zur vermeiden, wird das Transformatorgefäß in vielen Fällen völlig mit Öl gefüllt und der Erwärmung des Öls dadurch Rechnung getragen, daß ein besonderes Ölausgleichsgefäß vorgesehen wird. Es wird in der Regel zylindrisch ausgeführt und auf dem Deckel des Transformators angebracht. Mit dem Ölbehälter steht es durch ein Rohr in Verbindung. Da das Öl in dem Ausgleichsgefäß verhältnismäßig kalt ist, ist hier der Schlammabsatz nur gering. Überdies kann der Schlamm aus dem Gefäß leicht entfernt werden.

Bei Transformatoren für besonders große Leistungen wird das Öl häufig künstlich gekühlt, meistens in der Weise, daß es ständig mittels eines Rohrsystems durch ein Kühlgefäß hindurchgeleitet wird.

Ein Drehstromöltransformator (ohne Wasserkühlung) ist in Abb. 189 im Schnitt dargestellt. Er ist als Kerntransformator gebaut. Die Kerne sind aufrecht stehend angeordnet und mit kreuzförmigen Querschnitt aus Blechen aufgebaut. Sie sind oben und unten durch ebenfalls aus Blechen zusammengesetzte Jochstücke verbunden. Hoch- und Niederspannungswicklung liegen konzentrisch zueinander (Zylinderwicklung). Die Wicklungen werden durch Holzbalken gestützt. Hochspannungsseitig kann der Transformator für eine Spannung bis 25000 V gewickelt werden, die auf eine der üblichen Niederspannungen herabgesetzt wird. Um den Transformator auch für eine von seiner Nennspannung um ein geringes abweichende Primärspannung gebrauchen zu können, ist die Hochspannungsseite für eine etwas höhere Spannung gewickelt. Doch ist durch entsprechende „Anzapfungen“ Vorsorge getroffen, daß an ihr auch eine kleinere Windungszahl eingeschaltet werden kann. Gewöhnlich werden die Transformatoren für eine Spannungsabweichung von 4% nach oben und unten eingerichtet, so daß also im ganzen drei Spannungsstufen vorhanden sind. Die mittlere Stufe ent-

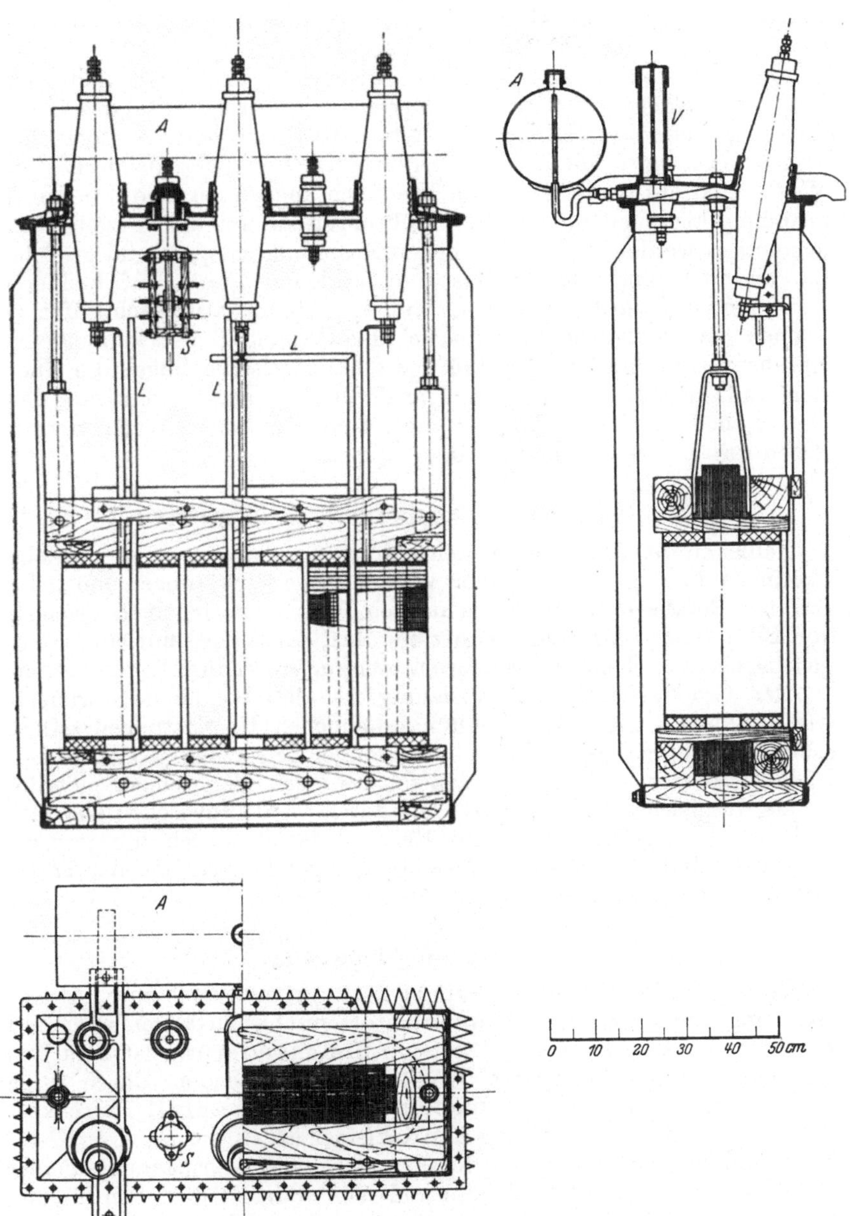

Abb. 189. Drehstromtransformator von Brown, Boveri u. Cie. für 100 kVA, 50 Hz.

spricht der Normalspannung. Die gewünschte Einstellung wird mit dem Anzapfschalter *S* vorgenommen, der am Transformatordeckel befestigt ist und von außen — aber nur im spannungslosen Zustand des Transformators — bedient werden kann. Einige Zuleitungen L zum Anzapfschalter sind in der Abbildung erkennbar.

Der Ölkasten ist aus gewelltem Eisenblech hergestellt und steht mit dem Ausgleichgefäß A in Verbindung. Auf dem Deckel des Transformators befindet sich ein Sicherheitsventil V, aus dem bei plötzlichen Drucksteigerungen im Kasten der Kolben herausgeschleudert wird. Weiter sind auf dem Deckel die Klemmen angeordnet: die drei Hochspannungsklemmen, die von Durchführungsisolatoren aus Porzellan aufgenommen werden, welche der hohen Spannung entsprechend groß bemessen sind, und die Niederspannungsklemmen, die auf kleineren Porzellandurchführungen sitzen. Um die Öltemperatur nachprüfen zu können, ist im Transformatordeckel eine Öffnung T als Thermometereinführung angebracht. Zwei kräftige schmiedeeiserne Bügel, die einerseits mit dem Holzgestell des Transformators, andererseits mit dem Transformatordeckel verbunden sind, dienen zum bequemen Herausheben des Transformators aus dem Ölkasten.

130. Der Buchholzschutz für Transformatoren.

Fehler in den Transformatoren können zu unangenehmen Betriebsstörungen führen. Es ist daher wünschenswert, Störungen möglichst schon im Entstehen erkennbar zu machen. In dieser Beziehung hat sich ein von Buchholz angegebener Schutz bewährt, der bei den mit einem Ausgleichsgefäß versehenen Öltransformatoren zur Anwendung kommen kann.

Der Grundgedanke der Erfindung ist, daß bei allen Störungen, wie Windungs- oder Gestellschluß, erheblichen Überlastungen, Kurzschluß usw., das Isoliermittel gasförmige Zersetzungsprodukte entwickelt, die Öl verdrängen, so daß solches mehr oder weniger plötzlich in das Ausgleichsgefäß übertritt. Hierdurch werden zwischen Ölkasten und Ausgleichsgefäß eingebaute Relais betätigt, durch die je nach dem Ausmaß des Fehlers ein Alarmkontakt geschlossen oder der Transformator vom Netz abgeschaltet wird.

131. Spannungsänderung.

Die sekundäre Klemmenspannung eines an eine konstante Primärspannung angeschlossenen Transformators nimmt im allgemeinen mit zunehmender Belastung ab. Die Spannungsänderung ist zum Teil auf den in jeder der beiden Wicklungen auftretenden, durch ihren Widerstand bedingten Ohmschen Spannungsabfall zurückzuführen, demzufolge die primäre EMK kleiner ist als die primäre Klemmenspannung und andererseits die sekundäre Klemmenspannung kleiner als die sekundäre EMK. Primäre und sekundäre EMK stehen hierbei, Gl. (82) gemäß, im Verhältnis der beiderseitigen Windungszahlen.

Ein Spannungsverlust wird ferner durch die Kraflinienstreuung hervorgerufen, da auch bei bester Anordnung nicht alle von der Primärwicklung erzeugten Kraftlinien die Sekundärwicklung tatsächlich durchsetzen. Bei Leerlauf ist die Streuung verschwindend klein, sie nimmt jedoch mit der Belastung zu.

Welchen Anteil der OHMsche Spannungsverlust und welchen der durch Streuung hervorgerufene an dem gesamten Spannungsverlust hat, hängt von der zwischen Spannung und Stromstärke des abgenommenen Stromes bestehenden Phasenverschiebung ab. Bezeichnet man für eine bestimmte Belastung den OHMschen Spannungsverlust, in beiden Wicklungen zusammengenommen, mit U_r, den Spannungsverlust infolge der Streuung, auch Streuspannung genannt, mit U_s — alle Spannungen z. B. auf den Sekundärkreis bezogen —, so kann der gesamte Spannungsverlust U_v mit großer Annäherung berechnet werden aus der Beziehung, deren Ableitung hier nicht gegeben werden kann:

$$U_v = U_r \cdot \cos\varphi + U_s \cdot \sin\varphi \,. \tag{84}$$

Bei induktionsfreier Belastung, also bei $\varphi = 0°$ ($\cos\varphi = 1$, $\sin\varphi = 0$) ist nur der geringe OHMsche Spannungsverlust vorhanden. Er kann bei guten Transformatoren, außer bei den kleinsten Leistungen, zu etwa 2 bis $3^1/_2$% angenommen werden. Bei induktiver Belastung macht sich auch die Streuspannung geltend, und zwar um so mehr, je mehr sich die Phasenverschiebung dem Winkel von 90° nähert. Der Spannungsabfall ist daher bei induktiver Belastung größer als bei induktionsfreier. In dem allerdings nur selten vorkommenden Fall, daß der Strom der Spanung vorauseilt, kann, da alsdann der $\sin\varphi$ negativ wird, mit zunehmender Belastung statt eines Spannungsabfalls eine Spannungserhöhung eintreten.

Häufig werden die Spannungsverluste in Prozenten der Spannung angegeben. Gl. (84) behält auch ihre Gültigkeit, wenn statt der absoluten Werte die prozentualen Beträge eingesetzt werden.

Bei Leerlauf ist ein Spannungsabfall in der sekundären Wicklung überhaupt nicht vorhanden, und auch der primäre Spannungsverlust ist bei dem geringen Leerlaufstrom verschwindend klein. Es sind daher die EMKe in den beiden Wicklungen gleichbedeutend mit den Klemmenspannungen. Gemäß Abschn. 126 ist demnach die Übersetzung des Transformators gleich dem Verhältnis der Klemmenspannungen bei Leerlauf.

Beispiele: 1. Bei einem Einphasentransformator für 20 kVA, 6000/230 V wurde bei voller Belastung der OHMsche Spannungsverlust der primären Wicklung zu 92 V, derjenige der sekundären Wicklung zu 3,0 V festgestellt. Die Streuspannung wurde hochspannungsseitig zu 210 V ermittelt. Gesucht der gesamte Spannungsverlust des Transformators

a) bei $\cos\varphi = 1$,

b) bei $\cos\varphi = 0{,}8$.

a) Um den primären OHMschen Spannungsverlust auf die sekundäre Seite des Transformators zu beziehen, ist er mit dem Verhältnis der Spannungen zu multiplizieren, also

$$92 \cdot \frac{230}{6000} = 3{,}5\,\mathrm{V}\,.$$

Demnach ist der gesamte OHMsche Spannungsverlust:

$$U_r = 3{,}5 + 3{,}0 = 6{,}5\,\mathrm{V} \text{ oder } 2{,}8\%.$$

Ein weiterer Spanungsabfall tritt bei $\cos\varphi = 1$ nicht auf.

Wird die primäre Klemmenspannung konstant auf 6000 V gehalten, so fällt demnach, wenn die Belastung induktionsfrei ist, die sekundäre Klemmenspannung von 230 V bei Leerlauf auf 223,5 V bei Vollast.

b) Dem $\cos\varphi = 0,8$ entspricht (nach der trigonometrischen Tabelle) ein $\sin\varphi = 0,6$. Wird nun die Streuspannung auf die sekundäre Seite des Transformators bezogen, so erhält man:

$$U_s = 210 \cdot \frac{230}{6000} = 8,0 \text{ V oder } 3,5\% .$$

Folglich ist nach Gl. (84) der gesamte Spannungsabfall:

$$U_v = 6,5 \cdot 0,8 + 8,0 \cdot 0,6$$
$$= 5,2 + 4,8 = 10,0 \text{ V oder } 4,4\%.$$

Bei der konstanten primären Klemmenspannung von 6000 V fällt demnach die sekundäre Klemmenspannung von 230 V bei Leerlauf auf 220 V bei Vollast, wenn die Belastung induktiv mit einem Leistungsfaktor von 0,8 erfolgt.

2. Für einen Drehstromtransformator von 100 kVA beträgt der Ohmsche Spannungsverlust in beiden Wicklungen 2,0%, die Streuspannung 3,2%. Wie groß ist der gesamte Spannungsabfall bei $\cos\varphi = 0,75$?

Für $\cos\varphi = 0,75$ ist $\sin\varphi = 0,66$, also ist:

$$U_v = 2 \cdot 0,75 + 3,2 \cdot 0,66$$
$$= 1,5 + 2,1 = 3,6\%.$$

132. Der Transformator bei Kurzschluß.

Schließt man einen Transformator an eine sehr geringe primäre Spannung, so kann man, ohne ihn zu gefährden, seine sekundären Klemmen kurzschließen. Diejenige Spannung nun, die bei einem solchen Kurzschlußversuch an die primäre Wicklung des kurzgeschlossenen Transformators gelegt werden muß, damit er den normalen (primären) Strom aufnimmt, nennt man seine Kurzschlußspannung. Da beim Kurzschluß die sekundäre Klemmenspannung null ist, so dient die Kurzschlußspannung lediglich dazu, den Ohmschen Spannungsverlust und die Streuspannung zu decken, und zwar besteht, wenn die Kurzschlußspannung mit U_k bezeichnet wird, die Beziehung:

$$U_k^2 = U_r^2 + U_s^2. \tag{85}$$

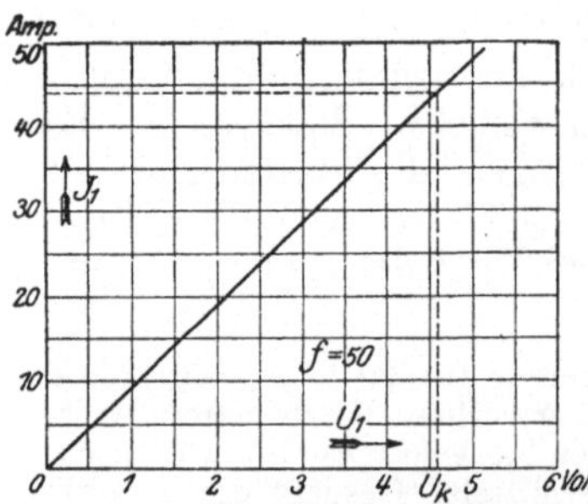

Abb. 190. Kurzschlußkennlinie eines Einphasentransformators für 5 kVA, 120/5000 V, 44/1 A, 50 Hz.

Auch in diese Gleichung können, wie in Gl. (84), die Spannungen nach ihrem absoluten Betrage oder in Prozentsätzen eingesetzt werden. Ist der Ohmsche Spannungsabfall bekannt, so kann nach Gl. (85) aus der Kurzschlußspannung die Streuspannung berechnet werden.

Abb. 190 zeigt die an einem Einphasentransformator aufgenommene Kurzschlußkennlinie. Sie gibt die Abhängigkeit des Primärstroms von der primären Klemmenspannung bei kurzgeschlossenen Sekundärklemmen an und ist von der Frequenz nahezu unabhängig. Man erkennt aus der Abbildung, in der auch die Kurzschlußspannung angedeutet ist, daß die Stromstärke der Spannung proportional ist. Derjenige Primärstrom, der aufgenommen würde, wenn bei kurzgeschlossener Sekundärwicklung die normale Spanung an die Primärwicklung gelegt wird, soll als Kurzschlußstrom bezeichnet werden, und zwar ist es der **Dauerkurzschlußstrom**. Er kann durch Rechnung gefunden werden, indem von der auf Grund der Proportionalität zwischen Strom und Spannung bei Kurzschluß aufgestellten Beziehung Gebrauch gemacht wird:

$$\frac{I_k}{I_1} = \frac{U_1}{U_k}. \tag{86}$$

Hierin bedeutet wieder U_k die Kurzschlußspanung, I_k ist der Kurzschlußstrom. Mit U_1 und I_1 sollen im besonderen **normale** primäre Klemmenspannung und **normaler** primärer Strom bezeichnet werden.

Aus Gl. (86) folgt:

$$I_k = I_1 \frac{U_1}{U_k}.$$

Beträgt die Kurzschlußspannung p Prozent der primären Spannung, d. h. ist

$$U_k = \frac{p}{100} U_1,$$

so kann geschrieben werden

$$I_k = I_1 \frac{100}{p}. \tag{87}$$

Der Kurzschlußstrom kann also als ein Vielfaches des primären Stromes ausgedrückt werden.

Bei einem im **Betriebe** auftretenden Kurzschluß ist der erste **Stoßkurzschlußstrom** (vgl. Abschn. 121) noch wesentlich höher als der Dauerkurzschlußstrom. Durch Anwendung von **Überstromdrosselspulen** läßt sich jedoch, wie bei Wechselstromgeneratoren, die Kurzschußstromstärke nötigenfalls auf ein zulässiges Maß begrenzen.

Beispiele: 1. Der Ohmsche Spannungsverlust eines Einphasentransformators für eine Übersetzung von 6000/230 V (vgl. Beispiel 1 des Abschn. 131) beträgt 6,5 V, auf die Sekundärseite des Transformators bezogen, die Streuspannung sei 8,0 V. Wie groß ist die Kurzschlußspannung?

Nach Gl. (85) ist:

$$\begin{aligned} U_k^2 &= 6{,}5^2 + 8{,}0^2 \\ &= 43 + 64 = 107 \\ U_k &= \sqrt{107} = 10{,}3\ \text{V}. \end{aligned}$$

Auf die primäre Seite bezogen ist:

$$U_k = 10{,}3 \frac{6000}{230} = 269\ \text{V oder } 4{,}5\%.$$

2. Bei einem Drehstromtransformator für 100 kVA (vgl. Beispiel 2 des Abschnittes 131) beträgt der Ohmsche Spannungsverlust 2,0%, die Kurzschlußspannung 3,8%. Gesucht die Streuspannung.

Aus Gl. (85) folgt:

$$\begin{aligned} U_s^2 &= U_k^2 - U_r^2 \\ &= 3{,}8^2 - 2^2 \\ &= 14{,}4 - 4 = 10{,}4 \\ U_s &= \sqrt{10{,}4} = 3{,}2\%. \end{aligned}$$

3. Die primäre Stromstärke eines Drehstromtransformators bei normaler Belastung sei 3,0 A, seine Kurzschlußspannung betrage 4%. Wie groß ist der Kurzschlußtrom?

Nach Gl. (87) ist:
$$I_k = 3 \cdot \frac{100}{4} = 3 \cdot 25 = 75\,\mathrm{A}.$$

133. Spartransformatoren.

In gewissen Fällen ist es zweckmäßig, Transformatoren mit nur einer Wicklung zu verwenden. Wird dieser die primäre Wechselspannung zugeführt, so läßt sich ein beliebiger Teil derselben als sekundäre Spannung abnehmen. Um z. B. die der Wicklung UV eines Einphasentransformators, Abb. 191, aufgedrückte Primärspannung auf die Hälfte zu vermindern, hat der Anschluß der sekundären Leitungen so zu erfolgen, daß zwischen ihnen die halbe Wicklung, etwa der Teil uv, liegt. Soll die sekundäre Spannung den dritten Teil der primären betragen, so muß der zwischen den Anschlußpunkten der sekundären Leitungen liegende Wicklungsteil ein Dtrittel der ganzen Wicklung umfassen usw. Die einzelnen Teile der Wicklung müssen hinsichtlich der Stärke des zur Verwendung kommenden Drahtes der in ihnen herrschenden Stromstärke gemäß bemessen werden. Die vorstehend beschriebene Anordnung, die in entsprechender Weise auch für Drehstromtransformatoren angewendet wird, nennt man Sparschaltung.

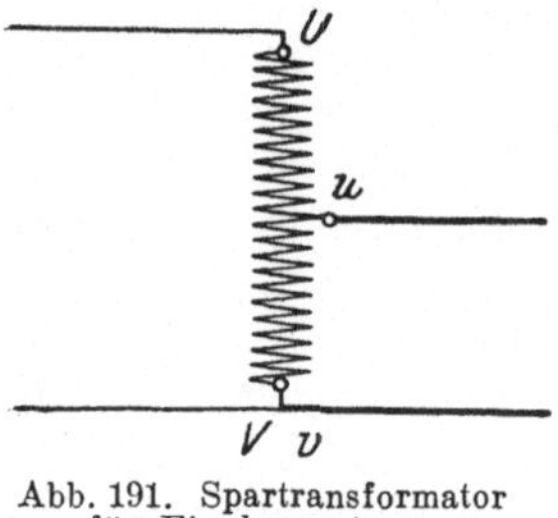

Abb. 191. Spartransformator für Einphasenstrom.

Bei der Sparschaltung wird nur ein Teil der Leistung (in Abb. 191 die Hälfte) im Transformator wirklich umgeformt, der andere Teil aber dem primären Netz unmittelbar entnommen. Die Spartransformatoren fallen daher billiger als gewöhnliche Transformatoren aus und besitzen einen besseren Wirkungsgrad. Sie bieten namentlich dann Vorteil, wenn der Unterschied zwischen der primären und sekundären Spanung verhältnismäßig gering ist. Sie sind dagegen ungeeignet zur Umwandlung von hohen Spannungen in Niederspannung, schon weil in diesem Falle das Niederspannungsnetz nicht von dem Hochspannungsnetz isoliert ist.

Wie zur Spannungserniedrigung können Spartransformatoren auch zur Erhöhung der Spannung Verwendung finden. In diesem Falle ist die primäre Spannung nur einem Teile der Wicklung zuzuführen, die sekundäre Spannung aber von der ganzen Wicklung abzunehmen.

134. Regeltransformatoren.

Transformatoren größerer Leistung werden heute meist für Spannungsregelung eingerichtet. Am gebräuchlichsten ist die Stufenregelung, bei und der die Niederspannungswicklung an verschiedenen Punkten angezapft eine der Niederspannungsleitungen mit den verschiedenen Anzapfpunkten in Verbindung gebracht wird, während die andere Leitung mit einem

Wicklungsende fest verbunden ist. Auf diese Weise kann das Übersetzungsverhältnis geändert werden. Abb. 192 zeigt einen Reguliertransformator für Einphasenstrom in schematischer Darstellung, v ist der bewegliche Kontakt.

Bei großen und wichtigen Anlagen kann das Umschalten der Regeltransformatoren unter Last erfolgen und zwar mittels besonders ausgebildeter sog. Lastregelschalter.

Besonders beliebt ist für Reguliertransformatoren die Sparschaltung. Diese ist bei dem in Abb. 193 veranschaulichten Drehstromtransformator in

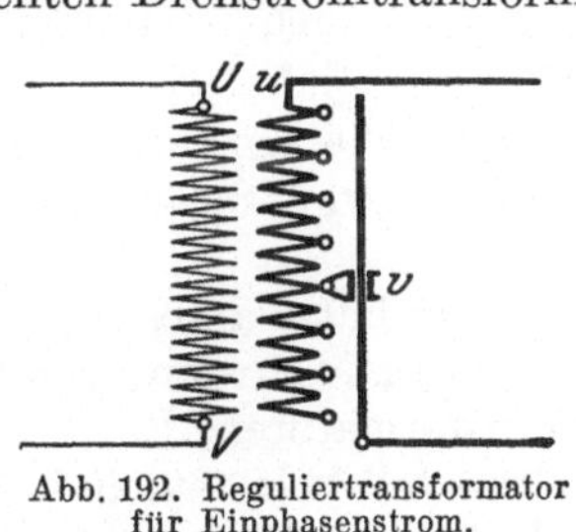

Abb. 192. Reguliertransformator für Einphasenstrom.

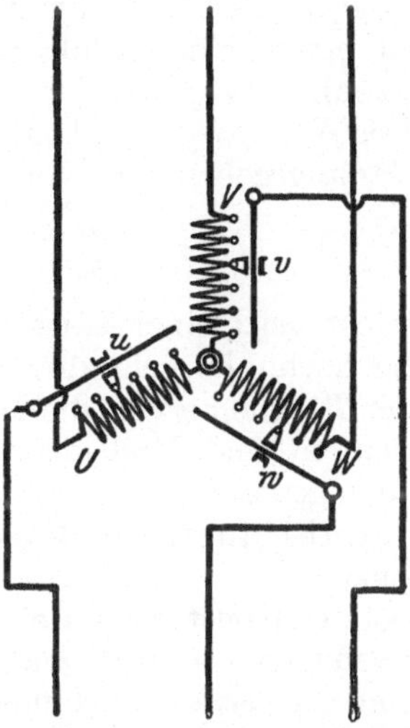

Abb. 193. Reguliertransformator in Sparschaltung für Drehstrom.

Anwendung gebracht. Der Transformator ist in Stern geschaltet. Die Regulierkontakte u, v, w werden in der Regel zwangläufig miteinander verbunden, so daß die von den drei Phasen abgenommenen Spannungen stets unter sich gleich groß sind.

Regeltransformatoren mit einer oder mehreren Anzapfungen werden häufig zum Anlassen von Wechselstrommotoren benutzt und dann als Anlaßtransformatoren bezeichnet.

135. Spannung, Leistung und Frequenz.

Die Transformatoren können für jedes beliebige Übersetzungsverhältnis hergestellt werden, doch sind nach Möglichkeit die normalen Betriebsspannungen zu berücksichtigen. Es werden Oberspannungen bis zu etwa 220000 V erreicht. Für Versuchszwecke sind Transformatoren für weit höhere Spannungen gebaut worden.

Vom VDE sind die Leistungsstufen der Einphasen- und Drehstromtransformatoren genormt worden. Außerdem bestehen Normblätter für Einheitstransformatoren, in denen Transformatoren für Drehstrom bis zu 1600 kVA nach Leistung, Spannung, Schaltung, zulässigen Verlusten usw. festgelegt sind (s. S. 2).

Für eine bestimmte Leistung fällt ein Transformator im allgemeinen um so größer und daher teurer aus, je geringer die Frequenz des Wechselstromes ist.

136. Wirkungsgrad.

Die Verluste eines Transformators setzen sich in der Hauptsache aus den Eisenverlusten (hervorgerufen durch Hysterese und Wirbelströme) und den Stromwärmeverlusten in der primären und sekundären Wicklung zusammen. Die Eisenverluste stellen im wesentlichen den Leerlaufverlust dar. Die Stromwärme- oder Wicklungsverluste dagegen werden erst durch die Belastung hervorgerufen und, da sie durch einen Kurzschlußversuch ermittelt werden können, auch als Kurzschlußverlust bezeichnet (vgl. Abschn. 132).

Der Wirkungsgrad eines Transformators, also das Verhältnis der sekundär abgegebenen Leistung N_2 zu der primär zugeführten Leistung N_1,

$$\eta = \frac{N_2}{N_1},$$

ist selbst bei kleiner Leistung verhältnismäßig hoch. Es geht dies aus nebenstehender Tabelle hervor, die Mittelwerte für Einphasen- und Drehstromtransformatoren, bezogen auf die Frequenz 50 Hz, enthält. Die Wirkunggrade gelten für induktionsfreie Belastung, bei induktiver Belastung sind sie geringer.

Nutzleistung in kW	Wirkungsgrad
1	0,93
10	0,96
100	0,97
1000	0,98

Bei der Konstruktion eines Transformators hat man es bis zu einem gewissen Grade in der Hand, die Eisenverluste und Stromwärmeverluste beliebig zu verteilen. Namentlich bei Transformatoren, die dauernd am Netz liegen, aber nur verhältnismäßig selten voll belastet sind, ist man bemüht, den Eisen-, also den Leerlaufverlust möglichst gering zu halten. Es ergibt sich dann auch bei geringer Belastung ein guter Wirkungsgrad, und somit fällt der Jahreswirkungsgrad, unter dem man das Verhältnis der während eines Jahres vom Transformator nutzbar abgegebenen Arbeit zu der in derselben Zeit aufgenommenen Arbeit versteht, verhältnismäßig hoch aus.

Bei den im vorigen Abschnitt erwähnten Einheitstransformatoren hat man daher außer einer Hauptreihe von Transformatoren, die hauptsächlich in industriellen Betrieben Verwendung finden sollen, noch eine Sonderreihe von Transformatoren festgelegt, die durch wesentlich größere Überlastbarkeit bei verhältnismäßig geringen Leerlaufverlusten gekennzeichnet und in erster Linie für landwirtschaftliche Betriebe bestimmt sind.

Beispiele: 1. Welchen Wirkungsgrad besitzt ein Transformator, der bei einer sekundären Leistung von 4,5 kW primär 4,740 kW aufnimmt?

$$\eta = \frac{N_2}{N_1} = \frac{4500}{4740} = 0,95.$$

2. Ein an eine elektrische Zentrale angeschlossener Transformator für eine Leistung von 12 kW hat, wie aus den Ablesungen am Zähler hervorgeht, während eines Jahres eine Arbeit von 38520 kWh nutzbar abgegeben. Die während des gleichen Zeitraumes von ihm aufgenommene Arbeit betrug 45300 kWh. Wie groß war der Jahreswirkungsgrad des Transformators?

$$\text{Jahreswirkungsgrad} = \frac{38520}{45300} = 0,85$$

(der normale Wirkungsgrad eines 12 kW-Transformators beträgt ca. 0,96. — Der Jahreswirkungsgrad ist immer kleiner als der normale Wirkungsgrad, er würde nur dann ihm gleich sein, wenn der Transformator ständig voll belastet wäre).

137. Parallelbetrieb von Transformatoren.

Ausgedehnte Stromverteilungsnetze enthalten in der Regel eine größere Anzahl von Transformatoren. Solange es sich bei diesen nur um den Parallelbetrieb der Primärseiten handelt, die Sekundärseiten aber auf besondere Stromkreise arbeiten, treten hierbei keinerlei Schwierigkeiten auf. Unter dem eigentlichen Parallelbetrieb von Transformatoren versteht man jedoch den Fall, daß auch ihre sekundären Seiten parallel geschaltet werden, diese also auf ein gemeinsames Netz arbeiten.

a) Einphasentransformatoren.

Für den Parallelbetrieb von Transformatoren ist gleiches Übersetzungsverhältnis Voraussetzung. Ferner müssen die Transforma-

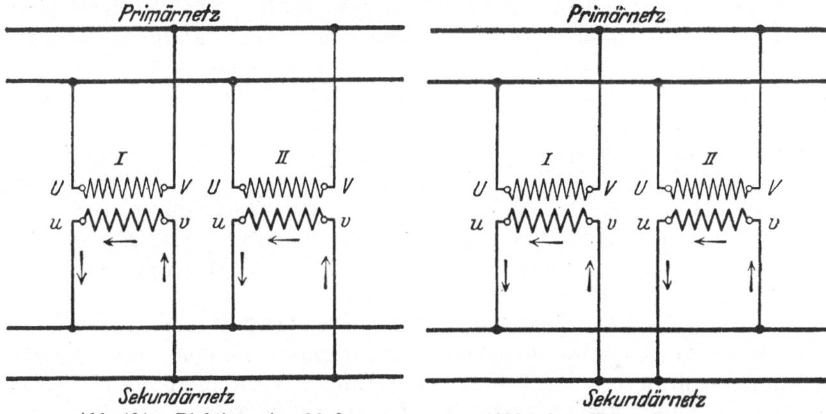

Abb. 194a. Richtiger Anschluß Abb. 194b. Falscher Anschluß sekundär parallel zu schaltender Einphasentransformatoren.

toren möglichst gleichen Ohmschen Spannungsabfall und gleiche Kurzschlußspannung besitzen, da sich andernfalls die Belastung nicht in der gewünschten Weise auf die einzelnen Transformatoren verteilt, vielmehr diejenigen mit dem kleineren Spannungsabfall und der kleineren Kurzschlußspannung eine zu große Last übernehmen. Endlich muß Phasengleichheit hinsichtlich der sekundären Spannung bestehen. Der Anschluß der sekundären Klemmen darf also nicht beliebig vorgenommen werden, sondern hat so zu erfolgen, wie es für Einphasentransformatoren Abb. 194a zeigt, in der die Pfeile die Stromrichtung auf der sekundären Seite der beiden Transformatoren *I* und *II* in einem bestimmten Zeitpunkt angeben sollen. Die Verbindung nach Abb. 194b würde dagegen einem Kurzschluß entsprechen. Vor dem erstmaligen Parallelschalten eines Transformators zu einem anderen hat man daher, etwa durch Anwendung einer Glühlampe, die richtige Schaltung festzustellen: zwischen den zu verbindenden Klemmen darf keine Spannung auftreten.

b) Drehstromtransformatoren.

Für Drehstromtransformatoren, die primär und sekundär parallel arbeiten sollen, sind dieselben Bedingungen einzuhalten wie für Einphasentransformatoren. Doch ist außerdem die gleiche Reihenfolge der Phasen zu beachten (vgl. Abschn. 124b). Ein Parallelbetrieb ist übrigens nur möglich bei Transformatoren, die der gleichen Schaltgruppe angehören. Maßgeblich für die Schaltgruppe ist die Verkettungsart der Wicklungen sowie deren Wickelsinn. Es ist einleuchtend, daß Transformatoren parallel betrieben werden können, die primär und sekundär die gleiche Verkettung (z. B. Stern) und den gleichen Wickelsinn aufweisen. Doch können unter Umständen auch Transformatoren abweichender Verkettungsart parallel arbeiten. Nach den „Regeln für Transformatoren" des VDE werden alle Transformatoren ihrer Schaltung nach in 4 Gruppen — *A*, *B*, *C* und *D* — eingeteilt derart, daß die verschiedenen Ausführungsformen einer jeden Gruppe unter sich parallel arbeiten können, nicht aber mit Transformatoren einer anderen Gruppe. Auf dem Leistungsschilde des Transformators soll durch den entsprechenden Buchstaben kenntlich gemacht werden, welcher Schaltgruppe er angehört.

In der internationalen Bezeichnungsweise der Wicklungsart — s. Abschn. 128 — werden die Schaltgruppen aus hier nicht zu erörternden Gründen durch Zahlen, 0 für Schaltgruppe *A*, 6 für *B*, 5 für *C* und 11 für *D*, ausgedrückt. So bedeutet z. B. *Dy*5 einen Dreieck-Stern geschalteten Transformator der Schaltgruppe *C*.

138. Spannungs- und Stromwandler.

Um in Hochspannungsanlagen Spannungsmessungen mit Niederspannungsvoltmetern ausführen zu können, verwendet man Spannungswandler, kleine Transformatoren, durch welche die Spannung auf den gewünschten Betrag — in der Regel 100 V — herabgesetzt wird. Das für sie gebräuchliche Schaltzeichen zeigt Abb. 195.

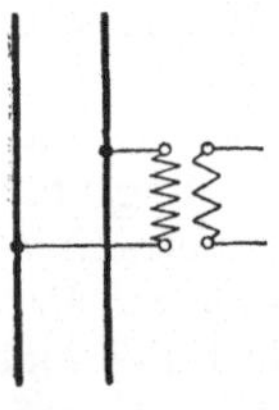

Abb. 195. Schaltzeichen eines Spannungswandlers.

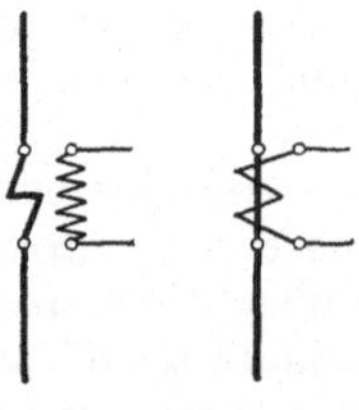

Abb. 196a. Abb. 196b. Schaltzeichen eines Stromwandlers.

In ähnlicher Weise kann man sich auch bei Strommessungen von der Hochspannung unabhängig machen durch Anwendung von Stromwandlern, Abb. 196a und, in vereinfachter Darstellung, Abb. 196b. Bei den Stromwandlern wird die sekundäre Spule, die im Vergleich zur primären aus einer größeren Zahl von Windungen besteht, durch den Strommesser kurzgeschlossen. Da die sekundäre Stromstärke proportional der primären ist, so kann bei einem bekannten Übersetzungsverhältnis aus der Stärke des sekundären auf die des primären Stromes geschlossen werden. Gewöhnlich wird die der Normallast entsprechende sekundäre Stromstärke zu 5 A gewählt.

Abb. 197 zeigt das Schaltbild, nach welchem der Anschluß der Meßgeräte zu erfolgen hat, wenn Spannung und Stromstärke einer Wechselstrommaschine unter Benutzung eines Spannungswandlers (*Sp.W.*) und eines Stromwandlers (*St.W.*) festzustellen sind.

Spannungs- und Stromwandler können außer für Meßzwecke auch zur Betätigung aller der in Hochspannungsanlagen einzubauenden Apparate Verwendung finden, denen die hohe Spannung ferngehalten

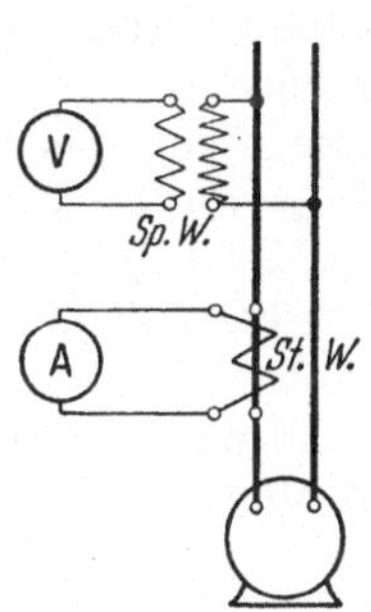

Abb. 197. Spannungs- und Strommessung bei Verwendung von Spannungs- und Stromwandler.

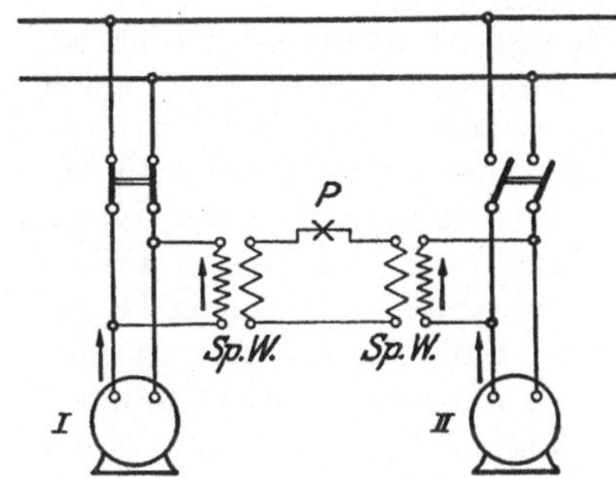

Abb. 198. Schaltung einer Phasenlampe bei Hochspannungs-Wechselstrommaschinen.

werden soll. So stellt Abb. 198 den Anschluß einer als Synchronismusanzeiger dienenden Phasenlampe *P* dar (vgl. Abschn. 124). Es handelt sich um eine „Dunkelschaltung", da sich die auf die Lampe einwirkenden Spannungen der Wechselstrommaschinen *I* und *II* aufheben, sobald letztere sich synchron verhalten.

Siebentes Kapitel.

Wechselstrommotoren.

A. Synchronmotoren.

139. Wirkungsweise.

Da eine jede Gleichstromdynamomaschine auch als Motor verwendbar ist, so liegt die Frage nahe, ob diese Umkehrbarkeit auch bei Wechselstrommaschinen besteht. Zu ihrer Beantwortung sei auf Abb. 199 verwiesen, die einen Teil einer Einphasenmaschine darstellt. Die Spule *1*—*2* des Ständers werde in einem bestimmten Augenblicke in der durch Kreuz und Punkt gekennzeichneten Richtung von dem der Wicklung zugeführten Wechselstrom durchflossen. Die durch Gleichstrom erregten Pole *N* und *S* des zunächst stillstehend gedachten Läufers mögen sich etwa mitten unter den die Spule enthaltenden Nuten befinden. Der Strom habe gerade seinen Höchstwert erreicht. Zwischen den vom Strom durchflossenen Drähten und den Magnetpolen tritt nun eine Kraftwirkung auf, die, wie mit Hilfe der Ampereschen Regel festgestellt werden kann, das Magnetrad in der durch den Pfeil angegebenen

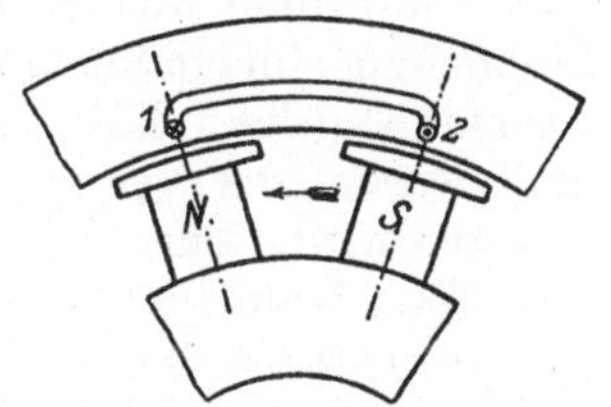

Abb. 199. Synchromotor für Einphasenstrom.

Richtung zu drehen sucht. Ehe aber noch die mechanische Trägheit des Rades überwunden und dieses in Bewegung gelangt ist, hat der Strom seine Richtung gewechselt, und die Kraft wirkt daher nunmehr im entgegengesetzten Sinne. Die Richtung der Kraft wechselt also ebensooft, wie der Strom seine Richtung ändert, und eine Drehbewegung des Rades ist unter diesen Umständen völlig ausgeschlossen.

Ganz anders gestalten sich aber die Verhältnisse, wenn das Magnetrad zunächst infolge äußerer Einwirkung in Drehung versetzt wird, und zwar mit der synchronen Umdrehungszahl. Es ist dies die durch die Polzahl der Maschine und die Frequenz der Stromes gegebene Umdrehungszahl, die sich nach Gl. (81) berechnen läßt (vgl. auch Tab. in Abschn. 116). Entsprechen in einem bestimmten Augenblicke die Stellung des mit dieser Geschwindigkeit umlaufenden Magnetrades und die Richtung des Ständerstromes wieder der Abb. 199, so wird auch wieder auf das Magnetrad eine Kraft im Sinne des Pfeils ausgeübt. Die Richtung der Kraft wird aber nun immer die gleiche bleiben, da jedesmal nach Verlauf einer halben Periode zwar der Strom seine Richtung gewechselt hat, dafür aber unter die Nuten Pole entgegengesetzten Vorzeichens gelangt sind. Das Magnetrad wird demzufolge mit unveränderter, also mit der synchronen Geschwindigkeit in Drehung bleiben. Motoren dieser Bauart werden daher Synchronmotoren genannt. Sie können in jeder Drehrichtung betrieben werden, diese hängt lediglich davon ab, in welchem Sinne sie angedreht werden.

Die Stromaufnahme des Motors wird geregelt durch die infolge der Drehung des Magnetrades in der Ständerwicklung induzierte EMK, der wieder die Bedeutung einer elektromotorischen Gegenkraft zukommt. Diese hat, richtige Magneterregung vorausgesetzt, ungefähr dieselbe Größe wie die zugeführte Spannung und ist bei Leerlauf mit ihr nahezu in Phase. Wird der Motor belastet, so hat das Magnetrad die Tendenz etwas zurückzubleiben. Infolgedessen ist die relative Lage des letzteren, ohne daß seine Geschwindigkeit vom Synchronismus abweicht, gegenüber dem Ständer ein wenig verzögert, d. h. die Pole gelangen mit ihren Mitten immer erst dann unter die Nuten, wenn die dem Ständer zugeführte Spannung ihren Höchstwert bereits überschritten hat. Also muß auch die EMG hinter der zugeführten Spannung zurückbleiben, und zwar ist der Verzögerungswinkel um so größer, je mehr der Motor belastet wird. Zur Klarstellung der Verhältnisse dienen die Abb. 200 und 201. Beim leerlaufenden Motor tritt, entsprechend Abb. 200a, nur die geringe durch die eigenen Widerstände des Motors veranlaßte Verzögerung des Magnetrades um den Winkel α_0 auf. Folglich ist auch die EMG e (Abb. 200b) nur unbedeutend gegen die zugeführte Klemmenspannung u verschoben. Die tatsächlich wirksame Spannung findet man, wenn man in jedem Augenblicke die Differenz $u - e$ bildet. Da diese sehr gering ist, so nimmt der Ständer auch nur einen schwachen Strom, eben den Leerlaufstrom, auf. Der größeren Verzögerung des Magnetrades bei Belastung um den Winkel α (Abb. 201a) entspricht auch eine größere Verzögerung von e gegen u. Dies hat, wie

Abb. 201b zeigt, zur Folge, daß auch die wirksame Spannung größer ausfällt, der Ständer also einen stärkeren Strom empfängt. Die Stromaufnahme richtet sich also auch bei diesem Motor nach der

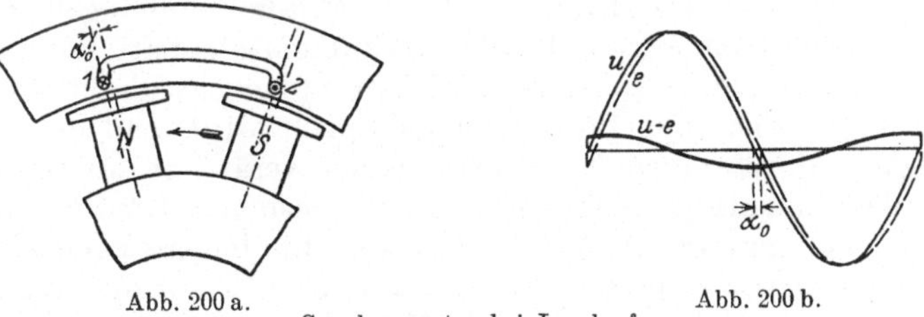

Abb. 200 a. Abb. 200 b.
Synchronmotor bei Leerlauf.

Belastung. Wird der Motor so stark überlastet, daß die relative Verzögerung des Magnetrades gegen den Ständer zu groß wird, so fällt er aus dem Tritt, er bleibt stehen.

Ebenso wie Einphasenmaschinen lassen sich auch Mehrphasen-

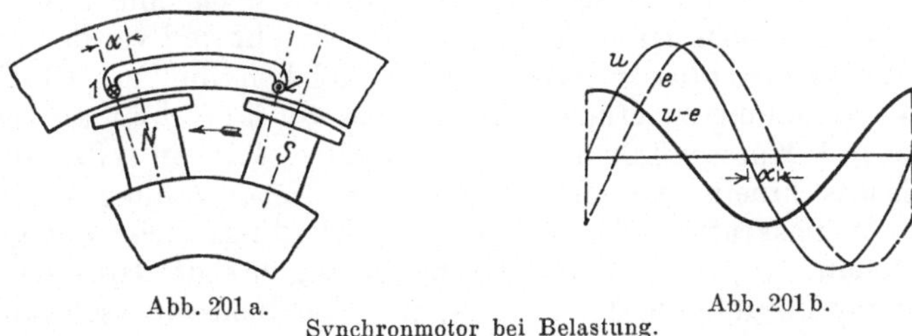

Abb. 201 a. Abb. 201 b.
Synchronmotor bei Belastung.

maschinen als Synchronmotoren betreiben. Es gilt dabei für jede Phase sinngemäß das für Einphasenmotoren Angegebene.

Der häufig wünschenswerten Eigenschaft des Synchronmotors, seine Drehzahl bei allen Belastungen genau konstant zu erhalten, stehen nachteilig gegenüber die Umständlichkeit des Anlassens sowie die Notwendigkeit, die Magnete mit Gleichstrom zu erregen, Übelstände, die seine Verwendung in den meisten Fällen ausschließen.

140. Das Anlaßverfahren.

a) Anwendung eines Anwurfmotors.

Um einen Synchronmotor an ein Netz anzuschließen, ist er zunächst anzutreiben, worauf bei einigermaßen richtiger Drehgeschwindigkeit der Erregerstrom so einzuregulieren ist, daß die vom Motor entwickelte Spannung, die während des Betriebes die Rolle der EMG übernimmt, gleich der Netzspannung wird. Sodann ist der Motor auf die genau richtige Umdrehungszahl zu bringen, und schließlich ist dafür Sorge zu tragen, daß im Augenblick des Einschaltens seine Spannung mit der Netzspannung phasengleich ist. Die beiden letztgenannten Bedingungen erkennt man mittels eines Synchronismusanzeigers. Das Anlassen eines Synchronmotors gestaltet sich also genau so wie das

Parallelschalten eines Wechselstromerzeugers zu bereits im Betriebe befindlichen Maschinen.

Um den Motor auf die richtige Drehzahl zu bringen, ist ein Anwurfmotor erforderlich. Die Drehzahl dieses Motors muß regelbar sein. Steht ein Gleichstromnetz, z. B. eine Akkumulatorenbatterie zur Verfügung, so kann man sich eines Gleichstrom-Nebenschlußmotors bedienen, der mit dem Synchronmotor gekuppelt wird, und dessen Geschwindigkeit durch einen Nebenschlußregler verändert werden kann. Wird für den Anwurf ein Drehstrom-Induktionsmotor benutzt, so muß dieser mit einer geringeren Polzahl, also für eine höhere Drehzahl ausgeführt sein wie der Synchronmotor, damit er sich auf die synchrone Drehzahl herabregeln läßt (s. Abschn. 151a).

b) Drehstromseitiges Anlassen.

Synchrone Drehstrommotoren werden heute meistens unmittelbar vom Drehstromnetz aus in Gang gesetzt. Um dies zu ermöglichen, wird in den Polschuhen des Motors noch eine besondere, in sich kurzgeschlossene Hilfswicklung untergebracht und vor den Motor ein Anlaßtransformator gelegt, durch welchen ihm zunächst nur ein Teil der Spannung zugeführt wird. Der Motor läuft dann als Induktionsmotor mit Kurzschlußläufer (vgl. Abschn. 143) von selbst in den Synchronismus hinein, worauf ihm die volle Netzspannung zugeführt wird. Die Anzugskraft solcher Motoren ist allerdings meist nur gering (s. auch Abschn. 179). Die in den Polschuhen angebrachte Hilfswicklung trägt auch zur Beruhigung des Ganges, z. B. bei Belastungsschwankungen, bei und wird daher Dämpferwicklung genannt. Da in der Magnetwicklung, solange der Synchronismus noch nicht erreicht ist, eine hohe Spannung induziert wird, so muß Vorsorge getroffen werden, um die damit verbundene Gefahr abzuwenden, etwa dadurch, daß sie während des Anlassens — über einen Widerstand — kurzgeschlossen wird.

141. Der Synchronmotor als Phasenregler.

Die Veränderung des Erregerstromes eines leerlaufenden oder belasteten Synchronmotors hat auf seine Drehzahl keinen Einfluß, da diese lediglich durch die Polzahl und die Stromfrequenz gegeben ist. Es wird aber dadurch die Stärke des vom Motor aufgenommenen Stromes verändert. Diese ist bei einer gewissen Erregung am geringsten; sie steigt jedoch trotz gleichbleibender Belastung, wenn der Motor schwächer oder stärker erregt wird. Dieses Verhalten zeigt deutlich Abb. 202, in der die Abhängigkeit der Stromstärke vom Erregerstrom eines synchronen Drehstrommotors für Leerlauf und normale Belastung durch die sog. V-Kurven dargestellt ist.

Zur Erklärung der genannten Erscheinung diene folgendes. Bei richtiger Erregung sind Spannung und Stromstärke des Synchronmotors in Phase, der Leistungsfaktor ist also 1, und der Motor nimmt den geringsten Strom auf. Bei Untererregung entnimmt der Motor den fehlenden „Magnetisierungsstrom" (siehe Abschn. 38) als

Blindstrom dem Netz. Die gesamte Stromaufnahme wird also trotz gleichbleibender Leistung größer. Doch ist der Strom nunmehr gegen die Spannung in der Phase verzögert. Bei Übererregung schließlich ist der Strom gegenüber der Spannung vorauseilend, was ebenfalls eine größere Stromaufnahme mit sich bringt und darauf zurückzuführen ist, daß der Motor nunmehr einen nach Art des „Ladestromes" (s. Abschn. 40) gerichteten Blindstrom aufnimmt. Durch Übererregen von an ein Wechselstromnetz angeschlossenen Synchronmotoren hat man es daher in der Hand, die in dem Netz fast stets vorhandene Phasenverzögerung des Stromes mehr oder weniger zu beseitigen.

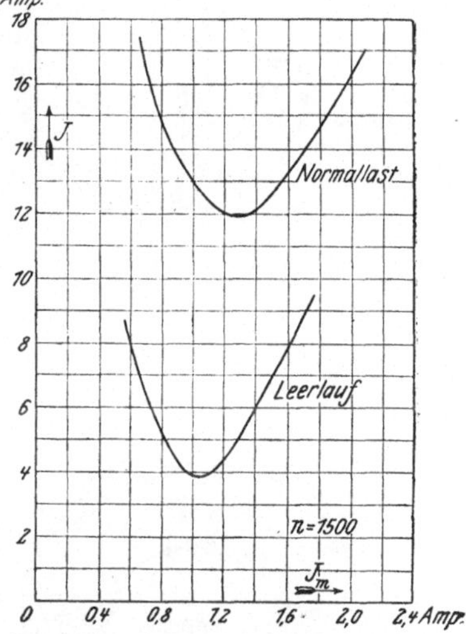

Abb. 202. V-Kurven eines synchronen Drehstrommotors für 2 kW, 120 V, 12 A, 50 Hz, $n = 1500$.

Synchronmotoren werden aber auch gelegentlich, ohne daß sie motorische Wirkung auszuüben haben, zur Verbesserung des Leistungsfaktors aufgestellt. Da der von einem leerlaufenden Motor bei Übererregung dem Netz entnommene Strom im wesentlichen ein Blindstrom ist, der der Spannung um 90° vorauseilt, und dadurch der von anderen Stromverbrauchern benötigte und ebenfalls dem Netz entnommene um 90° verzögerte Blindstrom ganz oder zum Teil aufgehoben wird, so entsteht der Eindruck, als ob letzterer von den übererregten Synchronmotoren geliefert wird, und man nennt diese daher Blindleistungsmaschinen.

B. Induktionsmotoren (Asynchronmotoren).

142. Das Drehfeld.

Die ausgedehnte Verwendung des Mehrphasenstromes ist begründet in dem Umstande, daß er für den Betrieb von Motoren geeignet ist, bei denen die Übelstände des Synchronmotors vermieden sind, die also keiner besonderen Gleichstromerregung bedürfen, und die in einfachster Weise angelassen werden können. Da bei diesen Motoren der Strom im Läufer durch eine Induktionswirkung zustande kommt, heißen sie Induktionsmotoren. Sie laufen nicht synchron und werden daher auch Asynchronmotoren genannt. Sie beruhen auf der Erscheinung des Drehfeldes, die von Ferraris im Jahre 1888 bekanntgegeben wurde.

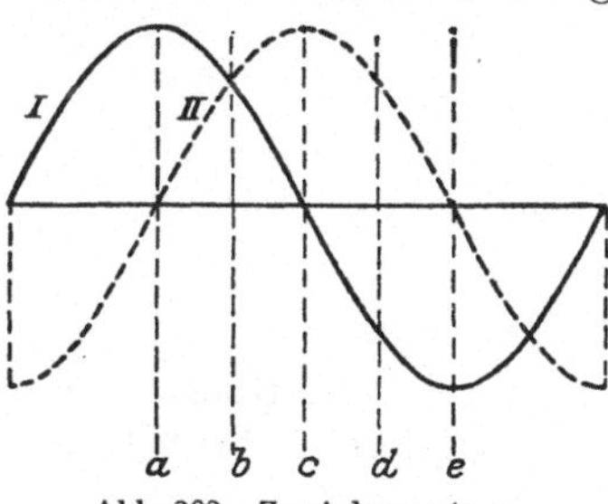

Abb. 203. Zweiphasenstrom.

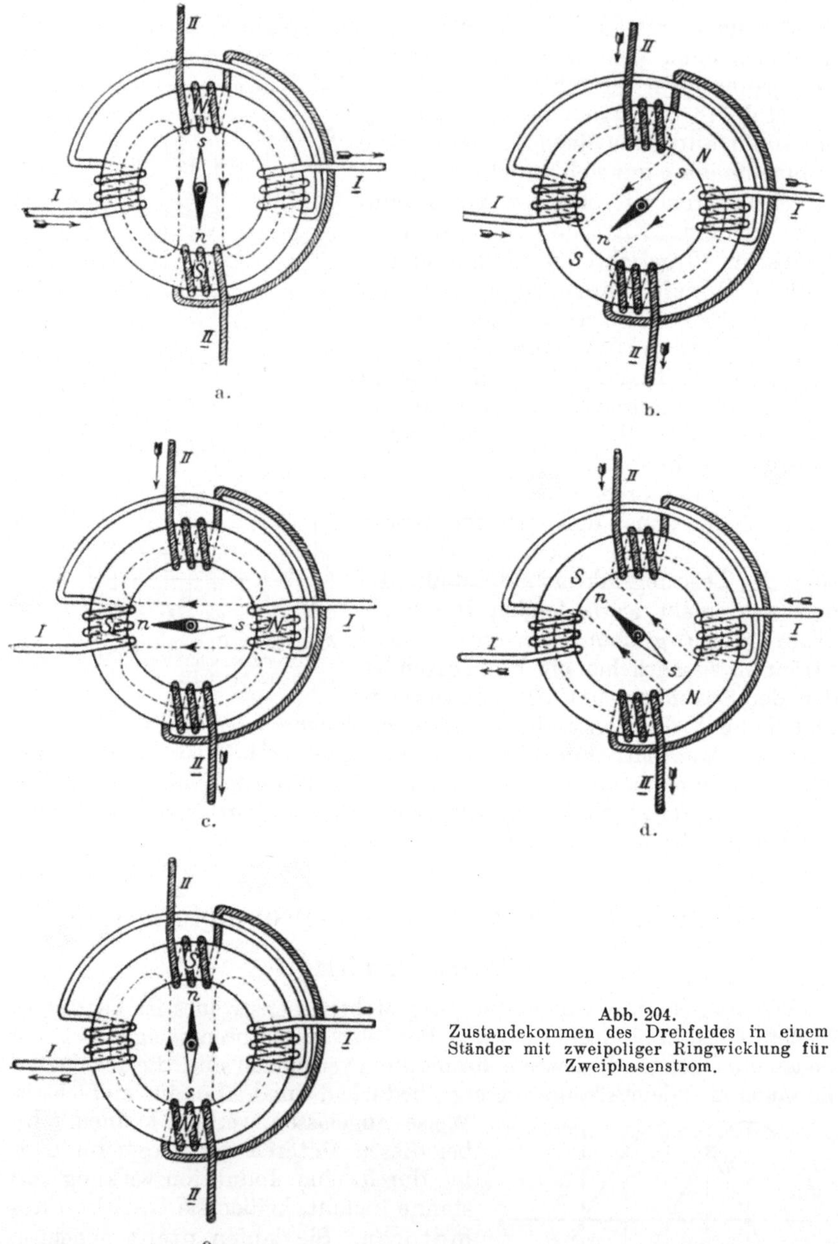

Abb. 204.
Zustandekommen des Drehfeldes in einem Ständer mit zweipoliger Ringwicklung für Zweiphasenstrom.

a) Zweiphasige Ständerwicklung.

Wenn auch die überwiegend große Mehrzahl der Induktionsmotoren mit Dreiphasenstrom betrieben wird, dessen Name „Drehstrom“ gerade auf die Möglichkeit, mit ihm ein Drehfeld zu erzeugen, zurückzuführen ist, so soll im folgenden doch des einfacheren Verständnisses wegen das Zustandekommen des Drehfeldes zunächst an dem Zweiphasenstrom erläutert werden. Bei diesem hat man es bekanntlich mit zwei nach Abb. 203 um 90° gegeneinander verschobenen Wechselströmen zu tun. Die beiden Ströme mögen nun je einer von zwei Wicklungen zugeführt werden, die nach Art der Abb. 204 auf dem aus Eisenblechen zusammengesetzten und als Hohlzylinder ausgebildeten Ständer angebracht und gegeneinander ebenfalls um 90° versetzt sind. Jede der Wicklungen besteht aus einem Paar Spulen. Das Spulenpaar *I* wird vom Wechselstrom *I*, das Spulenpaar *II* vom Wechselstrom *II* durchflossen. Um die Anfänge und Enden der Wicklungen voneinander unterscheiden zu können, sind die letzteren durch unterstrichene Zahlen kenntlich gemacht. In einem bestimmten Augenblick, der in Abb. 203 durch die Linie *a* gekennzeichnet ist, besitzt der Wechselstrom *I* gerade seinen Höchstwert, während der Wechselstrom *II* den Wert null erreicht hat. In diesem Augenblick wird der Hohlzylinder also lediglich durch das Spulenpaar *I* magnetisiert, während das Spulenpaar *II* wirkungslos ist. Die augenblickliche Stromrichtung im Spulenpaar *I* entspreche dem in Abb. 204a eingezeichneten Pfeil, dessen Länge auch ein ungefähres Maß für die Stromstärke geben soll. Die Richtung der sich in dem Ringe bildenden Kraftlinien kann nach Abschn. 24d bestimmt werden, wobei man findet, daß die durch die beiden zur Wicklung *I* gehörenden Spulen erzeugten Kraftlinien einander entgegenwirken. Infolgedessen tritt eine Art Stauung der Kraftlinien ein, die zur Folge hat, daß ein Teil von ihnen den Weg durch die Luft hindurch nimmt, so etwa, wie es die Abbildung andeutet. Es bildet sich also oben im Ringe, wo die Kraftlinien aus dem Eisen austreten, ein Nordpol und unten, wo sie wieder eintreten, ein Südpol.

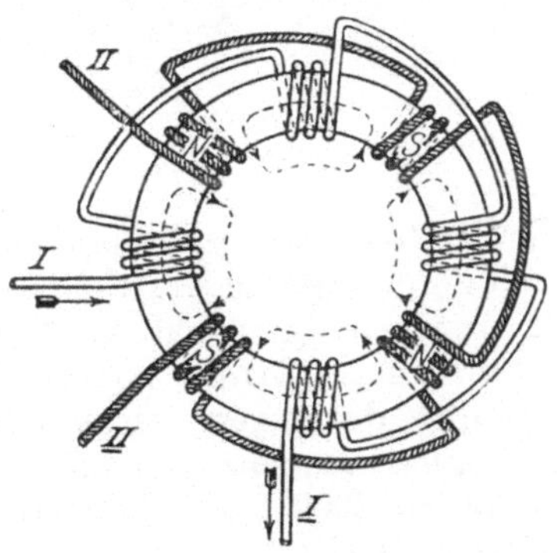

Abb. 205. Ständer mit vierpoliger Ringwicklung für Zweiphasenstrom.

Nachdem der Augenblick *a* überschritten ist, nimmt die Stärke des Wechselstromes *I* allmählich ab, während der Strom *II* anwächst, und nach einer Achtelperiode (bei *b* in Abb. 203) sind die beiden Ströme gleich stark geworden, was in Abb. 204b auch durch die Pfeillängen zum Ausdruck gebracht ist. Bei der für das Spulenpaar *II* angenommenen Stromrichtung haben die Kraftlinien, die von der linken und der oberen Spule erzeugt werden, gleiche Richtung; ihnen setzen sich jedoch die von der rechten und der unteren Spule hervorgerufenen Kraftlinien entgegen. Die Pole haben sich also, wie die Abbildung zeigt, um ein Achtel des Ringumfanges im Sinne des Uhrzeigers verschoben. Nach einer weiteren Achtelperiode (bei *c*) ist der Strom *I* null geworden, der Strom *II* hat seinen Höchstwert erreicht. Nur von diesem rühren also die Kraftlinien (Abb. 204c) her, aus deren Verlauf man erkennt, daß die Pole im Ringe wieder weiter gewandert sind. Nach wiederum einer Achtelperiode (bei *d*) hat der Strom *I* seine Richtung geändert, das Kraftlinienfeld entspricht jetzt der Abb. 204d, während schließlich die Verhältnisse nach abermals einer Achtelperiode (bei *e*)

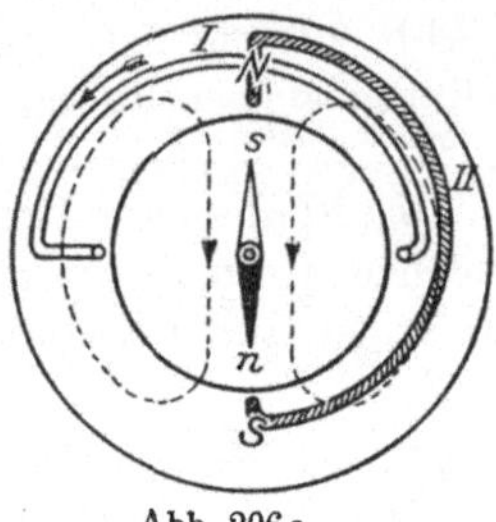

Abb. 206a.

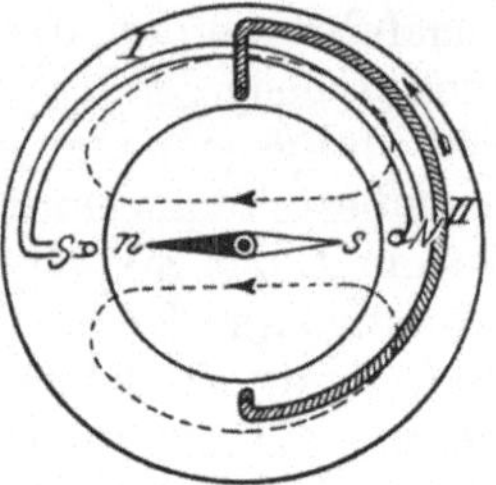

Abb. 206b.

Zweipolige Trommelwicklung für Zweiphasenstrom (eine Nute je Pol und Strang).

durch Abb. 204e wiedergegeben sind. Man erkennt deutlich, daß das die Luft durchsetzende Kraftlinienfeld während des betrachteten Zeitraumes, also während einer halben Periode, gerade eine halbe Umdrehung ausgeführt hat. Einer vollen Periode des Wechselstromes entspricht demnach auch eine volle Umdrehung des Feldes. Bei einer Frequenz von beispielsweise 50 Hz würde also das Drehfeld minutlich 3000 Umdrehungen ausführen. Die Erscheinung des Drehfeldes kann sichtbar gemacht werden durch eine in das Innere des Hohlzylinders gebrachte drehbare Magnetnadel. Auch ein Stück unmagnetisches Eisen wird unter dem Einflusse des Feldes in Drehung versetzt.

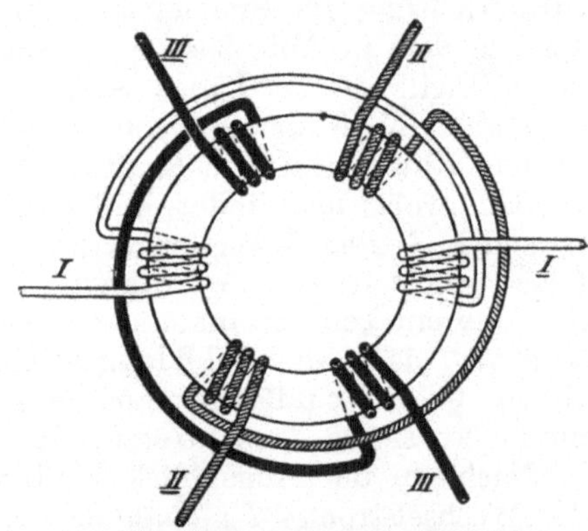

Abb. 207. Ständer mit zweipoliger Ringwicklung für Dreiphasenstrom.

Bei der in Abb. 204 gezeichneten Anordnung treten stets nur zwei Pole im Ringe gleichzeitig auf. Um die doppelte Anzahl Pole hervorzurufen, muß für die Wicklung jeder Phase auch die doppelte Zahl von Spulenpaaren angewendet werden, wie es Abb. 205 zeigt. Die Pole sind für den Augenblick *a* der Abb. 203 eingetragen. Der Wechselstrom *I* befindet sich also im Höchstwerte, Wechselstrom *II* ist dagegen null. In entsprechender Weise kann auch jede beliebige andere Polzahl hergestellt werden. Einer Periode des Stromes entspricht bei einer vierpoligen Maschine eine halbe, bei einer sechspoligen Maschine eine drittel Umdrehung des Feldes usw.

Die Wicklung wurde der besseren Anschauung wegen bisher als Ringwicklung gedacht, doch wird praktisch ausschließlich die Trommelwicklung verwendet. Abb. 206 zeigt eine zweipolige Trommelwicklung unter der Annahme von nur einer Nute je Pol und Wicklungsstrang. Abb. 206a bezieht sich auf den Augenblick, in dem der Wechselstrom *I* sich im Höchstwert befindet, während bei Abb. 206b der Strom *II* den Höchstwert erreicht hat. Man übersieht leicht, daß ein Drehfeld genau wie bei der Ringwicklung entsteht.

b) Dreiphasige Ständerwicklung.

In der gleichen Weise wie mit Zweiphasenstrom kann ein Drehfeld mittels Dreiphasenstrom erzeugt werden. In diesem Falle müssen, wenn zunächst wieder von der Ringwicklung ausgegangen wird, auf

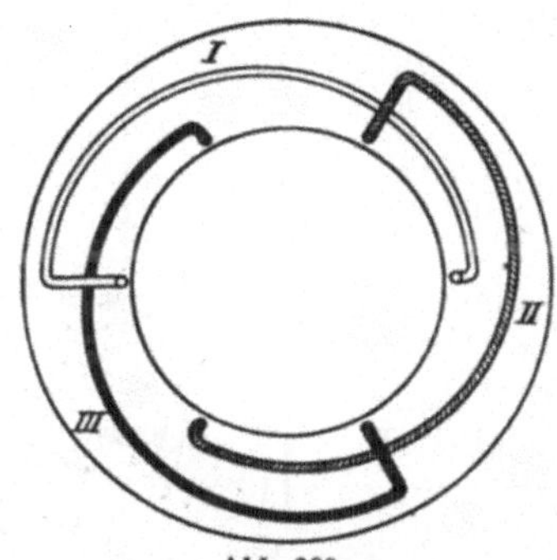

Abb. 208.
Zweipolige Trommelwicklung für Dreiphasenstrom (eine Nute je Pol und Strang).

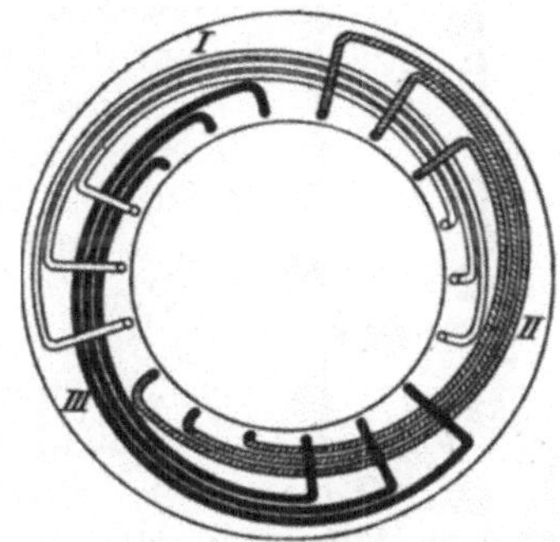

Abb. 209.
Zweipolige Trommelwicklung für Dreiphasenstrom (drei Nuten je Pol und Strang).

dem Ständer drei um je 120° gegeneinander versetzte Spulenpaare angebracht werden, denen je einer der Wechselströme zugeführt wird. Die Anordnung ist in Abb. 207 dargestellt. Um mit drei Zuführungsleitungen auszukommen, sind die Wicklungen in Stern oder Dreieck zu verketten. Während die Stärke des mittels Zweiphasenstrom erregten Drehfeldes gewissen Schwankungen unterworfen ist, zeichnet sich das durch Drehstrom erzeugte Feld durch völlige Gleichmäßigkeit aus.

Eine zweipolige Trommelwicklung für Dreiphasenstrom zeigt Abb. 208, und zwar für eine Nute je Pol und Strang. Meistens wird man allerdings die Wicklung jedes Stranges auf mehrere Nuten, z. B. wie in Abb. 209, auf drei Nuten je Pol (Dreilochwicklung!) verteilen.

Die dargestellten Wicklungen der Drehfeldmotoren unterscheiden sich in keiner Weise von den Ständerwicklungen der Mehrphasenerzeuger. Es sei daher auf Abschn. 113 verweisen, in dem sich eine Anzahl mehrpoliger Trommelwicklungen für Zwei- und Dreiphasenstrom wiedergegeben findet.

143. Drehstrommotoren mit Kurzschlußläufer.

Um das Drehfeld für motorische Zwecke nutzbar zu machen, bringt man in das Innere des den Ständer bildenden Hohlzylinders, durch einen nur schmalen Luftspalt von ihm getrennt, den zylindrisch aus Eisenblechen aufgebauten, drehbar gelagerten Läufer. Durch diesen wird einmal der Widerstand für die Kraftlinien außerordentlich verringert; außerdem dient er zur Aufnahme einer Wicklung. Diese besteht im einfachsten Falle aus einer Reihe von Kupferstäben, die, isoliert oder auch blank, nahe am Umfang des Zylinders in das Eisen eingebettet und auf den Stirnseiten durch Kupferringe sämtlich kurzgeschlossen sind. Eine derartige Wicklung wird Käfigwicklung genannt. Häufig wird der Käfig auch aus Aluminium hergestellt, das unter hohem Druck in entsprechende Öffnungen des Läuferblechpaketes eingespritzt wird. Seltener wird eine Phasenwicklung angewendet, die — ähnlich wie die Wicklung des zur Erzeugung des Drehfeldes dienenden Ständers — aus mehreren gegeneinander versetzten Abteilungen besteht, die untereinander kurzgeschlossen werden. Ein nach Vorstehendem eingerichteter Läufer wird als Kurzschlußläufer bezeichnet. Nebenstehend ist die Schaltung eines Drehstrommotors mit Kurzschlußläufer dargestellt. In Abb. 210 ist Käfigwicklung, in Abb. 211 Phasenwicklung auf dem Läufer angenommen. Die Ständerwicklung ist in beiden Fällen in Stern geschaltet. Es kann jedoch auch Dreiecksverkettung angewendet werden. Der Strom wird dem Motor durch die Klemmen U, V, W zugeführt. Beim Läufer mit Phasenwicklung sind die drei Stränge ebenfalls in Stern verkettet.

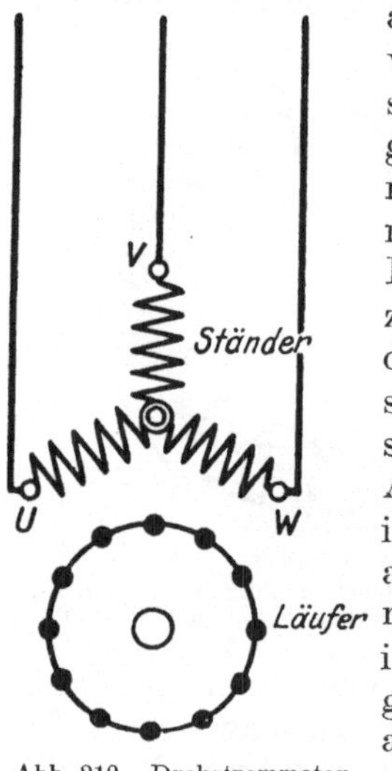

Abb. 210. Drehstrommotor mit Kurzschlußläufer (Käfigwicklung).

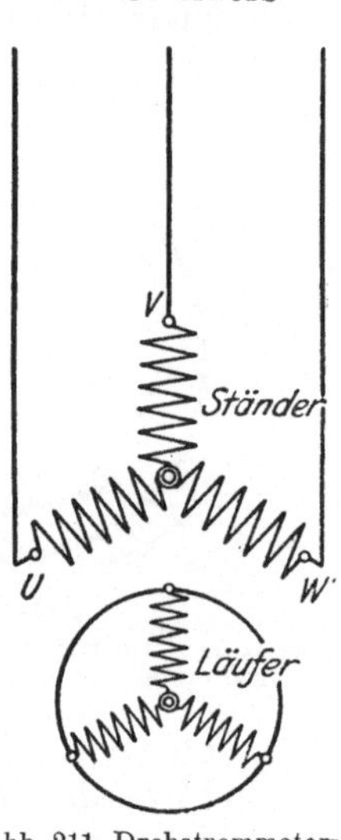

Abb. 211. Drehstrommotor mit Kurzschlußläufer (Phasenwicklung).

Da die Anordnung eines solchen Motors einem Transformator nicht unähnlich ist, dessen primäre Wicklung auf dem Ständer, dessen sekundäre Wicklung auf dem Läufer angebracht ist, so wird der Ständer auch wohl Primäranker, der Läufer Sekundäranker genannt. Abgesehen davon, daß beim Motor die sekundäre Wicklung drehbar angeordnet ist, besteht ein Unterschied gegenüber dem Transformator nur insofern, als man es bei dem Motor nicht mit einem geschlossenen, sondern mit einem offenen magnetischen Kreise zu tun hat.

Sobald der Ständerwicklung Strom zugeführt wird, das Drehfeld also zustande kommt, schneiden die von diesem herrührenden Kraftlinien die Wicklung des Läufers. Die dabei in ihr induzierten Ströme sind nach dem Prinzip von Lenz so gerichtet, daß sie zufolge der zwischen stromführenden Leitern und einem Magneten bestehenden Wechselwirkung die Bewegung des Drehfeldes zu hemmen suchen. Es kann sich dies nur dadurch äußern, daß der Läufer in derselben Richtung wie das Feld in Drehung gerät. Der Vorgang ist etwa vergleichbar damit, daß sich jemand an ein in Bewegung befindliches Karussell klammert, um es zum Stillstand zu bringen, dabei aber von dem Karussell, statt daß dieses aufgehalten wird, mitgerissen wird. Da der Läufer das Bestreben hat, sich mit derselben Geschwindigkeit zu drehen wie das Feld, so kommt er in immer schnellere Bewegung. Bei Leerlauf wird er, weil nennenswerte Widerstände nicht zu überwinden sind, vielmehr nur die verhältnismäßig geringfügigen Reibungswiderstände in Betracht kommen, den synchronen Lauf, d. h. die Geschwindigkeit des Drehfeldes, auch nahezu erreichen. Würde voller Synchronismus erzielt werden, der Läufer sich also ebenso schnell drehen wie das Feld, so würde die Läuferwicklung von Kraftlinien nicht geschnitten werden. Infolge des geringen Unterschiedes zwischen der Umdrehungszahl des Läufers und der des Feldes wird jedoch ein Schneiden von Kraftlinien eintreten, und daher wird in der Läuferwicklung eine kleine Spannung induziert, die einen nur schwachen Strom, einen Wechselstrom von geringer Frequenz, zur Folge hat, wodurch (entsprechend dem Verhalten des Transformators) der Ständer veranlaßt wird, dem Netz einen ebenfalls schwachen Strom, den Leerlaufstrom, zu entziehen. Wird nunmehr der Motor belastet, so läßt die Drehzahl des Läufers nach, der Unterschied zwischen Läufer- und Drehfeldgeschwindigkeit, die sog. Schlüpfung, wird größer, die Läuferwicklung also häufiger von den Kraftlinien geschnitten und demnach in ihr eine größere EMK, ein stärkerer Strom induziert. Dieser bedingt aber auch eine stärkere Stromaufnahme des Ständers aus dem Netz. Die Stromaufnahme des Motors entspricht also, wie bei allen anderen Elektromotoren, der Belastung.

Da die Schlüpfung auch bei Vollast nur gering ist (s. Abschn. 154), so ist die Drehzahl der Induktionsmotoren bei allen Belastungen nahezu konstant; sie ändert sich in ähnlicher Weise wie etwa beim Gleichstrom-Nebenschlußmotor.

Wegen der Induktivität seiner Wicklungen tritt zwischen der dem Motor zugeführten Spannung und dem von ihm aufgenommenen Strom eine Phasenverschiebung auf: der Strom ist gegen die Spannung verzögert. Ein Teil des Stromes hat eben als Blindstrom die Rolle des Magnetisierungsstromes zu übernehmen (vgl. Abschn. 38). Der Leistungsfaktor der Motoren liegt bei voller Belastung gewöhnlich zwischen 0,8 und 0,9 (s. Abschn. 155).

Die Motoren mit Kurzschlußläufer zeichnen sich durch denkbar einfache Bauart aus. Das Anlassen erfolgt lediglich dadurch, daß der Ständer durch einen Schalter mit dem Netz in Verbindung gebracht wird. Ein Anlaßwiderstand ist also im allgemeinen nicht erforderlich. Doch besitzen die Motoren den Nachteil, daß sie mit einem großen Stromstoß angehen, da gerade beim Anlauf, solange also der Läufer noch nicht in Drehung geraten ist, die Läuferwicklung von den Kraftlinien des Drehfeldes am schnellsten geschnitten, in ihr also auch, bei zunächst voller Netzfrequenz, die größte Spannung induziert wird. Der Einschaltstromstoß beträgt in der Regel das 5- bis 8fache des normalen Stromes und stand der allgemeinen Einführung des Kurzschlußläufermotors häufig hindernd im Wege. In den nachfolgenden Abschnitten (144 bis 148) ist gezeigt worden, wie sich dieser Nachteil mehr oder weniger vermeiden läßt, und es sei hier schon vermerkt, daß sich der Kurzschlußläufermotor, der früher hauptsächlich für kleinere Leistungen verwendet wurde, wegen seiner großen Einfachheit und Betriebssicherheit immer mehr auch für größere Leistungen durchgesetzt hat (siehe Abschn. 149).

144. Mechanische Anlasser.

Ein Mittel, den hohen Anlaufstrom des Kurzschlußläufermotors unschädlich zu machen, ist, ihn zeitlich zu begrenzen. Das ist bis zu einem gewissen Grade dadurch möglich, daß man den Motor leer anlaufen läßt. Zu diesem Zwecke sind Riemenscheiben ausgebildet worden, die mit einer Fliehkraftkupplung versehen sind, durch welche, erst nachdem der Motor auf ungefähr volle Drehzahl gelangt ist, die Last mit dem Motor zusammengekuppelt wird. Derartige Einrichtungen werden häufig als *mechanische Anlasser* bezeichnet.

145. Kurzschlußläufermotoren mit Ständeranlasser oder Anlaßtransformator.

Um den hohen Anlaufstrom zu vermindern, kann man vor den Ständer des Induktionsmotors einen dreiteiligen Anlaßwiderstand legen, durch welchen die Spannung dem Motor nur allmählich zugeführt wird. Mit der Anwendung eines derartigen *Ständeranlassers* ist jedoch der Nachteil einer sehr erheblich verringerten Anzugskraft verbunden, da diese in hohem Maße von der zugeführten Spannung abhängt.

Bei größeren Motoren, namentlich solchen für Hochspannung, kann statt des Anlaßwiderstandes ein *Anlaßtransformator* verwendet werden.

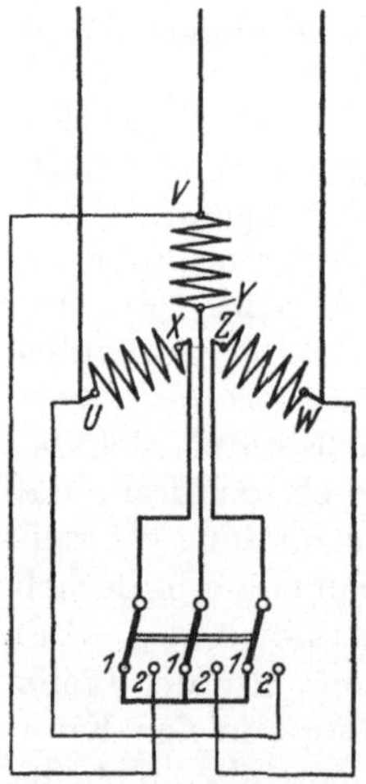

146. Stern-Dreieck-Anlaßschaltung.

Um, ohne Anwendung eines Widerstandes oder Transformators, den großen Stromstoß beim Anlauf des Kurzschlußläufermotors herunterzudrücken, kann man, sofern die Ständerwicklungen normalerweise in *Dreieck* verkettet sind, diese zunächst in *Stern* verbinden. Da bei der Sternschaltung jeder Wicklungsstrang nur einen Teil der Netzspannung erhält, so ist auch die Stromaufnahme bei der Sternschaltung kleiner, als wenn der Motor in Dreieckschaltung angelassen würde, und zwar wird sie auf ungefähr den dritten Teil herabgedrückt, wobei aber auch das Drehmoment auf den dritten Teil zurückgeht. Bei der Umschaltung auf Dreieck tritt dann nochmals ein Stromstoß auf. Der Einschaltstromstoß wird also gewissermaßen in zwei Teile zerlegt.

Abb. 212. Ständer eines Drehstrommotors mit Stern-Dreieck-Anlaßschaltung.

Die Umschaltung kann mit einem gewöhnlichen dreipoligen Umschalter nach Abb. 212 vorgenommen werden. Die Stellung *1* des Schalters bildet die Anlaßstellung, *2* die Betriebsstellung Durch Anwendung besonderer Stern-Dreieck-Umschalter wird die richtige Reihenfolge der zum Anlassen erforderlichen Schaltbewegungen gewährleistet und ferner der Motor beim Einschalten mit dem Netz in Verbindung gebracht, beim Ausschalten von ihm getrennt.

147. Kurzschlußmotoren mit Stromverdrängungsläufern.

Um den hohen Anlaufstrom zu verringern, ohne das Anzugsmoment in gleichem Verhältnis herabzusetzen, sind verschiedene Sonderausführungen von Kurzschlußläufermotoren entwickelt worden, die den Motor mit gewöhnlichem Kurzschlußläufer mehr und mehr zurückgedrängt haben. So kommt bei den Motoren mit Wirbelstromläufer, wie sie zuerst von den Siemens-Schuckert-Werken durchgebildet wurden, eine Käfigwicklung zur Anwendung, bei der schmale, aber hohe Kupferstäbe angewendet werden. Die Nuten des Läufers werden, dem Querschnitt der Stäbe entsprechend, tief ausgeführt. Im Augenblick des Anlaufs wird nun infolge der zunächst hohen Frequenz und unter dem Einfluß der Kraftlinienstreuung um die Nuten eine Wirbelstrombildung in den Läuferstäben eintreten derart, daß der Strom von den am Grunde der Nuten liegenden Teilen des Stabquerschnittes abgedrängt, also im wesentlichen nur von den nahe der Nutenöffnung liegenden Teilen der Leiter aufgenommen wird. Es ist also nicht der ganze Querschnitt der Stäbe wirksam, und der Widerstand der Wicklung scheint vergrößert zu sein. Daher kann in der Läuferwicklung auch nur ein verhältnismäßig schwacher Strom induziert werden, und auch der Ständerstrom fällt entsprechend klein aus. In dem Maße, wie der Läufer in Drehung kommt, die Läuferfrequenz also kleiner wird, macht sich auch die Stromverdrängung weniger bemerkbar, und im normalen Betriebe ist, wegen der geringen Schlupffrequenz, der volle Stabquerschnitt wirksam.

Abb. 213. Läuferstäbe des Doppelnutmotors.

Auf ähnlichen Überlegungen, wie diejenigen, die zu dem Motor mit Wirbelstromläufer geführt haben, beruhen die Mehrnutmotoren der verschiedensten Art. Zu diesen gehört z. B. der Doppelnutmotor der Allgemeinen Elektrizitäts-Gesellschaft. Die bei ihm angewendete Form der Läuferstäbe zeigt Abb. 213. Bei anderen Ausführungen werden zwei getrennte Wicklungskäfige, eine nahe dem Umfange untergebrachte Anlauf- und eine tiefer liegende Arbeitswicklung, benutzt.

Bei den vorstehend erörterten Motoren kann natürlich, um den Anlauf noch günstiger zu gestalten, auch eine Stern-Dreieckumschaltung vorgesehen oder auch ein mechanischer Anlasser angewendet werden.

148. Der Doppelkurzschlußmotor.

Durch gute Anlaufverhältnisse zeichnet sich auch der Doppelkurzschlußmotor aus. Bei ihm werden zwei Ständer mit Drehstromwicklung nebeneinander gesetzt und mit einem gemeinsamen Läufer versehen. Dieser besitzt Käfigwicklung. Die Läuferstäbe derselben sind nicht nur an den Enden durch Ringe kurzgeschlossen, sondern auch in der Mitte durch Widerstandsringe miteinander verbunden, wie in Abb. 214 andeutet ist, die einer Ausführung der Firma Johannes Bruncken in Köln entspricht. Bei Betätigung einer mit den beiden Ständerwicklungen in Verbindung stehenden Schaltvorrichtung bilden sich in den Läuferstäben, wie in der Abbildung durch ausgezogene Pfeile angegeben ist, zunächst Ströme aus, die gegeneinander gerichtet sind und sich daher in jeder Läuferhälfte gesondert, also über die Widerstandsringe schließen. Ein kleiner Läuferstrom und daher ein kleiner Anlaufstrom sind die Folge. Im normalen Betriebe werden dagegen nach Umstellung der Schaltvorrichtung in den Läuferstäben beiderseits Ströme gleicher Richtung induziert (gestrichelte Pfeile), die Widerstandsringe werden wirkungslos und die Läuferwicklung setzt dem Strom nur noch einen geringen Widerstand entgegen.

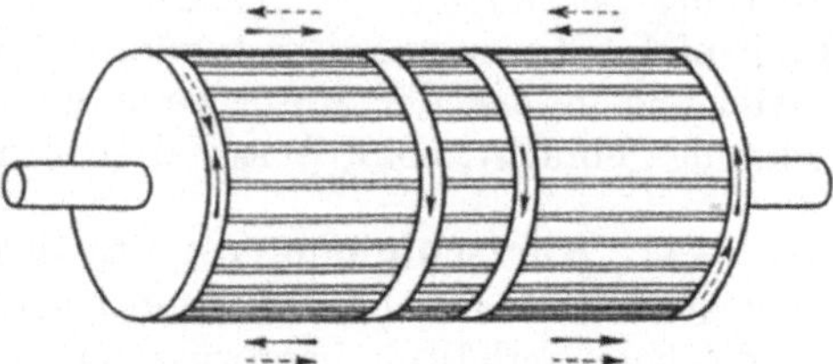

Abb. 214. Läufer des Doppelkurzschlußmotors.

149. Drehstrommotoren mit Schleifringläufer.

Da der hohe Anlaufstrom des Kurzschlußläufermotors auf die beim Einschalten in der sekundären Läuferwicklung auftretende große Stromstärke zurückzuführen ist, die auf den primären Ständerkreis zurückwirkt, so liegt es nahe, das Übel an der Wurzel zu beseitigen, einen Anlasser also dem Läufer vorzuschalten. Wird die Läuferwicklung, wie es die Regel ist, dreiphasig ausgeführt, so ergibt sich auch ein dreiteiliger Anlaßwiderstand.

Die Verbindung der Läuferwicklung mit den Widerstandsabteilungen des Anlassers kann naturgemäß nur durch Vermittlung von Schleifringen und Bürsten erfolgen. Man erhält auf diese Weise den Schleifringläufer. In dem Schaltbild Abb. 215 sind die Klemmen des Ständers wieder mit U, V, W bezeichnet, die des Läufers und des Anlaßwiderstandes heißen u, v, w. Beim Anlassen wird, nachdem der Ständer durch Schließen des Hauptschalters an das Netz gelegt ist, der Anlaßwiderstand durch Drehen der Kurbel langsam kurzgeschlossen. Der Mo-

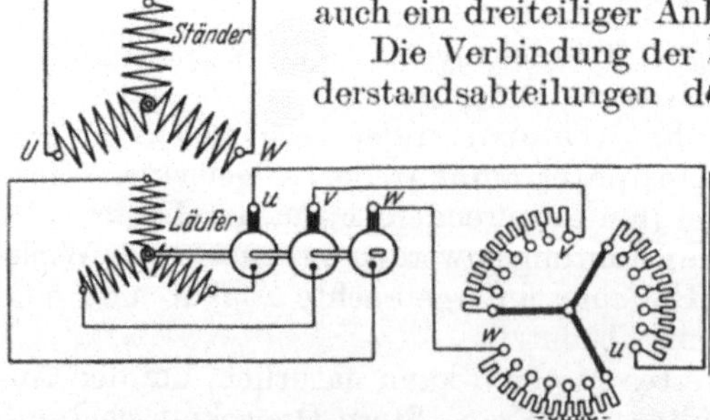

Abb. 215. Drehstrommotor mit Schleifringläufer nebst Anlasser.

tor läuft dabei mit großer Zugkraft an. Ist der Anlasser kurzgeschlossen, so verhält sich der Läufer des Motors wie ein solcher mit Kurzschlußwicklung. Ausschaltkontakte werden am Anlasser nicht vorgesehen, der Läufer soll sich vielmehr bereits auf dem ersten Kontakt in Drehung setzen. Der in der Abbildung angenommene Flachbahnanlasser mit Drahtwiderständen kann auch durch einen Flüssigkeitsanlasser ersetzt werden. Oder es kann auch ein Walzenanlasser nach Art der in Abschn. 103 für Gleichstrommotoren beschriebenen verwendet werden.

An den Motoren wird häufig eine von Hand zu bedienende Bürstenabhebevorrichtung vorgesehen. Nachdem der Motor angelassen ist, werden die Schleifringe zunächst unter sich kurz geschlossen und alsdann die Bürsten abgehoben. Es fällt dann der Verlust in den Verbindungsleitungen zwischen Motor und Anlasser sowie derjenige durch Bürstenreibung fort, und vor allem wird eine Abnutzung der Schleifringe und der Bürsten vermieden. Wichtig ist, daß die zum Kurzschließen der Schleifringe und Abheben der Bürsten notwendigen Handhabungen zwangläufig nacheinander erfolgen.

Es braucht kaum noch darauf hingewiesen zu werden, daß sich die Betriebseigenschaften des Motors mit Schleifringläufer, abgesehen von dem verminderten Anlaufstrom, nicht von denen des Kurzschlußläufermotors unterscheiden, dem er aber, was Einfachheit der Bauweise betrifft, unterlegen ist. Er ist, wenigstens für größere Leistungen, heute noch der verbreitetste Drehstrommotor, wenn ihm auch der Kurzschlußläufermotor mehr und mehr das Feld streitig macht (s. Abschn. 143).

Drehstrommotoren mit Kurzschluß- und Schleifringläufer können wie Gleichstrommaschinen (vgl. Abschn. 99), in offener, geschützter oder geschlossener Bauart ausgeführt werden.

150. Ausführungsbeispiel eines Drehstrommotors.

Abb. 216 gibt einen Drehstrommotor mit Schleifringläufer und Bürstenabhebevorrichtung im Schnitt wieder, aus dem sein Aufbau zu ersehen ist. Es ist ein offener Motor. Ständer und Läufer sind in ihrem wirksamen Teile aus Blechen aufgebaut, und es ist nur ein geringer Luftspalt zwischen ihnen vorgesehen. Die im Eisen des Läufers erkennbaren Durchbohrungen dienen zur Lüftung der Maschine. Die Wicklung des Ständers ist vierpolig ausgeführt. Der Läufer besitzt Stabwicklung. Das Kurzschließen der Schleifringe und nachfolgende Abheben der Bürsten wird durch Betätigung eines mit einem Handgriff versehenen Hebels bewirkt. Die Wicklung des Motors wird der vorliegenden Netzspannung angepaßt.

151. Drehzahlregelung.

a) Herabsetzung der Drehzahl durch Widerstände.

Die Umdrehungszahl eines Induktionsmotors kann durch Widerstände verändert werden, die nach Art der Anlaßwiderstände vor den Läufer geschaltet werden. Der Anlasser selbst kann als Regler Verwen-

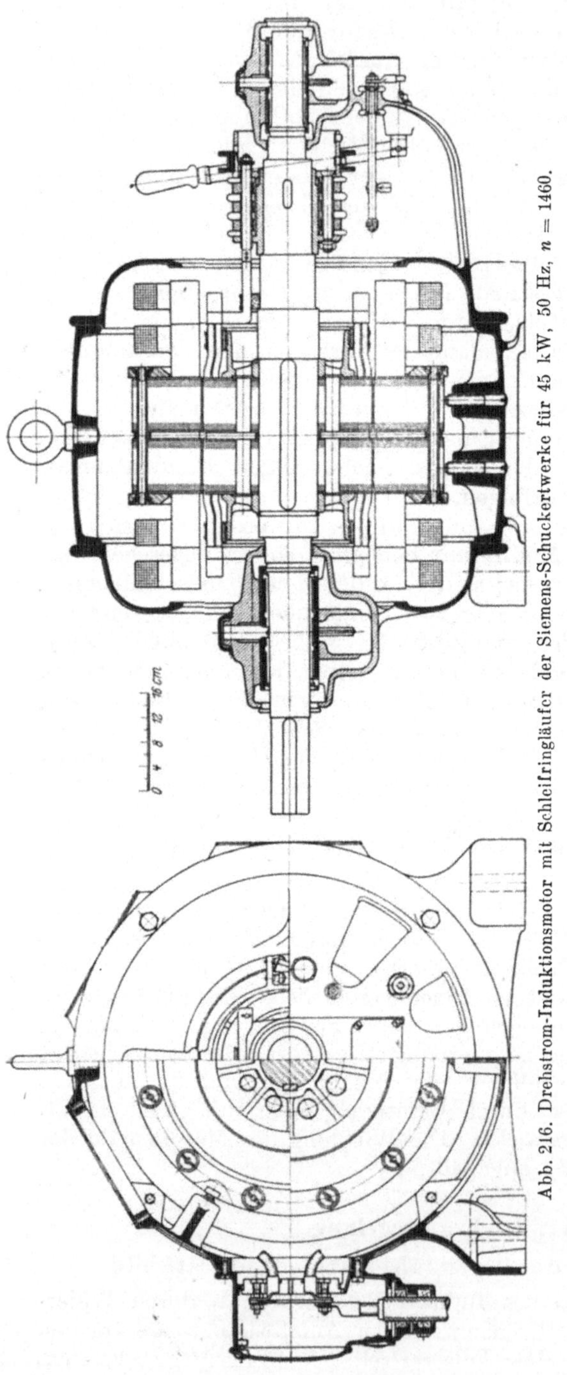

Abb. 216. Drehstrom-Induktionsmotor mit Schleifringläufer der Siemens-Schuckertwerke für 45 kW, 50 Hz, $n = 1460$.

dung finden, wenn er für Dauerbelastung eingerichtet ist. In den Widerständen tritt naturgemäß ein Spannungsverlust auf. Damit trotzdem in der Wicklung des Läufers (und damit auch in der Ständerwicklung) eine der jeweiligen Belastung entsprechende Stromstärke zustande kommt, muß in ihr eine entsprechend höhere Spannung induziert werden, was nur durch eine Zunahme der Schlüpfung möglich ist. Es wird also durch die Widerstände eine *Verminderung der Drehzahl* herbeigeführt. Das Verfahren setzt einen Schleifringläufer voraus. Es hat die gleichen Nachteile wie die Drehzahlerniedrigung von Gleichstrommotoren durch vorgeschaltete Widerstände, namentlich ist mit ihm ein Energieverlust verbunden, der um so bedeutender ist, je weiter die Drehzahl herabgesetzt wird.

b) *Polumschaltbare Motoren.*

Eine Änderung der Drehzahl eines Motors kann, ohne daß Energie vergeudet wird, durch Umschalten seiner Ständerwicklung auf eine andere Polzahl erreicht werden. Doch büßt bei dem Verfahren der *Polumschaltung* der

Aufbau des Motors an Einfachheit ein. Auch ermöglicht es nur eine sprungweise Änderung der Drehzahl.

c) Kaskadenschaltung.

Bei der Kaskadenschaltung wird eine verlustlose Änderung der Drehzahl dadurch erreicht, daß der im Läufer des Motors erzeugte Strom nicht Widerständen, sondern dem Ständer eines zweiten Induktionsmotors zugeführt wird, der mit dem ersten mechanisch gekuppelt ist. Durch eine derartige Anordnung wird die Drehzahl auf einen Wert herabgesetzt, der der Summe der Polzahlen beider Maschinen entspricht, also z. B. auf die Hälfte, wenn beide Motoren gleich viel Pole besitzen.

Besonders wichtige Kaskadenschaltungen ergeben sich durch die Verbindung des Induktionsmotors mit einem Drehstromkollektormotor (s. Abschn. 163) oder einem Gleichstrommotor. Doch kann darauf hier nicht näher eingegangen werden[1].

152. Umkehr der Drehrichtung.

Die Drehrichtung eines Induktionsmotors läßt sich in besonders einfacher Weise verändern. Bei einem Zweiphasenmotor sind lediglich die Zuführungsleitungen zu einem der beiden Wicklungsstränge zu vertauschen, da dann, wie sich an Hand der Abb. 204 nachweisen läßt, das Drehfeld in entgegengesetzter Richtung umläuft.

Bei Drehstrommotoren wird der Umlaufsinn geändert, wenn man irgend zwei der drei Zuführungsleitungen gegeneinander umwechselt.

Bei Anwendung von Umkehranlassern (vgl. das über derartige Anlasser für Gleichstrommotoren in Abschn. 102 Gesagte) oder Steuerwalzen (vgl. Abschn. 103) kann der Drehsinn eines Motors beliebig eingestellt werden.

153. Die LEONARDschaltung.

Eine Drehzahlregelung in weiten Grenzen ermöglicht die LEONARDschaltung, die bereits in Abschn. 108 für den Anschluß an ein Gleichstromnetz besprochen wurde, jedoch hauptsächlich für Drehstromnetze von Bedeutung ist. Mit dem an das Netz angeschlossenen Drehstrom-Induktionsmotor wird, entsprechend Abb. 150, eine als Steuerdynamo dienende Gleichstrommaschine gekuppelt, die auf den Anker eines Gleichstrommotors arbeitet, dessen Drehzahl und nötigenfalls auch Drehrichtung durch Beeinflussung der Erregung der Steuerdynamo innerhalb der gegebenen Grenzen beliebig eingestellt werden kann.

154. Drehzahl, Leistung und Spannung.

Ebenso wie die Wechselstromerzeuger können auch die Wechselstrommotoren nur mit den durch die Frequenz des Stromes und die Polzahl der Maschine gegebenen Drehzahlen betrieben werden, die sich nach Gl. (81) berechnen lassen. Die für 50 Hz möglichen Umdrehungszahlen sind in der in Abschn. 116 gegebenen Tabelle zusammengestellt. Während sie jedoch von den Synchronmotoren genau eingehalten werden,

[1] KOSACK, Schaltungsbuch für Gleich- und Wechselstromanlagen.

gelten sie bei den Induktionsmotoren nur angenähert, da die Drehzahl bei Belastung um den Betrag der Schlüpfung kleiner ist. Diese beträgt bei Motoren kleinster Leistung bis zu 8%, während sie bei solchen größerer Leistung nur ungefähr $1^1/_2$ bis 2% ausmacht. Bei Leerlauf ist die Schlüpfung verschwindend klein, wird also die synchrone Drehzahl nahezu erreicht.

Wie bei den Gleichstrommaschinen sind auch die Leistungsstufen der Drehstrommotoren genormt worden (s. S. 2), und zwar Motoren mit Kurzschlußläufer für Leistungen bis 100 kW und Motoren mit Schleifringläufer bis 250 kW. Die Frequenz des Stromes ist dabei zu 50 Hz angenommen, und es sind Leerlaufdrehzahlen zwischen 3000 und 500 berücksichtigt.

Größere Induktionsmotoren können für Spannungen bis zu mehreren tausend Volt gebaut werden. Bei kleineren Motoren zieht man den Anschluß an ein Niederspannungsnetz vor. Als Normalspannungen kommen für Wechselstrommotoren hauptsächlich 125, 220, 380 und 500 V in Betracht

Auf dem Leistungsschilde der Motoren mit Schleifringläufer sollen außer den allgemein üblichen Angaben auch der Läuferstrom und die Läuferstillstandsspannung, d. h. die in der offenen Läuferwicklung bei stillstehendem Motor zwischen zwei Schleifringen auftretende Spannung, angegeben werden (vgl. Abschn. 143, letzter Absatz). Diese muß durch geeignete Bemessung der Wicklung so niedrig gehalten werden, daß die Bedienung des Anlassers keinesfalls mit Gefahr verbunden ist.

155. Wirkungsgrad und Leistungsfaktor.

Die Leerverluste des Induktionsmotors werden gebildet aus dem Eisenverlust im Ständer — der Eisenverlust im Läufer ist wegen der geringen Schlüpfungsfrequenz nur unbedeutend — und den Reibungsverlusten. Die Lastverluste bestehen in der Hauptsache aus dem Stromwärmeverlust in der Ständer- und dem in der Läuferwicklung. Die Reibungsverluste der Induktionsmotoren sind im allgemeinen geringer als bei Gleichstrommotoren, da die Bürstenreibung weniger ausmacht bzw. bei den Kurzschlußläufermotoren und den mit Bürstenabhebevorrichtung ausgestatteten Schleifringläufermotoren völlig fortfällt. Es ist dies einer der Gründe, warum der Wirkungsgrad der Drehstrommotoren im allgemeinen etwas größer ist als der von Gleichstrommotoren.

Die folgende Tabelle enthält Angaben über den Wirkungsgrad normaler Drehstrommotoren bei der Frequenz 50 Hz. Außerdem ist der

Nutzleistung in kW	Ungefähre Drehzahl bei Leerlauf	Wirkungsgrad für Motoren mit		Leistungsfaktor für Motoren mit	
		Kurzschlußläufer	Schleifringläufer	Kurzschlußläufer	Schleifringläufer
1	1500	0,81	—	0,82	—
10	1000	0,87	0,86	0,85	0,84
100	500	0,91	0,91	0,85	0,85
1000	250	— —	0,94	—	0,86

Leistungsfaktor angegeben. Man erkennt, daß Wirkungsgrad und Leistungsfaktor bei den Motoren mit Kurzschlußläufer, bei kleineren Leistungen wenigstens, etwas günstiger ausfallen als bei den Motoren mit Schleifringläufer.

Die mitgeteilten Zahlen für Wirkungsgrad und Leistungsfaktor beziehen sich auf volle Belastung des Motors. Bei geringerer Belastung gehen sowohl Wirkungsgrad als auch Leistungsfaktor wesentlich herunter. Als Beispiel dafür, in welcher Weise sich die genannten Größen

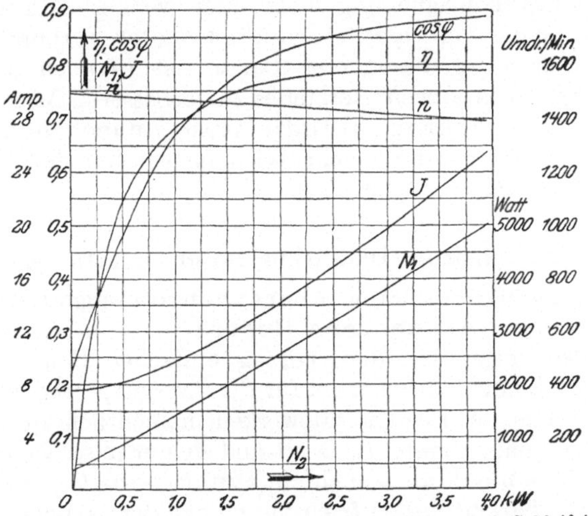

Abb. 217. Betriebskurven eines Drehstrom-Induktionsmotors mit Schleifringläufer für 3 kW, 120 V, 20 A, 50 Hz, $n = 1430$.

mit der Belastung ändern, sind sie für einen kleineren Drehstrommotor mit Schleifringläufer in Abb. 217 in Kurvenform aufgetragen. Der Vollständigkeit wegen sind in die Abbildung auch die Kurven der vom Motor aufgenommenen Leistung und Stromstärke sowie der Drehzahl eingezeichnet.

Beispiel: Welche Stromstärke nimmt ein Drehstrommotor bei einer Nutzleistung von 12 kW, einer Spannung von 125 V, einem Wirkungsgrad von 87% und einem Leistungsfaktor von 0,85 auf?

Die dem Motor zuzuführende Leistung ist:

$$N_1 = \frac{N_2}{\eta} = \frac{12000}{0{,}87} = 13800\ \text{W}.$$

Aus Gl. (55) findet man für die Stromstärke:

$$I = \frac{N_1}{\sqrt{3} \cdot U \cdot \cos\varphi} = \frac{13800}{1{,}732 \cdot 125 \cdot 0{,}85} = 75\ \text{A}.$$

156. Phasenkompensierung von Drehstrommotoren.

Der Leistungsfaktor eines Induktionsmotors kann durch einen Phasenkompensator verbessert werden. Da dieser in den Läuferkreis des Motors einzuschalten ist, setzt seine Anwendung einen Schleifringläufer voraus. Sein Einbau ist namentlich bei Motoren großer Leistung recht nützlich.

In der Regel hat der Kompensator, mit dessen Einführung der Name Scherbius verbunden ist, und der als Drehstrom-Erregermaschine bezeichnet wird, die Form eines besonders einfach gebauten Drehstrom-Kollektormotors (s. Abschn. 163). Er kann durch einen kleinen Hilfsmotor angetrieben oder mit dem Motor unmittelbar gekuppelt werden. Durch den Kompensator wird dem Läufer des Induktionsmotors eine Spannung aufgedrückt, unter deren Wirkung die zwischen Spannung und Stromstärke des vom Motor aufgenommenen Stromes bestehende Phasenverschiebung mehr oder weniger aufgehoben wird.

Mit Hilfe einer mit einem Induktionsmotor verbundenen Drehstrom-Erregermaschine besonderer Bauart ist es auch möglich, den Leistungsfaktor eines ganzen Netzteiles zu verbessern. Maschinen dieser Art werden als asynchrone Blindleistungsmaschinen bezeichnet. Man erreicht mit ihnen die gleiche Wirkung wie mit dem übererregten Synchronmotor (siehe Abschn. 141).

157. Der Drehstrom-Induktionsmotor als Stromerzeuger.

Wird ein Induktionsmotor übersynchron angetrieben, so wirkt er stromerzeugend. Asynchrone Generatoren haben den synchronen Maschinen gegenüber den Vorzug einfacher Bauweise, und sie brauchen auch keinen Gleichstrom für die Erregung. Sie werden daher bisweilen in kleineren Elektrizitätswerken, namentlich zur Ausnutzung von Wasserkräften, aufgestellt. Doch sind sie nur in solchen Netzen verwendbar, auf die mindestens auch ein synchroner Generator arbeitet. An die Regulierbarkeit der Antriebsmaschinen der asynchronen Generatoren brauchen keine großen Anforderungen gestellt zu werden, da die Frequenz des Wechselstromes durch den parallel arbeitenden synchronen Generator festgelegt ist, der gewissermaßen auch für die asynchronen Generatoren den Takt angibt, und der außerdem ihren Magnetisierungsstrom (s. Abschn. 143) deckt.

158. Der Drehtransformator.

Es wurde bereits im Abschn. 143 angedeutet, daß dem Induktionsmotor Transformatoreigenschaften zukommen. Soll der Motor als Transformator Verwendung finden, so ist er so einzurichten, daß der Läufer nicht in Drehung kommt, vielmehr in den verschiedenen Lagen fest eingestellt werden kann. Die Spannungsübersetzung richtet sich zwar lediglich nach dem Verhältnis der Windungszahlen von Ständer- und Läuferwicklung, jedoch tritt je nach der Winkelstellung des Läufers eine verschiedene Phasenabweichung zwischen Ständer- und Läuferspannung auf. Man bezeichnet die Einrichtung als Phasen- oder auch als Drehtransformator.

Der Drehtransformator wird in bestimmten Fällen zur Spannungsregelung benutzt. Bei einer gewissen Einstellung des Läufers ist dessen Spannung mit der Ständerspannung in Phase. Beide Spannungen sind also in jedem Augenblicke gleichgerichtet, und man kann sie daher zu einer Gesamtspannung zusammensetzen, die gleich der Summe der

Einzelspannungen ist. Bei einer anderen Einstellung ist die Läuferspannung gegen die Ständerspannung um 180° verschoben, d. h. beide Spannungen sind in jedem Augenblicke entgegengerichtet, und ihre Zusammensetzung ergibt eine Spannung gleich der Differenz der Einzelspannungen. Zwischen diesen beiden Grenzstellungen gibt es alle Zwischenmöglichkeiten für die Phasenabweichung zwischen Läufer- und Ständerspannung und demgemäß auch für die aus beiden gebildete Gesamtspannung.

159. Einphasen-Induktionsmotoren.

Unterbricht man eine der Zuführungsleitungen eines Drehstrom-Induktionsmotors während des Betriebes, so tritt die bemerkenswerte Erscheinung auf, daß der Motor weiter arbeitet, wenn auch naturgemäß mit verminderter Leistung. Hierdurch ist die Möglichkeit von Induktionsmotoren für Einphasenstrom gegeben. Allerdings läuft ein einphasig gewickelter Motor nicht von selber an. Man muß dem Läufer vielmehr zunächst einen Bewegungsanstoß in der einen oder anderen Richtung erteilen. Alsdann kommt er jedoch in der betreffenden Drehrichtung zur vollen Wirksamkeit.

Um einen selbsttätigen Anlauf zu erzielen, gibt man dem Ständer außer der eigentlichen Arbeitswicklung UX (Abb. 218) noch eine besondere gegen diese versetzte Hilfswicklung VY. Dieser wird ein vom Arbeitsstrom abgezweigter Strom zugeführt. Zwischen dem Arbeitsstrom und dem Hilfsstrom wird nun künstlich eine Phasenverschiebung hervorgerufen, indem der Hilfswicklung eine Drosselspule D vorgeschaltet wird, wodurch der Strom in ihr verzögert wird. Die so erzeugte Phasenverschiebung ist ausreichend, um den Läufer in Drehung zu versetzen. Jedoch läuft ein solcher Einphasenmotor im allgemeinen nicht mit voller Last, sondern nur leer oder schwach belastet an. Man stattet ihn daher gewöhnlich mit einer doppeltbreiten Riemenscheibe aus und läßt den Riemen zunächst auf eine Leerscheibe arbeiten, um ihn erst nach der Anlaufperiode auf die Arbeitsscheibe überzulegen. Ist der Motor im Betriebe, so wird die Hilfswicklung unterbrochen. Die Drehrichtung des Motors läßt sich durch Umschalten der Hilfsphase beliebig einstellen.

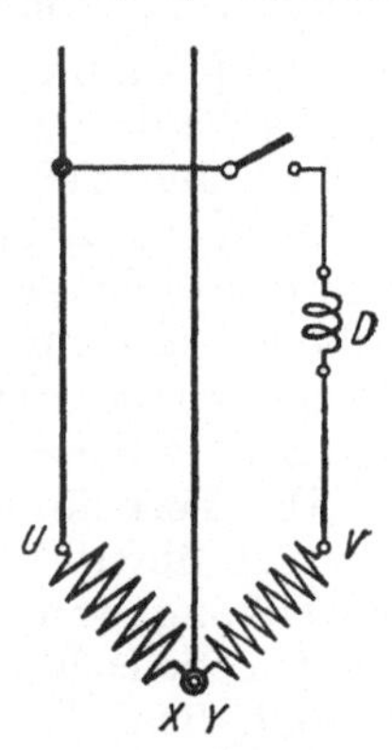

Abb. 218. Ständer eines Einphasen-Induktionsmotors mit Hilfsphase.

Statt durch eine Drosselspule kann die für die Hilfswicklung erforderliche Phasenverschiebung auch durch einen Kondensator erzielt werden. In diesem Falle tritt bekanntlich eine Voreilung des Stromes gegen die Spannung ein. Kleinere Motoren dieser Art sind so durchgebildet, daß sie mit voller Last anlaufen können.

Die Einphasen-Induktionsmotoren gleichen äußerlich den Mehrphasenmotoren, namentlich besteht hinsichtlich des Läufers volle Übereinstimmung. Auch die Betriebseigenschaften sind wesentlich dieselben wie die der Mehrphasenmotoren, abgesehen von der in der

Regel verminderten Anzugskraft, die sie für den Betrieb von Fahrzeugen, Kranen usw. völlig ungeeignet macht. Wirkungsgrad und Leistungsfaktor der Einphasenmotoren — sie werden im allgemeinen nur für kleine Leistungen ausgeführt — sind etwas niedriger als bei Drehstrommotoren gleicher Leistung.

C. Kollektormotoren.

160. Allgemeines.

Während elektrische Straßenbahnen fast allgemein mit Gleichstrom betrieben werden, hat man für den immer mehr zur Einführung kommenden elektrischen Betrieb der Vollbahnen wegen der in Betracht kommenden großen Entfernungen und der dadurch bedingten hohen Spannungen — im Deutschland und zahlreichen anderen Ländern — den Wechselstrom gewählt. Als ganz besonders hierfür geeignet hat sich der einphasige Wechselstrom erwiesen, da er nur zwei Leitungen für die Stromzuführung benötigt, während beim Drehstrom drei Leitungen erforderlich sind. Der im vorigen Abschnitt beschriebene Einphasen-Induktionsmotor ist jedoch, da seine Anzugskraft zu gering und außerdem seine Drehzahl nicht regulierbar ist, als Bahnmotor nicht brauchbar. Die Bemühungen, einen solchen zu schaffen, haben vielmehr zu Ausführungen geführt, die alle das gemeinsam haben, daß der drehbare Teil im wesentlichen wie ein Gleichstromanker ausgebildet, also mit einem Kollektor ausgestattet ist. Maschinen dieser Bauart werden daher Kollektormotoren genannt. Sie finden außer als Bahnmotoren auch für viele andere Zwecke Verwendung.

Die Vorteile, die die Einphasen-Kollektormotoren, besonders hinsichtlich ihrer Regulierfähigkeit, bieten, haben auch den Anstoß zur Ausbildung von Kollektormotoren für Drehstrom gegeben. Diese werden vielfach an Stelle von Induktionsmotoren benutzt, wenn eine veränderliche Drehzahl gefordert wird.

Im Gegensatz zu den Induktionsmotoren normaler Bauweise liegt der Leistungsfaktor der Kollektormotoren in der Regel in der Gegend von 1.

161. Der Einphasen-Hauptschlußmotor.

Bei einem mit Gleichstrom gespeisten Nebenschluß- oder Hauptschlußmotor ist, wie in Abschn. 101 ausgeführt wurde, die Drehrichtung unabhängig von der Richtung des zugeführten Stromes. Die Motoren müssen sich daher auch mit Wechselstrom betreiben lassen. Praktisch kommt für Wechselstrom jedoch nur der Hauptschlußmotor in Betracht, doch darf das Magnetgestell mit Rücksicht auf die durch die wechselnde Magnetisierung in ihm hervorgerufenen Wirbelströme nicht massiv hergestellt sein, sondern es muß aus Blechen zusammengesetzt werden.

Infolge der hohen Induktivität seiner Wicklungen würde dem Hauptschlußmotor gewöhnlicher Bauart jedoch ein nur geringer Leistungsfaktor eigen sein, so daß er einen im Vergleich zur Leistung großen

Strom aufnehmen müßte. Um diesen Übelstand zu beseitigen, bringt man auf dem Magnetgestell eine Kompensationswicklung an, die das vom Anker hervorgerufene magnetische Feld und damit auch die Selbstinduktion der Ankerwicklung aufhebt. Die Kompensationswicklung kann bei Motoren, die nach Art der Gleichstrommaschinen gebaut sind, in den Polschuhen untergebracht werden. Doch wird im allgemeinen das Magnetgestell der Wechselstrom-Kollektormotoren überhaupt nicht mit ausgeprägten Polen, sondern, wie der Ständer eines Induktionsmotors, als Hohlzylinder ausgeführt, der an seinem inneren Umfange zur Aufnahme der Magnetwicklung mit Nuten versehen ist. Die Kompensationswicklung wird bei dieser Bauart in besonderen Nuten des Ständers untergebracht. Sie muß so geschaltet werden, daß ihre Drähte in jedem Augenblick im entgegengesetzten Sinne vom Strom durchflossen werden wie die gegenüberliegenden Drähte der Ankerwicklung. Sie ist ferner so zu bemessen, daß durch ihre magnetische Wirkung das Ankerfeld gerade kompensiert wird. Um auch die Selbstinduktion der Magnetwicklung zu vermindern, gibt man ihr verhältnismäßig wenig Windungen, arbeitet man also mit einem schwachen Felde. Durch diese Maßnahmen läßt es sich erreichen, daß der Leistungsfaktor des Motors ungefähr 1 ist. Eine Funkenbildung am Kollektor kann durch geeignete Hilfsmittel, namentlich ist hier die Anwendung von Wendepolen zu erwähnen, nahezu völlig vermieden werden.

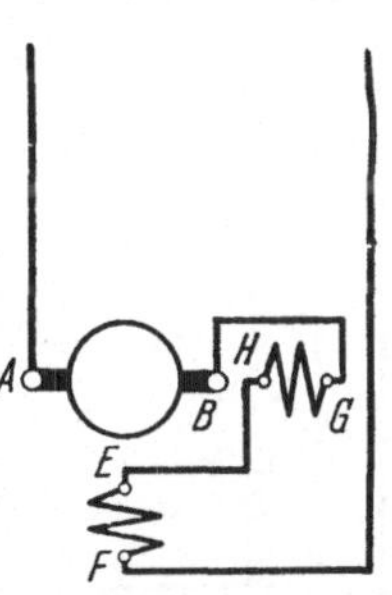

Abb. 219. Einphasen-Hauptschlußmotor.

Das Schaltbild eines kompensierten Einphasen-Hauptschlußmotors zeigt Abb. 219, in der *AB* den Läufer (Anker), *EF* die Ständerwicklung (Magnetwicklung) und *GH* die Kompensationswicklung bedeuten.

Der Wechselstrom-Hauptschlußmotor hat ähnliche Eigenschaften wie der Gleichstrommotor mit Hauptschlußwicklung. Er besitzt also eine hohe Anzugskraft. Seine Drehzahl wächst erheblich mit abnehmender Belastung und würde bei Leerlauf eine gefährliche Höhe erreichen. Er ist der bevorzugteste Lokomotivmotor für Vollbahnbetrieb.

Um zum Anlassen oder zur Regelung der Drehzahl die dem Motor zugeführte Spannung herabzusetzen, verwendet man einen Reguliertransformator, ein Verfahren, das gegenüber der bei Gleichstrom notwendigen Vorschaltung von Widerständen den Vorteil hat, daß damit nur ein geringer Energieverlust verbunden ist, besonders wenn der Transformator in Sparschaltung ausgeführt wird. Die Umsteuerung des Motors wird durch Umschalten der Läufer- oder der Ständerwicklung bewirkt. Die Verbindung der Kompensationswicklung mit der Läuferwicklung muß dabei stets unverändert bleiben.

162. Der Einphasen-Kurzschlußmotor.

Bei einem anderen Wechselstrom-Kollektormotor wird der Strom lediglich der Ständerwicklung zugeführt, während die Läuferwicklung durch die auf dem Kollektor schleifenden Bürsten kurzgeschlossen wird. Zur Erklärung der Wirkungsweise des Motors diene Abb. 220, die einen zweipoligen Motor darstellt. In Abb. 220a ist angenommen, daß die Bürsten A und B sich in der neutralen Zone befinden. In einem bestimmten Augenblick wird der Strom in der durch einige Windungen angedeuteten Ständerwicklung die in der Abbildung durch Kreuz und Punkt angegebene Richtung besitzen, der obere Pol also nordmagnetisch, der untere Pol südmagnetisch sein (vgl. Abschn. 24d). Der Frequenz des Wechselstromes entsprechend wird jedoch die Polarität und damit die Richtung der von den Polen ausgehenden Kraftlinien dauernd wechseln. Da die Läuferdrähte dem Einfluß des Wechselfeldes unterliegen,

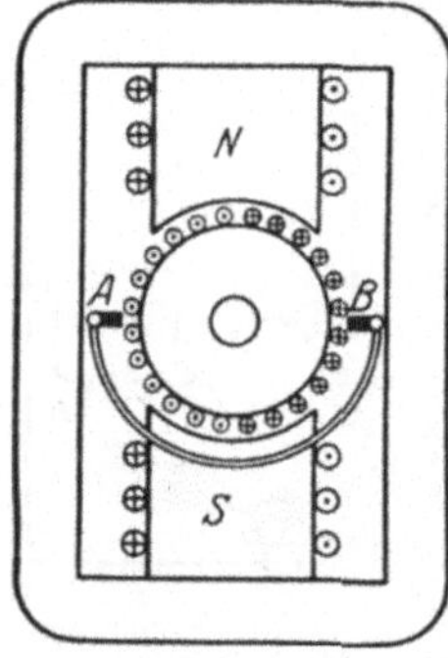

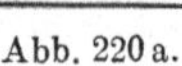
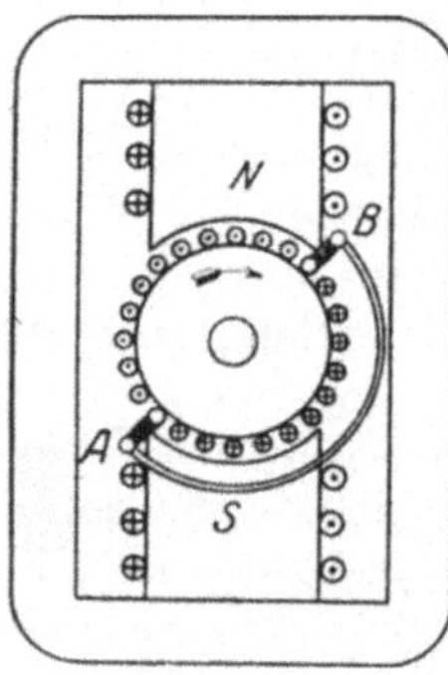

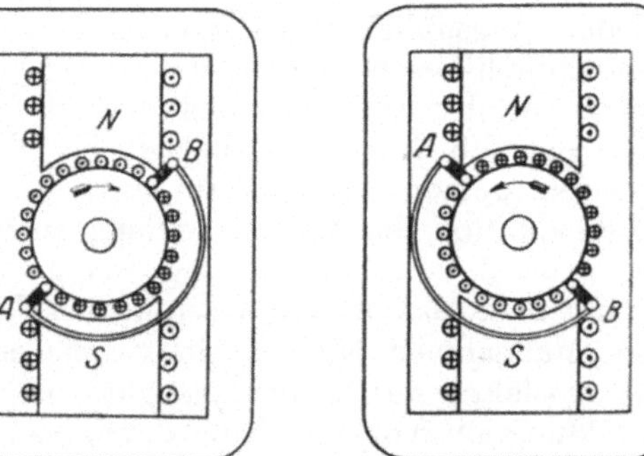

Abb. 220a. Abb. 220b. Abb. 220c.

Wirkungsweise des Einphasen-Kurzschlußmotors.

so werden in ihnen, ähnlich wie in der Sekundärwicklung eines Transformators, EMKe induziert, und zwar von entgegengesetzter Richtung, wie die Spannung in der Ständerwicklung, die als die primäre Wicklung des Transformators aufgefaßt werden kann. In dem betrachteten Augenblicke ist also die Induktion in allen Drähten auf der rechten Seite des Läufers von vorn nach hinten (Kreuz), in allen Drähten auf der linken Seite von hinten nach vorn (Punkt) gerichtet. Im nächsten Augenblick, wenn der die Magnete erregende Wechselstrom seine Richtung ändert, wird auch die Induktion in den Läuferdrähten ihre Richtung wechseln. Eine Kraftwirkung zwischen Läufer und Ständerpolen kann offenbar nicht eintreten, da in jeder Wicklungshälfte des Läufers gleichviel Drähte in der einen wie in der anderen Richtung induziert sind, ein Strom in der Läuferwicklung — man denke an die Ringwicklung, Abb. 94 — also nicht zustande kommen kann. Die Verhältnisse ändern sich jedoch wesentlich, wenn die Bürsten nach Abb. 220b aus der Nulllage verschoben werden. Alsdann tritt in der Läuferwicklung ein Strom auf, wobei die Stromrichtung in jeder der beiden Wicklungshälften durch die Richtung der EMK bestimmt wird, die in der Mehrzahl der in ihr enthaltenen Drähte induziert wird. Die Stromrichtung ist demnach die in der Abbildung angegebene. Nunmehr ist zwischen Läufer und Ständerpolen eine Kraft vorhanden, deren Richtung mit Hilfe der Linkehandregel bestimmt werden kann, und die stets die gleiche bleibt, da bei jedem

Richtungswechsel des dem Ständer zugeführten Wechselstroms auch der Läuferstrom seine Richtung ändert. Der Läufer muß sich daher der Kraftrichtung gemäß in Bewegung setzen. Werden die Bürsten in entgegengesetzter Richtung verschoben, so ändert sich auch der Drehsinn des Läufers (Abb. 220c).

Der vorstehend beschriebene Motor wurde zuerst von THOMSON angegeben. Es wird **Repulsionsmotor** oder **Kurzschlußkollektormotor** genannt. Schematisch ist er in Abb. 221 dargestellt, in der A und B wiederum die kurzgeschlossenen Bürsten des Läufers bedeuten, während EF die Wicklung des Ständers darstellt. Daß das Feld der Ständerwicklung gegen die Richtung der Bürsten geneigt ist, ist im Schaltbild zum Ausdruck gebracht. Wie beim Hauptschlußkollektormotor wendet man auch beim Kurzschlußmotor in seiner praktischen Ausführung meistens keine ausgeprägten Pole an, sondern einen Ständer nach Art der Induktionsmotoren.

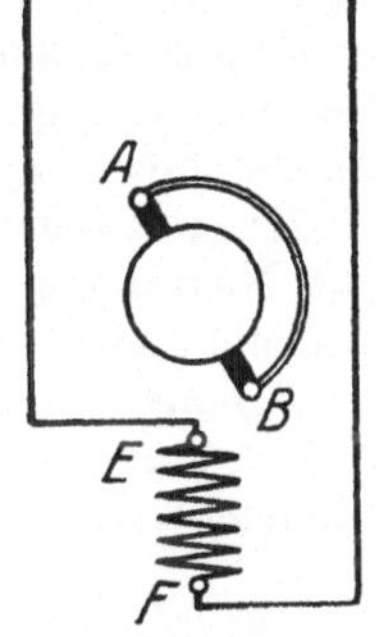

Abb. 221. Einphasen-Kurzschlußmotor

Der von der Firma Brown, Boveri u. Cie. durchgebildete Repulsionsmotor von DÉRI besitzt **zwei** Bürstensätze, einen festen und einen beweglichen. Das Anlassen und Umsteuern wie auch das Regulieren der Umlaufgeschwindigkeit geschieht unter Fortfall jeglicher Widerstände lediglich durch Verschieben der Bürsten.

Die Betriebseigenschaften des Kurzschlußkollektormotors sind denen des Hauptschlußmotors ähnlich. Er besitzt also eine hohe Anzugskraft und eine bei Entlastung stark anwachsende Drehzahl.

163. Drehstrom-Kollektormotoren.

Als Beispiel eines Drehstrom-Kollektormotors sei nachfolgend der **Drehstrom-Hauptschlußmotor** gebracht, der durch das Schaltbild Abb. 222 gekennzeichnet ist. Er wurde von den Siemens-Schuckert-Werken entwickelt und besteht aus dem Ständer, dessen Wicklungen UX, VY, WZ denen eines gewöhnlichen asynchronen Drehstrommotors gleichen, und dem Läufer, der wie bei den Einphasen-Kollektormotoren als Gleichstromanker ausgeführt ist. Auf dem Kollektor schleifen pro Polpaar **drei** um 120° gegeneinander versetzte Bürsten u, v, w, mit denen die Enden X, Y, Z der Ständerstränge verbunden sind. Ständer und Läufer sind also hintereinander geschaltet. Da der Kollektor nur eine verhältnismäßig geringe Spannung verträgt, so wird mit dem Motor in der Regel noch ein Transformator verbunden. Dieser wird entweder vor den Ständer gelegt: **Vordertransformator**, oder zwischen Ständer und Läufer angeordnet: **Zwischentransformator**.

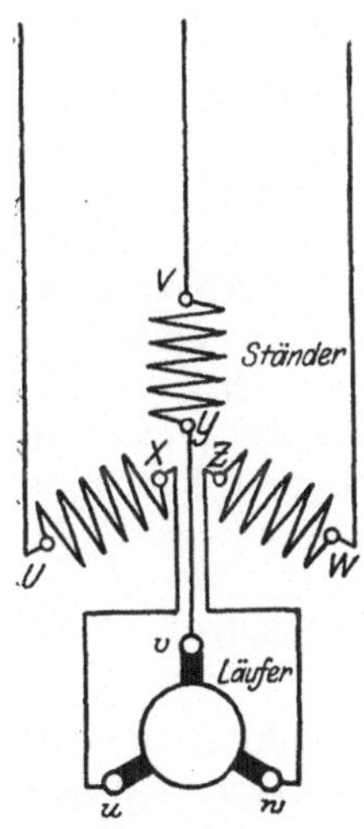

Abb. 222. Drehstrom-Hauptschlußmotor.

Zum Anlassen des Motors werden die Bürsten aus ihrer Nullage verdreht. Die Drehzahl des Motors bei einer bestimmten Bürstenstellung ist je nach der Belastung verschieden, und zwar ändert sie sich in der allen Hauptschlußmotoren eigentümlichen Weise. Bei Entlastung nimmt sie also eine den Motor gefährdende Höhe an. Durch Verschieben der Bürsten kann die Umdrehungszahl innerhalb weiter Grenzen geregelt werden. Um den Motor umzusteuern, werden die Bürsten in entgegengesetzter Richtung verschoben und außerdem zwei der drei Zuführungsleitungen vertauscht. Der Wirkungsgrad des Drehstrom-Hauptschlußmotors ist etwas kleiner als der eines asynchronen Drehfeldmotors gleicher Leistung.

Es sind auch verschiedene Arten von Drehstrom-Kollektormotoren mit Nebenschlußcharakter ausgebildet worden, d. h. also Motoren mit einer von der Belastung nahezu unabhängigen Drehzahl. Auch sie ermöglichen eine Regelung in weiten Grenzen und finden daher vielfache Anwendung. Leider verbietet es der Raum, auf diese Motoren näher einzugehen[1].

Achtes Kapitel.

Umformer.

164. Gleichstrom-Gleichstrom-Umformer.

a) Motorgenerator.

Wesentlich unbequemer als die Transformierung von Wechselstrom ist die Umformung von Gleichstrom auf eine andere Spannung. Man benötigt hierzu im allgemeinen zwei Maschinen: einen für die primäre Spannung gewickelten Motor und einen von diesem angetriebenen Generator für die sekundäre Spannung. Meistens wird man beide Maschinen unmittelbar miteinander kuppeln. Die dadurch entstehende Doppelmaschine wird Motorgenerator genannt.

b) Sparumformer.

In bestimmten Fällen kann die Spannungswandlung des Gleichstroms auch innerhalb einer einzigen Maschine vollzogen werden. Der Anker dieser Maschine wird alsdann mit zwei Wicklungen und dementsprechend auch zwei Kollektoren ausgestattet. Die eine Wicklung wird für die primäre, die andere für die sekundäre Spannung bemessen. Solche Umformer werden, da sie billiger als die Motorgeneratoren sind und sie auch einen höheren Wirkungsgrad haben, als Sparumformer bezeichnet.

165. Motorgeneratoren für Wechselstrom-Gleichstrom.

a) Asynchroner Motorgenerator.

Motorgeneratoren finden auch ausgedehnte Verwendung zur Umwandlung von Gleichstrom in ein- oder mehrphasigen Wechselstrom —

[1] Kosack, Schaltungsbuch für Gleich- und Wechselstromanlagen.

Gleichstrommotor gekuppelt mit Wechselstromerzeuger — oder, was häufiger vorkommt, zur Umwandlung von Wechselstrom in Gleichstrom — Wechselstrommotor gekuppelt mit Gleichstromerzeuger. Auf der Wechselstromseite kann man in letzterem Falle einen Induktionsmotor benutzen, wodurch man den asynchronen Motorgenerator erhält. Er zeichnet sich dadurch aus, daß er in bequemer Weise angelassen werden kann.

b) Synchroner Motorgenerator.

Bei größeren Leistungen zieht man meistens den synchronen Motorgenerator vor, da sich durch ihn der Leistungsfaktor des Netzes beeinflussen läßt. Das Anlassen des Synchronmotors kann von der Gleichstromseite aus erfolgen, indem die mit ihm gekuppelte Gleichstrommaschine von einer vorhandenen Gleichstromquelle aus, z. B. einer Akkumulatorenbatterie, zunächst als Motor betrieben und damit die Wechselstrommaschine auf Synchronismus gebracht wird. Für die Gleichstrommaschine sind alsdann ein Anlasser und ein Drehzahlregler erforderlich. Es kann zum Anlassen des Umformers aber auch ein besonderer, mit ihm gekuppelter Anwurfmotor, z. B. ein regelbarer Induktionsmotor (s. Abschn. 151a), benutzt werden. Schließlich kann bei Drehstrommotoren mit Dämpferwicklung ein Anlassen unmittelbar von der Drehstromseite unter Anwendung eines Anlaßtransformators vorgenommen werden (vgl. Abschn. 140b).

166. Einankerumformer. — Ausführungsbeispiel.

Die Umwandlung von Gleichstrom in Wechselstrom oder von Wechselstrom in Gleichstrom kann auch durch Einankerumformer geschehen. Diese sind genau wie Gleichstrommaschinen gebaut, sie besitzen aber außer dem Kollektor für den Gleichstrom noch Schleifringe für den Wechselstrom. Die Schleifringe werden auf der dem Kollektor entgegengesetzten Seite des Ankers angeordnet. Ihr Anschluß an die Wicklung erfolgt in der gleichen Weise wie bei den als Außenpolmaschinen gebauten Wechselstromerzeugern (s. Abschn. 111). Es sind also für Einphasenstrom zwei, für Dreiphasenstrom drei Schleifringe erforderlich. Das Schaltbild eines Drehstrom-Gleichstrom-Einankerumformers zeigt Abb. 223. Die Drehstromklemmen sind mit U, V, W bezeichnet.

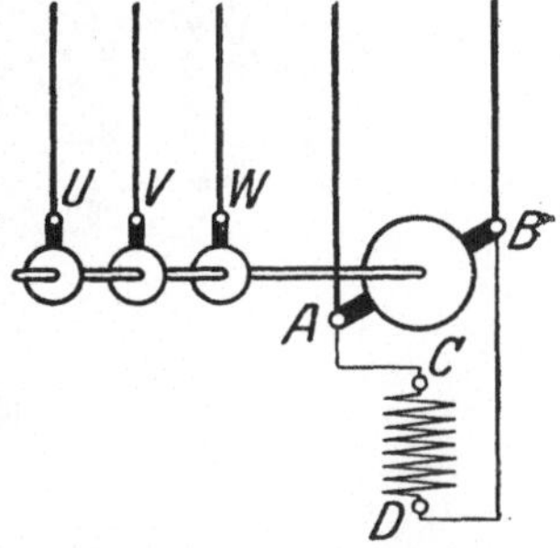

Abb. 223. Einankerumformer für Drehstrom - Gleichstrom.

Für die Umformung von Gleichstrom in Wechselstrom wird der Einankerumformer wie ein gewöhnlicher Gleichstrommotor mittels eines Anlaßwiderstandes angelassen. Bei der Umformung von Wechselstrom in Gleichstrom verhält sich die Maschine wie ein Synchronmotor, und sie muß daher auch wie ein solcher in Gang gebracht werden. Es können also die gleichen Anlaßverfahren

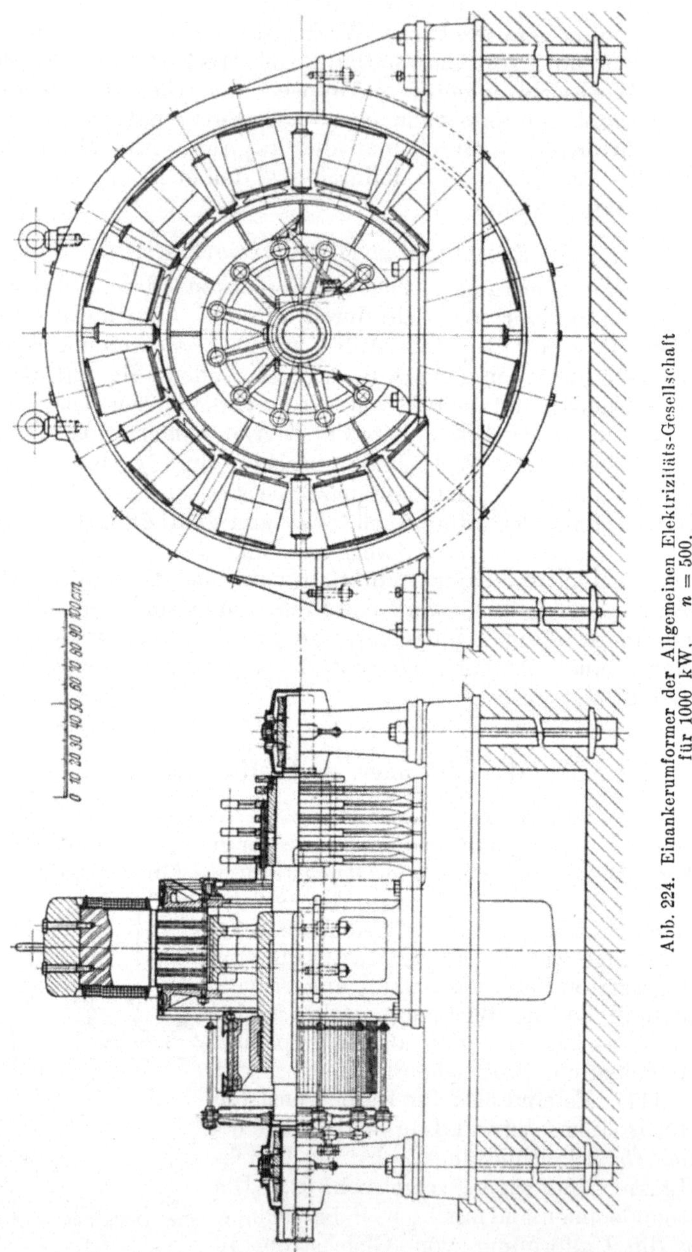

Abb. 224. Einankerumformer der Allgemeinen Elektrizitäts-Gesellschaft für 1000 kW, $n = 500$.

benutzt werden, die im vorigen Abschnitt für den synchronen Motorgenerator angegeben sind.

Die Einankerumformer werden namentlich für den Betrieb mit Drehstrom verwendet. Umformer für Einphasenstrom neigen zur

Funkenbildung am Kollektor. Zu beachten ist, daß Gleichstrom- und Wechselstromspannung beim Einankerumformer nicht wie beim Motorgenerator unabhängig voneinander sind, sondern in einem ganz bestimmten Verhältnis stehen, und zwar beträgt die Spannung des Einphasen- und Zweiphasenstromes das ungefähr 0,71-, die des Dreiphasenstromes das 0,61fache der Gleichstromspannung. Um ein bestimmtes Übersetzungsverhältnis zu erzielen, ist daher im allgemeinen noch ein Transformator erforderlich. Eine Regelung der einem Einankerumformer entnommenen Gleichstromspannung kann nur durch Anwendung besonderer Hilfsmittel erreicht werden; durch Verändern des Erregerstromes wird lediglich die Phasenverschiebung des aufgenommenen Wechselstroms, d. h. der Leistungsfaktor beeinflußt.

Bei größeren Leistungen wird der Einankerumformer meistens mit sechs Schleifringen ausgeführt. Dies bedingt die Vorschaltung eines Transformators in sog. Sechsphasenschaltung (vgl. Abb. 230). Gegenüber der Anordnung mit drei Schleifringen ermöglicht die Ausführung mit sechs Schleifringen eine bessere Ausnutzung des Umformers. Das Verhältnis der Wechselstrom- zur Gleichstromspannung beträgt beim Sechsphasenumformer 0,35.

Der Wirkungsgrad eines Einankerumformers ist höher als der eines Motorgenerators gleicher Leistung, selbst wenn man die Verluste mit berücksichtigt, die in dem zugehörigen Transformator auftreten.

Einen größeren Einankerumformer zeigt Abb. 224 im Schnitt. Die Gleichstromspannung beträgt 580 V, ist also mit der bei Straßenbahnen üblichen Betriebsspannung von 550 V im Einklang. Der Umformer besitzt, der minutlichen Drehzahl von 500 und der Frequenz 50 Hz entsprechend, 12 Pole. Zwischen je 2 Hauptpolen befindet sich ein Wendepol. Alle Pole sind massiv aus Stahlguß hergestellt und mit dem gußeisernen Joch durch Schrauben verbunden. Für die verhältnismäßig große Gleichstromstärke stehen 12 Stromabnahmestellen zur Verfügung. Die Bürstenbrücke ist an dem auf der Kollektorseite befindlichen Lager befestigt. Die Stromzuführung des Drehstromes geschieht über sechs Schleifringe.

167. Kaskadenumformer.

Die Kaskadenumformer dienen ebenfalls dazu, Wechselstrom in Gleichstrom überzuführen, oder auch umgekehrt Gleichstrom in Wechselstrom zu verwandeln. Abb. 225 zeigt das Schaltbild eines Drehstrom-Gleichstrom-Umformers. Er besteht aus einem Drehstrom-Induktionsmotor und einer mit ihm gekuppelten Gleichstrommaschine. U, V, W sind die Klemmen des Drehstrommotors, dessen Läuferwicklung in gewöhnlicher Weise durch Vermittlung von Schleifringen und Bürsten mit dem Anlaßwiderstand u, v, w verbunden wird. Außerdem ist aber die Läuferwicklung mit der Ankerwicklung der Gleichstrommaschine in Verbindung gebracht, indem die mit dem Anlaßwiderstand nicht verbundenen Enden der Stränge zu Punkten x, y, z

der Wicklung des Gleichstromankers geführt sind, die um je 120 (elektrische) Grade auseinander liegen. Durch die auf dem Kollektor befindlichen Bürsten *A* und *B* wird der Gleichstrom dem Anker entnommen. Die Erregerwicklung *C D* der Gleichstrommaschine liegt im Nebenschluß zum Anker. Der Maschinensatz wird von der Wechselstromseite aus, also mittels des Induktionsmotors angelassen. Er läuft im normalen

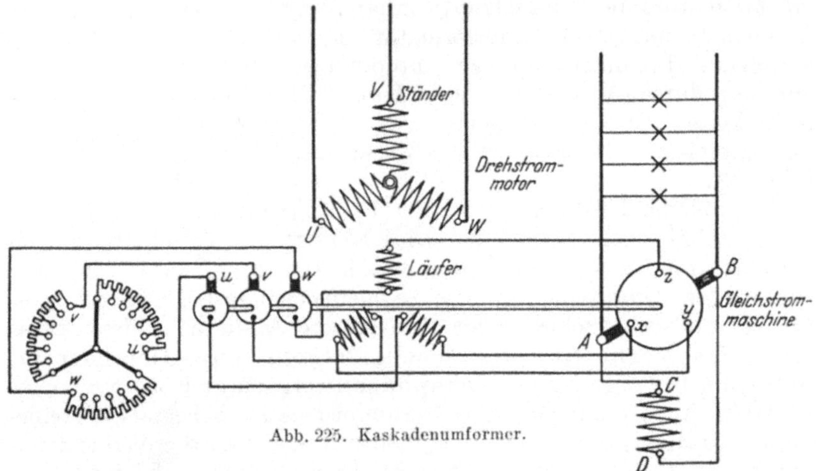

Abb. 225. Kaskadenumformer.

Betriebe synchron mit einer Umlaufzahl, die durch die Summe der Polzahlen der Wechselstrom- und der Gleichstrommaschine bestimmt ist.

Bei dem Kaskadenumformer wird nur ein Teil der dem Wechselstrommotor zugeführten elektrischen Energie zum mechanischen Antrieb der Gleichstrommaschine benutzt, der übrige Teil tritt unmittelbar als Wechselstrom in die Gleichstrommaschine über und wird in dieser, wie in einem Einankerumformer, in Gleichstrom verwandelt.

Ohne auf die Wirkungsweise des Kaskadenumformers näher einzugehen, sei nur bemerkt, daß seine Abmessungen kleiner ausfallen als die eines Motorgenerators gleicher Leistung, und daß er einen höheren Wirkungsgrad besitzt. Gegenüber dem Einankerumformer ist als Vorzug anzuführen, daß Gleichstrom- und Wechselstromspannung unabhängig voneinander sind.

Neuntes Kapitel.

Stromrichter.

168. Quecksilberdampfgleichrichter mit Glasgehäuse.

Zur Umformung von Wechselstrom in Gleichstrom kommen auch verschiedene Arten von Gleichrichtern in Betracht. Der in der Starkstromtechnik wichtigste ist der Quecksilberdampfgleichrichter. Für nicht zu große Stromstärken hat er die Form eines luftleer gepumpten Glaskolbens, der bei Ausführung für Einphasenstrom mit zwei, für Drehstrom mit drei oder sechs seitlichen Armen versehen ist. Die Arme dienen zur Aufnahme der aus Graphit hergestellten positiven Elektroden, der Anoden. Außerdem ist eine negative Elektrode, die Kathode, vorhanden, die aus Quecksilber gebildet ist, das im unteren Teile des Glasgefäßes angesammelt ist.

Das Spannungsumwandlungsverhältnis ist bei den Gleichrichtern ein ganz bestimmtes. Ähnlich wie bei den Einankerumformern ist die entnommene Gleichstromspannung höher als die Spannung des zugeführten Wechselstroms. Es ist daher, um Gleichstrom der gewünschten Spannung zu erzielen, ein Transformator erforderlich. Die Kathode des Gleichrichters wird bei Einphasenstrom mit dem Mittelpunkt der Sekundärwicklung des Transformators, bei Drehstrom mit dem Verkettungspunkt der drei in Stern geschalteten Phasen verbunden. Die Anoden des Gleichrichters werden an die Sekundärklemmen des Transformators gelegt.

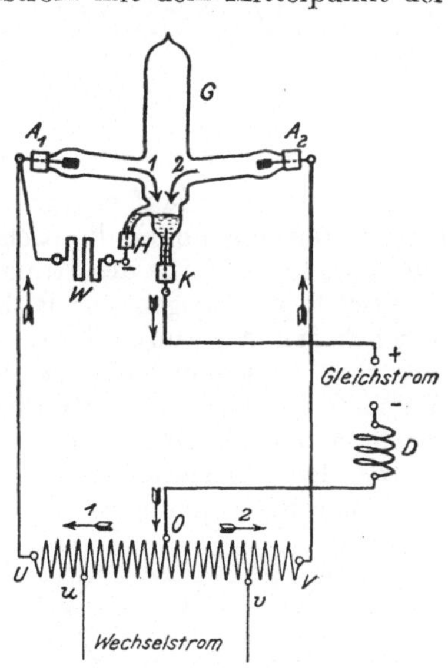

Abb. 226. Quecksilberdampfgleichrichter.

Im Betriebe findet zwischen den Elektroden des Gleichrichters durch den sich bildenden Quecksilberdampf hindurch eine Entladung statt, und die Arbeitsweise des Apparates beruht auf der Ventilwirkung dieser Entladung. Sie äußert sich in der Weise, daß ein Strom lediglich in der Richtung von den Anoden zur Kathode, nicht aber in entgegengesetzter Richtung zustande kommen kann. Der Entladungsvorgang, der sich in Form eines Lichtbogens abspielt, wird dabei eingeleitet durch Elektronen, die von dem sog. „heißen Kathodenfleck", der Stelle des Quecksilberspiegels, von der die Entladung ausgeht, abgegeben werden. In dem sich innerhalb des Gefäßes aus dem Quecksilber entwickelnden Quecksilberdampf tritt sodann eine Stoßionisierung ein, indem Moleküle des Dampfes beim Aufprallen von Elektronen gespalten werden, und zwar in weitere (negative) Elektronen und in die positiven Restionen (vgl. Abschn. 16). Der Kathodenfleck ändert übrigens seine Lage ständig, indem er mit großer Geschwindigkeit auf der Oberfläche des Quecksilbers herumtanzt.

Abb. 226 zeigt die Schaltung eines Einphasengleichrichters in Verbindung mit einem Spartransformator. Die primären Klemmen desselben sind u und v, die sekundären Klemmen U und V. Letztere sind mit den Anoden A_1 und A_2 des Gleichrichters G verbunden. Die Entnahme des Gleichstroms erfolgt von der Kathode K einerseits und dem Mittelpunkt O der Transformatorwicklung andererseits. Ist der Gleichrichter im Betriebe, so werden die von der Kathode ausgehenden und die durch Stoßionisierung gebildeten negativen Elektronen von der jeweils positiv elektrischen Anode angezogen. Die Polarität der Anode wechselt aber, entsprechend der Frequenz des Wechselstromes. Während einer halben Periode ist A_1 positiv, während der nächsten Halbperiode A_2. Infolgedessen ist der Elektronenstrom, der von der Kathode K ausgeht, abwechselnd nach A_1 und A_2 gerichtet, er hat also abwechselnd die Richtung $K—A_1$ und $K—A_2$. Als Richtung des Stromes wird nun aber bekanntlich (vgl. Abschn. 12) eine solche entgegen der Bewegungsrichtung der negativen Elektrizitätsteilchen angesehen. Demnach hat in der üblichen Ausdrucksweise der Strom abwechsend die Richtung $A_1—K$ und $A_2—K$. In Übereinstimmung hiermit ist in der Abbildung der Stromverlauf angegeben. Besitzt der Wechselstrom in einem bestimmten Augenblick die Richtung des Pfeils *1*, so kann er also nur durch die linke Hälfte des Stromkreises ($OU\,A_1KO$) fließen. Sobald der Wechselstrom dagegen die Richtung des Pfeiles *2* annimmt, kann er lediglich den Weg durch die rechte Hälfte des Kreises ($OV\,A_2\,KO$) einschlagen. In jedem Falle ist also die Richtung des Stromes zwischen K und O dieselbe, und zwar bildet, auf die Gleichstromabnahme bezogen, K den positiven Pol.

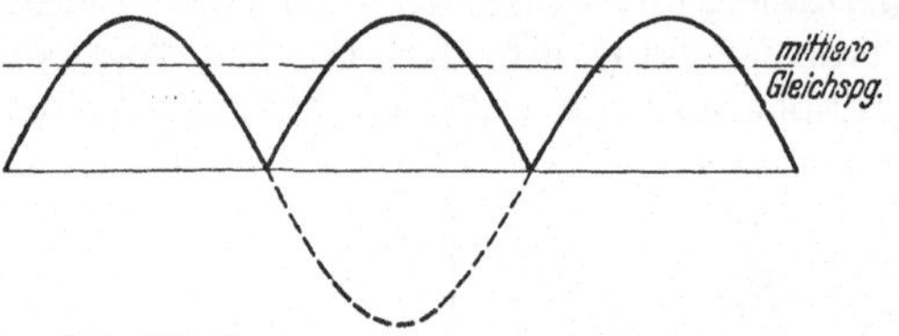

Abb. 227. Spannung eines Einphasengleichrichters.

Die dem Gleichrichter entnommene Spannung zeigt naturgemäß erhebliche Schwankungen. Ihr Verlauf entspricht der Abb. 227. Beim

Abb. 228 a. Abb. 228 b.
Spannung eines Drehstromgleichrichters a) mit 3 Anoden, b) mit 6 Anoden.

Drehstromgleichrichter sind die Schwankungen nicht so groß, wie Abb. 228a für den dreianodigen Gleichrichter zeigt; bei Anwendung von 6 Anoden (Abb. 228b) treten sie noch weniger in die Erscheinung. Der Mittelwert der Spannung ist in den Abbildungen angedeutet. Um die Stromschwankungen nach Möglichkeit auszugleichen, werden Drosselspulen angewendet. In Abb. 226 ist eine solche in den Gleichstromkreis eingebaute Glättungsspule mit D bezeichnet. H ist eine zum Anlassen dienende Hilfselektrode aus Quecksilber, die durch den Widerstand W mit einer der Anoden in Verbindung steht. Zum Anlassen wird das Glasgefäß so weit gekippt, daß das in K und H angesammelte Quecksilber miteinander in Berührung kommt. Durch den sich beim Zurückkippen bildenden Unterbrechungsfunken wird Quecksilber verdampft und der Stromdurchgang eingeleitet. Bei neueren Gleichrichtern wird die Kippzündung meistens vermieden. Bei der „Tauchzündung“ wird z. B. eine an einer Feder befestigte, gewöhnlich in das Quecksilber eintauchende Zündelektrode elektromagnetisch aus dem Quecksilberspiegel herausgehoben, wodurch der Unterbrechungsfunken entsteht.

Bei geringer Belastung des Gleichrichters liegt die Gefahr vor, daß die Kathode nicht mehr die zur Abscheidung von Elektronen notwendige Erwärmung besitzt. Daher müssen Vorkehrungen getroffen werden, daß die Belastung nicht unter ein gewisses Maß sinkt, sofern nicht, was aber heute die Regel ist, durch besondere Erregeranoden die Lichtbogenbildung aufrecht erhalten wird.

Nicht zu große Gleichrichter können auch — nach Art der Radioröhren — eine mit Fremdstrom gespeiste Glühkathode erhalten in Verbindung mit einer nur so geringen Menge Quecksilber, wie zur Darstellung des erforderlichen Dampfes nötig ist. An der Wirkungsweise des Gleichrichters wird dadurch nichts geändert. Die Glühkathode tritt an Stelle des heißen Kathodenflecks und bildet den Ausgangspunkt für die den Entladungsvorgang hervorrufenden Elektronen (s. auch Abschn. 174).

Ein Verbrauch von Quecksilber findet in den Gleichrichtern nicht statt, da der Quecksilberdampf sich in dem Glaskolben immer wieder kondensiert. Der innerhalb des Gleichrichters auftretende Spannungsabfall ist im wesentlichen bedingt durch den Spannungsverbrauch des Lichtbogens, der jedoch infolge der Ionisation im Quecksilberdampf nur klein ist und, unabhängig von der Betriebsspannung, ungefähr zwischen 10 und 30 Volt liegt. Dem Spannungsverlust entsprechend ist auch der im Gleichrichter auftretende Leistungsverlust, namentlich bei höheren Spannungen, verhältnismäßig gering.

169. Quecksilberdampfgleichrichter mit Eisengefäß.

Großen Stromstärken ist der Quecksilberdampfgleichrichter mit Glaskolben nicht gewachsen, wenn auch durch Parallelschaltung verschiedener Gleichrichter das Leistungsbereich heraufgesetzt werden kann. Bei den eigentlichen Großgleichrichtern ist der Glaskolben durch ein eisernes Gehäuse ersetzt worden. Abb. 229 zeigt die allgemeine Einrichtung des Gleichrichters der Firma Brown, Boveri & Cie. Der Gleichrichter wird mit Drehstrom betrieben. Z ist der eigentliche Arbeitszylinder, dessen Bodenplatte B einen tellerartigen Einsatz enthält, der zur Aufnahme des die Kathode K bildenden Quecksilbers dient. Die Anoden A_1, A_2 usw., sechs an der Zahl, sind aus Eisen hergestellt und werden von dem den Arbeitszylinder oben abschließenden Ring R getragen. Kathode und Anoden sind von dem Gehäuse durch Porzellanstücke gut isoliert. Der Arbeitszylinder setzt sich nach oben in den enger gehaltenen Kondensationszylinder C fort. Zur Führung der Lichtbogen zwischen den Anoden und der Quecksilberkathode sind Leitröhren L_1, L_2 usw. aus Schamotte, Quarz oder auch aus Eisenblech vorhanden sowie der Kathodenschirm S.

Um die Zündung zu bewirken, ist eine Hilfsanode H vorgesehen. Sie ist in der Zylinderachse an einem langen Eisenstab befestigt, der durch Arbeits- und Kondensationszylinder hindurchgeführt ist und oberhalb des letzteren in einen zylindrischen Eisenkern endigt. Dieser ist von der Magnetspule M, der Zündspule, umgeben. Hilfsanode und Kathode werden über einen Widerstand in den Stromkreis einer Gleichstromhilfsquelle gelegt, wobei die Hilfsanode an den positiven Pol angeschlossen ist. Das Anlassen geschieht nun in der Weise, daß man mittels der Zündspule die Hilfsanode mit der Kathode kurz in Be-

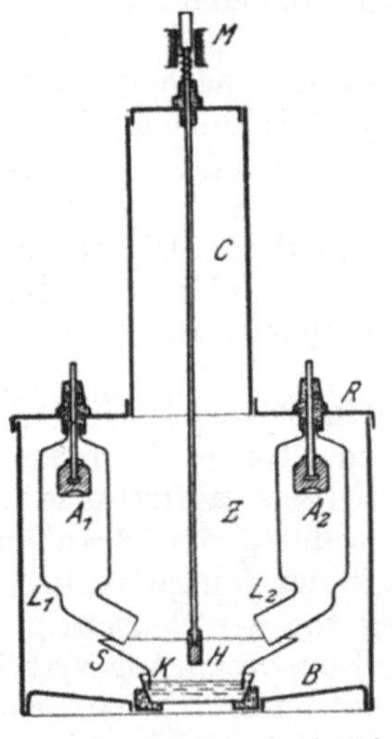

Abb. 229. Quecksilberdampfgleichrichter mit Eisengehäuse (Großgleichrichter).

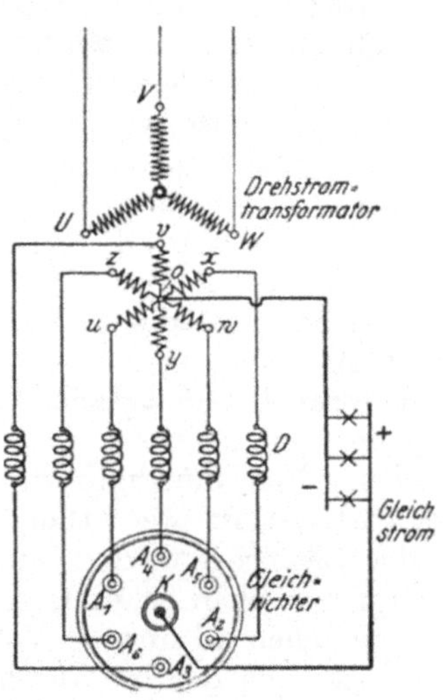

Abb. 230. Schaltung des Großgleichrichters.

rührung bringt. Durch den beim Zurückgehen der Hilfsanode sich am Quecksilber bildenden Unterbrechungsfunken werden alsdann die Hauptlichtbogen eingeleitet.

Um die im Betriebe auftretende Wärme abzuführen, können Arbeits- und Kondensationszylinder größerer Gleichrichter durch umlaufendes oder fließendes Wasser gekühlt und zu diesem Zwecke mit doppelten Wandungen versehen werden. Zur Herstellung der Luftleere im Eisengefäß dient eine neben dem Gleichrichter aufgestellte elektrisch angetriebene Luftpumpe. Durch sorgsame Abdichtung des Gleichrichters wird für eine gute Aufrechterhaltung des Vakuums Sorge getragen, das nach Bedarf durch die Pumpe erneuert wird. Neuere Bestrebungen gehen aber dahin, den Pumpenbetrieb überhaupt entbehrlich zu machen.

Abb. 230 zeigt die Schaltung des Gleichrichters. Sein Anschluß erfolgt über einen Transformator in sog. Sechsphasenschaltung. Während die Primärwicklungen des Transformators in Stern oder Dreieck verkettet werden können mit den Anschlußklemmen U, V, W, werden die drei Stränge ux, vy, wz der Sekundärwicklung über ihre Mittelpunkte miteinander verbunden. Der Vereinigungspunkt ergibt alsdann den sekundären Nullpunkt o des Transformators. Dieser kann nunmehr als ein 6phasiger Transformator aufgefaßt werden. Die Spulenenden u, v, w, x, y, z stehen über Drosselspulen D mit je einer Anode in Verbindung. Der Gleichstrom wird einerseits von der Kathode K, andererseits vom Nullpunkt des Transformators entnommen, dessen Übersetzung der gewünschten Gleichstromspannung entsprechend gewählt wird.

Um den auf die einzelnen Anoden entfallenden Strom weiter einzuschränken, werden Gleichrichter größerer Leistung häufig auch mit einer größeren Zahl von Anoden, z. B. mit 12 oder 18 Anoden, ausgeführt. Hierfür sind besondere Transformatorschaltungen entwickelt worden.

In neuerer Zeit sind auch Eisengleichrichter kleinerer Leistung ausgebildet worden, die pumpenlos betrieben werden. Derartige Kleineisengleichrichter haben sich als Ersatz für Glasgleichrichter schon vielfach bewährt.

Die Quecksilberdampfgleichrichter, einerlei ob sie als Glas- oder als Eisengleichrichter ausgeführt sind, zeichnen sich durch hohen Wirkungsgrad aus, der um so günstiger ist, je höher die umzuformende Spannung ist. Sie bedürfen nur geringer Wartung und haben keine der Abnutzung unterworfenen Teile. Sie finden daher ausgedehnte Verwendung.

170. Gesteuerte Gleichrichter.

Eine bedeutsame Entwicklungsstufe im Gleichrichterbau ist durch Einführung der Gittersteuerung angebahnt. Sie kann sowohl bei Glas- als auch bei Eisengleichrichtern zur Anwendung kommen. Die Steuergitter werden, in Form durchlöcherter Bleche oder Graphitplatten, zwischen den Anoden und der Kathode angeordnet und haben, ähnlich wie bei den in der Radiotechnik verwendeten Röhren, die Aufgabe, den Stromfluß durch das Gefäß zu beeinflussen, ihn zu steuern.

Die Steuerung erfolgt durch Änderung der Größe einer an das Gitter gelegten Spannung. Solange diese einen gewissen Wert, die kritische Gitterspannung, unterschreitet, werden die aus der Kathode austretenden Elektronen durch das Gitter nicht hindurchgelassen. Erst wenn die Spannung den kritischen Wert überschreitet, werden sie lebhaft durch das Gitter hindurch zur Anode herübergezogen. Unter dem Einfluß der sich dabei infolge Stoßionisierung aus den Quecksilberdampfmolekülen bildenden Elektronen, deren Zahl lawinenartig anwächst, setzt, in Form eines Lichtbogens, der Stromdurchgang sofort ein, und zwar, dem Ohmschen Gesetz entsprechend, mit dem der treibenden Anodenspannung — abzüglich des im Gefäß auftretenden Spannungsabfalles — und dem äußeren Widerstand des Stromkreises entsprechenden Wert. Die kritische Gitterspannung, auch Zündspannung genannt, kann je nach der Bauart des Gleichrichters gegenüber der Kathode schwach negativ oder auch positiv sein. In geringem Maße hängt sie auch von der jeweiligen Höhe der Anodenspannung ab.

Der Stromdurchgang tritt nach Vorstehendem beim Gleichrichter sprunghaft ein, im Gegensatz zu den gasleeren Radioröhren, bei denen die Stärke des Stromes ganz beliebig durch die Größe der Gitterspannung geregelt und er durch negative Aufladung jederzeit unterbrochen werden kann. Bei den mit Quecksilberdampf erfüllten Gleichrichtergefäßen ist es nicht möglich, den einmal eingeleiteten Stromdurchgang durch Änderung der Gitterspannung zu unterdrücken, weil durch die bei der Ionisierung innerhalb des Entladungsgefäßes entstehenden positiven Restionen, die eine positive „Raumladung" um das Gitter bewirken, eine negative Aufladung desselben unmöglich gemacht wird, und es daher keine Wirkung ausüben kann. Es ergibt sich sonach die grundlegende Feststellung: der Zeitpunkt des Einsetzens des Lichtbogens und damit der Beginn des Stromflusses kann durch das Gitter verzögert oder auch ganz verhindert werden, ein einmal gezündeter Lichtbogen kann aber durch das Gitter nicht unmittelbar wieder gelöscht, ein vorhandener Strom also nicht wieder durch das Gitter unterbrochen werden.

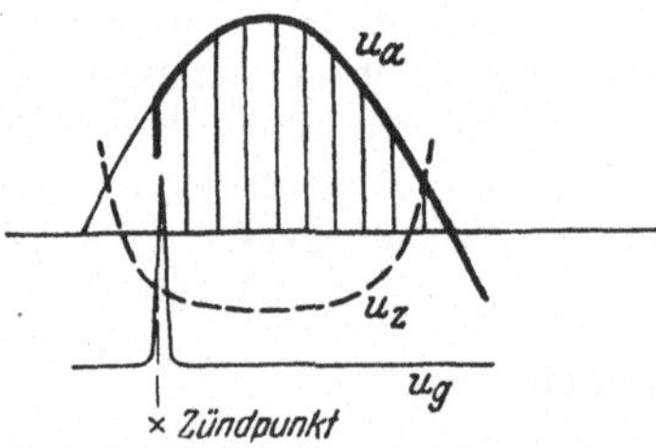

Abb. 231. Zündung eines Gleichrichters durch Spannungsstoß.

Für den Betrieb des Gleichrichters kommt es, der Wirkungsweise des Gitters entsprechend, darauf an, in den Halbperioden des Wechselstromes, in denen die Anodenspannung positiv ist, die jeweilige Zündung des Lichtbogens zwischen den verschiedenen Anoden und der Kathode nacheinander durch eine Aufladung des im allgemeinen an eine negative Sperrspannung gelegten Gitters über die krtitische Spannung hinaus zu bewirken. Das Erlöschen des Lichtbogens tritt jedesmal selbsttätig beim Stromdurchgang durch Null ein oder auch, noch vor Erreichung des Nullwertes, durch Übergang des Stromes auf die nächstfolgende Anode, falls diese im Augenblicke ihrer Freigabe durch das Gitter eine höhere Spannung als die vorhergehende führt.

Um die Sperrung des Stromflusses mit Sicherheit zu gewährleisten, wird die Sperrspannung im allgemeinen wesentlich niedriger gehalten als die kritische Gitterspannung, und zwar wird sie gewöhnlich um etwa 100 bis 200 V negativ gegen die Kathode gewählt. Die Zündung kann durch steil ansteigende (positive) Spannungsstöße mit Hilfe einer

mechanischen Kontaktsteuerung

bewirkt werden. Bei dieser wird die Kontaktgebung über Schleifringe und Bürsten durch eine Scheibe bewirkt, die mittels eines vom speisenden Netz betriebenen Synchronmotors in Umlauf gesetzt wird. Die Scheibe hat so viel Kontakte, als der Gleichrichter Steuergitter besitzt, und es werden, ähnlich wie bei der Zündung eines Automobilmotors, Zündimpulse gegeben, und zwar auf die verschiedenen Gitter in der gewünschten Reihenfolge. In Abb. 231 bedeutet u_a die Anodenspannung und u_g die Gitterspannung. Ferner sei u_z die Zündspannung. Die Einstellung und Verschiebung der Spannungsimpulse und damit des Zeitpunktes der Zündung in bezug auf die Phase der Anodenspannung kann durch mechanische Verstellung der den Stromschluß bewirkenden Bürsten vorgenommen werden. Damit ist die Möglichkeit gegeben, den Mittelwert der abgegebenen Gleichspannung stetig und verlustlos zu regeln, indem durch die Zündverzögerung nur ein mehr oder weniger großer Teil der positiven Halbwelle der Anodenspannung ausgenutzt wird. Bei voller Aussteuerung, d. h. bei der Zündverzögerung null, ist die dem Gleichrichter entnehmbare Spannung dieselbe wie beim ungesteuerten Gleichrichter. Sie verläuft für den Einphasengleichrichter so,

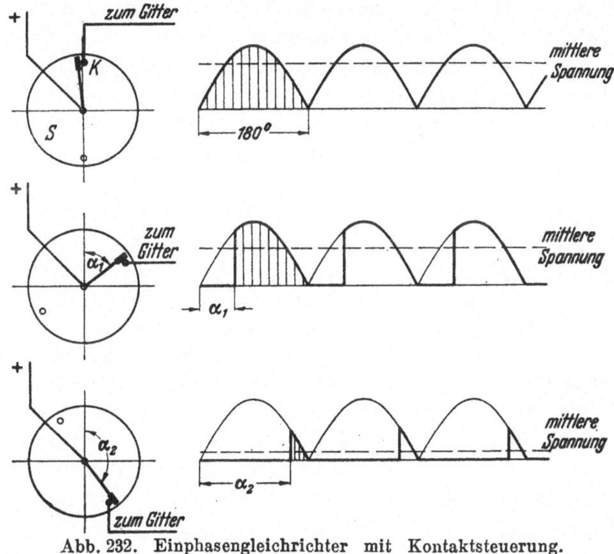

Abb. 232. Einphasengleichrichter mit Kontaktsteuerung.

wie es in Abb. 232a dargestellt ist, in der S die Kontaktscheibe und K den gerade in Wirksamkeit tretenden Kontakt bedeuten. Mit wachsender Verschiebung des Zündpunktes wird ein entsprechend großer Teil der Anodenspannung abgeschnitten, wie es die Abb. 232b und c zeigen. Die mittlere Gleichspannung wird also, wie sich unschwer übersehen läßt, mit wachsender Zündverzögerung immer kleiner und kann schließlich null werden.

Die Steuerung des Gleichrichters kann auch unter Vermeidung rotierender Apparate mittels ruhender Einrichtungen erzielt werden. Bei einem von den Siemens-Schuckert-Werken ausgebildeten Verfahren dieser Art, der

magnetischen Stoßsteuerung,

werden die Spannungsstöße durch kleine Hilfstransformatoren erzeugt. Jeder dieser „Stoßtransformatoren" wird durch zwei Wicklungen erregt: eine an das speisende Drehstromnetz angeschlossene und eine Wicklung, die von Gleichstrom durchflossen wird, der einem kleinen Trockengleichrichter entnommen wird. Durch Einregeln des Gleichstromes mit Hilfe eines Widerstandes kann eine veränderliche Gleichstrom-Vormagnetisierung des Stoßtransformators geschaffen und dadurch die Lage des Zündpunktes für die einzelnen Anoden beliebig eingestellt werden.

Bei einem anderen Verfahren, nach seinem Erfinder

TOULON-Verfahren

genannt, wird zur Steuerung an das Gitter eine Wechselspannung gelegt, die dem den Gleichrichter speisenden Netz entnommen wird, aber in ihrer Phasenlage gegenüber der Anodenspannung verschoben werden kann, und deren Höhe die kritische Gitterspannung zeitweilig überschreitet (vgl. Abb. 233, Bezeichnungen wie in Abb. 231). Die Änderung der Phasenlage und damit des Zündpunktes kann bei dieser Betriebsweise mit Hilfe eines kleinen Drehtransformators vorgenommen werden. Bei Phasengleichheit zwischen Gitter- und Anodenspannung wird die volle Gleichspannung erzeugt. Sind die beiden Spannungen dagegen um 180° verschoben, so ist der Stromdurchgang völlig gesperrt, und die Gleichspannung hat den Wert null. Zwischen diesen beiden Einstellungen ist jeder Zwischenwert möglich.

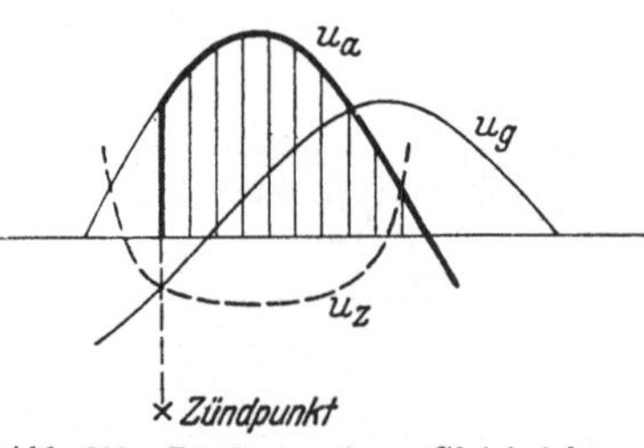

Abb. 233. Zündung eines Gleichrichters durch Phasenverschiebung eines Wechselstromes.

In jedem Falle läßt sich nach einem der vorstehend erörterten Verfahren die vom Gleichrichter gelieferte Spannung durch die Gittersteuerung in weitesten Grenzen regeln. Dabei wird, da der Gitterstrom stets nur klein ist, für die Steuerung eine im Vergleich zur Leistung des Gleichrichters nur ganz geringfügige Leistung benötigt.

Die starken Schwankungen in der Stärke des Gleichstromes können, wie beim ungesteuerten Gleichrichter, durch eine Drosselspule gemildert werden. Der Einfluß einer solchen Glättungsspule ist in Abb. 232 nicht berücksichtigt.

Die vorstehenden Ausführungen beziehen sich auf den Einphasengleichrichter. Sie gelten aber sinngemäß auch für den Mehrphasengleichrichter.

Der gesteuerte Gleichrichter findet wegen der bequemen Regelbarkeit der Spannung ausgedehnte Anwendung. Insbesondere ermöglicht er den Betrieb von Gleichstrommotoren aus dem Wechselstromnetz, deren Drehzahl sich durch Änderung der zugeführten Spannung in idealer Weise nahezu verlustlos in den weitesten Grenzen regeln läßt, ähnlich wie dies sonst nur mit Hilfe der LEONARD-Schaltung (siehe Abschnitt 105 u. 153) möglich ist. Auch bietet er die Möglichkeit, durch gleichzeitiges Anlegen aller Gitter an die negative Sperrspannung eine außerordentlich schnelle Unterbrechung des ihn durchfließenden Stromes zu bewirken. Hierauf beruht seine Anwendung als Schalter. Als solcher hat er sich z. B. für das rasche Abschalten bei Überlastungen und Kurzschlüssen bewährt.

171. Wechselrichter und Umrichter.

Durch die Einführung der Gittersteuerung an den Entladungsgefäßen ist auch die Möglichkeit gegeben, umgekehrt wie bei den Gleichrichtern, Gleichstrom in Wechselstrom umzuwandeln, den Wechselrichter zu schaffen. Arbeitet der Wechselrichter auf ein vorhandenes „taktgebendes“ Netz (vgl. Abschn. 157), so erhält man den

netzgeführten Wechselrichter.

Als solcher kann jeder gittergesteuerte Gleichrichter Verwendung finden. Da die Richtung des Stromes innerhalb des Entladungsgefäßes naturgemäß stets unveränderlich bleiben muß, so muß jedoch auf der Gleichstromseite eine Spannungsumpolung durch Vertauschen der Zuleitungen vorgenommen werden, gleichzeitig ist der Zündpunkt von der positiven auf die negative Halbwelle der Anodenspannung zu verlegen. Von der Wechselrichtung wird z. B. zur Energierückgewinnung aus durch Gleichrichter gespeisten Bahnnetzen Gebrauch gemacht. Je nach den gerade vorliegenden Betriebsverhältnissen entnimmt das Entladungsgefäß dem Wechselstromnetz Strom, den es in Gleichstrom für den Betrieb der Bahnen umwandelt, oder es führt die (z. B. bei der Talfahrt) gewonnene Gleichstromenergie wieder nach entsprechender Umformung dem Wechselstromnetz zu. Das gleiche Verfahren kann auch zum Abbremsen von Gleichstrommotoren benutzt werden, die über einen gittergesteuerten Gleichrichter aus einem Wechselstromnetz betrieben werden.

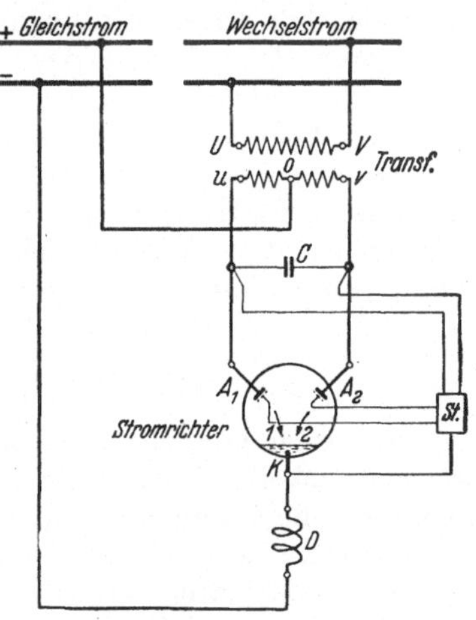

Abb. 234. Schaltung des Wechselrichters.

Zur Speisung eines unabhängigen Wechselstromkreises bedient man sich der

selbstgeführten Wechselrichter.

Hierfür steht eine Reihe verschiedenartiger Schaltungen zur Verfügung. Abb. 234 zeigt als Beispiel einen sog. Parallelwechselrichter, der aus einem Gleichstromnetz gespeist wird und über einen Transformator auf ein Wechselstromnetz arbeitet. Die Schaltung entspricht im wesentlichen der des Einphasengleichrichters (vgl. z. B. Abb. 226), nur ist zwischen den beiden Anoden A_1 und A_2 noch ein Kondensator C eingeschaltet, dem die Aufgabe zufällt, die zwischen den Anoden und der Kathode K entstehenden Lichtbogen im richtigen Augenblick zu löschen. Er wird daher als Löschkondensator bezeichnet. Das Gleichstromnetz steht mit seinem negativen Pol über die Drosselspule D mit der Kathode des Wechselrichters in Verbindung, während der positive Pol an den Mittelpunkt o der Primärwicklung uv des Transformators angeschlossen ist. Durch geeignete Steuerung der Gitter — die Steuereinrichtung *St* ist in der Abbildung nur angedeutet — wird erreicht, daß der Strom abwechselnd für eine der beiden Seiten des Entladungsgefäßes gesperrt ist und somit in stetem Wechsel einmal über dessen linke Seite (Pfeil *1*) und sodann über die rechte Seite (Pfeil *2*) fließen muß. Der Strom in der Primärwicklung des Transformators hat also eine beständig wechselnde Richtung, und somit wird auch in der Sekundärwicklung ein Wechselstrom induziert, dessen Frequenz von der Steuerfrequenz abhängt, und der dem Wechselstromnetz zugeführt wird. Die für die Steuerung erforderliche Leistung ist, wie bei den Gleichrichtern, nur unbedeutend.

Um einen Wechselstrom gegebener Frequenz in einen solchen anderer Frequenz umzuwandeln, bedient man sich der Umrichter. Auch sie sind durch Einführung der Gittersteuerung und Anwendung besonderer Schaltungen der Entladungsgefäße, auf die hier jedoch nicht näher eingegangen werden kann, möglich geworden. Es sei nur bemerkt, daß sie von besonderer Bedeutung für die Umformung von Drehstrom normaler Frequenz (50 Hz) in Einphasenstrom der Bahnfrequenz ($16^2/_3$ Hz) geworden sind.

Gleichrichter, Wechselrichter und Umrichter werden heute allgemein unter dem Sammelnamen Stromrichter zusammengefaßt.

172. Der Lichtbogenstromrichter.

Eine besondere Art von Stromrichtern stellt der von Marx angegebene und entwickelte Lichtbogenstromrichter dar, der es ermöglicht, auch bei sehr hohen Spannungen große Ströme gleich- bzw. wechselzurichten und somit sehr große Leistungen zu bewältigen.

Der Stromrichter beruht auf dem periodischen Zünden und Löschen eines zwischen zwei Elektroden brennenden Lichtbogens in strömendem Gas innerhalb einer unter Druck stehenden Kammer. Der grundsätzliche Aufbau geht aus Abb. 235 hervor. Die Druckkammer besteht aus dem Isolierzylinder Z und den beiden metallenen Kammerköpfen K_1 und K_2, welche zur Befestigung und Führung der Hauptelektroden E_1 und E_2 und zur Aufnahme der diese nahezu umschließenden Schirmelektroden S_1 und S_2 dienen, aber auch zur Zu- und Ableitung des strömenden Gases ausgebildet sind. Die Strömungsrichtung des Gases ist in der Abbildung durch Pfeile angedeutet. Die Hauptelektroden bestehen aus als Hohlkörper ausgebildeten Trägern mit aufgesetzten Elektrodenköpfen. Zwischen der Schirmelektrode S_2 und der in dem Kammerkopf K_2 isoliert angeordneten Hauptelektrode E_2 wird periodisch ein Zündlichtbogen erzeugt und durch die Gasströmung zur Hauptelektrode E_1

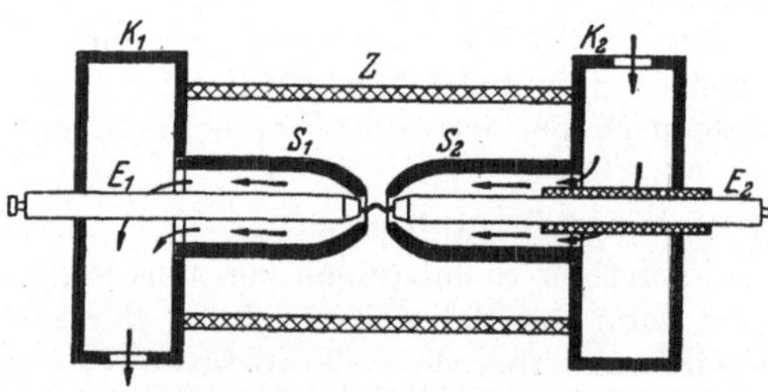

Abb. 235. Lichtbogenstromrichter.

hinübergeblasen. Dadurch wird der eigentliche Hauptlichtbogen zwischen den Elektroden E_1 und E_2 eingeleitet. Der Zeitpunkt der Zündung innerhalb einer Periode des gleichzurichtenden Wechselstromes kann durch entsprechendes Einstellen des Zündvorganges verändert werden. Bei der Gleichrichtung des Wechselstromes wird der Lichtbogen beim Stromnulldurchgang gelöscht und bei jeder zweiten Halbwelle wieder gezündet.

Ungewollte Rückzündungen nach der jedesmaligen Löschung werden durch die Luftströmung und die Anordnung der Haupt- und Schirmelektroden verhindert. Die bei dem Betrieb des Lichtbogenstromrichters auftretende Wärme wird durch das strömende Gas und durch Innenkühlung der Hauptelektroden abgeführt. Die Hauptelektrodenköpfe, welche durch die Fußpunkte des Lichtbogens angegriffen werden, können leicht ausgewechselt werden, wenn der Abbrand des Materials bei langanhaltendem Dauerbetrieb dieses erforderlich macht. Der Lichtbogengleichrichter zeichnet sich durch geringe Verluste und dementsprechend hohen Wirkungsgrad aus.

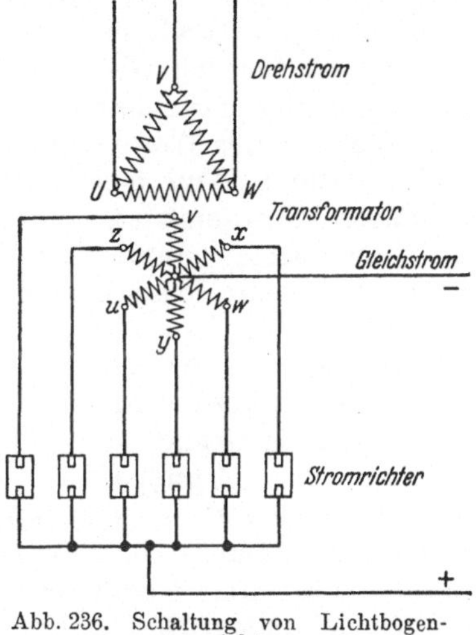

Abb. 236. Schaltung von Lichtbogenstromrichtern.

Eine Schaltungsanordnung für die Umformung von Drehstrom (Sechsphasenschaltung) in Gleichstrom zeigt Abb. 236.

Da sich die Stromrichtung des Ventils durch Verlegen lediglich des Zündzeitpunktes steuern läßt, so kann es ebensowohl zur Gleichrichtung von Wechselstrom wie zur Wechselrichtung von Gleichstrom verwendet werden. Es ist daher mit seiner Hilfe, ebenso wie mit Quecksilberdampfstromrichtern, möglich, eine Fernübertragung mit Gleichstrom vorzunehmen, die für besonders große Entfernungen gegenüber der Übertragung mittels Wechselstrom wirtschaftliche Vorteile besitzt. Der am Erzeugungsort zur Verfügung stehende Drehstrom wird alsdann durch eine Lichtbogenventilanordnung in Gleichstrom sehr hoher Spannung umgewandelt und dieser am Verwendungsort der Energie durch eine gleichartige Anordnung wieder in Drehstrom zurückgeführt (s. Abschn. 227).

173. Der Kontaktgleichrichter.

Während beim Quecksilberdampf- und Lichtbogengleichrichter der jeweilige Strompfad zwischen den Anoden und der Kathode durch die Lichtbogen hergestellt wird, die, wie Schalter wirkend, im richtigen Augenblick den Strom schließen und unterbrechen, werden bei einem von KOPPELMANN angegebenen und bei den Siemens-Schuckert-Werken entwickelten neuartigen Umformer, dem Kontaktgleichrichter, die Lichtbogen durch „Druckkontakte“ ersetzt, durch welche die Wechselstromphasen beim Stromnulldurchgang mit Hilfe eines mechanischen Getriebes im Takte der Wechselspannung umgeschaltet werden. Die zur Verwendung kommenden Kontakte bestehen aus Kupfer mit einer Silberauflage. Durch vor den Kontakten liegende Drosselspulen besonderer Ausführung, den Schaltdrosseln, wird nun — und das ist für den Gleichrichter von wesentlicher Bedeutung — bewirkt, daß der normale sinusförmige Verlauf des Wechselstromes eine Verzerrung in der Weise erfährt, daß beim jedesmaligen Durchgang des Stromes durch Null eine Stromabflachung, d. h. eine etwas längere stromlose Pause eintritt, Abb. 237. Die Umschaltzeitpunkte der Kontakte werden nun so eingestellt, daß sie mitten in diese Pause fallen, sodaß ein Öffnungsfeuer, welches die Kontakte angreifen könnte, nicht auftritt.

In dem Schaltbild Abb. 238 ist lediglich der Grundgedanke des Kontaktgleichrichters schematisch angedeutet. Durch den Transformator wird die Spannung des gleichzurichtenden Drehstromes auf

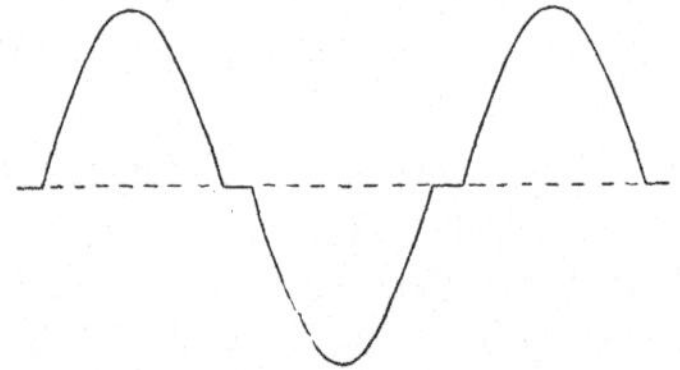

Abb. 237. Wechselstrom mit künstlich verbreitertem Stromnulldurchgang.

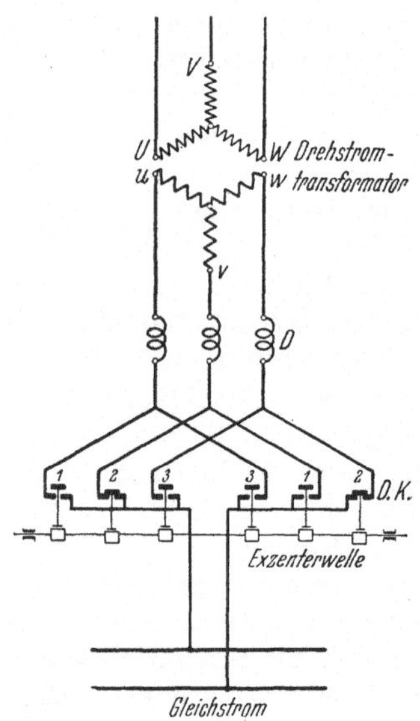

Abb. 238. Kontaktgleichrichter.

den für die gewünschte Gleichspannung erforderlichen Wert gebracht. Mit *D* sind die Schaltdrosseln bezeichnet, welche beim Richtungswechsel des Stromes die stromlosen Pausen herbeiführen. *D.K.* sind die Druckkontakte; die drei Kontakte auf der linken Seite ergeben den einen Gleichstrompol, die drei Kontakte rechts bilden den andern Pol. Sie werden durch die Exzenterwelle synchron mit der Wechselspannung in der Weise betätigt, daß jedesmal gleichzeitig ein Kontakt auf der linken und einer auf der rechten Seite geschlossen wird, wobei jedesmal nach $^1/_3$ Periode des Wechselstromes ein neues Kontaktpaar *1—1*, *2—2* oder *3—3* zur Wirkung kommt. Durch die nacheinander erfolgende Betätigung der Kontakte wird die Gleichrichtung des Drehstromes bewirkt.

Der Kontaktgleichrichter zeichnet sich durch geringen Werkstoffaufwand und damit niedriges Gewicht und kleinen Raumbedarf aus. Sein Wirkungsgrad ist recht günstig, schon wegen des Fortfalls des beim Quecksilberdampfgleichrichter auftretenden Spannungs- und damit auch Leistungsverlustes in den Lichtbogen. Es befinden sich bereits Versuchsausführungen mit Gleichstromspannungen bis zu 600 V im Betrieb, und die damit gemachten guten Erfahrungen berechtigen zu der Annahme, daß bestimmte Anwendungsgebiete, die sonst den Maschinenumformern oder dem Quecksilberdampfgleichrichter vorbehalten waren, in Zukunft dem Kontaktgleichrichter zufallen werden.

174. Glühkathodengleichrichter.

Für kleinste Leistungen ist vielfach der Glühkathodengleichrichter im Gebrauch, der als eine Abart des Quecksilberdampfgleichrichters mit Glasgehäuse angesehen werden kann, von dem er sich aber, wie auch der Name andeutet, dadurch unterscheidet, daß er — unter völligem Verzicht auf Quecksilber — eine geheizte Glühkathode besitzt (vgl. Abschn. 168, vorletzter Absatz!). Ohne auf Einzelheiten einzugehen, sei nur darauf hingewiesen, daß die von der glühenden Kathode abgeschleuderten Elektronen zu den gegenüberstehenden metallischen Anoden herübergezogen werden und in der vom Quecksilberdampfgleichrichter bekannten Weise die Gleichrichterwirkung vermitteln.

175. Trockengleichrichter.

Ursprünglich nur für untergeordnete Hilfszwecke benutzt, haben die Trockengleichrichter heute auch für kleine und mittlere Leistungen Eingang in Starkstromanlagen gefunden, für die früher ganz vorwiegend Quecksilberdampfgleichrichter verwendet wurden. Ihre wichtigsten Ausführungsformen sind der Kupferoxydul- und der Selengleichrichter. Sie haben die Eigenschaft, in einen Wechselstromkreis eingeschaltet, den Strom nur in einer Richtung hindurchzulassen, ihn dagegen in der anderen Richtung zu sperren. So gibt der Kupferoxydulgleichrichter, bei dem die Elemente im wesentlichen aus einer Kupferscheibe mit einem Überzug von Kupferoxydul bestehen, den Strom nur in der Richtung vom Oxydul zum Kupfer frei, während er ihm in der anderen Richtung, der Sperrrichtung, einen großen Widerstand entgegensetzt. Da jedes Element nur eine Spannung von wenigen Volt verträgt, so muß je nach der in Betracht kommenden Spannung eine mehr oder weniger große Zahl in Reihe geschalteter Elemente zu einer Gleichrichterbatterie zusammengestellt werden.

Die Trockengleichrichter haben sich für den Betrieb kleiner Motoren, zum Laden von Akkumulatorenbatterien für Fahrzeuge, Signallampen, Steuerschaltungen u. dgl., ferner für die Betätigung von Relais usw. bewährt. Sie werden sowohl für die Gleichrichtung von Einphasen- als auch, unter Anwendung geeigneter Schaltungen, von Drehstrom benutzt.

Trockengleichrichter können heute für Stromstärken bis zu mehreren 1000 A hergestellt werden. Doch ist die Spannung durch die Zahl der erforderlichen Elemente begrenzt.

Zehntes Kapitel.

Der Betrieb elektrischer Maschinen.

176. Inbetriebsetzung der Maschinen.

Ehe eine fertig aufgestellte elektrische Maschine in Betrieb genommen wird, ist es erforderlich, sie von dem während der Montage aufgenommenen Schmutz und Staub gründlich zu reinigen, wobei man sich für die inneren Teile zweckmäßigerweise eines kleinen Blasebalges oder einer Luftspritze bedient.

Ferner muß man sich von dem guten Zustande der Lager, besonders davon überzeugen, daß sich die Welle in ihnen leicht dreht. Gleitlager sind zunächst mit Petroleum auszuspülen und erst dann bis zur vorgeschriebenen Höhe mit Öl zu füllen. Auf die richtige Auswahl des zur Verwendung kommenden Öles — säurefreies Mineralöl, vielfach Dynamoöl genannt — ist größter Wert zu legen. In größeren Betrieben empfiehlt es sich, das Öl mittels eines Ölprüfapparates einer regelmäßigen Kontrolle zu unterziehen. Bei Ringschmierlagern ist darauf zu achten, daß die Schmierringe von der Welle sicher mitgenommen werden und genügend Öl aus dem Becken mitbringen. Wälzlager, bei kleineren Maschinen Kugel-, bei größeren Rollenlager, sind bei den von den Fabriken gelieferten Maschinen betriebsfertig mit Fett gefüllt und staubdicht verschlossen. Treibriemen dürfen nicht straffer angespannt werden, als für ein sicheres Arbeiten notwendig ist, da andernfalls eine unzulässige Erwärmung der Lager hervorgerufen werden kann.

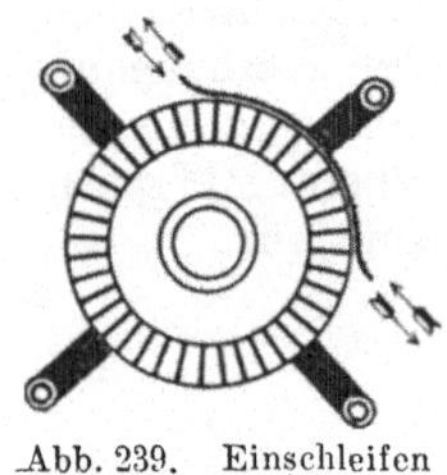
Abb. 239. Einschleifen von Kohlebürsten.

Besonderes Augenmerk ist auf Kollektor und Schleifringe zu richten, die vollkommen rund laufen müssen. Die auf dem Kollektor befindlichen Bürsten müssen von vornherein gut eingeschliffen sein. Kohlebürsten werden zu diesem Zwecke zunächst mit der Feile einigermaßen passend bearbeitet. Nachdem sie alsdann in die Bürstenhalter eingesetzt sind, wird ein um den Kollektor gelegter Streifen Glaspapier, mit der rauhen Fläche nach außen, so lange zwischen Kollektor und Bürsten hin und her gezogen, bis die Auflagefläche der Kohlen die gleiche Rundung aufweist wie die Lauffläche des Kollektors, Abb. 239. Die der neutralen Zone entsprechende Bürstenstellung ist meistens durch eine farbige Marke gekennzeichnet. Während die Bürsten bei den Stromerzeugern im allgemeinen etwas im Sinne der Drehrichtung über die neutrale Zone hinaus vorgestellt werden müssen, sind sie bei den Motoren ein wenig zurückzuschieben. Die genaue Einstellung der Bürsten wird am besten während des Betriebes vorgenommen, indem die Stelle aufgesucht wird, wo die geringste Neigung zur Funkenbildung auftritt. Umsteuerbare Motoren arbeiten ohne jede Bürstenverschiebung.

Bevor man dazu übergeht, eine Maschine auf Spannung zu bringen, hat man sich zu überzeugen, daß sie sich in gutem Isolationszustand befindet (vgl. Abschn. 184a). Sollte sie auf dem Transport oder während der Aufstellung Feuchtigkeit aufgenommen haben, so ist sie vorher auszutrocknen, da andernfalls leicht ein Durchschlagen der Isolation erfolgen kann. Das Austrocknen kann entweder dadurch geschehen, daß der Raum, in dem sich die Maschine befindet, längere Zeit geheizt wird, oder die Maschine wird von innen heraus getrocknet, indem man ihr elektrischen Strom von geringer Spannung zuführt. Bei einem Stromerzeuger kann eine Durchwärmung auch erzielt werden, indem man ihn kurzschließt und mit so schwacher Erregung, gegebenenfalls bei verminderter Drehzahl, betreibt, daß in der Wicklung ein Strom von nur ungefähr normaler Stärke auftritt. Nebenschlußmaschinen müssen hierbei von einer fremden Stromquelle aus erregt werden, da sie beim Kurzschluß ihre eigene Erregung verlieren (s. Abschn. 80). Es empfiehlt sich, den Kurzschluß der zu erwärmenden Maschine durch einen zwischen ihre Klemmen gelegten Strommesser zu bewirken, um die Stromstärke jederzeit feststellen zu können. Die beim Kurzschluß in der Wicklung induzierte Spannung ist im allgemeinen sehr gering. Nur bei Hochspannungs-Drehstrommaschinen kann sie, worauf ausdrücklich hingewiesen sei, infolge gewisser Ausgleichsvorgänge unter Umständen eine gefährliche Höhe annehmen. Es ist daher bei solchen Maschinen ein Befühlen der kurzgeschlossenen Wicklung mit der Hand zu unterlassen.

Beim Füllen und Nachfüllen von Öl in Öltransformatoren hat man sich nach den hierfür gegebenen besonderen Vorschriften der liefernden Firma zu richten.

Die zur Maschine gehörenden Apparate, namentlich die Widerstände, sind, bevor sie in Gebrauch genommen werden, nachzusehen und zu reinigen. Flüssigkeitsanlasser sind zu füllen, und zwar mit einer 10- bis 15prozentigen Lösung von Soda oder Pottasche, der, um sie vor dem Gefrieren zu schützen, etwas Glyzerin zugefügt werden kann.

Die Verbindungen der Maschine mit dem Regler bzw. dem Anlaßwiderstand sind an Hand eines Schaltbildes vor der Inbetriebsetzung genau zu verfolgen, damit man sich von der Richtigkeit der Anschlüsse überzeugt. Bei Gleichstrommaschinen, die unter sich oder mit einer Akkumulatorenbatterie parallel arbeiten sollen, ist vor der ersten Inbetriebsetzung darauf zu achten, daß nur gleichartige Pole mit derselben Sammelschiene verbunden sind.

Um bei einer Nebenschluß- oder Doppelschlußmaschine mit Sicherheit die für den Parallelbetrieb erforderlichen Pole zu erhalten, empfiehlt es sich, sie von den Sammelschienen aus zu erregen. Ist diese Art der Erregung in der betreffenden Anlage nicht von vornherein vorgesehen (vgl. Abschn. 267), so sind bei der Inbetriebsetzung die Bürsten zunächst von dem Kollektor abzuheben, und es ist die Maschine sodann kurze Zeit an das von den anderen Maschinen oder der Batterie gespeiste Netz anzuschließen. Hierbei wird der Hebel des Nebenschlußreglers allmählich in die Kurzschlußstellung gebracht, so daß die Magnetwicklung vollen Strom erhält. Unter dem Einflusse des nach dem Ausschalten zurückbleibenden Restmagnetismus wird die Maschine nunmehr die für das Parallelarbeiten notwendige Polarität annehmen, vorausgesetzt daß sie sich überhaupt erregt. Sollte bei der vorliegenden Drehrichtung eine Selbsterregung der Maschine nicht erfolgen, so müssen (vgl. Abschn. 86) die Enden der Magnetwicklung hinsichtlich ihrer Verbindung mit dem Anker gewechselt werden, und es ist alsdann das vorstehend beschriebene Verfahren zu wiederholen, d. h. der Magnetwicklung nochmals einen Augenblick lang von den Sammelschienen aus Strom zuzuführen. Die Maschine wird sich dann sicher erregen und dabei die richtigen Pole aufweisen.

Bei einer Drehstrommaschine ist, ehe sie mit anderen Maschinen parallel geschaltet wird, festzustellen, ob ihre Phasen in der richtigen Reihenfolge mit den Sammelschienen verbunden sind. Das ist dann der Fall, wenn bei der in Abb. 178 gegebenen Schaltung der Phasenlampen die Schwankungen in der Lichtstärke bei allen drei Lampen gleichzeitig erfolgen. Gegebenenfalls kann die Phasenfolge auch mittels eines Induktionsmotors bestimmt werden, der einmal vom Netz, das andere Mal von der zuzuschaltenden Maschine gespeist wird. Bei gleicher Reihenfolge der Phasen ist die Drehrichtung des Motors in beiden Fällen dieselbe. Statt des Motors kann auch ein für die Feststellung der Phasenfolge eigens konstruierter Apparat, der sog. Drehfeldrichtungszeiger, benutzt werden.

Vor dem Parallelschalten von Einphasentransformatoren ist mit einer Glühlampe die Phasengleichheit und bei Drehstromtransformatoren die richtige Phasenfolge auszuproben (vgl. Abschn. 137).

Erst wenn man sich nach gewissenhafter Prüfung davon überzeugt hat, daß sich die Maschine im besten Zustand befindet und Schaltfehler nicht vorliegen, darf sie in Betrieb genommen werden, doch empfiehlt es sich, sie erst einige Stunden leer laufen zu lassen und auch dann nur langsam zu belasten.

Die vorstehend gegebenen Anweisungen sind auch dann zu befolgen, wenn eine Maschine längere Zeit außer Betrieb gesetzt war und von neuem in Gebrauch genommen werden soll.

177. Wartung der Maschinen.

Während die im vorigen Abschnitt gegebenen Anweisungen sich wesentlich auf die erste Inbetriebnahme der Maschinen beziehen, sind die nachstehend gegebenen Vorschriften, um einen sicheren Betrieb zu gewährleisten, dauernd zu beachten. Bei richtiger Pflege gehören die elektrischen Maschinen zu den zuverlässigsten Betriebseinrichtungen.

An erster Stelle sei wieder größte Reinlichkeit anempfohlen. Die Maschinen sind regelmäßig unter Benutzung von Blasebalg und Pinsel zu säubern. Das in den Lagern enthaltene Öl soll, da es mit der Zeit dickflüssig und harzig wird, gelegentlich abgelassen und, nachdem die

Lager mit Petroleum ausgespült sind, durch frisches ersetzt werden. Während des Betriebes muß stets eine genügende Menge Öl in den Lagern vorhanden sein. Die Lagertemperatur ist durch Befühlen mit der Hand häufig nachzuprüfen. Wälzlager bedürfen je nach Größe der Maschine erst nach etwa 5000 bis 10000 Betriebsstunden einer Reinigung. Kugellager bleiben dabei ungetrennt auf der Läuferwelle, so daß der Läufer zur Reinigung ausgebaut werden muß. Bei Rollenlagern kann der Außenring des Lagers mit dem Rollenkäfig zugleich mit dem Lagerschild abgezogen werden, so daß der Läufer nicht aus dem Gehäuse herausgenommen zu werden braucht. Aus den Lagern wird alles Fett mit Benzin oder Benzol sorgfältig ausgewaschen und der Fettraum dann zu etwa $^1/_3$ mit harz-, säure- und wasserfreiem Fett gefüllt. Auf achsengerechten Zusammenbau nach der Reinigung ist besonders zu achten, damit Verkantungen vermieden werden. Während des Betriebes soll kein Nachschmieren erfolgen, um das Eindringen von Staub und Schmutz zu vermeiden.

Die größte Sorgfalt ist der Behandlung des Kollektors zu widmen. Bei richtiger Bedienung wird der Kollektor guter Maschinen eine glatte Oberfläche, häufig sogar eine Art Politur aufweisen. Man erreicht diesen Zustand, indem man ihn, namentlich in der ersten Zeit des Betriebes, täglich mit feinem Glaspapier behandelt, das man zweckmäßig auf ein Holzbrett leimt, gegen das man den Kollektor laufen läßt. Vielfach wird zu jeder Maschine ein Schleifklotz aus Holz mitgeliefert, der auf der einen Seite der Rundung des Kollektors entsprechend ausgearbeitet und mit Glaspapier versehen ist. An dem einen Ende der Schleiffläche befindet sich eine Nute, in der sich der beim Schleifen entstehende Metallstaub ansammeln soll. Die mit der Nute versehene Seite ist daher stets in die Drehrichtung des Kollektors zu halten. Das Abschleifen des Kollektors soll möglichst im kalten Zustande der Maschine, also nicht unmittelbar nachdem sie stillgesetzt ist vorgenommen werden. Schmirgelleinen ist als Schleifmittel nicht zu empfehlen, dagegen wird vielfach Karborundumpapier verwendet. Während des Laufens soll der Kollektor ab und zu mit einem reinen Lappen, auf den eine Spur Vaseline oder Paraffin aufgetragen ist, abgerieben werden, Ist der Kollektor im Laufe der Zeit stark angefressen oder unrund geworden, so muß er abgedreht werden. Kleinere Anker werden zu diesem Zweck auf die Drehbank genommen, während zum Abdrehen größerer Anker ein besonders ausgebildeter Support unmittelbar an den Maschinen befestigt wird.

Zur Stromabnahme werden fast ausschließlich Kohlebürsten verwendet. Um einen funkenfreien Lauf zu erhalten, muß der gegenseitige Abstand der Bürstenauflagestellen genau der Polteilung entsprechen. Dies kann mit Hilfe eines um den Kollektorumfang gelegten Papierstreifens nachgeprüft werden. Die auf den verschiedenen Bürstenstiften befindlichen Bürsten sind gegeneinander so zu versetzen, daß der Kollektor auf der ganzen Schleiffläche möglichst gleichmäßig abgenutzt wird. Zu beachten ist ferner, daß die Bürsten leichtes Spiel in den Haltern haben. Diese müssen daher dann und wann gereinigt werden. Die Bürsten sollen mit geringem Druck aufliegen. Keinesfalls dürfen die Federn der Bürstenhalter zu stark angespannt sein, da sich der Kollektor sonst infolge der großen Reibung zu stark erwärmen kann. Andererseits gibt eine zu lockere Auflage der Bürsten Anlaß zur Funkenbildung. Damit sich alle Bürsten gleichmäßig an der Stromführung beteiligen, ist eine sichere Verbindung zwischen Kohle und Anschlußlitze erforderlich. Beim Ersatz aufgebrauchter Kohlebürsten durch neue ist unbedingt darauf zu achten, daß wieder die für die betreffende Maschine vorgeschriebene Kohlenmarke zur Verwendung gelangt. Man kann häufig beobachten, daß bei Verwendung falscher Bürsten Funkenbildung auftritt. Im allgemeinen werden für höhere Spannungen härtere, für niedrigere Spannungen dagegen weichere Kohlensorten bevorzugt. Die Ersatzbürsten müssen in der im vorigen Abschnitt angegebenen Weise eingeschliffen werden. Sollte die Maschine mit Kupferbürsten ausgestattet sein, so sind deren Enden, sobald sie ausgefranst sind, mit einer Schere gerade zu schneiden.

Schleifringe erfordern nur wenig Bedienung, doch ist bei ihnen ebenfalls für gleichmäßige Abnutzung Sorge zu tragen. Auch sollen sie des öfteren mit einem in Benzin getauchten sauberen Lappen abgerieben und schwach eingefettet werden.

Alle Schrauben und Klemmen an den Maschinen wie auch den zugehörigen Apparaten sind von Zeit zu Zeit nachzuziehen. Die Kontakte der Regler und Anlaßwiderstände sind ab und zu mit feinem Schmirgelleinen abzureiben, etwaige durch Funken verursachte Brandstellen mit einer Feile zu schlichten. Auch empfiehlt es sich, die Kontaktflächen leicht zu ölen. Bei Flüssigkeitswiderständen ist die Füllung zeitweilig zu erneuern.

Um einen Stromerzeuger auf Spannung zu bringen, ist die Kurbel des Feldreglers langsam in der Richtung zum Kurzschlußkontakt zu drehen, bis die Spannung den gewünschten Wert erreicht hat. Soll die Maschine durch Öffnen des Hauptschalters vom Netz getrennt werden, so ist sie vorher möglichst zu entlasten. Um sie spannungslos zu machen, ist der Widerstand des Feldreglers, durch Drehen der Kurbel in Richtung des Ausschaltkontaktes, langsam einzuschalten. Ehe die Kurbel in die Ausschaltstellung gelangt, soll sie solange auf dem letzten Arbeitskontakt belassen werden, bis die Spannung der Maschine auf den diesem Kontakt entsprechenden Wert gesunken ist.

Beim Anlassen von Gleichstrommotoren ist der Hauptschalter erst einzulegen, nachdem man sich überzeugt hat, daß die Kurbel des Anlaßwiderstandes sich in der Ausschaltstellung befindet. Sodann ist die Kurbel, der zunehmenden Umlaufgeschwindigkeit entsprechend, langsam, ohne jedoch auf einem Kontakt länger als wenige Sekunden zu verweilen, in die Kurzschlußstellung zu bringen. Niemals darf sie in einer Zwischenstellung belassen werden, es sei denn, daß der Widerstand ausdrücklich für die Regelung der Umdrehungszahl, also für Dauerbelastung eingerichtet ist. Das Stillsetzen des Motors soll in der Regel mit dem Anlasser vorgenommen werden, indem seine Kurbel rasch in die Ausschaltstellung zurückgeführt wird.

Erst nachdem dieses geschehen, ist der Hauptschalter zu öffnen. Das für Gleichstrommotoren Angegebene gilt sinngemäß auch für das Anlassen von Drehstrom-Induktionsmotoren.

Es ist im vorstehenden angenommen, daß Anlasser mit Drahtwiderständen Verwendung finden, doch erfolgt die Bedienung von Flüssigkeitsanlassern in entsprechender Weise. Beim Einschalten von Motoren sind also die als Elektroden dienenden Platten langsam in die Flüssigkeit einzusenken, bis die Kurzschlußstellung erreicht ist. Flüssigkeitsanlasser für mit Bürstenabhebevorrichtung ausgestattete Drehstrommotoren sind nach dem Abheben der Bürsten wieder auszuschalten, damit die Platten des Anlassers nicht unnötig von der Flüssigkeit angegriffen werden.

178. Betriebsstörungen an Maschinen.

Bei sachgemäßer Behandlung werden an den elektrischen Maschinen nur verhältnismäßig selten Fehler auftreten. Voraussetzung hierfür ist, daß sie mit der auf dem Leistungsschilde angegebenen Spannung und Drehzahl betrieben werden, daß sie nicht dauernd überlastet werden, und daß ferner der Isolationszustand der Maschinen stets ein guter ist. Ein etwaiger Schluß einer Wicklung gegen das Gestell oder Windungsschlüsse innerhalb der Wicklung sind sofort, nötigenfalls durch Einsenden der fehlerhaften Teile zur Fabrik, zu beseitigen. Im folgenden sollen die bei Maschinen hauptsächlich vorkommenden Störungen kurz besprochen und Mittel zu ihrer Beseitigung angegeben werden.

a) Heißwerden der Lager.

Die Ursache für eine übermäßige Erwärmung der Lager ist meistens in ungenügender Schmierung zu suchen. Bei Ringschmierlagern kann es auch vorkommen, daß die Schmierringe nicht frei spielen und daher nicht genügend Öl auf die Welle befördern. Dem Übel muß natürlich schnellstens abgeholfen werden. Auch verdicktes oder verschmutztes Öl kann eine zu starke Erwärmung verursachen. Weist ein Lager eine abnorm hohe Temperatur auf, so empfiehlt es sich daher, zunächst das alte Öl abzulassen und es, nach gründlicher Reinigung des Lagers, durch frisches Öl zu ersetzen. Bei Wälzlager kann zu hohe Temperatur auf zu reichliche Fettschmierung hinweisen, unter Umständen auch auf Fehler beim Zusammenbau oder auf ungenügende Abdichtung durch die mit Öl getränkten Filzringe. Läßt sich durch neue, sorgfältige Reinigung der Lager der Übelstand nicht beheben, so empfiehlt es sich, das Lieferwerk zu Rate zu ziehen. Das Heißwerden eines Lagers kann auch darauf zurückzuführen sein, daß die Lagerschalen zu fest angezogen sind, oder daß bei Riemenbetrieb der Riemen zu straff gespannt ist.

b) Nichterregen einer Maschine.

Läßt sich ein Stromerzeuger nicht auf Spannung bringen, so kann dies durch eine Unterbrechung des Magnetstromkreises veranlaßt sein; sei es, daß sich eine Klemmverbindung an der Maschine oder am Feldregler gelöst hat, sei es auch, daß eine Magnetspule beschädigt ist. Man erkennt den Fehler daran, daß auch bei Anwendung einer besonderen Erregerstromquelle ein in den Magnetkreis eingeschalteter Strommesser nicht ausschlägt. In einem solchen Falle sind die in Betracht kommenden Verbindungen nachzuziehen. Schadhafte Spulen müssen ausgewechselt werden.

Auch falsche Schaltung der Magnetspulen kann die Ursache für das Nichterregen einer Maschine sein. Mit Hilfe einer Magnetnadel wird man festzustellen haben, ob Nord- und Südpole abwechseln. Ist eine Magnetspule ganz oder zum Teil kurzgeschlossen, so gibt die Maschine nicht die volle Spannung. Bei einer Gleichstrommaschine gibt sich dieser Fehler dadurch zu erkennen, daß sie zur Funkenbildung am Kollektor neigt (s. unter d).

Wenn sich Gleichstrommaschinen, namentlich solche für besonders niedrige Spannung, nicht erregen, so ist der Grund hierfür häufig in dem Hervortreten der Glimmerisolation zwischen den einzelnen Kollektorlamellen zu sehen; vielleicht, daß der Glimmer besonders hart ist und sich daher nicht in dem Maße abnutzt wie das Kupfer der Lamellen und daß infolgedessen der Kontakt zwischen dem Kollektor und den Bürsten unzureichend ist. Um den Fehler zu beseitigen, genügt es bei kleinen Maschinen mitunter schon, die Bürsten kräftig auf den Kollektor zu drücken. Besser ist es, diesen mit Sand- oder Karborundumpapier abzuschleifen. Nötigenfalls ist die Isolation an der Oberfläche des Kollektors mit einer dafür geeigneten Vorrichtung vorsichtig etwas auszukratzen.

Falls sich eine auf dem dynamoelektrischen Prinzip beruhende Maschine nicht von selbst erregt, so kann es auch daran liegen, daß sie ihren Restmagnetismus verloren hat. Es kann dies z. B. die Folge eines starken Kurzschlusses sein, bei dem die Ankerrückwirkung so bedeutend gewesen ist, daß die Gegenwindungen des Ankers auf die Magnetpole entmagnetisierend oder gar umpolarisierend einwirkten. Abhilfe wird geschaffen, indem man die Magnetwicklung von dem Anker trennt und ihr kurze Zeit von einer äußeren Stromquelle Strom zuführt, wobei natürlich die Stromrichtung so zu wählen ist, daß sich wieder die gleichen Pole wie vorher bilden. Arbeitet die betreffende Maschine mit anderen Maschinen oder einer Akkumulatorenbatterie parallel, so kann man ihr die richtige Polarität am einfachsten nach dem in Abschn. 176 angegebenen Verfahren erteilen.

Daß sich eine dynamoelektrische Maschine nicht erregt, wenn sie mit falscher Drehrichtung betrieben wird, ist bereits im Abschn. 86 erörtert worden. Bei einer Reparatur der Maschine können ferner die Anschlüsse der Magnetwicklung vertauscht sein. Auch falsche Bürstenstellung kann für das Nichterregen einer Maschine verantwortlich gemacht werden.

Wenn sich eine Nebenschlußmaschine nicht erregt, so kann dies auch auf einen Kurzschluß im Netz zurückzuführen sein (vgl. Abschnitt 80). In kleineren Anlagen kann die Störung schon dadurch eintreten, daß sich die Anlasserkurbel eines angeschlossenen, stillstehenden Motors versehentlich in der Kurzschlußstellung befindet. Daß ein

Kurzschluß die Ursache der Störung ist, erkennt man daran, daß die Maschine Spannung gibt, sobald sie vom Netz abgetrennt wird.

c) Übererwärmung.

Eine zu starke Erwärmung ihrer Wicklungen ist in den meisten Fällen auf eine Überlastung der Maschine zurückzuführen. Besonders häufig werden Motoren überlastet, da der Leistungsverbrauch der von ihnen angetriebenen Arbeitsmaschinen oft zu klein angenommen wird. Durch Einschalten eines Strommessers sollte man sich in jedem Falle zunächst einmal davon überzeugen, ob nicht dem Motor eine zu große Leistung zugemutet wird. Auch falsche Bürstenstellung kann ein Heißwerden des Ankers veranlassen. Werden die Bürsten mit zu starkem Druck auf den Kollektor gepreßt, so kann die dadurch verursachte starke Erwärmung des Kollektors sich auch über andere Teile der Maschine verbreiten.

Bei Drehstrom-Induktionsmotoren tritt eine große Stromaufnahme und damit eine starke Erwärmung der Wicklungen schon bei Leerlauf ein, wenn der Ständer normalerweise in Stern verkettet sein soll, versehentlich aber in Dreieck geschaltet ist.

d) Funkenbildung am Kollektor.

Starkes Feuern der auf dem Kollektor einer Gleichstrommaschine schleifenden Bürsten ist meistens durch falsche Bürstenstellung veranlaßt, kann aber auch durch sonstige unsachgemäße Behandlung der Maschine hervorgerufen sein. Es sei in dieser Beziehung auf die in Abschn. 176 und 177 gegebenen Vorschriften hingewiesen. Folgende Punkte seien noch besonders hervorgehoben.

Ein unrund laufender oder angefressener Kollektor gibt stets zur Funkenbildung Veranlassung. Auch wenn die Glimmerisolation etwas über die Lamellen hervorgetreten ist und die Bürsten infolgedessen beim Laufen der Maschine vibrieren, ist Funkenbildung unvermeidlich (Abhilfe siehe unter b). Heftiges Feuern tritt auch auf, falls eine oder mehrere Bürsten schlecht aufliegen, oder wenn die Maschine infolge schlechter Aufstellung zittert und sich die Unruhe auf die Bürsten überträgt. Auch ein Drahtbruch im Anker oder eine schlechte Verbindungsstelle zwischen Wicklung und Kollektor ruft Funkenbildung hervor, wobei sich am Umfange des Kollektors eine Schwärzung einzelner, in bestimmtem Abstand voneinander liegender Lamellen zeigt. Ferner äußert sich ein Lockerwerden der Kollektorlamellen durch Funkenbildung. Das gleiche tritt ein bei einer Isolationsbeschädigung der Ankerwicklung. Die Maschine bedarf in derartigen Fällen einer gründlichen Instandsetzung.

Der Grund für die Funkenbildung kann auch ein Fehler in der Magnetwicklung sein. Man wird festzustellen haben, ob die Spannungen an den Enden der einzelnen Spulen sämtlich gleich groß sind. Andernfalls kann man in den Spulen geringerer Spannung einen Kurzschluß vermuten. Bei Maschinen mit Wendepolen hat man sich bei Bürstenfeuer auch zu überzeugen, ob die Wendepolwicklung richtig geschaltet ist (s. Abschn. 83 und 94).

Neigung zur Funkenbildung ist schließlich vorhanden, wenn die Maschine überlastet oder wenn sie mit zu geringer Spannung oder zu hoher Drehzahl betrieben wird.

e) Nichtanlaufen eines Gleichstrommotors.

Es kommt zuweilen vor, daß Motoren schlecht oder überhaupt nicht anlaufen. Eine Reihe von Ursachen kann hierfür maßgeblich sein. So ist bei ruckweisem Anlauf eines Gleichstrommotors, verbunden mit großer Stromaufnahme, ein Schluß verschiedener Ankerspulen gegeneinander wahrscheinlich.

Wenn ein Nebenschlußmotor nicht angeht, so kann dies auf eine Unterbrechung des Magnetstromes zurückzuführen sein. Die Maschine steht dann lediglich unter dem Einflusse des Restmagnetismus und zeigt daher, wenn der Anker überhaupt in Drehung kommt und nicht etwa die Sicherungen vorher schmelzen, Neigung zum Durchgehen. Dabei tritt starkes Feuern an den Bürsten auf. Man wird nachzuprüfen haben, ob sich innerhalb des Motors oder des Anlassers eine Verbindung gelöst hat. Auch können die Magnetspulen falsch verbunden sein. Man hat sich daher von der richtigen Aufeinanderfolge der Pole zu überzeugen.

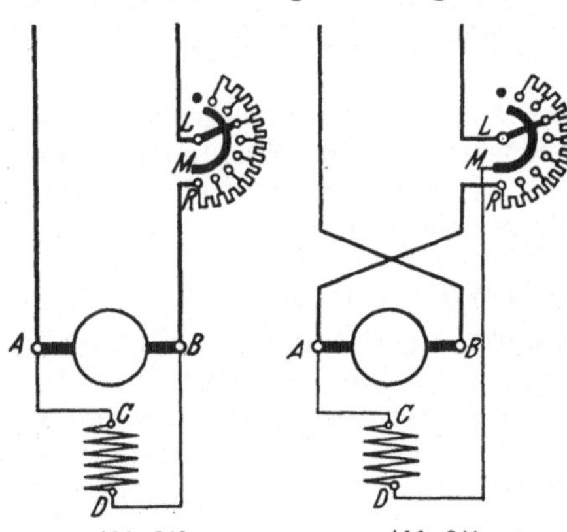

Abb. 240. Abb. 241.
Falsche Schaltungen eines Nebenschlußmotors.

Meistens hat das Nichtangehen eines Nebenschlußmotors jedoch seine Ursache in einer falschen Schaltung des Anlaßwiderstandes. Vielleicht daß die Magnetwicklung mit ihren beiden Enden unmittelbar an die Ankerklemmen gelegt ist, Abb. 240, und sie beim Anlassen daher nicht sofort die volle Spannung erhält (vgl. die richtige Schaltung Abb. 140 und 141). Oder es können auch die zu den Ankerklemmen des Motors führenden Hauptleitungen vertauscht sein und daher die beiden Enden der Magnetwicklung an dem gleichen Pole des Netzes liegen, Abb. 241. Falls der Motor in diesem Falle überhaupt angeht, liegt die Gefahr des Durchgehens vor, ebenso als ob die Magnetwicklung unterbrochen wäre. Abhilfe kann durch Vertauschen der mit den Ankerklemmen verbundenen Hauptleitungen oder dadurch geschaffen werden, daß das mit der einen Ankerklemme verbundene Ende der Magnetwicklung an die andere Ankerklemme gelegt wird.

f) Nichtanlaufen eines Drehstrommotors.

Laufen Drehstrom-Induktionsmotoren nicht an, so ist die Ursache hierfür meistens in der Unterbrechung einer der Zuführungsleitungen zu suchen. Es kann z. B. eine Sicherung geschmolzen sein.

Tritt während des Betriebes in einer der Leitungen eine Unterbrechung ein, so läuft der Motor bei mäßiger Belastung weiter, und der Fehler macht sich dann lediglich durch ein starkes Brummen bemerkbar.

Der Fehler kann jedoch auch durch eine Unterbrechung in der Ständerwicklung des Motors selbst verursacht sein. Auch wenn bei einem Schleifringmotor der Läuferkreis unterbrochen ist, läuft der Motor nicht an, oder es fällt zum mindesten seine Drehzahl bei Belastung stark ab. Durch Nachziehen der Bürsten an den Schleifringen oder der Schleiffedern am Anlasser kann der Schaden manchmal schon behoben werden. Eine Unterbrechung der Ständer- oder Läuferwicklung des Motors macht jedoch meistens eine Reparatur desselben in der Fabrik erforderlich.

Ein erschwerter Anlauf des Motors tritt auch ein, wenn die Netzspannung zu klein ist oder der Ständer statt in Dreieck in Stern verkettet ist. Bei Belastung geht in diesen Fällen die Drehzahl stark herunter.

Ein Fehler, der sich namentlich bei schon länger im Gebrauch befindlichen Motoren einstellt und sich zunächst auch durch schweres Anlaufen zu erkennen gibt, sind ausgelaufene Lager und, damit verbunden, ein Streifen des Läufers am Ständer. Neue Lagerschalen werden den Fehler beseitigen.

179. Der Leistungsfaktor in Wechselstromanlagen.

Von großer Bedeutung ist es, den Leistungsfaktor in einer Wechselstromanlage möglichst hoch zu halten. Es wurde bereits früher darauf hingewiesen (vgl. Abschn. 117), daß Glühlampen eine induktionsfreie Belastung bedeuten, da sie keine Phasenverschiebung zwischen Stromstärke und Spannung hervorrufen, daß durch den Anschluß von Motoren dagegen ein Phasennachlauf des Stromes eintritt, der Leistungsfaktor also herabgedrückt wird. Besonders sind es die Induktionsmotoren, welche diesen ungünstigen Einfluß ausüben, also gerade diejenigen Motoren, welche in Drehstromanlagen vorwiegend verwendet werden.

Ein niedriger Leistungsfaktor macht sich nun sowohl in der Stromerzeugungsanlage als auch im Leitungsnetz unangenehm bemerkbar. Jeder Generator ist für eine bestimmte Stromstärke gewickelt. Hat der Leistungsfaktor einer Anlage den Wert 1, so ist der gesamte von den Generatoren gelieferte Strom nutzbringend. Anders dagegen, wenn der Leistungsfaktor kleiner als 1 ist. In diesem Falle ist ein mehr oder weniger großer Teil des Stromes Blindstrom. Die Maschinen sind demnach nicht voll ausgenutzt, bei einem $\cos \varphi = 0{,}5$ z. B. nur zur Hälfte. Auch der Wirkungsgrad der Maschinen ist ungünstig, da der Blindstrom an dem Stromwärmeverlust in der Ständerwicklung mit beteiligt ist und auch die übrigen Verluste prozentual mehr ausmachen. Ähnlich wie die Maschinen verhält sich das Leitungsnetz. Die Stromstärke, welche durch die Leitungsdrähte übertragen werden kann, ist durch deren Querschnitt bestimmt. Beim Vorhandensein von Blindstrom ist die übertragbare Leistung also kleiner, als wenn nur Wirkstrom durch die Leitung fließt. Also ist auch das Leitungsnetz in diesem Falle nicht im vollen Umfange ausgenutzt. Und auch der Wirkungsgrad der Übertragung wird, da sich die Verluste in den Leitungen nach der Gesamtstromstärke richten, geringer.

Die vorstehenden Darlegungen zeigen, wie wichtig es ist, den Leistungsfaktor hoch zu halten, und die Bestrebungen der Elektrizitätswerke sind daher auch darauf gerichtet, ihn möglichst günstig zu gestalten. Dies iet namentlich durch zweckmäßige Beeinflussung der motorischen Anschlüsse zu erreichen. Es sollte mehr als bisher danach gestrebt werden, Synchronmotoren anzuwenden, da diese bei richtiger Erregung mit einem $\cos \varphi = 1$ arbeiten. Durch das mehr und mehr in Aufnahme gekommene Verfahren des Anlassens von der Drehstromseite aus (vgl. Abschnitt 140b) ist die Schwierigkeit des Ingangsetzens derartiger Motoren behoben. Auch sind Synchronmotoren ausgebildet worden, bei denen der Anlauf durch Anwendung asynchroner Hilfswicklungen genau wie bei den Induktionsmotoren erfolgt, und zwar mit einer Anzugskraft, die der von asynchronen Motoren nicht erheblich nachsteht. Solche Motoren können einen vorteilhaften Ersatz für Induktionsmotoren bilden, wobei vorausgesetzt wird, daß Gleichstrom für die Erregung zur Verfügung steht oder durch eine besondere Erregermaschine beschafft wird.

Bei den angeschlossenen Induktionsmotoren — das gleiche gilt übrigens auch von den Transformatoren — ist vor allem darauf Wert zu legen, daß sie nach Möglichkeit voll belastet sind. Gerade durch den Umstand, daß viele Motoren nur mit geringer Belastung laufen, wird der Leistungsfaktor der ganzen Anlage stark herabgesetzt. Zu große Motoren sollten daher gegen richtig bemessene ausgewechselt werden. Da Motoren mit Kurzschlußläufer einen höheren Leistungsfaktor als solche mit Schleifringläufer haben, so ist ihre Anwendung auch für größere Leistungen in Betracht zu ziehen. Bei Motoren, die normalerweise in Dreieck geschaltet sind, einerlei ob sie Kurzschluß- oder Schleifringläufer besitzen, ist es, sofern sie mit weniger als der Hälfte der Normallast beansprucht werden, vorteilhaft, eine Umschaltung auf Stern vorzunehmen. Es wird bei geringer Belastung dadurch nicht nur der Leistungsfaktor, sondern auch der Wirkungsgrad der Motoren nicht unwesentlich verbessert. Bei Motoren mit oft wechselnder Belastung kann gegebenenfalls eine Umschaltvorrichtung vorgesehen werden, durch welche der Motor beliebig in Dreieck oder Stern geschaltet wird, je nachdem ob die Belastung groß oder klein ist. Für Schleifringmotoren großer Leistung empfiehlt sich die Anwendung von Phasenkompensatoren (s. Abschn. 156), durch welche der Leistungsfaktor auf 1 gebracht, gegebenenfalls sogar eine Phasenvoreilung des Stromes herbeigeführt werden kann.

Vielfach findet man die Ansicht vertreten, daß in allen Teilen eines Netzes die Phasenverschiebung zwischen Spannung und Stromstärke die gleiche ist, der Leistungsfaktor also denselben Wert hat. Das ist natürlich nicht der Fall. Der Leistungsfaktor jedes Netzteiles richtet sich nach der Art der in ihm auftretenden Belastung, und der Gesamtleistungsfaktor der Anlage ergibt sich in bestimmter Weise aus den Leistungsfaktoren der einzelnen Teile. Um nun den Leistungsfaktor eines Netzteiles und damit auch denjenigen der ganzen Anlage zu verbessern, können besondere synchrone oder asynchrone Blindleistungsmaschinen aufgestellt werden (s. Abschn. 141 und 156). Auch können in der Anlage vorhandene, zur Beschaffung von Gleichstrom dienende Umformer größerer Leistung die Rolle der Phasenschieber übernehmen, wenn sie als synchrone Motorgeneratoren oder als Einankerumformer ausgebildet sind und übererregt werden.

Zur Phasenkompensierung können auch Kondensatoren (vgl. Abschn. 33 und 40) oder, bei größeren Leistungen, Kondensatorbatterien angewendet werden, ein Verfahren, welches eine ständig zunehmende Bedeutung erlangt hat, seitdem man gelernt hat, die Kondensatoren — auch solche für hohe Spannungen — betriebssicher und zu Preisen herzustellen, welche ihre wirtschaftliche Anwendung gestatten. Geringe Verluste und Fortfall jeglicher Bedienung und Wartung sind Eigenschaften, die den Kondensator vor anderen Mitteln zur Phasenkompensierung auszeichnen, und die dazu geführt haben, daß die Anwendung von Blindleistungsmaschinen stark zurückgedrängt ist.

Elftes Kapitel.

Die Untersuchung elektrischer Maschinen.

180. Allgemeines.

Um festzustellen, ob eine Maschine den an sie billigerweise zu stellenden Anforderungen genügt, oder ob die vom Hersteller gegebenen Garantien eingehalten sind, ist es nötig, sie einer mehr oder weniger eingehenden Prüfung zu unterwerfen. Die Gesichtspunkte, die für derartige Untersuchungen maßgebend sein sollen, sind vom VDE in den „Regeln für elektrische Maschinen“ (REM) und den „Regeln für Transformatoren“ (RET) — s. S. 1 — niedergelegt. In Anlehnung an diese Regeln sollen sie im folgenden kurz erörtert werden. Wegen aller Einzelheiten sei jedoch auf die Regeln selbst verwiesen. Für Bahnmotoren gelten besondere Bestimmungen.

181. Leistung und Erwärmung.

Im Gegensatz zu den Maschinen für Dauerbetrieb, die, ohne eine zu große Erwärmung zu erfahren, ihre Leistung während beliebig langer Zeit abgeben können, versteht man unter den Maschinen für kurzzeitigen Betrieb solche, welche ihre Leistung nur während einer vereinbarten Zeit, die auf dem Leistungsschilde der Maschine anzugeben ist, einhalten können, wobei angenommen wird, daß nach jedesmaligem Betrieb eine zur Abkühlung der Maschine ausreichende Betriebspause eintritt. Außerdem hat man Maschinen für aussetzenden Betrieb, bei denen Einschaltzeiten und spannungslose Pausen abwechseln. Hierbei wird vorausgesetzt, daß die sich aus Einschaltdauer und Pause zusammensetzende Gesamtspieldauer höchstens 10 Minuten beträgt. Auf dem Leistungsschilde derartiger Maschinen ist die „relative Einschaltdauer" anzugeben, d. h. das Verhältnis von Einschaltdauer zu Spieldauer. In normalen Fällen beträgt die relative Einschaltzeit 15, 25 oder 40%. Außer für die angegebenen Betriebsarten finden sich in den REM noch Angaben für den Dauerbetrieb mit kurzzeitiger bzw. mit aussetzender Belastung.

Die Untersuchung, ob mit einer Maschine die angegebene Leistung erzielt werden kann, wird man meistens mit der Feststellung der Erwärmung verbinden, indem man die Maschine einen Probelauf bei Belastung, unter Berücksichtigung der in Frage kommenden Betriebsart, unterwirft. In Fällen, wo die Belastung nicht durch die angeschlossenen Stromverbraucher — Lampen, Motoren usw. — erfolgen kann, ist man auf künstliche Belastungswiderstände angewiesen. Bei kleineren Leistungen kann man sich mit einem tragbaren oder für den vorliegenden Fall zusammengestellten Glühlampenwiderstande behelfen. Bei größeren Leistungen empfiehlt sich die Herstellung eines Flüssigkeitswiderstandes. In einen mit Wasser gefüllten hölzernen Bottich läßt man als Elektroden zwei Eisenplatten eintauchen. Während die eine fest angebracht wird, kann die andere beliebig tief in die Flüssigkeit gesenkt und dadurch dem Widerstande die erforderliche Größe gegeben werden. Der Widerstand des Wassers kann durch Zusatz von Soda od. dgl. verringert werden.

Bei Maschinen für Dauerbetrieb soll der Probelauf bei normaler Leistung solange fortgesetzt werden, bis die Erwärmung nicht mehr merklich ansteigt. Bei Maschinen für kurzzeitigen Betrieb sind die Messungen nach Ablauf eines ununterbrochenen Betriebes während der auf dem Leistungsschilde verzeichneten Betriebszeit vorzunehmen. Maschinen für aussetzenden Betrieb werden einem regelmäßigen Probebetrieb mit einer Spieldauer von 10 Minuten bei der angegebenen relativen Einschaltdauer unterzogen, der als beendet angesehen werden kann, wenn die Erwärmung nicht mehr merklich zunimmt; er wird nach Ablauf der Hälfte der letzten Einschaltzeit abgebrochen.

Die vorstehenden Betriebsarten beziehen sich im wesentlichen auf Stromerzeuger, Motoren und Umformer. Doch sind in den RET auch für Transformatoren ähnliche Festsetzungen getroffen.

Während im allgemeinen die „Erwärmung", d. h. die Temperazunahme der einzelnen Maschinenteile mit dem Thermometer festzustellen ist, soll sie bei den Wicklungen aus der Widerstandszunahme errechnet, außerdem aber auch an der vermutlich heißesten zugänglichen Stelle mit dem Thermometer gemessen werden. Als gültig ist der höhere der beiden so gefundenen Werte zu betrachten. Da bei dauernd kurzgeschlossenen Wicklungen eine Widerstandsmessung nicht angängig ist, so ist für diese die Thermometermessung allein maßgeblich.

Die Thermometermessung ist nach Möglichkeit während des Probelaufs oder, soweit dies nicht tunlich ist, sofort nach dem Abstellen der Maschine vorzunehmen. Es können die gewöhnlichen Ausdehnungsthermometer oder auch elektrische Thermometer — Thermoelemente oder Widerstandsspulen, aus deren Widerstandszunahme auf die Erwärmung geschlossen werden kann — verwendet werden. Bei der Messung ist Sorge zu tragen, daß das Thermometer in innige Berührung mit dem zu untersuchenden Teile der Maschine kommt, was beim Ausdehnungsthermometer z. B. durch eine Stanniolumhüllung der Thermometerkugel erreicht werden kann. Meßstelle und Thermometer sollen gemeinsam mit einem schlechten Wärmeleiter, trockener Putzwolle od. dgl., bedeckt werden.

Bei der Bestimmung der Erwärmung einer Wicklung aus der Widerstandszunahme ist es zweckmäßig, ihren Widerstand im kalten Zustand unmittelbar vor dem Probelauf zu bestimmen, im übrigen aber die Widerstandsmessungen, ebenso wie die Thermometerfeststellungen, während der Probe oder im unmittelbaren Anschluß an sie auszuführen. Meistens wird man sich für die Widerstandsmessung der indirekten Methode bedienen.

Die Erwärmung kann entsprechend Gl. (18) aus der Widerstandszunahme berechnet werden. Bezeichnet man mit

R_{kalt} den Widerstand der kalten Wicklung, mit
R_{warm} „ „ „ warmen „

so ist also die Erwärmung in Celsiusgraden:

$$T = \frac{\frac{R_{\text{warm}}}{R_{\text{kalt}}} - 1}{k}.$$

Nun ist aber der Temperaturkoeffizient des Widerstandes, wie hier nachzuholen ist, in Wirklichkeit nicht genau konstant, sondern er hängt selber von der Anfangstemperatur, die als Temperatur der kalten Wicklung mit t_{kalt} bezeichnet werden soll, ab, und zwar ist für Kupferwicklungen

$$k = \frac{1}{235 + t_{\text{kalt}}}.$$

Damit erhält man für die Erwärmung die genauere Formel:

$$T = \left(\frac{R_{\text{warm}}}{R_{\text{kalt}}} - 1\right) \cdot (235 + t_{\text{kalt}}). \tag{88}$$

Bei Aluminiumwicklungen ist der Zahlenwert 235 durch 245 zu ersetzen. Angenommen ist im vorstehenden, daß die Temperatur der umgebenden Luft während der Dauer des Versuches die gleiche bleibt. Meistens wird aber die Lufttemperatur gegen Schluß des Versuches höher sein als zu Beginn, und es muß dann von der nach Gl. (88) errechneten Erwärmung noch die Temperaturzunahme der Luft in Abzug gebracht werden, eine Berichtigung, von der man jedoch bei Maschinen für kurzzeitigen Betrieb absehen kann.

Für die Höhe der zulässigen Erwärmung ist in erster Linie das Isoliermaterial maßgebend. Gewöhnliche Faserstoffe, wie Baumwolle, Seide, Papier, vertragen nur eine verhältnismäßig geringe Temperatur. Günstiger verhalten sie sich, wenn sie mit einem Isoliermittel getränkt oder wenn alle Hohlräume zwischen den Leitern durch eine Isoliermasse ausgefüllt sind. Besonders wärmebeständig ist eine Isolierung, die aus Glimmer- oder Asbesterzeugnissen hergestellt ist. Auch Lackdraht hat sich, namentlich bei kleineren Drahtquerschnitten, recht bewährt. Rohglimmer und Porzellan können überhaupt als feuerfest angesehen werden.

Unter der Voraussetzung, daß die Temperatur der Luft (oder des Kühlmittels) nicht mehr als 35° C beträgt, soll die Erwärmung, den REM gemäß, bei Stromerzeugern, Motoren und Umformern die nachstehenden Werte nicht überschreiten.

Wicklungen.

Art der Isolierung:	Grenzerwärmung:
Baumwolle, Seide, Papier und ähnliche Faserstoffe, getränkt oder in Füllmasse	60° C
Glimmer- und Asbesterzeugnisse und ähnliche mineralische Stoffe mit Bindemittel sowie Lackdraht	80° C
Glimmer ohne Bindemittel, Porzellan, Glas, Quarz und ähnliche feuerfeste Stoffe . . .	nur beschränkt durch den Einfluß auf benachbarte Isolierteile

Für einlagige Feldwicklungen, in Volltrommelläufern auch für zweilagige Feldwicklungen sind um 10° höhere Erwärmungen zulässig.

— Für Ständerwicklungen von Wechselstrommaschinen mit mehr als 5000kVA Leistung oder mehr als 1 m Eisenlänge gelten besondere Bestimmungen. —

Kollektoren und Schleifringe . . . . .60° C,
Gleitlager . . . . . . .45° C, Wälzlager . . . . .60° C.
Eisenkerne mit eingebetteten Wicklungen:
es gelten die gleichen Werte wie für die Wicklungen selbst,
Eisenkerne ohne eingebettete Wicklungen:
Erwärmung nur beschränkt durch den Einfluß auf benachbarte Isolierteile.

Für die Erwärmung der Wicklungen von Transformatoren gelten nach den RET ähnliche Werte wie die in vorstehender Tabelle angegebenen. Ferner ist festgesetzt als zulässige Erwärmung

für die Eisenkerne bei Trockentransformatoren,
je nach Isolierung der Wicklungen . . . . .60° bzw. 80° C,
für die Eisenkerne bei Öltransformatoren . . . . .70° C,
für Öl in der obersten Schicht . . . . .60° C.

Der Probelauf bietet auch Gelegenheit, bei Maschinen, die mit einem Kollektor versehen sind, dessen Verhalten zu beobachten. Es wird, eingelaufene Bürsten vorausgesetzt, bei allen Belastungen — von Leerlauf bis Vollast — ein praktisch funkenfreies Arbeiten verlangt. Die Bürstenstellung soll bei Gleichstrommaschinen ohne Wendepole von $^1/_4$ Last bis Vollast, bei Maschinen mit Wendepolen im ganzen Belastungsbereich ungeändert bleiben.

Beispiel: Der Widerstand der Magnetwicklung einer Gleichstrommaschine beträgt im kalten Zustande 43,2 Ω bei einer Lufttemperatur von 12° C. Nach achtstündigem Probebetrieb ergab die Messung einen Widerstand von 53,4 Ω bei einer Lufttemperatur von 20° C. Welche Erwärmung erfuhr die Wicklung?

Nach Gl. (88) ist

$$T = \left(\frac{53,4}{43,2} - 1\right) \cdot (235 + 12) = 0,236 \cdot 247 = 58^\circ \text{ C.}$$

Die Wicklung hat also, da die ursprüngliche Temperatur 12° C war, eine Temperatur von 70° C erreicht. Das bedeutet gegenüber der Lufttemperatur am Schlusse des Versuches eine Zunahme von 50° C. Dieser Wert ist demnach als die „Erwärmung" der Wicklung anzusehen.

182. Überlastbarkeit.

In den REM wird gefordert, daß Maschinen für Dauerbetrieb im betriebswarmen Zustande das anderthalbfache des normalen Stromes während 2 Minuten aushalten können, ohne daß sie beschädigt werden oder daß eine bleibende Formänderung eintritt. Diese Prüfung ist bei Motoren und Einankerumformern bei der normalen Spannung durchzuführen, bei Stromerzeugern soll die Spannung so nahe als möglich dem Normalwert gehalten werden.

Für die Überlastbarkeit von Transformatoren sind in den RET besondere Festsetzungen getroffen.

Beispiel: Ein Stromerzeuger für eine Normalleistung von 200 kW liefert bei 230 V Spannung einen Vollaststrom von 870 A. Er entspricht demnach dann den in den REM gegebenen Vorschriften, wenn er für die Dauer von 2 Minuten einen Strom von 1305 A abgeben kann.

183. Erregungsfähigkeit und Schleuderprobe.

Stromerzeuger müssen so reichlich bemessen sein, daß sie bei der normalen Drehzahl noch bei 25% Stromüberlastung im warmen Zustande kurzzeitig die normale Spannung geben können, Wechselstrommaschinen bei dem für sie als normal anzusehenden Leistungsfaktor. Hierbei darf, wenn die Maschine von einem Netz gleichbleibender Spannung aus erregt wird, die Feldwicklung keine höhere Spannung benötigen als diese Netzspannung. Bei Eigenerregung muß die Erregermaschine die für die Überlastung erforderliche Spannung liefern können.

Stromerzeuger, Motoren und Umformer sollen ferner zum Nachweis ihrer mechanischen Festigkeit einer 2 Minuten andauernden Schleuderprobe unterworfen werden mit einer Drehzahl, die je nach Art der Maschine bzw. Antriebsmaschine das 1,2- bis 1,8fache der normalen beträgt. Schädliche Formänderungen dürfen sich bei diesem Versuch an der Maschine nicht herausstellen.

184. Isolationsprüfung.

a) Isolationswiderstand.

Um den Isolationswiderstand der Wicklungen gegen das Eisengestell der Maschine zu bestimmen, kann man das im Abschn. 58 angegebene Voltmeterverfahren benutzen. Die Spannung der zu verwendenden Stromquelle soll dabei möglichst der Maschinenspannung entsprechen.

Um z. B. den Isolationswiderstand der Ankerwicklung AB einer Maschine zu messen, ist die Schaltung nach Abb. 242 vorzunehmen. Eine etwa bestehende Verbindung der Ankerwicklung mit anderen Wicklungen ist vor dem Versuche aufzuheben. Zunächst wird mittels eines Umschalters (Stellung *1*) das Voltmeter V, ein Drehspulgerät, dessen Eigenwiderstand R_g möglichst hoch gewählt wird, unmittelbar an die Klemmen der Stromquelle, etwa einer Meßbatterie B, gelegt, wobei es deren Spannung U angibt. Sodann wird, während der eine Pol der Stromquelle an der Wicklung, also z. B. an der Bürste A liegt, der andere Pol unter Zwischenschaltung des Voltmeters mit dem Eisengestell G der Maschine verbunden (Stellung *2*). Dabei zeige das Voltmeter die Spannung U_1 an. Nach Gl. (63) ist dann der Isolationswiderstand

$$R_i = R_g \cdot \left(\frac{U}{U_1} - 1\right). \tag{89}$$

In entsprechender Weise kann der Isolationswiderstand der Magnetwicklung gegen das Gestell oder der Widerstand zweier Wicklungen gegeneinander bestimmt werden.

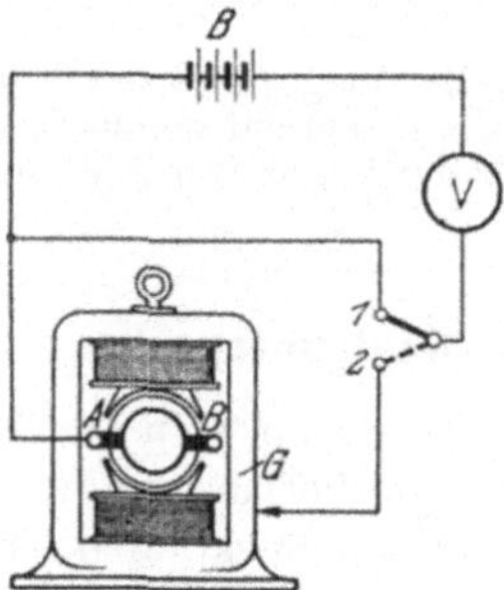

Abb. 242. Bestimmung des Isolationswiderstandes einer Maschine mittels einer Meßbatterie.

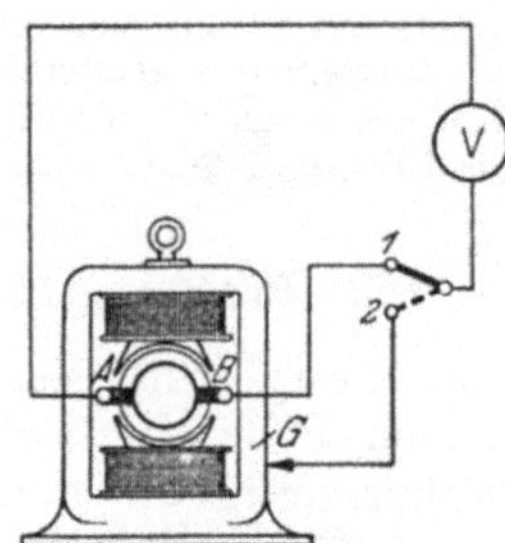

Abb. 243. Bestimmung des Isolationswiderstandes einer Maschine mittels ihrer Eigenspannung.

An die Stelle der Meßbatterie kann auch eine kleine Handmagnetmaschine, der sogen. Kurbelinduktor, treten, die je nach der Umdrehungszahl eine bestimmte Spannung liefert. Vielfach wird an der Handmaschine ein kleines Voltmeter fest angebracht, das Marken für verschiedene Spannungen besitzt und so die richtige Drehgeschwindigkeit nachzuprüfen erlaubt.

Auch die Spannung der zu untersuchenden Maschine selbst kann für die Isolationsmessung benutzt werden. In Abb. 243 ist die in diesem Falle erforderliche Schaltung für eine Gleichstrommaschine angegeben, und zwar wieder für die Bestimmung des Ankerisolationswiderstandes. Während der Messung muß die Maschine fremd erregt werden.

b) Wicklungsprüfung.

Der Isolationswiderstand wird durch die verschiedensten Umstände beeinflußt. So ist er von der Temperatur abhängig, durch Spuren von Feuchtigkeit kann er ganz erheblich herabgesetzt werden, auch durch Staubablagerung auf der Wicklung wird er wesentlich beeinträchtigt.

Ferner ist das Meßergebnis je nach der für die Messung benutzten Spannung verschieden. Diese Umstände haben dazu geführt, daß in den REM und RET die Bestimmung des Isolationswiderstandes überhaupt nicht gefordert, vielmehr eine Feststellung der Isolierfestigkeit verlangt wird. Die dazu dienenden, nachstehend kurz aufgeführten Prüfungen werden in der Regel im Fabrikprüffeld angestellt.

In erster Linie ist eine Wicklungsprüfung vorgeschrieben. Sie soll erweisen, ob die Isolation der Wicklungen geneinander sowie gegen den Eisenkörper ausreichend ist. Die Prüfung wird mit Wechselstrom vorgenommen. Ein Pol der Stromquelle ist an die zu untersuchende Wicklung, der andere an die Gesamtheit der untereinander und mit dem Körper verbundenen anderen Wicklungen zu legen. Die Prüfspannung soll nach den REM betragen:

für Maschinen von weniger als 1 kW Leistung
die zweifache Spannung + 500 V,

für Maschinen von 1 kW Leistung an mit Spannungen
bis 100 V 1000 V,
bis 1000 V die zweifache Spannung + 1000 V, mindestens 1500 V,
bis 3000 V die dreifache Spannung,
über 3000 V die zweifache Spannung + 3000 V.

Für Erregerwicklungen von Einankerumformern und Synchronmotoren
ist, wenn der Erregerkreis stets geschlossen ist, eine Prüfspannung gleich der zweifachen Erregerspannung + 1000 V, mindestens aber eine Spannung von 1500 V anzuwenden. Andernfalls ist eine wesentlich höhere Prüfspannung vorgeschrieben, und zwar je nach den besonderen Verhältnissen das Zehn- oder Zwanzigfache der Erregerspannung + 1000 V, mindestens aber ebenfalls 1500 V.

Weiter ist nach den RET als Prüfspannung für die Wicklungsprüfung festgesetzt:

bei Transformatoren für Spannungen
bis 3000 V die 3,3fache, bis 10000 V die 3fache,
bis 20000 V die 2,5fache, bis 30000 V die 2,3fache,
für höhere Spannungen die doppelte Spannung.

Die Hälfte der Prüfspannung kann sofort auf die Maschine bzw. den Transformator gegeben werden, worauf die Spannung stetig oder in kleinen Stufen auf den Endwert zu steigern und dieser 1 Minute lang aufrecht zu erhalten ist.

c) Sprungwellenprüfung.

Bei Transformatoren mit Spannungen über 2500 V ist neben der Wicklungsprüfung eine Sprungwellenprüfung gefordert. Sie ist am fertigen Transformator vorzunehmen, und es soll durch sie festgestellt werden, daß die Isolation der Windungen gegenüber den im Betrieb auftretenden Sprungwellen (s. Abschn. 245) ausreicht.

d) Windungsprüfung.

Um festzustellen, ob die Isolation benachbarter Windungen gegeneinander genügend ist, ist eine Windungsprüfung durchzuführen. Sie soll bei Transformatoren auch zum Auffinden etwaiger Wicklungsdurchschläge führen, die durch die Sprungwellenprobe eingeleitet sind, und soll daher nach Vornahme der letzteren erfolgen. Die Prüfung erfolgt bei Leerlauf der Maschine, indem die von den Stromerzeugern gelieferte bzw. die an Motoren und Transformatoren angelegte Spannung je nach den Umständen bis zum doppelten Betrag der normalen Spannung erhöht wird. Die Frequenz bzw. Drehzahl kann hierbei entsprechend erhöht werden. Die Prüfdauer beträgt 3 Minuten, bei Transformatoren 5 Minuten.

Beispiele: 1. An einer Gleichstrommaschine für eine Spannung von 220 V wurde der Isolationswiderstand der Wicklungen gegen das Gestell bestimmt. Als Stromquelle diente dabei eine Handmagnetmaschine. Das verwendete Voltmeter besaß einen Eigenwiderstand von 90000 Ω. Für die Ankerwicklung ergab sich

$$U = 220\text{ V}, \qquad U_1 = 12{,}4\text{ V},$$

für die Magnetwicklung wurde gefunden

$$U = 220\text{ V}, \qquad U_1 = 8{,}2\text{ V}.$$

Wie groß sind die Isolationswiderstände?

Der Isolationswiderstand der Ankerwicklung ist nach Gl. (89):

$$R_i = 90000 \cdot \left(\frac{220}{12{,}4} - 1\right) = 1500000\,\Omega,$$

der Isolationswiderstand der Magnetwicklung:

$$R_i = 90000 \cdot \left(\frac{220}{8{,}2} - 1\right) = 2320000\,\Omega.$$

2. Ein Drehstrom-Synchronmotor für eine normale Spannung von 5800 V hat eine Leistung von 2000 kW. Die Erregerspannung beträgt 110 V. Welche Prüfspannungen sind bei der Wicklungsprüfung anzuwenden?

Für die Ständerwicklung beträgt die Prüfspannung $2 \times 5800 + 3000 = 14600$ V, für die Erregerwicklung — stets geschlossener Erregerkreis angenommen — 1500 V.

185. Wirkungsgrad.

Unter dem Wirkungsgrad einer Maschine wird das Verhältnis der von ihr nutzbar abgegebenen zur aufgenommenen Leistung verstanden. Wird jene mit N_2, diese mit N_1 bezeichnet, so ist also [Gl. (71)] der Wirkungsgrad

$$\eta = \frac{N_2}{N_1}.$$

Wirkungsgradangaben beziehen sich, sofern nichts anderes angegeben ist, auf die normale Belastung der Maschinen und gelten für den betriebswarmen Zustand. Die Maschinen sollen sich in gut eingelaufenem Zustand befinden, namentlich betrifft dies Kollektor und Bürsten. Letztere sind in die für Vollbelastung vorgeschriebene Stellung zu bringen. Alle Verluste in den zur Maschine gehörigen und zu ihrem ordnungsgemäßen Betrieb notwendigen Hilfsgeräten, z. B. in den Regelwiderständen, sind in den Wirkungsgrad einzubeziehen. Wenn die Maschine eine eigene Erregermaschine besitzt, so sind die Verluste in dieser ebenfalls mit in Rechnung zu stellen. Das gleiche gilt vom Leistungsverbrauch des Lüfters, falls ein solcher an der Maschine fest angebracht ist oder von ihr angetrieben wird.

Der Wirkungsgrad kann durch direkte Messung festgestellt werden, indem man die abgegebene und aufgenommene Leistung bestimmt, oder er wird indirekt aus den Verlusten ermittelt. Namentlich bei größeren Maschinen wird die indirekte Bestimmung, da sie genauer ist, vorgezogen.

Von den zahlreichen in den REM und den RET angegebenen Verfahren zur Bestimmung des Wirkungsgrades sollen im folgenden nur die wichtigsten aufgeführt werden.

a) Das Leistungsmeßverfahren.

Eine besonders einfache direkte Bestimmeung des Wirkungsgrades kann bei den verschiedenen Umformerarten angewendet werden, indem sowohl die abgegebene als auch die zugeführte Leistung durch elektrische Messungen bestimmt wird. Bei Gleichstrom wird die Leistung am besten durch Strom- und Spannungsmessung festgestellt, während bei Wechselstrom die Anwendung eines Leistungsmessers erforderlich ist.

Beispiel: Bei der Bestimmung des Wirkungsgrades eines Motorgenerators zur Umformung von Drehstrom von 125 V in Gleichstrom von 110 V Spannung ergab sich bei voller Belastung und bei gleichzeitigem Ablesen der benutzten Meßgeräte auf der Gleichstromseite eine Spannung von 110 V und eine Stromstärke von 327 A, also eine Leistung von $110 \cdot 327 = 36000$ W, auf der Drehstromseite eine Leistung von 47000 W. Mithin ist der Wirkungsgrad

$$\eta = \frac{36000}{47000} = 0{,}766\,.$$

b) Das Bremsverfahren.

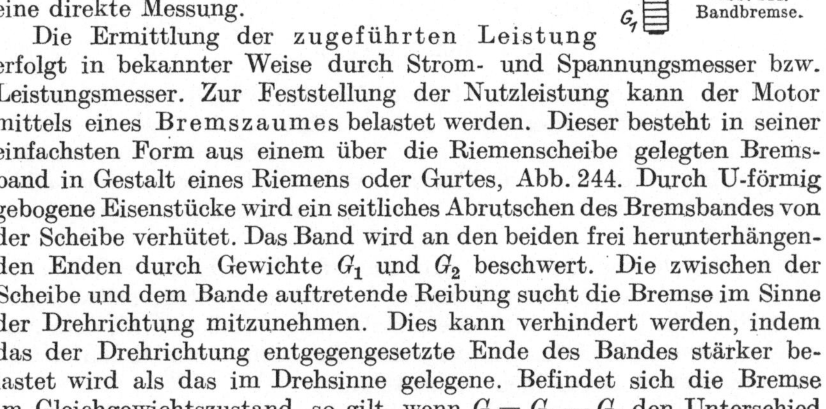

Abb. 244. Bandbremse.

Bei der Bestimmung des Wirkungsgrades eines Motors kann in der Weise vorgegangen werden, daß einerseits die ihm zugeführte elektrische Leistung, andererseits die von ihm abgegebene mechanische Nutzleistung gemessen wird. Es handelt sich also, wie bei dem vorstehend behandelten Verfahren, um eine direkte Messung.

Die Ermittlung der zugeführten Leistung erfolgt in bekannter Weise durch Strom- und Spannungsmesser bzw. Leistungsmesser. Zur Feststellung der Nutzleistung kann der Motor mittels eines Bremszaumes belastet werden. Dieser besteht in seiner einfachsten Form aus einem über die Riemenscheibe gelegten Bremsband in Gestalt eines Riemens oder Gurtes, Abb. 244. Durch U-förmig gebogene Eisenstücke wird ein seitliches Abrutschen des Bremsbandes von der Scheibe verhütet. Das Band wird an den beiden frei herunterhängenden Enden durch Gewichte G_1 und G_2 beschwert. Die zwischen der Scheibe und dem Bande auftretende Reibung sucht die Bremse im Sinne der Drehrichtung mitzunehmen. Dies kann verhindert werden, indem das der Drehrichtung entgegengesetzte Ende des Bandes stärker belastet wird als das im Drehsinne gelegene. Befindet sich die Bremse im Gleichgewichtszustand, so gilt, wenn $G = G_1 - G_2$ den Unterschied beider Gewichte in kg, r den Halbmesser der Riemenscheibe in m und

n die mit einem Umdrehungszähler oder Tachometer festgestellte minutliche Drehzahl bedeuten, für die **Nutzleistung der Maschine in Watt** die Beziehung:

$$N_2 = 1{,}027 \cdot G \cdot r \cdot n. \tag{90}$$

Durch gleichzeitiges Verändern der Gewichte beider Bremsseiten kann die Leistung beliebig eingestellt werden.

Eine andere bewährte Form der Bremse ist von BRAUER angegeben worden, Abb. 245. Um die Riemenscheibe oder eine besondere auf die Welle des Motors gesetzte Bremsscheibe wird ein eisernes, zweckmäßigerweise mit Holzklötzen versehenes Bremsband gelegt. Dieses ist mit einem eisernen Rahmen verbunden, der an der einen Seite eine Gewichtsschale trägt, während auf der anderen Seite ein Ausgleichsgewicht g angebracht ist. Das eine Ende des Bandes ist zu einer Öse ausgebildet, durch das der Hebel H hindurchgeführt ist. Dieser trägt in seinem kurzen umgebogenen Teile die Schraube S, mit der das Bremsband mehr oder weniger fest angezogen werden kann. Die Feder F stellt die Verbindung des Hebels mit dem Rahmen her. Durch Anspannen der Feder mittels der Mutter M kann eine feinere Einstellung der Bremse erfolgen, als dies durch die Schraube S möglich ist. Die zwischen Scheibe und Band infolge der Reibung auftretende Kraft kann durch ein auf die Schale gelegtes Gewicht ausgeglichen werden. Besteht Gleichgewicht, so läßt sich aus dem Gewicht G in kg, dem Hebelarm l der Bremse in m sowie der minutlichen Drehzahl n des Motors die **Nutzleistung in Watt** bestimmen nach der Formel:

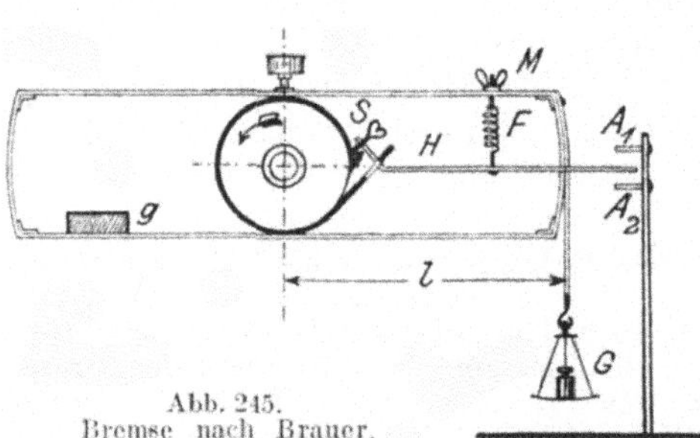

Abb. 245. Bremse nach Brauer.

$$N_2 = 1{,}027 \cdot G \cdot l \cdot n \ldots \tag{91}$$

Nimmt aus irgendeinem Grunde die am Bremsband auftretende Reibung unbeabsichtigterweise zu, so schlägt das freie Ende des Hebels H, der in der Nähe des Bremsrahmens gabelförmig auseinandergebogen ist, gegen den Anschlag A_1, wodurch das Bremsband selbsttätig gelockert wird. Der Anschlag A_2 unterstützt die Bremse bei ihrer Entlastung.

Die Abführung der beim Bremsen an der Scheibe auftretenden Wärme macht bei größeren Leistungen Schwierigkeiten, selbst dann, wenn die Scheibe innen mit einem Hohlraum versehen wird, dem man Kühlwasser zuführt. Es kommt daher die Bremsmethode hauptsächlich für kleinere Maschinen in Anwendung.

Wesentlich sicherer als die mechanischen Bremsen, bei denen eine längere Aufrechterhaltung des Gleichgewichtszustandes wegen der Veränderlichkeit der Reibungsverhältnisse nur schwer zu erreichen ist, arbeiten die Wirbelstrombremsen. Bei einer Ausführungsform derselben wird eine Kupferscheibe auf die Welle der zu untersuchenden Maschine gesetzt, die sich zwischen den Polen eines kräftigen Elektromagneten bewegt. In der Scheibe werden dabei Wirbelströme induziert. Da diese bremsend wirken, so wird die Maschine durch sie belastet. Bei diesem Vorgange wird auf den auf Schneiden gelagerten Elektromagneten eine Kraft ausgeübt, die bestrebt ist, ihn im Sinne der Drehrichtung mitzunehmen. Durch ein an einem Hebelarme des Magneten angebrachtes verschiebbares Gewicht kann dem jedoch entgegengewirkt werden, so daß er in der Gleichgewichtslage erhalten bleibt. Durch Verändern der Erregerstromstärke des Magneten kann die Belastung des zu untersuchenden Motors innerhalb der gegebenen Grenzen beliebig geändert und durch Verschieben des Laufgewichtes der Gleichgewichtszustand stets wieder hergestellt werden. Die Nutzleistung des Motors wird, wie bei den mechanischen Bremsen, nach Gl. (91) gefunden.

Nach dem Bremsverfahren kann auch der Wirkungsgrad von Stromerzeugern ermittelt werden, sofern sie sich als Motoren betreiben lassen. Die Betriebsverhältnisse müssen dann während der Bremsung so gewählt werden, daß sie von den normalen möglichst wenig abweichen.

Beispiele: 1. Ein Gleichstrom-Nebenschlußmotor mit Wendepolen für eine normale Leistung von 3 kW und eine Spannung von 110 V wurde zur Bestimmung seines Wirkungsgrades mit einer Brauerschen Bremse untersucht. Der Hebelarm der Bremse betrug 0,5 m. Wurde die Bremse mit 5 kg belastet und durch Anziehen des Bremsbandes in den Gleichgewichtszustand gebracht, so nahm der Motor einen Strom von 36,8 A auf. Die Klemmenspannung des Motors wurde bei diesem Versuch zu 109 V, die Umdrehungszahl zu 1200 gemessen. Gesucht sind die während der Bremsung auftretende Nutzleistung und der Wirkungsgrad des Motors.

Nach Gl. (91) ist die Bremsleistung:

$$N_2 = 1{,}027 \cdot 5 \cdot 0{,}5 \cdot 1200 = 3080 \text{ W}.$$

Die zugeführte Leistung ist:

$$N_1 = U \cdot I = 109 \cdot 36{,}8 = 4010 \text{ W},$$

folglich ist der Wirkungsgrad:

$$\eta = \frac{3080}{4010} = 0{,}768.$$

2. Es sollen Wirkungsgrad und Leistungsfaktor eines kleinen Drehstrommotors für eine Spannung von 125 V ermittelt werden. Zu diesem Zweck wurde der Motor mit Hilfe einer Wirbelstrombremse belastet. Das auf einem Arm verschiebbare Bremsgewicht betrug 1,432 kg. Bei dem Versuch war der Hebelarm 0,584 m. Die zugeführte Leistung wurde nach dem Zweiwattmeterverfahren bestimmt, und zwar zu 1519 W. Außerdem wurden Klemmenspannung und Stromstärke gemessen. Jene wurde zu 127 V, diese zu 9,55 A ermittelt. Die Drehzahl ergab sich zu 1400.

Demnach ist:

$$N_2 = 1{,}027 \cdot 1{,}432 \cdot 0{,}584 \cdot 1400 = 1200 \text{ W},$$

also:

$$\eta = \frac{1200}{1519} = 0{,}79.$$

Nach Gl. (65) ist ferner:

$$\cos\varphi = \frac{N_1}{\sqrt{3} \cdot U \cdot I} = \frac{1519}{1{,}732 \cdot 127 \cdot 9{,}55} = 0{,}724.$$

c) Das Einzelverlustverfahren.

Während bei den vorstehend erörterten Verfahren eine direkte Bestimmung des Wirkungsgrades erfolgt, ist das Einzelverlustverfahren eine indirekte Methode. Es werden die in der Maschine auftretenden Leistungsverluste bestimmt. Bringt man diese von der zugeführten Leistung in Abzug, so erhält man die Nutzleistung der Maschine, umgekehrt erhält man die zugeführte Leistung, indem man die Verluste der Nutzleistung zurechnet.

Für Stromerzeuger, Motoren und Umformer kommen nun (wie in Abschn. 89 für die Gleichstrommaschine ausgeführt wurde) die Leerverluste, der Erregungsverlust und die Lastverluste in Betracht.

Die Leerverluste können auf dem Wege des Versuchs gefunden werden als die von der Maschine aufgenommene Leistung, wenn man sie als Motor leer laufen läßt. Gleichstrommaschinen sollen bei diesem Versuch mit normaler Drehzahl betrieben werden, wobei ihnen eine Spannung von solcher Höhe zuzuführen ist, daß die dabei in ihnen auftretende EMK gleich der bei normaler Belastung vorhandenen EMK ist. Das trifft zu, wenn bei Stromerzeugern die Leerlaufspannung gleich der normalen Spannung vermehrt um den Spannungsverlust in der Ankerwicklung, bei Motoren gleich der Normalspannung vermindert um den Spannungsverlust gewählt wird. Der bei Leerlauf in der Maschine auftretende Spannungsverlust kann in der Regel vernachlässigt werden. Es empfiehlt sich, die Maschinen während des Leerlaufversuchs von einer besonderen Stromquelle aus zu erregen. Andernfalls muß, um die Leerverluste zu erhalten, die für die Erregung der Maschine benötigte Leistung von der aufgenommenen Leistung in Abzug gebracht werden. Wechselstrommaschinen sollen bei normaler Spannung und Frequenz mit der Leerlaufdrehzahl betrieben werden. Synchronmaschinen sind auf die geringste Stromaufnahme zu erregen (vgl. Abschn. 141). In dem gemessenen Leerverbrauch ist der dem Leerlaufstrom entsprechende Stromwärmeverlust in der Ankerwicklung (bei Gleichstrommotoren) bzw. der Ständer- und Läuferwicklung (bei Wechselstrommotoren) eingeschlossen. Er ist, genau genommen, in Abzug zu bringen, kann aber, da der Leerlaufstrom nur klein ist, meistens vernachlässigt werden.

Der Erregungsverlust, d. h. der Stromwärmeverlust im Erregerkreis, einschließlich Feldregler, wird gefunden als das Produkt aus Erregerspannung und Erregerstrom [Gl. (26)]. Es können aber auch die in Betracht kommenden Widerstände gemessen werden und der Verlust nach Gl. (28) aus diesen und der Stromstärke berechnet werden.

An dem Lastverlust ist hauptsächlich der Stromwärmeverlust in der Anker- bzw. Ständerwicklung sowie in einer etwa im Hauptschluß liegenden Magnetwicklung beteiligt, dessen Ermittlung nach Gl. (28) erfolgt, also die Kenntnis des Widerstandes der Wicklungen voraussetzt. Dieser ist auf die warme Maschine zu beziehen. Bei Wechselstrom-Induktions- und -Kollektormotoren ist außer dem Stromwärmeverlust im Ständer auch der im Läufer zu berücksichtigen. Für Induktionsmotoren kann letzterer durch Messung der Schlüpfung bestimmt werden. Diese entspricht der im Läufer verzehrten Leistung, und es kann daher der prozentuale Stromwärmeverlust in der Läuferwicklung gleich der prozentualen Schlüpfung gesetzt werden. Hierbei ist der Stromwärmeverlust in Prozenten der dem Läufer übermittelten Leistung, d. i. der gesamten dem Motor zugeführten, vermindert um die im Ständer verbrauchte Leistung auszudrücken. Die Schlüpfung kann z. B. nach dem Lochscheibenverfahren mittels einer Glimmlampe bestimmt werden, die durch eine auf die Welle des zu untersuchenden Motors angebrachte Lochscheibe beobachtet wird[1] Wird die Glimmlampe an dasselbe Wechselstromnetz angeschlossen wie der Motor, so scheint sie periodisch aufzuleuchten, und zwar überzieht sich abwechselnd der positive und negative Pol der Lampe mit einer Glimmschicht. Die Zahl der Lichtimpulse an einem Pol der Lampe während einer bestimmten Zeit gibt für den zweipoligen Motor unmittelbar die Schlupfzahl an. Bei einem mehrpoligen Motor ist der gefundene Wert noch durch die Polpaarzahl zu teilen. Über die Höhe des Übergangsverlustes befinden sich Angaben in den REM, ebenso über die Zusatzverluste, die mit in die Lastversuche einzubeziehen sind, und die z. B. bei Gleichstrommaschinen zu $^1/_2$ bis 1%, bei Asynchronmaschinen zu $^1/_2$% der abgegebenen (bei Generatoren) bzw. der aufgenommenen Leistung (bei Motoren) eingesetzt werden können.

Beispiele: 1. Für den dem Beispiel 1 auf Seite 229 zugrunde gelegten Gleichstrommotor wurde auch eine Wirkungsgradbestimmung nach dem Einzelverlustverfahren vorgenommen. Zunächst wurde der Widerstand der Ankerwicklung (mit Einschluß der Wendepolwicklung) bestimmt zu 0,376 Ω. Der Übergangswiderstand an den Bürsten ist im Ankerwiderstand mit enthalten. Der Erregerstrom wurde bei normaler Belastung der Maschine zu 1,26 A gemessen. Wird die dem Motor zugeführte Stromstärke, wie in dem erwähnten Beispiel, zu 36,8 A angenommen, so ist die aufgenommene Leistung:

$$N_1 = U \cdot I = 110 \cdot 36{,}8 = 4050\ \text{W}\,.$$

Der Ankerstrom ist nach Gl. (76):

$$I_a = I - I_m = 36{,}8 - 1{,}26 = 35{,}54\ \text{A}.$$

Der Leerlaufversuch wurde bei fremder Erregung vorgenommen. Die Drehzahl wurde durch Beeinflussung des Erregerstromes auf 1200 einreguliert, und es wurde dem Motor eine Spannung zugeführt, die ungefähr gleich der bei Belastung auftretenden EMK der Maschine ist. Letztere findet man nach Gl. (78) zu

$$E = U - I_a \cdot R_a = 110 - 35{,}54 \cdot 0{,}376 = 96{,}6\ \text{V}.$$

Bei der Messung betrug die tatsächliche Spannung 96,5 V, wobei der Motor einen Strom von 3,4 A aufnahm. Also ist der Leerverbrauch

$$96{,}5 \cdot 3{,}4 = 328\ \text{W}\,.$$

Der Erregungsverlust ist bei einer Klemmenspannung von 110 V:

$$U \cdot I_m = 110 \cdot 1{,}26 = 139\ \text{W}\,.$$

Ferner ist der Stromwärmeverlust in der Anker- + Wendepolwicklung:

$$I_a^2 \cdot R_a = 35{,}54^2 \cdot 0{,}376 = 475\ \text{W}\,.$$

Der Zusatzverlust kann zu 1% der aufgenommenen Leistung eingesetzt werden, er ist also mit

$$0{,}01 \cdot 4050 = 40\ \text{W}$$

in Rechnung zu stellen.

[1] Kosack: Das stroboskopische Verfahren zur Schlüpfungsmessung. Elektrotechn. Z. 1932, S. 988.

Der gesamte Verlust ist demnach

$$328 + 139 + 475 + 40 = 982\ \mathrm{W}.$$

Folglich ist die vom Motor nutzbar abgegebene Leistung:

$$N_2 = 4050 - 982 = 3068\ \mathrm{W}.$$

Der Wirkungsgrad ergibt sich zu

$$\eta = \frac{3068}{4050} = 0{,}758.$$

(Nach dem Bremsverfahren wurde ein Wirkungsgrad von 0,768 gefunden.)

2. Es soll der Wirkungsgrad eines sechspoligen Drehstrom-Induktionsmotors mit Schleifringläufer und Bürstenabhebevorrichtung für 37 kW Nutzleistung bei 125 V Spannung ermittelt werden.

Bei einem Probelauf wurden für den Motor, dessen Bürsten abgehoben waren, folgende Daten ermittelt: Klemmenspannung 124 V, Stromstärke 219 A, aufgenommene Leistung 44500 W, Frequenz 50 Hz, Drehzahl 972. Der Wirkungsgrad soll auf diese Angaben bezogen werden.

Der Leerlaufversuch mußte bei 128 V Klemmenspannung durchgeführt werden, wobei der Motor 1650 W aufnahm. Bei der geringen Abweichung von der Spannung beim Probelauf kann die in Betracht kommende Leistung durch proportionale Umrechnung gefunden werden zu

$$1650 \cdot \frac{124}{128} = 1600\ \mathrm{W}.$$

Sie stellt die Leerverluste dar und setzt sich aus dem Eisenverlust im Ständer — der Eisenverlust im Läufer kann vernachlässigt werden (vgl. Abschn. 155) — und dem Reibungsverlust des Läufers zusammen.

Die Ständerwicklung ist in Dreieck geschaltet. Die Stromstärke je Strang ist demnach, Gl. (54) entsprechend,

$$I_P = \frac{219}{1{,}732} = 127\ \mathrm{A}.$$

Jeder Strang besitzt, wie Messungen mit der Wheatstoneschen Brücke ergaben, einen Widerstand von 0,05 Ω. Demnach ist der Stromwärmeverlust des Ständers

$$3 \cdot 127^2 \cdot 0{,}05 = 2420\ \mathrm{W}.$$

Um die an den Läufer übertragene Leistung zu erhalten, müssen von der gesamten dem Motor zugeführten Leistung die Verluste im Ständer, also der Eisenverlust und der Stromwärmeverlust, abgezogen werden. Mit einiger Annäherung kann man nun annehmen, daß auf den Eisenverlust die Hälfte des zu 1600 W gemessenen Leerverbrauches entfällt, so daß man für die an den Läufer bei der gegebenen Belastung übermittelte Leistung

$$44500 - 800 - 2420 = 41280\ \mathrm{W}$$

erhält.

Da die Drehzahl des belasteten Motors 972 war, so beträgt die Schlüpfung 28 Umdrehungen oder, auf die synchrone Drehzahl von 1000 bezogen, 2,8%. Folglich ist der Stromwärmeverlust in der Läuferwicklung

$$0{,}028 \cdot 41280 = 1160\ \mathrm{W}.$$

Sollte bei der Schätzung des Eisenverlustes ein Fehler unterlaufen sein, so würde dies für die Berechnung des Stromwärmeverlustes im Läufer nur von ganz untergeordneter Bedeutung sein.

Der Zusatzverlust kann zu $^1/_2$% der vom Motor aufgenommenen Leistung angenommen werden, beträgt also

$$0{,}005 \cdot 44500 = 220\ \mathrm{W}.$$

Der gesamte Verlust setzt sich nun aus dem Leerverlust, dem Stromwärmeverlust im Ständer, dem Stromwärmeverlust im Läufer und dem Zusatzverlust zusammen, ist also

$$1600 + 2420 + 1160 + 220 = 5400\ \mathrm{W}.$$

Da die vom Motor aufgenommene Leistung

$$N_1 = 44500 \text{ W}$$

ist, so ist die Nutzleistung

$$N_2 = 44500 - 5400 = 39100 \text{ W}.$$

Der Wirkungsgrad beträgt also

$$\eta = \frac{39100}{44500} = 0{,}88.$$

d) Das Übererregungsverfahren.

Bei Synchronmaschinen (Wechselstromgeneratoren und -motoren) ist das nachfolgend beschriebene Verfahren häufig von Nutzen. Die Maschine wird leerlaufend als Motor mit normaler Frequenz und einer Klemmenspannung betrieben, bei der die EMK gleich der im normalen Betriebe vorhandenen ist (s. unter c, 3. Absatz). Sie wird ferner soweit übererregt (oder untererregt!), daß die normale Stromstärke erreicht wird (vgl. Abschn. 141). Die dabei von der Maschine aufgenommene Leistung, einschließlich des auf den normalen Betrieb umzurechnenden Erregungsverlustes, gilt als Gesamtverlust der Maschine. Aus ihm läßt sich der Wirkungsgrad bestimmen.

e) Das Leerlauf-Kurzschlußverfahren.

Die in einem Transformator auftretenden Verluste bestehen nach Abschn. 136 aus dem Leerlauf- und dem Kurzschlußverlust. Beide Verlustarten lassen sich auf dem Wege des Versuchs bestimmen.

Der Leerlaufverlust ist gleich der vom Transformator bei normaler Frequenz, normaler Primärspannung und offener Sekundärwicklung aufgenommenen Leistung. Der in dieser Leistung enthaltene Stromwärmeverlust in der primären Wicklung ist bei dem kleinen Leerlaufstrom meistens nur unbedeutend. Anderenfalls ist er von der gemessenen Leistung abzuziehen.

Der Kurzschlußverlust, d. h. der in den beiden Wicklungen auftretende Stromwärmeverlust ist gleich der Leistung, welche der Transformator bei kurzgeschlossener Sekundärwickung im betriebswarmen Zustande aufnimmt, wenn er mit seiner Primärwicklung an die „Kurzschlußspannung" (s. Abschn. 132) gelegt wird. Durch den Kurzschlußversuch wird der in den Wicklungen des Transformators tatsächlich auftretende Verlust gefunden. Er ist, da in den Wicklungen selbst auch Wirbelströme auftreten, etwas größer als der aus den OHMschen Widerständen berechnete Verlust.

Beispiel: Es ist der Wirkungsgrad eines Einphasentransformators für eine Leistung von 5 kVA, $^{120}/_{5000}$ V und 50 Hz zu bestimmen. Wird der Wirkungsgrad zunächst mit 95% angenommen, so erhält man für die vom Transformator bei Vollast aufgenommene (primäre) Leistung $\frac{5000}{0{,}95} = 5260$ W. Die primäre Stromstärke ist also $\frac{5260}{120} = 44$ A. An eine Spannung von 120 V angeschlossen, nahm der Transformator bei Leerlauf 115 W auf. Sodann wurde die Hochspannungswicklung des Transformators kurzgeschlossen und der Niederspannungswicklung eine solche Spannung zugeführt, daß in ihr die normale Stromstärke von 44 A auftrat. Dabei betrug die Leistungsaufnahme des Transformators, d. h. der Verlust in beiden Wicklungen, 153 W. Der Gesamtverlust ist also gleich

115 + 153 = 268 W. Bei einer Nutzleistung $N_2 = 5000$ W ist mithin die aufgenommene Leistung $N_1 = 5268$ W und folglich der Wirkungsgrad

$$\eta = \frac{5000}{5268} = 0{,}95\,,$$

wie von vornherein geschätzt war.

186. Spannungsänderung.

Die Spannung eines Stromerzeugers ist von der Belastung abhängig. Bei den meisten Maschinen tritt mit zunehmender Belastung ein Spannungsabfall ein, doch kann — z. B. bei Gleichstrom-Doppelschlußmaschinen — auch eine Spannungserhöhung erfolgen.

Um eine Maschine hinsichtlich ihrer Spannungsänderung zu untersuchen, ist sie, den REM gemäß, bei unveränderter Drehzahl von Vollast mit normaler Klemmenspannung bis auf Leerlauf zu entlasten, ohne daß bei Maschinen mit Kollektoren an der Bürstenstellung etwas geändert wird. Während des Versuches ist bei fremderregten Maschinen der Erregerstrom, bei selbsterregten Maschinen die Stellung des Magnetreglers nicht zu ändern. Bei Doppelschlußmaschinen ist der Verlauf der Spannung zwischen Vollast und Leerlauf aufzunehmen und als Spannungsänderung der Unterschied zwischen der höchsten und der niedrigsten Spannung anzusehen. Die Spannungsänderung wird in der Regel in Prozenten der Maschinenspannung angegeben.

Die Spannungsänderung eines Transformators wird in Prozenten der Sekundärspannung ausgedrückt. Sie läßt sich nach Gl. (84) aus dem Ohmschen Spannungsabfall und der Streuspannung berechnen. Beide können nun mittels eines Kurzschlußversuchs ermittelt werden. Der Ohmsche Spannungsabfall ergibt sich aus dem Kurzschlußverlust: Spannungsabfall und Kurzschlußverlust können nach ihren Prozenten als gleich groß angesehen werden (vgl. Abschn. 185e). Die Streuspannung wird aus dem Ohmschen Spannungsverlust und der Kurzschlußspannung genäß Gl. (85) gefunden.

Beispiel: 1. Bei der Bestimmung der Spannungsänderung einer durch eine Dampfmaschine angetriebenen Gleichstrom-Nebenschlußmaschine für $^{110}/_{150}$ V, $^{245}/_{180}$ A, $n = {}^{650}/_{750}$ wurden folgende Versuchswerte erhalten:

245 A	$n = 650$	110 V
150 A	$n = 642$	118 V
62 A	$n = 650$	124 V
Leerlauf	$n = 650$	126 V.

Die Spannungsänderung beträgt also 16 V, d. h. 14,5% der normalen Spannung.

2. Es ist der Spannungsabfall des bereits im Beispiel zu Abschn. 185e behandelten Einphasentransformators für 5 kVA, $^{120}/_{5000}$ V und 50 Hz, und zwar für $\cos\varphi = 0{,}8$ zu bestimmen.

Der durch den Kurzschlußversuch ermittelte Stromwärmeverlust in den Wicklungen betrug 153 W, auf die primäre Leistung von 5260 W bezogen also 2,9%. Diese Zahl gibt gleichzeitig den prozentualen Ohmschen Spannungsverlust an.

Die Kurzschlußspannung kann aus der in Abb. 190 dargestellten Kurve, die sich auf den vorliegenden Transformator bezieht, entnommen werden. Bei 44 A beträgt sie 4,6 V oder, auf die primäre Spannung bezogen, 3,8%.

Nach Gl. (85) ist demnach die Streuspannung

$$U_s = \sqrt{3{,}8^2 - 2{,}9^2} = \sqrt{14{,}5 - 8{,}4} = \sqrt{6{,}1} = 2{,}5\%.$$

Einem $\cos\varphi = 0{,}8$ entspricht nach der trigonometrischen Tafel ein $\sin\varphi = 0{,}6$. Folglich erhält man für den gesuchten Spannungsabfall nach Gl. (84):

$$U_v = 2{,}9 \cdot 0{,}8 + 2{,}5 \cdot 0{,}6 = 2{,}3 + 1{,}5 = 3{,}8\%.$$

Zwölftes Kapitel.

Energiespeicher.

187. Allgemeines.

Vielfach ist in Stromerzeugungsanlagen das Bedürfnis vorhanden, elektrische Energie aufzuspeichern, um sie nach Bedarf wieder verwenden zu können. Die Verhältnisse sind nicht unähnlich denjenigen in einem Gas- oder einem Wasserwerke. In Gasanstalten wird zur Aufspeicherung des Gases ein Gasometer vorgesehen. In Wasserwerken wird ein Hochbehälter angewendet, der mit dem Rohrleitungsnetz und den Pumpen in Verbindung steht. Die Einrichtung eines solchen Wasserwerkes ist in Abb. 246 schematisch wiedergegeben. Die Pumpe P drückt das Wasser aus dem Brunnen B in den Hochbehälter H oder in das Rohrnetz N. Entspricht der Verbrauch in dem Netze gerade der Leistung der Pumpe, so strömt das ganze von dieser gelieferte Wasser in das Netz. Wird der Verbrauch im Netz geringer als die Pumpenleistung, so geht der überschüssige Teil des Wassers in den Behälter. Ist der Verbrauch größer, so wird das fehlende Wasser aus dem Behälter geliefert. Der Hochbehälter tritt auch dann in Wirksamkeit, wenn die Pumpe stillgesetzt wird oder infolge einer Störung versagt. In diesem Falle schließt sich das Rückschlagventil V, und die Pumpe wird hierdurch selbsttätig von dem Hochbehälter abgeschaltet. Dieser bleibt dagegen mit dem Netz verbunden und liefert das benötigte Wasser. Man wird im allgemeinen den Betrieb des Wasserwerkes so einzurichten versuchen, daß man an einem bestimmten Teile des Tages die Pumpen laufen läßt, und zwar mit möglichst gleichmäßiger Belastung, daß man sie dagegen in der übrigen Zeit stillsetzt und die Lieferung des Wassers ausschließlich dem Hochbehälter überträgt. Während des Betriebes der Pumpen muß also der Behälter den Ausgleich übernehmen und ferner so weit gefüllt werden, daß er den Bedarf für die Zeit decken kann, in der die Pumpen stehen.

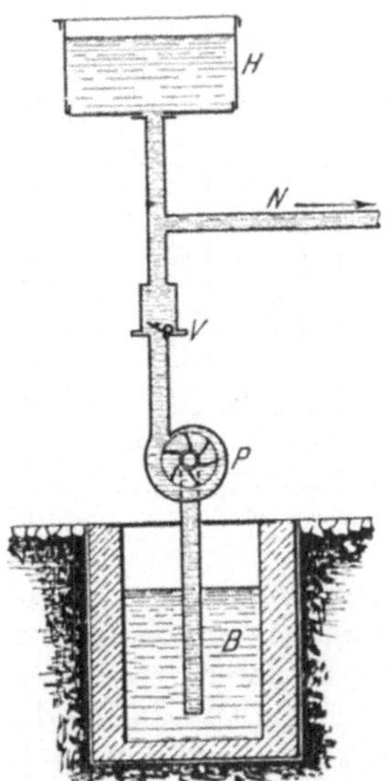

Abb. 246. Wasserwerk mit Hochbehälter als Ausgleichs- und Reserveorgan.

Den gleichen Erfolg, den man in Wasserwerken durch die Aufstellung eines Hochbehälters erzielt, erreicht man in einem Elektrizitätswerke durch Anwendung von Sammlern oder Akkumulatoren. Bei diesen handelt es sich allerdings in Wirklichkeit nicht um eine unmittelbare Aufspeicherung der Elektrizität, sondern es muß, wie im folgenden Abschnitt näher ausgeführt wird, die elektrische Energie zunächst in eine andere Energieform übergeführt werden.

188. Wirkungsweise des Bleiakkumulators.

Im Abschn. 21 wurde bereits darauf hingewiesen, daß man einer Wasserzersetzungszelle, nachdem ihr vorher einige Zeit lang Strom zugeführt wurde, einen Strom von entgegengesetzter Richtung, den Polarisationsstrom, entnehmen kann. Dieser ist aber nur von kurzer Dauer, da er nur so lange anhält, als die Platinelektroden noch mit Gasbläschen beladen sind. Die Wirkung wird jedoch wesentlich günstiger, wenn statt des den chemischen Einflüssen widerstehenden Platins als Elektrodenmaterial Metalle verwendet werden, mit denen die Zersetzungsprodukte der Flüssigkeit Verbindungen eingehen. Als ganz besonders geeignet hat sich in dieser Beziehung das Blei erwiesen. Es können allerdings auch bestimmte andere Metalle verwendet werden. Doch ist der Bleiakkumulator, wenigstens für Starkstromanlagen, von so überwiegender Bedeutung, daß die folgenden Darlegungen sich wesentlich auf diesen beziehen sollen.

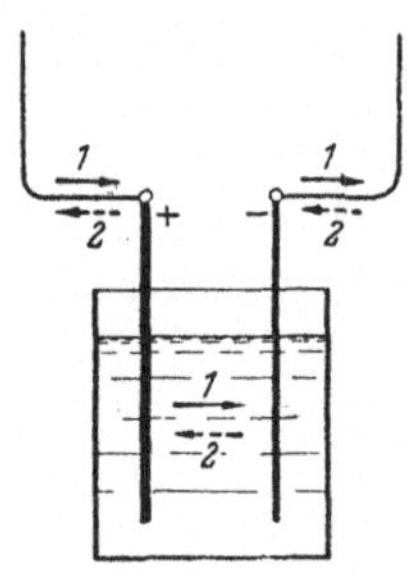

Abb. 247. Ladung und Entladung eines Akkumulators: *1* Ladestrom, *2* Entladestrom.

In seiner einfachsten Gestalt besteht der Bleiakkumulator aus einem Glasgefäß, das mit verdünnter Schwefelsäure gefüllt ist, und in das zwei Bleiplatten eintauchen, Abb. 247. Beim Anschluß an eine Stromquelle, beim Laden, wird die Oberfläche der positiven Platte infolge des an ihr auftretenden Sauerstoffs (Oxyds) in Bleidioyxd verwandelt. Auch die Oberfläche der negativen Bleiplatte wird verändert, indem sie in schwammförmiges Blei übergeht. Im geladenen Zustande des Akkumulators stehen sich also eine positive Bleidioxydplatte und eine negative Platte aus reinem Blei gegenüber. Wie bei einem gewöhnlichen Element zwischen den verschiedenen Metallen eine EMK besteht, so tritt eine solche auch zwischen den beiden der chemischen Zusammensetzung ihrer Oberflächen nach verschiedenen Platten des Akkumulators auf. Es kann diesem also nunmehr Strom entnommen, er kann wieder entladen werden, und zwar hat der Entladestrom die entgegengesetzte Richtung wie der Ladestrom. Die bei der Entladung auftretenden chemischen Prozesse haben zur Folge, daß sich die Oberflächen sowohl der positiven als auch der negativen Platte allmählich in schwefelsaures Blei umwandeln, so daß schließlich infolge der Gleichartigkeit der beiden Pole eine Spannung zwischen ihnen nicht mehr besteht. Ehe aber noch der Akkumulator völlig entladen ist, wird man eine Wiederaufladung vornehmen, wobei die Oberfläche der positiven Platte wiederum in Bleidioxyd, die der negativen Platte dagegen in reines Blei umgewandelt wird. Durch den Entladevorgang wird der Flüssigkeit Schwefelsäure entzogen, gleichzeitig wird auch Wasser frei. Die Säure nimmt daher während der Entladung einen höheren Grad der Verdünnung an. Bei der Ladung wird die Schwefelsäure wieder frei, gleichzeitig Wasser gebunden. Die Säure wird also während der Ladung wieder konzentrierter.

Die Wirkungsweise des Akkumulators beruht also, wie aus Vorstehendem hervorgeht, darauf, daß die ihm bei der Ladung zugeführte elektrische Energie chemische Umwandlungen vollzieht, und daß die dafür aufgewendete Arbeit, abgesehen von den unvermeidlichen Verlusten, bei der Entladung zu beliebigen Zeiten wieder in elektrische Energie zurückverwandelt werden kann.

189. Aufbau und Herstellung des Akkumulators.

Damit die bei der Ladung und Entladung im Akkumulator auftretenden chemischen Prozesse nicht nur auf die Oberfläche der Platten einwirken, sondern auch ihre inneren Teile beeinflussen, kann er nach einem von Planté angegebenen Verfahren „formiert“ werden, indem er vor der Inbetriebnahme häufig geladen und wieder entladen wird, wobei immer tiefere Schichten der Platten an den Vorgängen teilnehmen, ein Erfolg, der durch gelegentliches Vertauschen der Pole beim Laden noch begünstigt werden kann. Der langwierige und teure Formierungsprozeß kann nach einem später von Faure angegebenen Verfahren erheblich abgekürzt werden, indem man die Bleiplatten gitterförmig ausbildet und die entstehenden Lücken mit Bleiverbindungen bestimmter Art ausfüllt. Die wirksame Masse der so hergestellten Platten ist verhältnismäßig locker und gibt den chemischen Einflüssen sofort Folge. Es genügt daher bereits eine einmalige längere Ladung, um die Platten zu formieren. Diese befinden sich eben gleich von vornherein annähernd in demjenigen Zustande, den sie sonst erst nach einem längeren Formierungsprozeß annehmen würden. Man bezeichnet die nach dem Verfahren von Faure verfertigten Platten als Masse- oder Gitterplatten.

Während man für den negativen Pol heute allgemein Masseplatten verwendet, werden die positiven Platten entweder gleichfalls als Masseplatten oder nach dem Verfahren von Planté hergestellt. In letzterem Falle wird der Formierungsprozeß jedoch durch den Zusatz besonderer, die Bleiverbindung angreifender Substanzen, die nach beendeter Formierung wieder entfernt werden, außerordentlich abgekürzt. Auch werden die Platten nicht massiv hergestellt, sondern aus sehr dünnen Rippen zusammengesetzt, die durch einzelne Stege zusammengehalten werden. Da die nutzbare Oberfläche der Platten auf diese Weise ganz erheblich vergrößert wird, nennt man sie Großoberflächenplatten. Sie haben vor den Masseplatten, bei denen das wirksame Material leicht abfallen kann, den Vorzug größerer Haltbarkeit. Ein Lösen der wirksamen Masse von den negativen Platten wird durch geeignete Gestaltung der letzteren vermieden.

Die übliche Form der Akkumulatorenplatten ist aus Abb. 248a und b zu erkennen. Es sind die positive Großoberflächen- und die negative Masseplatte eines Bleiakkumulators der Akkumulatoren-Fabrik

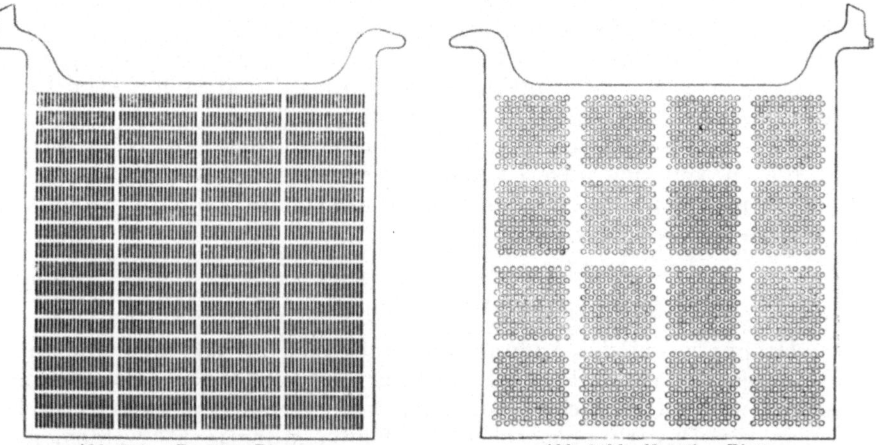

Abb. 248 a. Positive Platte Abb. 248 b. Negative Platte eines Bleiakkumulators der Akkumulatoren-Fabrik Aktiengesellschaft.

Aktiengesellschaft, Berlin-Hagen i. W., dargestellt. Die negative Platte ist kastenförmig aus zwei Teilen zusammengesetzt, zwischen denen sich die Masse befindet, die durch zahlreiche kleine Öffnungen der Bleideckel mit der Säure in Berührung tritt.

Die Leistungsfähigkeit eines Akkumulators hängt im wesentlichen von der Größe der zur Verwendung kommenden Platten ab. Mit Rücksicht auf eine zweckmäßige Form des Akkumulators vermeidet man aber allzu große Platten, und man schaltet statt dessen mehrere kleinere parallel. Da in der Regel eine positive Platte zwischen zwei negativen Platten angeordnet wird, so ist in der Akkumulatorenzelle die Zahl der letzteren um 1 größer als die der positiven. Äußerlich sind die positiven Platten an ihrer dunkelbraunen, die negativen an ihrer hellgrauen Färbung zu erkennen. Die positiven Platten sind meistens auch stärker als die negativen ausgeführt. Die Platten werden mittels nasenartiger Ansätze (vgl. Abb. 248) an den Wandungen der Glasgefäße aufgehängt. Die gleichpoligen Platten jeder Zelle werden unter sich durch eine Bleileiste verbunden. Um dies bequem bewirken zu können, erhalten die Platten oben noch eine fahnenartige Verlängerung. Die Platten werden so in die Gefäße eingesetzt, daß die Fahnen sich bei den positiven Platten einer Zelle auf der einen Seite, bei den negativen auf der anderen Seite befinden. Abb. 249 zeigt eine Zelle in der Aufsicht. Sie enthält fünf positive und sechs negative Platten. Erstere sind durch kräftige, letztere durch dünnere Striche angedeutet.

Bei größeren Zellen werden statt der Glasgefäße Holzkästen mit Bleiauskleidung, Hartgummikästen oder Steinzeugkästen verwendet.

Zur Abstützung der Platten eines Akkumulators dienen Glasröhren, Holz- oder Hartgummistäbe. Um ein Überbrücken benachbarter Platten durch abgebröckeltes Material und damit Kurzschlüsse zwischen den Platten zu vermeiden, können sie durch „Holzscheider“, dünne Holzbrettchen, getrennt werden, die durch Holz- oder Hartgummistäbe in der richtigen Lage erhalten werden. Die Holzscheider können auch in Verbindung mit gewellten und mit feiner Durchlöcherung versehenen Hartgummiblechen verwendet oder es können Scheider aus mikroporösem Gummi oder aus Glaswolle eingebaut werden.

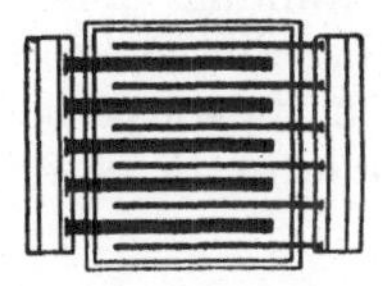

Abb. 249. Anordnung der Platten eines Bleiakkumulators.

Bei einer besonderen Bauart des Akkumulators, dem Panzerplattenakkumulator — der Name soll lediglich seine Widerstandsfähigkeit andeuten — wird die positive Bleimasse in feingeschlitzten Hartgummiröhrchen untergebracht. Der Akkumulator eignet sich besonders für den Betrieb von Elektromobilen.

190. Betriebseigenschaften des Akkumulators.

a) Spannung.

Die EMK eines Akkumulators ist in hohem Maße von seinem Ladezustand abhängig. Sie steigt während der Ladung, sinkt während der Entladung. Die Klemmenspannung ist bei der Ladung um den im Element selber auftretenden, durch seinen inneren Widerstand bedingten Spannungsabfall größer, bei der Entladung um eben diesen Betrag kleiner als die EMK. Die in Abb. 250 wiedergegebenen Kurven geben ein Bild des Verlaufs der Lade- und Entladungsklemmenspannung für den Fall, daß sowohl bei der Ladung als auch bei der Entladung die Stromstärke konstant gehalten wird. Aus der Darstellung geht hervor, daß die Ladespannung, von 2,1 V beginnend, zunächst langsam auf 2,4 V und dann schneller bis auf 2,8 V steigt. Zweckmäßig ist es, gegen Schluß der Ladung die Stromstärke herabzusetzen. Die Spannung erreicht dann nicht ganz den angegebenen Wert. Wird

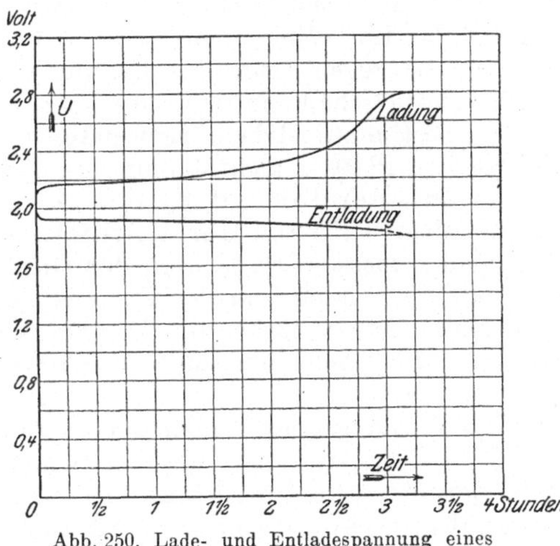

Abb. 250. Lade- und Entladespannung eines Bleiakkumulators.

gegen Schluß der Ladung die Stromstärke auf die Hälfte ermäßigt, so ist die höchste Spannung ungefähr 2,75 V. Unmittelbar nach dem Abstellen der Ladung geht die Spannung auf etwa 2,1 V zurück. Die Entladespannung setzt je nach der Höhe des Entladestromes mit 1,9 bis 2,0 V ein und geht, zunächst langsam, gegen Ende der Entladung schneller zurück. Diese wird als beendet angesehen, wenn die Spannung einen bestimmten Grenzwert, z. B. 1,83 V erreicht hat. Über diesen Wert hinaus darf eine Entladung nicht vorgenommen werden, da sonst die Spannung sehr schnell auf null sinken und der Akkumulator Schaden nehmen würde.

b) Kapazität.

Die Leistungsfähigkeit eines Akkumulators wird durch seine Kapazität ausgedrückt. Man versteht darunter die gesamte Elektrizitätsmenge, die man einem geladenen Akkumulator entnehmen kann, bis seine Spannung auf die untere zulässige Grenze gesunken ist. Die Kapazität wird in Amperestunden gemessen. Sie ist von der Entladezeit abhängig. Je langsamer, d. h. mit je geringerer Stromstärke ein Akkumulator entladen wird, desto größer ist seine Kapazität. Zur eindeutigen Festlegung der Leistungsfähigkeit eines Akkumulators ist daher die Kapazität unter Hinzufügung der Entladezeit anzugeben.

c) Wirkungsgrad.

Es ist selbstverständlich, daß nicht alle dem Akkumulator bei der Ladung zugeführte Energie ihm bei der Entladung wieder entnommen werden kann. Es wird z. B. in seinem inneren Widerstande sowohl bei der Ladung als auch bei der Entladung eine gewisse Arbeit verbraucht. Ferner bedeuten auch die gegen Ende der Ladung aus dem Akkumulator aufsteigenden Glasbläschen einen Verlust, da zu ihrer Entwicklung ebenfalls eine bestimmte Arbeit notwendig ist, die an der chemischen Umbildung der Platten nicht teilnimmt. Der Wirkungsgrad, d. h. das Verhältnis der dem geladenen Akkumulator entnehmbaren zu der ihm während der Ladung zugeführten Arbeit, in Wattstunden gemessen, ist je nach der Größe des Akkumulators verschieden und hängt auch von der Art des Betriebes, z. B. von der Lade- und Entladestromstärke, ab. Er kann als Wh-Wirkungsgrad bezeichnet und für kleine und mittlere Größen zu ungefähr 75% angenommen werden.

Gelegentlich wird statt des Wh-Wirkungsgrades auch der auf die Elektrizitätsmengen bezogene Wirkungsgrad, der Ah-Wirkungsgrad, angegeben. Man versteht darunter das Verhältnis der dem geladenen Akkumulator entnehmbaren zu der ihm während der Ladung zugeführten Elektrizitätsmenge, in Amperestunden gemessen. Der Einfluß der Spannung wird hierbei also nicht berücksichtigt. Der Ah-Wirkungsgrad liegt gewöhnlich bei etwa 90%.

Beispiel: Eine gewisse Akkumulatorentype der Akkumulatoren-Fabrik Aktiengesellschaft besitzt eine Kapazität von 720 Ah bei 10stündiger Entladung. Für

5stündige Entladung beträgt die Kapazität des gleichen Akkumulators nur 620 Ah und für 3stündige Entladung nur 540 Ah. Welche Stromstärke kann dem Akkumulator entnommen werden?

Der Akkumulator für 10stündige Entladung kann mit $\frac{720}{10} = 72$ A, der für 5stündige Entladung mit $\frac{620}{5} = 124$ A und der für 3stündige Entladung mit $\frac{540}{3} = 180$ A beansprucht werden.

191. Akkumulatorenbatterie und Zellenschalter.

a) Akkumulatorenbatterie.

Zur Erreichung der in elektrischen Anlagen gebräuchlichen Spannungen muß eine größere Anzahl von Akkumulatorenzellen hintereinander geschaltet werden. So sind bei einer Spannung von 110 V, die geringste Entladespannung zu 1,83 V angenommen, $\frac{110}{1{,}83} = 60$ Zellen erforderlich, bei 220 V Spannung werden 120 Zellen und bei 440 V

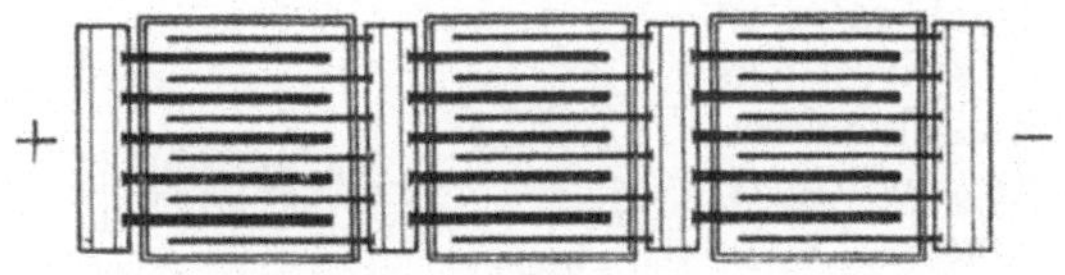

Abb. 251. Schaltung von Bleiakkumulatoren.

240 Zellen benötigt. Die Hintereinanderschaltung der Zellen zur Batterie erfolgt gewöhnlich durch die im Abschn. 189 erwähnten Bleileisten, die zum Parallelschalten der gleichpoligen Platten einer Zelle dienen, die aber auch gleichzeitig die Platten entgegengesetzter Polarität der nächsten Zelle aufnehmen. Die Anordnung ist in Abb. 251 für drei hintereinander geschaltete Zellen schematisch dargestellt.

b) Einfachzellenschalter.

Da die Spannung einer Akkumulatorenzelle bei Beginn der Entladung höher als 1,83 V ist, so ergibt sich für die Batterie eine zu hohe Anfangsentladespannung. Dem muß dadurch entgegengetreten werden, daß zunächst einige Zellen abgeschaltet werden. Hierzu dient der Zellenschalter. Er besteht in der am meisten verbreiteten Form aus einer Anzahl Kontakte, die auf einem Kreisbogen angeordnet sind und beim Drehen einer Kurbel von einer Schleifbürste bestrichen werden. In Abb. 252 sind für den Zellenschalter *Z* sechs Kontakte angenommen, entsprechend fünf Schaltzellen. Die Pole jeder dieser

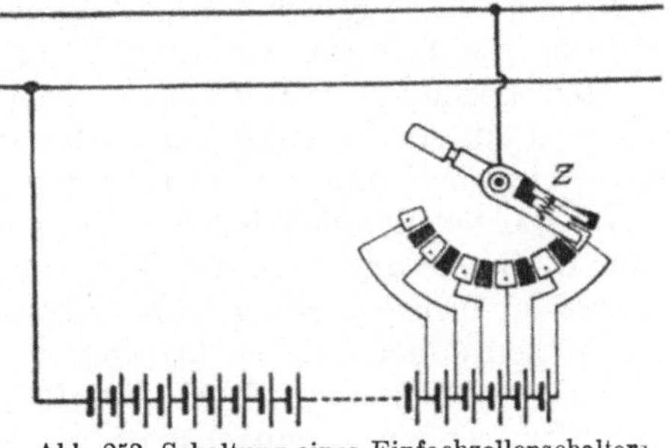

Abb. 252. Schaltung eines Einfachzellenschalters.

Zellen stehen durch Leitungen mit zwei benachbarten Kontakten in Verbindung. Es sind lediglich die nicht abschaltbaren Stammzellen eingeschaltet, wenn sich die Kurbel auf dem innersten Kontakt befindet. Diese Stellung entspricht also dem Beginn der Entladung. In dem Maße nun, wie die Spannung der Zellen während der Entladung sinkt, ist durch Drehen der Kurbel nach außen eine Schaltzelle nach der anderen hinzuzufügen, so daß die dem Netz zugeführte Spannung stets annähernd konstant bleibt.

Einer besonderen Ausbildung bedarf die Schleifbürste des Zellenschalters. Wäre sie etwas schmaler als der Zwischenraum zweier Kontakte, so würde immer beim Übergang der Kurbel von einem Kontakt zum nächsten eine kurzzeitige Stromunterbrechung eintreten. Wäre sie andererseits etwas breiter, so würde beim Weiterdrehen der Kurbel jedesmal die Zelle, die zwischen den mit der Bürste gleichzeitig in Berührung kommenden benachbarten Kontakten liegt, einen Augenblick lang kurzgeschlossen. Um beides zu vermeiden, kann, wie es die Abbildung andeutet, neben der Hauptbürste noch eine Hilfsbürste angebracht werden. Beide Bürsten, von denen jede schmaler ist als der durch Isolierstücke ausgefüllte Zwischenraum zweier Kontakte, sind durch einige Windungen eines Widerstandsdrahtes miteinander verbunden. Beim Zuschalten einer Zelle kommt nun, ehe noch die Hauptbürste ihren Kontakt verlassen hat, die Hilfsbürste bereits mit dem nächsten Kontakt in Berührung. Eine Stromunterbrechung tritt also nicht ein. Aber auch ein Kurzschluß der zugeschalteten Zelle wird vermieden, da diese sich nur mit der Stromstärke entladen kann, die dem zwischen den beiden Bürsten liegenden Widerstand entspricht. Das ist um so unbedenklicher, als dieser Vorgang nur so lange andauert, bis die Hauptbürste den nächsten Kontakt erreicht hat.

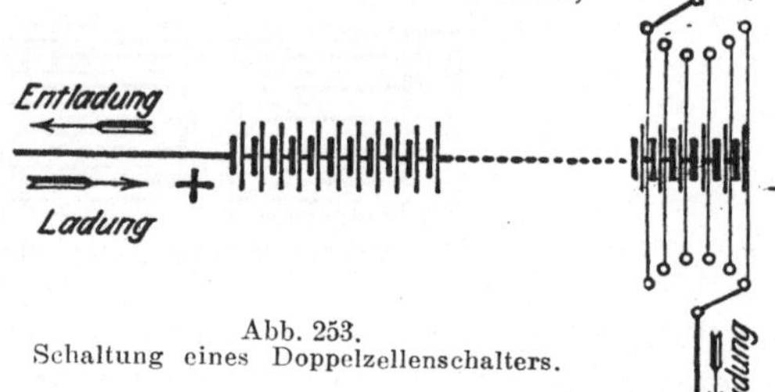

Abb. 253.
Schaltung eines Doppelzellenschalters.

Da die Schaltzellen bei der Entladung der Batterie erst nach und nach in Benutzung kommen, also auch nicht völlig entladen werden, so wird auch ihre Ladung früher als die der Stammzellen beendet sein. Sie müssen daher bei der Ladung, damit sie nicht dauernd überladen werden, vorzeitig abgeschaltet werden. Zuerst ist die äußerste Schaltzelle abzutrennen, demnächst die vorletzte usw. Hieraus geht hervor, daß der Zellenschalter auch für die Ladung benötigt wird.

c) Doppelzellenschalter.

Falls die Akkumulatorenbatterie, wie es meistens gewünscht wird, auch während der Ladung mit dem Netz verbunden bleiben soll, sind zwei Zellenschalter, einer für die Entladung und einer für die Ladung, erforderlich. Sie werden meistens zu einem Doppelzellenschalter in der Weise vereinigt, daß auf dieselbe Kontaktbahn zwei Kurbeln, eine Entlade- und eine Ladekurbel, einwirken. Die Anordnung des Doppelzellenschalters ist aus Abb. 253 zu ersehen, in der jedoch der Deutlichkeit wegen für die Ladung und Entladung besondere Kontaktbahnen gezeichnet sind. Die Zahl der Schaltzellen muß bei Anwendung eines Doppelzellenschalters größer gewählt werden, als wenn nur ein Einfachzellenschalter vorhanden ist, damit mit der Entladekurbel auch während des Ladens trotz der dann vorhandenen höheren Spannung die Netzspannung eingestellt werden kann.

Beispiel: In einer Beleuchtungsanlage für eine Betriebsspannung von 110 V ist eine Akkumulatorenbatterie von 60 Zellen aufgestellt. Wieviel Schaltzellen sind erforderlich, wenn ein Doppelzellenschalter angewendet wird, die Batterie also auch während der Ladung am Netz liegt?

Die höchste bei der Ladung auftretende Elementenspannung kann mit 2,75 V angenommen werden. Zur Erzielung der Betriebsspannung dürfen demnach am Schlusse der Ladung nur $\frac{110}{2,75} = 40$ Zellen eingeschaltet sein. Es sind demnach $60-40 = 20$ Schaltzellen notwendig. (Falls ein Einfachzellenschalter benutzt, d. h. die Batterie zur Zeit der Ladung vom Netz getrennt wird, würde man mit ungefähr 5 Schaltzellen auskommen.)

192. Die Akkumulatorenbatterie in Verbindung mit der Betriebsmaschine.

a) Laden durch Spannungserhöhung der Betriebsmaschine.

Als Betriebsmaschine kommt in Anlagen mit Akkumulatoren fast nur die Nebenschlußmaschine zur Anwendung. Die Batterie wird zur Maschine parallel geschaltet, wie es das Schaltbild Abb. 254, unter Annahme eines Einfachzellenschalters, zeigt. Maschine und Batterie liegen an den Sammelschienen P und N. Sie können entweder jede für sich allein oder auch gemeinschaftlich auf das Netz arbeiten. Solange in letzterem Falle die Klemmenspannung der Batterie die Maschinenspannung überwiegt, sendet sie Strom in das Netz, wird sie entladen (Abb. 254a); sie wird dagegen geladen, wenn ihre Spannung geringer wird als die Maschinenspannung (Abb. 254b). Die für das Laden der Batterie erforderliche höhere Spannung, die am Schluß der Ladung die Netzspannung

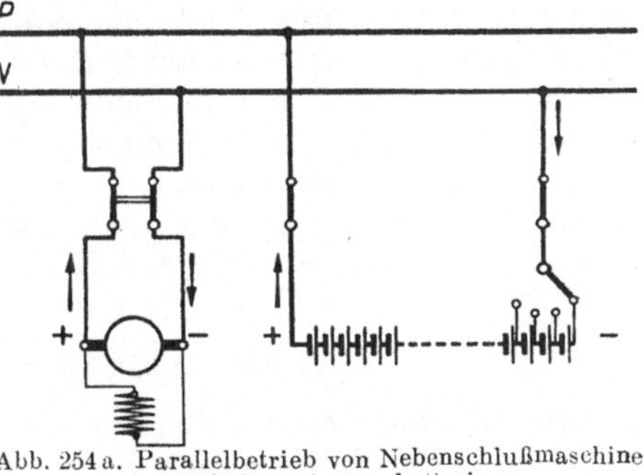

Abb. 254 a. Parallelbetrieb von Nebenschlußmaschine und Akkumulatorenbatterie.

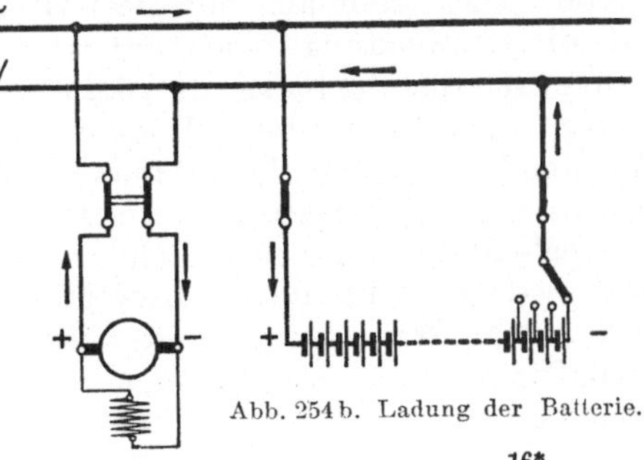

Abb. 254 b. Ladung der Batterie.

um etwa 50% übersteigt, wird in kleineren Anlagen meistens unmittelbar durch Nebenschlußregelung der Betriebsmaschine erzielt. Letztere fällt mit Rücksicht auf die weitgehende Spannungsregelung allerdings größer und teurer als eine Maschine für konstante Spannung aus, ein Nachteil, der bis zu einem gewissen Grade dadurch aufgehoben werden kann, daß die Spannungserhöhung durch Steigerung der Umlaufzahl der Maschine unterstützt wird.

Bei Anwendung eines Doppelzellenschalters ist für die Maschine ein Umschalter vorzusehen (Abb. 255), mit dem sie entweder auf das Netz, Stellung N, oder auf der Ladung, Stellung L, geschaltet werden kann. Zwischen dem Kontakt L und der Ladekurbel des Zellenschalters ist bei dieser Anordnung noch eine besondere Ladeleitung notwendig. Die Pfeile in der Abbildung geben den Stromlauf bei der Ladung an.

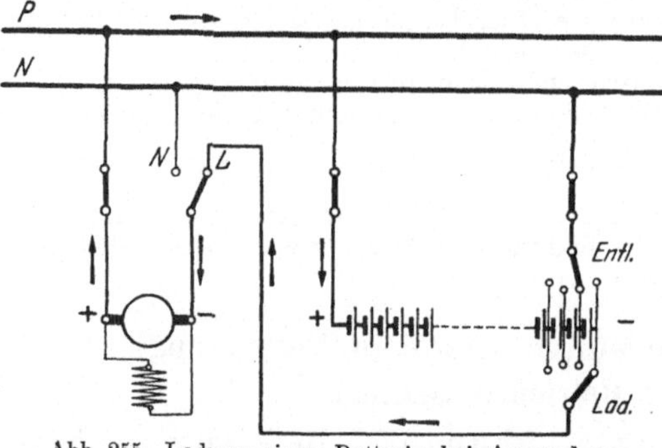

Abb. 255. Ladung einer Batterie bei Anwendung eines Doppelzellenschalters.

b) Anwendung einer Zusatzmaschine.

In größeren Anlagen wird für die Ladung der Batterie meistens eine Zusatzmaschine aufgestellt. Diese und die Hauptmaschine werden hintereinandergeschaltet. Die Betriebsmaschine behält dann auch während der Ladung ihre normale Spannung, während die Zusatzmaschine die fehlende Spannung erzeugt. Die Spannung der Zusatzmaschine muß demnach von nahezu null Volt bis auf ungefähr 50% der Netzspannung veränderlich sein. Die Stromstärke, für die die Zusatzmaschine zu bemessen ist, richtet sich nach der normalen Ladestromstärke der Batterie.

c) Schutz gegen Rückstrom.

Um während des Parallelbetriebes und auch während der Ladung einen durch Nachlassen der Spannung der Betriebsmaschine veranlaßten Rückstrom aus der Batterie in die Maschine zu verhindern, ist die Anwendung eines selbsttätigen Rückstrom- oder eines Unterstromschalters unerläßlich, vergleichbar mit dem in Abschnitt 187 erwähnten Rückschlagventil (vgl. auch Abschn. 90). Während Nebenschlußmaschinen im Falle eines wirklich auftretenden Rückstromes eine nennenswerte Betriebsstörung nicht erfahren, können Doppelschlußmaschinen durch einen solchen umpolarisiert werden, sofern dem nicht durch Anwendung besonderer Schaltungen oder auf andere Weise vorgebeugt wird, ein Grund mit, warum Doppelschlußmaschinen in Akkumulatorenanlagen nur ungern verwendet werden.

193. Elektrizitätswerke mit Akkumulatorenbetrieb.

Da sich durch Wechselstrom keine chemischen Umwandlungen vollziehen lassen, so ist eine unmittelbare Verwendung von Akkumulatoren nur in Gleichstromanlagen möglich. In solchen ergeben sich durch Aufstellung einer Akkumulatorenbatterie jedoch mannigfaltige Vorteile. Sie entsprechen im wesentlichen denen, die der Einbau eines Hochbehälters für ein Wasserwerk nach sich zieht, und die in Abschn. 187 erörtert worden sind.

Durch die Parallelschaltung einer Batterie zu den Betriebsmaschinen werden Belastungsschwankungen ausgeglichen. Da bei zunehmender Belastung die Maschinenspannung — Nebenschlußmaschinen vorausgesetzt — etwas nachläßt, so beteiligt sich die Batterie stärker an der Stromlieferung; bei geringer werdender Belastung wird umgekehrt der überschüssige Teil des von den Maschinen gelieferten Stromes in den Akkumulatoren aufgespeichert. Beim Stillsetzen oder Versagen der Betriebsmaschinen übernimmt die zu ihnen parallel liegende Akkumulatorenbatterie ohne weiteres die alleinige Stromlieferung an das Netz, wobei die Maschinen durch die eingebauten Rückstrom- oder Unterstromschalter selbsttätig abgeschaltet werden. Die Betriebssicherheit einer Anlage wird also durch das Vorhandensein einer Akkumulatorenbatterie erheblich gesteigert.

Ganz besonders hoch ist der durch eine Batterie erzielte Vorteil anzuschlagen, der in der Vereinfachung der Betriebsführung liegt, indem die Maschinen nur in den Zeiten betrieben werden brauchen, in denen eine nennenswerte Netzbelastung vorliegt, während zu Zeiten geringer Belastung — z. B. in den Nachtstunden — der Maschinenbetrieb stillgelegt und der Batterie die Stromversorgung allein übertragen werden kann. Die Ladung der Batterie wird zweckmäßigerweise in den Stunden vorgenommen, in denen die Netzbelastung verhältnismäßig klein ist. Auf diese Weise läßt es sich erreichen, daß die Maschinen stets annähernd voll belastet sind, also auch mit einem guten Wirkungsgrad arbeiten. Während der Stunden der höchsten Belastung unterstützt die Batterie die Maschinen. Diese brauchen also nicht für die höchste Leistung bemessen zu sein, die täglich nur während kurzer Zeit benötigt wird, sondern für eine mittlere Leistung.

Die Verhältnisse, wie sie etwa bei einem öffentlichen Elektrizitätswerke vorliegen, sind in Abb. 256 zum Ausdruck gebracht. Die Zickzacklinie stellt die vom Werk abzugebende Leistung für den Tag des stärksten Verbrauches dar. Man erkennt, daß im vorliegenden Falle die Leistung die geringsten Werte in der Zeit mittags zwischen 12 und 13 Uhr und morgens zwischen 4 und 5 Uhr annimmt, in der sie bis auf 50 kW heruntergeht. Der Höchstverbrauch stellt sich abends zwischen 17 und 18 Uhr ein, wo er den Wert von 600 kW erreicht. Offenbar befindet sich in dieser Zeit noch eine Anzahl der an das Werk angeschlossenen Motoren im Betrieb, gleichzeitig wird aber auch viel Licht gebraucht. Würde eine Batterie fehlen, so müßten die Maschinen für die der Spitze der Zickzacklinie entsprechende Höchstleistung bemessen sein. In der Abbildung ist nun zum Ausdruck gebracht, welche Verhältnisse beim Vorhandensein einer Batterie eintreten bzw. anzustreben sind. Es ist angenommen, daß die Maschinen lediglich in der Zeit von morgens $6^1/_2$ Uhr bis abends $23^1/_2$ Uhr arbeiten, und zwar mit einer gleichbleibenden Leistung von ungefähr 325 kW. In den Zeiten,

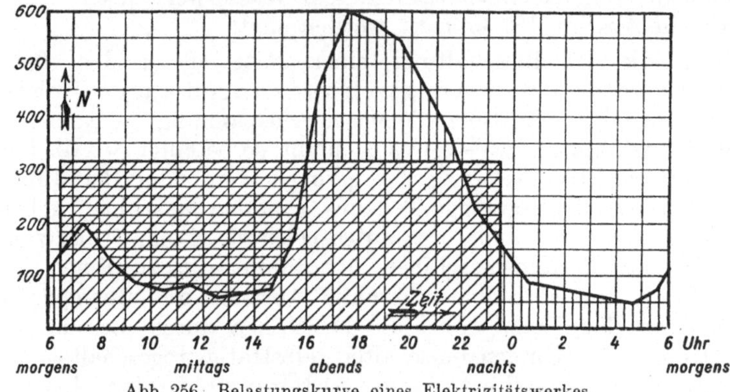

Abb. 256. Belastungskurve eines Elektrizitätswerkes.

wo die Netzbelastung geringer ist als diese mittlere Leistung, kann die Batterie durch die überschüssige Energie geladen werden. Zur Deckung der über die mittlere Leistung hinausgehenden „Spitzenbelastung" dagegen sowie während des Maschinenstillstandes wird die Batterie entladen. Die schraffierten Flächen stellen die Arbeit dar. Die von den Maschinen verrichtete Arbeit ist durch schräge, die für die Ladung der Batterie zur Verfügung stehende durch horizontale und die bei der Entladung aus der Batterie entnommene Arbeit durch vertikale Schraffur kenntlich gemacht. Die sich auf die Ladung beziehenden Flächen müßten gleich den für die Entladung sein, wenn in der Batterie keine Verluste entständen.

194. Pufferbatterien.

In den meisten Elektrizitätswerken erfolgen die Belastungsänderungen verhältnismäßig langsam, wie es auch in dem im vorigen Abschnitt behandelten Beispiele angenommen wurde. Doch gibt es auch viele Fälle, in denen plötzliche, oft stark ausgeprägte Belastungsschwankungen auftreten. Es sei z. B. hingewiesen auf die in Straßenbahnzentralen beim Anfahren der Wagen zu beobachtenden Stromstöße. Besonders große Verschiedenheiten der Belastung ergeben sich ferner in Förderanlagen, bei denen Fahrt und Ruhepausen periodisch wechseln. Auch in Walzwerksbetrieben treten bei den zum Antrieb der Walzen dienenden Motoren ganz erhebliche Schwankungen in der Leistung auf. Um die Stromstöße bei allen derartigen Anlagen von den Stromerzeugungsmaschinen abzuwenden, empfiehlt sich ebenfalls die Aufstellung einer Akkumulatorenbatterie, einer sog. Pufferbatterie.

Zur Erzielung einer guten Pufferwirkung ist es — sofern diese nicht durch besondere Hilfsmittel, z. B. die Anwendung einer sog. Piranimaschine[1], unterstützt wird — zweckmäßig, Betriebsmaschinen mit großer Spannungsänderung zu verwenden derart, daß mit zunehmender Belastung ihre Spannung verhältnismäßig stark sinkt, die parallel geschaltete Batterie also einen großen Entladestrom liefert. Es wird dann umgekehrt bei abnehmender Belastung ein entsprechend starkes Aufladen der Batterie eintreten. Auf diese Weise wird das Puffern der Batterie begünstigt, allerdings auf Kosten der Gleichmäßigkeit der Netzspannung.

195. Besondere Anwendungen des Akkumulators.

Abgesehen von der wichtigen Rolle, die die Akkumulatoren in den Elektrizitätswerken als stets betriebsbereite Stromquelle und zur Unterstützung der stromliefernden Maschinen spielen, und die in den beiden vorstehenden Abschnitten eingehend erörtert wurde, gibt es noch mannigfache Verwendungsgebiete für den Akkumulator. Zunächst sei auf den Nutzen der Akkumulatoren für Betriebe aufmerksam gemacht, deren Antriebskraft nicht regelmäßig zur Verfügung steht, wie das z. B. bei Windmotoren der Fall ist.

Eine große Bedeutung kommt den Akkumulatoren auch für den Antrieb von Fahrzeugen zu. Für einen ausgedehnten Straßenbahnbetrieb haben sie sich zwar nicht bewährt, doch ist eine Anzahl Triebwagen der Reichsbahn mit Akkumulatoren ausgerüstet. Eine wichtige Anwendung finden sie ferner für den Betrieb von Elektromobilen und Elektrokarren. Auch Boote können elektrisch unter Zuhilfenahme von Akkumulatoren angetrieben werden.

Daneben gibt es noch zahlreiche weitere Anwendungsmöglichkeiten für die Akkumulatoren. Es sei z. B. an die elektrische Zugbeleuchtung erinnert. Sie dienen als Zünderzelle und zum Betrieb der Anwurfeinrichtung für Automobile usw. Sie finden ferner Verwendung in der Radiotechnik sowie als Ersatz für Primärelemente in Schwachstromanlagen (vgl. auch Abschn. 198).

Gelegentlich macht man sich den Akkumulator auch in Wechselstromanlagen dienstbar. Es ist dann die Anwendung eines Umformers oder Stromrichters notwendig, der den Wechselstrom bei der Batterieladung in Gleichstrom umsetzt und gegebenenfalls den der Batterie entnommenen Gleichstrom wieder in Wechselstrom zurückverwandelt.

196. Der Betrieb der Akkumulatoren.

a) Allgemeines.

Um alle Zellen einer Akkumulatorenbatterie bequem und sicher beaufsichtigen zu können, werden sie sämtlich in einer Reihe oder in mehreren Reihen nebeneinander aufgestellt. Das Übereinander-

[1] Kosack, Schaltungsbuch für Gleich- und Wechselstromanlagen.

stellen von Akkumulatoren wird möglichst vermieden. Die Zellen sind der Reihenfolge nach mit gut sichtbaren Nummern zu versehen, da hierdurch die Führung regelmäßiger Betriebsberichte über das Verhalten der Batterie, namentlich über etwaige Störungen einzelner Zellen, wesentlich erleichtert wird. Die Aufstellung der Zellen erfolgt meistens auf einem hölzernen Gestell, das vom Fußboden gut isoliert ist, und von dem wiederum die einzelnen Zellen durch Porzellanisolatoren getrennt sind. Der Fußboden, das Holzgestell sowie die Gefäße der Elemente sind möglichst trocken zu halten, namentlich müssen auch die Isolatoren von Zeit zu Zeit abgerieben werden. Durch passende Lüftung ist für den Abzug der sich beim Laden entwickelnden Gase Sorge zu tragen. Da letztere unter Umständen explosibel sein können, so ist das Einbringen von offenen Flammen, z. B. Lötlampen, in den Akkumulatorenraum während der Überladung der Batterie im allgemeinen nicht statthaft. Die Beleuchtung des Raumes soll durch Glühlampen erfolgen, die mit Überglocken zu umschließen sind.

Innerhalb des Akkumulatorenraumes dürfen nur blanke Leitungen verlegt werden, da jede Isolation durch die Säuredämpfe sehr bald zerstört werden würde. Die Drähte werden entweder sauber geschmirgelt und mit dickem Öl oder Vaseline eingerieben, oder sie werden, wie alle übrigen Metallteile im Raume, mit einem säurefesten Anstrich versehen, der nach Bedarf zu erneuern ist. Die Leitungen dürfen wegen der damit verknüpften Gefahr nicht berührt werden. Um zu vermeiden, daß das Bedienungspersonal durch eine Unachtsamkeit der vollen Batteriespannung ausgesetzt wird, ist die Batterie so anzuordnen, daß die erste und letzte Zelle sich nicht so dicht beieinander befinden, daß sie gleichzeitig berührt werden können. Überhaupt soll die Anordnung vorschriftsgemäß so getroffen werden, daß bei der Bedienung der Batterie keinesfalls Punkte, zwischen denen eine Spannung von mehr als 250 V herrscht, der zufälligen gleichzeitigen Berührung ausgesetzt sind. Batterien für mehr als 250 V Betriebsspannung gegen Erde müssen mit einem isolierenden Bedienungsgang umgeben sein.

Akkumulatorenbatterien bedürfen der sorgfältigsten Bedienung. Falsche Behandlung kann zur Herabsetzung ihrer Lebensdauer führen. Von der liefernden Firma wird stets eine eingehende Anweisung über alle bei der Wartung der Batterie zu beachtenden Punkte gegeben, und es soll daher im folgenden nur auf die wichtigsten Bedienungsvorschriften kurz hingewiesen werden.

b) Inbetriebsetzung.

Ist die Batterie fertig aufgestellt, so wird die Füllung mit verdünnter Schwefelsäure vom spez. Gewicht 1,18 vorgenommen. Der Spiegel der Flüssigkeit soll sich mindestens 10 bis 15 mm über der Plattenoberkante befinden. Unmittelbar nach der Füllung soll mit der ersten Ladung begonnen werden, die so lange fortzusetzen ist, bis die Platten vollständig formiert sind, was im allgemeinen eine Zeitdauer von ungefähr 40 Stunden beansprucht.

c) Ladung.

Die regelmäßigen Ladungen der Batterie sind nach Bedarf vorzunehmen. In den meisten Fällen wird täglich geladen werden müssen. Die Batterie darf nie längere Zeit im entladenen Zustande stehen bleiben. Die Ladung kann mit der höchst zulässigen oder mit einer beliebig kleineren Stromstärke erfolgen. Es empfiehlt sich, gegen Schluß der Ladung mit geringerer Stromstärke zu arbeiten. Die Ladung ist dann zu unterbrechen, wenn sowohl an den positiven als auch an den negativen Platten lebhafte Gasentwicklung eintritt. Es ist dieses ein Zeichen dafür, daß eine weitere chemische Umwandlung der Platten nicht mehr erfolgt. Wird eine Batterie längere Zeit hindurch unzureichend geladen, so leidet sie, da in diesem Falle ein „Sulfatieren" der Platten eintritt, wodurch die Masse allmählich unwirksam wird. Andererseits ist es auch unvorteilhaft, die Batterie dauernd zu überladen. Dagegen wirkt eine gelegentliche Überladung auf die Batterie günstig, besonders wenn am Ende der Ladung kurze Ruhepausen eingeschaltet werden.

d) Entladung.

Ebenso wie die Ladung kann auch die Entladung mit jeder beliebigen bis zur höchstzulässigen Stromstärke erfolgen. Da bei der Entladung, wie im Abschn. 188 ausgeführt wurde, die Säure immer verdünnter wird, so nimmt ihr spez. Gewicht ab. Letzteres kann man nun mit Hilfe eines in die Flüssigkeit gebrachten Aräometers feststellen. Es ist dies ein aus Glas hergestellter Schwimmer, der um so tiefer in die Flüssigkeit eintaucht, je geringer ihr spez. Gewicht ist. Je weiter die Entladung fortschreitet, desto tiefer sinkt also das Aräometer. Hat man für eine Batterie die oberste und unterste Eintauchgrenze des Aräometers bestimmt, so kann man jederzeit aus seiner Stellung einen ungefähren Schluß auf den Ladezustand ziehen. Der Unterschied im spez. Gewicht der Säure des geladenen und des entladenen Akkumulators beträgt ungefähr 0,03 bis 0,05. Ist das spez. Gewicht im geladenen Zustand z. B. 1,21, im entladenen Zustand 1,17, so kann man bei einem spez. Gewicht von 1,19 annehmen, daß die Batterie etwa zur Hälfte entladen ist. Die Höhe der Spannung bildet dagegen keinen zuverlässigen Maßstab für den Grad der Entladung, da sie von der Entladestromstärke abhängig ist und, wenn der Batterie kein Strom entnommen wird, stets ungefähr 2,0 V pro Zelle beträgt. So schädlich auch eine zu weit getriebene Entladung der Batterie ist, so soll letztere doch andererseits mindestens von Zeit zu Zeit bis auf die unterste zulässige Grenze entladen werden.

e) Nachfüllen.

Da die Füllflüssigkeit der Zellen im Laufe der Zeit, hauptsächlich infolge Verdunstung, abnimmt, so ist ab und zu ein Nachfüllen notwendig, und zwar — je nachdem, ob das spez. Gewicht der Säure verhältnismäßig hoch oder niedrig ist — mit destilliertem Wasser oder mit verdünnter Säure. Das Wasser ist gelegentlich nach den hierfür gegebenen besonderen Anweisungen darauf zu untersuchen, ob es chlorfrei ist, da bereits ein geringer Chlorgehalt schädlich auf die Platten einwirkt. Ebenso ist die zum Füllen dienende verdünnte Schwefelsäure auf Chlor sowie auch auf schädliche Beimengungen gewisser Metalle zu untersuchen.

f) Störungen.

Stellt sich beim Laden heraus, daß die Gasentwicklung bei dem einen oder anderen Element später einsetzt als bei den übrigen in gleicher Weise beanspruchten Zellen, so ist mit Sicherheit auf einen Fehler des betreffenden Elementes zu schließen. Seine Ursache kann recht verschieden sein. Es kann z. B. innerhalb der Zelle ein Kurzschluß bestehen, etwa veranlaßt durch die unmittelbare Berührung zweier Platten verschiedener Polarität, durch herabgefallene Masse oder dgl. Bei den Schaltzellen kann der Kurzschluß einer Zelle auch durch einen Fehler am Zellenschalter bedingt sein. In jedem Falle muß nach den hierfür geltenden besonderen Vorschriften sofort Abhilfe geschaffen werden.

Um Störungen vorzubeugen, sollen sämtliche Zellen der Batterie in regelmäßigen Zeitabständen mittels einer dafür besonders geeigneten Glühlampe durchleuchtet werden. Krumm gezogene Platten sind gegen die benachbarten durch Glasröhren, Holz- oder Hartgummistäbe abzustützen. Bei Einbau von Holzscheidern dienen als Abstützmittel schmale Holzstäbe oder breite Scheiderstreifen. Der sich am Boden der Gefäße absetzende Schlamm muß, ehe er bis an die Platten heranwächst, entfernt werden, was aber nur in längeren Zeiträumen nötig ist.

197. Untersuchung von Akkumulatoren.

a) Kapazität.

Um die Kapazität einer Batterie festzustellen, muß sie, nachdem sie in normaler Weise, d. h. bis zur lebhaften Gasentwicklung an den negativen und positiven Platten aufgeladen ist, mit der vorgeschriebenen Stromstärke entladen werden, bis die Spannung auf den geringst zulässigen Wert gesunken ist. Das Produkt aus der Stromstärke und der Entladezeit, also die der Batterie entnommene Elektrizitätsmenge, gibt unmittelbar die Kapazität an, und zwar in Amperestunden, wenn die Zeit in Stunden eingesetzt wird. Läßt sich die Stromstärke während der ganzen Zeit nicht genau konstant halten, so müssen die Ablesungen in kurzen Zwischenzeiten gemacht werden, und es ist für jeden Zeitraum die Elektrizitätsmenge auszurechnen. Durch Addition aller so erhaltenen Werte findet man die Kapazität der Batterie. Der zur Feststellung der Kapazität vorzunehmenden normalen Ladung sollen, damit der Betriebszustand der Batterie ein günstiger ist, eine Aufladung mit Ruhepausen und daran anschließend eine gewöhnliche Entladung vorausgehen.

b) Wirkungsgrad.

Mitunter ist auch die Bestimmung des Wirkungsgrades der Batterie erwünscht. Um den Wh-Wirkungsgrad zu erhalten, ist, nachdem die Batterie zunächst mit Ruhepausen aufgeladen und sodann bis auf die unterste Grenze entladen ist, eine normale Ladung vorzunehmen, bei der in kurzen Zeitabständen Spannung und Stromstärke festgestellt werden. Das Produkt dieser beiden Größen, noch multipliziert mit der Zeit gibt die dem Akkumulator während des betreffenden Zeitraumes zugeführte Arbeit an, und zwar, wenn die Zeit wieder in Stunden eingeführt wird, in Wattstunden. Die Ladung ist so lange fortzusetzen, bis alle Elemente Gas entwickeln. Durch Summieren aller Einzelwerte erhält man die gesamte Ladearbeit. Auf die gleiche Art wie bei der Ladung ist bei der sich unmittelbar anschließenden Entladung die dem Akkumulator entnommene Arbeit festzustellen. Den Wirkungsgrad erhält man dann als Verhältnis von Entlade- zu Ladearbeit.

Die vorstehenden Ausführungen gelten sinngemäß auch für die Feststellung des Ah-Wirkungsgrades.

198. Der Stahlakkumulator.

Neben dem Bleiakkumulator hat sich in den letzten Jahrzehnten in ständig steigendem Maße auch der alkalische Akkumulator durchgesetzt. Ursprünglich von Edison angegeben, ist er in seinen verschiedenen Ausführungen unter dem Namen Stahlakkumulator bekannt geworden. Zerbrechliche Teile sind bei ihm völlig vermieden. Sowohl die zur Aufnahme der wirksamen Masse dienenden Träger wie auch das zu deren Unterbringung dienende Gefäß sind aus vernickeltem Stahlblech hergestellt. Die Träger sind gitterförmig ausgebildet, ihre Aussparungen dienen zur Aufnahme kleiner Behälter aus feingelochtem Stahlblech, in denen sich die wirksame Masse befindet. Die Behälter der positiven Elektrode werden entweder in Form flacher, rechteckiger Kästchen, sog. Taschen ausgeführt, oder es wird ihnen die Form kleiner Röhrchen gegeben. Je nach der Ausführungsart unterscheidet man demgemäß zwischen Taschenplatten oder Röhrchenplatten. Die negative Elektrode wird ausschließlich als Taschenplatte hergestellt. Je nach Größe der Zelle ist eine Anzahl Platten gleicher Polarität jeweils zu einem Plattensatz vereinigt, von dem aus die Stromableitung mittels eines durch den Zellendeckel herausgeführten Polbolzens erfolgt. Die Trennung der positiven und negativen Platten innerhalb des aus je einem positiven und negativen Plattensatz zusammengestellten Plattenblockes erfolgt entweder durch Stäbe oder gelochte gewellte Bleche aus Hartgummi oder einheimischem Kunststoff. Der Plattenblock ist fest in das Zellengefäß eingesetzt. Die im Deckel des Gefäßes vorgesehene Füllöffnung ist als Ventil ausgestaltet und ermöglicht den bei der Ladung sich bildenden Gasen den Abzug. Als Füllflüssigkeit dient Kalilauge von der Dichte 1,20, ihr wird eine kleine Menge Lithiumhydroxyd beigegeben, was zur längeren Erhaltung der Kapazität des Akkumulators beiträgt.

Der Stahlakkumulator wird in zwei verschiedenen Arten hergestellt, als Nickel-Eisen-Akkumulator oder als Nickel-Kadmium-Akkumulator. Beim Nickel-Eisen-Akkumulator besteht die wirksame Masse der positiven Elektrode aus Nickelhydroxyd, während die wirksame Masse der negativen Platte Eisenhydroxyd ist. Bei der Ladung geht das Nickelhydroxyd in eine höhere Oxydationsstufe über, während das Eisenhydroxyd zu metallischem Eisen reduziert wird. Bei der Entladung wird umgekehrt das Nickelhydroxyd in eine niedere Oxydationsstufe zurückgeführt, während das metallische Eisen zu Eisenhydroxyd oxydiert.

Beim Nickel-Kadmium-Akkumulator ist die wirksame Masse für die positive Elektrode die gleiche wie beim Nickel-Eisen-Akkumulator, während für die negative Platte Kadmiumhydroxyd verwendet wird. Im übrigen verlaufen die chemischen Vorgänge bei der Ladung und Entladung ganz entsprechend wie beim Nickel-Eisen-Akkumulator.

Die Entladespannung des Stahlakkumulators setzt bei ungefähr 1,35 V ein. Sie fällt langsam, und bei etwa 1,1 V ist die Entladung zu unterbrechen. Die Ladespannung steigt bis auf etwa 1,8 V an. Doch sind die angegebenen Werte bis zu einem gewissen Grade von der Ausführungsart und dem inneren Aufbau der Zellen abhängig. Da die Entladespannung des Stahlakkumulators erheblich kleiner als die des Bleiakkumulators ist, so gebraucht man bei ersterem für eine bestimmte Spannung eine größere Zahl von Zellen. Für 110 V benötigt man z. B. $\frac{100}{1,1} = 100$ Zellen, gegenüber 60 Zellen beim Bleiakkumulator.

Unter Zugrundelegung normaler Entladung und Aufladung kann beim Stahlakkumulator ein Ah-Wirkungsgrad von rund 72% und ein Wh-Wirkungsgrad von etwa 50 bis 60% angenommen werden.

Die Stahlakkumulatoren finden z. B. Verwendung für den Betrieb von Fahrzeugen aller Art, für Starterbatterien, für die Zugbeleuchtung und für Grubenlampen. Für diese und ähnliche Zwecke haben sie den Bleiakkumulator weitgehend zurückgedrängt.

199. Verschiedene Energiespeicher.

a) Wärmespeicher.

Außer der Anwendung der auf der chemischen Wirkung beruhenden und vorstehend ausführlich behandelten Akkumulatoren gibt es noch eine Reihe weiterer Möglichkeiten, um einen Belastungsausgleich in einem Elektrizitätswerk vorzunehmen. Zunächst sei auf die Wärmespeicher hingewiesen, wie sie namentlich von Ruths durchgebildet wurden, und durch welche in Dampfkraftwerken die Wärme des in Stunden geringer Belastung überschüssigen Dampfes angesammelt wird, um sie bei starkem Energiebedarf wieder nutzbar zu machen. Zum „Aufladen“ des Speichers wird der Dampf in das Wasser eines dafür eingerichteten Kessels eingeblasen, das hierdurch die dem Dampf innewohnende Wärme unter Drucksteigerung aufnimmt, sie aber bei Drucksenkung, „Entladen“ des Speichers, wieder abgibt.

b) Hydraulische Speicher.

Für Wasserkraftwerke hat die hydraulische Speicherung große Bedeutung. Es wird das zu Zeiten schwacher Netzbelastung nicht benötigte Wasser durch elektrisch angetriebene Pumpen in ein hochgelegenes Sammelbecken gefördert, aus dem es nach Bedarf wieder entnommen werden kann, um es zur Erzeugung elektrischer Energie zu verwenden. Je nach der Größe des Beckens kann ein Tagesausgleich erzielt werden, indem des Nachts gespeichert und die dadurch verfügbare Energie zur Deckung der täglichen Belastungsspitze herangezogen wird, oder es kann auch ein Jahresausgleich erfolgen, indem in den wasserreichen Monaten das Sammelbecken gefüllt und ihm das Wasser in den trockenen Monaten wieder entnommen wird. Trotzdem mit dem Verfahren große Verluste verbunden sind. hat es sich doch in vielen Fällen als wirtschaftlich erwiesen.

Zur Deckung der Tagesspitze kann eine hydraulische Speicherung selbst in Dampfkraftwerken Nutzen bieten, wenn in der Nähe der elektrischen Zentrale Wasser verfügbar ist und das Gelände die Möglichkeit bietet, ein Hochbecken anzulegen.

c) Mechanische Speicher.

Bei rasch wechselnden Belastungen, wie sie namentlich bei Förder- und Walzwerksanlagen vorkommen, werden zum Ausgleich häufig Schwungräder angewendet. Diese werden während der Ruhepausen oder des Leerlaufs der Antriebsmotoren durch die dem Netz entnommene elektrische Energie beschleunigt, geben aber die dabei in ihnen aufgespeicherte Energie während der Arbeitsperioden wieder heraus. Derartige Anlagen werden mit einem Anlaßsatz in LEONARD-Schaltung (s. Abschn. 105) ausgestattet, und das Schwungrad wird auf dessen Welle gesetzt: Methode von ILGNER. Ist ein Drehstromnetz vorhanden, so wird statt des zum Antrieb der Gleichstrom-Steuerdynamo in Abb. 150 angegebenen Gleichstrommotors ein Drehstrom-Induktionsmotor benutzt, Abschn. 153.

Durch die Wirkung des Schwungrades wird die Belastung der Stromerzeuger gleichmäßiger gestaltet. Das Schwungrad vertritt die Stelle einer Pufferbatterie, nur daß bei ihm die Aufspeicherung nicht in der Form von chemischer, sondern von mechanischer Energie erfolgt. Gegenüber einer Akkumulatorenbatterie besitzt das Schwungrad den Vorteil geringerer Anschaffungskosten, dagegen ist die Ausgleichswirkung weniger vollkommen, und vor allem ist durch das Schwungrad keine länger vorhaltende Reserveenergiequelle gegeben.

Dreizehntes Kapitel.

Elektrische Beleuchtung.

200. Allgemeines.

Bald nachdem man gelernt hatte, den elektrischen Strom maschinenmäßig herzustellen, ging man dazu über, ihn in großem Maßstabe für die Zwecke der elektrischen Beleuchtung nutzbar zu machen, die heute dank ihrer vielfachen Vorzüge unter allen Beleuchtungsarten die erste Stelle einnimmt. Das elektrische Licht zeichnet sich durch größte Feuersicherheit aus, seine Kosten sind verhältnismäßig gering, und mit seiner Anwendung ist eine Reihe von Bequemlichkeiten verknüpft, die in gleich hohem Maße keiner anderen Beleuchtungsart zukommen.

Im folgenden sollen die Lampen, deren es eine Anzahl verschiedener Arten, für kleine und große Lichtwirkungen, gibt, eingeteilt werden in Glühlampen, Bogenlampen und Gasentladungslampen.

201. Lichttechnische Grundbegriffe.

a) Lichtstärke.

Das Licht einer Lampe wird im allgemeinen nicht gleichmäßig nach den verschiedenen Richtungen ausgestrahlt, vielmehr können erhebliche Unterschiede in der Lichtverteilung auftreten. Bildet man den Mittelwert aus den Lichtstärken nach allen Richtungen im Raum, so erhält man die mittlere räumliche Lichtstärke, durch das Zeichen ○ gekennzeichnet. Wird nur das von der Lampe in der Richtung der größten Helligkeit ausgestrahlte Licht in Betracht gezogen, so findet man ihre Höchstlichtstärke.

Um die Lichtstärke einer Lampe zu bestimmen, wird sie hinsichtlich des von ihr ausgestrahlten Lichtes mit einer Lichteinheit verglichen. Diesem Zwecke dienende Meßapparate werden Photometer genannt. Als Einheit der Lichtstärke ist in Deutschland die Hefnerkerze (HK) eingeführt[1]. Es ist dies die Lichtstärke einer mit Amylazetat gespeisten Lampe, deren Dochtdurchmesser 8 mm und deren Flammenhöhe 40 mm beträgt.

b) Lichtstrom.

Der für die Lichttechnik wichtigste Begriff ist der Lichtstrom. Dieser erfaßt das gesamte von der Lampe ausgehende Licht und wird in der Einheit Lumen (lm) angegeben. Wird die in Hefnerkerzen gemessene mittlere räumliche Lichtstärke einer Lampe mit J_0, der Lichtstrom in Lumen mit Φ bezeichnet, so besteht die Beziehung

$$\Phi = 4\pi \cdot J_0 = 12{,}56 \cdot J_0. \qquad (92)$$

Eine Lampe, deren mittlere räumliche Lichtstärke $\frac{1}{12{,}56}$ HK beträgt, sendet also einen Lichtstrom von 1 lm aus.

Bezieht man den Lichtstrom in Lumen auf die Einheit der Leistung, das Watt, so erhält man als ein Maß für die Wirtschaftlichkeit einer Lampe die Lichtausbeute.

c) Beleuchtungsstärke.

Ein weiterer für die Lichttechnik wichtiger Begriff ist derjenige der Beleuchtung. Wie hell ein Gegenstand von einer Lichtquelle be-

[1] Als internationale Einheit der Lichtstärke gilt die Candela oder „Neue Kerze". Sie ist etwa 10% größer als die Hefner-Kerze.

leuchtet wird, hängt nicht nur von deren Lichtstärke ab, sondern auch von der gegenseitigen Entfernung, und zwar ist die Helligkeit eines Punktes der auf ihn fallenden Lichtstärke direkt und dem Quadrate seines Abstandes von der Lichtquelle umgekehrt proportional. Den Quotienten aus Lichtstärke und Quadrat des Abstandes nennt man nun die Beleuchtungsstärke an dem betr. Punkte. Als Einheit der Beleuchtungsstärke ist das Lux (lx) festgesetzt. Es ist das diejenige Beleuchtung, welche durch die Lichtstärke von 1 HK in der Entfernung von 1 m erzielt wird. Die Beleuchtungsstärke kann auch als mittlere Flächenhelligkeit aufgefaßt werden, da sie gleich dem auf die beleuchtete Fläche fallenden Lichtstrom ist, bezogen auf die Flächeneinheit, das Quadratmeter. Fällt der Lichtstrom Φ (in lm gemessen) auf eine Fläche F (in m^2), so ist demnach die Beleuchtungsstärke (in lx):

$$E = \frac{\Phi}{F}. \tag{93}$$

Eine ausreichende Beleuchtung ist nicht nur aus Gesundheitsrücksichten, sondern auch zur Erhöhung der persönlichen Leistungsfähigkeit erforderlich. Die Beleuchtungsstärke am Arbeitsplatz in Arbeitsräumen für grobe Arbeit (z. B. Schmiede) soll mindestens 40 lx betragen, für mittelfeine Arbeit (Schlosserei) ist eine solche von 80 lx erforderlich, feine Arbeit (Feinmechanik) benötigt eine Beleuchtung von 160 lx, und für besonders feine Arbeit (Uhrmacherwerkstatt) sind 1000 lx erwünscht; dabei soll eine Allgemeinbeleuchtung dieser Räume von mindestens 20 bis 40 lx angestrebt werden. In Wohnräumen soll die Beleuchtungsstärke am Tisch 80 lx, in der Küche am Herd 40 lx, im übrigen in diesen Räumen 20 lx nicht unterschreiten. Unterrichtsräume, Zeichensäle, Festsäle usw. erfordern entsprechend höhere Beleuchtungsstärken.

Beispiele: 1. Die Lichtstärke einer Lampe beträgt 50 HK_0. Welcher Lichtstrom geht von der Lampe aus?

Nach Gl. (92) ist der Lichtstrom

$$\Phi = 12{,}56 \cdot 50 = 628 \text{ lm}.$$

2. Welchen Lichtstrom liefert eine Lampe bei einem Leistungsaufwand von 1000 W, wenn die Lichtausbeute zu 21 lm/W angenommen werden kann?

Der Lichtstrom beträgt

$$\Phi = 1000 \cdot 21 = 21000 \text{ lm}.$$

3. In einem Büroraum von $8 \times 5 \text{ m}^2$ Bodenfläche sind 2 Lampen mit einem Lichtstrom von je 3220 lm aufgehängt. Welches ist die mittlere Horizontalbeleuchtung des Raumes?

Würde der gesamte Lichtstrom lediglich auf dem Boden des Raumes zur Wirkung kommen, so ließe sich die Beleuchtungsstärke nach Gl. (93) berechnen. Nun dient aber ein Teil des Lichtes dazu, auch Wände und Decken aufzuhellen, von denen allerdings auch wieder Licht zurückgeworfen wird. Um die Horizontalbeleuchtung — d. h. die Beleuchtungsstärke 1 m über Fußboden — zu erhalten, muß daher noch ein Raumfaktor berücksichigt werden, der je nach dem Zustande des Raumes (weiße oder farbige Wände usw.) verschieden ist und außerdem von der Beleuchtungsart (s. Abschn. 206) abhängt. Wird der Raumfaktor mit r bezeichnet, so kann demnach die Horizontalbeleuchtung gefunden werden aus der Formel:

$$E = r\frac{\Phi}{F}.$$

Erfahrungsgemäß liegt der Raumfaktor zwischen 0,3 und 0,6. Rechnet man mit dem Wert 0,45 so ergibt sich für die gesuchte Beleuchtung:

$$E \quad 0{,}45\,\frac{2\cdot 3220}{40} = 72\,\mathrm{lx}\,.$$

A. Glühlampen.

202. Die Entwicklung der Glühlampe.

Da ein Metalldraht beim Durchgang des elektrischen Stromes sich erwärmt und dabei glühend werden kann, so lag es nahe, die dabei auftretende Lichtwirkung für Beleuchtungszwecke nutzbar zu machen. Doch stellten sich der Herstellung einer auf der Erwärmung eines Metalldrahtes beruhenden brauchbaren elektrischen Glühlampe zunächst unüberwindliche Schwierigkeiten entgegen, da man kein Metall kannte, das, selbst im luftleeren Raume, eine Erhitzung auf intensive Weißglut, die für eine wirksame Lichtausstrahlung notwendig ist, dauernd verträgt. Es zeigt sich, daß z. B. das Platin, auf das man die größten Hoffnungen gesetzt hatte, für diesen Zweck durchaus ungeeignet war. Man behalf sich daher lange Zeit in der Weise, daß man statt eines Metalldrahtes einen Faden aus Kohle verwendete. Erst um das Jahr 1900 gelang es Auer, in dem Osmium ein für Glühlampen brauchbares Metall von besonders hohem Schmelzpunkt ausfindig zu machen und es zu Glühfäden zu verarbeiten. Er brachte das Metall in feinste Verteilung und mischte es mit sirupartigen Bindemitteln. Das Gemisch preßte er durch kleine Öffnungen hindurch. Auf diese Weise ergaben sich äußerst feine Fäden, aus denen durch Erhitzen und weitere chemische Behandlung das Bindemittel entfernt wurde, so daß Fäden aus dem reinen Metall zurückblieben. Später erwiesen sich für die Zwecke einer Glühlampe dem Osmium andere Metalle noch überlegen, so das Tantal und das Wolfram. Heute kommt wohl nur noch das letztgenannte Metall zur Verwendung. Die moderne Glühlampe ist also eine Wolframlampe. In Anlehnung an die frühere Osmiumlampe werden die Wolframlampen der Osramgesellschaft, die aus der von Auer gegründeten Gesellschaft hervorgegangen ist und hinsichtlich der Herstellung der Metallfadenlampen bahnbrechend gewirkt hat, unter dem Namen Osramlampen geführt. Während die Fäden der Wolframlampen früher, ähnlich wie bei der Osmiumlampe, durch Pressen und nachheriges Präparieren hergestellt wurden, wird heute nur noch gezogener Draht verwendet, der in einem meist birnen- oder kugelförmigen Glasgefäß untergebracht wird.

Früher wurde bei den Glühlampen in der Regel die abgegebene Lichtstärke in HK angegeben, heute werden sie allgemein ihrer Größe nach durch die aufgenommene Leistung in Watt gekennzeichnet.

203. Die Metalldrahtlampe.

a) Die Wolframlampe mit gestrecktem Leuchtdraht.

Bei den älteren Metalldrahtlampen wurde der Leuchtdraht, der, um ein Verbrennen desselben zu verhindern, in einen luftleer gepumpten

Glasbehälter untergebracht wird, zwischen zwei in geringem Abstand voneinander befindlichen sternartigen Haltern zickzackartig ausgespannt, eine Ausführung, die in bestimmten Fällen auch heute noch angewendet wird. Lampen dieser Art sollen als solche mit gestrecktem Leuchtdraht bezeichnet werden. Sie senden ihr Licht, wie die in Abb. 257 wiedergegebene Lichtverteilungskurve zeigt, vorwiegend senkrecht zur Richtung des Glühdrahtes aus. Ist dieser, wie das meistens der Fall ist, parallel zur Lampenachse ausgespannt, und werden die Lampen vertikal aufgehängt, so tritt die Höchstlichtstärke also in horizontaler Richtung auf.

b) Die Wendeldrahtlampe.

Der in den Lampen unterzubringende Glühdraht kann auch schraubenförmig gewunden werden. Durch enge Wicklung wird das ganze Leuchtsystem auf einen kleinen Raum zusammengedrängt. Lampen

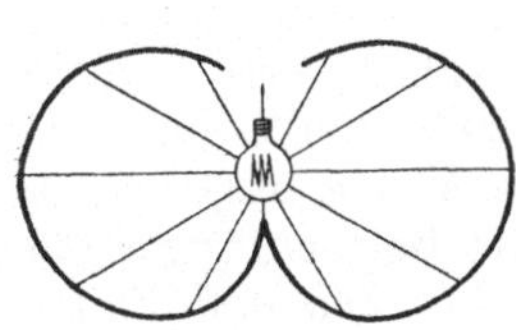

Abb. 257. Lichtverteilungskurve der Metalldrahtlampe mit gestrecktem Leuchtdraht.

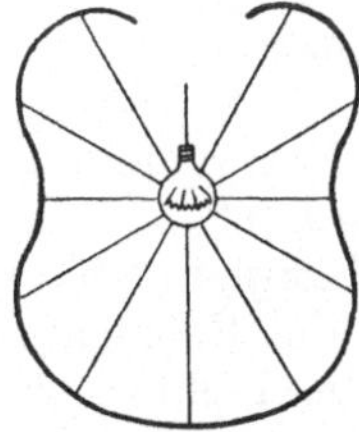

Abb. 258. Lichtverteilungskurve der Wendeldrahtlampe mit ringförmiger Drahtaufhängung.

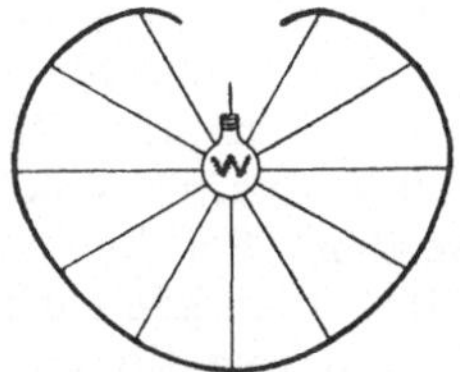

Abb. 259. Lichtverteilungskurve der Wendeldrahtlampe mit girlandenförmiger Drahtaufhängung.

mit derartigem Leuchtkörper werden Wendeldrahtlampen genannt. Während die kleineren Wendeldrahtlampen meistens mit Luftleere arbeiten, kommt für größere Leistungen eine Gasfüllung zur Anwendung. Namentlich wird Stickstoff sowie besonders das Edelgas Argon verwendet. Die Gasfüllungslampe ermöglicht es, den Draht auf eine höhere Temperatur zu bringen, als dies bei den luftleeren Lampen möglich ist, da der Gasdruck der Zerstäubung des Glühdrahtes entgegenwirkt. Die Folge hiervon ist bei ungefähr gleicher Lebensdauer eine bessere Lichtausbeute. Auch besitzt das Licht infolge der hohen Temperatur einen blendend weißen Glanz.

In neuerer Zeit wird als Füllgas auch das Edelgas Krypton verwendet, welches infolge seiner geringen Wärmeleitfähigkeit es ermöglicht, den Glühdraht auf eine noch höhere Temperatur zu bringen, als dies bei der sonst üblichen Füllung möglich ist. Die Lichtausbeute wird dadurch weiter erhöht, doch wird die Kryptonlampe vorläufig nur für kleinere Einheiten hergestellt.

Der Leuchtdraht kann bei den Wendeldrahtlampen in Ringform aufgehängt werden, wobei sich die in Abb. 258 dargestellte Lichtverteilungskurve ergibt. Oder er kann in Girlandenform untergebracht werden, wobei die Lichtverteilungskurve der Abb. 259 entspricht.

In jedem Falle fällt ein großer Teil des Lichtes nach unten. Um eine Blendung zu vermeiden, werden die Lampen kleiner und mittlerer Leistung im allgemeinen mit einer Innenmattierung des Glases versehen, wodurch auch die Lichtverteilung gleichmäßiger gestaltet wird.

Indem man den schraubenförmig gewickelten Draht nochmals wendelt, erhält man die Doppelwendellampe, die sich hinsichtlich des Leistungsverbrauchs noch günstiger verhält als die Einfachwendellampe.

Infolge der außerordentlichen Feinheit der Drähte sind die Lampen gegen grobe Stöße und fortgesetzte Erschütterungen nicht unempfindlich. Richtige Behandlung vorausgesetzt beträgt die mittlere Lebensdauer der Lampen etwa 1000 Brennstunden. Kleinere Lampen — bis zu einer Leistungsaufnahme von 40 W — werden heute für eine mittlere Lebensdauer von 1500 Brennstunden ausgelegt. Zu beachten ist, daß mit einer längeren Lebensdauer der Lampen eine geringere Lichtausbeute verbunden ist.

Bei den kleineren Wendeldrahtlampen kann mit einer Lichtausbeute von ungefähr 9 lm/W gerechnet werden; sie steigt bei der 100-Watt-Lampe bis auf etwa 14 lm/W, bei der Doppelwendellampe gleicher Größe bis auf über 15 lm/W an. Diese Zahlenwerte beziehen sich auf Lampen für eine Netzspannung von 220 V, bei Lampen für 110 V Spannung können um etwa 10% höhere Werte angenommen werden. Bei den größten Lampen, wie sie für die Beleuchtung großer Säle sowie namentlich für die Beleuchtung von Straßen und Plätzen Anwendung finden, geht die Lichtausbeute bis auf etwa 21 lm/W in die Höhe.

Beispiel: Eine Wendeldrahtlampe für 40 W liefert bei 220 V einen Lichtstrom von 400 lm, die Doppelwendellampe einen solchen von 480 lm. Wie groß sind Lichtausbeute und Lichtstärke beider Lampen?

Die Lichtausbeute der Einfachwendellampe ist

$$\frac{400}{40} = 10\,\mathrm{lm/W};$$

sie liefert eine Lichtstärke, entsprechend Gl. (92):

$$J_0 = \frac{400}{12{,}56} = \text{ca. } 32\,\mathrm{HK}.$$

Für die Doppelwendellampe ergibt sich eine Lichtausbeute von

$$\frac{480}{40} = 12\,\mathrm{lm/W}$$

und eine Lichtstärke:

$$J_0 = \frac{480}{12{,}56} = \text{ca. } 38\,\mathrm{HK}.$$

204. Netzanschluß der Lampen.

Die in einer Beleuchtungsanlage verwendeten Glühlampen werden im allgemeinen sämtlich parallel geschaltet. Die Hintereinanderschaltung einzelner Lampen kommt nur ausnahmsweise vor.

Um die Lampen in bequemer Weise an das Netz anschließen zu können, werden die Enden des Glühdrahtes mittels etwas kräftigerer

Drahtstücke aus dem Gefäß herausgeführt und mit voneinander isolierten Kontaktstücken des Lampensockels in Verbindung gebracht. Der Sockel paßt in die Lampenfassung, die zwei entsprechend ausgebildete Kontaktteile besitzt, die mit dem Netz in Verbindung stehen und die Stromzuführung zur Lampe vermitteln. Bei dem sehr gebräuchlichen Edisonsockel ist das eine Kontaktstück zylindrisch ausgeführt und, da es gleichzeitig zum Einschrauben der Lampe in die Fassung dient, mit Gewinde versehen; das andere Kontaktstück ist in Form eines runden Metallplättchens am Fuße der Lampe angebracht. Die Fassungen müssen berührungsschutzsicher ausgebildet sein derart, daß die stromführenden Teile bei eingesetzter Lampe der zufälligen Berührung entzogen sind, und zwar muß der Berührungsschutz auch während des Einsetzens und Herausnehmens der Lampe wirksam sein.

Glühlampen werden für alle vorkommenden Spannungen, im allgemeinen jedoch für nicht mehr als 250 V hergestellt. Spannungsschwankungen im Netz machen sich an der Lampe durch Helligkeitsunterschiede bemerkbar. Diese werden jedoch bei der Metalldrahtlampe dadurch gemildert, daß sich die mit jeder Temperaturänderung verbundene Widerstandsänderung des Drahtes einer Änderung der Stromstärke widersetzt. Nimmt z. B. die Spannung, an welche die Lampe angeschlossen ist, um einige Volt zu, so wird die Stromstärke nicht in demselben Verhältnisse wachsen wie die Spannung, weil der Widerstand des Glühdrahtes infolge seiner durch die größere Stromstärke bedingten höheren Erwärmung ebenfalls etwas anwächst. Umgekehrt nimmt bei abnehmender Spannung die Stromstärke in der Lampe nicht in dem gleichen Maße ab, wie die Spannung fällt. Trotzdem ist es Glühlampen nicht zuträglich, wenn sie dauernd an eine zu hohe Netzspannung gelegt werden. Schon durch eine verhältnismäßig geringe Überspannung wird ihre Lebensdauer erheblich abgekürzt.

205. Die Kohlefadenlampe.

Es wurde bereits im Abschn. 202 darauf hingewiesen, daß man sich vor der Erfindung der modernen Metalldrahtlampen der Kohlefadenlampe bediente. Glühlampen dieser Art wurden bereits um das Jahr 1854 von Goebel, einem Deutschen, der in Amerika lebte, hergestellt, zu einer Zeit also, in der die Vorbedingungen für eine allgemeine elektrische Beleuchtung noch nicht gegeben waren. 25 Jahre später, im Jahre 1879, wurde sie gleichzeitig von Edison und Swan von neuem erfunden. Kohle läßt sich im luftleeren Raume auf eine hohe Temperatur bringen, ohne zu verbrennen, und eignete sich nach dem damaligen Stande der Technik daher besser für die Zwecke einer Glühlampe als die bekannten Metalle.

Der Kohlefaden wird künstlich hergestellt, und zwar aus Zellstoff. In teigflüssigem Zustande wird dieser durch feine Öffnungen gepreßt, so daß Fäden entstehen. Diese werden nach dem Erstarren in einem Karbonisierofen in Kohle übergeführt. Die äußere Form der Kohlefadenlampe entspricht im wesentlichen derjenigen der Metalldrahtlampe, der sie als Vorbild gedient hat.

Da die Kohle einen im Vergleich zu den Metallen sehr hohen spez. Widerstand hat, so können verhältnismäßig kurze und dicke Fäden verwendet werden, die eine genügende Festigkeit haben, um selbst heftigen Erschütterungen zu widerstehen. Dagegen wird die Helligkeit der Kohlefadenlampe durch Spannungsschwankungen in höherem Maße beeinflußt als die der Metalldrahtlampe. Es ist dieses darauf zurückzuführen, daß der Widerstand der Kohle mit zunehmender Temperatur nicht wie bei den Metallen steigt, sondern fällt.

Die Nutzbrenndauer der Kohlefadenlampen beträgt ungefähr 600 Stunden. Innerhalb dieser Zeit läßt die Leuchtkraft infolge allmählichen Zerstäubens bzw. Verdampfens des Fadens im allgemeinen so weit nach, daß ein Ersatz durch eine neue Lampe erfolgen muß. Die Lichtausbeute der Lampe beträgt nur ungefähr 3,5 lm/W, steht also derjenigen der Metalldrahtlampe erheblich nach. Namentlich dieser Umstand hat dazu geführt, daß die Kohlefadenlampe, der der erste wirtschaftliche Aufschwumg der Elektrotechnik zu danken ist, heute durch die Metalldrahtlampe nahezu völlig verdrängt worden ist.

206. Leuchten für Glühlampen.

Von wesentlicher Bedeutung für die Beurteilung einer Lampe ist deren Leuchtdichte. Man versteht unter der Leuchtdichte einer Fläche in einer bestimmten Richtung die Lichtstärke der Fläche in dieser Richtung, bezogen auf die senkrechte Projektion der Fläche in cm^2 auf eine zu dieser Richtung senkrechte Ebene. Die Leuchtdichte wird in der Einheit Stilb Sb) angegeben. Diese wird erhalten, wenn die Lichtstärke 1 HK von einer ebenen Fläche von 1 cm^2 in senkrechter Richtung ausgestrahlt wird.

Die Leuchtdichte der Glühlampen ist im Laufe der Zeit infolge Zusammendrängung des Leuchtkörpers, verbunden mit höherer Temperatur desselben, immer größer geworden,. Mit einer großen Leuchtdichte ist aber eine starke Blendung des Auges verbunden. Um diese zu vermeiden oder abzuschwächen, werden namentlich kleinere Lampen, wie bereits in Abb. 203 b angegeben wurde, innenmattiert ausgeführt, oder es wird für sie Opalglas benutzt. Bei größeren Lampen ist die Anwendung von Leuchten mit lichtstreuenden Gläsern oder abschirmenden Reflektoren unerläßlich. Durch die Leuchten läßt sich gleichzeitig die Lichtausstrahlung so beeinflussen, wie es für den jeweiligen Zweck am günstigsten ist. So kann bei den Leuchten für direktes Licht das Licht durch tiefe Reflektoren zusammengefaßt werden: Tiefstrahler. Es kann aber auch durch entsprechende Ausbildung der Glocken eine lichtstreuende und daher eine mehr in die Breite gehende Wirkung erzielt werden, wie sie namentlich für Straßen- und Platzbeleuchtung wünschenswert ist: Breitstrahler. Leuchten für halbindirektes Licht sind so eingerichtet, daß nur ein Teil des Lichtes nach unten fällt, das übrige Licht dagegen an die Decke des

Raumes geworfen wird, von der es, die Beleuchtung gleichmäßiger gestaltend, zurückgeworfen wird. Bei den Leuchten für indirektes Licht wird das Licht lediglich nach oben gestrahlt, wodurch eine besonders gleichmäßige, schattenfreie Raumbeleuchtung erzielt werden kann.

B. Bogenlampen.

207. Das Bogenlicht.

Während das elektrische Glühlicht zunächst nur für kleinere Lichtstärken geeignet war, dagegen für mittlere und größere Lichtwirkungen das Bogenlicht das Feld beherrschte, haben sich seit der Erfindung der hochkerzigen gasgefüllten Wendeldrahtlampe die Verhältnisse mehr und mehr zugunsten des Glühlichtes verschoben. Wenn die Bogenlampe, trotzdem sie infolge der hohen Temperatur des Lichtbogens eine günstige Lichtausbeute ermöglicht, für Beleuchtungszwecke heute nur

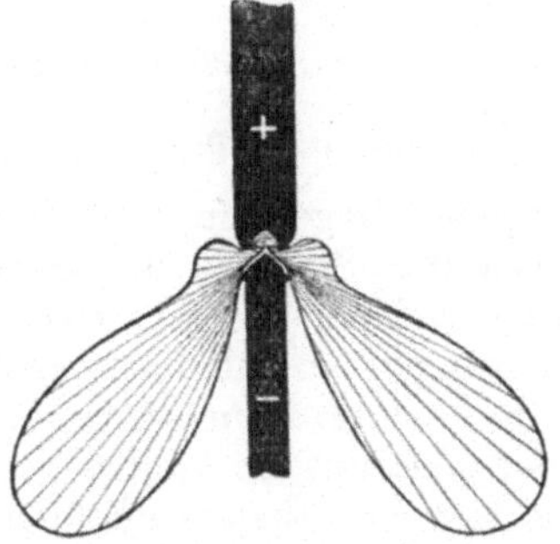

Abb. 260. Lichtverteilung eines Gleichstromlichtbogens

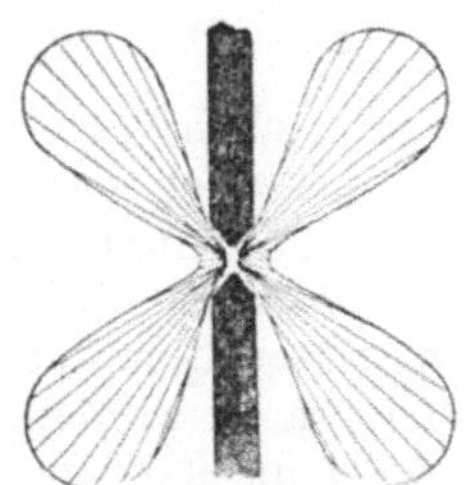

Abb. 261. Lichtverteilung eines Wechselstromlichtbogens.

noch eine beschränkte Verwendung findet, so ist das namentlich auf die hohen Kosten der Lampe selbst wie auch vor allem des Kohlenersatzes zurückzuführen. Für viele Sonderzwecke, als Kopier- und Reproduktionslampe, für Scheinwerfer usw., ist jedoch das Bogenlicht bisher unübertroffen.

Die Bogenlampen arbeiten in den weitaus meisten Fällen mit Kohleelektroden. Werden sie mit Gleichstrom betrieben, so zeigen die beiden Kohlen ein abweichendes Verhalten. Dies kommt namentlich zum Ausdruck, wenn dieselben vertikal übereinander angeordnet werden. Die mit dem positiven Pol der Stromquelle verbundene Kohle wird durch den Lichtbogen kraterförmig ausgehöhlt, während sich die negative Kohle kegelförmig zuspitzt. Auch brennt die positive Kohle, da sie eine höhere Temperatur annimmt als die negative, schneller ab. Um ein gleichmäßiges Abbrennen beider Kohlen zu erzielen, verwendet man daher meistens eine dicke positive und eine dünnere negative Kohle. Da das Licht hauptsächlich von der positiven Kohle ausgestrahlt wird, so wird diese in der Regel über der negativen angebracht. Das Licht fällt dann vorwiegend nach unten. Die Lichtverteilung ist in Abb. 260 dargestellt.

Beim Betrieb mit Wechselstrom fällt der Unterschied im Abbrande beider Kohlen naturgemäß fort. Beide Stifte spitzen sich zu, und das Licht wird nach unten und nach oben ausgestrahlt (Abb.261). Um auch das nach oben fallende Licht auszunutzen, muß es durch einen Reflektor nach unten geworfen werden.

Bogenlampen erhalten grundsätzlich einen Vorschaltwiderstand. Dieser hat dafür zu sorgen, daß beim Einschalten der Lampe, während der Berührung der Kohlen, die Stromstärke im Lampenkreise nicht zu sehr anwächst. Auch trägt er zur Beruhigung des Lichtes bei. Dies ist darauf zurückzuführen, daß bei einer Änderung der Lichtbogenlänge die damit verbundene Änderung im Widerstande des Bogens sich hinsichtlich ihrer Wirkung auf die Stromstärke weniger bemerkbar macht, wenn ein konstanter Widerstand dauernd vorgeschaltet ist, als wenn die Stromstärke allein durch den Lichtbogen bestimmt wird.

Bei Wechselstromlampen kann an die Stelle des Vorschaltwiderstandes eine Drosselspule treten.

208. Das Regulierwerk der Bogenlampen.

Ein wesentlicher Bestandteil einer jeden Bogenlampe ist das Regulierwerk, das nach dem Einschalten des Stromes den Lichtbogen selbsttätig herstellt und ihn dauernd bei gleicher Länge aufrecht erhält. Ihm fallen demnach folgende Verrichtungen zu: sind die Kohlestifte von vornherein nicht miteinander in Berührung, so müssen sie zunächst zusammengebracht werden, alsdann sind sie um ein kleines Stück auseinanderzuziehen, und schließlich müssen sie, dem allmählichen Abbrande entsprechend, immer wieder einander genähert werden.

In den meisten Fällen wird der Reguliermechanismus elektromagnetisch betätigt. Auf die Kohlenstifte wirken zwei Kräfte ein, eine Kraft, die bestrebt ist, die Kohlen zusammenzubringen, und eine Kraft, die bemüht ist, sie auseinanderzuziehen. Bei der für die betreffende Lampe vorgesehenen Lichtbogenlänge halten sich die beiden Kräfte das Gleichgewicht. Während die eine Kraft durch einen Elektromagneten bewirkt wird, kann die andere mechanisch, etwa durch eine Feder, ausgeübt werden. Ohne auf die Regulierungsmöglichkeiten im einzelnen näher einzugehen, sei bemerkt, daß bei der sog. Hauptschlußlampe die Wicklung des Elektromagneten vom vollen Lampenstrom durchflossen wird: die Wicklung besteht aus verhältnismäßig wenigen Windungen dicken Drahtes. Bei der Nebenschlußlampe liegt dagegen die Magnetspule parallel zum Lichtbogen, und sie wird nur von einem kleinen Teilstrom beeinflußt: die Spule setzt sich aus vielen Windungen dünnen Drahtes zusammen. Eine rein elektromagnetische Regelung erfährt die Differentiallampe, bei der unter Fortfall einer mechanischen Kraft die Regulierung durch zwei Elektromagnete besorgt wird, von denen der eine durch eine Hauptschluß-, der andere durch eine Nebenschlußspule erregt wird. Jede der Regulierungsarten gibt der Lampe besondere Eigenschaften, die auch ihre Verwendung bestimmen. Durch Einführung einer Dämpfung wird erreicht, daß die Regulierung nicht stoßweise, sondern allmählich erfolgt. Dadurch werden Lichtschwankungen vermieden.

209. Offene Bogenlampen.

Offene Bogenlampen sind solche, bei denen die Luft frei zum Lichtbogen gelangen kann, ihr Zutritt also nicht wesentlich durch die den Bogen umschließende gläserne Schutzglocke beeinträchtigt wird. Derartige Lampen arbeiten mit einem verhältnismäßig kurzen Lichtbogen. Die Spannung der Lampen ist von der Stromstärke abhängig. Sie beträgt bei Gleichstromlampen in der Regel 35 bis 45 V, bei Wechselstromlampen gewöhnlich 25 bis 35 V. Zur besseren Ausnutzung der Netzspannung müssen daher mehrere Lampen hintereinander geschaltet werden. Die Brenndauer der Kohlestifte beträgt bei den offenen Lampen in der Regel 10 bis 20 Stunden.

a) Lampen mit Reinkohlen.

Für die Bogenlampen können Reinkohlenstifte benutzt werden, die künstlich aus Ruß oder Koks hergestellt werden. Bei Gleichstromlampen wird die positive Kohle mit einem Dochte aus besonders leicht brennbarer Kohle versehen, wodurch der Lichtbogen stets in der Achse der Kohlestifte erhalten bleibt, ein „Tanzen" des Bogens also vermieden wird. Bei Wechselstromlampen erhalten meistens beide Kohlen Dochte.

Die Lichtausbeute einer mit Reinkohlen ausgestatteten Bogenlampe für Gleichstrom ist je nach ihrer Größe verschieden und kann im Mittel zu rund 15 lm/W angenommen werden. Bei Wechselstromlampen ist sie erheblich geringer. Die Lampe findet — mit Hand- oder selbsttätiger Regulierung — vielfach Verwendung für den Betrieb von Bildwerfern (Projektionsapparaten).

b) Lampen mit Effektkohlen.

Eine wesentlich bessere Lichtausbeute als mit Reinkohlen wird mit Effektkohlen erzielt, Kohlen, die mit Metallsalzen imprägniert sind. Die Salze verflüchtigen sich im Betriebe, und der Lichtbogen nimmt einen mehr flammenähnlichen Charakter an. Man bezeichnet daher Lampen mit Effektkohlen wohl auch als Flammenbogenlampen. Durch die leuchtenden Dämpfe wird einerseits der vom Bogen ausgehende Lichtstrom vergrößert, andererseits auch dem Licht eine von der Art des Salzes abhängige Färbung erteilt, doch ist das von Effektkohlen stammende Licht im allgemeinen weniger ruhig als das von Reinkohlen herrührende.

Die Lichtausbeute der Flammenbogenlampen ist besonders hoch und kann 40 lm/W übersteigen. Trotzdem wird die Lampe wegen der Unbequemlichkeit und der Kosten des Kohleersatzes für Beleuchtungszwecke heute kaum noch verwendet.

210. Geschlossene Bogenlampen.

Um ein langsameres Abbrennen der Kohlestifte zu erreichen, kann man den Lichtbogen derartig in einen Glaszylinder einschließen oder die Schutzglocke so eng gestalten, daß der Zutritt der Luft, wenn auch nicht ganz verhindert, so doch wesentlich eingeschränkt wird. Man erhält dann die geschlossenen Bogenlampen, auch Dauerbrandlampen genannt.

a) Lampen mit Reinkohlen.

Die Aufrechterhaltung des Lichtbogens, der wesentlich länger als bei den offenen Lampen ist, erfordert eine Spannung von ungefähr 70 bis 80 V. Dauerbrandlampen können daher unter Verwendung eines geeigneten Vorschaltwiderstandes einzeln an eine Netzspannung von ungefähr 110 V angeschlossen werden. Man kann bei den Lampen, trotz Verwendung dünner Kohlen, eine Brenndauer bis zu 200 und mehr Stunden erzielen. Doch ist die Lichtausbeute kleiner als bei den offenen Lampen. Andererseits ist das Licht reich an chemisch wirksamen Strahlen, und die Lampe wird daher vielfach für photographische Zwecke und zum Kopieren benutzt.

b) Lampen mit Effektkohlen.

Auch für Lampen mit beschränktem Luftzutritt können Effektkohlen benutzt werden. Die Anwendung derselben wird dadurch ermöglicht, daß die Lampenglocke mit einem besonderen Kondensraum zum Niederschlagen der sich entwickelnden Rauchgase versehen wird. Die Lampenspannung liegt gewöhnlich zwischen 40 und 50 V, die Brenndauer je Kohlenpaar beträgt etwa 120 Stunden.

Die Dauerbrand-Flammenbogenlampe wurde für Straßenbeleuchtung vielfach benutzt. Ihre Lichtausbeute liegt zwischen 20 und 30 lm/W.

211. Die Wolframbogenlampe.

Es hat nicht an Versuchen gefehlt, die Kohlestifte der Bogenlampe durch Metallelektroden zu ersetzen. Einige Erfolge sind in dieser Beziehung mit Wolframelektroden zu verzeichnen. Bei der von der Osramgesellschaft ausgebildeten Wolframbogenlampe werden kleine halbkugelförmige Elektroden angewendet, die sich innerhalb eines birnenförmigen, mit Stickstoff gefüllten Glasgefäßes befinden. Eine der beiden Elektroden, bei Gleichstrom die positive, ist fest angeordnet, die andere Elektrode ist an einem aus zwei verschiedenen Metallen zusammengesetzten Stiel beweglich angebracht. Zunächst befinden sich beide Elektroden miteinander in Berührung. Beim Stromdurchgang wird aber infolge der verschiedenen Ausdehnung der Metalle und der dadurch eintretenden Krümmung des Stieles die bewegliche Elektrode von der festen langsam abgezogen, so daß sich ein Lichtbogen bildet.

Die Wolframbogenlampe wird bisher nur für kleinere Stromstärken hergestellt. In ihrer äußeren Form ähnelt sie der Glühlampe. Die Lampenspannung beträgt etwa 50 V, es muß daher bei den üblichen Netzspannungen ein großer Vorschaltwiderstand angewendet werden. Für Allgemeinbeleuchtung kommt daher die Lampe nicht in Frage, doch findet sie, da sie eine fast punktförmige Lichtquelle darstellt, für manche Sonderzwecke, z. B. für optische Apparate, Verwendung.

C. Gasentladungslampen.

212. Allgemeines.

Glühlampe und Bogenlampe sind Temperaturstrahler. Ihr Licht rührt hauptsächlich von dem hocherhitzten Leuchtkörper her, der den größten Teil seiner Energie als Wärme abgibt. Seit langem ist man nun bemüht, Lampen herzustellen, welche ohne nennenswerte Wärmeentwicklung Licht erzeugen. Diese Bestrebungen haben zur Entwicklung der Gasentladungslampen geführt, die in bezug auf ihre Lichtausbeute die älteren Lampenarten überflügelt haben, ohne jedoch bisher die Glühlampe in nennenswertem Umfange zu verdrängen. Im Zuge ihrer Weiterentwicklung ist allerdings ihre Temperatur ständig gestiegen, so daß die Gasentladungslampen heute nicht gerade als „kalte Lichtquellen" bezeichnet werden können.

213. Quecksilberdampflampen.

a) Ältere Form.

Die Quecksilberdampflampe kann als eine Art Bogenlampe aufgefaßt werden, deren eine Elektrode aus Quecksilber, deren andere aus einem festen Metall oder aus Graphit besteht (vgl. Quecksilberdampfgleichrichter, Abschn. 168). In ihrer ursprünglichen Form besteht die Lampe aus einer luftleer gepumpten Glasröhre, in welche die Elektroden eingeschmolzen sind, und deren Länge (1 m und mehr) je nach der Spannung verschieden ist. Die Lampe kann im allgemeinen nur mit Gleichstrom betrieben werden. Das Quecksilber bildet den negativen Pol und befindet sich in einer an dem einen Ende der Röhre angebrachten halbkugelartigen Erweiterung. Meistens wird die Lampe mit geringer Neigung horizontal angebracht. Um sie zu zünden, wird sie, nachdem der Strom eingeschaltet ist, so weit gekippt, daß das Quecksilber zum positiven Pol fließt; alsdann wird sie zurückgekippt, wobei der sich bildende Quecksilberfaden auseinanderreißt. Hierdurch entsteht ein Lichtbogen, der sich infolge der sofort auftretenden gut leitenden Quecksilberdämpfe auf die ganze Röhre ausdehnt. Das Licht der Quecksilberdampflampe hat eine eigenartige, blaugrüne Färbung, welche die meisten natürlichen Farben, z. B. die der menschlichen Haut, merkwürdig verändert erscheinen läßt. Frühere Versuche, die Lampe für die Beleuchtung einzuführen, sind daher gescheitert.

b) Die Quarzlampe.

Bei der Quarzlampe, einer besonderen Ausführungsform der Quecksilberdampflampe, wird ein kurzer Brenner aus Quarz verwendet, einem Material, das eine höhere Temperatur als Glas verträgt. Infolge der dadurch ermöglichten hohen Strombelastung ist die Lampe hinsichtlich der erzielten Lichtausbeute recht günstig. Wegen ihres Reichtums an ultravioletten Strahlen, für die Quarz durchlässig ist, ist sie als „künstliche Höhensonne" für Heilzwecke sehr in Aufnahme gekommen. Die Ultraviolettstrahlen haben auch manche technische Anwendung gefunden.

c) Die Hochdrucklampe.

Eine bedeutsame Fortentwicklung hat die Quecksilberdampflampe durch die Erfindung der sog. Hochdrucklampe erfahren. Diese besteht aus einem kurzen Entladungsrohr, in dem zwei Glühelektroden angebracht sind. Das Rohr enthält außer einem Edelgas eine geringe Menge Quecksilber. In dem von einem Schutzrohr umschlossenen Entladungsrohr ist neben der einen Hauptelektrode eine Hilfselektrode untergebracht, die über einen hochohmigen Widerstand mit der anderen Hauptelektrode verbunden ist. Sobald die Lampe an die Spannung angeschlossen wird, bildet sich zwischen Haupt- und Zündelektrode eine Glimmentladung aus, die die Entladungsstrecke zwischen den beiden Hauptelektroden ionisiert. So kommt nach kurzer Zeit die Entladung zwischen den beiden Hauptelektroden zustande, und zwar zunächst innerhalb des die Grundfüllung bildenden Edelgases. Durch die entstehende Wärme verdampft das Quecksilber, und der Quecksilberdampf übernimmt nunmehr die Stromleitung

Die Hochdrucklampe wird unter Vorschaltung einer Drosselspule mit Wechselstrom von Netzspannung betrieben. Ihre Lichtausbeute ist recht hoch und liegt, je nach Lampengröße, zwischen 35 und 50 lm/W.

d) Mischlicht.

Wird das Licht der Quecksilberdampflampe mit dem der Glühlampe vermischt, so erhält man bei geeignetem Mischungsverhältnis des Lichtstroms (etwa 1 : 1) eine dem Tageslicht ähnliche Beleuchtung. Beide Lampenarten werden in Nebeneinanderschaltung in der gleichen Leuchte untergebracht. Auch werden durch die Osram-Gesellschaft Mischlichtlampen für Wechselstrom hergestellt, bei denen im gleichen Glaskolben ein Quecksilberhochdruckbrenner und eine Glühwendel aus Wolframdraht in Hintereinanderschaltung eingebaut sind, und zwar wird die Wendel um das Quecksilberröhrchen gelegt. Auf diese Weise wird eine besonders gute Mischung des Lichtes erzielt, und die Wendel erfüllt gleichzeitig die Aufgabe der Drosselspule, so daß die Hinzufügung eines besonderen Vorschaltgerätes überflüssig wird.

214. Die Natriumdampflampe.

Als eine Art Gegenstück zur Quecksilberdampflampe ist die Natriumdampflampe entwickelt worden. Sie wird wie die Quecksilber-Hochdrucklampe mit Wechselstrom betrieben und hat grundsätzlich den gleichen Innenaufbau wie diese. Nur wird statt eines geraden ein U-förmig gebogenes Rohr angewendet. An Stelle des Quecksilbers enthält das Rohr eine kleine Menge Natrium.

Die Natriumdampflampe stellt eine besonders wirtschaftliche Lichtquelle dar, ihre Lichtausbeute beträgt bis zu etwa 60 lm/W. Doch hat das Licht eine ausgeprägt gelbe Färbung. Daher ist ihre Anwendung beschränkt, sie wird z. B. zur Beleuchtung von Verkehrsstraßen benutzt.

215. Das Röhrenlicht.

a) Hochspannungsröhren.

Eine ständig zunehmende Anwendung finden die Leuchtröhren, Glasrohre, die mit einem Gas in stark verdünntem Zustande gefüllt sind. Namentlich kommen für die Füllung die Edelgase Neon, Argon und Helium zur Anwendung. Zum Betrieb dient im allgemeinen Wechselstrom, der durch kleine Transformatoren auf die erforderliche Spannung — einige tausend Volt — gebracht und den Entladungsröhren mittels zweier Elektroden zugeführt wird. Dadurch kommt das Gas nach Art der bekannten GEISSLERschen Röhren zum Leuchten. Ein Verbrauch der chemisch indifferenten Edelgase findet kaum statt. Die Lebensdauer der Röhren hängt hauptsächlich von der Zerstäubung der Elektroden ab und beträgt im Durchschnitt 2000—3000 Stunden. Dieser Wert wird aber oft erheblich überschritten. Die Farbe des Lichtes hängt von der Gasart ab und kann auch durch eine Mischung verschiedener Gasarten beeinflußt werden. Für Reklamebeleuchtung, ein Hauptanwendungsgebiet der Leuchtröhren, ist besonders eine Neonfüllung geeignet, die ein intensiv rotes Licht ergibt, ferner eine Füllung mit einem Gemisch von Neon, Argon und Quecksilber, durch das sich ein blaues Licht erzielen läßt. Mit einer Heliumfüllung erhält man ein hellrosafarbenes Licht. Kohlensäure ergibt eine dem Tageslicht sehr ähnliche Färbung. Um weitere Farbtöne zu erhalten, verwendet man verschiedenartig gefärbte Glasarten.

Auch durch eine auf die Innenwand des Glases aufgetragene Leuchtstoffschicht kann die Lichtfarbe wirkungsvoll beeinflußt werden. Solche Leuchtstoffröhren entwickeln auch, durch die in ihnen auftretende Ultraviolettstrahlung zur Fluoreszens angeregt, zusätzliches Licht, wodurch die Lichtausbeute begünstigt wird. Sie liegt, je nach Füllung und Ausführungsart, bei etwa 20 bis 30 lm/W.

b) Leuchtstofflampen.

In neuerer Zeit sind auch röhrenförmige Lichtquellen entwickelt worden, die, bei einer Länge von ungefähr 1 m, mit Wechselstrom bei einer Netzspannung von etwa 220 V betrieben werden können. Die Innenwand der etwas Quecksilber enthaltenden Entladungsröhren trägt eine Leuchtstoffschicht, die — wie bei den Leuchtstoffröhren (s. unter a) — unter dem Einfluß der Ultraviolettstrahlung die Lichtfarbe bestimmt, gleichzeitig aber auch den Wirkungsgrad der Lampe verbessert. Die Lampen enthalten Glühelektroden, welche während des kurzen Zündvorganges beheizt werden. Nach erfolgter Aufheizung wird die Zündung der Lampe nach Abschalten des Heizstromkreises mit Hilfe eines Glimmzünders durch einen in der vorgeschalteten Drosselspule hervorgerufenen Spannungsstoß bewirkt.

Die Leuchtstofflampen werden für eine tageslichtähnliche Beleuchtung und auch für ein warmes gelblich- oder rötlichweißes Licht geliefert. Ihre Lichtausbeute wird zu 35 lm/W angegeben. Durch ihre Einführung sind der elektrischen Beleuchtung von Innenräumen, auch der Wohnräume, neue Möglichkeiten erschlossen worden.

216. Die Glimmlampe.

Eine eigenartige sowohl für Gleichstrom als auch für Wechselstrom, und zwar bei eingebautem Vorschaltwiderstand zum unmittelbaren Anschluß an die Netzspannung geeignete Lampe ist die Glimmlampe. Sie besteht aus einer Glasbirne, welche mit verdünntem Neongas gefüllt ist, und in die zwei Metallelektroden als Pole eingeführt sind.

Wird die mit einem Edisonsockel ausgestattete Lampe an ein Gleichstromnetz angeschlossen, so überzieht sich die negative Elektrode mit einer rötlich leuchtenden Glimmschicht. Bei der Wechselstromlampe tragen beide Pole, da sich die Glimmschicht abwechselnd auf ihnen bildet, zur Lichtwirkung bei. Durch entsprechende Formgebung der Elektroden können die verschiedensten Wirkungen erzielt werden. Häufig werden die beiden Pole aus Drahtteilen gebildet, die bienenkorbartig miteinander verwunden sind. Die Lampe kommt nur für kleinste Lichtstärken in Betracht und findet namentlich als Prüf- und Signallampe sowie als „Polsucher" Verwendung. Ihre Lichtausbeute ist jedoch gering und beträgt nur etwa 1 lm/W.

Vierzehntes Kapitel.

Wärmeausnutzung des Stromes, Elektrochemie und -metallurgie.

217. Elektrisches Kochen und Heizen.

Vielseitig sind die auf der Wärmewirkung des elektrischen Stromes beruhenden Einrichtungen. Hierher gehören in erster Linie die elektrischen Kochapparate, die sich einer immer steigenden Beliebtheit erfreuen. Sie besitzen als wesentlichen Bestandteil einen Heizkörper aus Widerstandsdraht, der in den elektrischen Stromkreis eingeschaltet wird. Durch hohen Wirkungsgrad zeichnen sich die direkt beheizten Kochgefäße aus. Bei diesen werden durch sorgfältige Wärmeisolation Verluste nach außen tunlichst vermieden, so daß die im Heizkörper entwickelte Wäıme nahezu völlig auf das Innere des Gefäßes übertragen wird. Doch kann auch bei den Kochplatten, bei denen die entwickelte Wärme indirekt an die auf sie gesetzten Gefäße übergeleitet wird, der durch Strahlung entstehende Verlust an Wärme durch zweckmäßige Bauweise gering gehalten werden. Mit Kochplatten versehene elektrische Herde haben eine sehr große Verbreitung gefunden. Für bestimmte Zwecke kommen auch Tauchsieder, bei denen der Heizkörper, durch eine Glas- oder Metallhülle geschützt, unmittelbar in die zu erhitzende Flüssigkeit gebracht wird, zur Anwendung. Hinsichtlich bequemer Handhabung sind die elektrischen Kochapparate wohl kaum zu übertreffen. Ferner zeichnen sie sich durch große Haltbarkeit aus. Bei einem geeigneten Stromtarif ist das elektrische Kochen, wie auch der Betrieb eines Warmwasserspeichers durchaus wirtschaftlich. Viele Elektrizitätswerke sind in der Lage, die elektrische Energie für Kochzwecke zu einem entsprechend geringen Preise abzugeben, da das Kochen vorwiegend in die Tageszeit fällt, in der die Werke nicht voll ausgenutzt sind.

Viel verwendet wird auch das elektrische Bügeleisen. Von seinen mannigfachen Vorzügen, die es vor anders beheizten Eisen auszeichnen, seien die hervorragende Feuersicherheit, stete Betriebsbereitschaft und unübertroffene Sauberkeit genannt.

Auch die kleinen Heißluftapparate mögen wegen ihrer großen Verbreitung hier noch erwähnt werden. Bei ihnen wird die durch einen winzigen Elektroventilator in Bewegung gesetzte Luft an einem gewundenen Heizdraht vorbeigeführt und dadurch angewärmt.

In gewissen Fällen bieten auch elektrische Zimmeröfen Vorteile. Diese werden entweder aus Heizkörpern nach Art der für Kochgefäße angewendeten zusammengesetzt, oder sie enthalten große, für den Zweck besonders ausgebildete Glühlampen. Einer allgemeinen Einführung der elektrischen Öfen stehen die verhältnismäßig hohen Betriebskosten im Wege, und sie kommen daher nur in Frage, wo die elektrische Energie besonders billig ist, oder wo es sich um Räume handelt, die nur vorübergehend beheizt werden sollen, wie das z. B. in Kirchen der Fall ist. Da viele Elektrizitätswerke die elektrische Arbeit in den Nachtstunden billiger abgeben als am Tage, so werden häufig elektrische Speicheröfen angewendet, durch welche die des Nachts in ihnen erzeugte Wärme tagsüber nutzbar gemacht wird.

Der Vollständigkeit wegen seien hier noch die sog. Strahlungsöfen genannt, bei denen die in einem Heizkörper entwickelte Wärme durch Hohlspiegel nur in eine ganz bestimmte Richtung geworfen wird, und die daher lediglich als Ergänzung einer allgemeinen Heizung in Frage kommen.

Sind vorstehend hauptsächlich Anwendungen der elektrischen Wärmeerzeugung für den Haushalt aufgeführt, so hat doch die elektrische Heizung auch in der Industrie für die mannigfachsten Zwecke Eingang gefunden. In Gegenden, in denen große Wasserkräfte zur Verfügung stehen, wird der elektrische Strom auch in größerem Maßstabe zur Dampferzeugung herangezogen. In Verbindung mit Wärmespeichern bieten die elektrischen Dampfkessel ein Mittel, um namentlich die in den Nachtstunden verfügbare elektrische Energie auszunutzen. Die Kessel erhalten entweder Heizwiderstände, oder der Stromdurchgang erfolgt unter Anwendung von Elektroden unmittelbar durch das

Wasser hindurch, welches sich dabei erwärmt. Da bei Gleichstrom eine Zersetzung des Wassers eintreten würde, so ist das letztere Verfahren nur mit Wechselstrom durchführbar.

218. Elektrisches Löten und Schweißen.

Der mit dem elektrischen Strom verbundenen Wärmeentwicklung ist eine Reihe weiterer praktischer Anwendungen zu danken. Von diesen sei z. B. der elektrisch beheizte Lötkolben genannt.

Ein für die Metallverarbeitung wichtiges Verfahren ist die Lichtbogenschweißung, die der sog. Gasschmelzschweißung ebenbürtig an die Seite getreten ist. Man bedient sich ihrer nicht nur zur Vereinigung von schmiedeeisernen Teilen, sondern auch für die Reparatur von Gußstücken und die Ausbesserung von Gußfehlern, auch kann auf abgenutzte Flächen neues Material aufgetragen werden. Auch Nichteisenmetalle, wie z. B. Aluminiumteile, können mit Hilfe des Lichtbogens geschweißt werden. Wo es möglich ist, wird für das Verfahren Gleichstrom benutzt. Der Lichtbogen wird zwischen dem Werkstück selbst und einer Elektrode hergestellt, die aus dem gleichen Metall wie dieses, meistens also aus Eisen, besteht. In der Regel wird das Werkstück mit dem positiven Pol der Stromquelle verbunden, so daß die Elektrode den negativen Pol bildet. Es kommen sog. „blanke" oder auch „umhüllte" Elektroden zur Verwendung. Letztere sind mit einer nichtleitenden Masse umgeben, die das Ziehen und Halten des Lichtbogens erleichtert und den Einfluß der Luft abhält. Bei Anwendung von Wechselstrom für die Lichtbogenschweißung werden ausschließlich umhüllte Elektroden benutzt. Der Vollständigkeit wegen sei noch bemerkt, daß sich in besonderen Fällen, z. B. zum Schweißen dünner Bleche, auch die Anwendung des Kohlelichtbogens bewährt hat.

Neben dem Schweißen mittels Lichtbogens ist auch die elektrische Widerstandsschweißung sehr in Aufnahme gekommen. Für das Verfahren wird Wechselstrom angewendet, weil sich dieser leicht auf die erforderliche hohe Stromstärke bei einer entsprechend geringen Spannung von 1—3 Volt transformieren läßt. Die zu vereinigenden Stücke können stumpf aneinander gelegt und durch zwei mit Wasser gekühlte Klemmbacken, die auch zur Stromzuführung dienen, zusammengepreßt werden; infolge des großen Übergangswiderstandes an der Trennfuge tritt die zum Schweißen notwendige Erwärmung ein. Bleche können auch mit Überlappung aneinander gelegt und zwischen kegelförmig gestalteten Elektroden punktweise, ähnlich wie durch Nieten, verbunden werden. Zur Ausübung der geschilderten Verfahren dienen Schweißmaschinen, die ein genaues Arbeiten bei größter Schonung des Materials der Arbeitsstücke ermöglichen.

219. Galvanostegie und Galvanoplastik.

Eins der ältesten Verfahren der angewandten Elektrizität ist die Galvanostegie. Diese lehrt, einen metallischen Gegenstand mit einem anderen Metall zu überziehen, z. B. Eisenteile zu vernickeln.

Der betreffende Gegenstand wird zu diesem Zweck als negative Elektrode in eine Lösung desjenigen Metalls gebracht, aus dem der Überzug bestehen soll. Als positive Elektrode wird ihm eine Platte aus eben diesem Metall gegenübergestellt. Beim Durchgang des Stromes durch die Lösung scheidet sich aus ihr das Metall am negativen Pole, also an dem zu überziehenden Gegenstand ab, während gleichzeitig die positive Platte sich auflöst, so daß das der Flüssigkeit entzogene Metall immer wieder ersetzt wird.

Ähnlich ist das Verfahren der Galvanoplastik, welches es ermöglicht, von einem Gegenstande naturgetreue Abbilder aus Metall herzustellen. Gewöhnlich wird eine Wiedergabe in Kupfer gewünscht. Von dem nachzubildenden Gegenstand wird ein Abdruck, ein Negativ, in einem plastischen Material, z. B. Wachs, hergestellt. Dieser wird durch Bepinseln mit Graphit leitend gemacht und bildet die negative Elektrode in einem Kupferbade, das als positive Elektrode eine Kupferplatte enthält. Hat der sich beim Stromdurchgang auf dem Abdruck bildende Kupferniederschlag eine genügende Dicke erlangt, so kann er abgelöst werden, und er stellt dann eine genaue Nachbildung des Originals dar.

220. Reindarstellung des Kupfers.

In der chemischen Großindustrie ist die Elektrizität eine unentbehrliche Gehilfin geworden. Viele Zweige der praktischen Chemie wurden durch sie erst lebensfähig. Es sei hier vor allem an die Reindarstellung des für die Elektrotechnik wichtigsten Metalles, des Kupfers aus dem Rohkupfer, erinnert.

In mit Kupfervitriollösung gefüllte Zellen werden als Anoden Platten aus Rohkupfer gestellt, als Kathoden dagegen dünne Bleche aus reinem Kupfer. Bei der Elektrolyse scheidet sich nun das Kupfer der Lösung an der Kathode ab, während die Anode in Lösung geht. Es wird auf diese Weise das Kupfer der Anode allmählich zur Kathode übergeführt. Das so gewonnene Reinkupfer wird als Elektrolytkupfer bezeichnet. Die Beimischungen des Kupfers lösen sich in der Flüssigkeit auf oder setzen sich als Schlamm zu Boden. Da in dem Schlamm meistens noch wertvolle Metalle, z. B. Silber, enthalten sind, so kann er gegebenenfalls noch weiter verarbeitet werden.

221. Aluminiumgewinnung.

Eine Reihe von Metallen kann völlig auf elektrischem Wege gewonnen werden. Als charakteristischstes Beispiel ist hier das Aluminium zu nennen, ein Metall, welches als Bestandteil der Tonerde in der Natur außerordentlich verbreitet ist. Es wird heute ausschließlich elektrisch hergestellt, und zwar durch gleichzeitige Ausnutzung der Wärmeerzeugung und der chemischen Wirkung des Stromes.

Als Rohmaterial dient Bauxit, ein Aluminiumoxyd. Es wird unter großer Hitzeeinwirkung zunächst mit Soda zu einer löslichen Verbindung vereinigt. Aus der Lösung wird in großen Rührbottichen das Aluminiumhydroxyd, die flüssige Tonerde, abgeschieden. Diese wird filtriert und getrocknet, wobei sich ein weißes Salz ergibt, das das Ausgangsprodukt für die Herstellung des Aluminiums bildet. In einem Lichtbogenofen wird das Salz zum Schmelzen gebracht und gleichzeitig die feuerflüssige Masse der Elektrolyse unterworfen. Bei diesem Vorgange scheidet sich das Aluminium am negativen Pol ab, der aus Kohle besteht, mit dem der Boden des Ofens ausgekleidet ist. Als Anoden dienen in den Ofen von oben hineinragende Kohleblöcke.

Das Aluminium stellt in vielen Fällen einen vollwertigen Ersatz für andere Metalle, insonderheit für Kupfer dar.

222. Stahldarstellung.

Eine besondere Wichtigkeit hat die elektrothermische Darstellung des Stahls erlangt. Eine Reihe von Verfahren bedient sich dabei der Lichtbogenöfen. So setzt STASSANO das Roheisen der Strahlungswärme eines zwischen zwei Kohleelektroden gebildeten Lichtbogens aus. HÉROULT, dessen Ofen auch in Deutschland eine große Verbreitung gefunden hat, benutzt dagegen nur eine Elektrode aus Kohle und macht das Schmelzgut selber zum zweiten Pol.

Einen wesentlich anderen Aufbau als der Lichtbogenofen hat der Induktionsofen. Er kann als ein Transformator aufgefaßt werden, dessen primärer Wicklung ein- oder mehrphasiger Wechselstrom zugeführt wird, und der mit einer kreisförmigen Schmelzrinne aus feuerfestem Material umgeben ist. Letztere dient zur Aufnahme des Roheisens und vertritt so die Stelle der sekundären Wicklung. Diese wird also gewissermaßen aus einer einzigen, kurzgeschlossenen Windung gebildet, und es wird daher in ihr Wechselstrom von sehr geringer Spannung bei entsprechend großer Stromstärke induziert, durch welchen die erforderliche Erhitzung des Schmelzgutes erreicht wird, ohne daß dieses mit Kohle in Berührung kommt.

Die weitere Entwicklung des Induktionsofens hat zur Ausbildung des Hochfrequenzofens, häufig auch Induktionstiegelofen genannt, geführt. Bei ihm wird das Schmelzgut in einen Tiegel hineingebracht, der von einer Spule umgeben ist, die mit Wechselstrom höherer Frequenz, bei größeren Öfen 400—600 Hz, bei kleineren Öfen bis zu 10000 Hz, betrieben wird. Ein Eisenschluß ist bei diesem Ofen nicht vorhanden. Um einen günstigen Leistungsfaktor zu erreichen, wird eine Kondensatorenbatterie parallel zum Ofen gelegt.

Ein Vorteil der Induktionsöfen ist, daß unter der Einwirkung der im Schmelzgut induzierten Ströme eine weitgehende Baddurchwirbelung eintritt, die eine gleichmäßige Durchwärmung und eine vollständige Auflösung der schwer schmelzbaren Einsatzmaterialien zur Folge hat. Daher zeichnet sich der mit den Öfen gewonnene Stahl durch besondere Güte aus.

223. Karbidfabrikation.

In elektrischen Öfen lassen sich auch die Karbide herstellen. Man versteht darunter Verbindungen von Metallen mit Kohlenstoff. Zu ihrer Darstellung ist eine sehr hohe Temperatur erforderlich. Das als

Schleif- und Poliermaterial sehr geschätzte Siliziumkarbid oder Karborundum wird in einem sog. Widerstandsofen hergestellt. In diesen wird ein Gemisch von Sand, Koks, Sägemehl und Kochsalz eingebracht, welches beim Stromdurchgang infolge seines hohen Widerstandes so weit erhitzt wird, daß es zusammenschmilzt.

Indem in einem Lichtbogenofen Kalk und Kohle zusammengeschmolzen werden, erhält man Kalziumkarbid. Dieses dient zur Darstellung des Azetylens.

Eine besondere Bedeutung hat das Kalziumkarbid für die Herstellung von Kalkstickstoff gewonnen. Dieser entsteht, nach dem Verfahren von ROTHE, gewöhnlich FRANK-CARO-Verfahren genannt, indem durch hocherhitztes feingepulvertes Karbid Stickstoff hindurchgeleitet wird, und er bildet, als Ersatz für Salpeter, ein wichtiges Düngemittel. Der Kalkstickstoff läßt sich auch auf Ammoniak weiterverarbeiten und dieser sich in Salpetersäure überführen, die zur Herstellung weiterer Düngemittel benutzt wird.

Übrigens kann, wie hier noch erwähnt werden soll, Ammoniak, nach dem in Deutschland in größtem Ausmaß angewendeten HABER-BOSCH-Verfahren, auch durch unmittelbare Vereinigung von Stickstoff und Wasserstoff gewonnen werden. Der Stickstoff wird mit Hilfe von Verbrennungsprozessen aus der Luft, der Wasserstoff in gleicher Weise aus Wasserdampf frei gemacht. Die beiden Gase werden sodann unter Anwendung hohen Drucks und hoher Temperatur zu Ammoniak vereinigt, der für die Zwecke der Landwirtschaft in schwefelsaures Ammoniak übergeführt werden kann.

224. Stickstoffgewinnung.

In Ländern, in denen billige Wasserkräfte zur Verfügung stehen, namentlich in Norwegen, ist dem elektrischen Strome ein wichtiges Feld durch die mit Erfolg durchgeführte unmittelbare Nutzbarmachung des Stickstoffgehaltes der Luft erschlossen worden. In dem BIRKELAND-EYDE-Ofen wird ein durch hochgespannten Wechselstrom hergestellter Lichtbogen mittels eines Magneten zu einer Scheibe auseinander geblasen, in dem SCHÖNHERR-Ofen wird in einem hohen Rohr ein langgestreckter Lichtbogen erzeugt. Durch den Lichtbogen wird Luft hindurchgetrieben, in der sich infolge ihrer innigen Berührung mit dem Lichtbogen bei der von diesem entwickelten hohen Temperatur Stickstoffoxyd bildet. Dieses wird durch ein weiteres Verfahren in Kalksalpeter übergeführt, der, ebenso wie der Kalkstickstoff, einen wertvollen Ersatz für den in der Landwirtschaft benötigten Chilesalpeter darstellt.

225. Ozonerzeugung.

Werden die beiden Pole einer Stromquelle hoher Spannung einander so weit genähert, daß ein Spannungsausgleich in Form von elektrischen Entladungen auftritt, so wird aus dem Sauerstoff der zwischen den Polen befindlichen Luft Ozon gebildet. Die Ozonbildung erfolgt sowohl beim Funkenübergang als auch ganz besonders dann, wenn die Entladung unter Glimmlichterscheinungen vor sich geht. Auf dieser Eigenschaft der Glimmentladung beruhen die Ozonapparate, die mit hochgespanntem Wechselstrom betrieben werden. Ozon findet zum Bleichen von Stoffen, ferner zur Auffrischung verdorbener Luft sowie hauptsächlich zur Sterilisation von Trinkwasser Verwendung.

226. Elektrische Gasreinigung.

Ein von COTTRELL angegebenes Verfahren ermöglicht es, ein Gas auf elektrischem Wege von Staubteilchen zu befreien, die in mehr oder weniger feiner Verteilung in ihm enthalten sind. Das Gas wird durch ein Rohr- oder Kanalsystem dem Reinigungsapparat, Elektrofilter genannt, zugeführt. Er besteht in seiner einfachsten Ausführung aus einer Anzahl lotrecht aufgestellter Metallrohre, in deren Achse je ein dünner Metalldraht ausgespannt ist. Dieser wird mit dem negativen Pol einer Gleichstromquelle hoher Spannung verbunden und als Sprühelektrode bezeichnet, während das Rohr selber die positive oder Niederschlagselektrode bildet und geerdet ist. Der Gleichstrom, der eine Spannung von mindestens 50000 V besitzt, wird in der Regel aus hochgespanntem Wechselstrom mittels Umformer besonderer Art gewonnen. Im Betriebe tritt nun an dem negativen Draht die Koronaerscheinung auf (s. Abschn. 227), ein schwaches Leuchten, welches anzeigt, daß zwischen Draht und Wandung ein wenn auch nur geringer Stromübertritt, durch den Gasinhalt des Rohres hindurch, erfolgt. Die vom Gasstrom mitgeführten Staubteilchen werden hierbei an der Rohrwandung niedergeschlagen und, soweit sie nicht von selbst zu Boden fallen, durch mechanische Vorrichtungen von der Wandung entfernt und durch einen Trichter am unteren Ende des Filterschachtes abgezogen.

Das Gasreinigungsverfahren bedarf nur einer verhältnismäßig kleinen Maschinenleistung. Durch seine Anwendung kann die lästige Staubplage in der Nähe von Hüttenwerken, Zementfabriken, in der chemischen Industrie usw. beseitigt werden. Außerdem bietet es die Möglichkeit, wertvolle als Staub im Gase enthaltene Beimischungen nutzbar zu machen.

Fünfzehntes Kapitel.

Verteilung der elektrischen Energie.

A. Spannungsverhältnisse.

227. Die Übertragungsspannung.

Bei der Festsetzung der Spannung einer elektrischen Anlage sind vor allem die zu übertragende Leistung sowie die Ausdehnung des Leitungsnetzes zu berücksichtigen. Damit das Gewicht der

Leitungen nicht zu groß ausfällt, ist ein geringer Drahtquerschnitt anzustreben. Das setzt aber eine niedrige Stromstärke voraus, und diese wieder bedingt bei gegebener Leistung eine hohe Spannung. Es läßt sich nachweisen, daß bei gleichem prozentualen Leistungsverlust der Querschnitt der Leitungen und damit ihr Gewicht dem Quadrate der Übertragungsspannung umgekehrt proportional ist (vgl. Abschn. 238d). Bei der doppelten Spannung gebraucht man also nur den vierten Teil des Leitungsmaterials, bei der dreifachen Spannung den neunten Teil usw. Um geringe Anlagekosten zu erhalten, ist also, namentlich bei Energieübertragungen auf große Entfernungen, eine hohe Spannung anzuwenden. Andererseits darf nur eine verhältnismäßig niedrige Spannung in bewohnte Räume eingeführt werden.

In Gleichstromanlagen kommen im allgemeinen wesentlich höhere Spannungen als etwa 500 V nur für elektrische Bahnen in Betracht, wo Spannungen bis zu 3000 V als normal gelten. Für Wechselstrom, insbesondere für Drehstrom können bedeutend höhere Spannungen angewendet werden, wenn der Strom, ehe er den Verbrauchsstellen zugeführt wird, auf eine niedrige Spannung transformiert wird. Zu berücksichtigen ist, daß mit der Höhe der Spannung zwar die Kosten des Leitungsmaterials heruntergehen, dagegen die für die Isolierung aufzuwendenden Kosten ansteigen.

Eine Grenze für die Höhe der Spannung ist u. a. durch die Koronaerscheinung gegeben, die sich durch ein Glimmen der Leitungsdrähte infolge elektrischer Ausstrahlung bemerkbar macht und sich als Leistungsverlust auswirkt. Der Koronaverlust ist vom Durchmesser der Übertragungsleitung abhängig, er ist bei dünnen Drähten höher als bei dicken Drähten. Um ihn herabzudrücken, verwendet man daher bei sehr hohen Spannungen Hohlseile. Auch kann man ihn durch eine besondere Leitungsanordnung, die Bündelleitung herabsetzen, bei der je Netzstrang mehrere Leitungen in einem Abstand von einigen Dezimetern voneinander verlegt werden.

Zahlreiche Anlagen arbeiten in Deutschland wie im Ausland bereits mit Spannungen von 110 und 220 kV, und eine Erhöhung der Spannung auf 380 kV ist vorgesehen. Noch höhere Spannungen anzuwenden empfiehlt sich aus wirtschaftlichen Gründen nicht. Man beherrscht damit Entfernungen bis zu etwa 500 km. Es liegen aber Planungen für weit größere Entfernungen vor — z. B. zur Ausnützung der skandinavischen Wasserkräfte. Um einen sicheren Betrieb solcher Anlagen zu gewährleisten und den störenden Einfluß des Koronaverlustes auszuschalten, ist in Aussicht genommen, die Übertragung nicht durch Freileitungen sondern durch Kabel vorzunehmen. Nun kommen aus technischen Gründen für Drehstrom Kabel für höhere Spannungen als etwa 220 kV nicht in Betracht. Man hat daher in Aussicht genommen, bei großen Entfernungen zum Gleichstrom überzugehen, da Kabel für diese Stromart auch bei höheren Spannungen keine Schwierigkeiten bereiten. Der in der Erzeugerstation hergestellte Drehstrom soll auf die für die Übertragung erforderliche Spannung gebracht und dann mittels Stromrichter — Quecksilberdampfstromrichter oder Lichtbogenventile nach MARX (s. Abschn. 172) — in Gleichstrom umgewandelt werden, während auf der Gegenstation — wiederum unter Zuhilfenahme von Stromrichtern — der Gleichstrom wieder in Drehstrom der gewünschten Spannung zurückverwandelt wird.

228. Niederspannung und Hochspannung.

Früher galten Anlagen, bei denen die Gebrauchsspannung zwischen den Leitern nicht mehr als 250 V beträgt, als Niederspannungsanlagen. Mehrleiteranlagen mit geerdetem Mittelleiter (s. Abschnitt 230) wurden auch dann zu den Niederspannungsanlagen gerechnet, wenn die Spannung zwischen den Außenleitern höher als 250 V ist, die Spannung zwischen Mittel- und Außenleiter aber diesen Wert nicht überschreitet. Das gleiche galt sinngemäß auch für Drehstromanlagen mit Sternpunktleiter (Abschn. 232). Alle übrigen Starkstromanlagen galten als Hochspannungsanlagen.

Die willkürlich geschaffene Grenze zwischen Nieder- und Hochspannung hat man später aufgegeben, und die Vorschriften des VDE unterscheiden heute nur noch zwischen Anlagen unter 1000 V und solchen von 1000 V und darüber.

B. Stromverteilungssysteme.

229. Das Zweileitersystem.

a) Unmittelbare Stromzuführung.

Ist das Stromversorgungsgebiet örtlich nur wenig ausgedehnt, so erfolgt die Energieverteilung nach dem Zweileitersystem. Von der elektrischen Zentrale Z (Abb. 262) führen zu den verschiedenen Verbrauchsstellen je zwei Leitungen, die beliebig verzweigt werden können und die Lampen und sonstigen Stromverbraucher speisen. Mit Rücksicht auf die anzuschließenden Lampen wählt man für Zweileiteranlagen gewöhnlich eine Netzspannung von 110, 125 oder 220 V. Der Spannungsverlust in den Leitungen ist, damit die Lampen stets annähernd gleichhell brennen, möglichst gering zu halten.

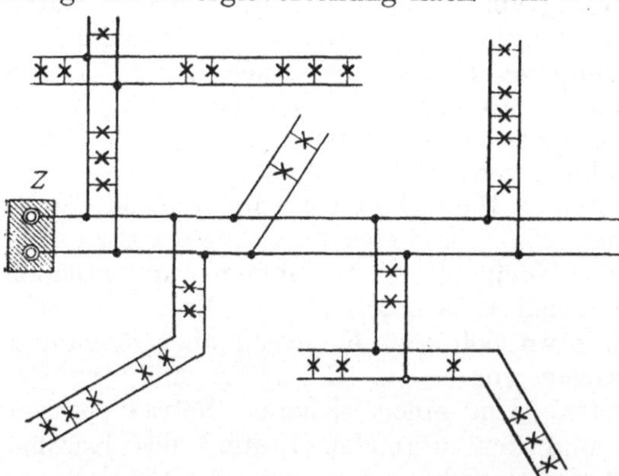

Abb. 262. Leitungsnetz einer Zweileiteranlage.

b) Anordnung von Speisepunkten.

Liegt die Zentrale nicht in unmittelbarer Nähe des Versorgungsgebietes, so können, wie in Abb. 263 angedeutet ist, inmitten desselben besondere Speisepunkte (*Sp. P.*) angeordnet und mit der Zentrale durch Speiseleitungen (*Sp. L.*) verbunden werden. In letzteren ist ein höherer Spannungsverlust als in den Verteilungsleitungen zulässig. Die Spannung an den Speisepunkten kann durch Anwendung besonderer Prüfdrähte in der Zentrale gemessen werden und wird von dieser aus möglichst konstant gehalten. Die von den Speisepunkten ausgehenden

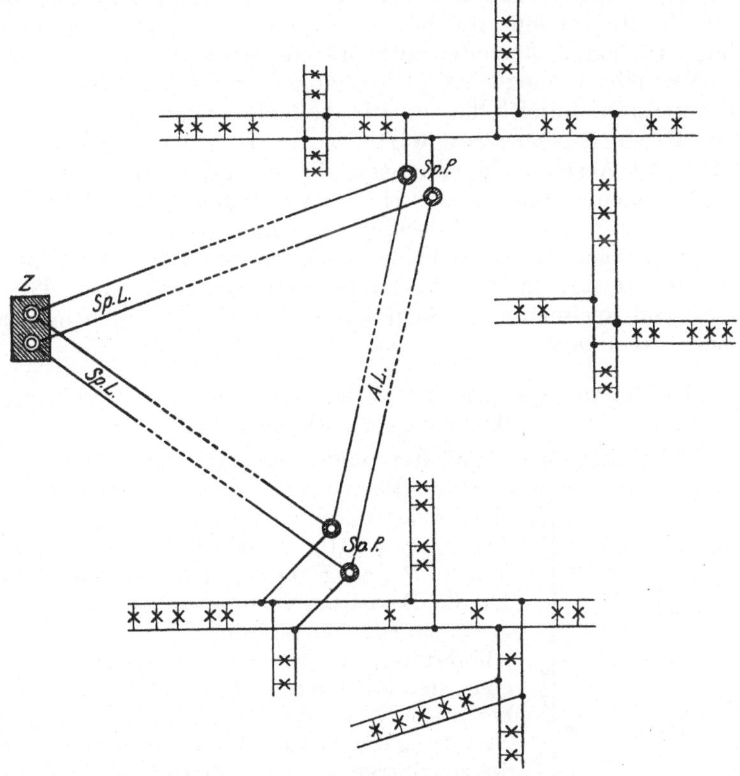

Abb. 263. Leitungsnetz einer Zweileiteranlage mit Speisepunkten.

Verteilungsleitungen sind wieder für einen geringen Spannungsverlust zu bemessen. Um größere Unterschiede in der Spannung der verschiedenen Speisepunkte zu vermeiden, können sie durch Ausgleichsleitungen (*A. L.*) unter sich verbunden werden. Ist eine Reihe von Speisepunkten im Umkreis der Zentrale angeordnet, so kann die Ausgleichsleitung zu einer Ringleitung ausgestaltet werden.

Das Zweileitersystem kommt sowohl für Gleichstrom als auch für einphasigen Wechselstrom zur Anwendung.

230. Das Mehrleitersystem.

Die Möglichkeit, eine Energieverteilung auf einen größeren Umkreis vorzunehmen, als dies — mit Rücksicht auf die Leitungskosten — beim Zweileitersystem erreichbar ist, bieten die Mehrleitersysteme. Diese arbeiten mit einer Übertragungsspannung, die ein Mehrfaches der Gebrauchsspannung beträgt.

Einer großen Beliebtheit erfreut sich das Dreileitersystem, das bei Gleichstromanlagen sehr verbreitet ist. Die Spannung wird bei Anlagen dieses Systems gewöhnlich zu 220 oder 440 V gewählt. Doch wird durch einen Mittelleiter eine Spannungsteilung vorgenommen in der Weise, daß zwischen diesem und jedem der Haupt- oder Außenleiter nur die halbe Spannung herrscht. Die Lampen werden zwischen Außenleiter und Mittelleiter angeschlossen und auf beide Netzhälften möglichst gleichmäßig verteilt. Größere Motoren werden meistens unmittelbar an die Außenleiter gelegt.

Bei Dreileiteranlagen wird in der Regel der Mittelleiter geerdet (vgl. Abschn. 228). In diesem Falle hat die Spannung zwischen einem Außenleiter und Erde auch dann nur den halben Wert, wenn die andere Leitung einen Erdschluß aufweisen sollte.

Das im vorigen Abschnitt beim Zweileitersystem über die Größe des Spannungsverlustes in den Verteilungsleitungen und über die Einrichtung von Speisepunkten Angeführte bezieht sich sinngemäß auch auf Mehrleiteranlagen.

a) Dreileiteranlage mit zwei hintereinander geschalteten Betriebsmaschinen.

Die Schaltung einer Dreileiteranlage zeigt Abb. 264. Es sind hier zwei hintereinander geschaltete Betriebsmaschinen angenommen. Besitzt jede Maschine eine Spannung von z. B. 110 V, so ist die zwischen den beiden Außenleitern P und N bestehende Spannung 220 V. Ist die Belastung in beiden Netzhälften gleich groß, so ist, wie aus der Richtung der in der Abbildung angegebenen Strompfeile hervorgeht, der Mittelleiter O stromlos. Er wird daher auch Nulleiter genannt. Bei ungleicher Belastung der Netzhälften führt er einen Strom, dessen Stärke gleich dem Unterschiede der in den beiden Außenleitern herrschenden Stromstärken ist. Jedenfalls kann der Mittelleiter schwächer ausgeführt werden als die Außenleiter. Häufig macht man ihn halb so stark wie diese.

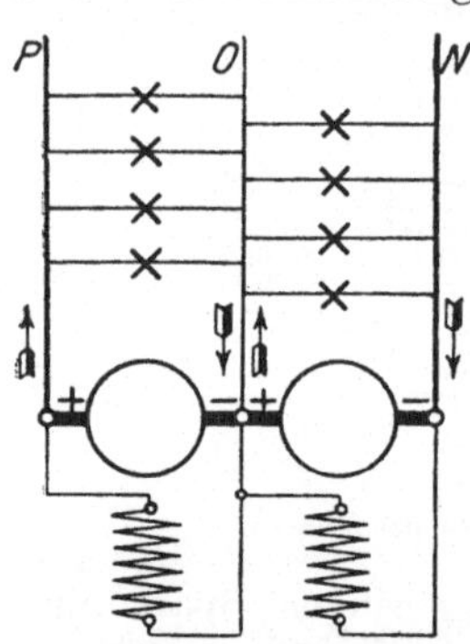

Abb. 264. Dreileiteranlage mit zwei hintereinander geschalteten Maschinen.

b) Spannungsteilung durch eine Akkumulatorenbatterie.

Man kann bei Dreileiteranlagen auch mit einer einzigen Betriebsmaschine auskommen, wenn man in anderer Weise eine Spannungsteilung vornimmt. Die Vorteile einer solchen Anordnung bestehen hauptsächlich darin, daß eine Maschine für die Gesamtleistung billiger ist als zwei Maschinen halber Leistung, und daß außerdem die größere Maschine einen besseren Wirkungsgrad hat.

Ist eine Akkumulatorenbatterie vorhanden, so kann man den Nullleiter von der Batteriemitte abnehmen, Abb. 265. Man muß dann jedoch dafür Sorge tragen, daß die beiden Batteriehälften stets gleichmäßig entladen werden, oder Vorkehrungen treffen, um jede Hälfte einzeln nachladen zu können.

c) Spannungsteilung durch Ausgleichsmaschinen.

Bei einer anderen Art der Spannungsteilung werden an die Außenleiter zwei kleinere, hintereinander geschaltete Nebenschlußmaschinen gleicher Art und Größe, jede für die halbe Spannung, gelegt. Die Maschinen werden unmittelbar miteinander gekuppelt. Zwischen beiden

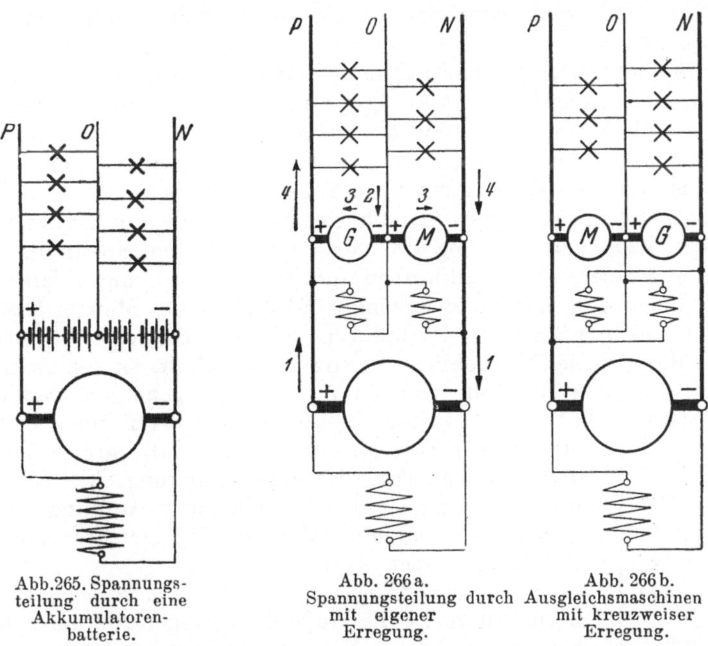

Abb. 265. Spannungsteilung durch eine Akkumulatorenbatterie.

Abb. 266a. Spannungsteilung durch Ausgleichsmaschinen mit eigener Erregung.

Abb. 266b. Spannungsteilung durch Ausgleichsmaschinen mit kreuzweiser Erregung.

Maschinen wird der Mittelleiter abgenommen, Abb. 266a. Sind beide Netzhälften gleich stark belastet, ist der Mittelleiter also stromlos, so laufen beide Maschinen leer als Motor, sie nehmen also nur den geringen Leerlaufstrom auf und entwickeln bei richtiger Erregung die gleiche EMK, so daß die Spannung zwischen den Außenleitern in zwei gleich große Spannungen unterteilt wird. Bei ungleicher Belastung verteilt sich der durch den Mittelleiter fließende Strom auf die beiden Maschinen. Die in der stärker belasteten Netzhälfte liegende Maschine wirkt als *Generator*, da ihre EMK mit dem Strom ihrer Netzhälfte gleichgerichtet ist. Sie liefert zusätzlichen Strom in das Netz und muß demgemäß von der in der schwächer belasteten Netzhälfte liegenden Maschine angetrieben werden, die, als *Motor* arbeitend, Strom aufnimmt. Die Maschinen wirken demnach ausgleichend auf die Belastung beider Netzhälften und werden deshalb *Ausgleichsmaschinen* genannt. In der Abbildung ist die Stromverteilung für den Fall angedeutet, daß die Netzhälfte *OP* stärker belastet ist als *ON*. Die Pfeile geben die Stromrichtung und durch ihre Länge auch ein ungefähres Maß für die Stromstärke an. Die mit *1* bezeichneten Pfeile beziehen sich auf den von der Hauptmaschine gelieferten Strom, der Pfeil *2* gibt den Strom im Mittelleiter an, die Pfeile *3* geben Aufschluß über die Stromverhältnisse der Ausgleichsmaschinen, und die Pfeile *4* schließlich deuten die Netzbelastung an. Der Strom in der Leitung *P* setzt sich aus dem Strom der Hauptmaschine und dem von der zugehörigen Ausgleichsmaschine gelieferten Strom zusammen, während der Strom in der Leitung *N* gleich der Differenz des Stromes der Hauptmaschine und des von der Ausgleichsmaschine aufgenommenen Stromes ist.

Bei vorstehenden Erörterungen ist keine Rücksicht auf die Verluste des Ausgleichsmaschinensatzes genommen. Sie müssen auch noch durch die als Motor arbeitende Maschine gedeckt werden, so daß diese einen etwas größeren Strom aufnimmt als der Generator entwickelt. Daher ist die Ausgleichswirkung nur unvollkommen. Auch sind die Spannungen beider Netzhälften nicht genau gleich, da auf der Generatorseite die Klemmenspannung der Maschine um den Spannungsabfall im Anker kleiner, auf der Motorseite um diesen Spannungsabfall größer ist als die in den Maschinen erzeugte EMK. Dieser Mangel läßt sich bis zu einem gewissen Grade dadurch beheben, daß die Magnetwicklungen der Ausgleichsmachinen kreuzweise, d. h. so angeschlossen werden, daß jede Maschine von der nicht zu ihr gehörigen Netzhälfte erregt wird, Abb. 266b. Auf diese Weise wird die als Motor arbeitende Maschine schwächer erregt, so daß ihre EMK und damit auch ihre Klemmenspanunng kleiner wird, während umgekehrt die Klemmenspannung der als Generator wirkenden Maschine infolge ihrer stärkeren Erregung größer wird.

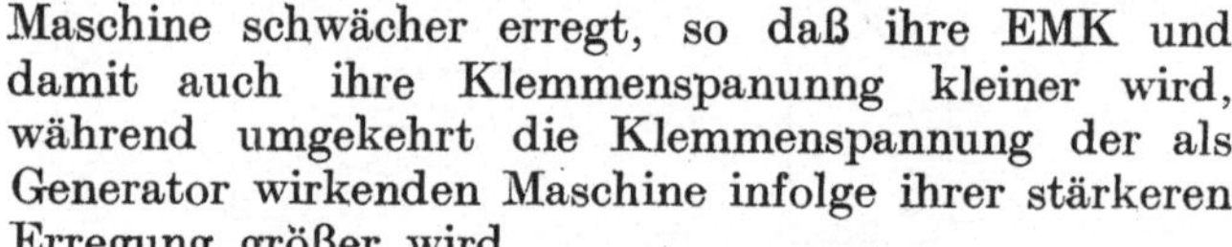

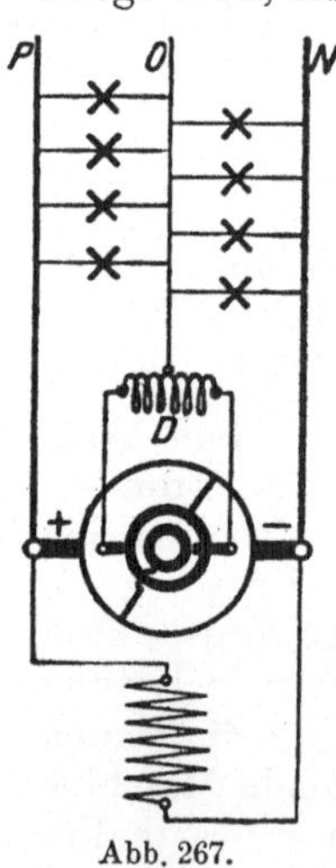

Abb. 267. Dreileitermaschine.

Die Anwendung von Ausgleichsmaschinen schließt natürlich nicht die Aufstellung einer Akkumulatorenbatterie aus, deren Mittelpunkt alsdann mit dem Mittelleiter zu verbinden ist.

d) Dreileitermaschinen.

Eine unmittelbare Spannungsteilung ermöglichen die Dreileitermaschinen, von denen namentlich die von Dobowolsky erfundene Maschine vielfach angewendet wird, Abb. 267. Die für die Außenleiterspannung gewickelte Maschine erhält außer dem Kollektor noch zwei Schleifringe. Diese sind mit Punkten der Wicklung verbunden, die um eine Polteilung auseinander liegen. Auf den Schleifringen befinden sich Hilfsbürsten, die mit den Enden einer Drosselspule *D* verbunden sind. Da der von den Ringen entnommene Strom (vgl. Abschnitt 111) ein Wechselstrom ist, so besitzt er wegen des hohen scheinbaren Widerstandes der Drosselspule eine nur geringe Stärke. Durch den in der Mitte der Drosselspulenwicklung angeschlossenen Mittelleiter wird nun die Außenleiterspannung in zwei gleiche Teile zerlegt. Für den bei ungleicher Belastung der beiden Netzhälften durch den Mittelleiter fließenden Gleichstrom kommt nicht der scheinbare, sondern nur der geringe Ohmsche Widerstand der Drosselspule in Betracht. Auch die Dreileitermaschine kann in Verbindung mit einer Akkumulatorenbatterie verwendet werden.

e) Das Fünfleitersystem.

Von anderen Mehrleitersystemen sei nur noch das Fünfleitersystem genannt. Bei diesem werden vier Betriebsmaschinen hintereinander geschaltet, oder es wird in anderer Weise die Außenleiterspannung geviertelt. Das System wird jedoch nur selten angewendet, da infolge der vielen Leitungen die Übersichtlichkeit der Leitungsführung verloren geht.

231. Das Wechselstrom-Transformatorensystem.

Bei ausgedehnten Wechselstromanlagen wird stets eine indirekte Energieverteilung vorgenommen, indem der in der Zentrale erzeugte hochgespannte Wechselstrom — Einphasen- oder Mehrphasenstrom — an den Verbrauchsorten zunächst mittels Transformatoren auf eine niedrige Spannung umgewandelt wird. Man hat demnach zu unterscheiden zwischen dem primären Netz, das Hochspannung führt, und dem sekundären Niederspannungsnetz. Der primäre Strom wird entweder in den Stromerzeugern unmittelbar oder — bei höheren Spannungen — durch Vermittlung von Transformatoren hergestellt (vgl. Abschn. 122). Die Transformatoren, in denen der Strom auf die Gebrauchsspannung heruntergesetzt wird, werden über das ganze Versorgungsgebiet verteilt.

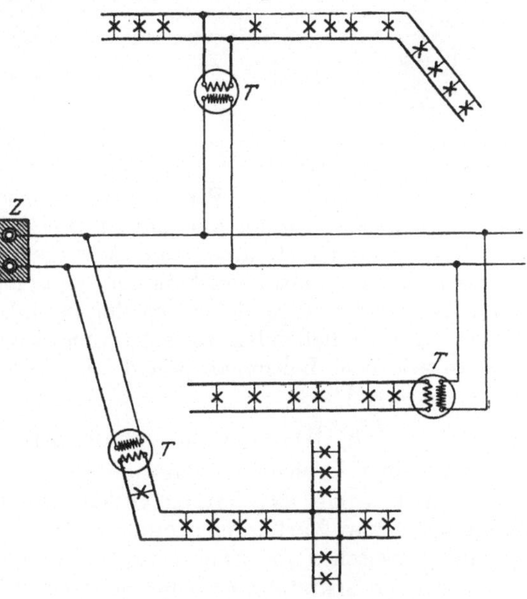

Abb. 268. Leitungsnetz einer Einphasenanlage mit Transformatoren.

Abb. 268 zeigt die Anordnung eines Verteilungsnetzes mit Transformatoren, der Einfachheit wegen für Einphasenstrom gezeichnet. Die Transformatoren sind mit T bezeichnet. Es ist angenommen, daß nur die primären (Hochspannungs-) Seiten sämtlicher

Transformatoren parallel geschaltet sind, die sekundäre Seite jedes Transformators aber ein besonderes Netz speist. Doch läßt man häufig sämtliche Transformatoren auch auf ein zusammenhängendes Niederspannungsnetz arbeiten, so daß zwischen den verschiedenen Transformatoren ein Belastungsausgleich zustande kommt (vgl. Abschn. 137).

232. Mehrphasige Wechselstromsysteme.

Der einphasige Wechselstrom kommt, abgesehen vom Bahnbetrieb, im allgemeinen nur bei solchen Anlagen zur Anwendung, die ausschließlich zur Erzeugung elektrischen Lichtes bestimmt sind. Ist jedoch auch auf den Anschluß von Motoren Rücksicht zu nehmen, und das ist fast immer der Fall, so ist ihm unbedingt der Mehrphasenstrom überlegen.

a) Drehstrom-Dreileitersystem.

Während der Zweiphasenstrom heute nur noch vereinzelt verwendet wird, erfreut sich der Dreiphasenstrom, der Drehstrom, einer außerordentlich großen Verbreitung. Das Drehstromsystem

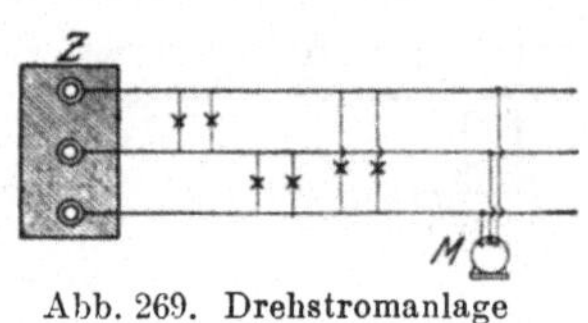

Abb. 269. Drehstromanlage ohne Nulleiter.

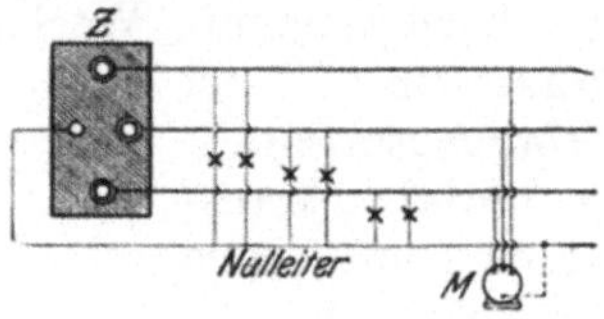

Abb. 270. Drehstromanlage mit Nulleiter.

ist das bevorzugteste Wechselstromsystem. Es gehen bei ihm von der Zentrale Z (oder der Transformatorenstation) drei Leitungen aus, Abb. 269. Die Lampen und sonstigen Stromverbraucher werden zwischen je zwei Leitungen beliebig angeschlossen, wobei nur auf eine möglichst gleichmäßige Belastung der Netzstränge Bedacht zu nehmen ist. Die anzuschließenden Drehstrommotoren werden mit ihren Klemmen an alle drei Leitungen gelegt, wie es in der Abbildung für den Motor M angedeutet ist.

b) Drehstromsystem mit Nulleiter.

Ist in einer Drehstromanlage außer den Hauptleitungen noch der Sternpunkt- oder Nulleiter verlegt, so hat man zwei Gebrauchsspannungen zur Verfügung: einmal die Leiterspannung, d. h. die Spannung zwischen je zwei Hauptleitungen (verkettete Spannung!), und ferner die Spannung zwischen je einer Hauptleitung und der Sternpunktleitung (Sternspannung!). Letztere beträgt den ungefähr 1,7. Teil der verketteten Spannung (s. Abschn. 43). So sind z. B. Drehstromanlagen sehr verbreitet, bei denen für die Lichtanschlüsse eine Spannung von 220 V, für den Anschluß der Motoren eine solche von 380 V zur Verfügung steht. Bei derartigen Anlagen wird der Nulleiter in der Regel geerdet (vgl. Abschn. 228). Auch Anlagen mit 125/220 V Spannung sind gebräuchlich. Ist bei den angeschlossenen Motoren der

Sternpunkt zugänglich, so wird auch dieser meistens mit dem Nullleiter verbunden, wie in der Abb. 270, die eine Drehstromanlage mit Nulleiter zeigt, durch eine gestrichelte Linie kenntlich gemacht ist.

233. Das Wechselstrom-Gleichstromsystem.

Um den bei Verwendung des Wechselstroms gebotenen Vorteil, eine hohe Übertragungsspannung anwenden zu können, mit den Vorzügen des Gleichstroms zu verbinden, kann man in der beliebig außerhalb des Versorgungsgebietes gelegenen Zentrale hochgespannten Wechselstrom erzeugen, diesen aber in innerhalb des Versorgungsgebietes liegenden Unterstationen mittels Umformer oder Gleichrichter in Niederspannungs-Gleichstrom verwandeln. Mit diesem wird das Verteilungsnetz gespeist. Abb. 271 zeigt schematisch eine solche Anlage mit einer Unterstation, und zwar für den Fall, daß die Übertragung der Energie mittels Drehstromes, die Verteilung dagegen nach dem Gleichstrom-Dreileitersystem erfolgt. Als Umformer ist ein Motorgenerator vorgesehen; die Spannungsteilung erfolgt durch eine Akkumulatorenbatterie.

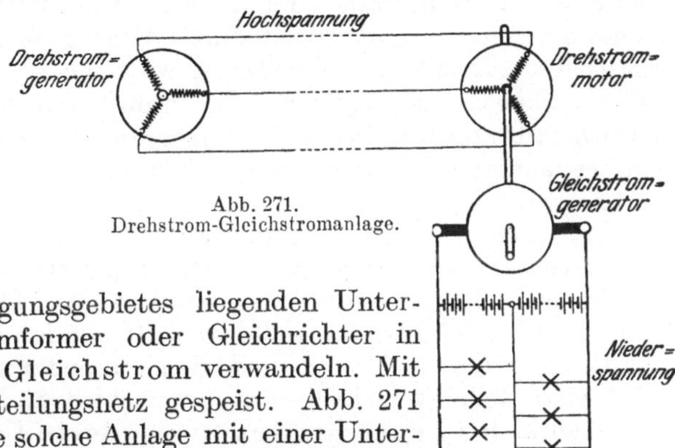

Abb. 271. Drehstrom-Gleichstromanlage.

C. Das Leitungsnetz.

234. Leitungsarten.

In der Starkstromtechnik kommen für die Übertragung und Verteilung der elektrischen Energie vornehmlich Leitungen aus Kupfer zur Anwendung. Doch wird dasselbe heute in steigendem Maße durch Aluminium ersetzt, welches sich, richtig angewendet, als Leitungsmaterial durchaus bewährt hat.

Nachfolgend wird, wo nichts anderes vermerkt ist, Kupfer als Leitungsmaterial vorausgesetzt, doch gelten die Darlegungen sinngemäß und unter Beachtung der besonderen Eigenschaften des Aluminiums, geringere Leitfähigkeit usw., auch für dieses Material.

a) Blanke und umhüllte Leitungen.

In bestimmten Fällen sind blanke Leitungen zulässig oder sogar geboten. Ihnen werden in den Errichtungsvorschriften des VDE solche Leitungen gleichgestellt, die durch einen Anstrich oder eine Umhüllung lediglich gegen chemische Einflüsse geschützt sind. In den vom VDE aufgestellten Vorschriften für umhüllte Leitungen sind folgende Leitungsarten angegeben:

Wetterfeste Leitungen (Bezeichnung PLW), für Freileitungen und für Installation im Freien;

Nulleiter-Leitungen (NL), nicht zur Verlegung im Erdboden;

Nulleiter-Leitungen (NE, mit Bleiumhüllung NBE), für Erdverlegung und Fälle, in denen Schutz gegen chemische Einwirkungen erforderlich ist.

b) Isolierte Leitungen.

Wo blanke Leitungen nicht angängig sind, bedient man sich der isolierten Leitungen. Als Hauptisoliermaterial kommt, in Verbindung mit Baumwolle oder anderen Faserstoffen, Gummi zur Anwendung, ein Stoff, der sich durch hohe Isolierfähigkeit und große Elastizität auszeichnet. Der Draht wird mit einer nahtlosen Gummihülle umgeben und dadurch nach außen wasserdicht abgeschlossen: Gummiaderisolierung. Wird mehreren isolierten Leitungen noch eine gemeinsame Umwicklung gegeben, so erhält man die Mehrfachleitungen.

Leitungen, bei denen zum Zwecke besonderer Biegsamkeit die Metallseele aus vielen sehr dünnen Drähten besteht, werden als Schnüre bezeichnet. Mehrfachschnüre ergeben sich dadurch, daß verschiedene Einzelschnüre miteinander verseilt werden.

Je nach der Isolierung und dem besonderen Verwendungszweck wird eine Reihe von Leitungen unterschieden, über die sich genaue Angaben in den „Vorschriften für isolierte Leitungen in Starkstromanlagen" finden. Nachstehend sind die wichtigsten Leitungsarten aufgezählt.

1. Leitungen für feste Verlegung in Rohren oder auf Isolierkörpern:

Gummiaderleitungen (NGA), für Spannungen bei 750 V;

Sondergummiaderleitungen (NSGA), für Spannungen von 2000, 3000, 6000, 10000 und 15000 V;

Kunststoffaderleitungen (NYA), für trockne Räume und Spannungen bis 1000 V.

2. Leitungen für feste Verlegung über und unter Putz:

Rohrdrähte mit Bitumenfüllung (NRAM), für Spannungen bis 250 V;

Kabelähnliche Leitungen, Verlegung im Erdboden nicht zulässig, für Spannungen bis 500 V;

Umhüllte Rohrdrähte (NRU);

Bleimantelleitungen mit Faserstoffbeflechtung (NBU) und mit Stahlbandbewehrung und Faserstoffbeflechtung (NBEU).

3. Leitungen für feste Verlegung nur über Putz:

Rohrdrähte mit Faserstoffüllung (NRA), zur Verlegung in trocknen Räumen, für Spannungen bis 250 V;

Panzeradern (NPA), für Spannungen bis 1000 V.

4. Leitungen für Beleuchtungskörper:

Fassungsadern (NFA), zur Installation nur in und an Beleuchtungskörpern, als Zuleitung nicht zulässig, für Spannungen bis 250 V;

Pendelschnüre (NPL), zur Installation von Schnurpendeln und Schnurzugpendeln.

5. Leitungen zum Anschluß ortsveränderlicher Stromverbraucher:

Gummiaderschnüre (Zimmerschnüre NSA), für geringe mechanische Beanspruchung in trocknen Wohnräumen, für Spannungen bis 250 V;

Werkstattschnüre (NWK), für mittlere mechanische Beanspruchung in Werkstätten und Wirtschaftsräumen;

Gummischlauchleitungen:

besonders leichte Ausführung, mit äußerer Beflechtung (NLG), für kleine Stromverbraucher (Elektrouhren, Tischlampen, Rundfunkgeräte, Handgeräte), für Spannungen bis 250 V;

leichte Ausführung, für geringe mechanische Beanspruchung, zum Anschluß von leichten Hand- und Elektrowärmegeräten, für Spannungen bis 250 V

ohne äußere Beflechtung (NLH),
mit äußerer Beflechtung (NLHG);

mittlere Ausführung (NMH), für mittlere mechanische Beanspruchung, zum Anschluß von Küchen- und kleinen Werkstattgeräten (größeren Wasserkochern, Heizplatten, Handbohrmaschinen, Handleuchtern usw.), für Spannungen bis 250 V;

starke Ausführung (NSH), für besonders hohe mechanische Anforderungen (schwere Werkzeuge, fahrbare Motoren, landwirtschaftliche Geräte usw.), für Spannungen bis 750 V;

— Mittlere und starke Gummischlauchleitungen sind in bestimmten Fällen auch zur festen Verlegung über Putz zugelassen. —

Leitungstrossen (NT), für besonders hohe mechanische Anforderungen und beliebige Betriebsspannungen.

235. Kabel.

Für Leitungen, die im Erdboden verlegt werden, sind Kabel zu verwenden, die nach außen völlig durch einen nahtlosen Bleimantel abgeschlossen sind. Als Leitungsmaterial kann Kupfer oder Aluminium zur Anwendung kommen. Auch wird neuerdings mit Erfolg versucht, den Bleimantel durch einen Aluminiummantel zu ersetzen.

Für die Herstellung der sog. Gummibleikabel werden Gummiaderleitungen benutzt. Man unterscheidet Ein- und Mehrleiterkabel dieser Art. Letztere werden aus mehreren miteinander verseilten Leitungen gebildet. Meistens wird jedoch bei den Kabeln Gummi als Isoliermittel vermieden und statt dessen imprägniertes Papier angewendet. Auch Papierbleikabel können mit einem Leiter oder mehreren verseilten Leitungen hergestellt werden. Vielfach wird im Kabel noch ein Prüfdraht untergebracht.

Je nach ihrem Verwendungszweck werden blanke Bleikabel benutzt, umhüllte Kabel, die zur Abwehr chemischer Einflüsse über dem Bleimantel noch eine Umkleidung aus asphaltiertem Faserstoff besitzen, oder umhüllte bewehrte Kabel, bei denen außerdem zum Schutz gegen mechanische Beschädigungen eine Umkleidung aus Eisenband oder Eisendraht vorgesehen ist.

Im Einklang mit Vorstehendem und in Übereinstimmung mit den in Betracht kommenden Kabelvorschriften des VDE ergibt sich nachfolgende Einteilung der Kabel.

1. Gummibleikabel

(NGK für Kabel mit Kupferleitern und blankem Bleimantel, NAGK für solche mit Aluminiumleitern; Umhüllung und Bewehrung werden durch Zusatzbuchstaben ausgedrückt):

Einleiterkabel;
Mehrleiterkabel mit gemeinsamen Bleimantel.

Die Gebrauchsspannung der Kabel richtet sich nach der für die verwendete Gummiaderleitung zulässigen.

2. Papierbleikabel

(NK für Kabel mit Kupferleitern und blankem Bleimantel, NAK für solche mit Aluminiumleitern; Zusatzbuchstabe wie oben):

Einleiter- und Mehrleiterkabel, für Spannungen bis 1000 V;

Einleiter-Wechselstromkabel und verseilte Mehrleiterkabel für Spannungen über 1000 V.

Bei Drehstromkabel hoher Spannung wird meistens jede einzelne Ader „metallisiert“, d.h. es wird über ihre Isolation eine dünne Metallfolie gewickelt: Verfahren von Höchstädter. Die elektrische Beanspruchung des Kabels wird hierdurch günstiger gestaltet und die Wärmeleitung des Kabels verbessert.

Kabelverbindungen und Abzweigungen werden durch luftdicht abschließende Muffen hergestellt. Ebenso müssen die Kabel durch Endverschlußstücke luftdicht abgeschlossen werden.

Neuere Kabelanordnungen sind das Druckkabel und das Ölkabel. Bei ersterem wird das Kabel durch eine druckfeste Stahlrohrleitung unter Stickstoffdruck gelegt, bei letzterem wird dünnflüssiges Öl als Tränkmittel verwendet, das durch Längskanäle im Kabel mit Ausdehnungsgefäßen in Verbindung steht, die bei Temperaturschwankungen das überschüssige Öl aufnehmen bzw. das benötigte Öl hergeben. Bei beiden Ausführungsarten wird die Durchschlagsfestigkeit und auch die Strombelastbarkeit des Kabels wesentlich erhöht, da Glimmentladungen, die in Hochspannungskabeln infolge von sich im Papier bildenden Hohlräumen auftreten können, bei ihnen vermieden werden.

236. Freileitungen.

Freileitungen, d. h. außerhalb von Gebäuden oberirdisch verlegte Leitungen, werden in der Regel aus blankem, hartgezogenem Kupferdraht oder aus Aluminium hergestellt. Auch Stahlleiter oder aus Aluminium und Stahl zusammengesetzte Seile finden Anwendung. Eine große Festigkeit besitzen auch die aus einer Aluminiumlegierung hergestellten Aldreyleitungen. Die Leitungen können an hölzernen Masten aufgehängt werden. Bei höheren Spannungen werden hauptsächlich eiserne Gittermaste oder Maste aus Beton aufgestellt. Die Befestigung der Drähte an den Masten erfolgt über Isolierglocken, die durch eiserne Stützen oder Träger mit den Masten verbunden werden. Bei Spannungen über 250 V müssen Stahlmaste und Stahlbetonmaste geerdet werden.

Die Leitungen, wie auch die mit ihnen in Verbindung stehenden Apparate sollen so angebracht werden, daß sie ohne besondere Hilfsmittel weder vom Erdboden noch von Dächern, Fenstern usw. aus zugänglich sind. Sie sollen bei größtem Durchhang mindestens 5 m von der Erde, bei Überkreuzung befahrbarer Wege mindestens 6 m von der Fahrbahn entfernt sein, bei Spannungen über 1000 V 6 bzw. 7 m. Über Ortschaften und bewohnten Grundstücken müssen Vorrichtungen angebracht sein, die herabfallende Leitungen auffangen, z. B. Schutznetze, oder sie müssen, was vorzuziehen ist, mit „erhöhter Sicherheit“ ausgeführt werden. Ausführung mit erhöhter Sicherheit ist auch vorgeschrieben für Freileitungen, die über Verkehrswege geführt werden oder solche kreuzen. Freileitungen für mehr als 1000 V müssen von geeigneten Punkten aus während des Betriebes spannungslos gemacht werden können. Die Maste solcher Freileitungen sind durch einen roten Blitzpfeil zu kennzeichnen.

Fernmeldeleitungen dürfen am gleichen Gestänge nicht oberhalb der Starkstromleitungen verlegt werden. Bei umfangreichen Leitungsnetzen bietet neben dem gewöhnlichen Fernsprecher auch die drahtlose Richtungstelephonie, bei der sich die elektrischen Wellen den Leitungen entlang fortpflanzen, ein ausgezeichnetes Mittel, um zwischen einzelnen Punkten des Netzes eine Verständigung herbeizuführen und Störungen auf diese Weise schnell aufzufinden und zu beseitigen.

237. Freileitungsisolatoren.

Die zur Befestigung der Freileitungen an den Masten dienenden Isolatoren spielen für die Betriebssicherheit der ganzen Anlage eine wichtige Rolle. Sie werden im allgemeinen aus Porzellan hergestellt, doch befinden sich auch solche aus Steatit — feingemahlenem Speckstein, dem kleine Mengen von Flußmitteln zugefügt werden — auf dem Markt. Die Isolatoren müssen so durchgebildet sein, daß im normalen Betriebe weder ein Durchschlag zwischen dem Leiter und dem den Isolator tragenden Gestänge noch ein Überschlag auftritt. Doch soll die Überschlagspannung unterhalb der Durchschlagspannung liegen, damit bei einer auftretenden Überspannung der Isolator über-, aber nicht durchschlägt.

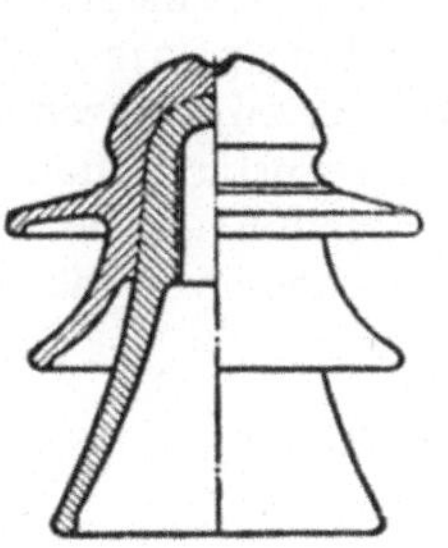

Abb. 272. Deltaisolator, aus zwei Teilen zusammengesetzt.

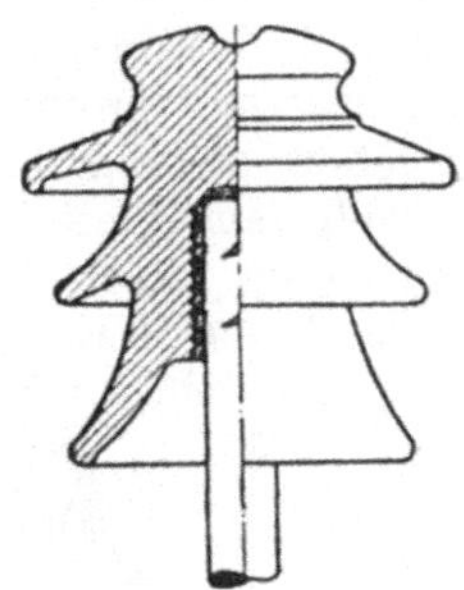

Abb. 273. Verstärkter Stützenisolator der Deltaform.

Die nachfolgend beschriebenen Isolatoren sind vom VDE genormt worden. Nähere Angaben enthalten die in Betracht kommenden Normblätter. Den Abbildungen sind Ausführungen der Hermsdorf-Schomburg-Isolatoren-Gesellschaft (Hescho) zugrunde gelegt worden.

a) Stützenisolatoren.

Stützenisolatoren sind Isolierkörper, die auf eisernen Stützen befestigt und durch sie starr mit dem Mast verbunden werden. Sie werden bei Hochspannung mit mehreren schirmartig ausgebreiteten Mänteln ausgestattet. Früher wurden Stützenisolatoren höherer Spannung meistens aus mehreren Teilen zusammengesetzt, die durch nichttreibenden Zementkitt oder durch Zusammenhanfen miteinander verbunden wurden, wie Abb. 272 zeigt, die den sehr verbreiteten Dreimantel- oder Deltaisolator darstellt. Heute werden die Stützenisolatoren meistens einteilig hergestellt, nachdem es gelungen ist, auch starkwandige Porzellankörper frei von inneren Spannungen durchzubrennen. Aus dem Deltaisolator ist der gleichfalls viel verwendete

Weitschirmisolator hervorgegangen, der durch eine niedrige Bauhöhe und weit ausladende Schirme gekennzeichnet ist.

Besonders gewittersicher und widerstandsfest gegen mechanische Beschädigungen sind die in Anlehnung an die Delta- bzw. Weitschirmform ausgebildeten verstärkten Stützenisolatoren, Abb. 273, die eine große Wandstärke, namentlich zwischen dem oberen Ende des Stützenloches und der Halsrille aufweisen.

In Deutschland wird die Leitung gewöhnlich in der Halsrille der Isolatoren befestigt, doch kann sie auch, wie dies im Ausland vielfach üblich ist, in der auf dem Kopf des Isolators vorgesehenen Scheitelrille verlegt werden.

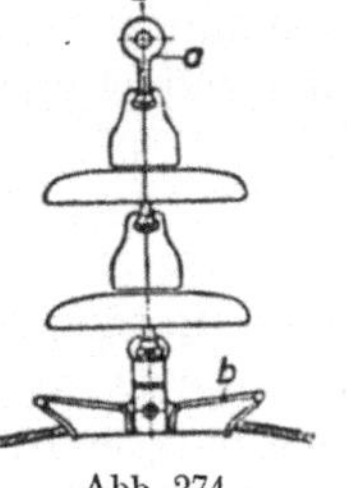

Abb. 274. Kappenisolator.

b) Kettenisolatoren.

Bei Spannungen über etwa 35000 V, in kleineren Ausführungen auch schon bei weniger hohen Spannungen bis herunter zu 10000 V, werden Kettenisolatoren benutzt, die aus mehreren Gliedern zusammengesetzt werden und eine nachgiebige Aufhängung der Leitung sowie ein leichtes Auswechseln beschädigter Glieder ermöglichen. Eine gebräuchliche Form des Kettenisolators, der Kappenisolator, ist in Abb. 274 wiedergegeben, die eine Kette aus zwei durch Kugelgelenke miteinander verbundenen Isolatoren zeigt. Auf jeden Isolierkörper ist eine Kappe aus feuerverzink-

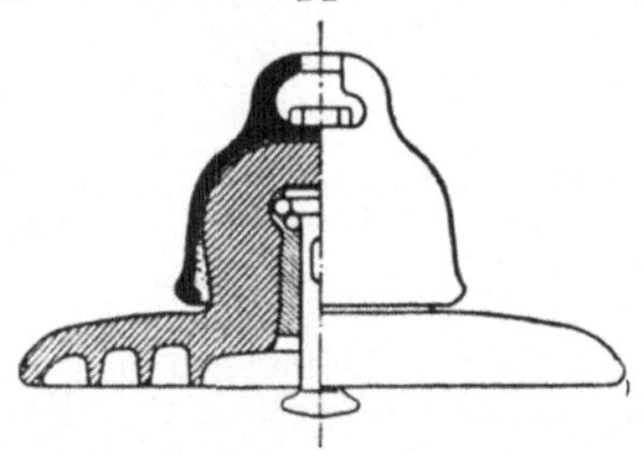
Abb. 275. Federringisolator.

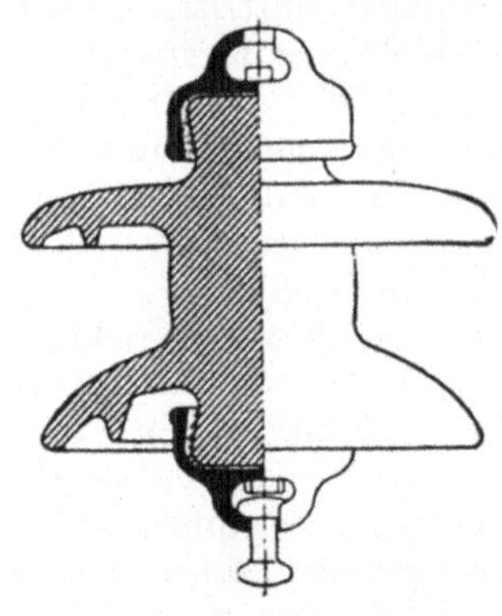
Abb. 276. Vollkernisolator.

tem Temperguß gekittet, während in seinem Innern ein eiserner Klöppel so befestigt ist, daß der daran angreifende Leitungszug gleichmäßig, und zwar hauptsächlich als Druck auf den Isolierkörper übertragen wird. Abb. 275 zeigt als Beispiel den sog. Federringisolator, bei dem ein oder zwei Ringe aus gewundenem Stahldraht in die Kopfhöhlung eingeführt werden, worauf letztere, um eine gute Kraftübertragung zu erreichen, mit Zementkitt ausgegossen wird. Andere verbreitete Ausführungen sind der Kugelkopfisolator, bei dem eine in den Isolierkopf gelagerte Porzellankugel den Leitungszug auf den Isolierkörper überträgt, und der Kegelkopfisolator, bei dem der Klöppel in der Kopfhöhlung über einen Stahlkonus gepreßt und auseinandergespreizt wird.

Sehr verbreitet ist auch der Vollkernisolator, dessen Hauptkennzeichen ein massiver mit Schirmen ausgestatteter Isolierkörper und das Fehlen jeder Innenarmatur für die Klöppelbefestigung sind. Der Leitungszug wird durch je eine auf das obere und untere Ende des Isolierkörpers aufgekittete Kappe übertragen, so daß bei dieser Bauart, Abb. 276, der Isolierkörper vornehmlich auf Zug beansprucht wird. Auch diese Isolatoren, die auch als Doppelkappenisolatoren bezeichnet werden und praktisch durchschlagsicher sind, haben sich wegen ihrer hohen elektrischen Betriebssicherheit recht bewährt.

Neben der normalen Ausführung werden die Kappenisolatoren auch als sog. Nebelisolatoren hergestellt. Sie sind durch mehrere übereinander angeordnete kräftige Schirme gegen das Absetzen von Verschmutzungen geschützt, die namentlich bei Nebel, Tau oder Schneetreiben die Überschlagspannung der Freileitungsisolatoren erheblich herabsetzen können.

c) Langstabisolatoren.

Neuerdings wird bei hohen Spannungen der Kettenisolator mehr und mehr durch den Langstabisolator ersetzt, der als eine Fortentwicklung des Vollkernisolators angesehen werden kann, Abb. 277. Bei ihm wird, wie schon der Name sagt, ein stabförmiger Isolierkörper verwendet, dessen Länge sich nach der Betriebsspannung richtet, und der zur Erhöhung der Regenüberschlagspannung mit einer großen Zahl von Schirmen ausgerüstet ist. Auf die beiden kegelförmig verdickten Enden sind, wie beim Vollkernisolator, Kappen aus Temperguß aufgekittet. Innenarmaturen für die Klöppelbefestigung sind also auch hier vollständig vermieden. Überdies sind die Isolatoren in mechanischer Hinsicht dadurch begünstigt, daß sie für Betriebsspannungen bis 110000 V jeweils nur zwei Verbindungsstellen mit Metallarmaturen aufweisen. Da bei einem Bruch des Isolators die Leitung gefährdet ist, ist die Anwendung einer Schutzarmatur, etwa wie die Abbildung zeigt, in Form eines oberen und unteren Hornkreuzes notwendig. Durch eine derartige Schutzarmatur, die übrigens auch bei den Kettenisolatoren angewendet wird, aber bei Langstabisolatoren besonders wirksam ist, wird ein bei einem Überschlag auftretender Lichtbogen infolge thermischer und elektrodynamischer Wirkungen vom Isolierkörper ferngehalten und dieser vor Beschädigungen bewahrt. Vorzüge der Langstabisolatoren, die ebenso wie die Doppelkappenisolatoren als durchschlagsicher anzusehen sind, sind sein geringes Gewicht und die durch ihn zu erzielende Eisenersparnis.

Abb. 277. Langstabisolator mit Schutzarmatur.

238. Der Leitungsquerschnitt.

Die zur Fortleitung des elektrischen Stromes dienenden Leitungen müssen im allgemeinen folgenden Bedingungen genügen: sie müssen eine genügende mechanische Festigkeit besitzen, sie dürfen keine unzulässige Erwärmung erfahren, und der Spannungs- bzw. Leistungsverlust in den Leitungen darf ein festgesetztes Maß nicht überschreiten. Hinsichtlich der Größe des Spannungsverlustes lassen sich allgemein gültige Angaben nicht machen. Doch soll er in der Regel bei Verteilungsleitungen in Beleuchtungsanlagen 2 bis 3% nicht übersteigen. Für Leitungen, die zum Speisen von Motoren dienen, ist ein etwas höherer Verlust zulässig. Der Querschnittsbemessung von Speiseleitungen kann je nach den besonderen Verhältnissen ein Verlust von 10% und mehr zugrunde gelegt werden.

a) Mechanische Festigkeit der Leitungen.

Mit Rücksicht auf ihre mechanische Festigkeit sind vom VDE folgende Mindestquerschnitte für Leitungen festgelegt:

	aus Kupfer	aus Aluminium
für blanke Leitungen bei Verlegung in Rohr	1,5 mm²	2,5 mm²
für isolierte und umhüllte Leitungen sowie für Kabel in feuchten und durchtränkten Räumen, in feuergefährdeten Räumen, in explosionsgefährdeten Betriebsstätten und Lagerräumen, in Wohn- und Wirtschaftsgebäuden landwirtschaftlicher Betriebe, in Stromkreisen für Haushaltungen, in denen mit dem Anschluß von Elektrowärmegeräten zu rechnen ist, für Erweiterungen in Anlageteilen, die mit Leitungen von 1,5 mm² Kupfer bzw. 2,5 mm² Aluminium ausgeführt sind	1,5 mm²	2,5 mm²
für blanke, isolierte und umhüllte Leitungen bei fester Verlegung in Gebäuden und im Freien, wenn der Abstand der Befestigungspunkte mehr als 1 m und höchstens 20 m beträgt	4 mm²	6 mm²
für Freileitungen mit Spannweiten bis zu 35 m .	6 mm²	16 mm²
für Freileitungen in allen anderen Fällen	10 mm²	25 mm²

b) Erwärmung der Leitungen.

In nachstehenden Tafeln sind die normalen Leitungsquerschnitte für Kupfer- und Aluminiumleitungen zusammengestellt. Isolierte und umhüllte Leitungen sollen, um eine zu hohe Erwärmung auszuschließen, den Vorschriften des VDE gemäß, höchstens mit den in den Tafeln als zulässige Stromstärke bezeichneten Werten dauernd belastet werden. Dabei sind 3 Gruppen von Leitungen bzw. Verlegungsarten unterschieden:

Gruppe 1: Bis zu drei Leitungen in Rohren, Rohrdrähte;

Gruppe 2: Kabelähnliche Leitungen, Panzeradern, frei in Luft verlegte mehradrige Leitungen und mehradrige Leitungen zum Anschluß ortsveränderlicher Stromverbraucher;

Gruppe 3: Einadrige Leitungen frei in Luft verlegt, wobei die Leitungen mit Zwischenräumen von mindestens Leitungsdurchmesser verlegt sind, und einadrige Leitungen zum Anschluß ortsveränderlichen Stromverbraucher.

Kupferleitungen

Querschn. mm²	Gruppe 1 zulässige Stromstärke A	Gruppe 1 Nennstrom der Stromsich. A	Gruppe 2 zulässige Stromstärke A	Gruppe 2 Nennstrom der Stromsich. A	Gruppe 3 zulässige Stromstärke A	Gruppe 3 Nennstrom der Stromsich. A
0,75	—	—	13	10	16	15
1	12	10	16	15	20	20
1,5	16	15	20	20	25	25
2,5	21	20	27	25	34	35
4	27	25	36	35	45	50
6	35	35	47	50	57	60
10	48	50	65	60	78	80
16	65	60	87	80	104	100
25	88	80	115	100	137	125
35	110	100	143	125	168	160
50	140	125	178	160	210	200
70	—	—	220	225	260	260
95	—	—	265	260	310	300
120	—	—	310	300	365	350
150	—	—	355	350	415	430
185	—	—	405	350	475	430
240	—	—	480	430	560	500

Aluminiumleitungen

Querschn. mm²	Gruppe 1 zulässige Stromstärke A	Gruppe 1 Nennstrom der Stromsich. A	Gruppe 2 zulässige Stromstärke A	Gruppe 2 Nennstrom der Stromsich. A	Gruppe 3 zulässige Stromstärke A	Gruppe 3 Nennstrom der Stromsich. A
2,5	16	15	21	20	27	25
4	21	20	29	25	35	35
6	27	25	37	35	45	50
10	38	35	51	50	61	60
16	51	50	68	60	82	80
25	69	60	90	80	107	100
35	86	80	112	100	132	125
50	110	100	140	125	165	160
70	—	—	173	160	205	200
95	—	—	210	200	245	225
120	—	—	245	225	285	260
150	—	—	280	260	330	300
185	—	—	320	300	375	350
240	—	—	380	350	440	430

Durch Anwendung von *Schmelzsicherungen* oder *selbsttätig sichernden Schaltern* sollen die Leitungen gegen Überlastung geschützt werden. Die Zuordnung der Sicherungen zu den Leiterquerschnitten isolierter Leitungen ist in den vorstehenden Tafeln angegeben.

Für *blanke Kupferleitungen* bis zu 50 mm² und *blanke Aluminiumleitungen* bis zu 70 mm² Querschnitt gelten die Werte der Gruppe 3 der Leitungstafeln. Für blanke Leitungen größeren Querschnitts sowie für Freileitungen gelten die Tafeln nicht. Solche Leitungen sind in jedem Falle so zu bemessen, daß sie durch den höchst vorkommenden Betriebsstrom keine für den Betrieb oder die Umgebung gefährliche Temperatur annehmen können.

Beim Anschluß von Motoren, Bogenlampen und ähnlichen Stromverbrauchern, bei denen kurzzeitige Stromstöße beim Einschalten oder auch während des Betriebes auftreten können, empfiehlt es sich, den Leitungsquerschnitt stärker als nach den Tafeln anzunehmen. Andererseits können die Leitungen bei „aussetzendem Betrieb", wie er z. B. bei Kranmotoren vorkommt, stärker belastet werden.

Auch für Kabel sind Belastungstafeln aufgestellt worden. Sie sind in den Kabelvorschriften des VDE niedergelegt.

c) Spannungsverlust in den Leitungen.

Damit der in den Leitungen eines Gleichstromnetzes auftretende Spannungsverlust bei einer bestimmten Stromstärke einen gegebenen Wert besitzt, muß der Widerstand der beiden Zuführungsleitungen dem Ohmschen Gesetze entsprechen. Er muß also, wenn

I die Stromstärke in Ampere,

U_v den Spannungsverlust in Volt

bedeuten, den Wert haben:

$$R = \frac{U_v}{I}.$$

Jede der Leitungen muß demnach den Widerstand besitzen:

$$R_1 = \frac{U_v}{2 \cdot I}.$$

Ist

l_1 die einfache Länge der Leitung in m,

q ihr Querschnitt in mm²,

ϱ der spez. Widerstand des Leitungsmaterials,

so läßt sich nach Gl. (13) für den Widerstand der Leitung auch schreiben:

$$R_1 = \varrho \cdot \frac{l_1}{q}.$$

Durch Gleichsetzen der beiden Ausdrücke für R_1 erhält man:

$$\varrho \cdot \frac{l_1}{q} = \frac{U_v}{2 \cdot I},$$

woraus sich ergibt:

$$q = \varrho \cdot 2 l_1 \cdot \frac{I}{U_v}. \qquad (94)$$

Der spez. Widerstand ist je nach dem Leitungsmaterial verschieden und kann der im Abschn. 6 gegebenen Aufstellung entnommen werden.

Ähnlich wie beim Gleichstrom liegen auch die Verhältnisse beim Wechselstrom. Ist

$\cos \varphi$ der Leistungsfaktor,

so läßt sich für Einphasenstrom die Beziehung ableiten:

$$q = \varrho \cdot 2\, l_1 \cdot \frac{I \cdot \cos\varphi}{U_v}. \tag{95}$$

Für Drehstrom erhält man:

$$q = \varrho \cdot \sqrt{3} \cdot l_1 \cdot \frac{I \cdot \cos\varphi}{U_v}. \tag{96}$$

In vorstehenden Formeln ist lediglich der durch den OHMschen Widerstand der Leitungen veranlaßte Spannungsabfall berücksichtigt. Bei Wechselstrom ist der tatsächlich auftretende Spannungsverlust im allgemeinen etwas größer, da er noch dem Einfluß der Selbstinduktion unterliegt, der jedoch bei gewöhnlichen Hausinstallationsleitungen unberücksichtigt bleiben kann. Das gleiche gilt von der Erhöhung des Spannungsabfalls infolge der Kapazität der Leitungen, ihre Wirkung kann sich aber bei ausgedehnten Kabeln bemerkbar machen. Unter Umständen ist bei Wechselstromleitungen auch noch die Hautwirkung zu berücksichtigen.

Der durch den OHMschen Widerstand verursachte Spannungsverlust ist für ein vorliegendes Leitungsnetz bei Gleichstrom:

$$U_v = 2 \cdot I \cdot R_1, \tag{97}$$

bei Einphasenstrom:

$$U_v = 2 \cdot I \cdot R_1 \cdot \cos\varphi, \tag{98}$$

bei Drehstrom:

$$U_v = \sqrt{3} \cdot I \cdot R_1 \cdot \cos\varphi. \tag{99}$$

d) Leistungsverlust in den Leitungen.

Häufig ist die Berechnung der Leitungen für den Fall vorzunehmen, daß in ihnen ein Leistungsverlust von bestimmter Größe auftreten soll. Es werde bezeichnet mit

N die wirklich übertragene, also die am Ende der Linie vorhandene Leistung in Watt,

v der Leistungsverlust in sämtlichen Leitungen zusammengenommen, ausgedrückt in Proz. der übertragenen Leistung,

U die am Ende der Linie zwischen zwei Leitungen bestehende Spannung in Volt.

Bei Gleichstrom ist der prozentuale Spannungsverlust gleich dem prozentualen Leistungsverlust; es ist also:

$$U_v = \frac{v}{100} \cdot U. \tag{100}$$

Durch Einsetzen dieses Wertes in Gl. (94) ergibt sich

$$q = \varrho \cdot 2 l_1 \cdot \frac{100}{v} \cdot \frac{I}{U}.$$

Werden Zähler und Nenner dieser Gleichung mit U multipliziert, so erhält man

$$q = \varrho \cdot 2 l_1 \cdot \frac{100}{v} \cdot \frac{U \cdot I}{U^2}.$$

Da nun $U \cdot I = N$ ist, so findet man schließlich für den Leitungsquerschnitt:

$$q = \varrho \cdot 2 l_1 \cdot \frac{100}{v} \cdot \frac{N}{U^2}. \qquad (101)$$

In ähnlicher Weise erhält man, wenn mit

$\cos\varphi$ der Leistungsfaktor, am Ende der Linie gemessen,

bezeichnet wird, bei Einphasenstrom für den Querschnitt die Beziehung:

$$q = \varrho \cdot 2 l_1 \cdot \frac{100}{v} \cdot \frac{N}{U^2 \cdot \cos^2\varphi}. \qquad (102)$$

Für Drehstrom ist

$$q = \varrho \cdot l_1 \cdot \frac{100}{v} \cdot \frac{N}{U^2 \cdot \cos^2\varphi}. \qquad (103)$$

Ausdrücklich sei darauf hingewiesen, daß bei Wechselstrom wegen des Einflusses der Phasenverschiebung Leistungs- und Spannungsverlust im allgemeinen ihrem prozentualen Wert nach nicht gleich sind.

Aus Gl. (101) bis (103) folgt die bereits in Abschn. 227 angegebene Beziehung, daß bei gegebenem prozentualen Leistungsverlust der Leitungsquerschnitt umgekehrt proportional dem Quadrate der Übertragungsspannung ist.

Ferner ergibt ein Vergleich der Formeln, daß sich für Gleichstrom und — selbstinduktionsfreie Belastung vorausgesetzt — für Einphasenstrom unter sonst gleichen Verhältnissen derselbe Leitungsquerschnitt ergibt, daß dagegen bei Drehstrom jede Leitung nur den halben Querschnitt erhält. Unter Berücksichtigung der Zahl der Leitungen findet man demnach, daß der Aufwand an Leitungsmaterial für Drehstrom nur $^3/_4$ gegenüber dem für Einphasenstrom beträgt.

Für ein gegebenes Leitungsnetz ist, wenn R_1 wieder den Widerstand einer Leitung bedeutet, der in allen Leitungen auftretende Leistungsverlust bei Gleichstrom und Einphasenstrom:

$$N_v = 2 \cdot I^2 \cdot R_1, \qquad (104)$$

bei Drehstrom:

$$N_v = 3 \cdot I^2 \cdot R_1. \qquad (105)$$

Beispiele: 1. In einer Gleichstromanlage mit 110 V Netzspannung sind zum Speisen einer Anzahl Lampen Kupferleitungen von je 45 m Länge zu verlegen. Welcher Querschnitt ist den Leitungen zu geben, wenn die Stromstärke 32 A beträgt und der Spannungsabfall 2% nicht übersteigen soll?

Es ist nach Gl. (100):

$$U_v = \frac{2}{100} \cdot 110 = 2{,}2\ \text{V}.$$

Nach Gl. (94) ist:

$$q = 0{,}0175 \cdot 2\, l_1 \cdot \frac{I}{U_v} = 0{,}0175 \cdot 2 \cdot 45 \cdot \frac{32}{2{,}2} = 22{,}9\ \text{mm}^2.$$

Zu verlegen sind Leitungen vom nächst höheren normalen Querschnitt, also von 25 mm². Diese vertragen (Leitungsgruppe 1) hinsichtlich Erwärmung 88 A.

2. Eine 2×20 m lange, als Rohrdraht verlegte Verteilungsleitung in einer Gleichstromanlage für 220 V Spannung soll eine Stromstärke von 55 A führen. Es wird ein Spannungsverlust von 3% als zulässig angesehen. Wie stark ist die Leitung (Kupferdraht vorausgesetzt) zu bemessen?

$$U_v = \frac{3}{100} \cdot 220 = 6{,}6 \text{ V},$$

$$q = 0{,}0175 \cdot 2 \cdot 20 \cdot \frac{55}{6{,}6} = 5{,}8 \text{ mm}^2.$$

Mit Rücksicht auf die Erwärmung ist jedoch nach der Belastungstabelle ein erheblich größerer Querschnitt, und zwar ein solcher von 16 mm² zu wählen.

3. Einer an ein Gleichstromverteilungsnetz für 110 V Spannung angeschlossenen Leitung aus Kupfer wird nach nebenstehender Skizze an drei Stellen Strom entnommen. Die für die einzelnen Leitungsabschnitte angegebenen Längen l_I, l_{II} und l_{III} gelten für die **einfache** Leitung. Der Spannungsabfall in der ganzen Leitung (Gruppe 1) soll bei voller Stromentnahme höchstens 1,5%, d. h. 1,65 V betragen. Gesucht der Leitungsquerschnitt.

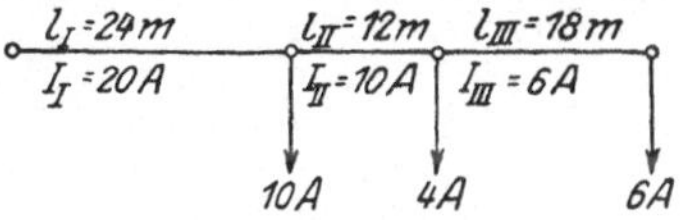

$l_I = 24$ m, $l_{II} = 12$ m, $l_{III} = 18$ m; $I_I = 20$ A, $I_{II} = 10$ A, $I_{III} = 6$ A; 10A, 4A, 6A

a) Es werde zunächst angenommen, daß die Leitung überall den **gleichen** Querschnitt q erhält. Für den Spannungsabfall läßt sich alsdann gemäß Gl. (94) schreiben:

$$U_v = \varrho \cdot \frac{2\, l_I}{q} \cdot I_I + \varrho \cdot \frac{2\, l_{II}}{q} \cdot I_{II} + \varrho \cdot \frac{2\, l_{III}}{q} \cdot I_{III}$$

$$= \varrho \cdot \frac{2}{q} \cdot (I_I \cdot l_I + I_{II} \cdot l_{II} + I_{III} \cdot l_{III}) \cdot$$

Also ist:

$$q = \varrho \cdot \frac{2}{U_v} \cdot (I_I \cdot l_I + I_{II} \cdot l_{II} + I_{III} \cdot l_{III}) = 0{,}0175 \cdot \frac{2}{1{,}65} \cdot (20 \cdot 24 + 10 \cdot 12 + 6 \cdot 18)$$

$$= 0{,}0175 \cdot \frac{2}{1{,}65} \cdot 708 = 15 \text{ mm}^2.$$

Die Leitung ist demnach mit 16 mm² Querschnitt auszuführen, der auch (s. Drahttafel) hinsichtlich Erwärmung ausreichend ist. Der bei diesem Querschnitt tatsächlich auftretende Spannungsabfall ist:

$$U_v = 0{,}0175 \cdot \frac{2}{16} \cdot 708 = 1{,}55 \text{ V}.$$

b) Soll für alle Leitungsabschnitte der Querschnitt der in ihnen herrschenden Stromstärke gemäß **abgestuft** werden, so kann in der Weise vorgegangen werden, daß der gesamte Spannungsverlust von 1,65 V auf die einzelnen Leitungsstücke aufgeteilt wird, wobei auf die Leitungslängen Rücksicht genommen werden kann. Wird der Spannungsabfall in den einzelnen Leitungsteilen z. B. zu 0,7 0,35 und 0,6 V angenommen, so erhält man für den Querschnitt der einzelnen Teile nach Gl. (94):

$$q_1 = 0{,}0175 \cdot 48 \cdot \frac{20}{0{,}7} = 24{,}0 \text{ mm}^2,$$

$$q_{II} = 0{,}0175 \cdot 24 \cdot \frac{10}{0{,}35} = 12{,}0 \text{ mm}^2,$$

$$q_{III} = 0{,}0175 \cdot 36 \cdot \frac{6}{0{,}6} = 6{,}3 \text{ mm}^2.$$

Werden die entsprechenden normalen Querschnitte, also 25, 16 und 6 mm gewählt, so erhält man für den wirklich auftretenden Spannungabfall in den einzelnen Leitungsabschnitten:

$$U_{vI} = 0{,}0175 \cdot 48 \cdot \frac{20}{25} = 0{,}67\ \text{V},$$

$$U_{vII} = 0{,}0175 \cdot 24 \cdot \frac{10}{16} = 0{,}26\ \text{V},$$

$$U_{vIII} = 0{,}0175 \cdot 36 \cdot \frac{6}{6} = 0{,}63\ \text{V}.$$

Der gesamte Spannungsverlust ist demnach

$$U_v = 0{,}67 + 0{,}26 + 0{,}63 = 1{,}56\ \text{V}.$$

4. Es ist der Querschnitt der Zuführungsleitungen eines Drehstrommotors zu berechnen, der bei 380 V Spannung und einem $\cos\varphi = 0{,}85$ einen Strom von 90 A aufnimmt. Die Leitungen sind je 162 m lang, der Spannungsabfall werde angenommen zu 15 V. Das Material für die „kabelähnliche" Leitung ist Kupfer.

Nach Gl. (96) ist:

$$q = 0{,}0175 \cdot \sqrt{3} \cdot l_1 \cdot \frac{I \cdot \cos\varphi}{U_v} = 0{,}0175 \cdot 1{,}732 \cdot 162 \cdot \frac{90 \cdot 0{,}85}{15} \approx 25\ \text{mm}^2.$$

Dieser Querschnitt entspricht auch nach der Drahttafel der in Frage stehenden Stromstärke.

5. Ein Gleichstrommotor für 440 V Spannung, der eine Leistung von 38 kW benötigt, soll an eine 850 m entfernte Zentrale angeschlossen werden. Welchen Querschnitt müssen die erforderlichen Aluminiumleitungen erhalten, wenn für sie ein Verlust von 15% der übertragenen Leitung zugelassen wird?

Es ist nach Gl. (101):

$$q = 0{,}03 \cdot 2\,l_1 \cdot \frac{100}{v} \cdot \frac{N}{U^2} = 0{,}03 \cdot 2 \cdot 850 \cdot \frac{100}{15} \cdot \frac{38000}{440^2} = 66{,}8\ \text{mm}^2,$$

also ist nach der Drahttafel zu wählen ein Querschnitt von 70 mm².

6. Eine Fabrik, die an eine 7,5 km entfernte Drehstromzentrale angeschlossen ist, empfängt aus dieser eine Leistung von 1500 kW bei einer Spannung von 6000 V. Es ist der Querschnitt der Übertragungsleitungen aus Aluminium zu bestimmen unter der Annahme, daß in den Leitungen selbst ein Verlust von 150 kW eintritt, und daß der Leistungsfaktor 0,9 beträgt.

Der Verlust in den Leitungen beträgt 150 kW, ist also gleich 10% der übertragenen Leistung, mithin ist $v = 10$.

Für Drehstrom ist nun nach Gl. (103):

$$q = 0{,}03 \cdot l_1 \cdot \frac{100}{v} \cdot \frac{N}{U^2 \cdot \cos^2\varphi} = 0{,}03 \cdot 7500 \cdot \frac{100}{10} \cdot \frac{1\,500\,000}{6000^2 \cdot 0{,}9^2} = 116\ \text{mm}^2,$$

abgerundet 120 mm².

7. Die in einer Zentrale in Form von einphasigem Wechselstrom erzeugte Leistung von 350 kW wird durch ein Kupferkabel von 50 mm² Querschnitt einer 1500 m entfernten Fabrik übermittelt. Die Zentralenspannung beträgt 2200 V. Wie groß sind die in der Fabrik zur Verfügung stehende Leistung und Spannung, den Leistungsfaktor 1 vorausgesetzt?

Es ist nach Gl. (50):

$$I = \frac{N}{U \cdot \cos\varphi} = \frac{350000}{2200 \cdot 1} = 159\ \text{A}.$$

Der Widerstnd der einfachen Leitung ist:

$$R_1 = 0{,}0175 \cdot \frac{1500}{50} = 0{,}525\ \Omega.$$

Der gesamte Leistungsverlust beträgt bei Einphasenstrom

$$N_v = 2 \cdot I^2 \cdot R_1 = 2 \cdot 159^2 \cdot 0{,}525 = 26700\ \text{W}$$

oder rund 27 kW.

Die in der Fabrik vorhandene Leistung ist demnach 350 — 27 = 323 kW. Der OHMsche Spannungsverlust ist

$$U_v = 2 \cdot I \cdot R_1 \cdot \cos\varphi = 2 \cdot 159 \cdot 0{,}525 \cdot 1 = 167 \text{ V}.$$

Wird der infolge der Selbstinduktion und Kapazität auftretende zusätzliche Spannungsverlust auf 33 V geschätzt, so ergibt sich als Spannung in der Fabrik 2200 — 200 = 2000 V.

D. Sicherungen und Schalter.

239. Schmelzsicherungen.

Um eine zu starke Erwärmung einer Leitung zu verhindern, ist dafür Sorge zu tragen, daß die ihrem Querschnitt entsprechende Stromstärke nicht wesentlich überschritten wird. Eine Erhöhung der Stromstärke tritt ein, wenn die Maschinen oder angeschlossenen Apparate überlastet werden. Ein besonders gefährliches Ansteigen des Stromes kann ferner durch den Kurzschluß zweier Leitungen hervorgerufen werden, also dadurch, daß diese sich, etwa infolge schadhafter Isolation, unmittelbar berühren.

Gegen die Folgen der Überlastung sowie namentlich des Kurzschlusses kann man sich durch Anwendung von Schmelzsicherungen schützen. Sie bestehen im wesentlichen aus einem Draht, häufig wird Silberdraht verwendet, der, sobald die Stromstärke einen gewissen Betrag überschreitet, schmilzt und dadurch den betreffenden Netzteil selbsttätig abschaltet. Sicherungen sind grundsätzlich an allen Stellen anzubringen, an denen sich der Querschnitt der Leitungen nach der Verbrauchsstelle hin vermindert. Nulleiter und betriebsmäßig geerdete Leitungen sollen jedoch keine Sicherungen erhalten, dagegen dürfen wieder solche isolierten Leitungen, die von einem Nulleiter abzweigen und Teile eines Zweileitersystems sind, gesichert werden. Wenn in einer Abzweigleitung Schalter und Sicherungen mit offenen Schmelzeinsätzen unmittelbar hintereinander liegen, so soll, um die Sicherungen gefahrlos bedienen zu können, die Stromzuführung an den Schalter angeschlossen werden, die Sicherung also im Sinne der Stromzuführung hinter dem Schalter liegen. Nach Möglichkeit sollen die Sicherungen für die verschiedenen Netzteile einer Anlage auf besonderen Verteilungstafeln vereinigt werden.

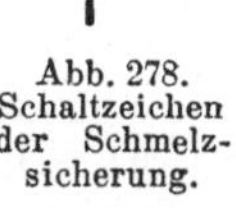

Abb. 278. Schaltzeichen der Schmelzsicherung.

Die Stärke der Sicherungen richtet sich nach der Betriebsstromstärke der Stromverbraucher und dem Querschnitt der zu schützenden Leitungen. Die Nennwerte der für die verschiedenen Leitungsquerschnitte zulässigen Sicherungen sind in den Leitungstafeln, s. Seite 291, angegeben, wobei eine Raumtemperatur bis zu 25° C vorausgesetzt ist.

Im Schaltbild werden Sicherungen nach Art der Abb. 278 durch kleine Rechtecke mit angedeutetem Schmelzdraht dargestellt[1]. Abb.279

[1] Neues Schaltzeichen des VDE. Im Schrifttum findet sich vielfach noch die früher übliche Darstellung für die Sicherung: das Rechteck ohne den Mittelstrich.

zeigt für einen Teil eines Zweileiternetzes die Anbringung der Sicherungen. Der Querschnitt der Leitungen ist angegeben, ebenso die Nennstromstärke der Sicherungen.

Nach den Vorschriften des VDE sollen Sicherungen für niedrige Stromstärken unverwechselbar sein in der Weise, daß die fahrlässige oder irrtümliche Verwendung von Einsätzen für zu hohe Stromstärken durch ihre Bauart ausgeschlossen ist. Doch wird für Sicherungen unter 10 A die Unverwechselbarkeit nicht gefordert.

a) Geschlossene Sicherungen.

Für kleinere Stromstärken werden ausschließlich Sicherungen mit geschlossenem Schmelzeinsatz verwendet, die aber auch für mittlere

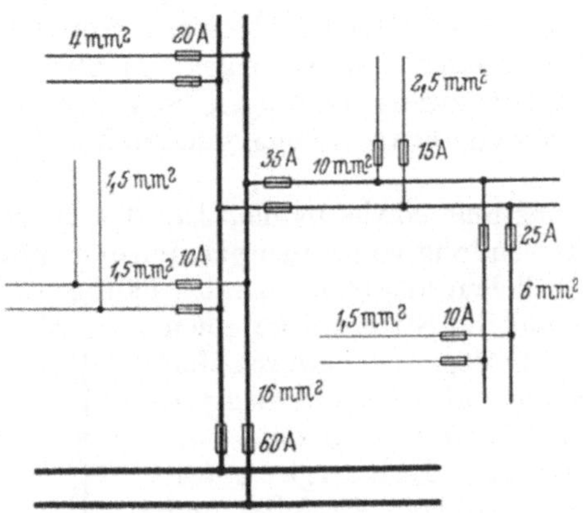

Abb. 279. Stromverteilungsnetz mit Sicherungen.

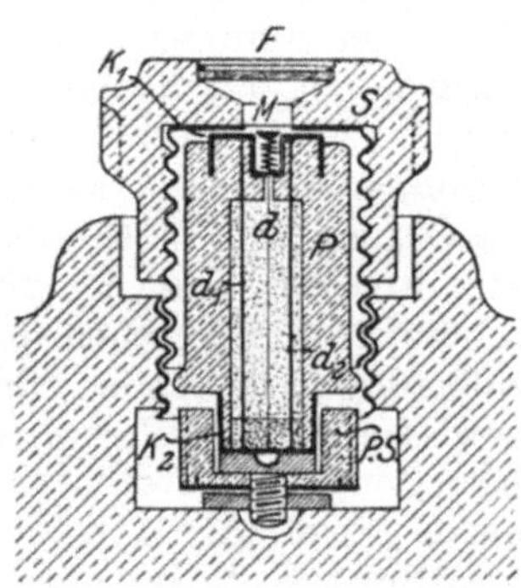

Abb. 280. Schnitt durch eine zweiteilige Patronensicherung.

Stromstärken recht gebräuchlich sind. Sie werden meistens als Patronensicherungen bezeichnet. In Abb. 280 ist die sog. Diazed-Sicherung im Schnitt dargestellt. Sie ist zweiteilig ausgeführt und besteht aus der die Schmelzdrähte enthaltenden Patrone P und der Schraubkappe S, durch die die Patrone im Sicherungselement befestigt wird. Die Patrone ist aus Porzellan hergestellt. Die Enden der Schmelzdrähte — in der Abbildung sind zwei Drähte d_1 und d_2 zu erkennen — stehen mit auf den beiden Stirnseiten der Patrone befindlichen Kontakten in Verbindung. Der obere Kontakt K_1 ist scheibenförmig gestaltet. Der untere Kontakt K_2 ist ein zylindrischer Ansatz, dessen Durchmesser je nach der Stromstärke verschieden ist. Die Schraubkappe vermittelt den Anschluß des oberen Stirnkontaktes an das Netz und drückt gleichzeitig den unteren Ansatz gegen ein Paßstück ($P. S.$), wodurch auch der Anschluß an die andere Netzleitung bewirkt wird. Das Paßstück ist dem Ansatz der Patrone entsprechend ausgebohrt derart, daß keinesfalls eine Patrone für eine zu große Stromstärke eingesetzt werden kann. In der Patrone ist noch ein weiterer dünner Schmelzdraht d enthalten, der mit einer Kennmarke M verbunden ist, die, wenn der Draht schmilzt, unter der Wirkung einer winzigen Feder abfliegt. Um die Marke von außen beobachten zu können, ist die Schraubkappe mit einem kleinen Fenster *F* versehen. Je nach der Stromstärke, für die die Sicherungen bestimmt sind, ist die Farbe der Kennmarken verschieden.

Sicherungen müssen überlastbar sein. Die Überlastbarkeit ist je nach der Stromstärke, für die sie bestimmt sind, verschieden. Für Patronensicherungen gelten die nachstehenden Festsetzungen.

Nennstrom der Sicherung A	Sicherung darf innerhalb 1 Stunde nicht abschmelzen bei	Sicherung darf innerhalb 2 Stunden nicht abschmelzen bei	Sicherung muß innerhalb 1 Stunde abschmelzen bei	Sicherung muß innerhalb 2 Stunden abschmelzen bei
6— 10	1,5×Nennstrom	—	2,1×Nennstrom	—
15— 25	1,4 ,,	—	1,75 ,,	—
35— 60	1,3 ,,	—	1,6 ,,	—
80—200	—	1,3×Nennstrom	—	1,6×Nennstrom

Neben den normalen Sicherungen, auch flinke Sicherungen genannt, sind von einzelnen Firmen auch träge Sicherungen entwickelt worden, die ebenfalls vorstehenden Bedingungen der Überlastbarkeit entsprechen, aber einen größeren Einschaltstrom vertragen, und deren Anwendung daher namentlich für Motor- und Transformator-Anschlüsse empfehlenswert ist.

Die Verwendung geflickter Sicherungen ist verboten, da durch unsachgemäße Instandsetzung die Schutzwirkung in Frage gestellt wird. Auch dürfen Sicherungen keinesfalls überbrückt werden.

b) Offene Sicherungen.

Geschlossene Sicherungen werden heute für verhältnismäßig große Leistungen hergestellt, doch werden für große Stromstärken vielfach auch offene oder Streifensicherungen benutzt, die aus einer Anzahl zwischen zwei Kontaktstücken parallel geschalteter Schmelzdrähte bestehen. Durch Abstufung der Länge der Drähte läßt sich auch hier ein Verwechseln der Sicherungen verschiedener Stromstärke vermeiden.

c) Hochspannungssicherungen.

In Hochspannungsanlagen können Röhrensicherungen verwendet werden, bei denen sich der Schmelzdraht innerhalb einer nach beiden Seiten offenen Hülse aus Porzellan oder einem anderen Isoliermaterial befindet. Durch den beim Schmelzen des Drahtes auftretenden Lichtbogen wird die Luft innerhalb der Röhre so stark erwärmt, daß sie mit den Verbrennungsgasen nach außen getrieben wird. Durch die nachströmende kalte Luft wird ein schnelles Erlöschen des Lichtbogens erzielt.

Für größere Leistungen sind auch Hochspannungsschmelzsicherungen ausgebildet worden, bei denen eine sichere Stromunterbrechung in anderer Weise erfolgt, z. B. dadurch, daß der leitende Schmelzfaden von einem Löschpulver besonderer Art umgeben ist.

Die Verwendung von Hochspannungssicherungen ist wesentlich auf den Schutz von Spannungswandlern sowie von kleineren und mittleren Transformatoren beschränkt. Auch Sammelschienenabzweige können derartig gesichert werden. Im allgemeinen sieht man jedoch in Hochspannungsanlagen von der Benutzung der Schmelzsicherungen ab, und man zieht, wenigstens für die Hauptleitungen, Schalter mit Überstromauslösung vor (s. Abschn. 243).

240. Steckvorrichtungen.

Um einen beweglichen Apparat mit dem Leitungsnetz in Verbindung zu bringen, bedient man sich der Steckvorrichtung. Sie besteht aus der an dem Netz liegendem Steckdose und dem mit den Zuführungsleitungen des Apparates verbundenen Stecker. Damit der Apparat nicht versehentlich an Leitungen angeschlossen werden kann, die für einen zu starken Strom gesichert sind, richtet man den Stecker so ein, daß er nicht in Dosen für höhere Stromstärken paßt. Ausgenommen sind Stecker mit 6 A, die auch in Dosen für 10 A passen dürfen. Dosen-Steckvorrichtungen sollen in der Regel keine Sicherungen enthalten.

Als Zuleitung ortsveränderlicher Geräte, die an Steckdosen angeschlossen werden sollen, darf nur Gummiaderschnur mit gemeinsamer Beflechtung für sämtliche Adern oder Gummischlauchleitung verwendet werden.

241. Schalter.

Stromverbraucher sollen im allgemeinen beim Ausschalten allpolig vom Netz getrennt werden. Bei kleineren Glühlampengruppen in trockenen Räumen oder zur Bedienung von durch Steckvorrichtungen angeschlossenen Stromverbrauchern wird jedoch eine einpolige Ausschaltung als ausreichend erachtet. Schalter werden demgemäß ein- oder mehrpolig ausgeführt. Nulleiter und betriebsmäßig geerdete Leitungen dürfen nicht oder nur zwangsläufig mit den zugehörigen übrigen Leitungen abschaltbar sein. Ausnahmen hiervon sind nur in elektrischen Betriebsräumen zulässig. Es empfiehlt sich, Schalter für Stromverbraucher, bei denen beim Einschalten ein großer Stromstoß eintritt, besonders reichlich zu bemessen. In Abb. 281 sind die vom VDE festgesetzten Zeichen für Ein- und Ausschalter angegeben.

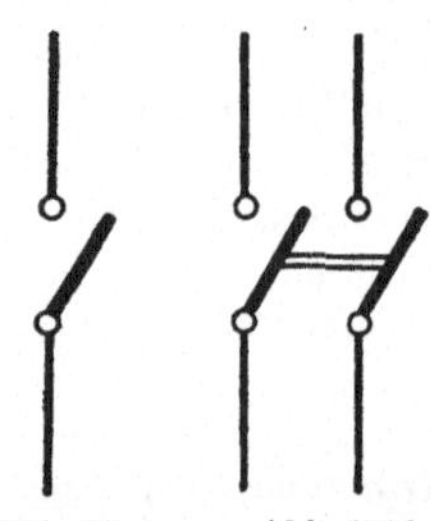

Abb. 281 a. Einpoliger Abb. 281 b. Zweipoliger Schalter.

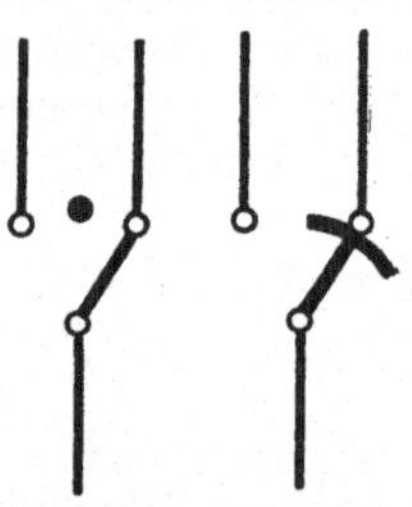

Abb. 282 a. Einpoliger Abb. 282 b. Umschalter mit ohne Unterbrechung.

Um eine Leitung nach Belieben mit einer von mehreren anderen Leitungen zu verbinden, bedient man sich der Umschalter. Sie sind gewöhnlich so ausgeführt, daß sie gleichzeitig als Ausschalter dienen, indem beim Übergang von einer Schaltstellung in eine andere zwischendurch der Strom unterbrochen wird: Umschalter mit Unterbrechung. Doch sind für gewisse Fälle Umschalter ohne Unter-

Brechung vorzuziehen. In Abb. 282 sind die Umschalter schematisch dargestellt.

Für kleinere Stromstärken werden hauptsächlich *Dosenschalter* gebraucht. Sie werden in der Regel als *Drehschalter* ausgeführt, doch sind auch *Druckknopf-* und *Kippschalter* im Gebrauch. Eine besonders gedrängte Bauart weisen die *Paketschalter* auf, die z. B. für den Einsatz in Geräten Verwendung finden, und bei denen die Schaltelemente in besonderen Kammern aus Isolierstoff untergebracht sind. Alle zur Stromunterbrechung dienenden Schalter müssen so gebaut und angebracht sein, daß bei der Stromunterbrechung zwischen den beiden Kontakten kein Lichtbogen stehen bleibt. Dosenschalter sollen daher *Momentschalter* sein, bei denen das Schalten, etwa durch Anwenden einer Feder, sprunghaft erfolgt. Hiervon sind nur dreipolige Schalter für Drehstrom ausgenommen, bei welchen eine „gesicherte“ Schaltstellung als ausreichend gilt.

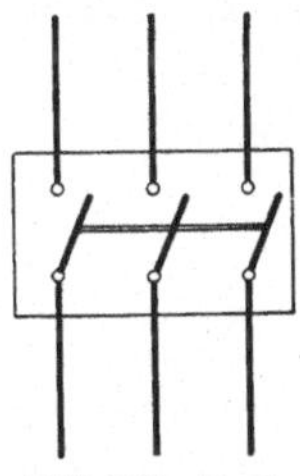
Abb. 283. Dreipoliger Leistungsschalter.

Bei größeren Stromstärken, z. B. zum Schalten von Maschinen oder ganzen Netzteilen, werden entweder *Hebelschalter* einfacher Art oder *Leistungsschalter* benutzt. Letztere sind so ausgebildet, daß auch bei Kurzschluß der Maschine oder des in Frage kommenden Netzteiles ein sicheres Abschalten gewährleistet ist. Leistungsschalter werden im Schaltbild durch Umrahmung kenntlich gemacht, Abb. 283. Sie sind namentlich in Hochspannungsanlagen unentbehrlich.

242. Selbstschalter.

a) *Überstromschalter.*

Eine ausgedehnte Verwendung finden die selbsttätigen Schalter, *Überstromschalter*, auch *Leitungsschutzschalter* genannt. Sie dienen als Ersatz für Schmelzsicherungen. Ihr Schaltzeichen zeigt Abb. 284. Das Einschalten geschieht von Hand. Das Ausschalten erfolgt bei einer bestimmten Höchststromstärke. Sobald die Stromstärke den Höchstwert überschreitet, wird ein Sperrwerk freigegeben, so daß der Schalter, z. B. unter dem Einfluß einer Feder, auslöst. Die Schalter arbeiten meistens elektromagnetisch und müssen mit einer sog. „Freiauslösung“ versehen, d. h. so eingerichtet sein, daß der infolge eines Überstromes ausgelöste Schalter nicht wieder eingeschaltet werden kann, solange die Ursache des Überstromes noch besteht.

Abb. 284. Überstromschalter.

Häufig werden die Überstromschalter mit einer *thermischen Verzögerungseinrichtung* versehen, die so wirkt, daß sie bei schnell vorübergehenden Stromstößen, wie sie z. B. im Augenblicke des Einschaltens von Lampen (wegen ihres zunächst noch geringen Widerstandes) oder besonders von Motoren auftreten, nicht ansprechen, ähnlich wie das auch bei den „trägen“ Sicherungen der Fall ist.

Die für die Anbringung von Schmelzsicherungen bestehenden Vorschriften gelten sinngemäß auch für Überstromschalter. Die Schalter müssen so eingestellt werden, daß der Auslösestrom den nach den Leitungstafeln (s. Seite 291) zulässigen Wert nicht übersteigt. Kleinere Leitungsschutzschalter werden auch in Stöpselform hergestellt zum Einschrauben in Sicherungselemente. In diesem Falle müssen sie unverwechselbar sein (s. Abschn. 239).

b) Rückstrom- und Unterstromschalter.

Beim Rückstromschalter (Abb. 285) wird eine selbsttätige Ausschaltung bewirkt, wenn ein Richtungswechsel des Stromes eintritt. Ein Elektromagnet wird von zwei Spulen erregt, einer Strom- und einer Spannungsspule. Bei der normalen Stromrichtung unterstützen sich die Spulen in ihrer Wirkung, und der Magnet zieht einen Anker an. Ändert sich die Richtung des Stromes, so wirkt jedoch die Stromspule der Spannungsspule entgegen, der Anker wird freigegeben, und der Schalter löst aus. Der Rückstromschalter bleibt eingeschaltet, wenn der Stromkreis unterbrochen ist und er lediglich unter Spannung steht.

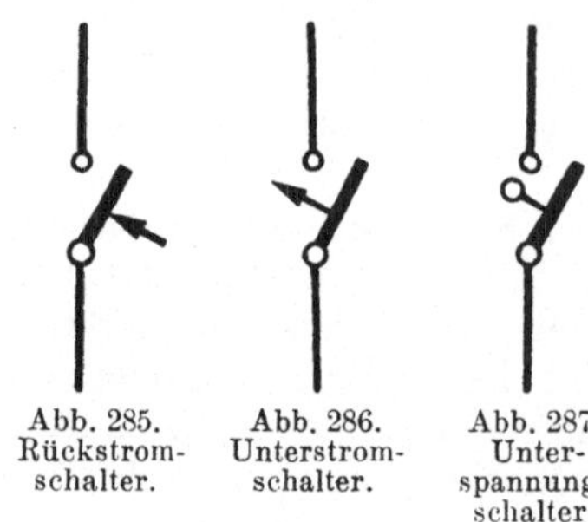

Abb. 285. Rückstromschalter. Abb. 286. Unterstromschalter. Abb. 287. Unterspannungsschalter.

In bestimmten Fällen kann der Rückstromschalter durch einen Unterstromschalter ersetzt werden, welcher auslöst, wenn die Stromstärke ein gewisses Mindestmaß unterschreitet, Abb. 286. Bei ihm wird ein Anker im normalen Betriebe von einem durch eine Stromspule erregten Magneten festgehalten, und die Auslösung des Schalters erfolgt, sobald der Strom soweit nachläßt, daß der Anker abreißt.

Rückstrom- und Unterstromschalter werden hauptsächlich für Maschinen angewendet, welche unter sich oder mit einer Akkumulatorenbatterie parallel arbeiten (vgl. z. B. Abschn. 90c).

c) Unterspannungsschalter.

Schalter, die in Wirksamkeit treten, wenn die Spannung verschwindet oder auf einen kleinen Wert herabsinkt, heißen Unterspannungsschalter, Abb. 287. Sie werden namentlich bei Motoranschlüssen benutzt, um die Motoren, wenn die Netzspannung ausbleibt, abzuschalten.

Es sind auch besondere Motorschutzschalter ausgebildet worden, bei denen neben der Spannungsrückgangsauslösung auch eine selbsttätig wirkende Überstromauslösung mit thermischer Verzögerung eingebaut ist. Sie werden für Drehstrommotoren so eingerichtet, daß diese auch dann allpolig vom Netz abgetrennt werden, wenn der Strom lediglich in einer Leitung unterbrochen ist.

243. Hochspannungsschalter.

Bei Hochspannungsschaltern besteht die Gefahr, daß der beim Ausschalten eines Stromes an der Unterbrechungsstelle sich bildende Funken nicht schnell genug verlöscht oder gar als Lichtbogen „stehen" bleibt. Es muß daher durch besondere Anordnungen für ein rasches Erlöschen des Lichtbogens Sorge getragen werden. Vorbedingung hierfür ist, daß dem Bogen seine Wärme nach Möglichkeit entzogen wird.

Bis vor wenigen Jahren wurden Leistungsschalter für Hochspannungsanlagen fast ausschließlich als Ölschalter ausgeführt, d. h. als Schalter, bei denen sich der Unterbrechungsvorgang unter Öl abspielt. Bei diesen Schaltern wird infolge der hohen Temperatur des Lichtbogens an der Unterbrechungsstelle Öl verdampft, so daß der Lichtbogen von einer Gasblase umgeben ist, die ihn, wenigstens bei nicht zu großen Leistungen, ausreichend kühlt. Bei großen Leistungen wird in die Schalter noch ein sog. Löschkammer eingebaut, in die der Lichtbogen eingeschlossen wird. Durch erhöhten Gasdruck in der Löschkammer wird die Schaltgeschwindigkeit gesteigert, und der Lichtbogen wird durch das aus der Löschkammer nachschießende Öl zwangsläufig gelöscht.

Wenn auch die Ölschalter infolge sorgfältigster Durchkonstruktion eine hohe Betriebssicherheit aufweisen, so sind doch in allerdings recht vereinzelten Fällen Schalterexplosionen mit nachfolgendem Ölbrand vorgekommen. Man hat daher später Schalter gebaut, bei denen der Ölinhalt erheblich herabgesetzt ist, indem die in besonderer Weise ausgebildete Löschkammer, Konvektor genannt, mit einem Ventil ausgestattet ist, welches den vom Lichtbogen erzeugten Öldampf ausströmen läßt und ihn in engste Berührung mit dem Lichtbogen bringt. Durch die Verdampfung des Öles wird eine intensive Abkühlung und damit ein rasches Erlöschen des Lichtbogens erreicht. Schalter dieser Art werden als ölarme oder Konvektorschalter bezeichnet, wohl auch Druckausgleichschalter genannt.

Einen ganz anderen Weg hat man mit bestem Erfolg eingeschlagen, indem man von der Verwendung des Öles ganz abgesehen hat und zu anderen Löschmitteln übergegangen ist. Bei dem Wasserschalter (Expansionsschalter) wird in einer Löschkammer Wasser verdampft. Der Dampf strömt durch eine enge Öffnung aus und löscht den Lichtbogen. Beim Druckgasschalter wird das Löschmittel, komprimierte Luft oder Kohlensäure, von außen zugeführt und durch einen düsenförmigen Kontakt zur Unterbrechungsstelle geleitet. Die öllosen Schalter der verschiedenen Art haben sich in jeder Beziehung gut bewährt und die Ölschalter weitgehend verdrängt.

Für nicht zu hohe Spannungen ist der Hartgasschalter ausgebildet worden, der namentlich für einzeln aufgestellte Schalter benutzt wird. Bei ihm entsteht der Lichtbogen in einem engen Rohr aus einem besonders geartetem Isolierstoff. Infolge der Wärmeabgabe des Lichtbogens verdampft eine dünne Schicht dessselben, und durch das dabei entwickelte Gas wird der Lichtboden zum Erlöschen gebracht.

Die Abnutzung des Isolierstoffes durch die Gasabgabe ist dabei nur gering.

Die Hochspannungsschalter können unmittelbar von Hand oder durch einen Gestänge- oder Kettenantrieb bedient werden. Häufig wird auch Druckluft zum Betrieb der Schalter verwendet. Bei größerer Entfernung vom Schaltort bedient man sich meistens zur Fernsteuerung des Schalters eines Elektromotors oder eines Schaltmagneten. Die Schaltstellung wird am Schalter selbst erkennbar gemacht, aber auch durch das Aufleuchten farbiger Signallampen am entfernten Schaltorte angezeigt.

a) Überstromauslösung.

In der Regel werden die Hochspannungsschalter mit einer selbsttätigen, durch einen Elektromagneten bewirkten Überstromauslösung versehen, die in Wirksamkeit tritt, wenn die Stromstärke einen gewissen Wert überschreitet. Die Auslösung kann eine unmittelbare sein, wobei der die Auslösung verursachende Elektromagnet von dem hochgespannten Wechselstrom selbst erregt wird oder seine Wicklung in den sekundären Kreis eines mit seiner primären Wicklung in die zu schützende Leitung gelegten Stromwandlers eingeschaltet ist. In jenem Falle spricht man von einem Primär-, in diesem von einem Sekundärauslöser.

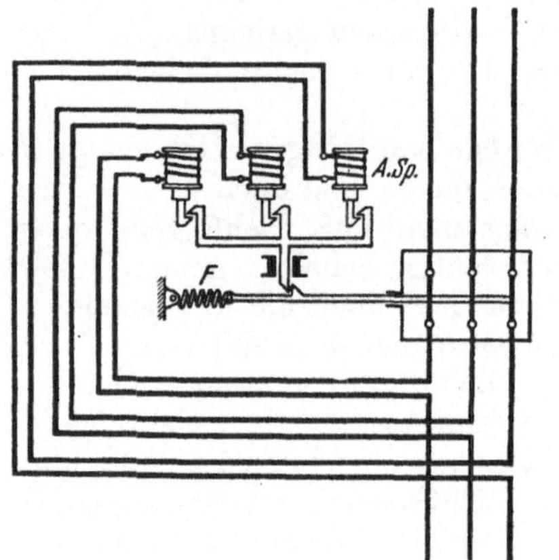

Abb. 288a.

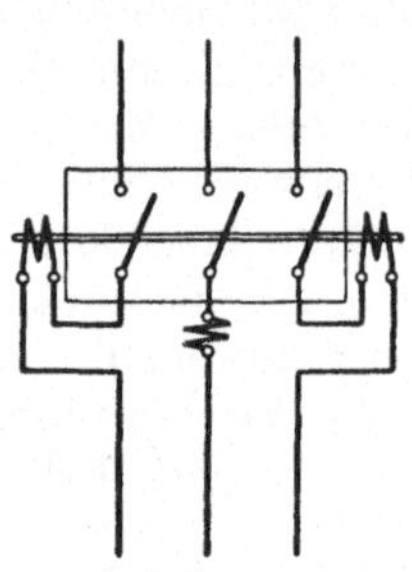

Abb. 288b

Drehstromschalter mit Überstromschutz durch Primärauslöser.

Einen dreipoligen Schalter mit Primärauslöser für jeden Pol zeigt Abb. 288a. In jeder Leitung befindet sich eine Auslösespule (*A. Sp.*). Bei Überlastung einer Leitung wird in die betreffende Spule ein Eisenkern hineingezogen. Hierdurch wird der Sperrmechanismus des Hochspannungsschalters freigegeben, und der Schalter löst unter der Wirkung der Feder *F* aus. Die Abbildung soll keinen Aufschluß über die Konstruktion der Schalterauslösung geben, sondern lediglich die Wirkungsweise versinnbildlichen. Eine vereinfachte Darstellung der Auslösung zeigt Abb. 288b.

Im Gegensatz zu der bisher betrachteten unmittelbaren Auslösung der Schalter kann diese aber auch mittelbar über Relais erfolgen.

Die Bauweise der **Relais** ist sehr verschieden. Sie werden durch den Betriebsstrom entweder primär oder sekundär erregt, und man erhält demgemäß Primär- oder Sekundärrelais. Die Auslösevorrichtung wird durch einen besonderen Hilfsstrom betätigt. Ist der Hilfsstrom im normalen Betriebe unterbrochen, und wird er erst bei Überlastung geschlossen, so bezeichnet man ihn als Arbeitsstrom, im umgekehrten Falle nennt man ihn Ruhestrom.

Ein Beispiel für eine Relaisauslösung zeigt Abb. 289a. Sie bezieht sich auf einen dreipoligen Schalter, doch ist eine Auslösung nur für zwei Pole vorgesehen, was für viele Fälle als ausreichend erachtet wird. Es handelt sich um Sekundärrelais, da die Auslösung über Stromwandler (*St. W.*) erfolgt, und zwar werden sie in Arbeitsschaltung betrieben. Die Wandler wirken auf die Magnetspulen *M* der Relais *R* ein. Bei Überlastung einer Leitung wird der

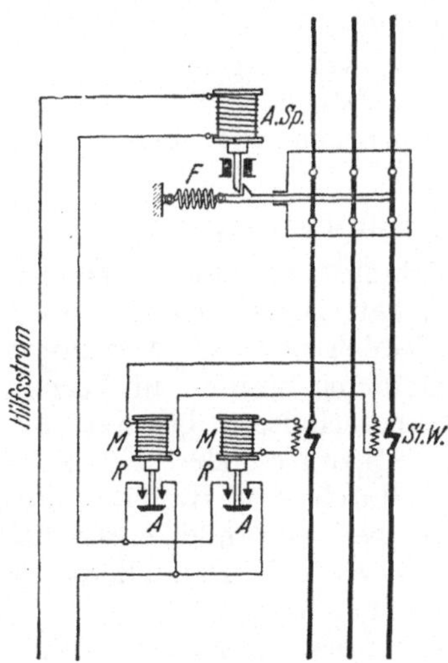

Abb. 289a.

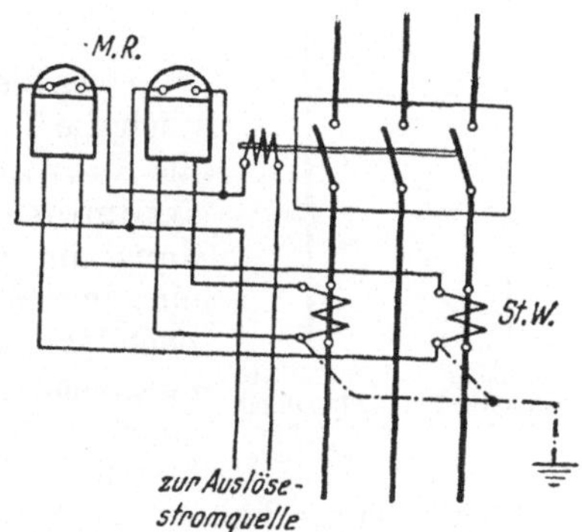

Abb. 289b.

Drehstromschalter mit Überstromschutz durch Sekundärrelais mit Arbeitskontakten (Hilfsstrom: Gleichstrom).

Eisenkern der ihr zugehörigen Spule in die Höhe gezogen, wobei der Anker *A* den Hilfsstrom schließt. Dadurch wird die Auslösespule erregt, ihr Eisenkern wird gehoben, und der Schalter wird zum Auslösen gebracht. Als Hilfsstrom ist Gleichstrom vorausgesetzt. Die beiden Relais sind im Hilfsstromkreis parallel geschaltet. In Abb. 289b ist die Schalterauslösung vereinfacht dargestellt. Die Überstromrelais (Maximalrelais) sind mit *M. R.* bezeichnet.

Vielfach werden an den Auslösespulen der Schalter oder den Relais Verzögerungseinrichtungen angebracht, damit das Ausschalten erst nach einer gewissen, einstellbaren Zeit erfolgt, der Schalter also nicht durch schnell vorübergehende Stromstöße beeinflußt wird. Bei der abhängig verzögerten Auslösung hängt die Auslösezeit von der Stärke der Überlastung ab in der Weise, daß das Ausschalten um so schneller geschieht, auf ein je höheres Maß die Stromstärke angewachsen ist. Die unabhängig verzögerte Auslösung läßt die

Unterbrechung stets nach derselben, durch die Größe der Überlastung nicht beeinflußten Zeit eintreten.

b) Rückleistungsauslösung.

Die Schalter für die Betriebsmaschinen können auch mit Rückleistungs- oder Richtungsrelais versehen werden, durch die sie bei einem etwaigen Richtungswechsel der Energie geöffnet werden. Rückleistungsrelais werden, ähnlich wie selbsttätige Rückstromschalter (s. Abschn. 242b), durch je eine Strom- und Spannungsspule beeinflußt. In die Leitungen parallel arbeitender Generatoren eingebaut, können sie verhindern, daß eine Maschine Strom von der anderen empfängt.

c) Unterspannungsauslösung.

Schließlich kann auch eine Spannungsauslösung an den Schaltern vorgesehen werden, welche beim Ausbleiben oder Rückgang der Netzspannung in Tätigkeit tritt und namentlich zum Schutz von Motoren verwendet wird.

244. Trennschalter.

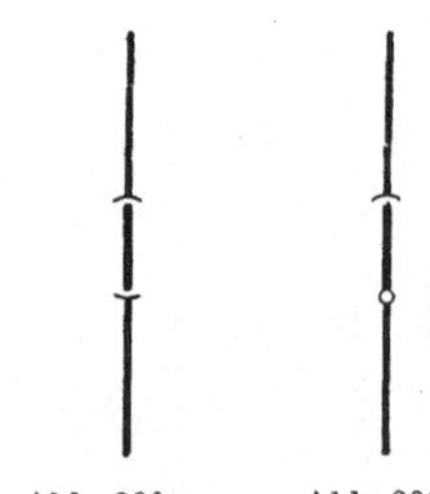

Abb. 290a. Einpolige Trennlasche.

Abb. 290b. Einpoliger Trennschalter.

Unentbehrlich in Hochspannungsanlagen sind auch die Trennschalter. Sie dienen ebenso wie die Trennlaschen jedoch nur zum Abschalten stromloser Leitungen und werden in Verbindung mit den Leistungsschaltern benutzt, um einzelne Maschinen, Apparate oder Netzteile, nachdem sie bereits durch den Hauptschalter ausgeschaltet sind, zuverlässig und erkennbar spannungslos zu machen. Ihre Darstellung im Schaltbild zeigt Abb. 290a und b.

Trennschalter können auch als eine Art Leistungsschalter ausgebildet werden. Die Schaltleistung derartiger Leistungstrennschalter ist jedoch verhältnismäßig gering, und ihre Anwendung ist daher auf bestimmte Sonderfälle beschränkt.

E. Überspannungsschutz.

245. Wesen der Überspannungen.

Besondere Maßnahmen sind zu treffen, um die elektrischen Anlagen gegen etwa auftretende Überspannungen zu schützen. Solche können durch die verschiedensten Ursachen veranlaßt sein. Sie werden z. B. durch elektrische Vorgänge in der Atmosphäre hervorgerufen, etwa durch die von einer elektrisch geladenen Wolke ausgehende, als Influenz bezeichnete Fernwirkung. Auch durch Niederschläge, Regen und Schnee, sowie durch Nebel kann die in den höheren Luftschichten vorhandene Elektrizität auf die Leitungen übertragen werden, so daß diese sich elektrisch aufladen. Unangenehmer noch sind Gewitterstörungen in Form unmittelbarer Blitzschläge. Schlägt der Blitz in eine Leitung ein, so können sehr hohe Überspannungen auftreten. Beim Einschlagen des Blitzes in einen eisernen Mast kann auch ein sog. rückwärtiger Überschlag vom Mast über den Isolator zur Leitung erfolgen, besonders, wenn der Ausbreitungswiderstand der Masterdung verhältnismäßig gering ist.

Aber auch durch Vorgänge in der Anlage selber, z. B. das Ein- wie auch besonders das Ausschalten von Leitungen, größeren Maschinen oder Transformatoren, werden oft gefährliche Überspannungen wachgerufen. Überhaupt können sich alle plötzlich eintretenden Belastungsänderungen, hierzu rechnen auch Kurzschlüsse in der Anlage, durch Spannungserhöhungen bemerkbar machen. Besonders häufig haben auch im Netz auftretende Erdschlüsse Überspannungen im Gefolge.

In den meisten Fällen treten die Überspannungen in der Form von kurzzeitigen Spannungsstößen auf, die sich als „Wanderwellen" der Leitung entlang fortpflanzen. Diese sind besonders dann den Wicklungen von Maschinen und Transformatoren gefährlich, wenn die Spannung sehr steil ansteigt und damit die Spannungswellen den Charakter sog. Sprungwellen annehmen.

Die Anlage muß, um Überspannungen standzuhalten, für eine entsprechend höhere Spannung isoliert sein, sie muß einen genügend hohen „Sicherheitsgrad" haben. Ferner können Einrichtungen eingebaut werden, durch welche die auftretenden Überspannungen unschädlich gemacht werden. Derartigen Überspannungsschutzeinrichtungen liegt im allgemeinen der Gedanke zugrunde, schwache Stellen in der Isolation der Anlage zu schaffen in der Absicht, daß die den Isolationszustand gefährdenden Überspannungen an diesen Stellen einen Ausgleich gegen Erde finden, ohne daß im übrigen der Betrieb der Anlage eine Störung erfährt.

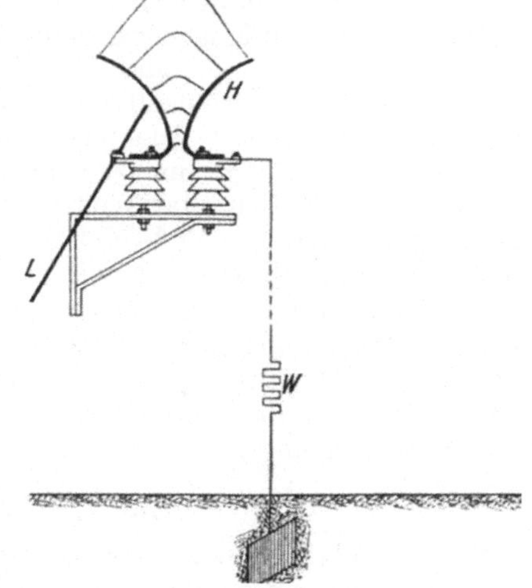

Abb. 291. Hörnerableiter.

246. Hörnerableiter.

Die älteste Form der Überspannungssicherung ist der Hörnerableiter. Er besteht, wie Abb. 291 zeigt, aus zwei hörnerartig auseinandergebogenen Leitungsdrähten. In der Abbildung ist das eine Horn des Ableiters *H* mit der zu schützenden Leitung *L* verbunden, das andere geerdet. Der Abstand der Hörner voneinander, an der engsten Stelle gemessen, ist je nach der Betriebsspannung verschieden und wird so eingestellt, daß bei der normalen Spannung ein Überschlagen der Luftstrecke nicht stattfinden kann. Beim Auftreten höherer Spannung wird sie dagegen durch einen

Funken überbrückt, so daß ein Spannungsausgleich zwischen Leitung und Erde erfolgt. Der sich dabei bildende Lichtbogen wird infolge einer elektrodynamischen Wirkung sowie unter dem Einfluß der sich erwärmenden Luft den Hörnern entlang nach oben getrieben, wobei er immer länger wird, bis er schließlich abreißt. Durch die Hörnerwirkung wird also ein schnelles Erlöschen des Lichtbogens erreicht. Es ist dies nötig, damit der durch letzteren verursachte Erdschluß möglichst schnell wieder aufgehoben wird. Zur Verminderung der beim Ansprechen des Ableiters auftretenden Stromstöße wird ein Dämpfungswiderstand W verwendet. Den Einbau von Hörnerableitern in ein Drehstromnetz zeigt Abb. 292.

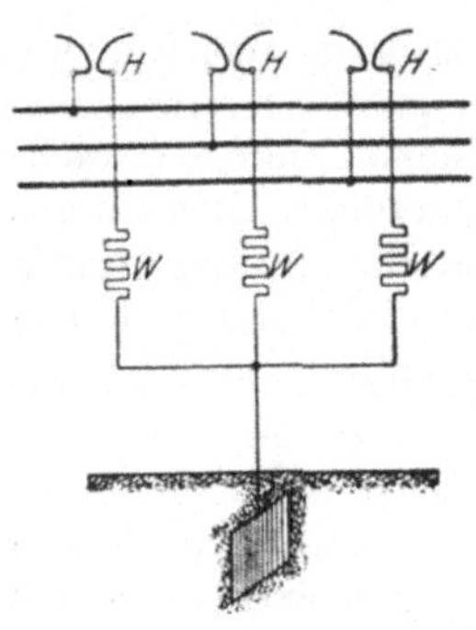

Abb. 292. Hörnerableiter in einem Drehstromnetz.

Die Verwendung des Hörnerableiters ist heute stark zurückgedrängt, und er wird für Neuanlagen nicht mehr benutzt, da nach neuerer Auffassung sein Schutzwert gering ist. Dem Ableiter wird vorgeworfen, daß er nur verhältnismäßig kleine Ströme zur Erde abführen und löschen kann.

247. Ventilableiter (spannungsabhängige Widerstände).

Sehr bewährt haben sich seit Jahren Ableiter, die den auftretenden Überspannungen ventilartig den Weg zur Erde freigeben und dadurch gekennzeichnet sind, daß ihr Widerstand mit zunehmender Spannung abnimmt. Sie sollen ganz besonders solche Überspannungen unschädlich machen, welche als Folge von Wanderwellen auftreten, die durch Blitzschläge im Freileitungsnetz hervorgerufen sind. Sie sollten daher in allen Stationen eingebaut werden, die Gewitterüberspannungen ausgesetzt sind, und zwar möglichst nahe an den zu schützenden Geräten. Sie werden zwischen Leitung und Erde angeschlossen, wobei kurze Verbindungsleitungen anzustreben sind. Wenn auch bei Stationen mit mehreren Freileitungen ein gemeinsamer Schutz durch Einbau der Ableiter an die Sammelschienen vorgenommen werden kann, so ist doch der Einzelschutz jeder Leitung durch einen Satz Ableiter vorzuziehen.

a) Der SAW-Ableiter.

Der SAW-Ableiter der Allgemeinen Elektrizitäts-Gesellschaft setzt sich aus einer Reihe übereinander geschichteter Widerstände (Spannungs-Abhängige Widerstände) zusammen, denen eine Vielfachfunkenstrecke vorgeschaltet ist, Abb. 293. Die Widerstände (*W. S.*) bestehen aus einem kristallinen Gemisch von Halbleitern und einem Bindemittel. Die Funkenstrecke (*L. F.*) enthält eine Anzahl Kupferplatten mit passenden Glimmerzwischenlagen. Die Anschlußklemme, mit der der Leiter an die Leitung angeschlossen wird, ist in der Abbildung mit A bezeichnet, E ist die Erdanschlußklemme. Die Spannungsabhängigkeit der Widerstände beruht auf dem Transport freiwerdender Elektronen, die zwischen den Berührungsstellen der mit hohem Druck zusammengepreßten Kristalle übergehen. Je höher die auf den Leiter einwirkende Spannung ist, um so mehr Ausgangsstellen für die Elektronen bilden sich. Demzufolge wächst die Stromstärke bei einer Zunahme der Spannung an, und zwar in weit höherem Maße als diese.

Treffen nun Überspannungswellen auf den Ableiter, so werden diese nach dem Ansprechen der Funkenstrecke — sie wird in der Regel auf die doppelte Betriebsspannung eingestellt — über den SAW-Widerstand zur Erde abgeleitet, dessen Ohmzahl sich nach vorstehendem um so mehr dem Werte Null, d. h. dem Kurzschlußfall, nähert, je höher die anlaufende Spannungswelle ist. Nach dem Abklingen des Spannungsstoßes unterbricht die vorgeschaltete Funkenstrecke, als Löschfunkenstrecke wirkend, in kürzester Zeit die Verbindung zwischen Leitung und SAW-Widerstand, und der Ableiter wird somit wieder betriebsbereit.

Abb. 293. SAW-Überspannungsableiter.

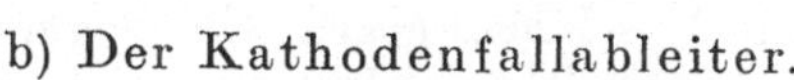

b) Der Kathodenfallableiter.

Dem vorstehend beschriebenen Ableiter in der Wirkung ähnlich ist der **Kathodenfallableiter** der Siemens-Schuckertwerke, Abb. 294. Er besteht aus einer mehr oder weniger großen Anzahl von in geringem Abstand voneinander angeordneten Scheiben ($A.\ S.$) aus einem bestimmten Widerstandsmaterial, denen, wie beim SAW-Ableiter, eine Löschfunkenstrecke ($L.\ F.$), außerdem aber auch die Kugelfunkenstrecke ($K.\ F.$) vorgeschaltet ist. Letztere hat die Aufgabe, den Leiter der dauernden Einwirkung der Betriebsspannung zu entziehen. Der Anschluß des Ableiters an die Leitung erfolgt über die Klemme A, E bedeutet den Erdanschluß. Spricht der Ableiter beim Auftreffen einer Wanderwelle höherer Spannung an, so wird der zur Erde fließende Strom in eine Reihe einzelner Glimmstrecken zwischen den Scheiben aufgelöst. Je höher die den Ableiter treffende Spannung ist, um so mehr wird der Zwischenraum der Scheiben durch die Glimmentladungen ausgefüllt, und um so mehr Strombahnen bilden sich auch im Innern der Widerstandsscheiben. Die Wirkung ist also auch bei diesem Ableiter eine solche, als ob sein Widerstand mit zunehmender Spannung abnimmt. Infolge dieser Eigenschaft wird eine sichere Abführung der Überspannung in die Erde erzielt. Ist die Überspannung bis auf einen bestimmten über der Betriebsspannung liegenden Wert

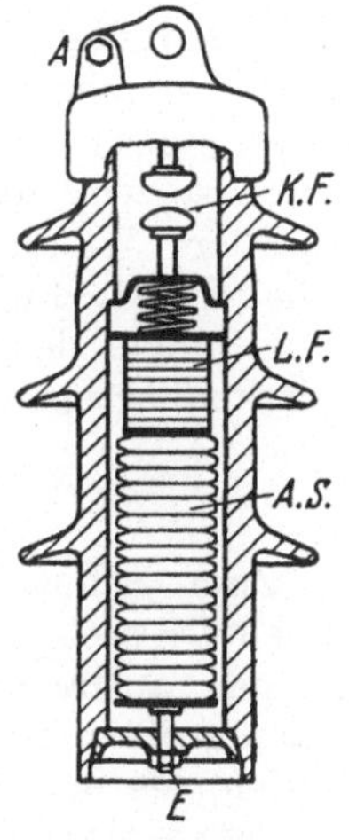

Abb. 294. Kathodenfallableiter.

abgeklungen, so wird der Stromschluß durch die Wirkung des sog. Kathodenfalls, d. h. durch die an der Kathode der Glimmstrecken auftretende Spannung gesperrt, so daß ein Betriebsstrom nicht nachfließen kann.

248. Der Löschrohrableiter.

Für Freileitungen sowie kleinere Verteilungsstationen hat sich in den letzten Jahren als Gewitterschutz auch der Löschrohrableiter eingeführt, der wesentlich wohlfeiler als die im vorigen Abschnitt behandelten Ventilableiter ist. In ein aus geeignetem Isolierstoff hergestelltes Rohr, dem Löschrohr, ragt in das obere Ende eine stabförmige Elektrode hinein, die an die zu schützende Leitung angeschlossen wird, während sich am unteren Ende eine rohrartig gestaltete Elektrode befindet, die an Erde liegt. Eine äußere Funkenstrecke trennt das Löschrohr von der dauernden Einwirkung der Betriebsspannung. Wird eine Überspannung durch das Rohr hindurch zur Erde abgeleitet, so wird durch die Wärme des sich dabei bildenden Lichtbogens aus dem Wandungen des Löschrohrs — ähnlich wie beim Hartgasschalter, Abschn. 243 — plötzlich eine größere Menge Gas frei gemacht und infolge der dadurch hervorgerufenen Strömung der Lichtbogen mit knallartigem Geräusch sehr schnell nach unten ausgeblasen.

249. Schutzdrosselspulen.

Zum Schutz der Maschinen gegen Überspannungen kann man ihnen Drosselspulen vorschalten, welche für die in Form von Schwingungen auftretenden Überspannungen wegen ihrer hohen Frequenz einen großen scheinbaren Widerstand besitzen, so daß sie den Wanderwellen, als eine Art Wellenbrecher wirkend, den Eintritt in die Maschinen versperren. Die Anwendung derartiger Schutzdrosselspulen war früher sehr verbreitet, leider besitzen sie die Eigenschaft, daß sie unter bestimmten Bedingungen selber schwingungsanregend wirken können, und sie werden daher in Deutschland heute kaum noch verwendet. Dagegen werden Hochspannungsmaschinen, namentlich Transformatoren, häufig mit einer verstärkten Isolation der Eingangswindungen ausgeführt, durch die ihnen ein gewisser Schutz gegen das Eindringen von Wander- bzw. Sprungwellen gegeben wird.

250. Erdungswiderstände und -drosselspulen.

Zur ständigen Ableitung elektrischer Ladungen aus Hochspannungsanlagen mit ausgedehnten Freileitungsnetzen werden vielfach Erdungswiderstände benutzt. Sie stellen eine dauernde Verbindung der Leitungen mit der Erde her. Ihr Widerstand wird jedoch so groß gewählt, daß der zur Erde fließende Strom nur gering ist.

An Stelle der Widerstände können auch Erdungsdrosselspulen verwendet werden. Sie vermögen wegen ihres kleinen Ohmschen Widerstandes selbst starke Ladungen rasch zur Erde abzuführen. Auch haben sie einen geringeren Eigenverbrauch als die Erdungswiderstände.

251. Nullpunktserdung.

a) Starre Netzerdung.

Wenn an irgendeiner Stelle des Netzes ein Isolator, z. B. durch einen Steinwurf oder durch einen Blitzschlag, beschädigt ist, so tritt ein Erdschluß auf. Ein solcher kann auch durch sich auf die Isolatorstützen setzende Vögel hervorgerufen werden. Erdschlüsse an einem Hochspannungsnetz können namentlich dann zu unangenehmen Überspannungen Veranlassung geben, wenn sie mit Lichtbogenbildung verbunden sind, da durch diese oft gefährliche Schwingungen wachgerufen werden. Um die Gefahr zu beseitigen, kann in Drehstromanlagen eine Erdung der neutralen Punkte vorgenommen werden.

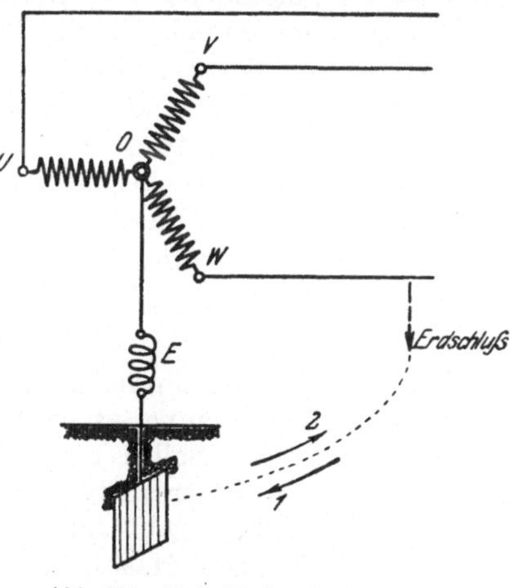

Abb. 295. Erdschlußspule in einer Drehstromanlage.

Bei einer unmittelbaren Erdung des Nullpunktes tritt in der Anlage eine Ersparnis an Isolation auf, da diese nur für die Sternspannung, nicht aber für die Außenleiterspannung bemessen zu werden braucht. Andererseits würde jeder an einer Leitung auftretende Erdschluß zum Kurzschluß des betreffenden Netzstranges führen und die schadhafte Leitung sofort durch den Überstromschutz abgeschaltet werden. Infolgedessen sind häufigere Leitungsausfälle unvermeidlich, und der Betrieb der Anlage wird daher unruhiger und unsicherer. Aus diesem Grunde sieht man, im Gegensatz zur amerikanischen Praxis, in Deutschland im allgemeinen von der unmittelbaren Erdung des Nullpunktes ab.

b) Induktive Netzerdung.

Bei einer von Petersen angegebenen Anordnung wird die Erdung des Sternpunktes der Maschinen oder Transformatoren durch Drosselspulen vorgenommen, deren Induktivität in ganz bestimmtem Verhältnis zur Kapazität des Netzes steht, während der Ohmsche Widerstand gering ist. Diese Spulen werden als Erdschlußspulen bezeichnet, da ihnen die Aufgabe zufällt, das Auftreten eines Erdschlußstromes im Netz und einer damit verbundenen Überspannung zu unterdrücken. Der Erdschlußstrom hat infolge der Kapazität des Netzes (vgl. Abschn. 33) gegenüber der Spannung des erdgeschlossenen Netzstranges eine Voreilung von rund 90°. Ihm setzt sich der Strom entgegen, den die Erdschlußspule aus dem Netz empfängt, und der gegenüber der genannten Spannung um fast 90° verzögert ist. Erdschlußstrom und Spulenstrom sind also gegeneinander um 180° verschoben: sie sind entgegengesetzt gerichtet und heben sich bei geeigneter Abmessung der Spule bis auf einen kleinen Reststrom, der mit der Netzspannung in Phase ist, auf. Im ungestörten Betrieb ist die Erdschlußspule stromlos. In Abb. 295 sind die in Betracht kommenden Verhältnisse schematisch angedeutet. *E* stellt die etwa an einen Generator angeschlossene Erdschlußspule dar. Entsteht z. B. in der Leitung *W* Erdschluß, so wird der Erdschlußstrom ungefähr den durch die punktierte Linie angegebenen Verlauf nehmen. Wird seine Richtung in einem bestimmten Augenblick durch den Pfeil *1* angegeben, so ist der Spulenstrom im gleichen Augenblick im Sinne des Pfeils *2* gerichtet. Da durch die Petersenspule bei richtiger Bemessung ein etwa auftretender Erdschlußstrom kompensiert wird, ist es möglich, trotz des Fehlers den Betrieb noch einige Zeit aufrecht zu erhalten.

Dem gleichen Zweck wie die Petersenspule dient der Löschtransformator von Bauch, ein Transformator besonderer Konstruktion, der mit dem zu schützenden Netz verbunden wird. Seine Primärwicklungen sind bei Drehstrom in Stern geschaltet, der Sternpunkt ist geerdet. Die Sekundärwicklungen sind in Dreieck verkettet und arbeiten auf eine Drosselspule, die je nach der Kapazität des Netzes verschieden eingestellt werden kann.

252. Erdseile.

Zum Schutz von Freileitungen gegen Gewitterstörungen hat sich besonders die Verlegung eines parallel über den Hochspannungsleitungen gespannten Seiles bewährt, das an möglichst vielen Stellen geerdet wird und daher auch Erdseil heißt. In der Regel wird für das Seil verzinkter Stahldraht verwendet. Seine Anwendung bietet in Verbindung mit niedrigen Masterdungswiderständen erfahrungsgemäß einen wirksamen Schutz gegen Blitzschläge (Blitzseil!). Das Erdseil soll nicht zu dicht über den Stromleitungen angebracht werden. Unter Umständen ist die Anordnung mehrerer Erdseile nützlich, wodurch die Schutzwirkung noch wirksamer wird.

253. Durchschlagsicherungen.

Bei der Isolationsbeschädigung eines Transformators muß mit der Möglichkeit gerechnet werden, daß Hoch- und Niederspannungswicklung miteinander in leitende Berührung kommen. Um der Gefahr des Übertritts der Hochspannung in das Niederspannungsnetz entgegenzutreten, können Durchschlagsicherungen angewendet werden. Sie bestehen im wesentlichen aus zwei gegenüberstehenden Metallplättchen, deren gegenseitiger Abstand durch eine dünne Glimmerscheibe festgelegt wird, welche einige Durchlöcherungen besitzt. Wird nun eine Niederspannungsleitung mit einer Spannungssicherung ausgestattet, indem das eine Plättchen derselben mit der Leitung, das andere mit der Erde verbunden wird, so tritt, sobald die Spannung im Niederspannungsnetz einen gewissen Wert überschreitet, zwischen den Metallplättchen der Sicherung ein Durchschlag in Form kleiner Fünkchen auf. Dadurch wird die Leitung geerdet und die Gefahr beseitigt (vgl. Abschn. 261). Beim gleichzeitigen Ansprechen von Durchschlagsicherungen verschiedener Pole wird ein Kurzschluß herbeigeführt, und es werden dadurch die eingebauten Schmelzsicherungen bzw. Überstromschalter in Wirksamkeit gesetzt.

Bei Drehstromtransformatoren, die niederspannungsseitig in Stern verkettet sind, genügt es, den Sternpunkt über eine Durchschlagsicherung zu erden, sofern dieser nicht betriebsmäßig unmittelbar geerdet ist. Bei Dreieckschaltung soll mindestens ein Pol über eine Durchschlagsicherung an Erde gelegt werden.

F. Hausinstallationen.

254. Leitungsverlegung in Gebäuden.

Im Innern von Gebäuden kommen vorwiegend isolierte Leitungen zur Verwendung. Blanke bzw. umhüllte Leitungen dürfen nur benutzt werden, wenn sie geerdet sind, also z. B. für den Nulleiter eines Gleichstrom- oder Drehstromnetzes. Die Leitungen sind so durch Wände, Decken und Fußböden zu führen, daß sie gegen Feuchtigkeit und Beschädigung geschützt sind. Die Verbindung von Leitungen untereinander sowie die Abzweigung von Leitungen dürfen nur durch Lötung oder Verschraubung hergestellt werden [s. auch unter b)].

Die hauptsächlichsten Verlegungsarten der Leitungen sollen nachstehend kurz gekennzeichnet werden.

a) Offene Verlegung.

Die Befestigung der Leitungen an Isolierrollen oder -glocken stellt die billigste Verlegungsart dar. Die Isolierkörper sind an der Wand oder der Zimmerdecke so anzubringen, daß die Leitungen dauernd gut gespannt bleiben, und daß sie in angemessenem Abstand voneinander sowie von Gebäudeteilen, Eisenkonstruktionen u. dgl. gehalten werden. Im Handbereich sind die Leitungen durch eine Verkleidung, z.B. ein Rohr, gegen mechanische Beschädigungen zu schützen. Mehrfachleitungen dürfen nicht fest verlegt werden. Die früher vielfach üblich gewesene Verlegung von verseilten Schnüren an Rollen ist also nicht mehr zulässig.

b) Verlegung in Rohr.

Empfehlenswert ist es, die Leitungen völlig in Rohr zu verlegen. Namentlich ist aus Papier hergestelltes Isolierrohr im Gebrauch. Es dient sowohl zur Verlegung unter als auch über Putz, muß jedoch bei Verwendung über Putz mit einem Metallüberzug versehen sein. Das sog. Hartgummirohr wie auch gewisse andere Rohrarten sind nur zur Verlegung unter Putz geeignet. Wo auf besonders große mechanische Widerstandsfähigkeit Wert zu legen ist, bedient man sich des Stahlpanzerrohrs, das mit Isolierstoff ausgekleidet sein kann. Durch vorteilhaftes Aussehen zeichnet sich besonders das sog. Peschelrohr aus, ein geschlitztes oder überlapptes Eisenrohr, dessen Oberfläche mit einer Schicht eingebrannten Emaillacks überzogen ist.

Für die Verbindung der Leitungen untereinander sowie die Abzweigung von Leitungen innerhalb der Rohrsysteme bedient man sich besonderer *Verbindungs- und Abzweigdosen*. Die Verbindungen sind mittels Verschraubung herzustellen. Lötverbindungen innerhalb der Dosen sind nicht zulässig.

Der Vorschrift gemäß dürfen in dasselbe Rohr nur Leitungen des gleichen Stromkreises, etwa die Hin- und Rückleitung einer Lampengruppe oder eines Schalters, untergebracht werden. Bei Wechselstrom müssen, falls Eisenrohr oder mit einem Eisenmantel versehenes Rohr angewendet wird, im allgemeinen *sämtliche* zum gleichen Stromkreise gehörenden Leitungen in *einem* Rohr vereinigt werden, um das Auftreten von Wirbelströmen in dem Eisen auszuschließen.

c) Rohrdraht und Bleimantelleitung.

Sehr beliebt für Hausinstallationen ist auch der *Rohrdraht*, eine Gummiaderleitung, die mit einem enganliegenden, gefalzten Blechmantel umschlosssn ist und daher wenig aufträgt. Rohrdrähte werden als Einfach- oder Mehrfachleitungen hergestellt. Rohrdraht mit Faserstofffüllung darf nur *über* Putz verlegt, Rohrdraht mit Bitumenfüllung kann auch zur Verlegung *unter* Putz verwendet werden. Der früher übliche Beidraht, ein blanker mit dem Metallmantel verbundener Draht, der namentlich als Schutzleitung für die Schutzschaltung (siehe Abschn. 261) Verwendung fand, ist nicht mehr zulässig.

Für *feuchte Räume* und solche, in denen ätzende Dämpfe auftreten (Stallgebäude), sind

kabelähnliche Leitungen

zu verwenden. Dazu gehören der *umhüllte Rohrdraht*, d. h. ein Rohrdraht mit besonderer Umhüllung über dem Metallmantel, und die *Bleimantelleitung*. Sie werden nur als Mehrfachleitungen und im Gegensatz zur früheren Übung nur ohne Beidraht ausgeführt. Die Bleimantelleitung ist charakterisiert durch einen nahtlosen Bleimantel, über dem sich eine in chemisch widerstandsfähiger Masse getränkte Faserstoffbeflechtung befindet. Auch kann sie mit einer Bewehrung aus Stahlband versehen werden.

255. Besondere Lampenschaltungen.

a) Wechselschaltung.

Abb. 296 zeigt eine Schaltanordnung, die bei Hausinstallationen vielfach vorkommt und es durch Anwendung von *drei* Leitungen und zwei einpoligen Umschaltern, sog. *Wechselschaltern*, ermöglicht, eine Lampe oder eine Lampengruppe von *zwei* verschiedenen Stellen aus ein- und auszuschalten. Befinden sich beide Schalter auf den mit *1* oder beide auf den mit *2* bezeichneten Kontakten, so ist die Lampe ausgeschaltet. Sie brennt dagegen, sobald einer der Schalter auf *1*, der andere auf *2* steht.

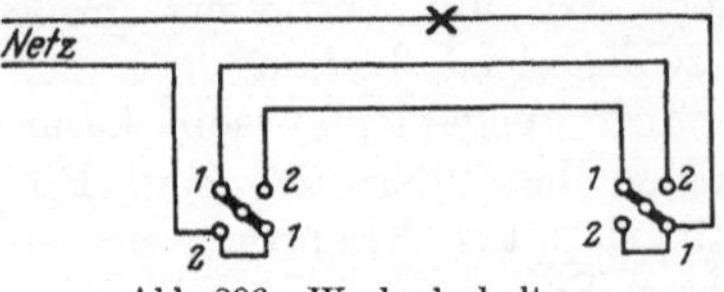

Abb. 296. Wechselschaltung.

b) Treppenschaltung.

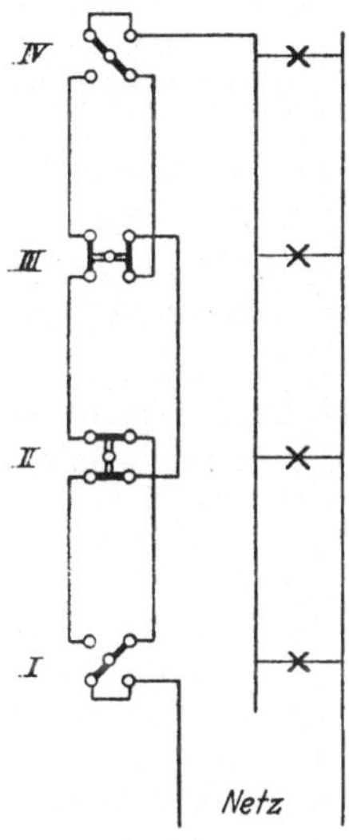

Abb. 297. Treppenschaltung.

Abb. 297 gibt an, in welcher Weise das Ein- und Ausschalten von mehr als zwei Stellen aus vorgenommen werden kann. Es sind dann vier Leitungen erforderlich. An den äußersten Schaltstellen (*I* und *IV*) ist wiederum je ein Wechselschalter notwendig, für die Zwischenstellen (*II* und *III*) sind dagegen zweipolige Umschalter, sog. Kreuzschalter, vorzusehen. Die Schaltung wird verwendet bei der Beleuchtung von langen Fluren oder Treppenhäusern, soweit im letzteren Falle nicht eine durch Druckknopf zu betätigende Schaltuhr vorgezogen wird, die auf eine bestimmte Einschaltzeit eingestellt werden kann.

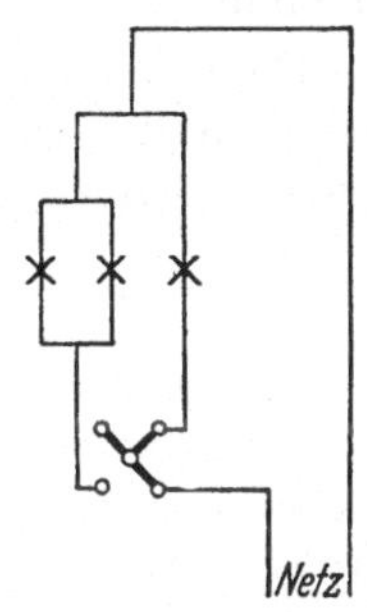

Abb. 298. Serienschaltung.

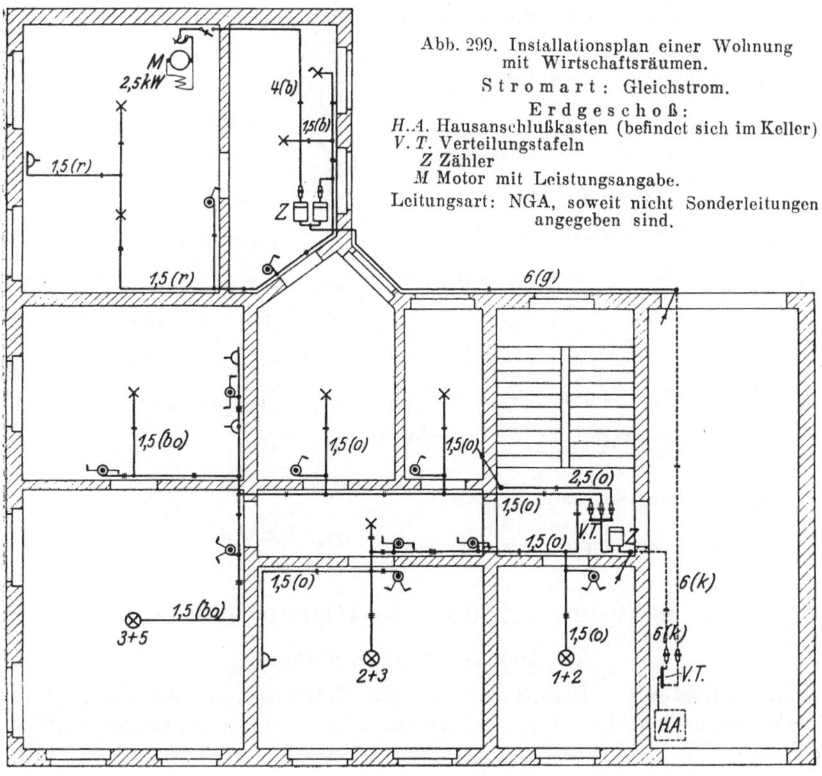

Abb. 299. Installationsplan einer Wohnung mit Wirtschaftsräumen.

Stromart: Gleichstrom.

Erdgeschoß:

H.A. Hausanschlußkasten (befindet sich im Keller)
V.T. Verteilungstafeln
Z Zähler
M Motor mit Leistungsangabe.

Leitungsart: NGA, soweit nicht Sonderleitungen angegeben sind.

c) Serien- und Gruppenschaltung.

Um zwei Lampengruppen beliebig einzeln oder gemeinschaftlich einschalten zu können, wie es z. B. bei Kronleuchtern häufig gewünscht wird, ist ein Serienschalter anzuwenden, Abb. 298. Je nach der Schalterstellung brennen nur die Lampen einer der beiden Gruppen (1 bzw. 2 Lampen), oder es sind beide Gruppen parallel geschaltet (3 Lampen). Selbstverständlich ist auch eine Ausschaltstellung vorgesehen.

Der Gruppenschalter ermöglicht es, von zwei Lampengruppen lediglich die eine oder die andere, nicht aber wie der Serienschalter beide Gruppen gleichzeitig einzuschalten.

256. Installationspläne.

Für Haus- und Wohnungsinstallationen werden vereinfachte Schaltpläne nach der Art der Abb. 299 gezeichnet. Die Leitungen werden in den Gebäudegrundriß einpolig eingetragen, die Zahl der zur Verlegung kommenden Leitungen wird durch eine entsprechende Anzahl kleiner Querstriche angedeutet. Der Querschnitt der Leitungen ist anzugeben, ebenso die Verlegungsart. Es empfiehlt sich, die Leitungen farbig zu zeichnen. Die wichtigsten

für Installationspläne gebräuchlichen Zeichen und Abkürzungen

sind nachfolgend zusammengestellt:

Zeichen	Bedeutung	Zeichen	Bedeutung
×	Lampe		Serienschalter
⊗ 5	Lampenträger mit Lampenzahl		Gruppenschalter
	einpoliger Ausschalter		Wechselschalter
	zweipoliger Ausschalter		Kreuzschalter
	von oben kommende oder nach oben führende Leitung		Steckdose
	mit Energieführung nach oben	(g)	Leitung auf Isolierglocken
	mit Energieführung von oben	(r)	Leitung auf Rollen
	von unten kommende oder nach unten führende Leitung	(i)	Leitung in Isolierrohr
	mit Energieführung nach unten	(k)	Kabel
	mit Energieführung von unten	(b)	Bleimantelleitung
		(bo)	Rohrdraht

G. Isolationsprüfung elektrischer Anlagen.

257. Der Isolationswiderstand.

Ein unbedingtes Erfordernis für die Betriebssicherheit einer jeden Starkstromanlage ist, daß sie sich in einem guten Isolationszustand befindet. Der Isolationswiderstand muß um so größer sein, je höher die Betriebsspannung ist. In den Errichtungsvorschriften des VDE ist für Spannungen unter 1000 V gefordert, daß der Stromverlust auf jeder Teilstrecke zwischen zwei Sicherungen oder hinter der letzten Sicherung im allgemeinen 1/1000 A nicht überschreitet. Der Isolationswiderstand einer derartigen Leitungsstrecke soll also, wenn U die Betriebsspannung bedeutet, mindestens betragen:

$$R_i = \frac{U}{0{,}001} = 1000\,U. \qquad (106)$$

Bei einer Spannung von 110 V soll demnach der Widerstand nicht kleiner sein als 110000 Ω, bei 220 V nicht kleiner als 220000 Ω usw.

Die Messung des Isolationswiderstandes soll tunlichst mit einer Spannung gleich der Betriebsspannung, wenigstens aber mit 100 V vorgenommen werden.

258. Isolationsmessung bei unterbrochenem Betriebe.

Die Messung erfolgt in der Regel nach dem Voltmeterverfahren. Als Stromquelle dient entweder eine Meßbatterie oder eine Handmagnetmaschine (s. Abschn. 184a). Letztere wird wegen ihrer steten Betriebsbereitschaft sowie bequemen Transportfähigkeit meistens vorgezogen. In vielen Fällen kann auch die Betriebsmaschine selber für die Messung dienstbar gemacht werden. Um den Isolationswiderstand einer Leitung gegen Erde zu bestimmen, ist die Schaltung nach Abb. 300

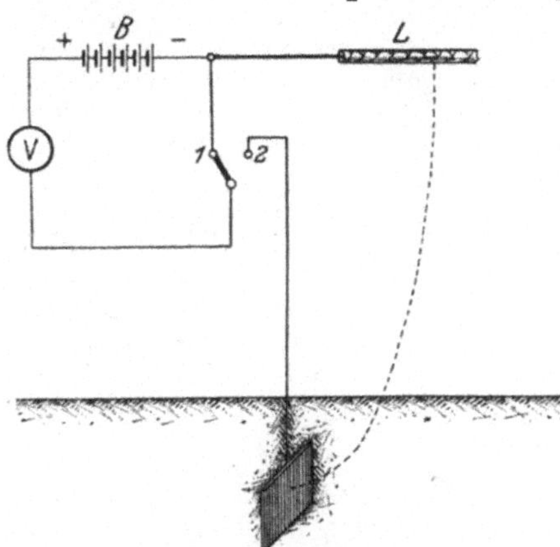

Abb. 300. Messung des Isolationswiderstandes einer Leitung gegen Erde.

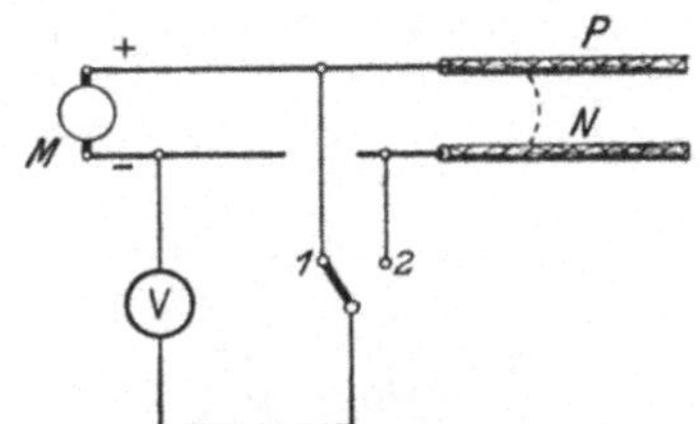

Abb. 301. Messung des Isolationswiderstandes zweier Leitungen gegeneinander

vorzunehmen. Indem man den Umschalterhebel zunächst auf Kontakt *1* bringt, legt man das Drehspulvoltmeter V unmittelbar an die Stromquelle, z. B. die Batterie B, mißt man also deren Spannung U. Wird sodann der Hebel auf Kontakt *2* gebracht, der durch eine Verbindung mit der Gas- oder Wasserleitung oder auf eine andere Weise gut geerdet ist, so zeigt das Voltmeter, für dessen Ausschlag nunmehr der Isolationswiderstand der Leitung L maßgebend ist, die Spannung U_1 an. Der Isolationswiderstand kann alsdann, wenn R_g den Eigenwiderstand des Spannungsmessers bedeutet, nach der schon bei der Isolationsmessung von Maschinen benutzen Gl. (89) berechnet werden:

$$R_i = R_g \cdot \left(\frac{U}{U_1} - 1\right).$$

Das Vorhandensein einer Ohm-Skala am Voltmeter macht, wenn U den vorgeschriebenen Wert hat, jede Rechnung überflüssig.

Mit Rücksicht auf elektrolytische Wirkungen soll bei der Isolationsmessung wenn möglich der negative Pol an die zu untersuchende Leitung, der positive Pol also an Erde gelegt werden.

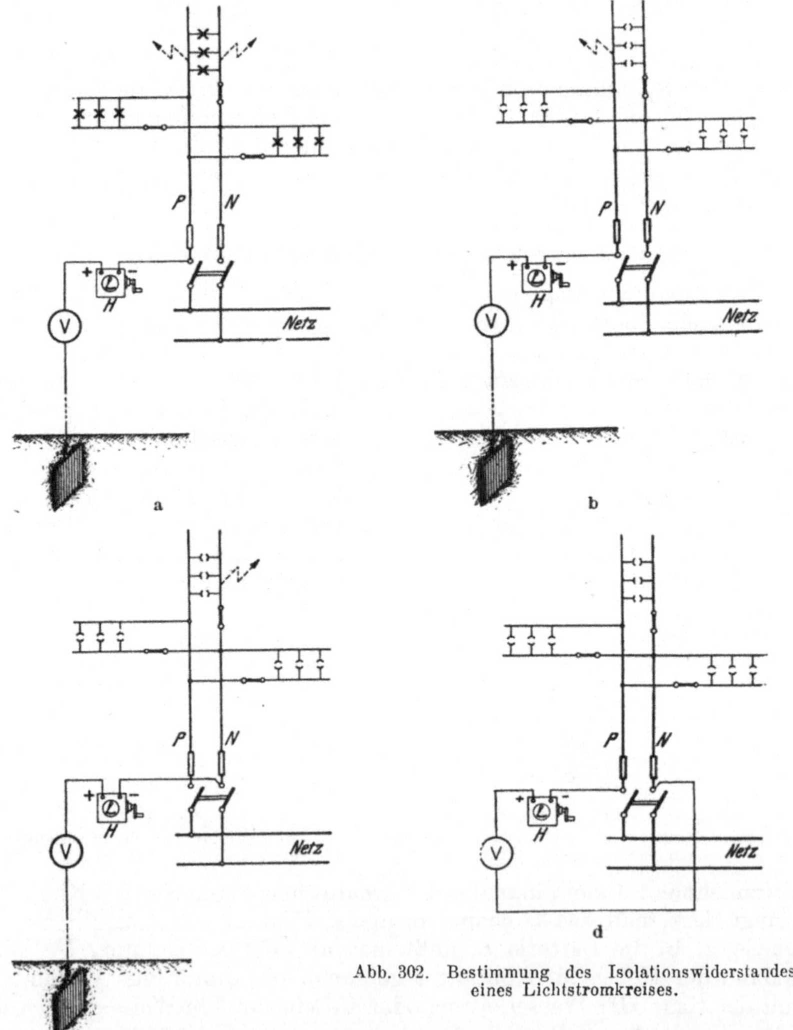

Abb. 302. Bestimmung des Isolationswiderstandes eines Lichtstromkreises.

Um den Isolationswiderstand zweier Leitungen gegeneinander zu messen, kann die Schaltung nach Abb. 301 ausgeführt werden. Als Stromquelle ist die Betriebsmaschine M gewählt worden. In dem zu untersuchenden Netzteile sind alle Stromverbraucher, wie Lampen und Motoren, von ihren Leitungen P und N abzutrennen, alle Beleuchtungskörper dagegen anzuschließen, alle Sicherungen einzusetzen und alle Schalter zu schließen. Die Messung und Berechnung des Isolationswiderstandes erfolgt genau wie oben angegeben.

In Abb. 302 sind die vorstehenden Ausführungen auf ein praktisches Beispiel übertragen, indem gezeigt wird, in welcher Weise etwa der Lichtstromkreis einer Hausinstallation auf seinen Isolationszustand zu prüfen ist. Vor der Untersuchung werden die Leitungen P und N mittels des Hauptschalters von dem Netz getrennt. Als Stromquelle diene die Handmagnetmaschine H, der bei den Messungen stets eine Spannung in Höhe der Betriebsspannung U erteilt wird. Durch Beobachtung des am Kasten der Maschine angebrachten Kontrollgerätes kann die Prüfspannung dauernd konstant gehalten werden. Aus der bei jeder Messung festgestellten Spannung U_1 lassen sich die verschiedenen Widerstände ermitteln. Zunächst wird nach Abb. 302a der Isolationswiderstand der gesamten Anlage gegen Erde bestimmt. Alle Schalter des Stromkreises werden geschlossen. Die Lampen bleiben in ihren Fassungen. Die Isolationswiderstände beider Netzleitungen sind dann parallel geschaltet. Die Fehlerstellen in den Leitungen sind in der Abbildung durch Pfeile angedeutet. Der nicht geerdete (negative) Pol der Stromquelle wird mit P oder N in Verbindung gebracht. Um den Isolationswiderstand jeder Leitung gesondert zu bestimmen, werden nunmehr die Lampen aus ihren Fassungen herausgeschraubt. Die Schalter bleiben geschlossen. Der nicht geerdete Pol der Stromquelle wird nacheinander an P und N gelegt, Abb. 302b und c. Zur Bestimmung des Isolationswiderstandes der beiden Leitungen gegeneinander schließlich ändert man die Schaltung nach Abb. 302d ab.

Beispiel: Bei der Bestimmung des Isolationswiderstandes einer Hausinstallation für 110 V Betriebsspannung mittels einer Handmagnetmaschine und eines Drehspulvoltmeters mit 60000 Ω Eigenwiderstand erhielt man folgendes Ergebnis:

a) Gesamtanlage (Abb. 302a): $U = 110$ V, $U_1 = 17{,}5$ V;

$$R_i = 60000 \cdot \left(\frac{110}{17{,}5} - 1\right) = 317000\,\Omega\,.$$

b) Positive Leitung (Abb. 302b): $U = 110$ V, $U_1 = 11{,}5$ V;

$$R_i = 60000 \cdot \left(\frac{110}{11{,}5} - 1\right) = 514000\,\Omega\,.$$

c) Negative Leitung (Abb. 302c): $U = 110$ V, $U_1 = 5{,}8$ V;

$$R_i = 60000 \cdot \left(\frac{110}{5{,}8} - 1\right) = 1080000\,\Omega\,.$$

d) Leitungen gegeneinander (Abb. 302d): $U = 110$ V, $U_1 = 4$ V;

$$R_i = 60000 \cdot \left(\frac{110}{4} - 1\right) = 1590000\,\Omega\,.$$

259. Isolationsmessung während des Betriebes.

Im vorigen Abschnitt wurde angenommen, daß die auf ihren Isolationszustand zu untersuchende Anlage sich nicht im Betriebe befindet, doch kann die Untersuchung auch während des Betriebes durchgeführt werden. Man verwendet, Abb. 303, wieder einen Spannungsmesser V. Eine seiner Klemmen wird an Erde gelegt, die andere Klemme kann mit einem Umschalter auf jede der beiden Leitungen geschaltet werden. Die Betriebsspannung sei U. Der Isolationswiderstand der Leitung P gegen Erde sei R_{i1}, derjenige der Leitung N sei R_{i2}. Beträgt die Spannung zwischen P und Erde U_1, diejenige zwischen N und Erde U_2, so lassen sich für die Isolationswiderstände die Formeln ableiten:

$$R_{i1} = R_g \cdot \frac{U - (U_1 + U_2)}{U_2}, \tag{107}$$

$$R_{i2} = R_g \cdot \frac{U - (U_1 + U_2)}{U_1}. \tag{108}$$

Der Isolationswiderstand der ganzen Anlage ist:

$$R_i = R_g \cdot \left(\frac{U}{U_1 + U_2} - 1\right). \tag{109}$$

Um den Isolationszustand einer Leitung jederzeit feststellen zu können, wird vielfach ein Spannungsmesser nach der in Abb. 303 gegebenen Schaltung als **Erdschlußprüfer** fest angebracht. Je nach der Güte der Isolation schwanken die Ausschläge des Voltmeters zwischen null und der vollen Spannung. Besitzt eine Leitung vollkommenen Erdschluß, so zeigt es, mit ihr in Verbindung gebracht, die Spannung null an, während es die volle Betriebsspannung angibt, wenn es an die andere Leitung gelegt wird.

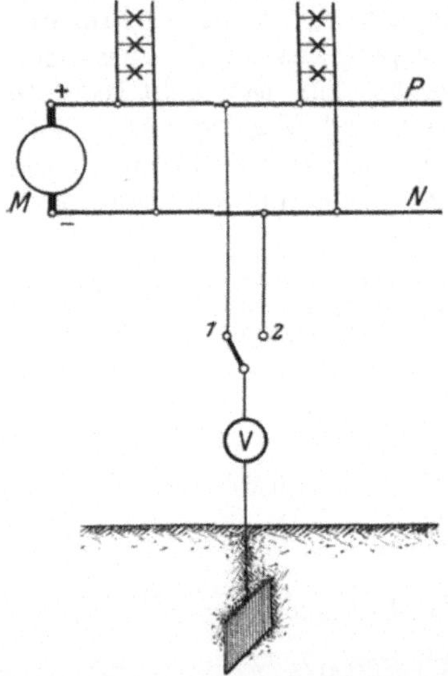

Abb. 303. Messung des Isolationswiderstandes einer Anlage während des Betriebes.

Die Messung des **Isolationswiderstandes einer Wechselstromanlage** erfolgt gewöhnlich mit Gleichstrom. Da Wechselstrom auf ein Drehspulgerät nicht einwirkt, so kann bei Anwendung eines solchen die Untersuchung einer Niederspannungsanlage vorgenommen werden, während sie sich im Betriebe befindet. Der Gleichstron wird dann also dem Wechselstrom überlagert. Als ständiger Erdschlußanzeiger (nach Abbildung 303) muß bei Wechselstrom natürlich ein für diese Stromart geeignetes Voltmeter, etwa ein Dreheisengerät, zur Anwendung kommen. Bei Hochspannung ist das Voltmeter unter Vermittlung eines Spannungswandlers anzuschließen (vgl. z. B. Schaltplan Abb. 315).

Beispiel: Bei einer während des Betriebes vorgenommenen Isolationsmessung an einer kleinen Gleichstromanlage, die durch eine Dynamomaschine von 110 V Spannung gespeist wird, und an die ein Motor sowie eine Anzahl Lampen angeschlossen waren, zeigte das im vorigen Beispiel erwähnte Drehspulvoltmeter folgende Spannungen an:

$$U = 110\,\text{V}, \qquad U_1 = 1{,}3\,\text{V}, \qquad U_2 = 33\,\text{V}.$$

Demnach ist:

$$R_{i1} = 60000 \cdot \frac{110 - 34{,}3}{33} = 138000\,\Omega,$$

$$R_{i2} = 60000 \cdot \frac{110 - 34{,}3}{1{,}3} = 3500000\,\Omega,$$

$$R_i = 60000 \cdot \left(\frac{110}{34{,}3} - 1\right) = 133000\,\Omega.$$

H. Besondere Schutzmaßnahmen.

260. Berührungsgefahr.

Die Bedienung elektrischer Anlagen erfordert eine eingehende Kenntnis der damit verknüpften Gefahren, und es soll daher an dieser Stelle etwas näher darauf eingegangen werden.

Wenn auch im allgemeinen Spannungen bis zu mehreren hundert Volt nicht gerade als lebensgefährlich gelten, so muß doch darauf hingewiesen werden, daß unter Umständen auch mit verhältnismäßig niedrigen Spannungen Gefahren verbunden sind. Hinsichtlich der Beeinflussung des Menschen kommt es wesentlich auf die Stärke des seinen Körper durchfließenden Stromes an. Die Stromstärke ist aber, dem Ohmschen Gesetze entsprechend, außer von der Spannung auch von dem Widerstande abhängig. Nun kann der Widerstand, den der menschliche Körper dem Strome entgegensetzt, sehr verschieden sein. Namentlich spielt der Übergangswiderstand an den Berührungsstellen eine große Rolle. Dieser kann aber z. B. durch Feuchtigkeit ganz erheblich herabgesetzt werden. Für die elektrischen Anlagen in feuchten und durchtränkten Räumen, d. h. in Räumen, in denen durch Feuchtigkeit, Wärme, chemische oder andere Einflüsse die dauernde Erhaltung normaler Isolation erschwert ist, bestehen daher verschärfte Sicherheitsvorschriften. Selbstverständlich ist auch die Gefahr größer, wenn jemand mit den Leitungen in innigen Kontakt kommt, als wenn er sie nur locker berührt. Schon eine Stromstärke von etwa 0,1 A muß als unbedingt lebensgefährlich angesehen werden, und sie kann unter besonders ungünstigen Umständen bereits bei einer Spannung von weniger als 100 V eintreten.

Ein weit verbreiteter Irrtum ist die Annahme, daß die Berührung einer stromführenden Leitung keine Gefahr mit sich bringt, daß eine solche vielmehr erst dann auftritt, wenn man gleichzeitig mit beiden Polen in Kontakt kommt. Daß in der Tat schon das Berühren einer einzigen Leitung gefährlich sein kann, leuchtet ein, wenn man bedenkt, daß zufällig die andere Leitung der Anlage infolge eines Isolationsfehlers Erdschluß besitzen kann. In diesem Falle würde die die Leitung berührende Person, ohne es zu wissen, sich mit beiden Polen in Verbindung befinden.

Bei hoher Spannung ist das Berühren einer Leitung aber auch dann äußerst bedenklich, wenn die Isolation der Anlage eine vorzügliche ist. Dies erklärt sich daraus, daß die die Leitung berührende Person, wie auch der Erdboden, auf dem sie sich befindet, infolge einer Art Kondensatorwirkung (s. Abschn. 33) elektrisch geladen werden. Bei einer Gleichstromanlage würde die Person im Augenblick der Berührung elektrisch geladen und beim Loslassen der Leitung wieder entladen werden. Bei Wechselstrom würde die mit der Leitung in Verbindung kommende Person von dem Ladestrom (s. Abschn. 40) durchflossen werden, der die gleiche Frequenz hat wie der Betriebsstrom, und dessen Stärke von der in Frage kommenden Kapazität abhängt. Die Wirkung wird daher erheblich abgeschwächt, wenn die Person, welche die Leitung berührt, vom Erdboden isoliert ist; es kommt für den Ladestrom alsdann lediglich die Kapazität der Person, nicht auch die der Erde in Betracht.

Das Bedienungspersonal in elektrischen Anlagen, namentlich solchen, die mit Hochspannung betrieben werden, muß den auftretenden Gefahren Verständnis entgegenbringen. Es muß umsichtig und zuverlässig sein und soll daher nur aus pflichtgetreuen und nüchternen Leuten, die sich ihrer Verantwortung bewußt sind, zusammengesetzt werden.

261. Berührungsschutz.

Bei Anlagen und Spannungen unter 1000 V wird es im allgemeinen für ausreichend erachtet, wenn die blanken spannungführenden, im Handbereich liegenden Teile gegen zufällige Berührung geschützt sind. Bei höheren Spannungen müssen auch die mit Isolierstoff bedeckten, unter Spannung stehenden Teile durch ihre Bauart, Lage, Anordnung oder besondere Schutzvorkehrungen der Berührung entzogen werden.

Durch zweckmäßigen Bau der elektrischen Apparate und Gebrauchsgegenstände sowie sorgfältigste Montage muß verhindert werden, daß Metallteile der Anlage, die nicht zum Betriebsstromkreis gehören, Spannung gegen Erde annehmen können. Doch kann infolge von Unregelmäßigkeiten oder schadhafter Stellen in der Anlage der Fall eintreten, daß auch diese Teile spannungführend werden. Die in einem solchen Störungsfalle zwischen dem betreffendem Anlageteil und der Erde auftretende Spannung, soweit sie von einem Menschen überbrückt werden kann, wird Berührungsspannung genannt.

Bei Spannungen von mehr als 250 V gegen Erde, in Fällen, in denen die Möglichkeit einer besonderen Gefährdung vorliegt, schon bei niedrigeren Spannungen, müssen besondere Schutzmaßregeln angewendet werden, um eine zu hohe Berührungsspannung unmöglich zu machen oder die Überbrückung einer solchen durch einen Menschen zu verhindern. Als gefährdet gelten allgemein Räume, in denen der Übergangswiderstand zum menschlichen Körper wesentlich herabgesetzt ist, wie das z. B. in den feuchten und durchtränkten Räumen (s. Abschn. 260) der Fall ist. Zu diesen gehören u. a. Badezimmer, Waschküchen und Ställe, desgl. viele gewerbliche Räume, z. B. in chemischen Fabriken, Brauereien, Färbereien und Gerbereien; auch in Bergwerken kommen solche Räume vor.

In vielen Fällen kann ein Schutz durch entsprechende Isolierung erzielt werden, indem die der Berührung zugänglichen Teile eine isolierende Umkleidung erhalten (z. B. Schaltergriffe), oder indem ein Stromübergang von den leitenden Teilen über den menschlichen Körper nach der Erde, etwa durch einen isolierenden Fußbodenbelag, verhindert wird. Für den Anschluß ortsveränderlicher Stromverbraucher dürfen in feuchten Räumen nur Gummischlauchleitungen mittlerer und starker Ausführung verwendet werden.

Eine sehr oft angewendete Schutzmaßnahme ist die Erdung: alle in Betracht kommenden Metallteile sind gut leitend miteinander und mit der Erde zu verbinden, wobei ein möglichst niedriger Erdungswiderstand anzustreben ist. Durch die Erdung soll erreicht werden, daß zwischen Füßen und Händen einer die fraglichen Teile berührenden Person keine Spannung auftritt. Eine gute Erdung erzielt man meistens durch den Anschluß an das Wasserleitungsnetz.

Bei Anlagen mit einem Nulleiter kann auch eine Nullung vorgenommen werden. Man versteht darunter die Herstellung einer leitenden Verbindung zwischen dem zu schützenden Metallteil und dem (geerdeten) Nulleiter der Anlage.

Ein weiteres Mittel, um eine zu hohe Berührungsspannung unschädlich zu machen, stellen die Schutzschalter dar, durch welche die Fehlerstelle der Anlage mittels eines Relais selbsttätig von der Stromquelle abgetrennt wird. Schutzschalter werden z. B. in Stallanlagen häufig verwendet, da erfahrungsgemäß Tiere besonders empfindlich gegen elektrische Ströme sind.

Schließlich kann der Gefahr dadurch entgegengetreten werden, daß man zu Kleinspannungen — bis höchstens 42 V — übergeht. Es kann z. B. eine Spannung von 24 oder 40 V angewendet werden (s. S. 2), die in Wechselstromanlagen durch Einbau besonderer kleiner Transformatoren hergestellt wird. Kleinspannung ist u. a. für mit Wechselstrom betriebene Handleuchter vorgeschrieben, die bei Arbeiten in Dampfkesseln Verwendung finden, weil hier erfahrungsgemäß der Übergangswiderstand besonders gering ist.

262. Arbeiten an Starkstromanlagen.

Arbeiten an unter Spannung stehenden Teilen einer elektrischen Anlage dürfen nur durch besonders damit beauftragte und mit der Gefahr vertraute Personen ausgeführt werden. Sie sind im allgemeinen nur bei Spannungen bis zu 250 V gegen Erde gestattet, und auch nur dann, wenn es aus Betriebsrücksichten nicht angängig ist, die betreffenden Anlageteile oder die Teile, die sich in unmittelbarer Nähe derselben befinden, spannungslos zu machen. Bei Anlagen mit höheren Spannungen dürfen Arbeiten unter Spannung nur in Notfällen und nur in Gegenwart einer geeigneten und unterwiesenen Person sowie unter Beachtung geeigneter Vorsichtsmaßregeln ausgeführt werden: isolierte Aufstellung, Erdung, Anwendung von Schaltstangen, Schaltzangen usw. Gummischuhe und Gummihandschuhe sind unzuverlässig, sie gelten daher allein nicht als Schutzmittel und dürfen nur in Verbindung mit anderen Schutzvorrichtungen verwendet werden. Vor jedesmaligem Gebrauch sind sie von dem Benutzer auf offensichtliche Beschädigungen zu untersuchen. An Freileitungen mit Spannungen über 250 V dürfen Arbeiten unter Spannung überhaupt nicht vorgenommen werden.

In feuchten, durchtränkten und ähnlichen Räumen sind bei Spannungen über 250 V gegen Erde Arbeiten unter Spannung nicht zulässig. Bei Spannungen unter 250 V dürfen Arbeiten nur in bestimmten Ausnahmefällen und unter Beachtung der sonst für Hochspannung geltenden Vorschriften ausgeführt werden.

Grundsätzlich muß bei Arbeiten unter Spannung der in Betracht kommende Teil der Anlage vorher spannungslos gemacht werden, indem er von den im Betrieb bleibenden Teilen abgetrennt wird. Auch bei spannungsfrei gemachten Leitungen müssen, um der Gefahr des unbeabsichtigten Einschaltens oder der Gefährdung durch Induktionsströme vorzubeugen — zum mindesten bei Betriebsspannungen von 1000 V ab —, die Teile, an denen gearbeitet werden soll, geerdet und kurz geschlossen werden. Dabei soll die Erdung zuerst, dann erst der Kurzschluß vorgenommen werden, und zwar beides erst, nachdem sich der Arbeitende davon überzeugt hat, daß dies ohne Gefahr geschehen kann. Zur Ausführung der Erdung und Kurzschließung sind Erdungsstangen mit Seil oder Erdungsseile zu benutzen, während Ketten hierfür nicht verwendet werden dürfen.

Das Arbeiten an elektrischen Anlagen, ganz besonders an solchen mit höheren Betriebsspannungen, erfordert größte Vorsicht und Umsicht und die Kenntnis der hierfür vom VDE aufgestellten Betriebsvorschriften (s. S. 1). Letztere müssen allen in elektrischen Betrieben Beschäftigten geläufig sein, und sie sind aufs genaueste zu beachten.

263. Erste Hilfeleistung bei Unfällen.

In der vom VDE herausgegebenen „Anleitung zur ersten Hilfeleistung bei Unfällen im elektrischen Betriebe“ ist namentlich auf die Notwendigkeit hingewiesen, den Verunglückten, falls er sich noch mit der Leitung in Verbindung befindet, der Einwirkung des elektrischen Stromes zu entziehen, indem die Leitung sofort spannungslos gemacht oder der Verunglückte vom Erdboden aufgehoben und von der Leitung entfernt wird. Bei diesen Verrichtungen muß sich der Hilfeleistende zum Schutze seiner eigenen Person selbst vom Erdboden isolieren. Das Berühren unbekleideter Körperteile des Verunglückten ist, solange er sich noch mit der unter Spannung stehenden Leitung in Verbindung befindet, zu vermeiden. Ist der Verunglückte bewußtlos, so ist sofort zum Arzt zu schicken. Fehlt die Atmung, so ist, da in vielen Fällen lediglich eine Betäubung vorliegt, diese künstlich einzuleiten, und zwar ist sofort damit zu beginnen. Jede Verzögerung kann verhängnisvoll werden.

Sechzehntes Kapitel.

Schaltungen von Zentralen, Transformatoren- und Umformerstationen.

264. Allgemeines.

Ein wesentliches Erfordernis für die Betriebssicherheit eines Elektrizitätswerkes ist eine zweckmäßig eingerichtete Schaltanlage. Auch in größeren Transformatoren- und Umformerstationen ist ihrer Ausgestaltung besonderes Augenmerk zuzuwenden. Sie soll es ermöglichen, die erforderlichen Schaltungen und die für die Beurteilung des Betriebszustandes notwendigen Messungen in einfachster Weise vorzunehmen. Ferner umfaßt sie diejenigen Apparate, die die Sicherheit der Anlage gewährleisten sollen. Zur Erzielung größter Übersichtlichkeit werden die Schalter und Maschinenregler, die Meßgeräte und Sicherungen nach Möglichkeit auf Schalttafeln oder Schalttischen aus feuerfestem Material (Marmor oder Schiefer) vereinigt. Sämtliche Maschinen arbeiten auf die auf der Rückseite der Schaltanlage befindlichen Sammelschienen, und von diesen werden auch alle Verteilungsleitungen abgezweigt. Die Schalttafel soll an einer Stelle des Maschinenhauses aufgestellt werden, von der aus ein guter Überblick über die Betriebsmaschinen möglich ist. Ihre Rückseite soll bequem zugänglich sein. Schalter und Sicherungen sind mit Bezeichnungen zu versehen, aus denen ihre Bedeutung sofort klar erkennbar wird.

Größere Anlagen besitzen ein besonderes Schalthaus, durch welches die Sammelschienen hindurchgeführt werden, und in dem sämtliche Apparate vereinigt sind. Die Bedienung erfolgt dann meistens von einer Warte aus, in der die für die Bedienung der Anlage erforderlichen Schaltungen und Messungen vorgenommen werden können.

Teile, welche eine hohe Spannung führen, sind an den Bedienungsschalttafeln zu vermeiden oder doch der Berührung unzugänglich anzubringen. Meßgeräte werden bei höheren Spannungen in der Regel unter Vermittlung von Strom- und Spannungswandlern angeschlossen. Da beim Durchschlagen der Isolation zwischen Hoch- und Niederspannungswicklung die hohe Spannung in die Meßstromkreise übertreten kann, so ist die sekundäre Wicklung der Wandler zu erden. Im übrigen sei auf die in den Sicherheitsvorschriften des VDE niedergelegten und in Abschn. 261 angegebenen Schutzmaßnahmen hingewiesen, nach denen z. B. auch das Gehäuse der Wandler geerdet werden muß.

In Gleichstromanlagen werden die Sammelschienen und alle zur Schaltanlage gehörigen Verbindungsleitungen nach ihrer Polarität durch verschiedenartigen Anstrich kenntlich gemacht, und zwar wird der positive Pol rot, der negative blau bezeichnet. In ähnlicher Weise kennzeichnet man auch die Leitungen in Wechselstromanlagen. Bei Einphasenstrom werden die Leitungen gelb und violett angelegt. In Drehstromanlagen unterscheidet man die Leitungen nach ihrer Phase durch gelben, grünen und violetten Anstrich.

In den folgenden Abbildungen sind Normalschaltpläne für Anlagen der verschiedensten Systeme wiedergegeben und kurz beschrieben[1]. Je nach den vorliegenden Verhältnissen können sich natürlich mannigfache Abweichungen in den Einzelheiten der Schaltung ergeben.

A. Gleichstromzentralen.

265. Einzelbetrieb einer Gleichstrommaschine.

(Vgl. Abb. 118 und 121).

In Abb. 304 ist der Schaltplan für eine Stromerzeugungsstation mit nur einer Betriebsmaschine wiedergegeben. Eine derartige Anlage kommt, da jegliche Reserve fehlt, nur für kleinste Verhältnisse in Betracht. Der Abbildung ist eine Nebenschlußmaschine zugrunde gelegt, doch kann in vielen Fällen die Anwendung einer Doppelschlußmaschine Vorteile bieten. Zur Verbindung der Maschine mit den Sammelschienen — mit P ist die positive, mit N die negative Schiene bezeichnet — ist ein zweipoliger Schalter erforderlich. Die mit dem Ausschaltkontakt des Nebenschlußreglers[2] verbundene, in der Abbildung gestrichelt gezeichnete Leitung bewirkt, daß das Ausschalten nahezu funkenfrei erfolgt (vgl. Abschn. 78). An Meßgeräten sind vorgesehen der Strommesser A und der Spannungsmesser V. Durch die von den Sammelschienen ausgehenden Verteilungsleitungen wird der Strom den verschiedenen Teilen des Netzes zugeführt. In allen Leitungen befinden sich Schmelzsicherungen, durch die sie bei Stromüberlastung unterbrochen werden.

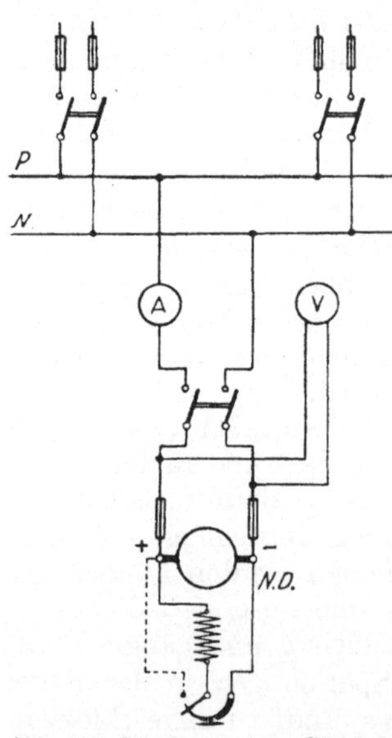

Abb. 304. Schaltung einer Gleichstromzentrale mit einer Nebenschlußmaschine.

[1] Weitere Beispiele von Schaltplänen enthält KOSACK, Schaltungsbuch für Gleich- u. Wechselstromanlagen. Berlin: Springer.

[2] Regler und Anlaßwiderstände sind in den im vorliegenden Kapitel wiedergegebenen Schaltplänen in vereinfachter Weise durch eine nach dem Kurzschlußkontakt zu stärker werdende Linie dargestellt.

266. Parallelbetrieb von Gleichstrommaschinen.

(Vgl. Abb. 132 und 133.)

In größeren Zentralstationen wird man stets mehrere Betriebsmaschinen aufstellen, die nach Bedarf parallel geschaltet werden. Hierdurch wird die Betriebssicherheit erhöht. Außerdem ist es möglich, bei jeder Netzbelastung mit einem guten Wirkungsgrad zu arbeiten, indem man immer nur so viel Maschinen in Betrieb nimmt, als der jeweiligen Belastung entspricht. Am günstigsten ist es, wenn die eingeschalteten Maschinen stets ungefähr voll belastet sind.

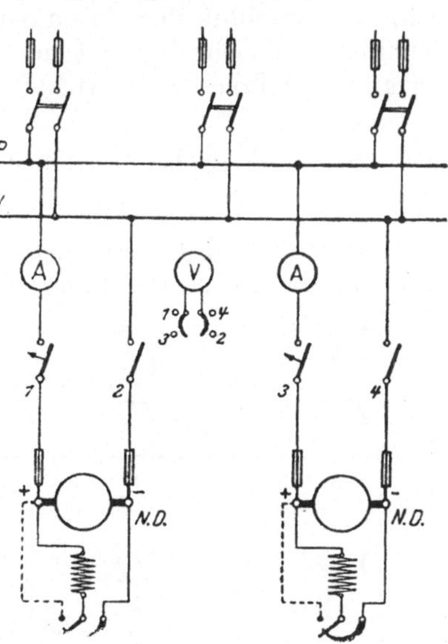

Abb. 305. Schaltung einer Gleichstromzentrale mit zwei Nebenschlußmaschinen.

Abb. 305 zeigt die Schaltung zweier Nebenschlußmaschinen, die auf gemeinsame Sammelschienen arbeiten. In je einer der Verbindungsleitungen zwischen den Maschinen und Sammelschienen befindet sich ein gewöhnlicher Handschalter, während die andere Leitung einen selbsttätig wirkenden Unterstromschalter (oder einen Rückstromschalter) enthält. Für jede Maschine ist ein Strommesser vorgesehen. Es ist dagegen nur ein Spannungsmesser vorhanden, der in Verbindung mit einem Voltmeterumschalter zum Messen der Spannungen beider Maschinen dient. Die dafür nötigen Verbindungsleitungen sind der Deutlichkeit wegen in der Abbildung fortgelassen und lediglich durch Zahlen angedeutet in der Weise, daß eine Leitung *1—1*, eine solche *2—2* usw. zu denken ist. In der Stellung *1—2* des Umschalters zeigt das Voltmeter die Spannung der einen, in der Stellung *3—4* die Spannung der anderen Maschine an.

Soll eine Maschine auf das Netz geschaltet werden, so wird zunächst ihre Spannung mit dem Nebenschlußregler auf den normalen Wert gebracht. Sodann ist der Handschalter zu schließen. Darauf wird auch der Selbstschalter eingelegt und von Hand festgehalten, bis so viel Belastung eingeschaltet ist, daß er von selber in der Einschaltstellung verbleibt. Um die andere Maschine mit der bereits im Betriebe befindlichen parallel zu schalten, muß sie zunächst auf die Betriebsspannung erregt werden. Die Belastung kann auf die beiden Maschinen beliebig verteilt werden, indem die Maschine, deren Belastung erhöht werden soll, mit Hilfe des Nebenschlußreglers etwas stärker erregt wird. Um eine Maschine abzuschalten, ist sie zuerst durch Schwächen des Erregerstromes zu entlasten, wobei der Unterstromschalter von selber auslöst.

Vor der ersten Inbetriebsetzung hat man sich davon zu überzeugen, daß die Maschinen in der richtigen Weise mit den Sammelschienen verbunden sind, d. h. daß die positiven Pole beider Maschinen an der einen, die negativen Pole an der anderen Sammelschiene liegen (vgl. Abschn. 176).

Der Schaltplan Abb. 305 läßt sich ohne Schwierigkeit auf den Fall erweitern, daß in der Anlage mehr als zwei Maschinen vorhanden sind.

Beim Parallelbetrieb von *Doppelschlußmaschinen* ist noch eine *Ausgleichsschiene* vorzusehen (vgl. Abschn. 90). Es empfiehlt sich, den Anschluß der Maschinen an diese — durch einen zweipoligen Schalter — gleichzeitig mit dem Anschluß an die Sammelschiene des betreffenden Poles zu bewirken.

267. Nebenschlußmaschine und Akkumulatorenbatterie.

(Vgl. Abb. 254 und 255.)

Nur selten wird man sich bei Gleichstromanlagen der Vorteile begeben, die die Anwendung einer Akkumulatorenbatterie mit sich bringt, und die in Abschnitt 193 ausführlich erörtert wurden. Ist ein *Einfachzellenschalter* für die Batterie vorgesehen, so müssen die zum Netz führenden Speiseleitungen während der Ladung von den Sammelschienen abgetrennt werden, da die Spannung beim Laden stark ansteigt. Es kann also nur zu Zeiten geladen werden, wo ein Bedarf an elektrischer Energie nicht vorliegt, ein Fall, wie er im allgemeinen nur bei kleineren Anlagen vorkommt.

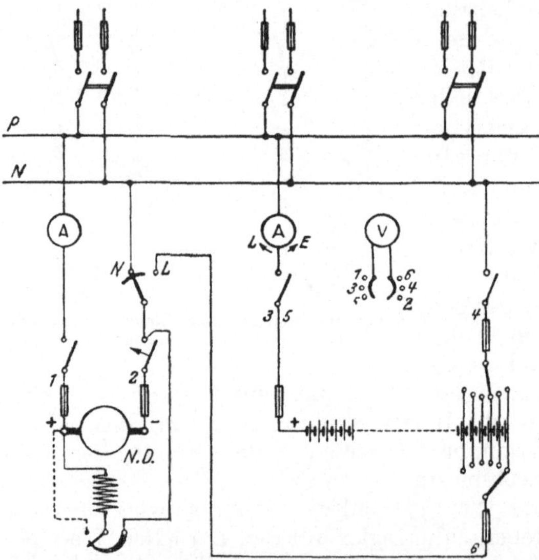

Abb. 306. Schaltung einer Gleichstromzentrale mit einer Nebenschlußmaschine und einer Akkumulatorenbatterie mit Doppelzellenschalter.

Soll die Akkumulatorenbatterie auch während der Ladung mit dem Netz in Verbindung bleiben, so ist ein *Doppelzellenschalter* erforderlich. Abb. 306 gibt für diesen Fall die Schaltung an, und zwar unter der Annahme, daß die für die Ladung notwendige Spannungserhöhung durch Nebenschlußregelung der Betriebsmaschine erzielt werden kann (s. Abschn. 192a). In einer der beiden von der Nebenschlußmaschine zu den Sammelschienen führenden Leitungen befindet sich ein einpoliger Handschalter, in der anderen, zur Vermeidung eines Rückstromes, ein Unterstromschalter. Der Anschluß der Magnetwicklung über den Feldregler ist zwischen Unterstromschalter und Sammelschiene vorgenommen. Dadurch wird erreicht, daß die Maschine von den Sammelschienen (also von der Batterie) aus erregt werden kann, ehe noch der Selbstschalter eingelegt ist. Die Maschine erhält dann mit Sicherheit die für den Parallelbetrieb mit der Batterie erforderliche Polarität (vgl. Abschn. 176). In die den Unterstromschalter enthaltende Verbindungsleitung zur Sammelschiene ist noch ein Umschalter eingebaut. Dieser ist, wenn die Maschine auf das Netz arbeiten soll, in die Stellung *N* zu bringen, dagegen ist er für die Ladung auf *L* einzustellen. Es empfiehlt sich, einen Umschalter zu wählen, der den Übergang aus der einen in die andere Stellung ohne Stromunterbrechung zu bewerkstelligen erlaubt. Die Batterie steht mit den Sammelschienen durch zwei einpolige Schalter in Verbindung. Ihre Lade- und Entladespannung können mittels des Doppelzellenschalters unabhängig voneinander geregelt werden. Der Kontakt *L* des Maschinenumschalters und die Ladekurbel des Zellenschalters sind durch die Ladeleitung miteinander verbunden. Für die Maschine und die Batterie ist je ein Strommesser vorgesehen. Für die Batterie wird am besten ein Drehspulgerät mit zweiseitigem Ausschlag verwendet, um aus der Richtung des Ausschlags sofort erkennen zu können, ob sich die Batterie im Zustande der Ladung (*L*) oder der Entladung (*E*) befindet. Für den Spannungsmesser ist ein Umschalter mit folgenden Stellungen vorhanden: *1—2* Maschinenspannung, *3—4* Batterieentladespannung, *5—6* Batterieladespannung.

Es sind nachfolgende Betriebsweisen möglich.

a) Die Maschine arbeitet allein auf das Netz.

Um die Maschine in Betrieb zu nehmen, wird der Selbstschalter eingelegt und zunächst festgehalten. Der Umschalter steht dabei auf *N*. Die Maschine wird nunmehr auf die normale Spannung erregt. Darauf wird der einpolige Handschalter geschlossen. Ist die Belastung genügend groß, so bleibt der Selbstschalter haften.

b) Die Batterie arbeitet allein auf das Netz.

Zu Zeiten geringen Strombedarfs, z. B. des Nachts, wird der Maschinenbetrieb stillgelegt und die Stromlieferung lediglich der Batterie übertragen. Zur Konstanthaltung der Spannung dient die Entladekurbel des Zellenschalters.

c) Maschine und Batterie arbeiten parallel.

In den Stunden des Hauptbetriebes läßt man Maschine und Batterie gleichzeitig auf das Netz arbeiten, damit letztere die Belastungsschwankungen aufnehmen kann und im Falle eines Versagens der Maschine die Stromlieferung aufrecht erhält. Um die Maschine zur Batterie parallel zu schalten, ist bei der Umschalterstellung *N* zunächst der einpolige Handschalter zu schließen, worauf beim Einschalten des Feldreglers die Magnetwicklung von den Sammelschienen aus Strom empfängt. Ist die Maschine auf die richtige Spannung gebracht, so wird der Selbstschalter eingelegt. Nunmehr wird durch weiteres Erregen möglichst die volle Belastung auf die Maschine geworfen, und die Einstellung so vorgenommen, daß die Batterie nicht oder doch nur mit geringfügiger Stromstärke entladen wird, sie also wesentlich nur als Ausgleichsorgan wirkt.

d) Die Batterie wird geladen.

Um vom Parallelbetrieb zur Ladung überzugehen, ist der Umschalter von Stellung *N* nach *L* zu bringen. Vorher ist aber die Ladekurbel des Doppelzellenschalters auf den gleichen Kontakt zu stellen, auf dem sich die Entladekurbel befindet, da andernfalls in dem Augenblicke, in dem während des Umschaltens die Kontakte *N* und *L* gleichzeitig von der Schaltfeder berührt werden, die zwischen beiden Kurbeln befindlichen Zellen kurzgeschlossen sind. Ist die Umschaltung bewirkt, so ist jedoch die Ladekurbel auf den äußersten Kontakt zu drehen, so daß alle Zellen an der Ladung teilnehmen. Die Maschine ist auf die der Ladung entsprechende Spannung zu erregen. Die voll aufgeladenen Zellen werden mit Hilfe der Ladekurbel nach und nach abgetrennt. Damit während der Ladung die Netzspannung den richtigen Wert beibehält, muß mit Hilfe der Entladekurbel, der zunehmenden Ladespannung folgend, eine entsprechende Zahl von Zellen abgeschaltet werden.

Um nach der Ladung die Maschine wieder zur Batterie parallel zu schalten, ist das soeben für den umgekehrten Fall Angegebene sinngemäß zu beachten.

In größeren Anlagen sind stets mehrere Betriebsmaschinen vorhanden. Grundsätzliche Änderungen an dem in Abb. 306 dargestellten Schaltplan ergeben sich hierdurch nicht, es wiederholen sich vielmehr für alle Maschinen die im Schaltbild angegebenen Einrichtungen. Nur wird man in einem solchen Falle meistens eine besondere Ladeschiene anwenden, mit der die Umschalterkontakte *L* der verschiedenen Maschinen sowie die Ladekurbel der Batterie verbunden werden.

268. Nebenschlußmaschine, Zusatzmaschine und Akkumulatorenbatterie.

Ist die zur Stromerzeugung dienende Nebenschlußmaschine nicht für Spannungserhöhung eingerichtet, so muß zur Erzielung der für die Ladung der Batterie notwendigen Spannung eine Zusatzmaschine vorgesehen werden (s. Abschn. 192b). Die erforderliche Schaltung zeigt Abb. 307. Der im vorigen Schaltplan angegebene Umschalter für die Hauptmaschine fällt fort, da die Maschine stets, auch während der Batterieladung, auf die Sammelschienen arbeitet. Beim Laden wird der positive Pol der Zusatzmaschine mittels eines Handschalters an die negative Sammelschiene gelegt, während ihr negativer Pol durch einen Unterstromschalter mit der Ladekurbel des Doppelzellenschalters in Verbindung gebracht wird. Haupt- und Zusatzmaschine sind dann hintereinander geschaltet. Die Erregung der Zusatzmaschine geschieht am zweckmäßigsten durch die Ladespannung der Batterie, wie es auch im Schaltplan angenommen ist. Ihr Antrieb erfolgt durch einen mit ihr unmittelbar gekuppelten Nebenschlußmotor, der von den Sammelschienen gespeist wird, und dessen Belastung durch einen Strommesser festgestellt werden kann. Das Voltmeter erlaubt unter Anwendung des Umschalters folgende Spannungen zu messen: *1—2* Spannung der Hauptmaschine, *3—4* Entladespannung der Batterie, *5—6* Ladespannung der Batterie, *7—8* Gesamtspannung von Haupt- und Zusatzmaschine.

Es sind wieder folgende Betriebszustände möglich:

a) die Hauptmaschine arbeitet allein auf das Netz,
b) die Batterie arbeitet allein auf das Netz,
c) Maschine und Batterie arbeiten parallel,
d) die Batterie wird geladen.

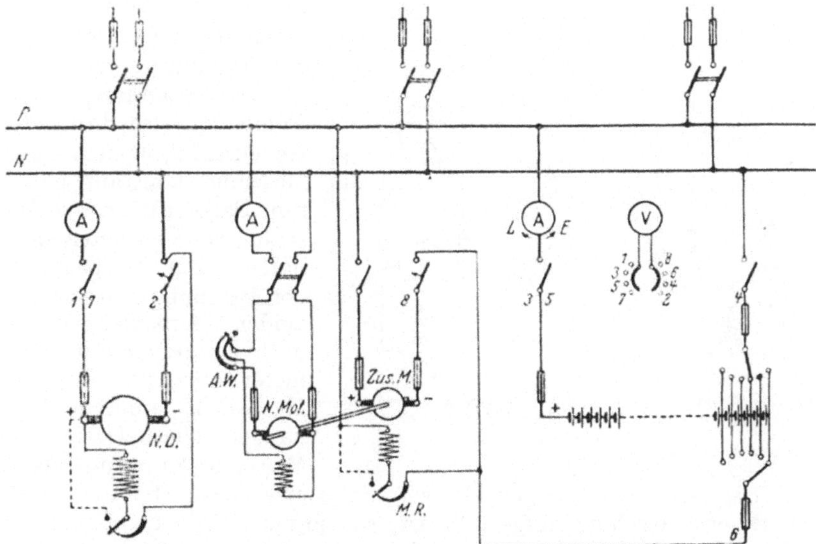

Abb. 307. Schaltung einer Gleichstromzentrale mit einer Nebenschlußmaschine, einer Zusatzmaschine und einer Akkumulatorenbatterie mit Doppelzellenschalter.

Es soll hier nur auf das Laden der Batterie eingegangen werden; wegen der anderen Betriebsweisen sei auf die Ausführungen des vorhergehenden Abschnitts verwiesen. Beim Laden arbeitet die Hauptmaschine wie immer mit normaler Spannung auf die Sammelschienen. Die Ladekurbel des Doppelzellenschalters wird zunächst auf den äußersten Kontakt gestellt. Darauf wird die Zusatzmaschine durch den Elektromotor angetrieben und, nachdem ihr Handschalter geschlossen ist, so weit erregt, daß die Gesamtspannung von Haupt- und Zusatzmaschine etwas höher ist als die Spannung der Batterie. Nunmehr wird der Selbstschalter der Zusatzmaschine eingelegt und die Batterie mit der vorschriftsmäßigen Stromstärke in üblicher Weise geladen.

269. Dreileiterzentrale mit zwei hintereinander geschalteten Nebenschlußmaschinen.

(Vgl. Abb. 264.)

Dem einfachsten Fall einer Dreileiteranlage entspricht der Schaltplan Abb. 308. Zwei Nebenschlußmaschinen sind hintereinander geschaltet, und zwar durch die mittlere Sammelschiene *O*. Von den beiden Außensammelschienen bildet die mit *P* bezeichnete den positiven, die mit *N* bezeichnete den negativen Pol der Anlage. Die Verteilungsleitungen bestehen aus je zwei Außenleitern und einem Nulleiter. Doch ist in der Abbildung auch eine Abzweigung lediglich von den Außensammelschienen, etwa für den Anschluß eines größeren Motors, angedeutet.

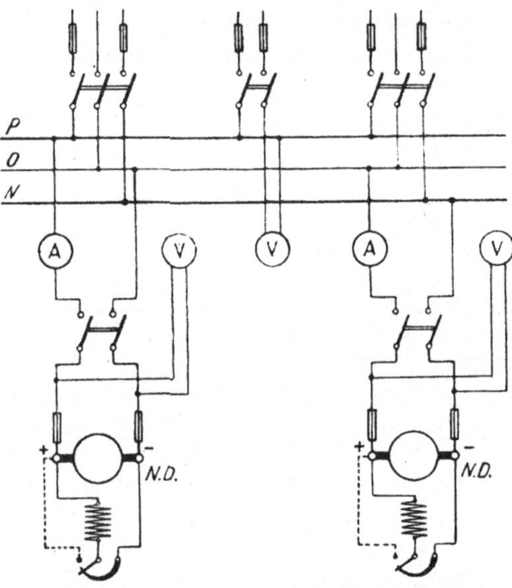

Abb. 308. Schaltung einer Gleichstrom-Dreileiterzentrale mit zwei hintereinander geschalteten Nebenschlußmaschinen.

Die Spannung jeder Netzhälfte wird durch den Nebenschlußregler ihrer Maschine konstant gehalten. Daher ist für jede Maschine ein Voltmeter angebracht. Zur Beobachtung der Spannung zwischen den beiden Außenleitern ist noch ein besonderes Voltmeter (für die doppelte Maschinenspannung) vorhanden. Die Belastung der Maschine kann mittels je eines Strommessers nachgeprüft werden. Wünschenswert ist es, wenn eine Reservemaschine aufgestellt ist, die je nach Bedarf auf eine der beiden Netzhälften geschaltet werden kann.

270. Dreileiterzentrale mit zwei hintereinander geschalteten Nebenschlußmaschinen und einer Akkumulatorenbatterie.

Auch bei Dreileiteranlagen wird man in den weitaus meisten Fällen eine Akkumulatorenbatterie anwenden. Im Schaltplan Abb. 309 ist zu jeder der beiden hintereinander geschalteten Nebenschlußmaschinen eine Batteriehälfte parallel geschaltet. Die Spannung der Maschinen kann zum Zweck der Batterieladung gesteigert werden. Es sind zwei Doppelzellenschalter erforderlich. Hinsichtlich der übrigen Schaltapparate, Meßgeräte usw. gilt sinngemäß das in Abschn. 267 Angegebene. Für jede Netzhälfte ist ein Spannungsmesser vorgesehen, mit dem die Maschinenspannung sowie die Entlade- und Ladespannung der Batterie festgestellt werden können. Zur Überwachung der Außenleiterspannung dient wieder ein besonderes Voltmeter.

a) Die beiden Maschinen arbeiten allein auf das Netz.

Jeder der beiden einpoligen Umschalter — im Schaltplan in der Mitte unten — befindet sich, um die Verbindung der Maschinen mit der mittleren Sammelschiene herzustellen, auf *N*. Die für jede Maschine vorhandenen einpoligen Handschalter wie auch die Selbstschalter sind geschlossen.

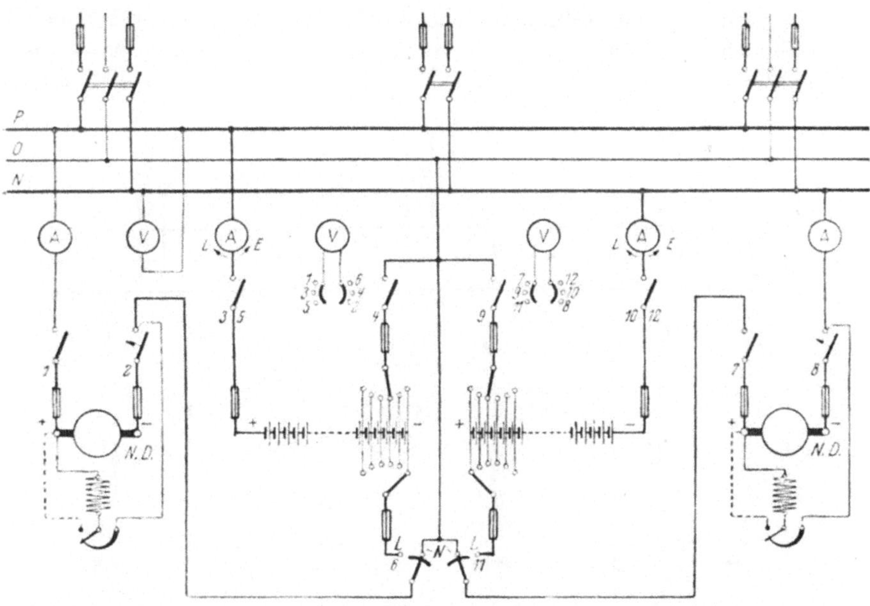

Abb. 309. Schaltung einer Gleichstrom-Dreileiterzentrale mit zwei hintereinander geschalteten Nebenschlußmaschinen und einer Akkumulatorenbatterie.

b) Die Batterie arbeitet allein auf das Netz.

Es sind die beiden einpoligen Schalter, die die Pole der Batterie mit den Außensammelschienen verbinden, geschlossen, ebenso die Schalter in den von den Entladekurbeln der Zellenschalter zur Mittelschiene führenden Leitungen.

c) Maschinen und Batterie arbeiten parallel.

Das Parallelschalten jeder Maschine zu ihrer Batteriehälfte erfolgt in derselben Weise, wie in einer Zweileiteranlage Maschine und Batterie parallel geschaltet werden.

d) Die Batterie wird geladen.

Jede Maschine ladet die zu ihr gehörige Batteriehälfte. Die Umschalter sind beim Laden auf *L* zu stellen. Der Vorgang beim Laden ist der gleiche wie bei einer Zweileiteranlage. Durch entsprechende Bedienung der Zellenschalterentladekurbeln wird die Netzspannung auch während des Ladens aufrecht erhalten.

In größeren Anlagen wird man für die Ladung der Batterie meistens Zusatzmaschinen verwenden.

271. Dreileiterzentrale mit einer Nebenschlußmaschine und einer Akkumulatorenbatterie zur Spannungsteilung.

(Vgl. Abb. 265.)

In vielen Fällen stellt man in Dreileiteranlagen nicht zwei Nebenschlußmaschinen auf, wie in den vorhergehenden Abschnitten angenommen wurde, sondern eine Maschine, die für die Außenleiter-

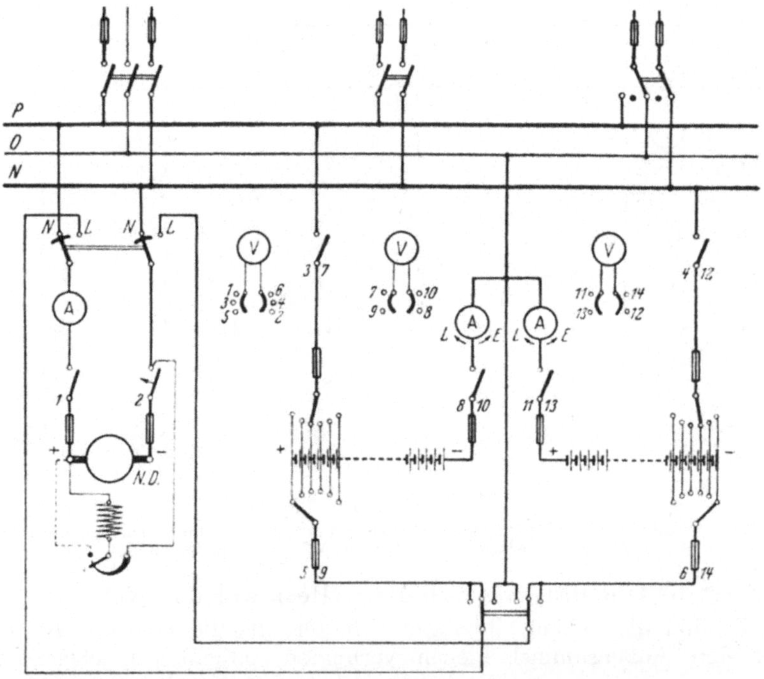

Abb. 310. Schaltung einer Gleichstrom-Dreileiterzentrale mit einer Nebenschlußmaschine und einer Akkumulatorenbatterie.

spannung eingerichtet ist und demnach auch an die Außenleiter angeschlossen wird. Auf die Vorteile einer derartigen Anordnung ist in Abschn. 230 hingewiesen worden, in dem auch die verschiedenen Möglichkeiten der Spannungsteilung behandelt sind. Abb. 310 betrifft den Fall, daß die Spannungsteilung mit Hilfe einer Akkumulatorenbatterie vorgenommen wird. Es ist wieder angenommen, daß die Maschine die für die Ladung der Batterie notwendige Spannung unmittelbar, also ohne Anwendung einer Zusatzmaschine, liefern kann.

Die Doppelzellenschalter sind im Schaltplan an die Batterieenden gelegt, während sie sich im vorhergehenden Plan in der Batteriemitte befanden. Die Maschine ist mit einem doppelpoligen Umschalter (ohne Unterbrechung) versehen, so daß sie entweder auf das Netz, Schalterstellung *NN*, arbeiten oder die Batterieladung, Stellung *LL*, bewirken kann. Außerdem ist noch ein zweipoliger Umschalter (mit Unterbrechung) für die Batterie erforderlich — in der Abbildung unten — um entweder die ganze Batterie oder bei Bedarf auch jede Batteriehälfte einzeln aufladen zu können. Es sind im ganzen drei Spannungsmesser vorhanden: einer für die Maschine und die ganze Batterie und je einer für die Batteriehälften.

Die Batterie muß während des Betriebes stets eingeschaltet sein, da sonst der Mittelleiter nicht angeschlossen ist. Es ergeben sich demnach folgende Betriebsweisen.

a) Die Batterie arbeitet allein auf das Netz.

Es sind die Schalter, die sich in den von den Entladekurbeln der Zellenschalter zu den Außensammelschienen führenden Leitungen befinden, geschlossen, ebenfalls die Schalter, welche die Verbindung der beiden Batteriehälften mit der Mittelschiene herstellen.

b) Maschine und Batterie arbeiten parallel.

Das Parallelschalten der Maschine zur Batterie geschieht in bekannter Weise. Der Maschinenumschalter nimmt die Stellung *NN* ein.

c) Die Batterie wird geladen.

Um die ganze Batterie zu laden, wird der Batterieumschalter in die mittlere Stellung gebracht. Die Einzelheiten der Ladung, während welcher sich der Maschinenumschalter in der Stellung *LL* befinden muß, sind bekannt.

Sollten die beiden Batteriehälften bei der Entladung in verschiedenem Maße beansprucht sein, so muß die stärker entladene Hälfte durch die Betriebsmaschine noch besonders nachgeladen werden. Dies wird in der Regel möglich sein, da die Spannung einer Batteriehälfte gegen Schluß der Ladung ungefähr $^2/_3$ der normalen Außenleiterspannung beträgt und die Spannung der Maschine durch den Nebenschlußregler auf diesen Betrag erniedrigt werden kann. Ist die linke Batteriehälfte nachzuladen, so ist der Batterieumschalter nach links zu stellen, bei der Nachladung der rechten Batteriehälfte dagegen nach rechts. Um übrigens die beiden Batteriehälften möglichst gleichmäßig entladen zu können, richtet man einige Anschlüsse, z. B. die Beleuchtung des Maschinenhauses, so ein, daß man sie nach Bedarf auf die eine oder andere Netzhälfte umschalten kann, wie dies im Schaltplan auch für eine Netzleitung zum Ausdruck gebracht ist.

Besonders empfehlenswert ist das Verfahren der Spannungsteilung durch Ausgleichsmaschinen, welches in Abschn. 230c ausführlich erörtert wurde (vgl. Abb. 266). Die Ausgleichsmaschinen können gegebenenfalls gleichzeitig zum Betrieb einer Zusatzmaschine benutzt werden, um die Akkumulatorenbatterie zu laden. Die Zusatzmaschine wird alsdann unmittelbar mit dem Ausgleichsmaschinensatz gekuppelt.

B. Wechselstromzentralen.

272. Einzelbetrieb einer Einphasenmaschine.

(Vgl. Abb. 159.)

Der Schaltplan einer mit nur einer Betriebsmaschine ausgestatteten Einphasenanlage ist in Abb. 311 dargestellt. Die Verbindung des

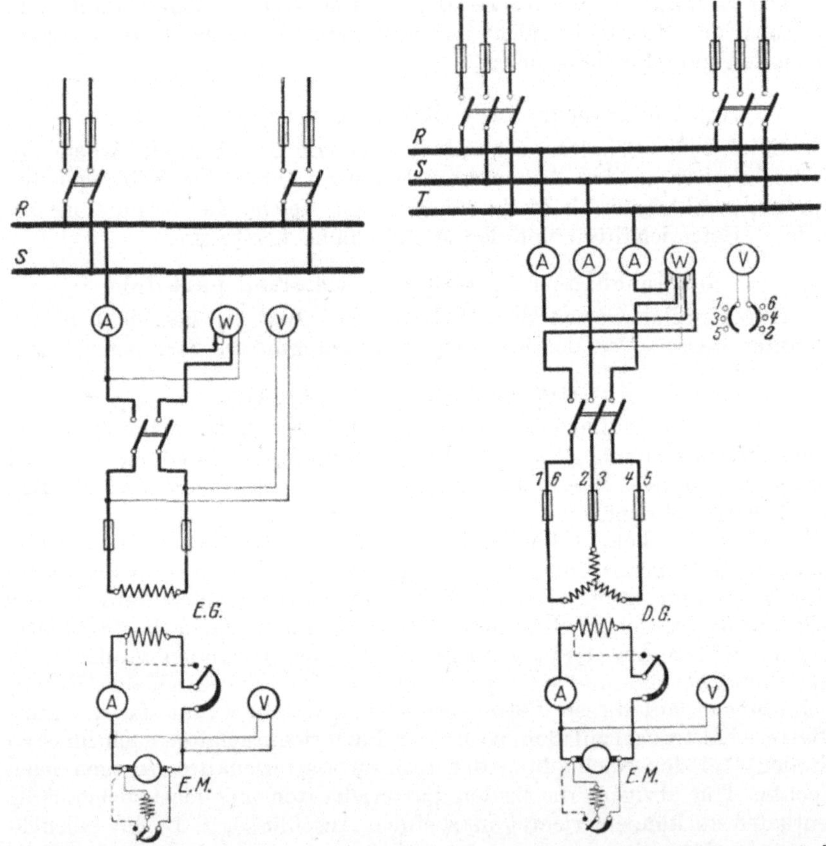

Abb. 311. Schaltung einer Einphasenzentrale mit einer Betriebsmaschine.

Abb. 312. Schaltung einer Drehstromzentrale mit einer Betriebsmaschine.

Einphasengenerators *E.G.* mit den Sammelschienen *R* und *S* geschieht mittels eines zweipoligen Schalters. Die Maschinenspannung kann an einem Voltmeter, die Stromstärke an einem Amperemeter abgelesen werden. Außerdem ist zur Messung der Leistung das Wattmeter *W* vorgesehen.

Es ist angenommen, daß der Magnetstrom von einer besonderen Erregermaschine *E.M.*, und zwar einer Nebenschlußmaschine, geliefert wird. Sie kann mit der Wechselstrommaschine unmittelbar gekuppelt sein. Ihre Spannung wird mit Hilfe des Nebenschlußreglers eingestellt und durch ein besonderes Voltmeter angezeigt. Die Spannungsregelung der Wechselstrommaschine erfolgt mittels eines vor ihre Magnetwicklung gelegten Regulierwiderstandes, durch den die Stärke des Erregerstromes, für dessen Bestimmung ebenfalls ein Amperemeter eingebaut ist, entsprechend beeinflußt werden kann.

273. Einzelbetrieb einer Drehstrommaschine.

Die Schaltanordnung einer Drehstromanlage, Abb. 312, entspricht einer solchen für Einphasenstrom. Natürlich ist ein dreipoliger Schalter erforderlich. In jede der drei vom Drehstromgenerator *D.G.* zu den Sammelschienen *R*, *S* und *T* führenden Leitungen ist ein Strommesser eingeschaltet, doch genügt es unter Umständen, die Stromstärke in nur einer Leitung zu messen. Die Spannung zwischen je zwei der Leitungen läßt sich durch Vermittlung eines Voltmeterumschalters mit einem einzigen Spannungsmesser feststellen. Über die Messung der Drehstromleistung ist Näheres im Abschn. 60 ausgeführt worden. Im Schaltplan ist ein Leistungsmesser vorgesehen, dessen innere Schaltung dem Zweiwattmeterverfahren entspricht (vgl. Abb. 83).

274. Parallelbetrieb von Drehstrommaschinen.

(Vgl. Abb. 178.)

Eine Drehstromzentrale mit zwei Betriebsmaschinen, die auf gemeinsame Sammelschienen arbeiten, ist in Abb. 313 schematisch zur Darstellung gebracht. Jedem Generator ist eine Erregermaschine zugeordnet. Die Schaltung der einzelnen Maschinen gleicht der im vorigen Schaltplan angegebenen. Doch ist für das Parallelschalten der Maschinen noch ein Synchronismusanzeiger (*S.A.*) vorhanden. Dieser besteht aus Phasenlampe *L* und Phasenvoltmeter *V* und ist dauernd mit den Sammelschienen *S* und *T* verbunden, kann jedoch durch einen Umschalter außerdem auch mit den entsprechenden Polen jeder der beiden Maschinen in Verbindung gebracht werden. Beim Synchronisieren einer Maschine wird also die Spannung einer ihrer Phasen mit der Sammelschienenspannung verglichen. Die Schaltung läßt sich auf die in Abb. 176 dargestellte zurückführen: der Synchronismus wird also durch den Dunkelzustand der Lampe oder die Nullstellung des Voltmeters angezeigt. Die Reihenfolge der Phasen beider Maschinen ist vor der Inbetriebnahme der Anlage nachzuprüfen (vgl. Abschn. 176).

Der angegebene Plan kann auf beliebig viele parallel zu schaltende Maschinen ausgedehnt werden.

275. Hochspannungs-Drehstromzentrale.

Unmittelbare Auslösung der Schalter (vgl. Abb. 288).

Den Schaltplan einer Hochspannungs-Drehstromzentrale zeigt Abb. 314. Die Drehstromgeneratoren (*D.G.*) stehen über dreipolige Hochspannungsleistungsschalter mit den Sammelschienen in Verbindung. Es können Öl-, Druckgas- oder Wasserschalter zur An-

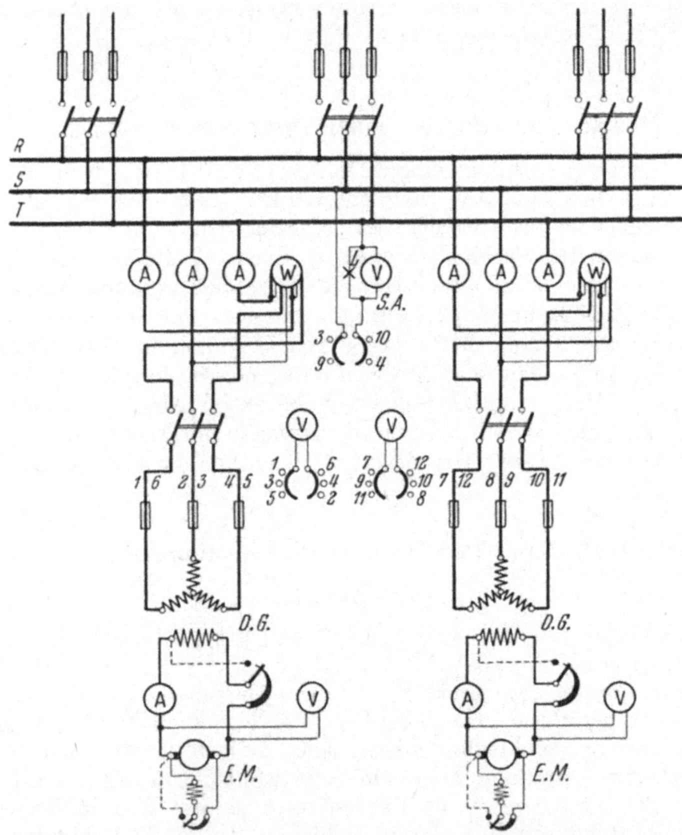

Abb. 313. Schaltung einer Drehstromzentrale mit zwei Betriebsmaschinen.

wendung kommen. Der Überstromschutz der Maschinen wird durch mit den Schaltern verbundene Primärauslöser gewährleistet, und zwar ist dieser Schutz allpolig vorhanden. Jedem Leistungsschalter sind drei einpolige Trennschalter zugeordnet.

In jeder der zu den Sammelschienen führenden Maschinenleitungen befindet sich ein Stromwandler (*St.W.*) in Verbindung mit einem Strommesser *A*. Durch Vermittlung je eines dreiphasigen Spannungswandlers (*Sp.W.*) lassen sich ferner an den Voltmetern *V* die Spannungsverhältnisse feststellen. Die Leistungsmessung erfolgt nach der Dreiwattmeterschaltung (vgl. Abb. 79), für das Wattmeter *W* jeder Maschine ist ein besonderer Stromwandler vorgesehen, während die Spannungszuführung über den schon erwähnten Spannungswandler unter Benutzung seines Nullpunktes erfolgt. Gleiche Belastung der Zweige ist bei dieser Schaltung

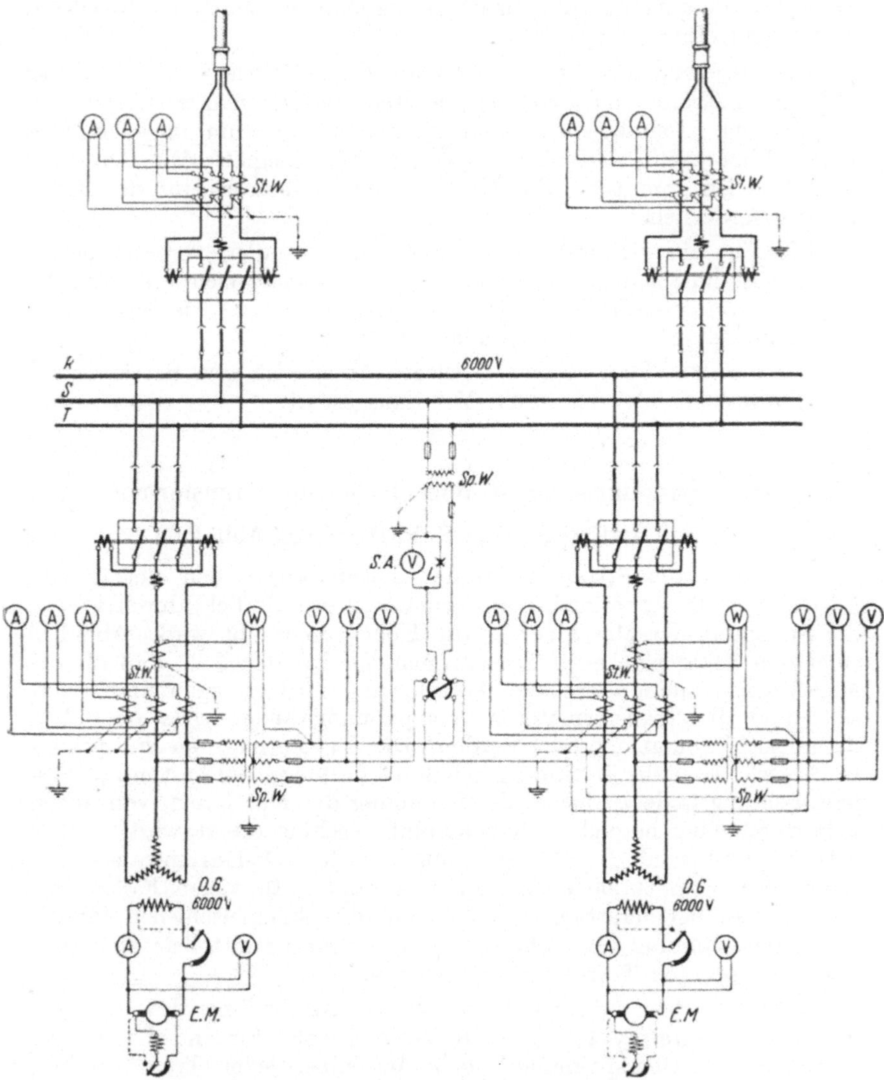

Abb. 314. Schaltung einer Hochspannungs-Drehstromzentrale (Schalter mit unmittelbarer Auslösung).

Voraussetzung für richtige Angabe der Wattmeter. An den Spannungswandler kann auch mit Hilfe eines Umschalters der Synchronismusanzeiger angeschlossen werden, der durch einen weiteren Spannungswandler dauernd mit den Sammelschienen in Verbindung steht. Das Synchronisierverfahren ist also das gleiche wie im vorigen Schaltplan, auch ist bei der angewendeten Schaltung wieder der Dunkelzustand der Lampen das Merkmal für den Synchronismus (vgl. Abb. 198).

Jeder Generator besitzt wieder eine besondere Erregermaschine (*E.M.*), die als Nebenschlußmaschine ausgebildet und in der Regel mit ihm unmittelbar gekuppelt ist.

Die abgehenden Leitungen sind als Kabel verlegt. Jedes Kabel steht über Trenn- und Leistungsschalter mit den Sammelschienen in Verbindung. Der Leistungsschalter besitzt wiederum in jedem Pol einen Primärauslöser, der ihn bei Überlastung freigibt. Alle Leitungen enthalten Strommesser. Ein Überspannungsschutz ist für die Kabel nicht erforderlich.

Die für die Niederspannungsseite der Wandler vorgeschriebene Erdung ist im Schaltplan angedeutet. Es empfiehlt sich, alle Wandler an eine gemeinsame Erdungsleitung anzuschließen. Die Spannungswandler sind primär und sekundär gesichert.

Für die dem Plan zugrunde gelegte Anlage ist eine Betriebsspannung von etwa 6000 bis 15000 V vorausgesetzt.

276. Hochspannungs-Drehstromzentrale mit Transformatoren.

Relaisauslösung der Schalter (vgl. Abb. 289).

Übersteigt die Spannung in den Fernleitungen den Betrag von ungefähr 15000 V, so sind Transformatoren erforderlich, durch welche die Spannung der Maschinen in die Höhe geschraubt wird. Abb. 315 zeigt den Schaltplan einer Drehstromanlage für den Fall, daß für die Maschinenspannung, also die Transformatoren-Unterspannung einerseits und die Transformatoren-Oberspannung andererseits besondere Sammelschienen angewendet werden. Die Transformatoren sind primär in Dreieck, sekundär in Stern geschaltet. Es möge, um bestimmte Verhältnisse zugrunde zu legen, die Spannung der Maschinen, von denen jede durch eine besondere Nebenschlußmaschine erregt wird, 6000 V betragen, während die Oberspannung an den Drehstromtransformatoren (*D.T.*) zu 60000 V angenommen werde. In vielen Fällen verzichtet man bei derartigen Anlagen auf die Sammelschienen für die Maschinenspannung und läßt jeden Generator unmittelbar auf einen ihm zugeordneten Transformator arbeiten.

Bemerkenswert an dem Plan ist die Anwendung des Doppelsammelschienensystems, und zwar sowohl für die Unter- als auch für die Oberspannung. Jede Maschine, jeder Transformator, jede abgehende Leitung usw. kann durch Vermittlung dreipoliger Trennschalter beliebig mit einem der beiden Schienensysteme in Verbindung gebracht werden. Durch diese Einrichtung wird die Betriebsführung in hohem Maße erleichtert, da es jederzeit möglich ist, ein Schienensystem außer Betrieb zu setzen. Dies ist namentlich bei der Vornahme von Instandsetzungsarbeiten und bei Erweiterungen der Anlage von Wichtigkeit. Durch besondere Kupplungsschalter (*K.S.*)

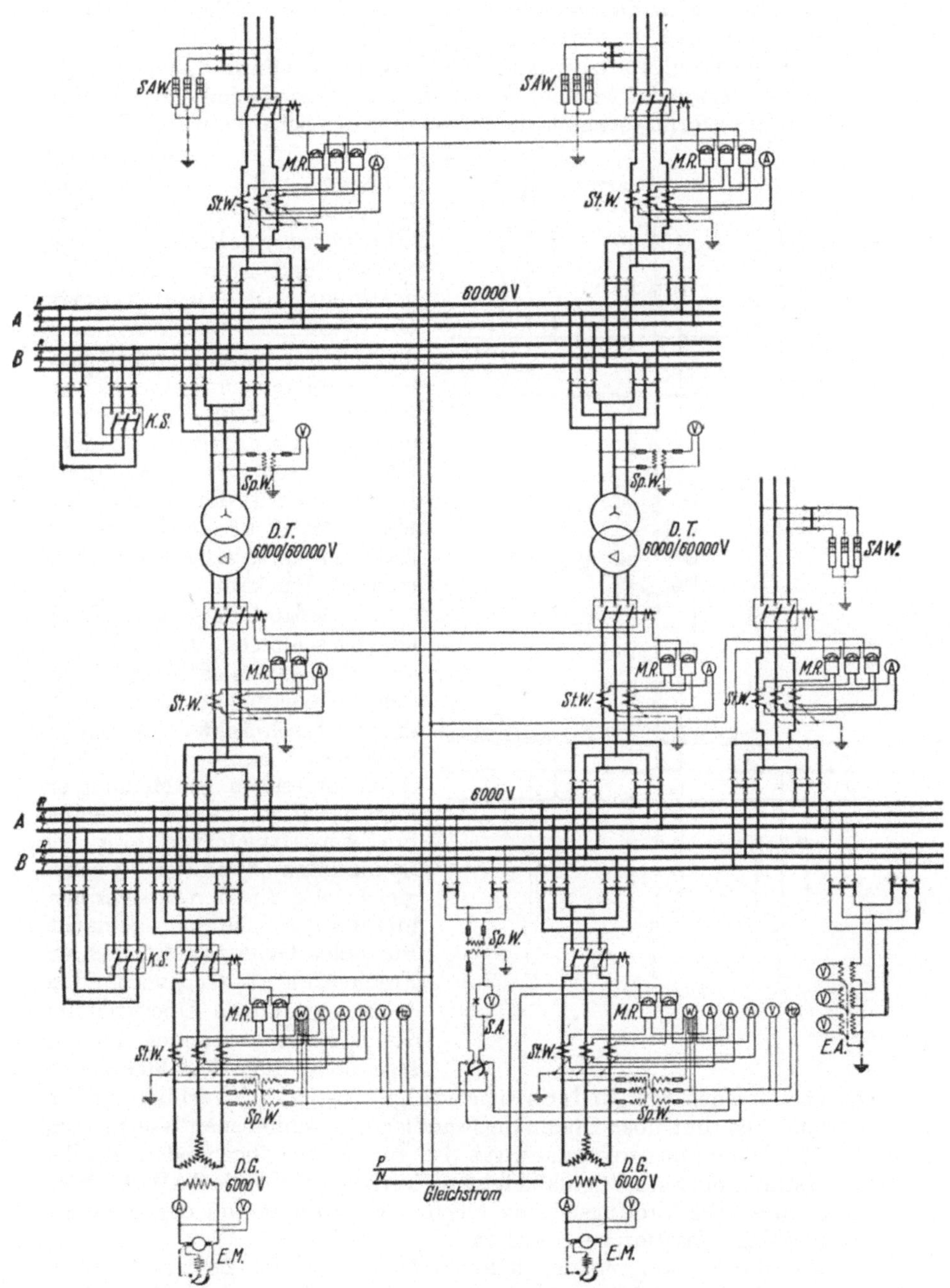

Abb. 315. Schaltung einer Hochspannungs-Drehstromzentrale mit Transformatoren (Schalter mit Relaisauslösung).

können die beiden Sammelschienensysteme *A* und *B* aber auch leicht parallel geschaltet werden.

Für alle Hochspannungs-Leistungsschalter sind, sofern nicht Ölschalter verwendet weiden, Druckluft- oder Wasserschalter zu wählen. Bei den Transformatoren ist die Anbringung der Schalter auf die Primärseite beschränkt worden. Alle Schalter, mit Ausnahme der Kupplungsschalter, sind mit Überstromauslösung ausgestattet, und zwar unter Vermittlung von Sekundärrelais. Die Maschinenschalter wie auch die Schalter vor den Transformatoren besitzen nur je zwei Überstromrelais (*M.R.*), für die Freileitungen ist dagegen allpoliger Überstromschutz vorgesehen. Als Hilfsstrom für die Relais dient Gleichstrom, der einer kleinen Akkumulatorenbatterie entnommen werden kann.

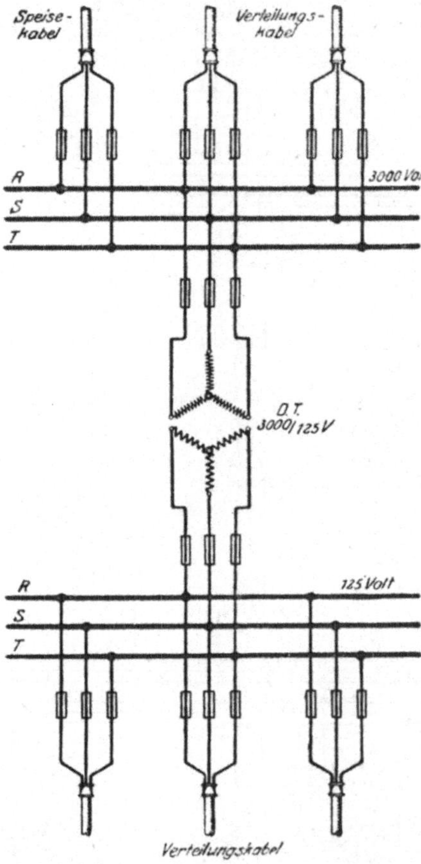

Die Meßgeräte sind über Wandler angeschlossen. Ihre Zahl ist, um die Übersichtlichkeit des Schaltplanes nicht zu stören, möglichst beschränkt. Leistungsmesser sind nur für die Generatoren vorgesehen, die Messung erfolgt nach dem meist angewendeten Zweiwattmeterverfahren. Die Spannungsmeßwandler werden gleichzeitig für den Synchronismusanzeiger nutzbar gemacht. Für jeden Generator ist auch ein Frequenzmesser (*Hz*) vorhanden.

Zur ständigen Überwachung des Isolationszustandes der Anlage steht mit den Maschinensammelschienen ein Erdschlußanzeiger (*E.A*) in Verbindung, bestehend aus drei über Spannungswandler angeschlossenen Voltmetern.

Als Überspannungsschutz ist für jeden abgehenden Freileitungsstrang ein Satz Ventilableiter, im vorliegenden Falle SAW-Ableiter, eingebaut. Die Erdungsleitung hierfür ist getrennt von der Erdungsleitung der Wandler herzustellen.

Für die Versorgung des näheren Umkreises der Zentrale wird in der Regel die Maschinenspannung ausreichen. Es ist daher im Schaltplan auch eine Freileitung unmittelbar von den Unterspannungsschienen abgenommen.

C. Transformatorenstationen.

277. Station mit Einzeltransformator.

Die Anwendung von Transformatoren zum Heraufsetzen der Spannung ist im vorigen Schaltplan behandelt worden. Ein Beispiel für die Schaltung einer Transformatorenstation, in welcher die zugeführte

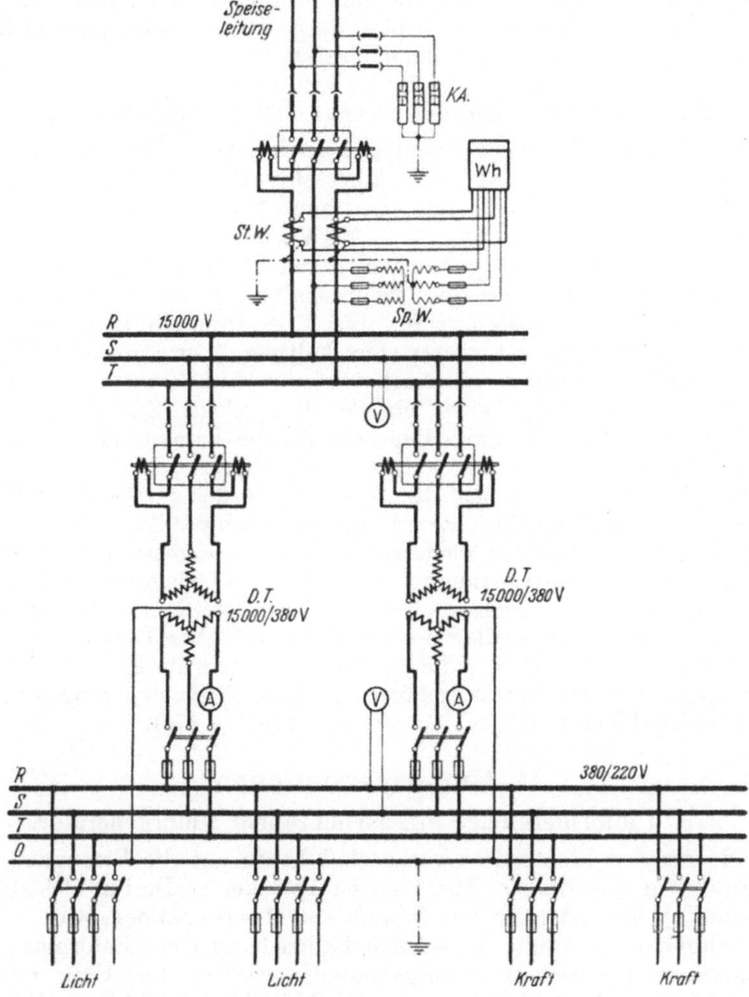

Abb. 317. Schaltung einer Transformatorenstation mit parallel geschalteten Transformatoren.

Hochspannung auf eine niedrige Verbrauchsspannung herabgesetzt wird, zeigt Abb. 316. Für den Drehstromtransformator *D.T* ist eine Übersetzung von 3000 auf 125 V angenommen. Da die Station ohne jede Wartung arbeiten soll, ist sie in besonders einfacher Weise ausgeführt. Meßgeräte sind daher völlig vermieden, ebenso Schalter.

Der Überstromschutz erfolgt auch auf der Hochspannungsseite durch Schmelzsicherungen (s. Abschn. 239c). Um die Station spannungslos zu machen, müssen die Sicherungen herausgenommen werden. Für den Transformator selbst ist beiderseits Sternverkettung gewählt. Die Stromzuführung und -abnahme geschieht durch Kabel. Von der durch das Speisekabel zugeführten Energie wird ein Teil durch Hochspannungsverteilungskabel zu anderen Stationen weiter geleitet.

Stationen, wie die im Schaltplan dargestellte, findet man vielfach in den einzelnen Stadtteilen einer Großstadt.

278. Station mit parallel geschalteten Transformatoren.

In Abb. 317 ist die Schaltung einer größeren Station mit zwei Drehstromtransformatoren dargestellt, die primär und sekundär parallel geschaltet sind. Es sind bestimmte Spannungsverhältnisse angenommen. Die Speiseleitung für 15000 V ist als Freileitung ausgeführt und mit Überspannungsschutz durch Kathodenfallableiter versehen. Sie enthält außer den Trennschaltern einen Hochspannungsschalter mit Primärauslösern für den Überstromschutz, sowie einen Wattstundenzähler in Zweiwattmeterschaltung, über Strom- und Spannungswandler angeschlossen. Auch vor jeden Transformator ist, um ihn einzeln abschalten zu können, ein Schalter gelegt. Zur Nachprüfung der primären Netzspannung dient ein an die Sammelschienen angeschlossenes elektrostatisches Voltmeter (s. Abschn. 53).

Um festzustellen, ob sich die Belastung in der gewünschten Weise auf die einzelnen Transformatoren verteilt, kann die Stromstärke jedes Transformators, und zwar niederspannungsseitig gemessen werden. Die Transformatoren-Unterspannung ist auf 380 V festgelegt und kann an einem Voltmeter abgelesen werden. Doch ist, da der Sternpunktleiter vorgesehen ist, auch die Spannung 220V verfügbar. Die letztgenannte Spannung dient für Licht-, die höhere Spannung für Kraftanschlüsse. Beim Anschluß der Transformatoren an das Niederspannungsnetz ist die richtige Phasenfolge zu beachten (s. Abschn. 176).

D. Umformerstationen.

279. Umformeranlage mit asynchronem Motorgenerator.

Die meisten Elektrizitätswerke sind heute auf die Erzeugung von Drehstrom eingestellt. Für manche Zwecke, z. B. für elektrochemische Fabriken oder für den Betrieb von Straßenbahnen, wird jedoch Gleichstrom benötigt. In solchen Fällen kann eine Umformung des Drehstroms in Gleichstrom vorgenommen werden. Der Umformungsmöglichkeiten gibt es viele (s. achtes Kapitel). Als Beispiel ist in Abb. 318 die Schaltung einer Umformerstation mit einem asynchronen Motorgenerator angegeben, wie er für nicht zu große Leistungen gelegentlich verwendet wird.

Auf der Drehstromseite — es ist eine Spannung von 6000 V angenommen — ist ein Induktionsmotor angeordnet. Er ist mit Schleifringläufer ausgestattet, wird also in bekannter Weise mittels eines Anlassers in Gang gesetzt. Der hochgespannte Drehstrom wird dem Motor über Trennlaschen und Leistungsschalter durch ein Kabel unmittelbar, also ohne Zwischenschaltung eines Transformators zugeführt, was bei nicht zu hohen Spannungen unbedenklich geschehen kann, sofern die für Hochspannung gültigen Vorschriften beachtet werden. In vielen Fällen wird man jedoch den Motor mit Niederspannung betreiben, indem ihm ein Transformator vorgeschaltet wird. Der Hochspannungsschalter besitzt Überstromauslösung mittels Sekundärrelais. Die Meßgeräte, Strom- und Leistungsmesser sowie Zähler — die beiden letzteren in Zweiwattmeterschaltung —, sind, wie immer, über Wandler angeschlossen.

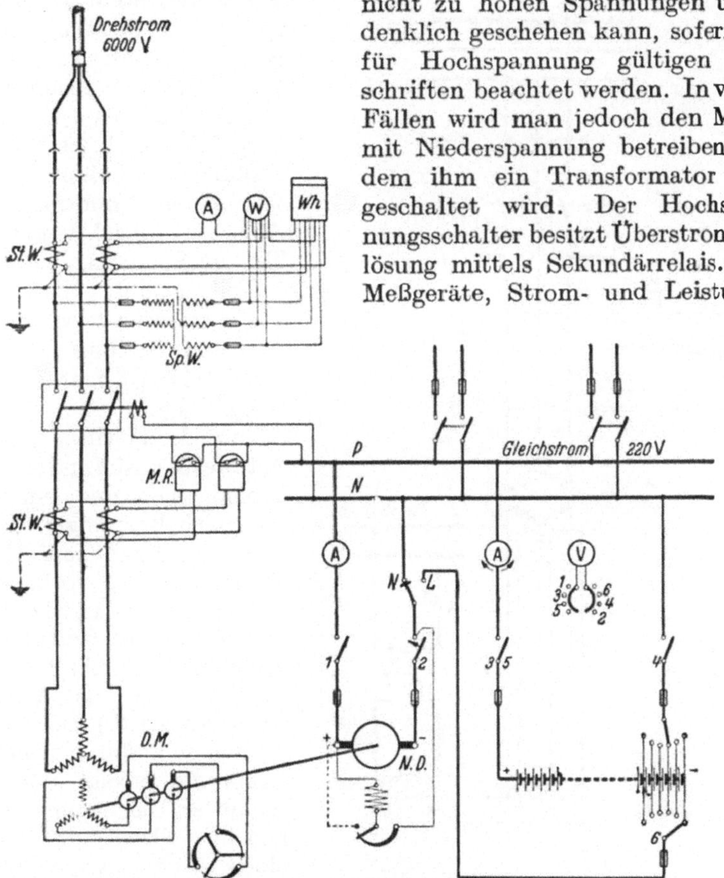

Abb. 318. Schaltung einer Umformerstation mit Motorgenerator.

Gleichstromseitig ist eine Nebenschlußdynamo vorgesehen und, parallel zu ihr, eine Akkumulatorenbatterie mit Doppelzellenschalter. Die Ladung der Batterie erfolgt durch Spannungserhöhung der Betriebsdynamo (s. Abschn. 267).

280. Einankerumformeranlage.

(Vergl. Abb. 223).

Als weiteres Beispiel einer Drehstrom-Gleichstrom-Umformeranlage ist in Abb. 319 die Schaltung eines Einankerumformers behandelt. Er ist über einen Drehstromtransformator an das Hochspannungsnetz gelegt. Durch ihn wird die für den Umformer benötigte Wechselspannung erzeugt, deren Höhe sich nach der gewünschten Gleichstromspannung richtet, da die Umformung nach einem festen Spannungsverhältnis vor sich geht. Da drehstromseitiges Anlassen vorgesehen ist, so ist der Transformator als Anlaßtransformator ausgeführt, d. h. er hat Anzapfungen erhalten, durch welche dem Umformer beim Anlassen zunächst nur ein Teil der Spannung, etwa der 3. Teil, zugeführt wird. Voraussetzung für diese Art des Anlassens ist, daß der Umformer eine Dämpferwicklung besitzt.

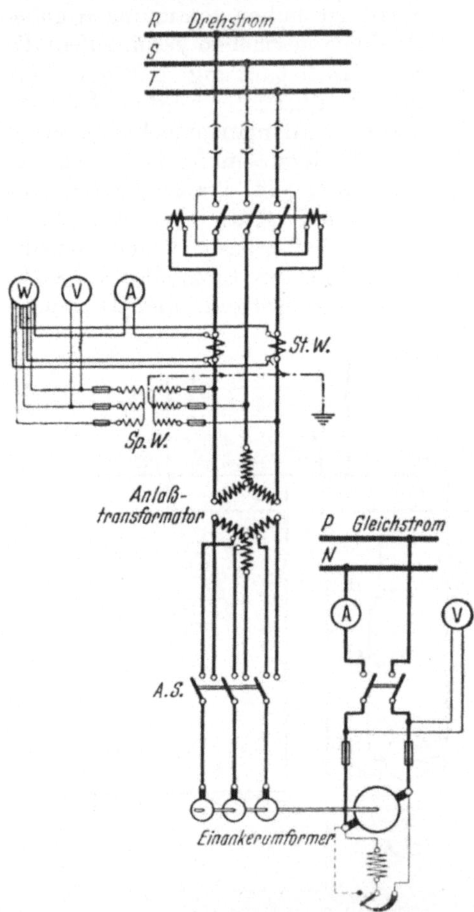

Abb. 319. Schaltung einer Station mit Einankerumformer.

Auf der Hochspannungsseite des Transformators sind Trennlaschen und ein Leistungsschalter, letzterer mit Primärauslösern zum Überstromschutz, vorhanden. Niederspannungsseitig ist ein von Hand zu bedienender dreipoliger Umschalter vorgesehen, der als Anlaßschalter (*A.S.*) bezeichnet werden soll. Auf der Gleichstromseite erfolgt der Anschluß an die Sammelschienen über Sicherungen durch einen zweipoligen Schalter. Die Anordnung der Meßgeräte weist keine Besonderheiten auf.

Da der Umformer mit Hilfe der Dämpferwicklung selbsttätig die synchrone Drehzahl erlangt, so ist ein Synchronismusanzeiger nicht erforderlich, doch muß die Magnetwicklung mit Rücksicht auf die in ihr während der Anlaßperiode induzierte hohe Spannung, ggf. über einen Widerstand, kurz geschlossen werden (vgl. Abschnitt 140b). Erst wenn der Synchronismus erreicht ist, wird der Umformer mit der für den normalen Betrieb in Frage kommenden Stromstärke erregt und ihm durch Betätigung des Anlaßschalters die volle Drehstromspannung zugeführt

E. Stromrichterstationen.

281. Gleichrichteranlage.

Die Schaltung einer Anlage mit gesteuertem Gleichrichter zur Umformung von hochgespanntem Drehstrom in Gleichstrom zeigt Abb. 320. Dem Schaltplan ist ein Glasgleichrichter mit drei Anoden

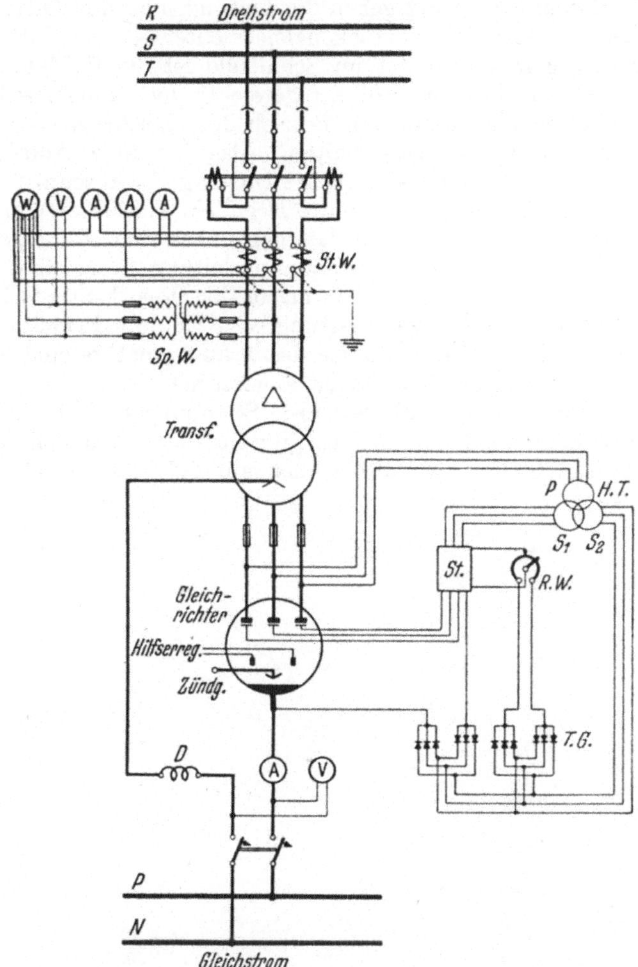

Abb. 320. Gleichrichterstation (Gittersteuerung des Gleichrichters).

und je einem Steuergitter zugrunde gelegt. Er soll jedoch lediglich die allgemeine Anordnung wiedergeben, alle Einzelheiten sind fortgelassen. Insonderheit sind die Einrichtungen zur Gittersteuerung, die als magnetische Stoßsteuerung (s. Abschn. 170) gedacht ist, nur angedeutet. In dem Steuersatz *St.* sind drei kleine Stoßtransformatoren, einer für jedes Gitter, vereinigt. Er ist über einen Hilfstransformator *H.T.* angeschlossen, dessen primäre Wicklung (*P*) an dem speisenden Drehstromnetz liegt, und der zwei Sekundärwicklungen besitzt, eine (*S 1*) für die Wechselstromerregung der Stoßtransformatoren und eine (*S 2*) für die Gleichstromerregung, die über einen Satz kleiner Trockengleichrichter (*T.G.*) erfolgt. Durch Einregeln des Gleichstroms mittels des Regelwiderstandes *R.W.* wird der Zündpunkt des Gleichrichters eingestellt. Von dem Steuersatz gehen die Leitungen zu den Gittern bzw. — über einen weiteren Satz Trockengleichrichter — zur Kathode des Gleichrichters. Nur angedeutet im Schaltbild ist die Hilfserregung des Gleichrichters, die über zwei Erregerelektroden erfolgt, welche die Lichtbogenbildung und damit den Betrieb des Gleichrichters auch bei schwacher Belastung aufrechterhalten. Das jeweilige Anlassen des Gleichrichters erfolgt mittels Tauchzündung (s. Abschn. 168). Zur Kühlung des Gleichrichters wird in der Regel ein Ventilator vorgesehen.

Im übrigen bietet der Schaltplan gegenüber den vorhergehenden Plänen nichts Neues. Die Hochspannungsleitung führt über Trenn- und Leistungsschalter zum Transformator in Dreieck-Sternschaltung. Zum Überstromschutz ist der Leistungsschalter mit Primärauslösern ausgestattet. Auf der Sekundärseite des Transformators sind aus dem gleichen Grunde Schmelzsicherungen angeordnet.

Hochspannungsseitig sind Strom-, Spannungs- und Leistungsmesser vorhanden. Auf der Gleichstromseite kann aus den Angaben des Strom- und Spannungsmessers auch auf die Leistung geschlossen werden.

Anhang.

Zusammenstellung elektrischer und magnetischer Einheiten.

Größe	Einheit	Abkürzung
Spannung	Volt, Kilovolt	V, kV
Stromstärke	Ampere	A
Widerstand	Ohm	Ω
Leitwert	Siemens	S
Elektrizitätsmenge	Amperesekunde, Amperestunde	As, Ah
Leistung	Watt, Kilowatt	W, kW
Arbeit	Wattsekunde, Wattstunde	Ws, Wh
	Kilowattsekunde, Kilowattstunde	kWs, kWh
Induktivität	Henry	H
Kapazität	Farad	F
Frequenz	Hertz	Hz
Magnetischer Fluß	Maxwell	M
Feldstärke	Oerstedt	—
Magn. Kraftliniendichte	Gauß	—

Verzeichnis der Formelgrößen.

A Arbeit;
auch Strombelag.

AW Amperewindungen.

AW/cm Amperewindungen für 1 cm Kraftlinienlänge.

$\mathfrak{B}$ Kraftliniendichte.

D Durchflutung.

E elektromotorische Kraft;
bei Wechselstrom: Effektivwert der EMK.

e Augenblickswert der elektromotorischen Kraft eines Wechselstroms.

e_{max} Höchstwert der elektromotorischen Kraft eines Wechselstroms.

F Fläche, Flächeninhalt.

f Frequenz.

G Leitwert;
auch Bremsgewicht;
bei elektrolytischen Prozessen: abgeschiedene Gewichtsmenge.

g elektrochemisches Äquivalent.

$\mathfrak{H}$ Feldstärke.

J_0 mittlere räumliche Lichtstärke.

I Stromstärke;
bei Wechselstrom: Effektivwert der Stromstärke;
bei Drehstrom: Leiterstrom.

I_a Ankerstrom.

I_k Kurzschlußstrom.

I_M Strom im Mittelleiter eines Zweiphasensystems.

I_m Magnetstrom.

I_P	Strangstrom, Phasenstrom (bei Drehstrom).
i	Augenblickswert der Wechselstromstärke.
i_{max}	Höchstwert der Wechselstromstärke.
k	Temperaturkoeffizient des Widerstandes.
l	Länge.
N	Leistung.
N_v	Leistungsverlust.
n	minutliche Drehzahl.
p	Zahl der Polpaare.
Q	Elektrizitätsmenge; auch Wärmemenge.
q	Querschnitt.
R	Widerstand.
R_a	Widerstand der Ankerwicklung.
R_g	Widerstand eines Meßgerätes.
R_i	innerer Widerstand einer Stromquelle; auch Isolationswiderstand.
R_m	Widerstand der Magnetwicklung.
R_n	Nebenwiderstand.
R_v	Vorwiderstand.
r	Raumfaktor (bei Beleucbtungsberechnungen).
T	Temperaturunterschied, Erwärmung.
t	Temperatur; auch Zeit.
U	Spannung, Klemmenspannung; bei Wechselstrom: Effektivwert der Spannung; bei Drehstrom: Leiterspannung, verkettete Spannung.
U_k	Kurzschlußspannung.
U_P	Strang-, Stern-, Phasenspannung (bei Drehstrom).
U_r	Ohmscher Spannungsverlust.
U_s	Streuspannung.
U_v	Spannungsverlsut, Gesamtspannungsverlust.
u	Augenblickswert der Wechselstromspannung.
u_{max}	Höchstwert der Wechselstromspannung.
v	prozentualer Leistungsverlust.
w	Windungszahl.
Z	Scheinwiderstand.
η	Wirkungsgrad.
ϱ	spez. Widerstand.
Φ	Kraftlinienzahl; auch Lichtstrom.
φ	Winkel der Phasenverschiebung.
$\cos \varphi$	Leistungsfaktor.

Namen- und Sachverzeichnis.